高等院校21世纪课程教材

大学物理系列

大学物理学

第4版 下册

汪 洪 韩家骅◎主编

北京师范大学出版集团
BEIJING NORMAL UNIVERSITY PUBLISHING GROUP
安 徽 大 学 出 版 社

内容提要

本书在《大学物理学(第3版)》的基础上，参照教育部最新公布的"理工科非物理类专业大学物理课程教学基本要求"修订而成. 书中涵盖了基本要求中所有的核心内容，并选取了相当数量的扩展内容，供不同专业选用. 在修订过程中，本书继承了原书的特色，尽量做到选材精当，难度适中，物理概念清晰，论述严谨，行文简明.

本书分为上、下两册，上册包括力学、狭义相对论力学基础、振动学基础和热学部分，下册包括电磁学、光学、量子物理基础、核物理与粒子物理、分子与固体、天体物理与宇宙学等. 与本书配套的有电子教案、学习与解题指导等资料.

本书可作为普通高等院校非物理类专业的大学物理课程教材，也可供相关专业的师生选用和参考.

图书在版编目(CIP)数据

大学物理学. 下册/汪洪，韩家骅主编. —4版. —合肥:安徽大学出版社，2020.1(2024.1重印)

ISBN 978-7-5664-1998-9

Ⅰ. ①大… Ⅱ. ①汪… ②韩… Ⅲ. ①物理学—高等学校—教材 Ⅳ. ①O4

中国版本图书馆CIP数据核字(2020)第014278号

大学物理学(第4版)下册 **汪 洪 韩家骅 主编**

出版发行: 北京师范大学出版集团
安 徽 大 学 出 版 社
(安徽省合肥市肥西路3号 邮编230039)
www.bnupg.com
www.ahupress.com.cn

印　　刷: 安徽昶颉包装印务有限责任公司
经　　销: 全国新华书店
开　　本: 710 mm×1010 mm 1/16
印　　张: 34.25
字　　数: 553千字
版　　次: 2020年1月第4版
印　　次: 2024年1月第5次印刷
定　　价: 49.00元
ISBN 978-7-5664-1998-9

策划编辑: 刘中飞 武溪溪
责任编辑: 武溪溪
责任印制: 赵明炎
装帧设计: 李 军
美术编辑: 李 军

物理学中常用物理常量表

物理量	符号	2002年国际科技数据委员会推荐值	计算取用值	单位
真空中的光速	c	$2.997\,924\,58\times10^{8}$	3.0×10^{8}	$m\cdot s^{-1}$
阿伏加德罗常量	N_A	$6.022\,141\,5(10)\times10^{23}$	6.02×10^{23}	mol^{-1}
牛顿引力常量	G	$6.672\,42(10)\times10^{-11}$	6.67×10^{-11}	$N\cdot m^{2}\cdot kg^{-2}$
摩尔气体常量	R	$8.314\,472(15)$	8.31	$J\cdot mol^{-1}\cdot K^{-1}$
玻耳兹曼常量	k	$1.380\,650\,5(24)\times10^{-23}$	1.38×10^{-23}	$J\cdot K^{-1}$
理想气体的摩尔体积	V_m	$22.414\,10(19)\times10^{-3}$	22.4×10^{-3}	$m^{3}\cdot mol^{-1}$
基本电荷	e	$1.602\,176\,53(14)\times10^{-19}$	1.60×10^{-19}	C
里德伯常数	R_∞	$10\,973\,731.534$	$10\,973\,731$	m^{-1}
电子质量	m_e	$0.910\,938\,26(16)\times10^{-30}$	9.11×10^{-31}	kg
质子质量	m_p	$1.672\,621\,71(29)\times10^{-27}$	1.67×10^{-27}	kg
中子质量	m_n	$1.674\,927\,28(29)\times10^{-27}$	1.67×10^{-27}	kg
原子质量单位	m_u	$1.660\,538\,86(28)\times10^{-27}$	1.66×10^{-27}	kg
真空磁导率	μ_0	$4\pi\times10^{-7}$	$4\pi\times10^{-7}$	$N\cdot A^{-2}$
真空电容率	ε_0	$8.854\,187\,817\cdots\times10^{-12}$	8.85×10^{-12}	$C^{2}\cdot N^{-1}\cdot m^{-2}$
电子磁矩	μ_e	$9.284\,770\,1(31)\times10^{-24}$	9.28×10^{-24}	$J\cdot T^{-1}$
质子磁矩	μ_p	$1.410\,607\,61(47)\times10^{-26}$	1.41×10^{-26}	$J\cdot T^{-1}$
中子磁矩	μ_n	$0.966\,237\,07(40)\times10^{-26}$	9.66×10^{-27}	$J\cdot T^{-1}$
核子磁矩	μ_N	$5.050\,786\,6(17)\times10^{-27}$	5.05×10^{-27}	$J\cdot T^{-1}$
玻耳磁子	μ_B	$9.274\,015\,4(31)\times10^{-24}$	9.27×10^{-24}	$J\cdot T^{-1}$
玻耳半径	a_0	$0.529\,177\,210\,8(18)\times10^{-10}$	5.29×10^{-11}	m
普朗克常量	h	$6.626\,069\,3(11)\times10^{-34}$	6.63×10^{-34}	$J\cdot s$

希腊字母

字母		英文注音	字母		英文注音
大写	小写		大写	小写	
A	α	alpha	N	ν	nu
B	β	beta	Ξ	ξ	xi
Γ	γ	gamma	O	o	omicron
Δ	δ	delta	Π	π	pi
E	ε	epsilon	P	ρ	rho
Z	ζ	zeta	Σ	σ	sigma
H	η	eta	T	τ	tau
Θ	θ	theta	Υ	υ	upsilon
I	ι	iota	Φ	φ	phi
K	κ	kappa	X	χ	chi
Λ	λ	lambda	Ψ	ψ	psi
M	μ	mu	Ω	ω	omega

目录 CONTENTS

前 言

本书是在《大学物理学(第3版)》的基础上,为适应教学改革的新形势,根据教育部高等学校物理基础课程教学指导分委员会2011年大学物理和大学物理实验课程教学基本要求的主要精神,结合当前国内外物理教材改革的动态,融入编者长期从事大学物理教学的经验和体会而重新修订的.

本书充分考虑到学生理解和掌握物理基本概念和定律的实际需要和当前实行高考改革以及普通高校每年扩大招生的实际情况,尽量采用较基础的数学语言与基础理论来分析、推导物理原理、定理和引入物理定律,注重加强基本现象、概念、原理的阐述,讲述深入浅出;为了体现和增强经典物理学中的现代观点和气息,书中适度介绍了近代物理学的新成就和新技术.

本书分上、下两册,上册包括力学、狭义相对论力学基础、振动学基础、波动学基础和热学等内容,下册包括电磁学、光学、量子物理基础、核物理与粒子物理、分子与固体和天体物理与宇宙学等内容,共二十三章.教材内容相对比较完整,所以老师们在授课时可以根据大纲要求选择相应的内容,或者选择与本专业关联度大一点的部分作为教学内容,容易做到学时与内容相对应,具有一定的灵活性.本次修订还新增了数学公式附录,部分常用数学公式可以直接查阅应用.

参加本书修订工作的有杨青、郭建友、章文、金绍维、汪洪、汪光骐、明燚、刘艳美、林其斌、张永春等老师,全书习题由张子云、张苗和章文等老师校对和解答,林继平和张苗老师为本书配备了电子教案,最后由主编汪洪和韩家骅教授统稿、核定.

本书出版以来,安徽大学、淮北师范大学、滁州学院、池州学院、安徽大学江淮学院、安徽文达信息工程学院等高校的专家与学生指出书中存在的一些问题,并提出了许多有益的意见和建议,在此表示衷心的感谢.同时,感谢武溪溪同志在本书修订过程中所做的协调、联络工作,感谢所有关心本书修订工作的教师与同行.

编 者
2019 年 10 月

第三版前言摘录

本书是在《大学物理学(第二版)》的基础上,为适应教学改革的新形势,根据教育部高等学校物理基础课程教学指导分委员会2011年大学物理和大学物理实验课程教学基本要求的主要精神,结合当前国内外物理教材改革的动态,融入作者长期从事大学物理教学的经验和体会而重新修订的.

参加本书修订工作的有杨青、杨德田、郭建友、韩家骅、汪洪、汪光骐、程干基、张战军、刘艳美、林其斌、江锡顺、张永春、吴尝等,全书习题由张子云、张苗和章文等老师校对和解答,张文亮和林继平老师为本书配备了电子教案,最后由主编韩家骅和汪洪教授统稿、核定.

本书出版以来,安徽大学、淮北师范大学、滁州学院、池州学院、安徽大学江淮学院、安徽文达信息工程学院等高校的专家与学生指出书中存在的一些问题,并提出了许多有益的意见和建议,在此表示衷心的感谢.同时,感谢刘中飞同志在本书修订过程中所做的协调、联络工作,感谢所有关心本书修订工作的教师与同行.

编 者

2015年1月于安徽大学

第二版前言摘录

本书是在《大学物理学》第一版的基础上，参照教育部最新颁发的“非物理类理工科大学物理课程教学基本要求”重新修订的. 修订中体系未做大的变动，注意保持原有的风格和特点，包括重物理基础理论，重分析问题、解决问题能力的培养和训练，以及结合教学实践经验，使教材便于教和学. 在此基础上，力图在不增加教学负担的情况下，多介绍一些新知识，扩大学生的视野，提高学生的科学素养.

参加本书修订工作的有杨德田(绪论，第一、五、十三章)、杨青(第二、三、四、六、八、九、十、十一、十二章)、郭建友(第七、二十一、二十三章)、韩家骅(第十四、十五、十六、十七章)、程干基(第十八、十九章)、汪洪(§17—9)、张战军(第二十章)、刘艳美(第二十二章)等，全书习题由张子云、张苗和章文等老师校对和解答，张文亮老师为本书配备了电子教案，最后由主编韩家骅教授统稿、核定.

刘先松教授仔细、认真地审阅了本书的修订稿，提出了许多中肯而有益的意见和建议，在此表示衷心的感谢. 感谢刘中飞同志在本书修订过程中所做的协调、联络工作，感谢所有关心本书修订工作的教师与同行.

编　者

2009 年 8 月于安徽大学

第一版前言摘录

本书是根据教育部最新颁发的“非物理类理工学科大学物理课程教学基本要求”,参考当前国内外物理教材改革动态,结合我们多年的教学实践经验编写而成.本教材按照最新“基本要求”,与传统教材相比,新增加了流体力学、几何光学、固体中分子和电子、天体物理和宇宙学等内容.

参加编写的几位教师,都具有多年的教学经验,在编写过程中编者们进行了多次认真的讨论,并互相修改书稿.因此,全书体现了各位编者的教学经验和风格,同时也具有较好的整体性和系统性.

杨德田编写第一、五章,杨青编写第二、三、四、六章,郭建友编写第七、十九、二十一章,汪洪编写第八、九、十、十一章以及第十五章第九节,韩家骅编写第十二、十三、十四、十五章,程干基编写第十六、十七章,张战军编写第十八章,刘艳美编写第二十章,张文亮制作《大学物理学电子教案》,最后由主编韩家骅教授统稿、核定.

本书获得安徽大学“211”教材资助出版基金的资助,在此表示衷心感谢.感谢史守华教授审阅全部书稿,并提出了宝贵意见;感谢刘中飞同志在本书编写、出版过程中所做的联络、协调工作;感谢所有关心本套教材的教师与同行.真诚地希望得到广大读者的批评和建议.

编 者

2007 年 11 月于安徽大学

第十二章

真空中的静电场

电磁现象是自然界存在的一种极为普遍的现象，电磁相互作用是目前已知的自然界物体之间的四种相互作用之一. 电的研究和应用在认识客观世界和改造客观世界中展现了巨大的活力.

从本章起，我们来讨论电磁学. 电磁学主要研究电磁现象的有关规律、物质的电学性质和磁学性质以及电磁之间的关系.

本章主要讨论静电场的基本性质与规律. 所谓静电场，是指相对观察者静止的电荷在其周围所激发的电场. 主要内容有库仑定律、高斯定理和环路定理、电场强度和电势等.

§12—1 库仑定律

一、电荷及其性质

人们对于电的认识，最初来自人为的摩擦起电现象和自然界的雷电现象. 实验表明，物体所带的电荷有两种，分别称为正电荷和负电荷. 带同号电荷的物体互相排斥，带异号电荷的物体互相吸引，这种相互作用称为电性力. 根据带电体之间的相互作用力的强弱，我们能够确定物体所带电荷的多寡. 表示物体所带电荷多寡程度的物理量称为电荷量，简称电量，用符号 q 或 Q 表示. 正电荷的电量取正值，负电荷的电量取负值.

1. 电荷守恒定律

大量实验表明，**在一个与外界没有电荷交换的系统内，正负电荷的代数和在任何物理过程中都保持不变，这就是电荷守恒定律.**

它是物理学中的基本定律之一.它不仅在宏观带电体中的起电、中和、静电感应和电极化等现象中成立,而且在微观物理过程中也得到了精确验证和发展.例如,在下列典型的放射性衰变过程中

$$^{226}_{88}\mathrm{Ra} \longrightarrow ^{222}_{86}\mathrm{Rn} + ^{4}_{2}\mathrm{He}$$

具有放射性的镭核$^{226}_{88}\mathrm{Ra}$含有88个质子,衰变后的氡核$^{226}_{86}\mathrm{Rn}$和α粒子(即$^{4}_{2}\mathrm{He}$)也共有88个质子,衰变前后的电荷量总和不变.再如,一个高能光子在重核附近可以转化为电子偶(一个电子和一个正电子),光子的电荷量为零,电子偶的电荷量代数和也为零;反之,电子偶也能湮没为光子,湮没前后,电荷量的代数和仍相等.其反应可表述为

$$\gamma \longrightarrow \mathrm{e}^{+} + \mathrm{e}^{-}$$

$$\mathrm{e}^{+} + \mathrm{e}^{-} \longrightarrow 2\gamma$$

由此可见,不能把电荷守恒定律解释为"电荷既不能被创造,也不能被消灭,只能转移",因为这已不符合科学发展的事实了.

2. 电荷的量子化

到目前为止,所有实验都表明,电子是自然界存在的带有最小负电荷量($-e$)的粒子,质子是带有最小正电荷量(e)的粒子,其2006年国际推荐值为

$$e = 1.602\ 176\ 487(40) \times 10^{-19}\ \mathrm{C}$$

其中C(库仑)是电量的单位.

任何能被探测到的正的或负的电荷q都可以被写作

$$q = ne, \quad n = \pm 1, \pm 2, \pm 3, \cdots$$

电荷量的这种只能取分立的、不连续量值的性质,称为**电荷的量子化**.电子电荷的绝对值或质子电荷$\boldsymbol{e}$**为元电荷**.

1964年,美国物理学家盖尔曼(Murry Gell-Mann)和兹维格提出了夸克模型,认为强子是由夸克构成的,每个夸克或反夸克带有的电荷量为$\pm\frac{1}{3}e$、$\pm\frac{2}{3}e$.强子由夸克组成,在理论上已是无可置疑的,只是迄今为止,尚未在实验中找到自由状态的夸克.不过,今后即使真的发现了自由夸克,仍不会改变电荷量子化的结论.

量子化是微观世界的一个基本概念,我们将看到,在微观世界中,能量、角动量等也都是量子化的.但要指出的是,由于其量子都

十分微小，因此这些量子化在宏观现象中都表现不出来，即认为都是连续变化的.

3. 电荷的相对论不变性

实验表明，一个电荷的电量与其运动状态无关. 例如，在不同的参考系中，同一带电粒子的运动速度可能不同，但其电量保持不变. 电荷的这一特性叫作电荷的相对论不变性. 最直接的实验证明是，比较氢分子与氦原子的电中性. 氢分子和氦原子都有两个核外电子，这些电子的运动状态相差不大. 氢分子和氦原子中都有两个质子，氢分子中的两个质子在保持相对距离约为 0.7 Å 的情况下转动，如图 12—1—1 所示；氦原子中的两个质子紧密地束缚在一起运动，如图 12—1—2 所示. 氦原子中两个质子的能量比氢分子中两个质子的能量约大 100 万倍，因而两者的运动状态有显著的不同. 如果电荷的电量与运动状态有关，氢分子中质子的电量就应该与氦原子中质子的电量不同，因此两者就不可能都是电中性的. 但实验证实，氢分子和氦原子都是电中性的. 这说明质子的电量与其运动状态是无关的. 根据这一结论导出的结果也都与实验相符.

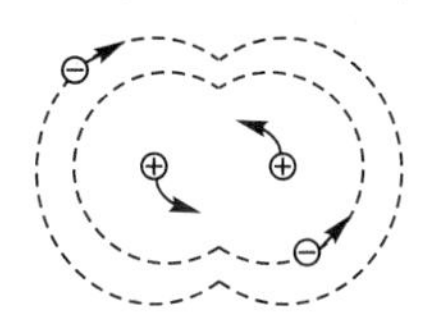

图 12—1—1　氢分子结构示意图

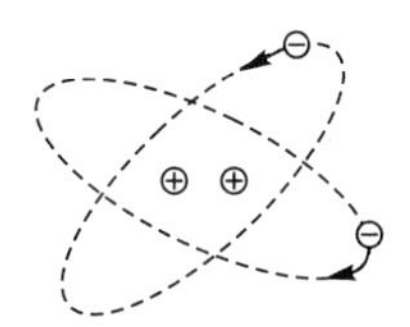

图 12—1—2　氦原子结构示意图

二、库仑定律

一般地说，两个带电体之间的相互作用比较复杂，为研究方便，仿照“质点”，引入“点电荷”这一理想物理模型. 当带电体的大小和带电体之间的距离相比很小时，可以忽略其形状和大小，带电体就可近似当成“点电荷”. 1785 年，法国物理学家库仑通过扭秤实验总结出两个静止点电荷之间相互作用的规律，称之为库仑定律. 它可表述为：

在真空中，两个静止点电荷之间相互作用力的大小，与它们电量 q_1 和 q_2 的乘积成正比，与它们之间距离 r_{12}（或 r_{21}）的平方成反

比;作用力的方向沿着它们的连线,同号电荷相斥,异号电荷相吸.
其数学形式可表述为

$$\boldsymbol{F}_{12} = k\frac{q_1 q_2}{r_{12}^3}\boldsymbol{r}_{12} \qquad (12-1-1)$$

式中,k 是比例系数,$\boldsymbol{F}_{12}$表示 q_1 对 q_2 的作用力,$\boldsymbol{r}_{12}$是由点电荷 q_1 指向点电荷 q_2 的矢量,如图 12—1—3 所示.不论 q_1 和 q_2 的正负如何,公式(12—1—1)都适用.当 q_1 和 q_2 同号时,$\boldsymbol{F}_{12}$与矢量 $\boldsymbol{r}_{12}$ 的方向相同,表明 q_1 对 q_2 的作用力是斥力;q_1 和 q_2 异号时,$\boldsymbol{F}_{12}$与$\boldsymbol{r}_{12}$的方向相反,表明 q_1 对 q_2 的作用力是引力.所以,上述矢量式同时给出了作用力的大小和方向.

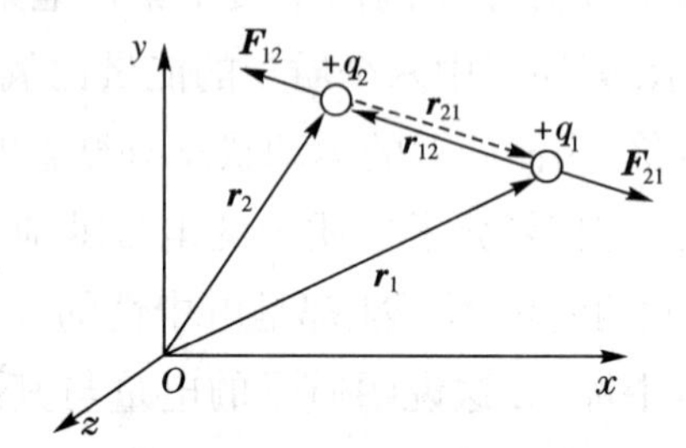

图 12—1—3　两个点电荷之间的作用力

当下标 1 与 2 对调时,由于 $\boldsymbol{r}_{12}=-\boldsymbol{r}_{21}$,故有

$$\boldsymbol{F}_{12}=-\boldsymbol{F}_{21}$$

即静止电荷之间的相互作用满足牛顿第三定律.

在国际单位制中,将式(12—1—1)中的比例系数写成

$$k=\frac{1}{4\pi\varepsilon_0}$$

式中,ε_0 称为真空电容率,是电磁学中的一个基本常量,其大小和单位为

$$\varepsilon_0 = 8.854\ 187\ 817\times 10^{-12}\ \mathrm{C^2\cdot N^{-1}\cdot m^{-2}}$$

则有

$$k=\frac{1}{4\pi\varepsilon_0}=8.987\,5\times 10^{9}\ \mathrm{N\cdot m^2\cdot C^{-2}}\approx 9.0\times 10^{9}\ \mathrm{N\cdot m^2\cdot C^{-2}}$$

因此,在国际单位制中,库仑定律又可写成

$$\boldsymbol{F}_{12}=\frac{1}{4\pi\varepsilon_0}\frac{q_1 q_2}{r_{12}^3}\boldsymbol{r}_{12} \qquad (12-1-2)$$

这里需要指出的是：

(1)在库仑定律表示式中引入因子 4π，看上去库仑定律的数学形式变得复杂了点，但是，在此后导出的一些常用公式中本可能出现 4π 的地方，却不再出现，这使得运算反而更为简洁、合理. 因此，这种做法称为单位制的有理化.

(2)库仑定律是直接由实验总结出来的规律，它是静电场理论的基础，也是关于一种基本力的定律. 库仑定律中平方反比规律的精确性以及定律的适用范围，一直是物理学家关心的问题. 现代高能电子散射实验证实，在 r 小到 10^{-17} m 的范围，库仑定律仍然精确地成立. 大范围的结果是通过人造地球卫星研究地球磁场时得到的：在 r 大到 10^{7} m 范围，库仑定律仍然有效. 现代量子电动力学理论指出，库仑定律中分母 r 的指数为 $2+\alpha$，其与光子的静止质量有关：如果光子的静止质量为零，则该指数严格地为 2. 现在实验给出光子静止质量上限为 10^{-48} kg，这差不多相当于 $|\alpha|\leqslant 10^{-16}$.

(3)实验还证明，当空间有两个以上的点电荷时，作用在某一点电荷上的总静电力，等于其他各点电荷单独存在时对该点电荷所施静电力的矢量和，这一结论叫作静电力的叠加原理. 库仑定律只适用于点电荷，欲求带电体之间的相互作用力，可将带电体看作由许多电荷元组成的，电荷元之间的静电力则可应用库仑定律求得，最后根据静电力的叠加原理求出两带电体之间的总静电力. 库仑定律和叠加原理相结合，原则上可以求解静电学中的全部问题.

例 12－1－1　按量子理论，在氢原子中，核外电子快速地运动着，并以一定的概率出现在原子核(质子)周围各处，在基态下，电子在以质子为中心、半径 $r=5.3\times10^{-11}$ m的球面附近出现的概率最大. 试计算，在基态下，氢原子内电子和质子之间的静电力和万有引力，并比较它们的大小. 引力常量为 $G=6.67\times10^{-11}\ \mathrm{N\cdot m^2\cdot kg^{-2}}$.

解　按库仑定律计算，电子和质子之间的静电力为

$$F_e=\frac{1}{4\pi\varepsilon_0}\frac{e^2}{r^2}=9.0\times10^9\times\frac{(1.6\times10^{-19})^2}{(5.3\times10^{-11})^2}$$
$$=8.2\times10^{-8}(\mathrm{N})$$

两者之间的万有引力为

$$F_g = G\frac{m_e m_p}{r^2} = 6.67\times10^{-11}\times\frac{9.1\times10^{-31}\times1.67\times10^{-27}}{(5.3\times10^{-11})^2}$$

$$= 3.6\times10^{-47}(\text{N})$$

$$\frac{F_e}{F_g} = 2.3\times10^{39}$$

可见,在微观领域中,万有引力比库仑力小得多,可忽略不计.

例 12—1—2 如图 12—1—4 所示,两小球的质量均为 $m=0.1\times10^{-3}$ kg,分别用两根长 $l=1.20$ m 的塑料细线悬挂着.当两球带有等量的同种电荷时,它们相互排斥分开,在彼此相距 $d=5\times10^{-2}$ m 处达到平衡.求每个球上所带的电荷 q.

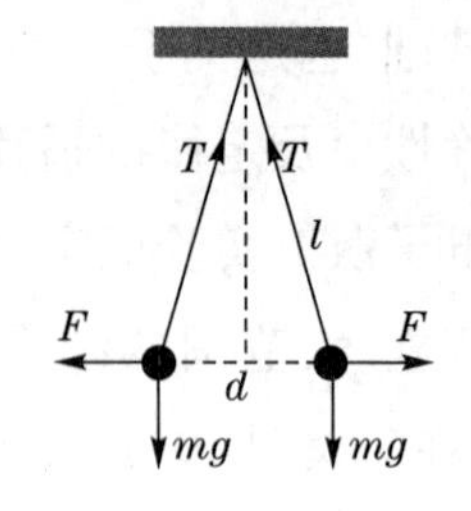

图 12—1—4 例 12—1—2 受力分析图

解 对每个小球来说,受重力、悬线拉力和小球间的静电斥力三个力作用.由于小球分别处于平衡状态,根据牛顿第二定律,对任一个小球来说,在铅直方向和水平方向分别有

$$mg - T\cos\theta = 0$$
$$F - T\sin\theta = 0$$

联立两式,得

$$F = mg\tan\theta$$

由于 $d\ll l,\tan\theta\approx\sin\theta = d/2l$

由库仑定律可知

$$F = \frac{q^2}{4\pi\varepsilon_0 d^2}$$

解得

$$q = \pm\left(\frac{4\pi\varepsilon_0 mgd^3}{2l}\right)^{\frac{1}{2}} = \pm2.38\times10^{-9}\text{C}$$

§12—2 电场强度

一、静电场

由库仑定律可知,两个点电荷在真空中相隔一段距离将有相互

作用力，它是通过什么途径相互作用的呢？历史上关于这个问题曾有两种不同的观点. 一种观点认为，这类相互作用不需要任何物质来传递，也不需要时间，而是直接从一个带电体作用到另一个带电体上，这是一种“超距作用”. 另一种观点认为，任一电荷都在自己的周围空间产生电场，并通过电场来对其他电荷施以力的作用，其方式为

电荷 ⇌ 电场 ⇌ 电荷

现代科学的理论和实践已证实，力的传递离不开物质，场的观点是正确的. 电磁场是物质存在的一种形态，它分布在一定范围的空间里，和一切实物粒子一样，也具有能量、动量等属性，并通过交换场量子来实现相互作用的传递. 电磁场的场量子是光子，因此电荷之间相互作用的传递速度也是电磁场的运动速度，即光速. 光速虽然很快，但毕竟是有限的. 因此，一处发生电场扰动，需经过一段时间才能传到另一处. 例如，雷达就是根据电磁波在雷达站和飞机间来回一次所需的时间来测定飞机位置的. 不过，对于静止电荷之间的相互作用，因它不随时间变化，所以时间效应显示不出来.

静电场的重要作用对外表现为，对引入静电场的任何带电体都有力的作用，称为电场力；当电荷在电场中移动时，电场力将对它做功. 我们将根据上述静电场的对外表现，来研究静电场的性质.

二、电场强度

现在，我们通过试探电荷在电场中的受力情况来研究电场. 试探电荷必须满足如下要求：(1)线度必须小到可被看作点电荷；(2)电荷量足够小，以免改变原有电荷分布. 由库仑定律知，试探电荷 q_0 在电场中任一给定点所受到的力与其电量之比是与试探电荷 q_0 无关的矢量，此比值反映了电场本身的性质，称之为**电场强度**，简称场强，用 $\boldsymbol{E}$ 表示，即

$$\boldsymbol{E}=\frac{\boldsymbol{F}}{q_0} \qquad (12-2-1)$$

式(12—2—1)说明，静电场中任意一点的电场强度，其大小等于单位试探电荷在该点所受到的电场力，其方向与正电荷在该点的受力

方向相同.

一般地说,$\boldsymbol{E}$ 是空间坐标的函数. 若 $\boldsymbol{E}$ 的大小、方向均与空间坐标无关,这种电场称为均匀电场(或称匀强电场). 电场强度的单位为牛顿·库仑$^{-1}$($N \cdot C^{-1}$),或伏特·米$^{-1}$($V \cdot m^{-1}$).

三、点电荷的电场

由库仑定律和电场强度定义式,可求得真空中点电荷 q 周围电场的电场强度.

以点电荷 q 为坐标原点 O,由原点 O 指向场点 P 的位矢为 $\boldsymbol{r}$,若把试探电荷 q_0 置于场点 P,由库仑定律可得 q_0 所受的电场力为

$$\boldsymbol{F} = \frac{1}{4\pi\varepsilon_0} \frac{q q_0}{r^3} \boldsymbol{r}$$

由电场强度定义式(12—2—1)可得,场点 P 处的电场强度为

$$\boldsymbol{E} = \frac{\boldsymbol{F}}{q_0} = \frac{1}{4\pi\varepsilon_0} \frac{q}{r^3} \boldsymbol{r} \qquad (12-2-2)$$

从式(12—2—2)可见,当 $q>0$ 时,$\boldsymbol{E}$ 与 $\boldsymbol{r}$ 的方向相同;当 $q<0$ 时,$\boldsymbol{E}$ 与 $\boldsymbol{r}$ 的方向相反;场强 $\boldsymbol{E}$ 在空间呈球对称分布:在以点电荷 q 为球心、r 为半径的球面上各点的场强数值相等,方向与球面垂直.

四、电场强度叠加原理

若将试探电荷 q_0 置于由 n 个点电荷 $q_1, q_2, \cdots, q_n$ 共同产生的静电场中,根据静电力的叠加原理,可得作用在试探电荷 q_0 上的力 $\boldsymbol{F}$ 为

$$\boldsymbol{F} = \boldsymbol{F}_1 + \boldsymbol{F}_2 + \cdots + \boldsymbol{F}_i + \cdots + \boldsymbol{F}_n$$

式中,$\boldsymbol{F}_i$ 代表 q_i 单独存在时所产生的静电场施于试探电荷 q_0 的静电力. 以 q_0 同时除上式等号两边,得

$$\frac{\boldsymbol{F}}{q_0} = \frac{\boldsymbol{F}_1}{q_0} + \frac{\boldsymbol{F}_2}{q_0} + \cdots + \frac{\boldsymbol{F}_i}{q_0} + \cdots + \frac{\boldsymbol{F}_n}{q_0}$$

由式(12—2—2),可得点电荷系在 P 点的电场强度为

$$\boldsymbol{E} = \boldsymbol{E}_1 + \boldsymbol{E}_2 + \cdots + \boldsymbol{E}_i + \cdots + \boldsymbol{E}_n = \sum_{i=1}^{n} \boldsymbol{E}_i \qquad (12-2-3)$$

可见,一组点电荷在某点所产生的电场强度,等于各点电荷单独存在时在该点所产生的电场强度的矢量和,这一结论称为**电场强度叠加原理**.

如果电荷是连续分布的,则可将带电体上的电荷分成许多无限小的电荷元 $\mathrm{d}q$,每个电荷元都可当作点电荷处理,于是任一电荷元在空间给定点所产生的场强为

$$\mathrm{d}\boldsymbol{E}=\frac{1}{4\pi\varepsilon_0}\frac{\mathrm{d}q}{r^3}\boldsymbol{r}$$

式中,$\boldsymbol{r}$ 表示电荷元 $\mathrm{d}q$ 指向给定点的位矢. 根据场强叠加原理,带电体在给定点所产生的总场强 $\boldsymbol{E}$ 可用积分求出,即

$$\boldsymbol{E}=\int\mathrm{d}\boldsymbol{E}=\frac{1}{4\pi\varepsilon_0}\int\frac{\mathrm{d}q}{r^3}\boldsymbol{r} \qquad (12-2-4)$$

当电荷分布在体积、面积或线段上时,电荷元可分别表示为

$$\mathrm{d}q=\rho\mathrm{d}V$$
$$\mathrm{d}q=\sigma\mathrm{d}S$$
$$\mathrm{d}q=\lambda\mathrm{d}L$$

其中 ρ、σ、λ 分别为电荷的体密度、面密度和线密度. 这样,分布在一定体积 V、面积 S 或线段 L 上的电荷所产生的场强分别为

$$\boldsymbol{E}=\frac{1}{4\pi\varepsilon_0}\int_V\frac{\rho\mathrm{d}V}{r^3}\boldsymbol{r} \qquad (12-2-5)$$

$$\boldsymbol{E}=\frac{1}{4\pi\varepsilon_0}\int_S\frac{\sigma\mathrm{d}S}{r^3}\boldsymbol{r} \qquad (12-2-6)$$

$$\boldsymbol{E}=\frac{1}{4\pi\varepsilon_0}\int_L\frac{\lambda\mathrm{d}L}{r^3}\boldsymbol{r} \qquad (12-2-7)$$

必须指出,这些无限小的电荷元只是指在宏观上看足够小,而从微观上看,其中仍包含有大量的微观粒子.

由点电荷的场强公式和场强叠加原理,原则上可以求得任一电荷系统所产生的电场分布.

例 12—2—1 分别求电偶极子轴线中垂线上一点的电场强度和电偶极子轴线延长线上一点的电场强度.

解 点电荷 $-q$ 和 $+q$ 相距 l,场点 P 到它们连线中点 O 的距离 $r\gg l$,这样的电荷系统叫作电偶极子. $-q$ 与 $+q$ 的连线叫作电偶极

子轴线,从$-q$至$+q$的矢量$\boldsymbol{l}$为其正方向.q与$\boldsymbol{l}$的乘积$\boldsymbol{p}_e=q\boldsymbol{l}$叫作电偶极矩(简称电矩).电偶极子是一个重要的物理模型.

(1)求电偶极子轴线中垂线上一点的电场强度.

设$+q$和$-q$到中垂线上任一点P处的位置矢量分别为$\boldsymbol{r}_+$和$\boldsymbol{r}_-$,如图12—2—1所示.由式(12—2—2)知,$+q$和$-q$在P点处的场强$\boldsymbol{E}_+$和$\boldsymbol{E}_-$分别为

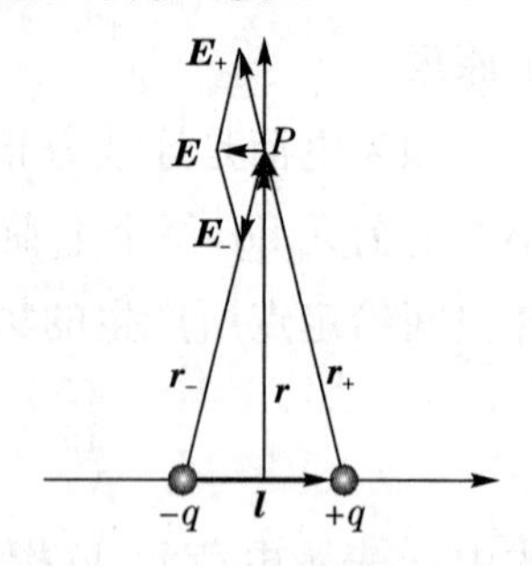

图12—2—1　电偶极子中垂线上的电场

$$\boldsymbol{E}_+=\frac{q\boldsymbol{r}_+}{4\pi\varepsilon_0 r_+^3}$$

$$\boldsymbol{E}_-=-\frac{q\boldsymbol{r}_-}{4\pi\varepsilon_0 r_-^3}$$

以r表示电偶极子中心到P点的距离,因$r\gg l$,有$r_+=r_-\approx r$,所以

$$\boldsymbol{E}=\boldsymbol{E}_++\boldsymbol{E}_-\approx\frac{q}{4\pi\varepsilon_0 r^3}(\boldsymbol{r}_+-\boldsymbol{r}_-)$$

由于$\boldsymbol{r}_+-\boldsymbol{r}_-=-\boldsymbol{l}$,上式化为

$$\boldsymbol{E}=\frac{-q\boldsymbol{l}}{4\pi\varepsilon_0 r^3}=\frac{-\boldsymbol{p}_e}{4\pi\varepsilon_0 r^3}$$

由此可见,电偶极子中垂线上一点的场强,与电偶极矩成正比,与该点离电偶极子中心距离的三次方成反比,方向与电偶极矩方向相反.

(2)求电偶极子轴线延长线上一点的电场强度.

如图12—2—2所示,$\boldsymbol{r}$是从电偶极子中心到场点的矢量,$\boldsymbol{e}_r$为$\boldsymbol{r}$方向单位矢量.

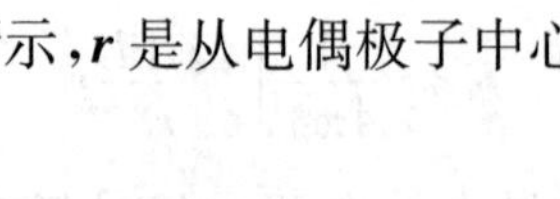

图12—2—2　电偶极子轴线延长线上的电场

$$\boldsymbol{E}=\boldsymbol{E}_++\boldsymbol{E}_-=\left[\frac{q}{4\pi\varepsilon_0(r-l/2)^2}-\frac{q}{4\pi\varepsilon_0(r+l/2)^2}\right]\boldsymbol{e}_r$$

因为$r\gg l$,有$\left(r^2-\frac{l^2}{4}\right)^2\approx r^4$,所以

$$\boldsymbol{E}\approx\frac{2\boldsymbol{p}_e}{4\pi\varepsilon_0 r^3}$$

由此可知，电偶极子轴线延长线上一点的场强，与电偶极矩成正比，与该点离电偶极子中心距离的三次方成反比，方向与电偶极矩方向相同.

例 12—2—2 如图 12—2—3 所示，电荷 $q(q>0)$ 均匀分布在一半径为 r 的细圆环上. 计算在垂直于环面的轴线上任一场点 P 的场强.

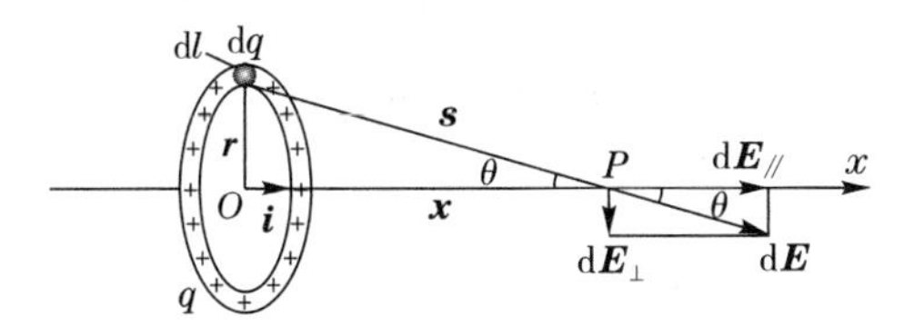

图 12—2—3　均匀带电圆环的中轴线上的场强

解 如图 12—2—3 所示，沿轴线取坐标轴 Ox 及单位矢量 $\boldsymbol{i}$，设场点 P 与圆环中心 O 的距离为 x，在均匀带电圆环上任取一线元 $\mathrm{d}l$，它所带的电荷为 $\mathrm{d}q$，这个电荷元在 P 点的场强为 $\mathrm{d}\boldsymbol{E}$，其大小为

$$\mathrm{d}\boldsymbol{E}=\frac{\mathrm{d}q}{4\pi\varepsilon_0 s^2}$$

式中，s 为场点 P 到电荷元 $\mathrm{d}q$ 的距离. $\mathrm{d}\boldsymbol{E}$ 的方向如图 12—2—3 所示.

各电荷元在点 P 激发的场强，其方向各不相同；但根据对称关系，它们在垂直于 x 轴方向上的分矢量 $\mathrm{d}\boldsymbol{E}_\perp$ 互相抵消，而沿 x 轴的分矢量 $\mathrm{d}\boldsymbol{E}_{/\!/}$ 的方向一致. 因而求点 P 的总场强 $\boldsymbol{E}$，就归结为求所有电荷元在 P 点激发的场强沿 x 轴的分矢量 $\mathrm{d}\boldsymbol{E}_{/\!/}$ 的标量积分，即

$$\boldsymbol{E}=\int_L \mathrm{d}\boldsymbol{E}_{/\!/}=\int_L \mathrm{d}E\cos\theta\,\boldsymbol{i}$$

式中，θ 为 $\mathrm{d}\boldsymbol{E}$ 与 x 轴的夹角，环上的线电荷密度为 $\lambda=q/2\pi r$，因而，电荷元 $\mathrm{d}q-\lambda\mathrm{d}l-(q/2\pi r)\mathrm{d}l$；又因 $s=\sqrt{x^2+r^2}$，则

$$\begin{aligned}\mathrm{d}E\cos\theta&=\int_L \frac{1}{4\pi\varepsilon_0}\frac{\mathrm{d}q}{s^2}\frac{x}{s}=\int_L \frac{1}{4\pi\varepsilon_0}\frac{x}{(x^2+r^2)^{3/2}}\frac{q}{2\pi r}\mathrm{d}l\\&=\frac{1}{4\pi\varepsilon_0}\frac{x}{(x^2+r^2)^{3/2}}\frac{q}{2\pi r}\int_L \mathrm{d}l\end{aligned}$$

式中，$\int_L \mathrm{d}l$ 等于环的周长 $2\pi r$. 于是，将所得结果表示成矢量式，即为

$$\boldsymbol{E}=\frac{1}{4\pi\varepsilon_0}\frac{qx}{(x^2+r^2)^{3/2}}\boldsymbol{i}$$

$\boldsymbol{E}$ 的方向沿 x 轴正向.

讨论 (1)当 $x\gg r$ 时,$(x^2+r^2)^{3/2}\approx x^3$ 时,则上述公式变成

$$\boldsymbol{E}=\frac{1}{4\pi\varepsilon_0}\frac{q}{x^2}\boldsymbol{i}$$

上式与点电荷的场强公式一致.亦即,在求远离环心处的场强时,可以将环上电荷看成全部集中在环心处的一个点电荷,并用点电荷的场强公式来求.

(2)$x=0$ 时,$E=0$,表明环心 O 点的场强为零.

(3)由 $\frac{\mathrm{d}E}{\mathrm{d}x}=0$ 可以求得电场强度极大值的位置,

$$\frac{\mathrm{d}}{\mathrm{d}x}\left[\frac{1}{4\pi\varepsilon_0}\cdot\frac{qx}{(x^2+r^2)^{3/2}}\right]=0$$

得

$$x=\pm\frac{\sqrt{2}}{2}r$$

这表明,圆环轴线上具有最大电场强度的位置,位于原点 O 两侧的 $+\frac{\sqrt{2}}{2}r$ 和 $-\frac{\sqrt{2}}{2}r$ 处.

说明 通过例题可以看到,利用场强叠加原理求各点的场强时,由于场强是矢量,具体运算中需将矢量的叠加转化为各分量(标量)的叠加;并且在计算时,应注意对场强对称性的分析,因为在某些情况下,它往往能使我们立即看出矢量 $\boldsymbol{E}$ 的某些分量相互抵消而等于零,使计算大为简化.

例 12—2—3 如图 12—2—4 所示,有一半径为 R、电荷均匀分布的薄圆盘,其电荷面密度为 σ.求通过盘心且垂直盘面的轴线上任意一点处的电场强度.

解 取如图 12—2—4 所示的坐标,薄圆盘的平面在 yz 平面内,盘心位于坐标原点 O.由于圆盘上的电荷分布是均匀的,故圆盘上的电荷为 $q=\sigma\pi R^2$.

我们把圆盘分成许多细圆环带,其中半径为 r、宽度为 $\mathrm{d}r$ 的环

带面积为 $2\pi r\mathrm{d}r$,此环带上的电荷为 $\mathrm{d}q=\sigma 2\pi r\mathrm{d}r$. 由例 12—2—2 可知,环带上的电荷对 x 轴上点 P 处激起的电场强度为

$$\mathrm{d}E_x=\frac{1}{4\pi\varepsilon_0}\frac{x\mathrm{d}q}{(x^2+r^2)^{3/2}}=\frac{\sigma}{2\varepsilon_0}\frac{xr\mathrm{d}r}{(x^2+r^2)^{3/2}}$$

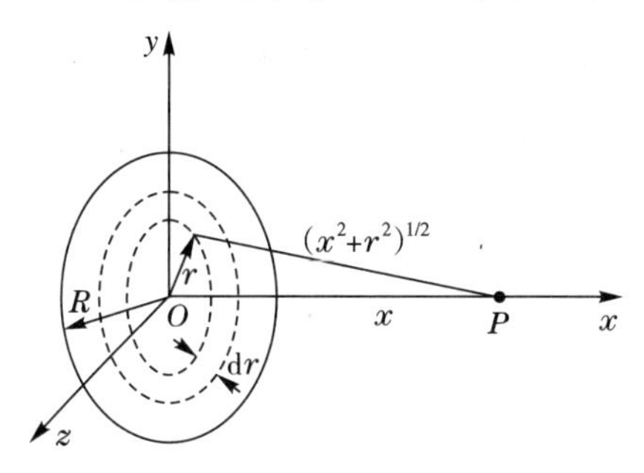

图 12—2—4　均匀带电圆盘轴线上任一点的场强

由于圆盘上所有带电的环带对在点 P 处的电场强度都沿 x 轴同一方向,故由上式可得均匀带电圆盘轴线上点 P 处的电场强度为

$$E=\int\mathrm{d}E_x=\frac{\sigma x}{2\varepsilon_0}\int_0^R\frac{r\mathrm{d}r}{(x^2+r^2)^{3/2}}=\frac{\sigma}{2\varepsilon_0}\left(1-\frac{x}{\sqrt{R^2+x^2}}\right)$$

场强 $\boldsymbol{E}$ 的方向与圆盘相垂直,其指向则视 σ 的正负而定,$\sigma>0$ 时,$\boldsymbol{E}$ 与 x 轴同向;$\sigma<0$ 时,$\boldsymbol{E}$ 与 x 轴反向. 若点 P 在盘的左侧,并取 x 轴的正方向恒由 O 点指向场点,亦得同样的结果.

讨论　如果 $x\ll R$,带电圆盘可看作"无限大"的均匀带电平面,则 P 点的电场强度可由上式取极限求得,即

$$E=\frac{\sigma}{2\varepsilon_0}\qquad(12-2-8)$$

上式表明,很大的均匀带电平面附近的电场强度 $\boldsymbol{E}$ 值是一个常量,$\boldsymbol{E}$ 的方向与平面垂直. 因此,很大的均匀带电平面附近的电场可看作均匀电场.

若 $x\gg R$ 时,则由公式分析得到

$$\boldsymbol{E}=\frac{1}{4\pi\varepsilon_0}\frac{q}{x^2}\boldsymbol{i}$$

请读者自己分析. 由此也可以进一步理解点电荷概念的相对性.

如果薄圆盘上的电荷面密度是不均匀的,但遵守以下规律:$\sigma=\dfrac{\sigma_0 r}{R}$,式中 r 是盘上一点距盘心的距离(图 12—2—4),那么,通过

盘心且垂直于盘面的轴线上任意点 P 的电场强度又是多少呢？请读者自己算一下.

例 12－2－4　讨论电偶极子在电场中的受力情况.

解　由于电偶极子的尺度 l 很小，可以认为电偶极子处在均匀电场中. 如图 12－2－5 所示，设电偶极子处于场强为 $\boldsymbol{E}$ 的均匀电场中，$\boldsymbol{l}$ 表示从 $-q$ 指向 $+q$ 的矢量，电偶极矩 $\boldsymbol{p}_e = q\boldsymbol{l}$ 方向与 $\boldsymbol{E}$ 之间的夹角为 θ. 作用于电偶极子正、负电荷上的电场力分别为 $\boldsymbol{F}_+$ 和 $\boldsymbol{F}_-$，其大小相等，即 $F = |\boldsymbol{F}_+| = |\boldsymbol{F}_-| = qE$，但其方向相反，因此两力的矢量和为零，电偶极子不会发生平动；但由于电场力 $\boldsymbol{F}_+$ 和 $\boldsymbol{F}_-$ 的作用线不在同一直线上，故此两力组成一力偶，使电偶极子转动.

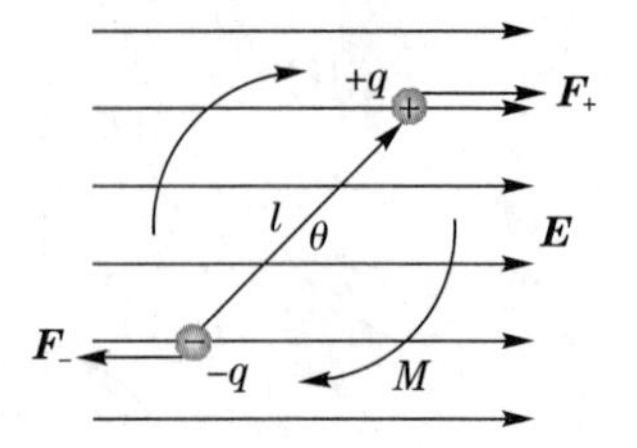

图 12－2－5　电偶极子在电场中受力情况

电偶极子所受力偶矩 $\boldsymbol{M}$ 的大小等于力偶中任何一个力的大小和这两个平行力之间的垂直距离 $l\sin\theta$(称为力臂)之乘积，即为

$$M = Fl\sin\theta = qEl\sin\theta = p_e E\sin\theta$$

上式表明，当 $\boldsymbol{p}_e \perp \boldsymbol{E}(\theta = \pi/2)$ 时，力偶矩最大；当 $\boldsymbol{p}_e /\!/ \boldsymbol{E}(\theta = 0$ 或 $\pi)$ 时，力偶矩等于零. 在力偶矩作用下，电偶极子发生转动，即其电偶极矩 $\boldsymbol{p}_e$ 将转到与外电场 $\boldsymbol{E}$ 一致的方向上去.

我们也可将上式表示成矢量式($\boldsymbol{p}_e$ 与 $\boldsymbol{E}$ 的矢积)，即

$$\boldsymbol{M} = \boldsymbol{p}_e \times \boldsymbol{E} \tag{12-2-9}$$

§12－3　高斯定理

库仑定律是电学发展史上第一个定量规律，与叠加原理相结合，原则上可以求解静电学中的全部问题. 但它并未被打造成在一些含有对称性情况下应用特别简化的形式. 在本节中，我们引入一条由高斯导出的定理，叫作**高斯定理**，它能用于一些特殊的对称情况.

一、电场线

为了形象地描述电场在空间的分布情况，我们引入电场线的概

念. 在电场内画一系列曲线，使曲线上每一点的切线方向与这点的场强方向一致；并规定在电场中任一点处，通过垂直于场强 $\boldsymbol{E}$ 的单位面积的曲线条数等于该点处 $\boldsymbol{E}$ 的量值，即用曲线的疏密程度来描绘各点场强 $\boldsymbol{E}$ 的大小，这样的曲线就称为**电场线**. 图 12－3－1 表示几种带电体周围的电场线分布.

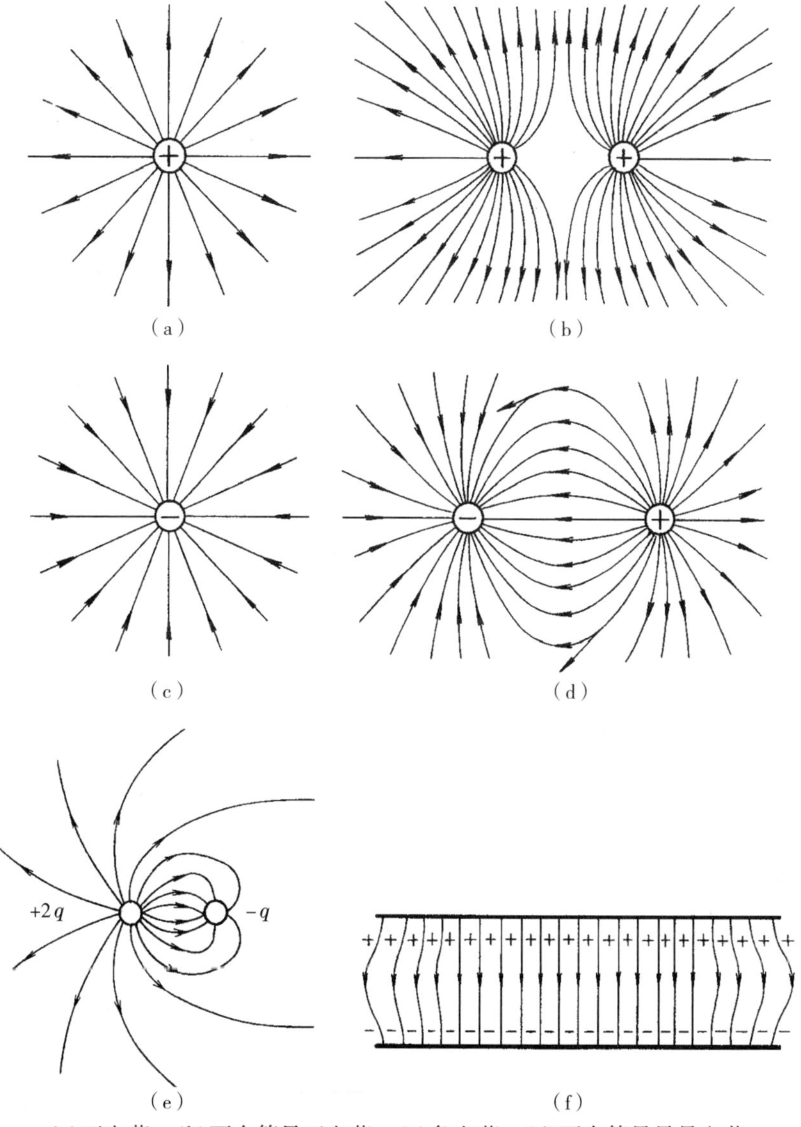

(a)正电荷 (b)两个等量正电荷 (c)负电荷 (d)两个等量异号电荷
(e)两个不等量异号电荷 (f)带等值异号电荷的两平行板

图 12－3－1 几种带电体周围的电场线分布

静电场的电场线有如下特点：

(1)起自正电荷(或来自无穷远处)，终止于负电荷(或伸向无穷远)，在没有电荷的地方不中断.

(2)电场线不形成闭合曲线.

(3)没有电荷处，任意两条电场线不会相交.

(4)电场强处电场线密集，电场弱处电场线稀疏.

注意：电场线只是为了描述电场的分布而引入的一簇曲线，不是电荷在电场中运动的轨迹.

二、电通量

通量是所有矢量场都具有的共同的数学表述，静电场也是矢量场，我们把通过电场中某一个面的电场线叫作通过这个面的电场强度通量，简称电通量，用符号 Φ_e 表示.

先讨论均匀电场的情况. 设在均匀电场中取一个平面 S，并使它与场强 $\boldsymbol{E}$ 的方向垂直，如图 12—3—2(a)所示. 根据作电场线的规定，垂直通过电场中某点附近单位面积的电场线等于该点处的电场强度. 均匀电场的电场强度处处相等，所以电场线密度也应处处相等，这样，通过面 S 的电通量为

$$\Phi_e = ES$$

如果在均匀电场中，平面 S 与场强 $\boldsymbol{E}$ 不垂直，如图 12—3—2(b)所示，则穿过倾斜面积 S 的电通量为

$$\Phi_e = ES\cos\theta$$

如果在非均匀电场中，S 不是平面而是一个任意曲面，如图 12—3—2(c)所示，那么

$$\Phi_e = \int_S E\cos\theta \mathrm{d}S$$

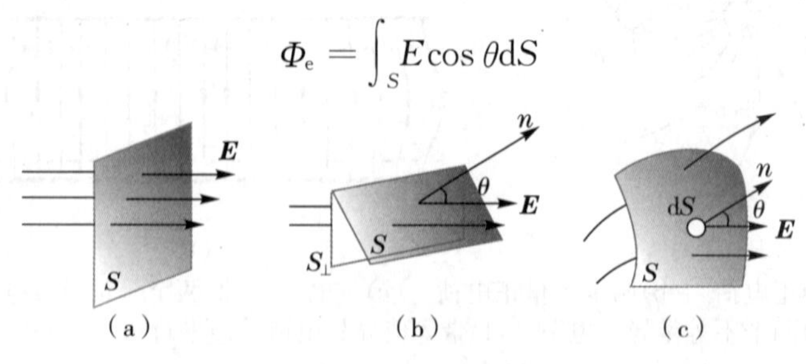

图 12—3—2　电通量计算

如果所考虑的是一个闭合曲面，如图 12—3—3 所示，则穿过整个闭合曲面 S 的电通量为

$$\Phi_e = \oint_S E\cos\theta \mathrm{d}S$$

“$\oint_S$”表示对整个闭合曲面求积分.

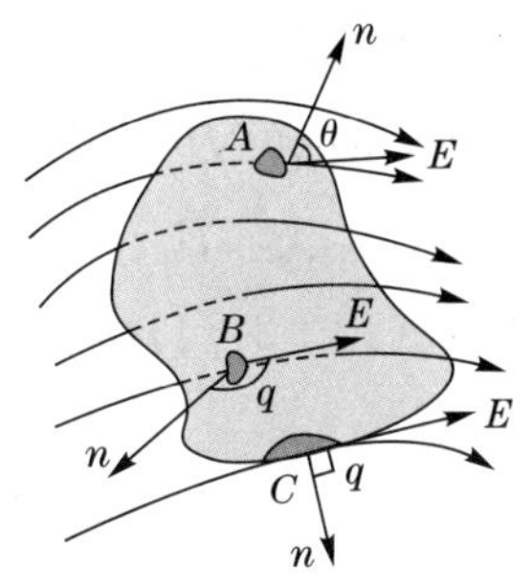

图 12—3—3　闭合曲面的电通量

如果我们引用面积元矢量 $\mathrm{d}\boldsymbol{S}$，其大小为 $\mathrm{d}S$，方向沿面积元 $\mathrm{d}\boldsymbol{S}$ 的法线 $\boldsymbol{n}$ 正方向，即 $\mathrm{d}\boldsymbol{S}=\boldsymbol{n}\mathrm{d}S$（$\boldsymbol{n}$ 的大小是 1）；而且，面积元矢量 $\mathrm{d}\boldsymbol{S}$ 与 $\boldsymbol{E}$ 的夹角显然亦为 θ，则由矢量标积的定义可得，$E\cos\theta\mathrm{d}S=\boldsymbol{E}\cdot\boldsymbol{n}\mathrm{d}S=\boldsymbol{E}\cdot\mathrm{d}\boldsymbol{S}$. 于是上式可表示为

$$\Phi_e = \oint_S \boldsymbol{E}\cdot\mathrm{d}\boldsymbol{S} \qquad (12-3-1)$$

一般说来，通过闭合曲面的电场线，有些是“穿进”的，有些是“穿出”的. 这也就是说，通过曲面上各个面积元的电通量 $\mathrm{d}\Phi_e$ 有正、有负. 为此规定，曲面上某点的法线矢量的方向是自内向外垂直指向曲面外侧的. 依照这个规定，如图 12—3—3 所示，在曲面 A 处，电场线从曲面里向外穿出，$\theta<90°$，所以 $\mathrm{d}\Phi_e$ 为正；在曲面的 B 处，电场线从外穿进曲面里，$\theta>90°$，所以 $\mathrm{d}\Phi_e$ 为负；而在 C 处，电场线与曲面相切，$\theta=90°$，所以 $\mathrm{d}\Phi_e$ 为零.

例 12—3—1　有一个三棱柱体放在均匀电场 $\boldsymbol{E}$ 中，如图 12—3—4 所示. 求通过此三棱柱体各面的电通量.

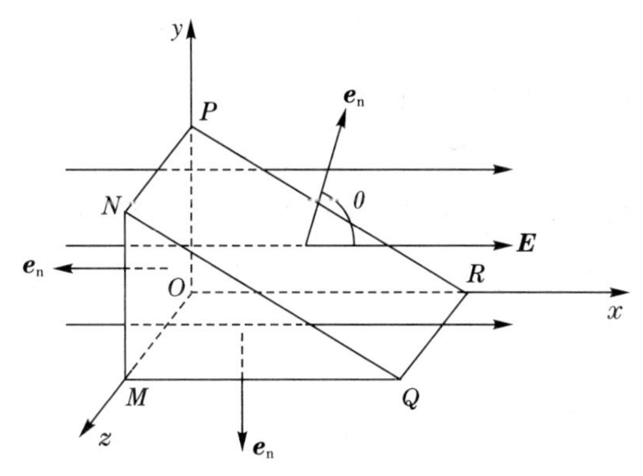

图 12—3—4　通过三棱柱体面的电通量

解 三棱柱体的表面为一闭合曲面,由5个平面构成. 其中 $MNPOM$ 所围的面积为 S_1,$MNQM$ 和 $OPRO$ 所围的面积为 S_2 和 S_3,$MORQM$ 和 $NPRQN$ 所围的面积为 S_4 和 S_5. 那么,在此均匀电场中通过 S_1、S_2、S_3、S_4 和 S_5 的电通量分别为 Φ_{e1}、Φ_{e2}、Φ_{e3}、Φ_{e4} 和 Φ_{e5},由式(12－3－1)可求得

$$\Phi_{e1} = ES_1\cos\pi = -ES_1$$

因为面 S_2、S_3 和 S_4 的正法线矢量 $\boldsymbol{e}_n$ 均与 $\boldsymbol{E}$ 垂直,所以

$$\Phi_{e2} = \Phi_{e3} = \Phi_{e4} = 0$$

$$\Phi_{e5} = ES_5\cos\theta = ES_1$$

故通过闭合曲面的电通量为

$$\Phi_e = \Phi_{e1} + \Phi_{e2} + \Phi_{e3} + \Phi_{e4} + \Phi_{e5} = -ES_1 + ES_1 = 0$$

上述结果表明,在均匀电场中穿入三棱柱体的电场线与穿出三棱柱体的电场线相等,即穿过闭合曲面(三棱柱体表面)的电通量为零.

三、高斯定理

既然可以用电场线来形象地描述电荷所激发的电场,那么通过闭合曲面的电通量与该闭合曲面内所包含的电荷必然有确定的量值关系. 高斯通过运算论证了这个关系,这就是著名的**高斯定理**. **在真空中,通过任何闭合曲面的电通量,等于包围在该闭合曲面内所有电荷代数和的** $\frac{1}{\varepsilon_0}$ **倍**,其数学表达式为

$$\Phi_e = \oint_S \boldsymbol{E}\cdot \mathrm{d}\boldsymbol{S} = \frac{1}{\varepsilon_0}\sum q_i \qquad (12-3-2)$$

下面我们来验证这个定理.

设真空中有一个正点电荷 q,以 q 为中心、以任意半径 r 作一球面 S,求通过此球面的电通量. 由对称性可知,球面上任一点的电场强度 $\boldsymbol{E}$ 的大小都相同,方向沿径向,与球面垂直,如图12－3－5(a)所示,穿过此球面的电通量为

$$\Phi_e = \oint_S \boldsymbol{E}\cdot \mathrm{d}\boldsymbol{S} = E\oint_S \mathrm{d}S = \frac{q}{4\pi\varepsilon_0 r^2}4\pi r^2 = \frac{q}{\varepsilon_0}$$

由上式可见,通过此球面的电通量与球面的半径无关,无论半

径多大,其电通量都是$\frac{q}{\varepsilon_0}$. 用电场线描述,即从正点电荷发出的电场线数目在数值上与$\frac{q}{\varepsilon_0}$相当,且连续地伸向无穷远处.

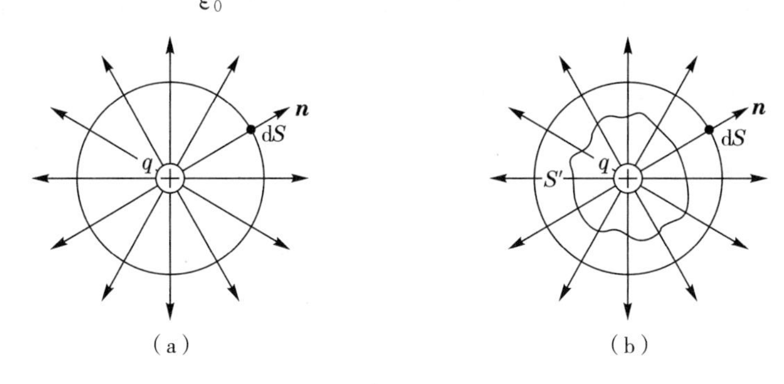

图 12—3—5 通过包围点电荷 q 的封闭曲面的电通量

如果在此球面内作一任意形状的封闭曲面 S'包围此点电荷,则从 q 发出的电场线必全部通过此封闭曲面 S',因而通过曲面 S'的电通量也应等于$\frac{q}{\varepsilon_0}$,如图12—3—5(b)所示. 由此可见,电通量的大小不仅与球面 S 的半径无关,而且也与曲面的形状无关,因此通过包围点电荷的任意曲面 S'的电通量都是$\frac{q}{\varepsilon_0}$.

若封闭曲面不包围点电荷 q,则从点电荷 q 发出的电场线中,凡是穿进封闭曲面的也必穿出该曲面,如图 12—3—6 所示. 因此,通过此封闭曲面的电通量为零.

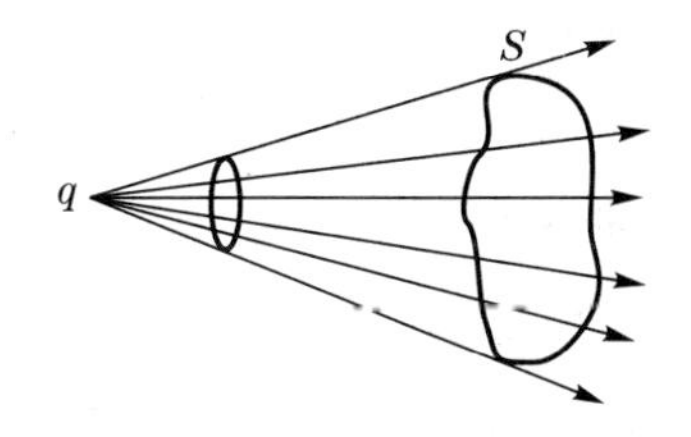

图 12—3—6 点电荷在封闭曲面外

由以上两点可归结为

$$\Phi_e = \oint_S \boldsymbol{E} \cdot \mathrm{d}\boldsymbol{S} = \frac{q}{\varepsilon_0}$$

式中,q 是封闭曲面 S 所包围的电荷,若点电荷为 $-q$,则通过封闭曲面的电通量为 $-\frac{q}{\varepsilon_0}$.

若封闭曲面内包围多个点电荷,第 i 个点电荷对该曲面电通量的贡献为 $\frac{q_i}{\varepsilon_0}$,因此可得出通过任意封闭曲面的电通量是所有包围在该曲面内的电荷的代数和除以 ε_0,即

$$\Phi_e = \oint_S \boldsymbol{E} \cdot \mathrm{d}\boldsymbol{S} = \frac{1}{\varepsilon_0} \sum q_i$$

式中的封闭曲面常称为高斯面.

应当注意:

(1)式(12—3—2)中的 $\boldsymbol{E}$ 是高斯面上的场强,是高斯面内、外所有电荷共同产生的.

(2)只有高斯面内的电荷对闭合面的电通量有贡献,高斯面外的电荷则没有.因为高斯面外的电荷产生的电场线是连续穿过高斯面的,其电通量的代数和为零.

这里需要指出的是:

(1)高斯定理是用电通量来表示电场和场源电荷关系的重要定理,因场源电荷的电量具有相对论不变性,在研究运动电荷的电场或随时间变化的电场时,库仑定律失效,而高斯定理仍然成立.这就是说,高斯定理是关于电场的一条基本规律.

(2)在静电场的范围内,库仑定律与高斯定理是等价的,可以从库仑定律导出高斯定理,也可以从高斯定理出发结合时空对称性导出库仑定律.二者的区别仅在于表示电场与场源电荷之间关系的形式有所不同.从高斯定理的推导过程可以看出,高斯定理的成立基于库仑定律中 r 的指数为 2 的事实,若 r 的指数不是 2,则高斯定理不成立.所以物理学家一直关心着这一平方反比规律的精确性.

(3)当电荷的分布具有空间对称性时,用高斯定理计算场强是很方便的.解题步骤:①分析对称性;②选取适当的高斯面;③代入方程求解,关键是①、②两步.

例 12—3—2 如图 12—3—7 所示,电荷均匀分布在一个半径为 R 的球形区域内,电荷体密度为 ρ,求空间各点的电场强度.

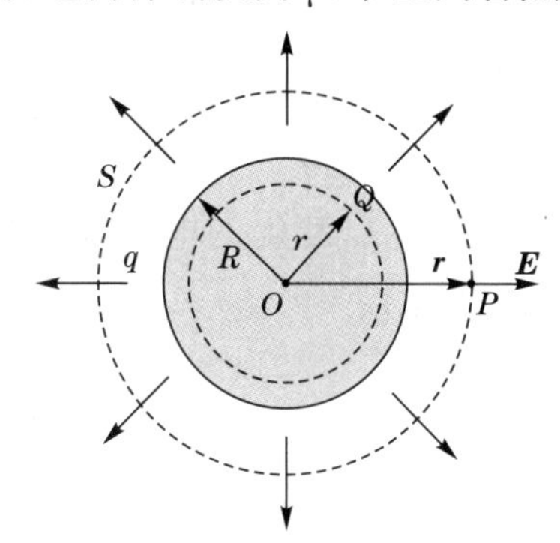

图 12—3—7 均匀带电球体的电场

解 我们先来求球外空间任意一点 P 的电场强度. 如果点 P 和球心 O 的距离为 r,则以 O 为中心、以 r 为半径作球形高斯面,如图 12—3—7 所示. 对这个高斯面运用高斯定理,根据对称性,该球面上各点的电场强度大小相等,方向都沿球面在该点的法线方向,得

$$\oint_S \boldsymbol{E} \cdot \mathrm{d}\boldsymbol{S} = E 4\pi r^2 = \frac{1}{\varepsilon_0} \sum q_i$$

若用总电量 q 表示,得

$$E = \frac{q}{4\pi\varepsilon_0 r^2} \quad (r \geqslant R)$$

可见,对于球外各点的电场强度,就像把总电量集中在球心所得的结果一样.

现在,求球内任意一点 Q 的电场强度. 如果点 Q 和球心 O 的距离为 r,我们以 O 为中心、以 r 为半径作球形高斯面,如图 12—3—7 所示. 对这个高斯面运用高斯定理,这个高斯面上的电场强度分布也满足球对称的特点,得

$$\oint_S \boldsymbol{E} \cdot \mathrm{d}\boldsymbol{S} = E 4\pi r^2 = \frac{1}{\varepsilon_0} \sum q_i$$

$$E = \frac{1}{4\pi\varepsilon_0 r^2} \frac{q}{\frac{4}{3}\pi R^3} \frac{4}{3}\pi r^3 = \frac{qr}{4\pi R^3} \quad (r < R)$$

此式表示,在均匀带电的球体内部任意一点,电场强度的大小与该点到球心的距离成正比.

写成矢量形式为

$$\boldsymbol{E}=\begin{cases}\dfrac{q\boldsymbol{r}}{4\pi\varepsilon_0 R^3} & (r\leqslant R)\\ \dfrac{q\boldsymbol{r}}{4\pi\varepsilon_0 r^3} & (r\geqslant R)\end{cases}$$

均匀带电球体在空间各点产生的电场强度随到球心距离的变化情形，如图 12—3—8 所示.

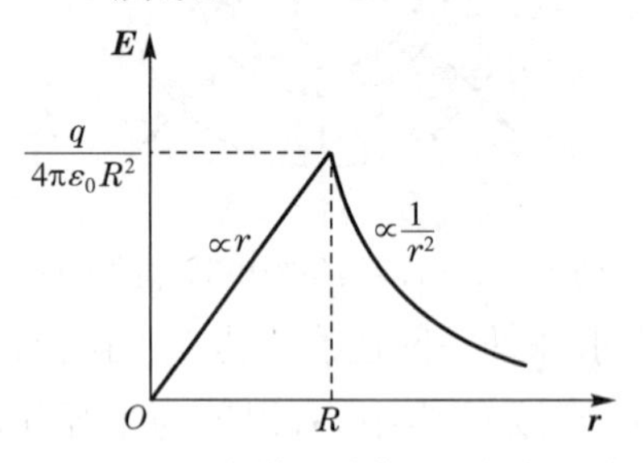

图 12—3—8　均匀带电球体的电场与 $\boldsymbol{r}$ 关系图

例 12—3—3　一无限长均匀带电细棒，其电荷线密度为 λ，求距细棒为 a 处的电场强度.

解　以细棒为轴作一个高为 l、截面半径为 a 的圆柱面，如图 12—3—9 所示. 以该圆柱面为高斯面，运用高斯定理. 由于对称性，圆柱侧面上各点的电场强度 $\boldsymbol{E}$ 的大小处处相等，方向都垂直于圆柱侧面向外. 通过这个圆柱面的电通量，应等于通过圆柱侧面的电通量和通过两个底面的电通量的代数和，但是由于电场线与两个底面的法线相垂直，所以电通量为零. 这样，通过这个圆柱面的电通量就只是通过其侧面的电通量，即上下

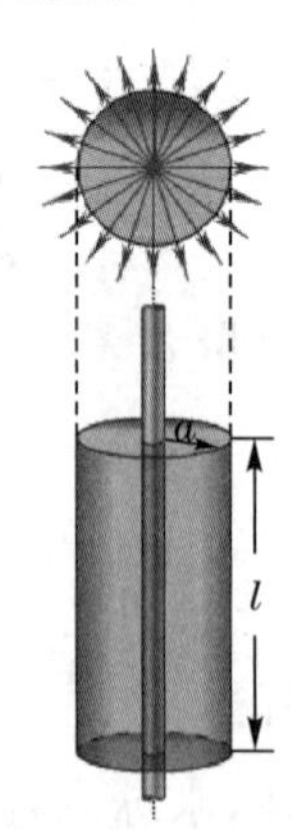

图 12—3—9　无限长均匀带电细棒的电场

$$\oint_S \boldsymbol{E}\cdot \mathrm{d}\boldsymbol{S}=\int_{\text{上}}\boldsymbol{E}\cdot \mathrm{d}\boldsymbol{S}+\int_{\text{下}}\boldsymbol{E}\cdot \mathrm{d}\boldsymbol{S}+\int_{\text{侧}}\boldsymbol{E}\cdot \mathrm{d}\boldsymbol{S}$$

$$=\int_{\text{上}}E\cos\frac{\pi}{2}\mathrm{d}S+\int_{\text{下}}E\cos\frac{\pi}{2}\mathrm{d}S+\int_{\text{侧}}E\cos 0\mathrm{d}S$$

$$=E\cdot 2\pi a l=\frac{1}{\varepsilon_0}\sum q=\frac{\lambda l}{\varepsilon_0}$$

由此可以求得与细棒相距 a 处的电场强度的大小为

$$E=\frac{\lambda}{2\pi\varepsilon_0 a}$$

例题推广应用:闪电的可见部分之前有一个不可见的阶段,在该阶段一根电子柱从浮云向下延伸到地面,这些电子来自该柱内被电离的空气分子.设该柱的线电荷密度为 -1×10^{-3} C·m^{-1},一旦电子柱到达地面,柱内电子迅速倾泻到地面,在倾泻期间,运动电子与柱内空气的碰撞导致产生明亮的闪光.倘若空气分子在超过 3×10^{6} N·C^{-1} 的电场中被击穿,则电子柱半径有多大?请读者自行求解.

例 12—3—4 求无限大均匀带电平面的电场,电荷面密度为 σ.

解 如图 12—3—10 所示,由于电荷分布具有平面对称性,可认为离开平面等距离的各点场强大小相等,场强方向与平面垂直.作一闭合圆柱面,使其侧面垂直于带电平面,两底面与带电平面平行且等距,底面面积及圆柱面所截带电平面的面积都是 S,由于圆柱侧面法线方向与 $\boldsymbol{E}$ 垂直,所以通过侧面的电通量为零,而通过两底面的通量分别为 ES,因而通过整个闭合圆柱面的电通量为

$$\oint_S \boldsymbol{E}\cdot \mathrm{d}\boldsymbol{S}=\int_{S_1}\boldsymbol{E}\cdot \mathrm{d}\boldsymbol{S}+\int_{S_2}\boldsymbol{E}\cdot \mathrm{d}\boldsymbol{S}+\int_{S_3}\boldsymbol{E}\cdot \mathrm{d}\boldsymbol{S}$$

$$=2ES=\frac{1}{\varepsilon_0}\sum q=\frac{\sigma S}{\varepsilon_0}$$

所以

$$E=\frac{\sigma}{2\varepsilon_0}$$

由上式可知,无限大均匀带电平面附近的电场为匀强电场.

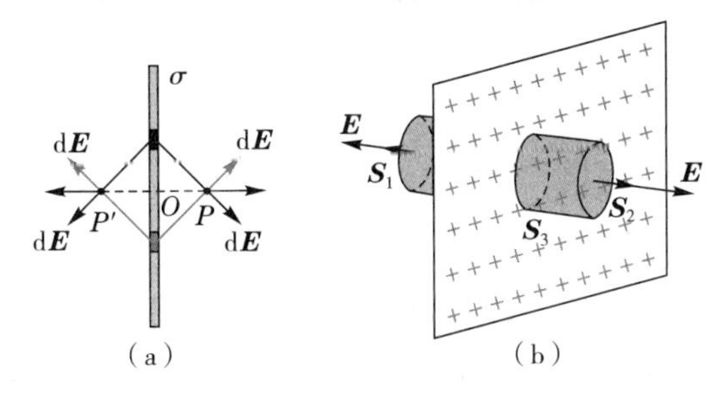

图 12—3—10 无限大均匀带电平面的电场

讨论 两个平行的"无限大"均匀带电平面的电场(电荷面密度大小相等).

根据静电场叠加原理可知电场分布如图 12—3—11 所示.

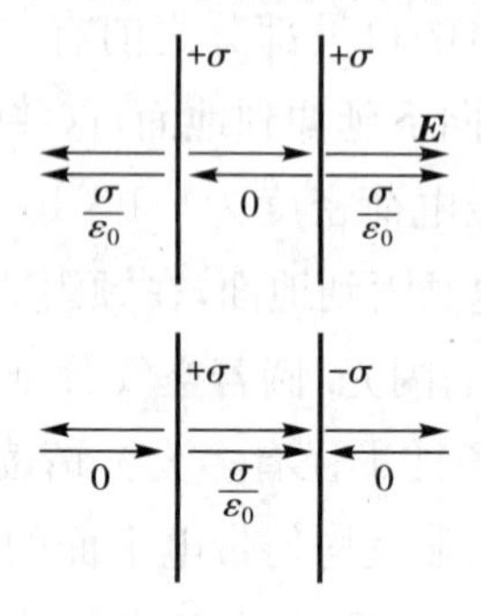

图 12—3—11 两个平行的无限大均匀带电平面的电场

以上三个例题都显示了在特殊情况下利用高斯定理求解场强分布的简便性.应用此法的关键在于对带电体场强对称性的分析和高斯面的合理选取,选取高斯面的关键在于使通过它的通量能方便地写出来.

§12—4 静电场的环路定理 电势

前面,我们从静电场中电荷受力特点出发研究了静电场,用电场强度 $\boldsymbol{E}$ 来描述电场的状态,最后得出反映静电场性质的高斯定理,揭示了静电场是一个有源场.下面,我们将从电荷在电场中移动时电场力做功这一事实出发,研究静电场,并用电势 U 来描述电场的状态,从而得出反映静电场另一性质的环路定理,揭示静电场是一个保守力场.

一、静电场的环路定理

1.电场力的功

如图 12—4—1 所示,当试探电荷 q_0 在静电场中移动一段有限的路程 l 时,电场力对电荷 q_0 所做的功为

$$A=\int_l \mathrm{d}A=q_0\int_l \boldsymbol{E}\cdot\mathrm{d}\boldsymbol{l}=q_0\int_l E\mathrm{d}l\cos\theta=q_0\int_l E\mathrm{d}r$$

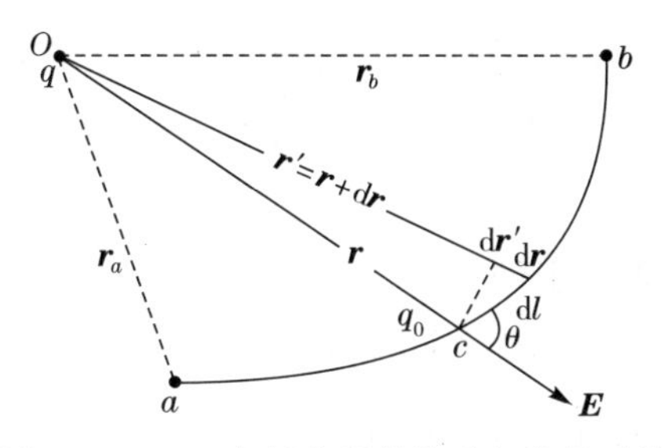

图 12—4—1　电场力所做的功与路径无关

如果试探电荷 q_0 在点电荷 q(设 $q>0$)产生的电场中从 a 点移到 b 点,则电场力所做的功为

$$A_{ab}=\int_a^b \mathrm{d}A=\int_{r_a}^{r_b}\frac{q_0 q}{4\pi\varepsilon_0}\frac{\mathrm{d}r}{r^2}=\frac{q_0 q}{4\pi\varepsilon_0}\left(\frac{1}{r_a}-\frac{1}{r_b}\right)$$

式中,r_a 与 r_b 分别为试探电荷 q_0 的始点和终点到电荷 q 的距离. 上式表明,试探电荷 q_0 在静止点电荷 q 产生的电场中移动时,电场力所做的功只与始点和终点的位置以及试探电荷的量值 q_0 有关,而与试探电荷在电场中所经历的路径无关. 这是因为在上述计算中,我们取的是任意路径,且上式的计算结果并未反映出路径的形状、长短等特征. 上述结论适用于任何带电体产生的静电场,因为任何带电体都可将其分成许多点电荷,根据电场强度叠加原理,其场强 $\boldsymbol{E}$ 是各个点电荷$q_1,q_2,\cdots,q_n$单独存在时的场强 $\boldsymbol{E}_1,\boldsymbol{E}_2,\cdots,\boldsymbol{E}_n$ 的矢量和,即

$$\boldsymbol{E}=\boldsymbol{E}_1+\boldsymbol{E}_2+\cdots+\boldsymbol{E}_n$$

当试探电荷 q_0 在电场中从场点 a 沿任意路径 l 移动到场点 b 时,电场力所做的功为

$$A_{ab}=q_0\int_a^b \boldsymbol{E}\cdot\mathrm{d}\boldsymbol{l}=q_0\int_a^b(\boldsymbol{E}_1+\boldsymbol{E}_2+\cdots+\boldsymbol{E}_n)\cdot\mathrm{d}\boldsymbol{l}$$

$$=q_0\int_a^b \boldsymbol{E}_1\cdot\mathrm{d}\boldsymbol{l}+q_0\int_a^b \boldsymbol{E}_2\cdot\mathrm{d}\boldsymbol{l}+\cdots+q_0\int_a^b \boldsymbol{E}_n\cdot\mathrm{d}\boldsymbol{l}$$

上式右端的每一项都与路径无关,因此各项之和也必然与路径无关.

因此,可以得出结论:试探电荷在任何静电场中移动时,电场力所做的功仅与电场本身性质(场源电荷及其分布)、试探电荷大小及路径始点和终点的位置有关,而与所经历的路径无关. 静电场的这一特性称为**静电场的保守性**. 这类似于力学中讨论过的万有引力、弹性力等保守力做功的特性,所以电场力也是保守力,静电场也是保守场.

2. 静电场的环路定理

电场力做功与路径无关的特性还可以用另外一种形式来表示. 设试探电荷 q_0 从电场中的 a 点沿路径 L 移动到 b 点,再沿路径 L' 返回 a 点,如图 12－4－2 所示. 作用在试探电荷 q_0 上的静电力在整个闭合路径上所做的功为

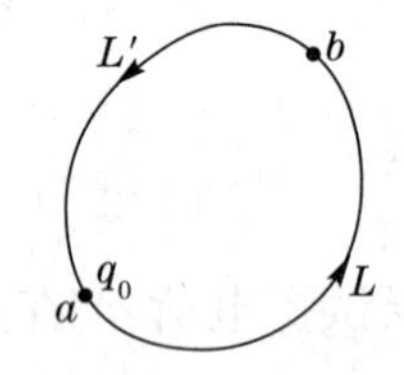

图 12－4－2　q_0 沿闭合路径移动一周电场力做功为零

$$A_{aba}=\oint \boldsymbol{F}\cdot \mathrm{d}\boldsymbol{l}=\oint q_0\boldsymbol{E}\cdot \mathrm{d}\boldsymbol{l}=\int_{a\,(L)}^{b} q_0\boldsymbol{E}\cdot \mathrm{d}\boldsymbol{l}+\int_{b\,(L')}^{a} q_0\boldsymbol{E}\cdot \mathrm{d}\boldsymbol{l}$$

$$=\int_{a\,(L)}^{b} q_0\boldsymbol{E}\cdot \mathrm{d}\boldsymbol{l}-\int_{a\,(L')}^{b} q_0\boldsymbol{E}\cdot \mathrm{d}\boldsymbol{l}$$

由于静电力做功与路径无关,因此有

$$\int_{a\,(L)}^{b} q_0\boldsymbol{E}\cdot \mathrm{d}\boldsymbol{l}=\int_{a\,(L')}^{b} q_0\boldsymbol{E}\cdot \mathrm{d}\boldsymbol{l}$$

从而

$$A_{aba}=\oint q_0\boldsymbol{E}\cdot \mathrm{d}\boldsymbol{l}=0$$

因为试探电荷 q_0 不为零,所以

$$\oint \boldsymbol{E}\cdot \mathrm{d}\boldsymbol{l}=0 \qquad (12-4-1)$$

$\boldsymbol{E}$ 沿闭合回路的线积分,称为静电场 $\boldsymbol{E}$ 的环流. 故式(12－4－1)表明,静电场的环流恒为零,这称为**静电场的环路定理**. 这就是静电场保守性的另一种表述,它说明“**场强沿任一闭合路径的线积分恒为零**”和“**静电场力做功与路径无关**”这两种说法是等价的.

二、电势

1. 静电势能

由于保守力场可引进相关势能概念,静电场是保守力场,因而

可引进静电势能(又称静电能)概念.

当我们在静电场中移动试验电荷 q_0 时,电场力对它做功,在这一过程中,试验电荷 q_0 的静电能将有相应变化.当电场力做正功时,试验电荷 q_0 的静电能将减少;电场力做负功时,q_0 的静电能增加.仿照重力场中,重力对质点做功等于质点在始末位置重力势能增量的负值,我们可将试验电荷 q_0 在静电场中从 a 点移至 b 点电场力做功 A_{ab} 看作 q_0 在 a 和 b 两点静电能改变的量度.即

$$W_a - W_b = -(W_b - W_a) = A_{ab} = q_0\int_a^b \boldsymbol{E} \cdot \mathrm{d}\boldsymbol{l} \tag{12-4-2}$$

式中,W_a,W_b 分别表示试验电荷 q_0 在 a 和 b 两点的静电能.

与重力势能相似,静电能的量值是相对的.q_0 在某一点静电能的量值与零点的选择有关.当场源电荷为有限带电体时,通常选取无限远处为静电能零点,亦即 $W_b = W_\infty = 0$.由式(12-4-2)可知,此时试验电荷 q_0 在场中 a 点处的静电能为

$$W_a = A_{a\infty} = q_0\int_a^\infty \boldsymbol{E} \cdot \mathrm{d}\boldsymbol{l} \tag{12-4-3}$$

即试验电荷 q_0 在电场中 a 点处的静电能在量值上等于将 q_0 由该处移至无限远(静电能零点处)时电场力所做的功.

静电能与其他形式势能一样,属于系统的,其实质是试验电荷与电场之间的相互作用能.

2. 电势

式(12-4-3)说明,试验电荷 q_0 在静电场中 a 点的静电能 W_a 与 q_0 和电场均有关,并不直接描述场中某点性质.而比值 $\frac{W_a}{q_0}$ 则与 q_0 无关,仅决定于 a 点电场的性质,称为 a 点电势,以 U_a 表示,即

$$U_a = \frac{W_a}{q_0} = \int_a^\infty \boldsymbol{E} \cdot \mathrm{d}\boldsymbol{l} \tag{12-4-4}$$

式中,积分上限为"无限远",表示选择无限远处为电势零点,若选择任意位置 b 为电势零点,则式(12-4-4)变为

$$U_a = \int_a^b \boldsymbol{E} \cdot \mathrm{d}\boldsymbol{l} \tag{12-4-5}$$

于是,电场中 a 点的电势,在量值上等于单位正电荷在该点具有的静电能;或等于单位正电荷从 a 点沿任意路径移到电势零点处电场力所做的功.

电势是标量,但有正或负的量值. 在国际单位制中,电势的单位是 $\mathrm{J\cdot C^{-1}}$,简称伏特,以 V 表示.

必须指出,静电场中某点的电势只具有相对意义. 要确定场中某点的电势值,必须选择一个计算电势的参考点. 参考点的选择可以是任意的,可视方便而定,但在同一问题中只能选同一参考点. 在理论计算中,对有限带电体,通常选择无限远处为电势零点. 对"无限大"带电体只能在场内选一个适当位置作电势零点. 而在许多工程实际问题中,常以地球(或电器外壳)作为电势零点. 当电势零点选定后,电场中各点的电势值也就由式(12－4－5)确定了. 由此确定的电势是空间坐标的标量函数 $U=U(x,y,z)$.

3. 电势差

静电场中任意两点 a 和 b 电势的差值 U_a-U_b,称为 a,b 两点的电势差,通常又称为电压,以 U_{ab} 表示,即

$$U_{ab}=U_a-U_b=\int_a^{\infty}\boldsymbol{E}\cdot\mathrm{d}\boldsymbol{l}-\int_b^{\infty}\boldsymbol{E}\cdot\mathrm{d}\boldsymbol{l}$$

$$=\int_a^b\boldsymbol{E}\cdot\mathrm{d}\boldsymbol{l} \qquad (12-4-6)$$

式(12－4－6)表示,静电场中 a 和 b 两点的电势差,等于将单位正电荷从 a 点经任意路径移至 b 点时电场力所做的功. 静电场中任意两点的电势差是完全确定的. 显然,若将电荷 q_0 从场中 a 点移至 b 点时,电场力所做的功应为

$$A_{ab}=q_0(U_a-U_b)=q_0U_{ab} \qquad (12-4-7)$$

这是计算电场力做功的常用公式.

一个电子通过加速电势差为 1 V 的区间,电场力对它做功

$$A=eU=1.60\times10^{-19}\ \mathrm{C}\times1\ \mathrm{V}=1.60\times10^{-19}\ \mathrm{J}$$

电子从而获得 1.60×10^{-19} J 的能量. 在近代物理中,常把这个能量值作为一种能量单位,称之为电子伏特,符号为 eV,即

$$1\ \mathrm{eV}=1.60\times10^{-19}\ \mathrm{J}$$

微观粒子的能量往往很高，常用兆电子伏(MeV)、吉电子伏(GeV)等单位，其中

$$1\ \text{MeV} = 10^6\ \text{eV}$$
$$1\ \text{GeV} = 10^9\ \text{eV}$$

4. 电势的计算

(1)点电荷电场中的电势.

空间有一点电荷 q，求与它相距 r 的点 P 的电势. 根据式(12—4—4)，点 P 的电势应为

$$U_P = \int_P^{\infty} \boldsymbol{E} \cdot \mathrm{d}\boldsymbol{l}$$

因为上面的积分与路径无关，我们选择从点电荷 q 到点 P 的连线 r 的延长线作为积分路径，所以

$$U_P = \int_P^{\infty} \boldsymbol{E} \cdot \mathrm{d}\boldsymbol{l} = \int_r^{\infty} \frac{q\,\boldsymbol{r} \cdot \mathrm{d}\boldsymbol{r}}{4\pi\varepsilon_0 r^3} = \int_r^{\infty} \frac{q\,\mathrm{d}r}{4\pi\varepsilon_0 r^2} = \frac{q}{4\pi\varepsilon_0 r} \tag{12—4—8}$$

上式表示，在点电荷电场中任意一点的电势，与点电荷的电量 q 成正比，与该点到点电荷的距离 r 成反比. 当点电荷 q 为正号时，U 为正值，如图 12—4—3 所示；当点电荷 q 为负号时，U 为负值. 这就是说，当选择无限远处为电势零点时，正点电荷电场的电势恒为正值，负点电荷电场的电势恒为负值.

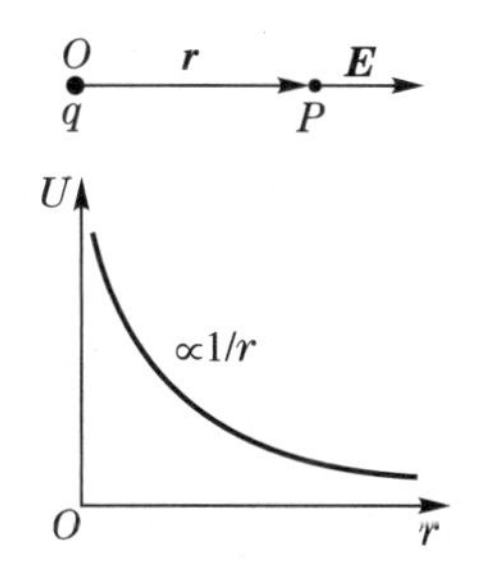

图 12—4—3　点电荷电场中的电势

(2)点电荷系电场中的电势.

空间有 n 个点电荷 $q_1, q_2, \cdots, q_n$，求任意一点 P 的电势. 这时点 P 的电场强度 $\boldsymbol{E}$ 等于各个点电荷单独在点 P 产生的电场强度 $\boldsymbol{E}_1$，

$\boldsymbol{E}_2,\cdots,\boldsymbol{E}_n$的矢量之和. 所以点 P 的电势可以表示为

$$\begin{aligned}U_P&=\int_P^{\infty}\boldsymbol{E}\cdot\mathrm{d}\boldsymbol{l}=\int_P^{\infty}(\boldsymbol{E}_1+\boldsymbol{E}_2+\cdots+\boldsymbol{E}_n)\cdot\mathrm{d}\boldsymbol{l}\\&=\int_P^{\infty}\boldsymbol{E}_1\cdot\mathrm{d}\boldsymbol{l}+\int_P^{\infty}\boldsymbol{E}_2\cdot\mathrm{d}\boldsymbol{l}+\cdots+\int_P^{\infty}\boldsymbol{E}_n\cdot\mathrm{d}\boldsymbol{l}\\&=\sum_{i=1}^{n}\int_P^{\infty}\boldsymbol{E}_i\cdot\mathrm{d}\boldsymbol{l}=\sum_{i=1}^{n}U_i\end{aligned}$$

式中,$\boldsymbol{E}_i$和U_i分别是第 i 个点电荷 q_i 单独在点 P 产生的电场强度和电势. 因此上式表示,在由多个点电荷产生的电场中,任意一点的电势等于各个点电荷在该点产生的电势的代数和. 电势的这种性质,称为电势的叠加原理. 如果第 i 个点电荷到点 P 的距离为 r_i,那么

$$U_i=\int_P^{\infty}\boldsymbol{E}_i\cdot\mathrm{d}\boldsymbol{l}=\frac{q_i}{4\pi\varepsilon_0 r_i}$$

所以点 P 的电势为

$$U_P=\sum_{i=1}^{n}U_i=\frac{1}{4\pi\varepsilon_0}\sum_{i=1}^{n}\frac{q_i}{r_i}\qquad(12-4-9)$$

即点电荷系的电场中某点的电势,等于各个点电荷的电场在该点电势的代数和.

(3)任意带电体的电场中的电势.

这时我们仍然可以把带电体看成很多小电荷元的集合体. 每个电荷元在空间某点产生的电势,与相同电量的点电荷在该点产生的电势相等. 整个带电体在空间某点产生的电势,等于各个电荷元在同一点产生电势的代数和. 所以,上式中的求和号可用积分号代替,即

$$U_P=\frac{1}{4\pi\varepsilon_0}\int\frac{\mathrm{d}q}{r}\qquad(12-4-10)$$

式中,r 是电荷元 $\mathrm{d}q$ 到所讨论的场点 P 的距离.

在计算电势时,如果已知电荷的分布,但尚不知电场强度的分布,可以利用式(12—4—10)直接计算电势. 对于电荷分布具有一定对称性的问题,往往先利用高斯定理求出电场的分布,然后通过式(12—4—4)或(12—4—5)来计算电势.

例 12—4—1 如图 12—4—4 所示,一半径为 R 的均匀带电球

体，电荷为 q，求球外、球面及球内各点的电势.

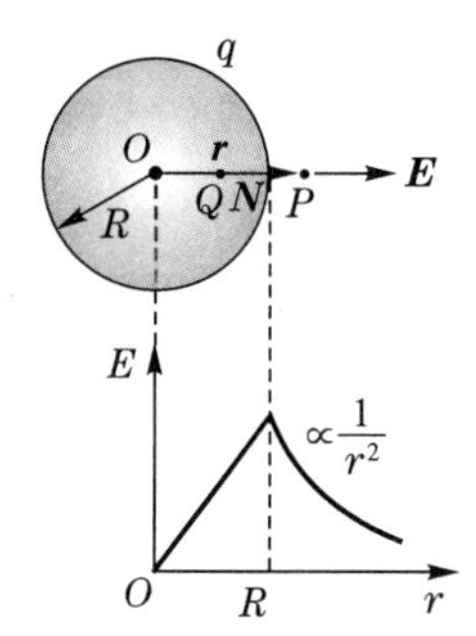

图 12—4—4　均匀带电球体的电势

解　由高斯定理 $\oint_S \boldsymbol{E}\cdot \mathrm{d}\boldsymbol{S}=\frac{1}{\varepsilon_0}\sum q_i$，知

$$\boldsymbol{E}_1=\frac{q\boldsymbol{r}}{4\pi\varepsilon_0 R^3},r<R$$

$$\boldsymbol{E}_2=\frac{q\boldsymbol{r}}{4\pi\varepsilon_0 r^3},r\geqslant R$$

任取球内一点 Q，设与球心距离为 r，其电势为

$$\begin{aligned}U_1&=\int_r^R\boldsymbol{E}_1\cdot\mathrm{d}\boldsymbol{r}+\int_R^\infty\boldsymbol{E}_2\cdot\mathrm{d}\boldsymbol{r}\\&=\int_r^R\frac{q\,r}{4\pi\varepsilon_0R^3}\mathrm{d}r+\int_R^\infty\frac{q}{4\pi\varepsilon_0r^2}\mathrm{d}r\\&=\frac{q(3R^2-r^2)}{8\pi\varepsilon_0R}\qquad(r<R)\end{aligned}$$

任取球面上一点 N，其电势为

$$U_2=\int_R^\infty\boldsymbol{E}_2\cdot\mathrm{d}\boldsymbol{r}=\int_R^\infty\frac{q}{4\pi\varepsilon_0r^2}\mathrm{d}r=\frac{q}{4\pi\varepsilon_0R}\quad(r=R)$$

任取球外一点 P（设与球心相距 r），其电势同样可求出

$$U_3=\int_r^\infty\boldsymbol{E}_2\cdot\mathrm{d}\boldsymbol{r}=\int_r^\infty\frac{q}{4\pi\varepsilon_0r^2}\mathrm{d}r=\frac{q}{4\pi\varepsilon_0r}\quad(r>R)$$

上式表明，均匀带电的球体在球外一点的电势，等同于球上的电荷全部集中在球心的点电荷所激发的电场中该点的电势.

例 12—4—2　计算无限长均匀带电直线的电势分布.

解　令无限长直线如图 12—4—5 所示放置，其上电荷线密度为

λ. 计算在 x 轴上距直线为 r 的任一点 P 处的电势.

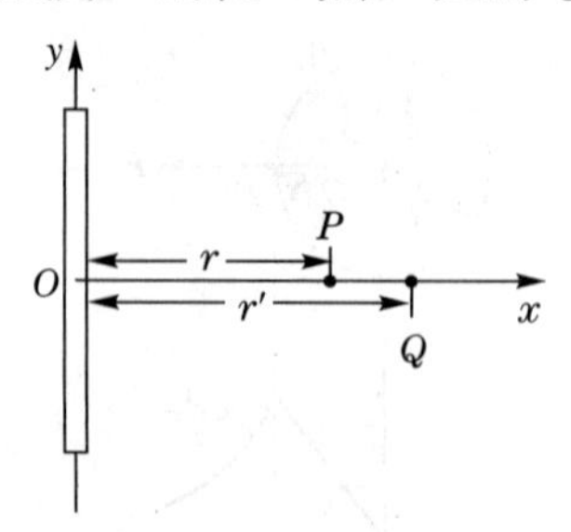

图 12—4—5　均匀带电直线的电势

为了能求得点 P 的电势，可先应用电势差和场强的关系式，求出在 x 轴上 P 点和 Q 点间的电势差. 由例 12—3—3 知，无限长均匀带电直线在 x 轴上的场强为

$$E=\frac{\lambda}{2\pi\varepsilon_0 r}$$

方向沿 x 轴. 于是，过 P 点沿 x 轴积分可算得 P 点与参考点 Q 的电势差.

$$U_P-U_Q=\int_r^{r'}\boldsymbol{E}\cdot\mathrm{d}\boldsymbol{r}=\frac{\lambda}{2\pi\varepsilon_0}\int_r^{r'}\frac{\mathrm{d}r}{r}=\frac{\lambda}{2\pi\varepsilon_0}\ln\frac{r'}{r}$$

由于 $\ln 1=0$，所以本题中若选离直线为 $r'=1\ \mathrm{m}$ 处作为电势零点，则可以很方便地得 P 点的电势为

$$U_P=-\frac{\lambda}{2\pi\varepsilon_0}\ln r$$

由上式可知，在 $r>1\ \mathrm{m}$ 处，U_P 为负值；在 $r<1\ \mathrm{m}$ 处，U_P 为正值. 这个例题的结果再次表明，在静电场中只有两点的电势差有绝对的意义，而各点的电势值只有相对的意义.

请思考：

(1)该题能否按电势叠加原理用公式 $U_P=\frac{1}{4\pi\varepsilon_0}\int\frac{\mathrm{d}q}{r}$ 来计算？

(2)该题能否用电势的定义式 $U_P=\int_{r_P}^{\infty}\boldsymbol{E}\cdot\mathrm{d}\boldsymbol{l}$ 来计算？

§12—5　电场强度与电势梯度的关系

一、等势面

我们曾用电场线来形象描述电场强度的分布. 同样,我们也可用等势面来形象描述电场中电势的分布. 一般而言,静电场中的电势值是逐点变化的,它是空间坐标的标量函数. 但是场中有许多点的电势值是相等的,把**电场中电势相等的点所构成的曲面称为等势面**. 相邻等势面之间电势差相等. 图 12—5—1 画出了几种常见的电场中的等势面和电场线,其中实线代表电场线,虚线代表等势面与纸面的交线. 如图 12—5—1(a)所示,在正点电荷电场中电场线从正电荷发出并沿径向指向外,而随着 r 的增大,场强 E 越来越小. 从点电荷电势公式 $U=\dfrac{q}{4\pi\varepsilon_0 r}$ 可知,等势面是以点电荷为中心的同心球面. 由此不难看出,任意带电体的电场中等势面与电场线有如下关系:

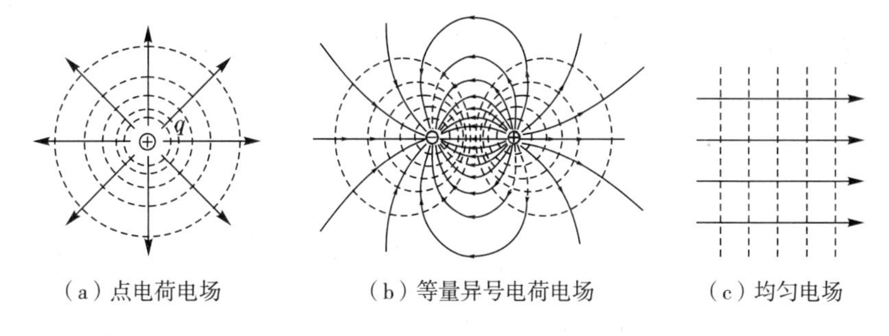

图 12—5—1　几种电场的电场线与等势面

(1)等势面与电场线处处正交. 若将试验电荷 q_0 沿等势面移动位移 $\mathrm{d}\boldsymbol{l}$,则电场力做功为零,即

$$\mathrm{d}A=q_0\boldsymbol{E}\cdot\mathrm{d}\boldsymbol{l}=q_0E\mathrm{d}l\cos\theta=q_0\mathrm{d}U=0$$

显然,在 $\boldsymbol{E}$ 和 $\mathrm{d}\boldsymbol{l}$ 均不等于零的情况下,必须有 $\theta=\dfrac{\pi}{2}$,说明电场线与等势面处处正交.

(2)电场线指向电势降落的方向.

(3)等势面与电场线密集处场强的量值大,稀疏处场强的量值小.

显然,从等势面和电场线的关系是可以分析电场分布的.而在许多实际问题中等势面常用实验方法直接测定并描绘出来,并据此来分析和控制电场的分布.

二、场强与电势的微分关系

电场强度与电势都是描述同一电场中各点性质的物理量,它们间必然有着密切联系.式(12—4—4)、式(12—4—5)和式(12—4—6)是反映电场中电势、电势差与电场强度的积分关系式,使我们能由已知的场强分布求得电势分布.现在,我们来研究场强与电势的微分关系,并引入电势梯度概念,从而为我们由电势分布求得场强分布提供方便.

设在如图 12—5—2 所示电场中有两个靠得很近的等势面 U 和 $U+\mathrm{d}U$(设 $\mathrm{d}U>0$). $\boldsymbol{e}_{\mathrm{n}}$ 为其单位法向矢量.在两等势面之间沿 $\boldsymbol{e}_{\mathrm{n}}$ 取一长度为 $\mathrm{d}n$ 的线段,与两等势面的交点分别为 P_1 和 P_3.由等势面与电场线垂直可知,场强 $\boldsymbol{E}$ 与 $\boldsymbol{e}_{\mathrm{n}}$ 只能同向或反向.若以 E_{n} 表示 $\boldsymbol{E}$ 在 $\boldsymbol{e}_{\mathrm{n}}$ 方向上的投影,即$\boldsymbol{E}=E_{\mathrm{n}}\boldsymbol{e}_{\mathrm{n}}$,则当 $E_{\mathrm{n}}>0$ 时 $\boldsymbol{E}$ 与 $\boldsymbol{e}_{\mathrm{n}}$ 同向,否则反向.

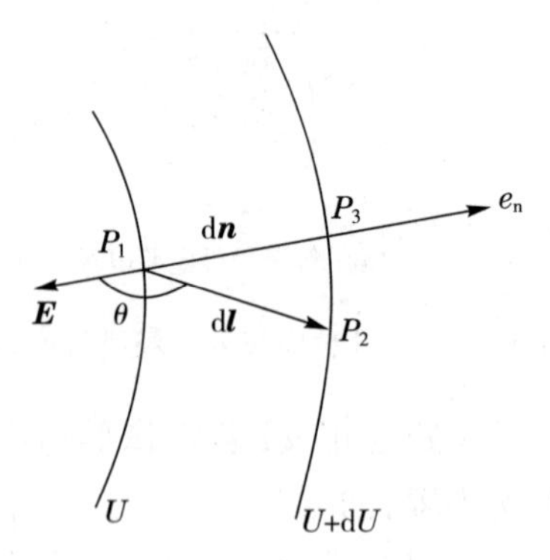

图 12—5—2 电势的梯度

利用式(12—4—6)可以得到

$$U-(U+\mathrm{d}U)=\int_{P_1}^{P_3}\boldsymbol{E}\cdot\mathrm{d}\boldsymbol{n}=\int_{P_1}^{P_3}E_{\mathrm{n}}\boldsymbol{e}_{\mathrm{n}}\cdot\mathrm{d}\boldsymbol{n}$$

令积分沿 $\boldsymbol{e}_{\mathrm{n}}$ 方向进行，并考虑到 P_1 和 P_3 很靠近，可以认为连线上各点的 E_{n} 与 P_1 点的相同，故有

$$-\mathrm{d}U=\int_{P_1}^{P_3}E_{\mathrm{n}}\boldsymbol{e}_{\mathrm{n}}\cdot\mathrm{d}\boldsymbol{n}=E_{\mathrm{n}}\mathrm{d}n$$

或

$$E_{\mathrm{n}}=-\frac{\mathrm{d}U}{\mathrm{d}n}\qquad(12-5-1)$$

考虑到方向关系 $\boldsymbol{E}=E_{\mathrm{n}}\boldsymbol{e}_{\mathrm{n}}$，则有

$$\boldsymbol{E}=E_{\mathrm{n}}\boldsymbol{e}_{\mathrm{n}}=-\frac{\mathrm{d}U}{\mathrm{d}n}\boldsymbol{e}_{\mathrm{n}}\qquad(12-5-2)$$

由此得到了电势与场强的微分关系，电场中某点的场强等于这一点的电势沿等势面法线方向的方向导数 $\frac{\mathrm{d}U}{\mathrm{d}n}$ 的负值，式中负号表示场强方向沿电势降落的方向.

如果在两邻近等势面之间由 P_1 点沿任意方向 $\boldsymbol{l}$ 取长为 $\mathrm{d}l=\overline{P_1P_2}$ 的线段与等势面 $U+\mathrm{d}U$ 的交点为 P_2，与 $\boldsymbol{e}_{\mathrm{n}}$ 的夹角为$(\pi-\theta)$，则由式(12—4—6)可得

$$U-(U+\mathrm{d}U)=\int_{P_1}^{P_2}\boldsymbol{E}\cdot\mathrm{d}\boldsymbol{l}=E\cos\theta\mathrm{d}l=E_l\mathrm{d}l$$

即

$$E_l=-\frac{\mathrm{d}U}{\mathrm{d}l}\qquad(12-5-3)$$

上式表示，电场中某点的场强沿任意方向的分量，等于这一点的电势沿该方向的方向导数的负值.

由图 12—5—2 可知，$\mathrm{d}l\cos(\pi-\theta)=\mathrm{d}n$，因此在所有的方向导数中，沿等势面法线方向的方向导数数值最大，且其他方向的方向导数等于它乘以 $\cos(\pi-\theta)$. 于是我们可以定义一个矢量，方向沿 $\boldsymbol{e}_{\mathrm{n}}$ 的方向，大小等于 $\frac{\mathrm{d}U}{\mathrm{d}n}$. 这个矢量叫作电势梯度矢量，用 $\mathrm{grad}U$ 或 ∇U 表示. 可见**电势梯度的大小等于电势在该点的最大空间变化率(最大方向导数)，方向沿等势面法向，指向电势增加方向.**

考虑到电场强度 $\boldsymbol{E}$ 与电势梯度 $\frac{\mathrm{d}U}{\mathrm{d}n}\boldsymbol{e}_{\mathrm{n}}$ 的关系是量值相等而方向

相反,故其矢量关系为

$$\boldsymbol{E}=-\frac{\mathrm{d}U}{\mathrm{d}n}\boldsymbol{e}_{\mathrm{n}}=-\operatorname{grad}U=-\nabla U \qquad (12-5-4)$$

不难看出式(12—5—3)正是式(12—5—4)的分量式. 由于电势 U 为空间位置的函数,即 $U=U(x,y,z)$,取 $\mathrm{d}\boldsymbol{l}$ 分别沿直角坐标 x, y,z 轴方向,则可得到场强 $\boldsymbol{E}$ 沿这三个方向的分量分别为

$$E_x=-\frac{\partial U}{\partial x},E_y=-\frac{\partial U}{\partial y},E_z=-\frac{\partial U}{\partial z} \qquad (12-5-5)$$

场强 $\boldsymbol{E}$ 可写成

$$\boldsymbol{E}=E_x\boldsymbol{i}+E_y\boldsymbol{j}+E_z\boldsymbol{k}=-\left(\frac{\partial U}{\partial x}\boldsymbol{i}+\frac{\partial U}{\partial y}\boldsymbol{j}+\frac{\partial U}{\partial z}\boldsymbol{k}\right)$$
$$=-\operatorname{grad}U=-\nabla U$$
$$(12-5-6)$$

式(12—5—4)就是电场强度与电势的微分关系. 在实际应用中,我们要计算场强 $\boldsymbol{E}$ 时,可先求出电势函数 U,然后根据式(12—5—4)或式(12—5—6)求出场强 $\boldsymbol{E}$. 显然,通过标量积分计算 U,再通过求微商得到 $\boldsymbol{E}$ 比直接用矢量积分计算场强 $\boldsymbol{E}$ 要简便得多. 需要指出的是,场强与电势的微分关系说明,**电场中某点的场强只决定于该点附近电势的空间变化率,而与该点电势值本身无直接关系.**

在国际单位制中,电势梯度的单位是伏·米$^{-1}$($\mathrm{V\cdot m^{-1}}$),所以场强也常用这个单位.

例 12—5—1 一半径为 R 的细圆环均匀地带有电荷 q,求垂直于环面的轴上一点 P 的电势和电场强度. 已知点 P 与环面相距为 x (如图 12—5—3 所示).

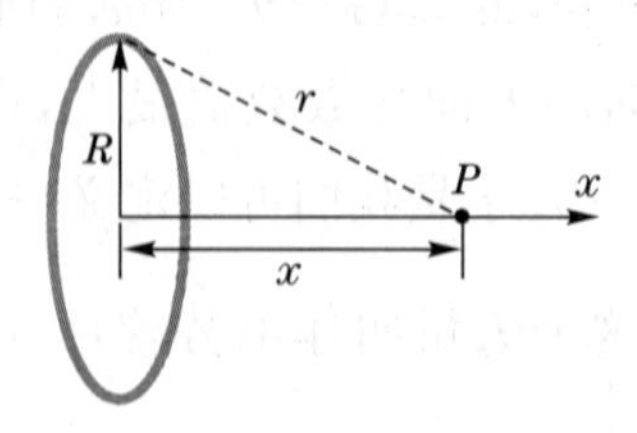

图 12—5—3 均匀带电细圆环的电势

解 点 P 的电势是环上所有电荷元在该点的电势之代数和. 由于电荷在环上是连续均匀分布的,则环上的电荷线密度为$\lambda=q/(2\pi R)$.

现在,我们在环上任取一电荷元 $dq=\lambda dl=\lambda R d\theta$($d\theta$ 是对应于弧长 dl 的中心角). 根据公式(12—4—10),得 P 点的电势为

$$U_P=\int_l \frac{dq}{4\pi\varepsilon_0 r}=\int_0^{2\pi}\frac{\lambda R\,d\theta}{4\pi\varepsilon_0\sqrt{R^2+x^2}}$$

$$=\frac{\lambda R}{4\pi\varepsilon_0\sqrt{R^2+x^2}}\int_0^{2\pi}d\theta=\frac{q}{4\pi\varepsilon_0\sqrt{R^2+x^2}}$$

根据公式(12—5—6),得 P 点的电场强度为

$$\boldsymbol{E}=E_x\boldsymbol{i}=-\frac{dU}{dx}\boldsymbol{i}=\frac{qx}{4\pi\varepsilon_0(x^2+R^2)^{3/2}}\boldsymbol{i}$$

此结果与例 12—2—2 所求结果一致.

例 12—5—2 求电偶极子电场中任意一点 P 的电势和电场强度.

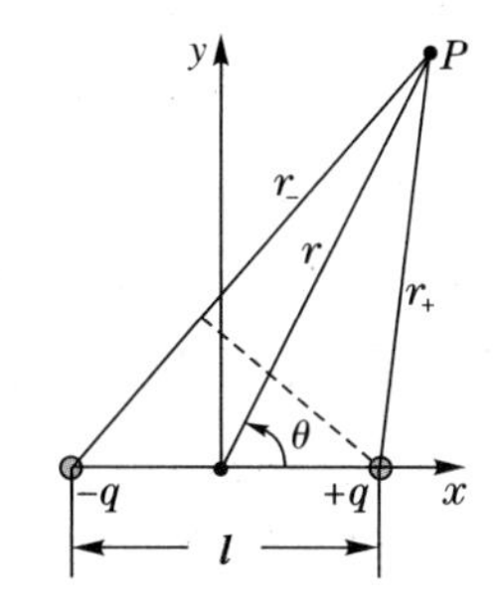

图 12—5—4 电偶极子的电势

解 如图 12—5—4 所示,正负电荷在 P 点产生的电势分别为

$$U_+=\frac{1}{4\pi\varepsilon_0}\frac{q}{r_+},U_-=-\frac{1}{4\pi\varepsilon_0}\frac{q}{r_-}$$

则电偶极子在 P 点产生的电势为

$$U=U_++U_-=\frac{q}{4\pi\varepsilon_0}\frac{r_--r_+}{r_+r_-}\approx\frac{q}{4\pi\varepsilon_0}\frac{l\cos\theta}{r^2}$$

$$\because l\ll r$$

$$\therefore r_--r_+\approx l\cos\theta, r_-r_+\approx r^2$$

则

$$U\approx\frac{q}{4\pi\varepsilon_0}\frac{l\cos\theta}{r^2}=\frac{1}{4\pi\varepsilon_0}\frac{p\cos\theta}{r^2}$$

用坐标表示电势得

$$U=\frac{p}{4\pi\varepsilon_0}\frac{x}{(x^2+y^2)^{3/2}}$$

由电场强度与电势的关系得电场强度为

$$E_x = -\frac{\partial U}{\partial x} = -\frac{p}{4\pi\varepsilon_0}\frac{y^2-2x^2}{(x^2+y^2)^{5/2}}$$

$$E_y = -\frac{\partial U}{\partial y} = \frac{p}{4\pi\varepsilon_0}\frac{3xy}{(x^2+y^2)^{5/2}}$$

$$E = \sqrt{E_x^2+E_y^2} = \frac{p}{4\pi\varepsilon_0}\frac{(4x^2+y^2)^{1/2}}{(x^2+y^2)^2}$$

$$x=0, E = \frac{p}{4\pi\varepsilon_0}\frac{1}{y^3}$$

$$y=0, E = \frac{2p}{4\pi\varepsilon_0}\frac{1}{x^3}$$

这与例 12－2－1 中对电偶极子的讨论结果一致.

由前面的讨论可知,只有电场强度对电荷的运动产生影响,电势并不对电场中的电荷产生任何可测量的效果.换言之,电场强度可看作物质性的物理实在,电势只不过是为方便而引入的数学工具.但是近代物理学表明,电子具有波粒二象性,而空间电势能对其中传播电子波的相位产生影响.由此,电势也是物理实在,而且在某种意义上是比电场强度更为基本的物理实在.

习题十二

一、选择题

12－1 两个均匀带电的同心球面,半径分别为 R_1,R_2($R_1<R_2$),小球带电 Q,大球带电 $-Q$,图 12－1 中哪一个图线正确表示了电场的分布 ( )

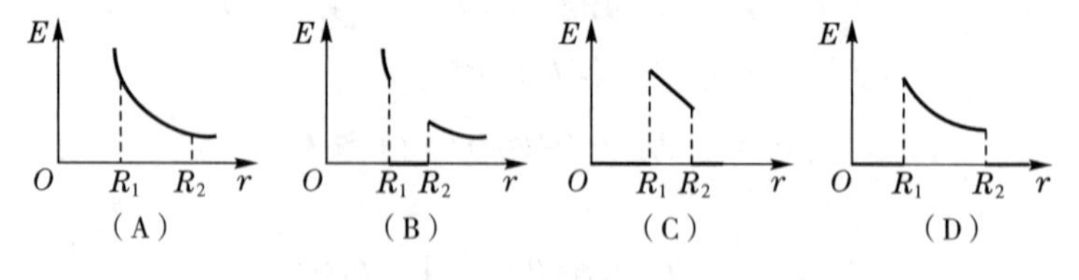

图 12－1

12－2 如图 12－2 所示,任一闭合曲面 S 内有一点电荷 q,O 为 S 面上任一点,若将 q 由闭合曲面内的 P 点移到 T 点,且 $OP=OT$,那么 ( )

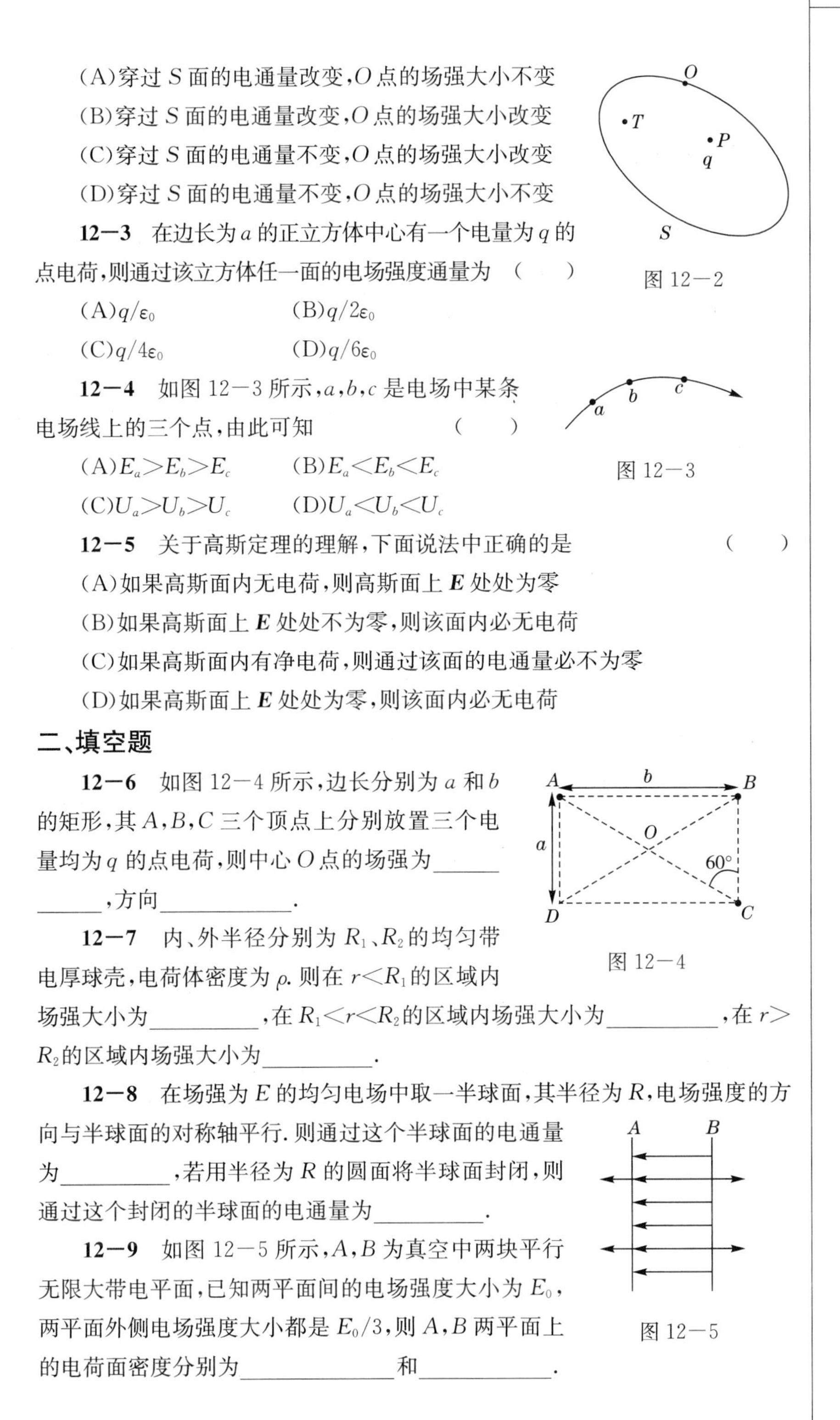

(A)穿过 S 面的电通量改变，O 点的场强大小不变

(B)穿过 S 面的电通量改变，O 点的场强大小改变

(C)穿过 S 面的电通量不变，O 点的场强大小改变

(D)穿过 S 面的电通量不变，O 点的场强大小不变

图 12－2

12－3　在边长为 a 的正立方体中心有一个电量为 q 的点电荷，则通过该立方体任一面的电场强度通量为　(　　)

(A)q/ε_0　　(B)$q/2\varepsilon_0$

(C)$q/4\varepsilon_0$　　(D)$q/6\varepsilon_0$

12－4　如图 12－3 所示，a,b,c 是电场中某条电场线上的三个点，由此可知　(　　)

(A)$E_a>E_b>E_c$　　(B)$E_a<E_b<E_c$

(C)$U_a>U_b>U_c$　　(D)$U_a<U_b<U_c$

图 12－3

12－5　关于高斯定理的理解，下面说法中正确的是　(　　)

(A)如果高斯面内无电荷，则高斯面上 $\boldsymbol{E}$ 处处为零

(B)如果高斯面上 $\boldsymbol{E}$ 处处不为零，则该面内必无电荷

(C)如果高斯面内有净电荷，则通过该面的电通量必不为零

(D)如果高斯面上 $\boldsymbol{E}$ 处处为零，则该面内必无电荷

二、填空题

12－6　如图 12－4 所示，边长分别为 a 和 b 的矩形，其 A,B,C 三个顶点上分别放置三个电量均为 q 的点电荷，则中心 O 点的场强为____________，方向____________.

图 12－4

12－7　内、外半径分别为 R_1、R_2 的均匀带电厚球壳，电荷体密度为 ρ. 则在 $r<R_1$ 的区域内场强大小为__________，在 $R_1<r<R_2$ 的区域内场强大小为__________，在 $r>R_2$ 的区域内场强大小为__________.

12－8　在场强为 E 的均匀电场中取一半球面，其半径为 R，电场强度的方向与半球面的对称轴平行. 则通过这个半球面的电通量为__________，若用半径为 R 的圆面将半球面封闭，则通过这个封闭的半球面的电通量为__________.

12－9　如图 12－5 所示，A,B 为真空中两块平行无限大带电平面，已知两平面间的电场强度大小为 E_0，两平面外侧电场强度大小都是 $E_0/3$，则 A,B 两平面上的电荷面密度分别为______________和____________.

图 12－5

12－10 如图 12－6 所示,在 A,B 两点处有电量分别为 $+q$,$-q$ 的点电荷,ab 间距离为 $2R$,现将另一正试探点电荷 q_0 从 O 点经半圆弧路径移到 C 点,电场力所做的功为________.

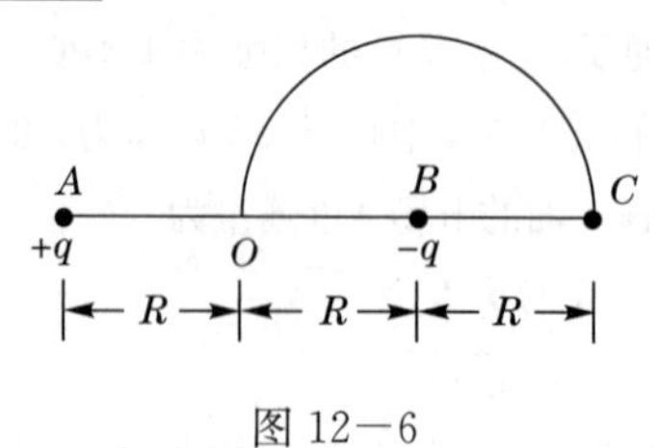

图 12－6

三、计算与证明题

12－11 如图 12－7 所示,长 $L=15$ cm 的直导线 ab 上均匀地分布着线密度为 $\lambda=5\times10^{-9}\text{C}\cdot\text{m}^{-1}$ 的电荷. 求在导线的延长线上与导线一端 B 相距 $d=5$ cm处 P 点的场强.

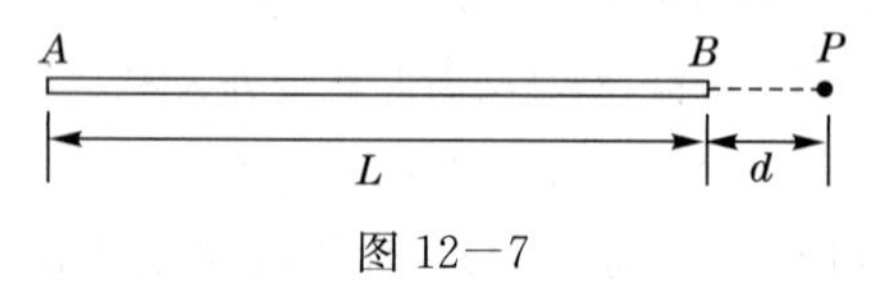

图 12－7

12－12 一个细玻璃棒被弯成半径为 R 的半圆形,沿其上半部分均匀分布有电荷 $+Q$,沿其下半部分均匀分布有电荷 $-Q$,如图 12－8 所示. 试求圆心 O 处的电场强度.

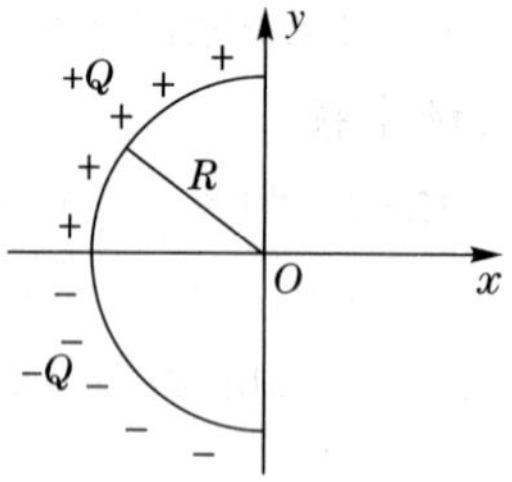

图 12－8

12－13 两条无限长平行直导线相距为 r_0,均匀带有等量异号电荷,电荷线密度为 λ.

(1)求两导线构成的平面上任意一点的电场强度(设该点到其中一条导线的垂直距离为 x);

(2)求每一根导线上单位长度导线受到另一根导线上电荷的电场力.

12－14 在半径为 R,电荷体密度为 ρ 的均匀带电球内,挖去一个半径为 r 的小球,如图 12－9所示. 试求 P,P'两点的场强.(O,O',P,P'在一条直线上.)

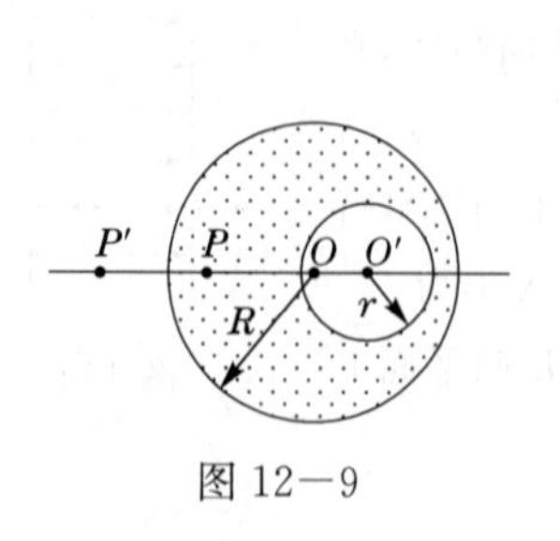

图 12－9

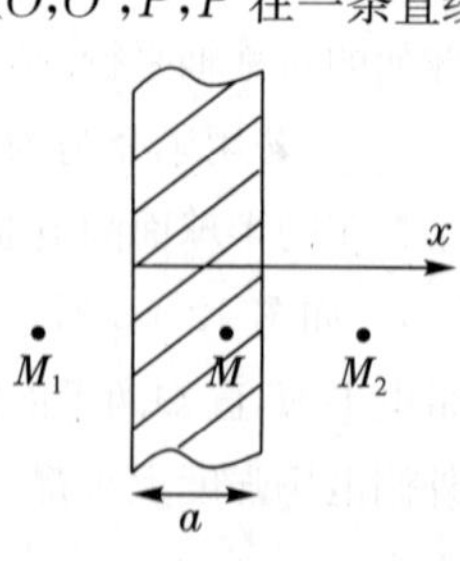

图 12－10

12－15 如图 12－10 所示，一厚度为 a 的无限大带电平板，电荷体密度为 $\rho=kx(0\leqslant x\leqslant a)$，$k$ 为正常数，求：

(1)板外两侧任一点 M_1，M_2 的场强大小；

(2)板内任一点 M 的场强大小；

(3)场强最小的点在何处？

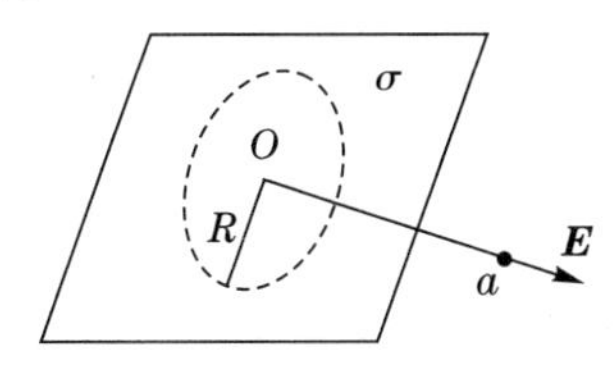

图 12－11

12－16 如图 12－11 所示，一电荷面密度为 s 的“无限大”平面，在距离平面 a 处的一点的场强大小的一半是由平面上的一个半径为 R 的圆面积范围内的电荷所产生的. 试求该圆半径的大小.

12－17 如图 12－12 所示，两个点电荷 $+q$ 和 $-3q$，相距为 d. 试求：

(1) 在它们的连线上电场强度 $\boldsymbol{E}=0$ 的点与电荷为 $+q$ 的点电荷相距多远？

(2) 若选无穷远处电势为零，两点电荷之间电势 $U=0$ 的点与电荷为 $+q$ 的点电荷相距多远？

+q　　　　d　　　　-3q

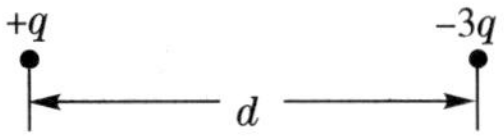

图 12－12

12－18 如图 12－13 所示，半径为 $R=8$ cm 的薄圆盘，均匀带电，面电荷密度为 $\sigma=2\times10^{-5}\ \mathrm{C\cdot m^{-2}}$，求：

(1)垂直于盘面的中心对称轴线上任一点 P 的电势(用 P 与盘心 O 的距离 x 来表示)；

(2)从场强与电势的关系求该点的场强；

(3)计算 $x=6$ cm 处的电势和场强.

12－19 一“无限大”平面，中部有一半径为 R 的圆孔，设平面上均匀带电，电荷面密度为 σ，如图 12－14 所示. 试求通过小孔中心 O 点并与平面垂直的直线上各点的场强和电势(选 O 点的电势为零).

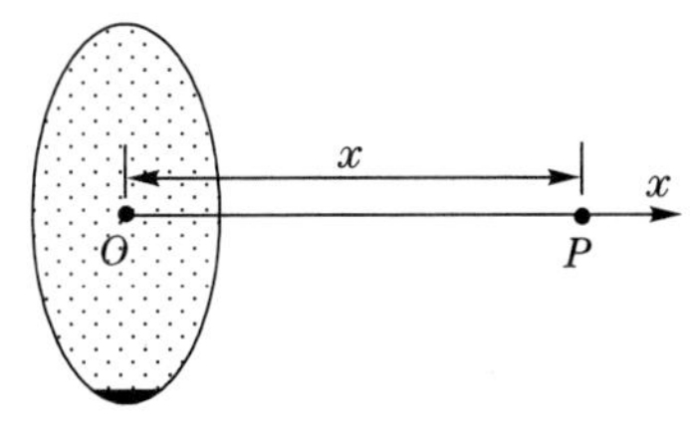

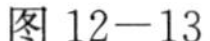

图 12－13

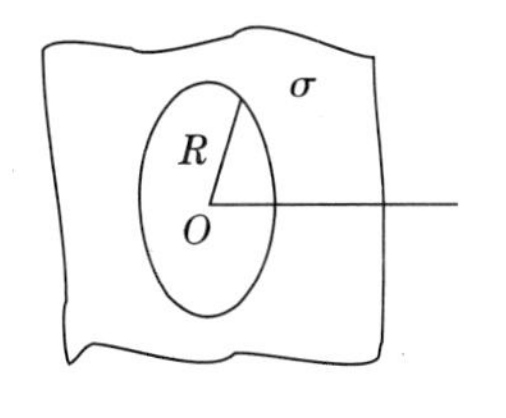

图 12－14

12－20 电荷面密度分别为$+s$和$-s$的两块"无限大"均匀带电平行平面，分别与x轴垂直相交于$x_1=a$，$x_2=-a$两点，如图12－15所示. 设坐标原点O处电势为零，试求空间的电势分布.

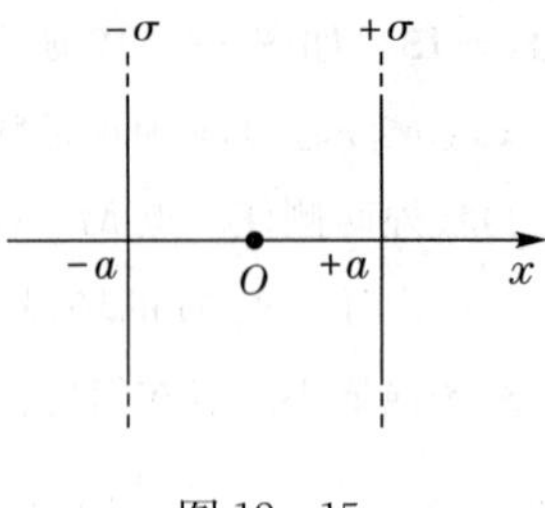

图12－15

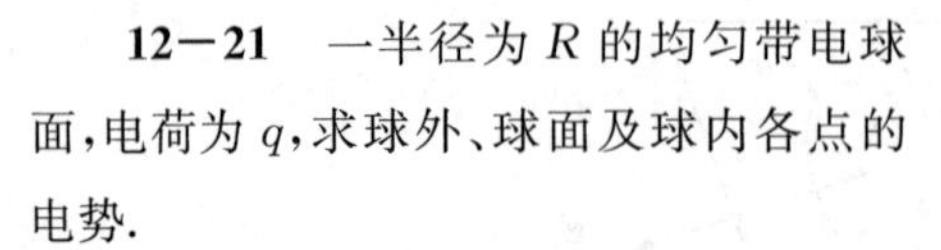

12－21 一半径为R的均匀带电球面，电荷为q，求球外、球面及球内各点的电势.

12－22 两个同心球面的半径分别为R_1和R_2，各自带有电荷Q_1和Q_2. 求：

(1)各区域电势的分布；

(2)两球面上的电势差.

12－23 如图12－16所示，一半径为R的"无限长"圆柱形带电体，其电荷体密度为$\rho=Ar$ $(r\leqslant R)$，式中A为常量. 试求：

(1) 圆柱体内、外各点场强大小分布；

(2) 选与圆柱轴线的距离为l $(l>R)$处为电势零点，计算圆柱体内、外各点的电势分布.

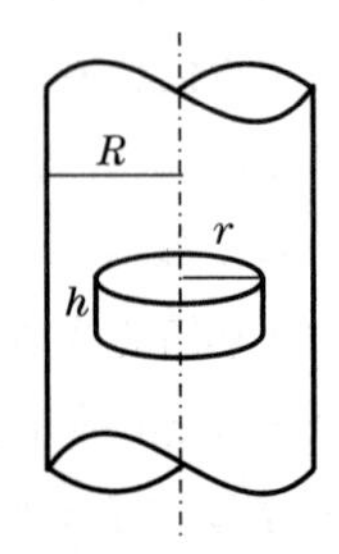

图12－16

12－24 如图12－17所示，有三个电荷q_1、q_2、q_3沿一条直线等间距分布，已知其中任一点电荷所受合力均为零，且$q_1=q_3=q$. 求在固定q_1、q_3的情况下，将q_2从点O移到无穷远处外力所做的功.

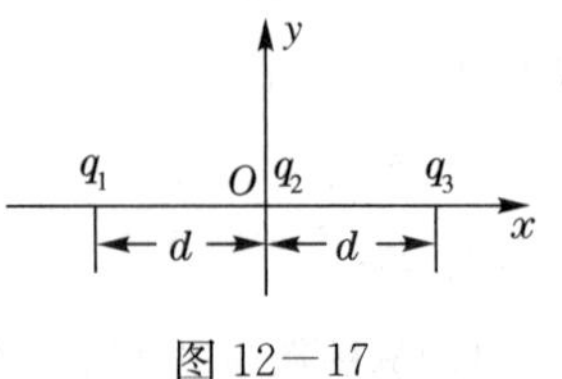

图12－17

12－25 长为l的两根相同的细棒，均匀带电，电荷线密度为λ，沿同一直线放置，相距也为l，如图12－18所示. 求两根棒间的静电相互作用力.

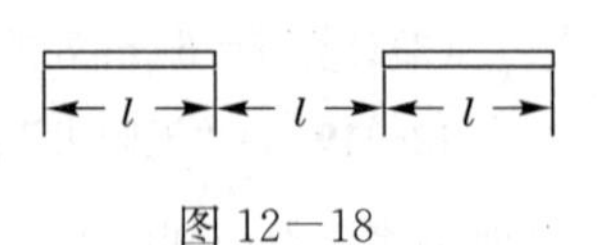

图12－18

第十三章

静电场中的导体和电介质

从物质电结构理论的观点来看，任何物体都可能带电. 按导电性能的不同，物体可分为三类，即(1)导体：当物体的某部分带电后，如果能够把所带的电荷迅速地向其他部分传布开来，则这种物体称为导电体，简称导体；各种金属，碱、酸或盐的溶液(化学上的电解质)等都是导体. (2)电介质(绝缘体)：如果物体某部分带电后，其电荷只能停留在该部分，而不能显著地向其他部分传布，这种不导电的物体称为电介质，又称绝缘体；玻璃、石蜡、硬橡胶、塑料、松香、丝绸、瓷器、纯水、干燥空气等都是电介质. 由于电介质很难导电，所以它容易带电. (3)半导体：导电性能介于导体和电介质两者之间的物质，叫半导体.

上一章研究了真空中的静电场，阐明了静电场的基本性质和规律. 本章将进一步应用这些规律讨论静电场与场中导体和电介质的相互作用和相互影响. 本章所讨论的问题，不仅在理论上有重大意义，使我们对静电场的认识更加深入，而且在应用上也有重大作用.

§13－1　静电场中的导体

导体能够很好地导电，是由于导体中存在着大量可以自由移动的电荷. 本节讨论金属导体与电场的相互影响.

从物质的电结构来看，金属导体具有带负电的自由电子和带正电的晶体点阵. 当导体不带电也不受外电场的作用时，两种电荷在导体内均匀分布，都没有宏观移动，或者说电荷并没有做定向运动. 这时，只有微观的热运动存在(图13－1－1). 因此，在导体中任意划取的微小体积元内，自由电子的负电荷和晶体点阵上的正电荷的数目相等，整个导体或其中任一部分都不显现电性，而呈电中性.

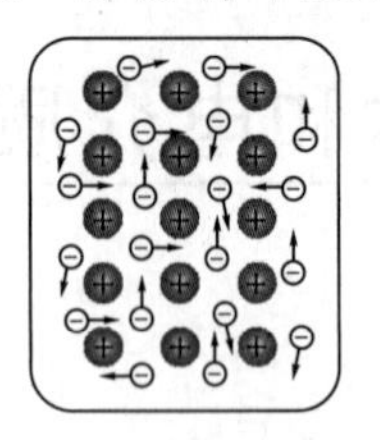

图 13—1—1　金属导体电荷分布

一、导体静电平衡性质

1. 导体的静电平衡状态

在金属导体内，由于原子中最外层价电子与原子核之间的引力较弱，通常有大量的可自由移动的自由电子. 这些自由电子就像气体分子一样在导体内进行着无规则热运动. 而导体中的正离子则有规则地排列成晶格点阵. 若将导体(无论是否带电)放入外电场中，在极短时间内，导体内自由电子将在电场力作用下做宏观定向运动并引起电荷的重新分布. 直到导体一端的表面带负电，另一端表面带正电，在导体内产生的附加电场完全抵消外电场后，自由电子的宏观定向运动才停止. 这就是所谓的**静电感应现象**(图 13—1—2). 因静电感应在导体表面出现的电荷称感应电荷. 不管导体原来是否带电或有无外场作用，导体内部和表面都没有电荷做宏观定向运动的状态称为导体的静电平衡状态.

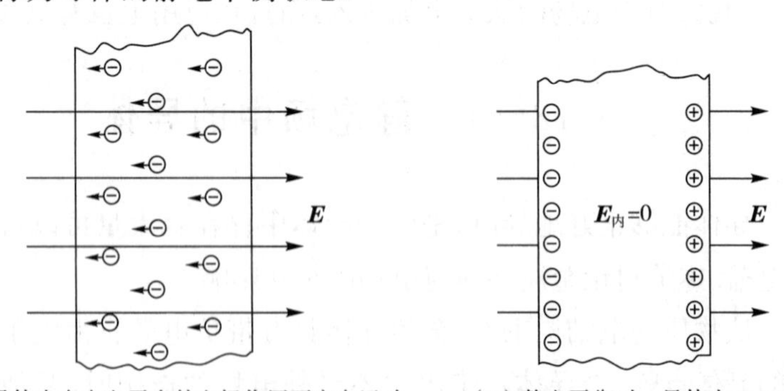

(a) 导体中自由电子在外电场作用下定向运动　　(b) 静电平衡时，导体内$E_内=0$

图 13—1—2　导体的静电平衡

2. 导体的静电平衡条件

如果导体内场强不等于零，自由电子在电场作用下将继续做宏观定向运动. 如果导体表面场强 $\boldsymbol{E}_{表}$ 不垂直于导体表面，如图 13－1－3 所示，必存在场强的切向分量 $\boldsymbol{E}_t$，说明导体表面的自由电子仍将做宏观定向运动. 只有导体内部场强处处为零，导体表面场强处处垂直于导体表面时，电荷分布才不再改变. 因此，当导体处于**静电平衡状态**时，必须满足两个条件：

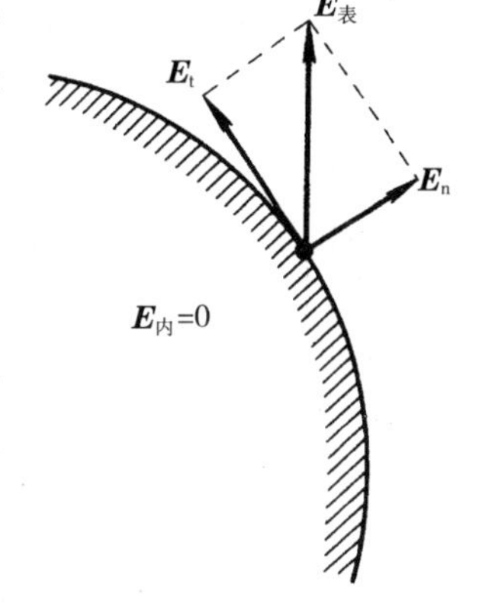

图 13－1－3　导体表面场强不垂直表面时

(1)**在导体内部，场强处处为零.**

(2)**导体表面场强垂直于导体表面.**

导体的静电平衡条件，也可以用电势来表述. 由于 $\boldsymbol{E}_{内}=0$，$\boldsymbol{E}_t=0$，说明导体内部沿任意 $\boldsymbol{l}$ 方向和导体表面沿切向 $\boldsymbol{t}$ 方向的电势空间变化率均为零，则导体上任意两点电势差均为零. 也就是说，**当导体处于静电平衡时，导体是一个等势体，导体表面为等势面**，其电势值即为导体的电势.

上述静电平衡条件也称为静电平衡态下导体的电性质. 必须指出的是，导体内部场强处处为零，整个导体是等势体，是场中所有电荷(包括导体上和导体外)的共同贡献.

3. 静电平衡时导体的电荷分布

现在，我们来讨论处于静电平衡的带电导体中电荷分布规律.

(1)**带电导体在静电平衡时，电荷只分布在导体的表面上.**

这一规律可以用高斯定理证明. 在导体内部围绕任意 P 点作一个小封闭曲面 S，由于静电平衡时导体内部任何一点的场强都等于零，因此通过此封闭曲面的电通量必然为零. 由高斯定理可知，此封闭曲面内电荷代数和为零. 由于封闭曲面可以取很小，而且 P 点是导体内任意一点，所以导体内部无净电荷，电荷只分布在导体的表面上.

(2)**处于静电平衡的导体，其表面上各处的电荷面密度与该处表面近邻处的电场强度的大小成正比.**

这一规律也可以用高斯定理证明.在导体表面近邻处取一点 P,过 P 点作一个平行于导体表面的小面元 ΔS,以 ΔS 为底作一个扁圆柱形高斯面,如图13－1－4所示,圆柱形的另一底面 $\Delta S'$ 在导体内部.由于导体内部场强为零,表面近邻处的场强与表面垂直,所以通过此高斯面的电通量就是通过 ΔS 面的电通量,等于 $E\Delta S$,以 σ 表示导体表面上 P 点附近的电荷面密度,根据高斯定律可得

$$E\Delta S = \frac{\sigma \Delta S}{\varepsilon_0}$$

由此得

$$\sigma = \varepsilon_0 E$$

上式说明,处于静电平衡状态的导体,其表面上各处的电荷面密度与该处表面近邻处的电场强度的大小成正比.

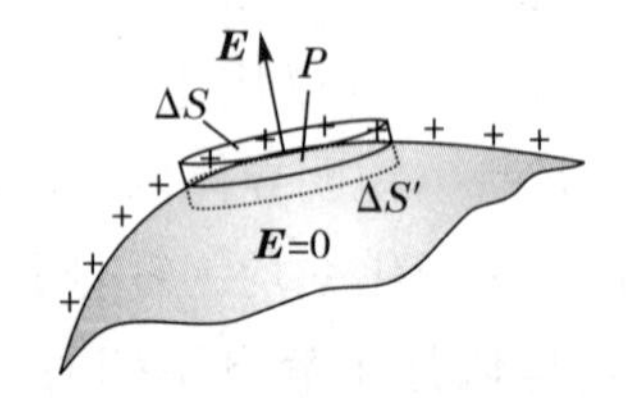

图 13－1－4　用高斯定理计算导体表面的场强

(3)**孤立导体在静电平衡时,电荷密度与导体表面曲率的关系.**

一般地说,导体表面各部分的电荷分布是不均匀的,即表面各部分的电荷面密度并不相同,而与相应各部分的表面曲率有关,但并不存在简单的函数关系.一般来说,曲率半径越小,即表面越尖锐,电荷面密度越大;表面平坦处,曲率半径较大,电荷面密度较小;如果表面凹进去,曲率半径为负,则电荷面密度更小.

①对于孤立(孤立导体是指离其他物体很远的导体,其他物体对它的影响可忽略不计)球形带电导体,由于球面上各部分的曲率相同,所以球面上电荷的分布是均匀的,电荷面密度在球面上处处相同.

②对于形状不规则的孤立带电导体,表面上曲率愈大处(例如尖端部分),电荷面密度愈大.因此单位面积上发出(或聚集)的电场线数目也愈多,附近的电场也愈强,如图 13－1－5 所示.由此可知,

在带电导体的尖端附近存在着特别强的电场，导致周围空气中残留的离子在电场力作用下会发生激烈的运动，与尖端上电荷同号的离子，将急速地被排斥而离开尖端，形成“电风”；与尖端上电荷异号的离子，因相吸而趋向尖端，并与尖端的电荷中和，而使尖端上的电荷逐渐漏失. 急速运动的离子与中性原子碰撞时，还可使原子受激而发光. 这些现象称为尖端放电现象. 例如，阴雨潮湿天气时常可在高压输电线表面附近，看到淡蓝色辉光电晕，这就是尖端放电现象. 尖端放电会使电能白白损耗，还会干扰精密测量和通讯. 因此，在许多高压电器设备中，所有金属元件都应避免带有尖棱毛刺，最好做成球形，并尽量使导体表面光滑而平坦，这都是为了避免尖端放电的产生. 然而尖端放电也有很广泛的用途，例如，用以制造避雷针、起电机、场离子显微镜(FIM)，还可制成同步卫星上使用的推进器等.

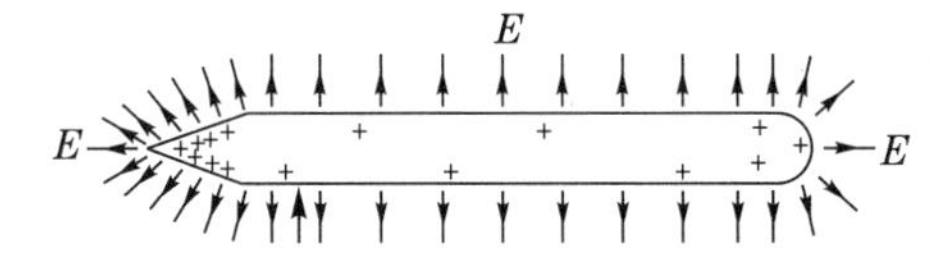

图 13—1—5　形状不规则的孤立带电导体电荷分布

二、空腔导体和静电屏蔽

静电平衡时导体内部的场强为零，这一特性在工程技术上常被用来作静电屏蔽. 所以研究一个空心导体壳(又称空腔导体)内的电场和电荷分布的特征，对求解导体问题和理解静电屏蔽都是有益的.

1. 空腔导体

我们分两种情况研究静电平衡时空腔导体的电场和电荷分布特征.

(1)腔内无带电体.

①空腔内部场强为零，整个腔体是一个等势体.

②若空腔导体带电，则电荷只分布于空腔导体外表面，内表面无电荷.

我们可通过图 13—1—6，应用导体静电平衡特性和高斯定理证明上述结论. 我们可以在空腔导体内外表面之间作一包围内表面的闭合曲面 S，根据静电平衡下导体内场强处处为零，可知通过 S 面的电通量为零,按高斯定理得闭合面 S 内电荷的代数和必为零,内表面即使带电,净电荷必定为零. 进一步用反证法证明,若内表面一部分带正电荷,一部分带负电荷,则腔内必存在电场,有电场线从正电荷指向负电荷,使腔体内表面间存在电势差. 这显然与静电平衡时导体是一个等势体相矛盾. 因此,空腔导体内表面必定无电荷,电荷只分布于腔体外表面.

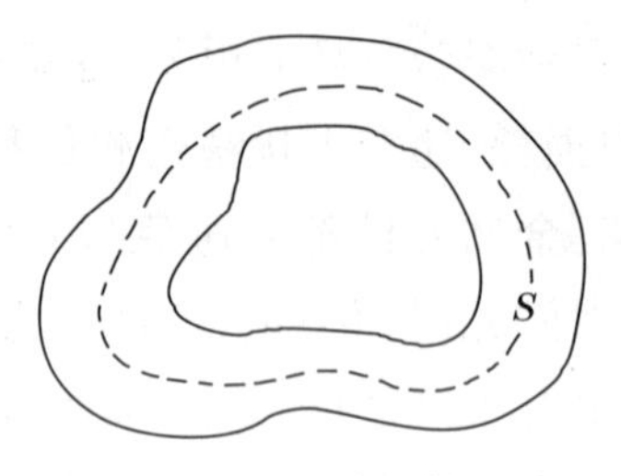

图 13—1—6　腔内无带电体的空腔导体

(2)腔内有带电体.

①导体中场强为零.

②空腔内部的电场决定于腔内带电体,空腔外电场决定于空腔外表面的电荷分布.

③空腔的内表面所带电荷与腔内带电体所带电荷等量异号.

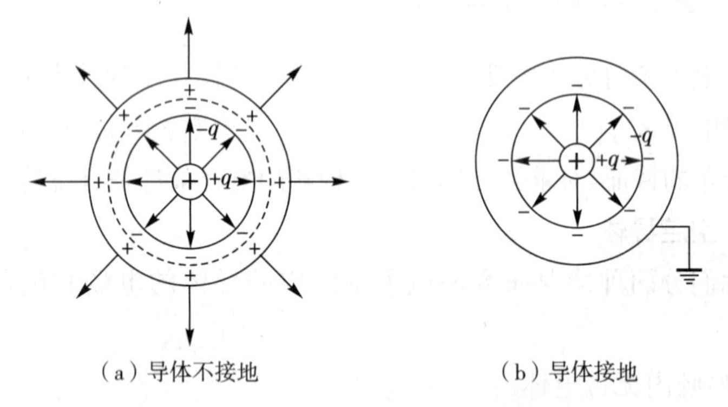

（a）导体不接地　（b）导体接地

图 13—1—7　腔内有带电体的空腔导体

我们可通过图 13—1—7 来证明上述结论. 当处于静电平衡状态时,假如空腔导体内有其他带电体而空腔导体本身不带电,可在导体壳内外表面间作一面积为 S 的高斯面,如图 13—1—7(a)所示,由于高斯面 S 处在导体内部,则通过 S 的电通量应为零. 根据高斯定理,在 S 内 $\sum q=0$,所以,如果导体壳内有带电体 $+q$ 时,则其内表面必带有$-q$的电量. 而根据电荷守恒定律,由于整个空腔导体不带电,则导体壳的外表面必感应出$+q$的电量,由于腔内带电体的电荷与导体壳内表面上电荷等量异号,因此除腔内带电体在腔内产生电场外,它们两者在导体中及导体外产生的合场强应为零. 空腔导体外的电场理所当然只可能由导体壳外表面上电荷所决定了,这就证明了上述结论. 如果导体壳本身带有电荷,读者可自行分析,亦可得出上述结论.

若如图 13—1—7(b)所示,导体壳接地,则空腔内带电体的电荷变化将不再影响导体外的电场.

2. 静电屏蔽

如前所述,在静电平衡态下,不管导体壳本身带电与否,还是导体壳处在外电场中,只要导体壳的腔内无其他带电体,它就和实心导体一样,内部没有电场,这一结论总是对的. 这样导体壳的表面就屏蔽了它所包围的区域,使之不受外电场或导体壳外表面电荷的影响(有外电场时,导体壳外表面电荷分布和电势会有变化). 当导体壳接地时,如图 13—1—7(b)所示,既可将腔内带电体对外界的影响全部消除,又可使导体壳相对地的电势不再变化. 我们把**导体壳的**(不论是否接地)**内部电场不受壳外电荷的影响,接地导体壳的外部电场不受壳内电荷影响的现象称为静电屏蔽**.

在工程技术上,常将电子仪器封闭在金属壳(网)内屏蔽起来,以免受外界电场的干扰. 当金属壳(网)接地后,壳内电场不再影响外部. 对传送弱电信号的导线,常在其绝缘层外编织一层金属丝,以避免外来电磁信号的干扰,这样的导线称为屏蔽线.

利用静电平衡条件下导体是等势体以及静电屏蔽的道理,人们可以在高压输电线路上进行带电维修和检测等工作. 当工作人员登上数十米高的铁塔,接近高压线(如 500 kV)时,人体通过铁塔与大地相连接,人体与高压线间有非常大的电势差,因而它们之间存在很强的电场,能使人体周围空气电离而放电,从而危及人体安全. 利用空腔导体屏蔽的原理,用细铜丝(或导电纤维)和纤维纺织制成的导电性能良好的工作服(通常也叫屏蔽服、均压服),与用同样材料做成的手套、帽子、衣裤和袜子连成一体,构成一导体网壳,工作人员工作时穿上它，就相当于把人体置于空腔导体内部，使电场不能深入人体，保证了工作人员的人体安全. 此外，由于输电线通过的是交流电，在输电线周围存在很强的交变电磁场，这个电磁场所产生的感应电流也只在屏蔽服上流过，从而也避免了感应电流对人体的危害. 即使在工作人员接触电线的瞬间，放电也只在手套与电线之间发生，手套与电线之间发生火花放电以后，人体与电线便有了相同的电势，检修人员就可以在不停电的情况下，安全、自由地在几十万伏高压输电线上工作.

例 13-1-1 有一外半径 R_1、内半径 R_2 的同心金属球壳 B，其中放一半径为 R_3 的同心金属球 A，球壳 B 和球 A 均带有电量 $q(q>0)$. 问：(1)两球电荷分布；(2)球心的电势；(3)球壳电势.

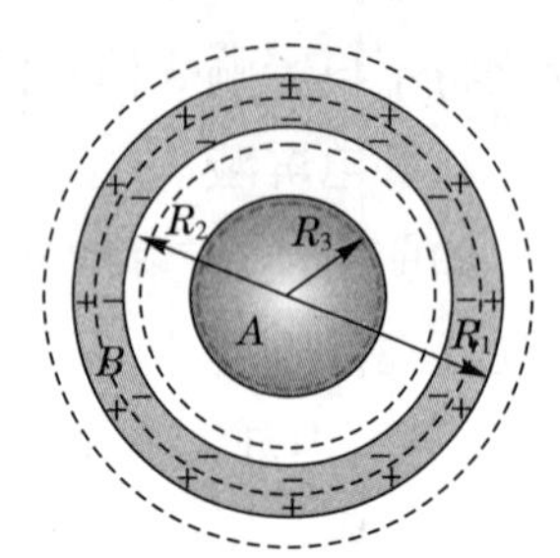

图 13-1-8 例 13-1-1 用图

解 (1)金属球 A 电荷分布在外表面，由于球 A 带电，球壳 B 被静电感应，由题设，球 A 带正电 q，从而在球壳 B 的内、外表面分别感应出电荷 $-q$ 和 $+q$. 球壳 B 本身带电 q，它将分布在其外表面上. 这样，球壳 B 外表面共带电 $2q$，并且球 A 以及球壳 B 的内、外表面上的电荷是均匀分布的.

(2)由高斯定理，得电场分布为

$$E_1 = E_3 = 0(R_2 < r < R_1, \text{或 } r < R_3)$$

$$E_2 = \frac{q}{4\pi\varepsilon_0 r^2}(R_3 < r < R_2)$$

$$E_0 = \frac{2q}{4\pi\varepsilon_0 r^2}(r > R_1)$$

选积分路径沿径向，无穷远处为势能零点，球心电势为

$$U_0 = \int_0^\infty \boldsymbol{E}\cdot \mathrm{d}\boldsymbol{l} = \int_0^{R_3} E_3\,\mathrm{d}\boldsymbol{l} + \int_{R_3}^{R_2} E_2\,\mathrm{d}\boldsymbol{l} + \int_{R_2}^{R_1} E_1\,\mathrm{d}\boldsymbol{l} + \int_{R_1}^{\infty} E_0\,\mathrm{d}\boldsymbol{l}$$

$$= \int_{R_3}^{R_2} E_2\,\mathrm{d}r + \int_{R_1}^{\infty} E_0\,\mathrm{d}r = \int_{R_3}^{R_2} \frac{q\mathrm{d}r}{4\pi\varepsilon_0 r^2} + \int_{R_1}^{\infty} \frac{2q\mathrm{d}r}{4\pi\varepsilon_0 r^2}$$

$$= \frac{q}{4\pi\varepsilon_0}\left(\frac{1}{R_3} - \frac{1}{R_2} + \frac{2}{R_1}\right)$$

(3)同理,可求得球壳 B 的电势为

$$U_1=\int_{R_1}^{\infty}\frac{2q}{4\pi\varepsilon_0 r^2}\mathrm{d}r=\frac{q}{2\pi\varepsilon_0 R_1}$$

例 13—1—2 如图 13—1—9(a)所示,在一不带电的金属球旁,有一点电荷 $+q$,金属球半径为 R,试求:

(1)金属球上感应电荷在球心处产生的电场强度 $\boldsymbol{E}$ 及此时球心处的电势 U.

(2)若将金属球接地,球上的净电荷如何?已知 $+q$ 与金属球心间距离为 r.

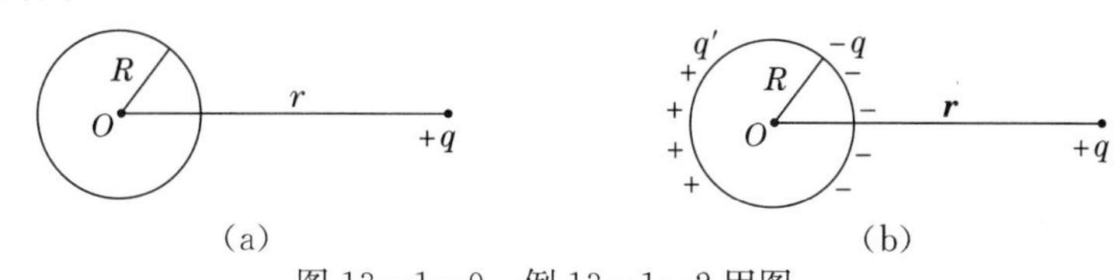

图 13—1—9 例 13—1—2 用图

解 (1)如图 13—1—9(b)所示,感应电荷 $\pm q'$ 在金属球的表面上. 球心 O 点的场强为 $\pm q'$ 的电场 $\boldsymbol{E}'$ 及点电荷 q 的电场 $\boldsymbol{E}$ 的叠加,即

$$\boldsymbol{E}_0=\boldsymbol{E}'+\boldsymbol{E}$$

根据静电平衡条件,金属球内场强处处为零,即 $\boldsymbol{E}_0=0$,若选取如图 13—1—9(b)所示坐标 $\boldsymbol{r}$,原点为 O,则

$$\boldsymbol{E}'=-\boldsymbol{E}=-\frac{q}{4\pi\varepsilon_0 r^3}(-\boldsymbol{r})=\frac{q}{4\pi\varepsilon_0 r^3}\boldsymbol{r}$$

因为 $\pm q'$ 分布在金属球表面上,它在球心处的电势

$$U'=\int_{\pm q'}\frac{\mathrm{d}q'}{4\pi\varepsilon_0 R}=\frac{1}{4\pi\varepsilon_0 R}\int_{\pm q'}\mathrm{d}q'=0$$

点电荷 q 在 O 的电势

$$U=\frac{q}{4\pi\varepsilon_0 r}$$

根据电势叠加原理,球心处的电势

$$U_0=U+U'=\frac{q}{4\pi\varepsilon_0 r}$$

(2)若将金属球接地,设球上有净电荷 q_1,这时金属球的电势应为零,即 $U_{球}=0$,由叠加原理,得金属球的电势

$$U_{球}=\frac{q}{4\pi\varepsilon_0 r}+\frac{q_1}{4\pi\varepsilon_0 R}$$

解得

$$q_1 = -\frac{R}{r}q, \because R < r, \therefore |q_1| < q$$

这里必须指出，接地金属导体达到静电平衡时，其表面电荷不一定都为零. 只有在它不受其他带电体的影响时，才会为零.

§13－2　静电场中的电介质

电介质的主要特征是，它的原子中的电子被原子核束缚得很紧，不能分离，但能在原子大小的范围内移动. 一般情况下，静电场只能使电介质中性分子中的正、负电荷产生微观相对运动，而不能像导体内的自由电子做宏观定向运动. 所以，在讨论静电场与电介质的相互作用时，把电介质分子简化为电偶极子，认为电介质是由大量微小的电偶极子组成的. 处在外电场中的电介质将产生极化而出现极化电荷，极化电荷在空间产生附加电场又作用于电介质，如此循环往复产生相互作用，直到静电平衡. 下面介绍电介质的极化机制及电介质极化后对电场的影响.

一、电介质的极化

从分子有正、负电荷中心的分布来看，电介质可分为两类. 一类电介质，如氯化氢(HCl)、水(H_2O)、氨(NH_3)、甲醇(CH_3OH)等，分子内正、负电荷的中心不相重合，其间有一定距离，这类分子称为有极分子，如图 13－2－1(b)所示. 其电矩为

$$\boldsymbol{p}_e = q\boldsymbol{l}$$

式中，$\boldsymbol{l}$ 的方向自负电荷中心指向正电荷中心，$\boldsymbol{l}$ 与 $\boldsymbol{p}_e$ 同方向，称为分子电矩.

整块的有极分子电介质，可以看成无数分子电矩的集合体，如图 13－2－1(a)所示，在无外电场时，分子电矩的排列杂乱无序.

另一类电介质，如氦(He)、氢(H_2)、甲烷(CH_4)等，分子内正、负电荷中心是重合的，因而 $l=0$，故分子电矩 $p_e=0$. 这类分子称为

无极分子，如图13—2—2(b)所示. 整块的无极分子电介质如图13—2—2(a)所示.

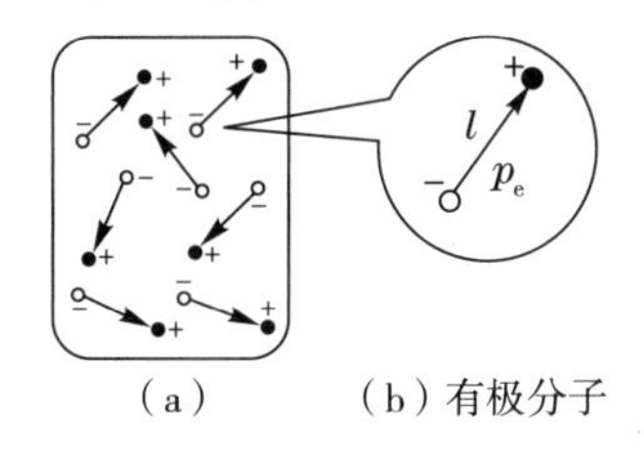

图 13—2—1　有极分子电介质

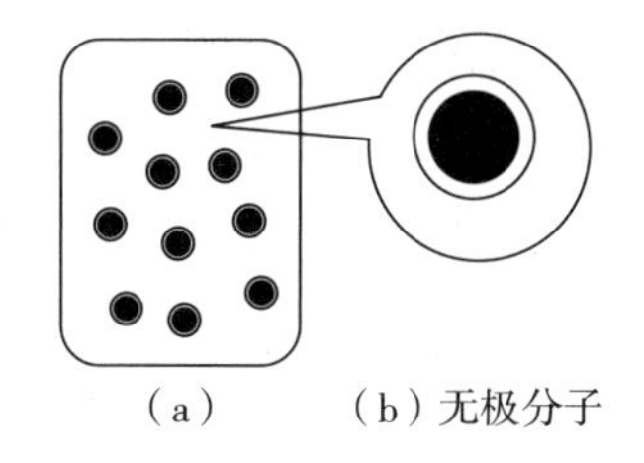

图 13—2—2　无极分子电介质

当无极分子处在外电场 $\boldsymbol{E}$ 中时，每个分子中的正、负电荷将分别受到相反方向的电场力 $\boldsymbol{F}_+$，$\boldsymbol{F}_-$ 作用而被拉开，导致正、负电荷中心发生相对位移 l，如图 13—2—3所示.

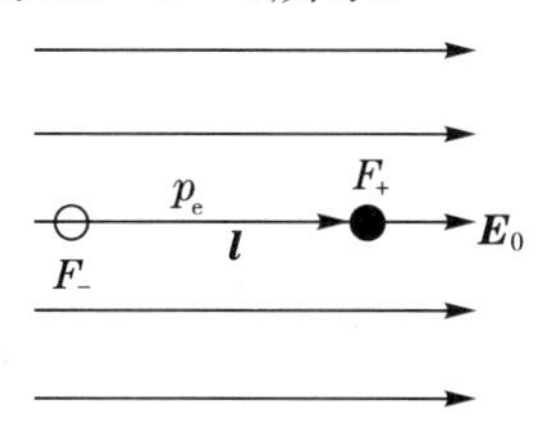

图 13—2—3　无极分子在电场中极化

对于整块的无极分子电介质来说，如图 13—2—4 所示，在外电场作用下，由于每个分子都成为一个电偶极子，其电矩方向都沿着外电场的方向，以至于在和外电场垂直的电介质两侧表面上，分别出现正、负电荷. 这两侧表面上分别出现的正电荷和负电荷是和介质分子连在一起的，不能在电介质中自由移动，也不能脱离电介质而独立存在，故称为**束缚电荷**或**极化电荷**. 在外电场作用下，电介质出现束缚电荷的这种现象，称为**电介质的极化**.

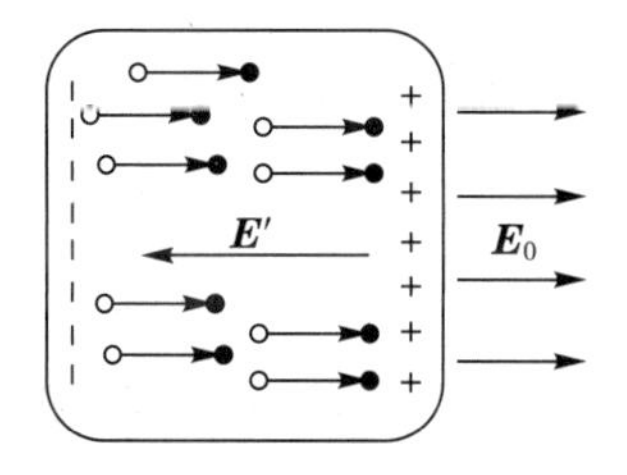

图 13—2—4　整块的无极分子电介质的极化

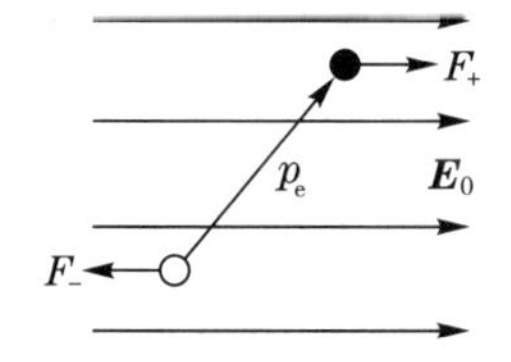

图 13—2—5　有极分子在电场中极化

当有极分子电介质在有外电场 E_0 时,每个分子电矩都受到力偶矩作用,如图 13—2—5 所示,要转向外电场的方向. 但由于分子热运动的干扰,并不能使各分子电矩都沿外电场的方向整齐排列. 外电场愈强,分子电矩的排列愈趋向于整齐. 同时,与无极分子类似,由于电场力的作用,正、负电荷中心进一步被拉开. 对整块电介质而言,在垂直于外电场方向的两个表面上也出现束缚电荷,如图13—2—6所示.

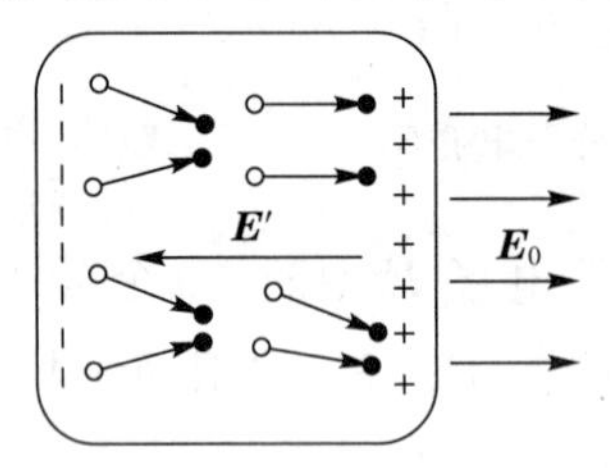

图 13—2—6　整块的有极分子电介质的极化

二、电极化强度

上面所讲的两种电介质,其极化的微观过程虽然不同,但却有同样的宏观效果,即电介质极化后,都使得其中所有分子电矩的矢量和 $\sum_i \boldsymbol{p}_{ei} \neq 0$,同时在介质上都要出现束缚电荷;而且电场越强,电场对介质的极化作用越剧烈,介质上出现的束缚电荷就越多. 因此,在宏观上表征电介质的极化程度和讨论有电介质存在的电场时,无需把这两类电介质区别开来,可统一进行论述.

我们知道,电介质极化程度取决于介质内分子的极化程度,而介质内分子的极化程度又可用其中所有分子电矩的矢量和 $\sum_i \boldsymbol{p}_{ei}$ 的大小和方向来表征. 为此,我们在电介质中任取一体积元 ΔV(其中仍包含有大量分子),在没有外电场时,ΔV 内的分子电矩矢量和 $\sum_i \boldsymbol{p}_{ei} = 0$;当存在外电场时,由于电介质的极化, $\sum_i \boldsymbol{p}_{ei}$ 不等于零. 于是,在宏观上,我们便可以用单位体积中的分子电矩矢量和 $\sum_i \boldsymbol{p}_{ei}/\Delta V$ 来描述电介质的极化程度;如果令 $\Delta V \to 0$,设其极限为 $\boldsymbol{P}$,则它可表述电介质中某点的极化程度,称为**电极化强度**. 即

$$\boldsymbol{P} = \lim_{\Delta V \to 0} \frac{\sum_i \boldsymbol{p}_{ei}}{\Delta V} \qquad (13-2-1)$$

电极化强度 $\boldsymbol{P}$ 是一个矢量. 由于电矩的单位是 C·m，体积 ΔV 的单位是 m^3，则电极化强度 $\boldsymbol{P}$ 的单位为 $C\cdot m^{-2}$，这与电荷面密度的单位相同.

实验指出，对于各向同性的电介质，其中每一点的电极化强度 $\boldsymbol{P}$ 的大小与该点的总电场强度 $\boldsymbol{E}$ 的大小成正比，且方向相同，即

$$\boldsymbol{P} = \chi_e \varepsilon_0 \boldsymbol{E} \qquad (13-2-2)$$

式中，χ_e 称为电极化率，它只与电介质中各点的极化性质有关. 对各向同性的均匀介质，它是一个没有单位的纯数，与场强 $\boldsymbol{E}$ 无关，仅与电介质种类有关，可以证明 $\chi_e=\varepsilon_r-1$，ε_r 为电介质的相对电容率. 本书中，我们只讨论各向同性的均匀电介质.

由于电介质端表面上的电荷是电介质极化的结果，而且当介质极化程度越高时，表面的极化电荷越多. 由此可见，电极化强度 P 与极化电荷密度之间一定存在某种定量关系. 下面以无极分子电介质为例加以说明.

设电介质单位体积内的分子数为 n，每个分子的正、负电荷电量大小为 q，则均匀电介质在电场中极化，其每个分子的等效电偶极矩为

$$\boldsymbol{p}_e = q\boldsymbol{l}$$

由式(13—2—1)得电极化强度为

$$\boldsymbol{P} = \frac{\sum \boldsymbol{p}_e}{\Delta V} = n\boldsymbol{p}_e = nq\boldsymbol{l}$$

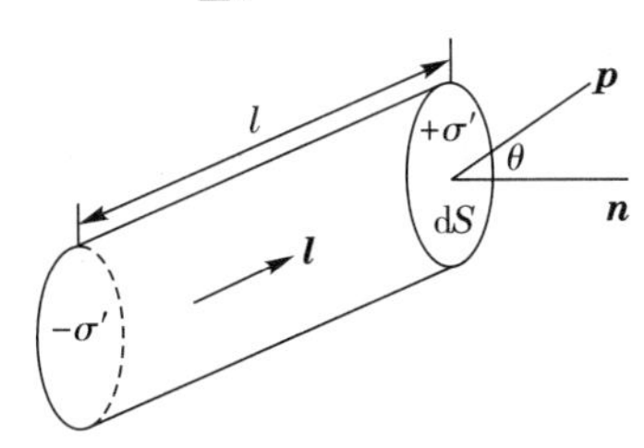

图 13—2—7　极化电荷面密度与电极化强度之间的关系

在图 13—2—7 中的介质表面取面元 d$\boldsymbol{S}$，设外电场方向与面元矢量 d$\boldsymbol{S}$ 的法向夹角为 θ，则极化时电介质中以 d$\boldsymbol{S}$ 为底，高为 $l\cos\theta$ 的斜柱体内所有的正电荷中心将移至 d$\boldsymbol{S}$ 外表面成为极化电荷. 若单位体积内正电荷总量为 nq，则由电荷守恒定律知极化电荷总量 dq'为

$$\mathrm{d}q' = nq\mathrm{d}V_\varepsilon = nq\mathrm{d}Sl\cos\theta = P\mathrm{d}S\cos\theta \qquad (13-2-3)$$

于是，dS 面上的极化电荷面密度为

$$\sigma' = \frac{\mathrm{d}q'}{\mathrm{d}S} = P\cos\theta = P_{\mathrm{n}} \qquad (13-2-4)$$

上式表明，均匀电介质表面上产生的极化电荷面密度，等于该处电极化强度沿表面外法线方向的投影. 这一结论对于有极分子电介质同样适用. 若表面某处电极化强度矢量与外法线方向夹角 θ 为锐角，则该处出现正极化电荷；若 θ 为钝角，则该处出现负极化电荷.

例 13-2-1 求均匀极化的电介质球表面上极化电荷的分布. 已知电极化强度为 $\boldsymbol{P}$(如图 13-2-8 所示).

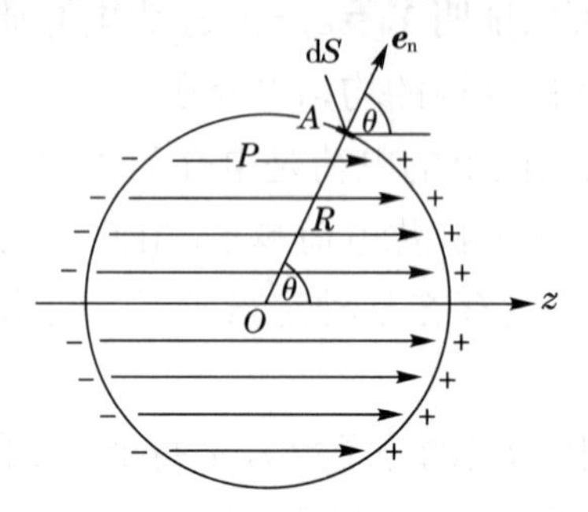

图 13-2-8　均匀极化介质球表面的极化电荷

解　取球心 O 为原点，取与 $\boldsymbol{P}$ 平行的直径为球的轴线，由于轴对称性，表面上任一点 A 的极化电荷面密度 σ' 只与 θ 角有关，由式(13-2-4)可知

$$\sigma' = P\cos\theta$$

上式表明，极化电荷在电介质球表面是不均匀分布的. 在右半球表面上 σ' 为正，在左半球表面上 σ' 为负. 在两半球分界面处 $\theta=\frac{\pi}{2}$，$\sigma'=0$；在轴线两端处($\theta=0$ 或 π)，σ' 的绝对值最大.

由式(13-2-3)可得

$$\mathrm{d}q' = P\mathrm{d}S\cos\theta = \boldsymbol{P}\cdot\mathrm{d}\boldsymbol{S} \qquad (13-2-5)$$

如果我们把 $\boldsymbol{P}\cdot\mathrm{d}\boldsymbol{S}$ 称为通过面元 $\mathrm{d}\boldsymbol{S}$ 的电极化强度 $\boldsymbol{P}$ 的元通量，则式(13-2-5)说明通过面元 $\mathrm{d}\boldsymbol{S}$ 的电极化强度 $\boldsymbol{P}$ 的元通量在量值上等于介质外表面的极化电荷的电量. 由此可知，穿过电介质中某一闭合面 S 的电极化强度 $\boldsymbol{P}$ 的总通量 $\oint_S \boldsymbol{P}\cdot\mathrm{d}\boldsymbol{S}$ 就应等于因电

介质极化而移出此面的极化电荷总量，或是闭合面 S 所包围的体积内极化电荷总量的负值. 即

$$\oint_S \boldsymbol{P} \cdot \mathrm{d}\boldsymbol{S} = -\sum_{(S_{\text{in}})} \mathrm{d}q' \qquad (13-2-6)$$

这正是电荷守恒定律的必然结果.

三、有电介质时的场强

电介质放入静电场时，由于受电场的作用，电介质上将出现极化电荷，极化电荷产生的附加电场不仅影响电介质内外原先电场的分布，而且对产生外电场的原有电荷系统也会有所影响. 可见，当电场中有电介质时，空间任一点处的场强 $\boldsymbol{E}$ 应该由外电场(或自由电荷 q_0 产生的)场强 $\boldsymbol{E}_0$ 和极化电荷 q' 产生的附加电场 $\boldsymbol{E}'$ 矢量和所决定，即

$$\boldsymbol{E} = \boldsymbol{E}_0 + \boldsymbol{E}' \qquad (13-2-7)$$

一般来说，这时空间任一点的场强，有的地方增强了，有的地方减弱了，而合场强 $\boldsymbol{E}$ 的方向也不一定与 $\boldsymbol{E}_0$ 相同. 而在电介质内部，由于附加电场 $\boldsymbol{E}'$ 总是与外电场 $\boldsymbol{E}_0$ 方向相反，结果总是使合场强 $\boldsymbol{E}$ 比外电场 $\boldsymbol{E}_0$ 弱. 由式(13—2—2)可知，由于决定电介质极化程度的不是外电场 $\boldsymbol{E}_0$，而是合场强 $\boldsymbol{E}$，所以极化电荷在电介质内部产生的附加电场总是起削弱极化的作用，故附加电场又称为退极化场.

不同的电介质，极化时介质内部电场削弱的程度是不同的. 下面，我们通过一特例来定量了解电介质内部电场的削弱情况. 在图 13—2—9 中，两块靠得很近的平行放置的大金属板上分别带有等量异号电荷并保持不变. 其间充满相对电容率为 ε_r 的均匀各向同性电介质. 以 $\boldsymbol{E}_0$ 表示板上自由电荷产生的电场. 由于极化，电介质两相对端面上出现极化电荷 σ'. 以 $\boldsymbol{E}'$ 表示极化电荷在两金属板间介质中产生的附加电场. 介质中电场 $\boldsymbol{E}$ 为 $\boldsymbol{E}_0$ 和 $\boldsymbol{E}'$ 的矢量和，即

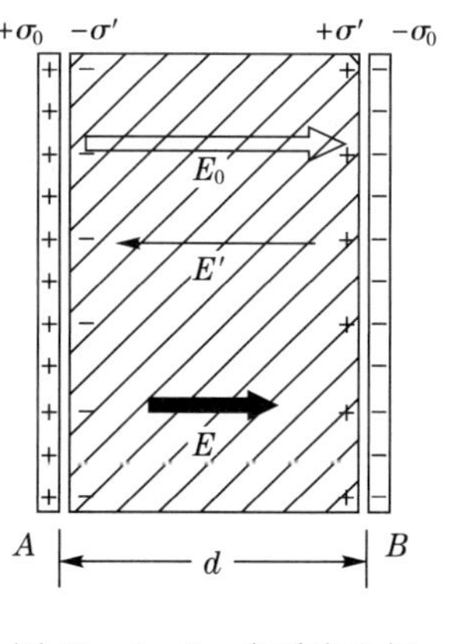

图 13—2—9　介质中电场

$$\boldsymbol{E} = \boldsymbol{E}_0 + \boldsymbol{E}'$$

由于$\boldsymbol{E}'$与$\boldsymbol{E}_0$的方向相反,故电介质内电场强度大小为

$$E = E_0 - E' = E_0 - \frac{\sigma'}{\varepsilon_0}$$

将式(13—2—4)和式(13—2—2)代入,得

$$E = E_0 - \frac{P}{\varepsilon_0} = E_0 - \chi_e E$$

即

$$E = \frac{E_0}{1+\chi_e}$$

令$\varepsilon_r = 1+\chi_e$,ε_r称为电介质的相对电容率,则有

$$E = \frac{E_0}{\varepsilon_r} \qquad (13-2-8)$$

上式表明,充满电场空间的各向同性均匀电介质中的场强大小等于真空中场强的$\frac{1}{\varepsilon_r}$倍,方向与真空中场强方向一致.式(13—2—8)虽是从无限大平行金属板间充满电介质这一特例导出,但可推广至其他形状的带电体的情形.例如,若一点电荷周围空间充满各向同性均匀电介质,介质内部的场强为$\boldsymbol{E} = \frac{q}{4\pi\varepsilon_0\varepsilon_r}\frac{\boldsymbol{r}}{r^3}$;一无限长均匀荷电直线,其周围介质中的场强大小为$E = \frac{\lambda}{2\pi\varepsilon_0\varepsilon_r r}$,其余类推.

这里需要指出的是:

(1)式(13—2—8)这一关系只有在一定的条件下才能成立.这个条件就是均匀各向同性电介质充满整个电场空间,或电介质表面是等势面,除此之外,并不成立.例如放入均匀电场的电介质球内的电场强度就不满足这一关系.

(2)一般来说,电介质中的极化电荷与导体中的感应电荷,都起着削弱外电场的作用.两者的不同之处在于,导体内部的自由电荷重新分布可使其激发的附加电场$\boldsymbol{E}'$达到与外电场$\boldsymbol{E}_0$等值反向的程度,从而使导体内部总场强为零;而电介质内的束缚电荷只能在原子范围内做微小移动,其数量比导体上的感应电荷数量少得多,由极化电荷激发的附加电场强度$\boldsymbol{E}'$总比原外电场$\boldsymbol{E}_0$小,故$\boldsymbol{E}'$不足以完全抵消,而只能部分削弱外电场$\boldsymbol{E}_0$.所以在电介质内部,$\boldsymbol{E}$总是小于$\boldsymbol{E}_0$,但不会为零.

*四、铁电体 压电体 永电体

在各向同性的电介质中，电极化强度 $\boldsymbol{P}$ 和电介质中电场强度 $\boldsymbol{E}$ 成正比，电介质的电极化率 χ_e 和电容率 ε 都与电场强度无关. 但是也存在一些电介质，它们的极化规律（$\boldsymbol{P}$ 和 $\varepsilon_0\boldsymbol{E}$ 的关系）有着复杂的非线性关系，在一定的温度范围内，它们的电容率并不是常量，而是随电场强度变化的，并且在撤去外电场后，这些电介质会留有剩余的极化. 为了和铁磁性物质能保持磁化状态相类比，通常把这种性质叫作铁电性. 具有铁电性的电介质则叫作铁电体，其中以钛酸钡陶瓷（$BaTiO_3$）、酒石酸钾钠单晶（$NaKC_4H_4O_6\cdot 4H_2O$）等最为突出.

铁电体在电极化过程中显示出电滞现象. 例如，钛酸钡在温度高于 120 ℃时，电极化强度 $\boldsymbol{P}$ 与电场强度 $\boldsymbol{E}$ 成正比，如图 13－2－10(a)所示；温度低于 120 ℃时，$\boldsymbol{P}$ 的变化并不与 $\boldsymbol{E}$ 成正比，如图 13－2－10(b)所示，$\boldsymbol{P}$ 的增长落后于 $\boldsymbol{E}$ 的增长. 当外电场足够强时，极化达到饱和，如图 13－2－10(b)中 P_s. 此后，当 $\boldsymbol{E}$ 减小时，$\boldsymbol{P}$ 也随着减小，但并不按原来的曲线关系而减小. 当 $\boldsymbol{E}=0$ 时，电介质有剩余的极化，如图 13－2－10(b)中 P_r 所示. 当电场强度 $\boldsymbol{E}$ 的大小和方向作周期性变化时，$\boldsymbol{P}$ 与 $\boldsymbol{E}$ 的关系形成如图 13－2－10(b)所示的回线 $ABCDA$，称为电滞回线. 铁电体的相对电容率 ε_r 并非常量，而是随外加电场的变化而变化的. 从变化关系可观察到，ε_r 在很宽的电场强度数值范围内有很高的值，最大可达到数千以上.

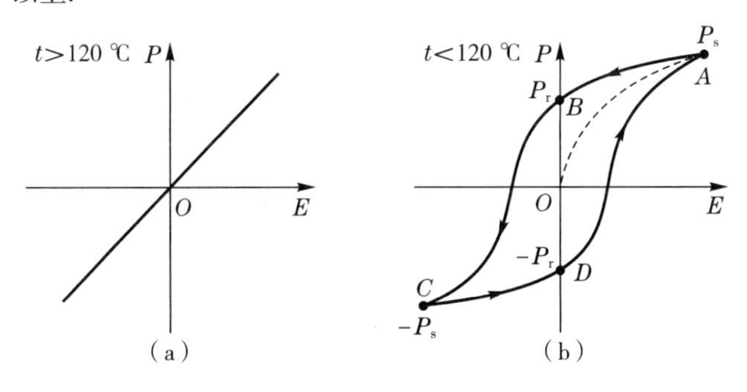

图 13－2－10　钛酸钡的 $\boldsymbol{P}$ 与 E 之间的关系

某些离子型晶体的电介质（如石英、电气石、酒石酸钾钠、钛酸钡、糖、闪锌矿等），由于结晶点阵的有规则分布，当发生机械变形（例如拉伸或压缩）时，也能产生电极化现象，这称为压电效应. 石英晶体在 $10\ \mathrm{N\cdot cm^{-2}}$ 的压力下，在承受正压力的两个表面上会出现正负电荷，产生约 0.5 V 的电势差. 压电现象有其逆现象，亦即在晶体带电时或在电场中时，晶体的大小将会伸长或缩短，这种逆现象称为电致伸缩. 目前，已知的压电体超过数千种，除前述的离子型晶体电介质外,非晶聚合物材料以及在金属、半导体、铁磁体和生物体(如骨骼)中也发现有压电性,但电致伸缩所产生的线度变化都很微小.

还有一类物质,在外界条件撤销后,仍能长期保留其极化状态,它的电极化状态不受外电场的影响,这类物体叫作永电体(又称驻极体).永电体也具有类似于永磁体的性质,把它分割后,每块永电体表面都同时出现并保持正负电荷.

在现代技术上,上述现象都有广泛的应用.铁电体可以用作特殊的绝缘材料,也可以利用它的电容率随电压变化的特性,制成非线性的电容器,应用于振荡电路及介质放大器和倍频器中.另外,铁电体还有奇特的光学性质,能在强光作用下产生非线性效应,在现代激光技术、全息照相中都有着广泛的应用.压电现象可以变机械振动为电振荡,在无线电技术上可将压电石英制成稳定性很高的高频振荡器;电致伸缩可以变电振荡为机械振动,利用压电石英使交变电压的频率与石英片的固有频率发生机械共振可获得超声波.永电体换能器具有频率响应好、灵敏度高等优点,在麦克风、耳机、超声全息技术、放射性检测、静电式空气过滤等方面也都有广泛的应用.目前对电介质各种现象形成机理与应用技术的研究正方兴未艾,形成了独立的"电介质物理学",成为材料科学的理论基础之一.

§13—3　有电介质时静电场的高斯定理

一、有电介质时的高斯定理　电位移矢量 $\boldsymbol{D}$

现在,我们把真空中静电场的高斯定理$\oint_S \boldsymbol{E}\cdot \mathrm{d}\boldsymbol{S}=\sum_i q_i/\varepsilon_0$,推广到有电介质时的静电场中去.在有电介质时的静电场中,任意作一高斯面 S,它所包围的电荷除自由电荷 $\sum_i q_i$ 外,还存在束缚电荷 $\sum_i q'_i$,由高斯定理,可得

$$\oint_S \boldsymbol{E}\cdot \mathrm{d}\boldsymbol{S}=\frac{1}{\varepsilon_0}\left(\sum_i q_i+\sum_i q'_i\right) \qquad (13-3-1)$$

由于极化电荷 q' 在实际问题中较难求得,但我们可以根据式(13—2—6)将上式转化为

$$\oint_S \boldsymbol{E}\cdot \mathrm{d}\boldsymbol{S}=\frac{1}{\varepsilon_0}\sum_i q_i-\frac{1}{\varepsilon_0}\oint_S \boldsymbol{P}\cdot \mathrm{d}\boldsymbol{S}$$

整理得

$$\oint_S (\varepsilon_0 \boldsymbol{E} + \boldsymbol{P}) \cdot \mathrm{d}\boldsymbol{S} = \sum_i q_i \qquad (13-3-2)$$

定义一个描述电场的辅助矢量 $\boldsymbol{D}$,称为电位移矢量,即

$$\boldsymbol{D} = \varepsilon_0 \boldsymbol{E} + \boldsymbol{P} \qquad (13-3-3)$$

于是

$$\oint_S \boldsymbol{D} \cdot \mathrm{d}\boldsymbol{S} = \sum_i q_i \qquad (13-3-4)$$

这就是有电介质时静电场的高斯定理. 电位移的单位是 $\mathrm{C \cdot m^{-2}}$(库每平方米). 由式(13－3－3)所定义的 $\boldsymbol{D}$ 矢量,是表述有电介质时电场性质的一个辅助量,在有电介质时的电场中,各点的场强 $\boldsymbol{E}$ 都对应着一个电位移 $\boldsymbol{D}$. 因此,在这种电场中,仿照电场线的画法,就可以作一系列电位移线(或 $\boldsymbol{D}$ 线),线上每点的切线方向就是该点电位移矢量的方向,并且垂直于 $\boldsymbol{D}$ 线. 单位面积上通过的 $\boldsymbol{D}$ 线条数,在数值上等于该点电位移 $\boldsymbol{D}$ 的大小;而 $\boldsymbol{D} \cdot \mathrm{d}\boldsymbol{S}$ 称为通过面积元 $\mathrm{d}\boldsymbol{S}$ 的电位移通量. 因此,有电介质时静电场的高斯定理可表述为:通过任一闭合面的电位移通量,等于该闭合面所包围的自由电荷的代数和. 这也表明电位移线从正的自由电荷发出,终止于负的自由电荷;而不像电场线那样,起讫于包括自由电荷和束缚电荷在内的各种正、负电荷.

式(13－3－3)是电位移 $\boldsymbol{D}$ 的一般定义式,无论对于各向同性电介质和各向异性电介质均适用. 对于经常遇到的各向同性电介质,由式(13－3－3),因 $\boldsymbol{P}=\chi_e \varepsilon_0 \boldsymbol{E}$,故

$$\boldsymbol{D} = \varepsilon_0 \boldsymbol{E} + \boldsymbol{P} = \varepsilon_0 \boldsymbol{E} + \chi_e \varepsilon_0 \boldsymbol{E} = \varepsilon_0 (1 + \chi_e) \boldsymbol{E} \qquad (13-3-5)$$

因为 $(1+\chi_e)=\varepsilon_r$,$\varepsilon_r=\dfrac{\varepsilon}{\varepsilon_0}$,所以

$$\boldsymbol{D} = \varepsilon \boldsymbol{E} \qquad (13-3-6)$$

式(13－3－6)称为电介质的性质方程,适用于各向同性的均匀电介质. 由于 χ_e 是正的恒量,ε_r 及 ε 也是正的恒量;因此电场中各点的 $\boldsymbol{D}$ 和 $\boldsymbol{E}$ 方向相同,在数值上,$D=\varepsilon E$.

D、**E**、**P** 的物理图像，如图 13－3－1 所示.

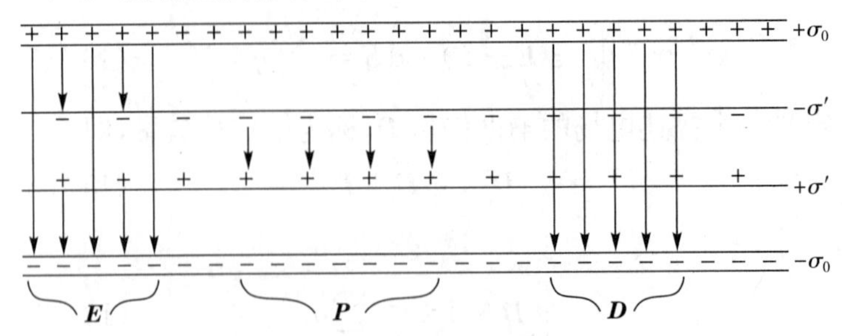

图 13－3－1　**D**、**E**、**P** 的物理图像

二、有电介质时高斯定理的应用

利用有电介质时静电场的高斯定理，有时可以较方便地求解有电介质时的电场问题. 若已知自由电荷具有某种对称时，可先由式(13－3－4)求得 **D**；由于 ε_r 可通过实验测定，因而 ε 也是已知的，再通过性质方程(13－3－6)，便可求出电介质中的场强.

下面，我们来讨论一个半径为 R、电荷为 q 的导体球(如图 13－3－2 所示)，在它周围充满电容率为 ε 的无限大均匀各向同性电介质中任一点的场强和电势. 在没有电介质时，均匀分布在导体球表面的自由电荷所激发的电场是球对称的；而今在球的周围充满均匀电介质，束缚电荷将均匀分布在与导体球表面相毗邻的介质边界面上，它无异是一个均匀地带异种电荷 q'，且与导体球半径相同的同心球面，故它所激发的电场也是球对称的. 因此，由自由电荷和束缚电荷在电介质内共同激发的总电场是球对称的，可用高斯定理计算.

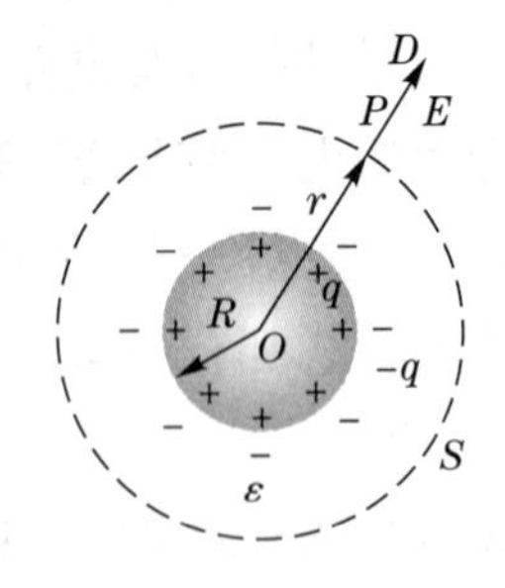

图 13－3－2　导体球放入无限大均匀各向同性电介质中

从式(13－3－4)出发，与求解真空中静电场问题相仿，可以求解均匀各向同性电介质中的电场问题. 所得的结果与真空中的完全类同，只不过将 ε_0 换成 ε 而已.

例 13－3－1 在无限长电缆内,导体圆柱 A 和同轴导体圆柱壳 B 的半径分别为 r_1 和 $r_2(r_1<r_2)$,单位长度所带电荷分别为 $+\lambda$ 和 $-\lambda$,内、外导体之间充满电容率为 ε 的均匀各向同性电介质.求电介质中任一点的场强及内、外导体间的电势差.

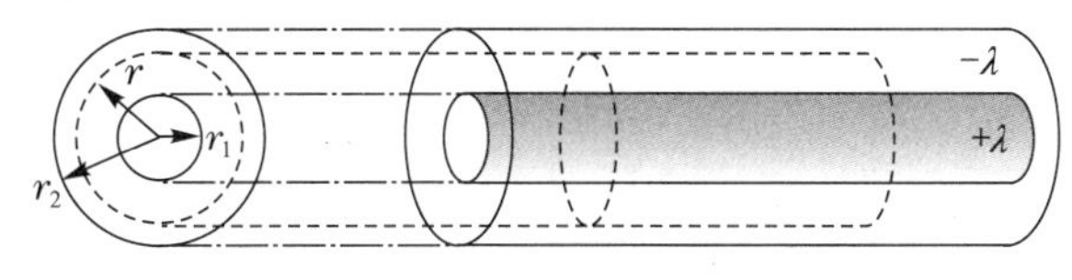

图 13－3－3 无限长同轴电缆线

解 取高斯面,它是半径为 $r(r_1<r<r_2)$、长度为 l 的同轴圆柱形闭合面 S,如图 13－3－3 所示.左、右两底面与电位移 D 的方向平行,其外法线方向皆与 D 成夹角 $\theta=\pi/2$,故电位移通量为 0;柱侧面与 D 的方向垂直,其外法线与 D 同方向,即 $\theta=0$,通过侧面的电位移通量为 $D\cos0(2\pi rl)$.被闭合面包围的自由电荷为 λl.按有电介质时静电场的高斯定理,有

$$D\cos0\cdot(2\pi rl)=\lambda l$$

即

$$D=\lambda/2\pi r$$

由于 E 和 D 的方向一致,故由 $D=\varepsilon E$,得所求场强的大小为

$$E=D/\varepsilon=\lambda/2\pi\varepsilon r$$

内、外导体间的电势差为

$$U_A-U_B=\int_A^B \boldsymbol{E}\cdot\mathrm{d}\boldsymbol{l}=\int_{r_1}^{r_2}\frac{\lambda}{2\pi\varepsilon r}\mathrm{d}r=\frac{\lambda}{2\pi\varepsilon}\ln\frac{r_2}{r_1}$$

例 13－3－2 如图 13－3－4 所示,自由电荷面密度为 $\pm\sigma_0$ 的无限大金属平板 A、B 间充满两层各向同性的电介质,电介质的界面与带电平板平行,相对电容率分别为 ε_{r1} 和 ε_{r2},厚度各为 d_1 和 d_2,求:

(1)各介质层中的电场强度;

(2)A,B 间的电势差.

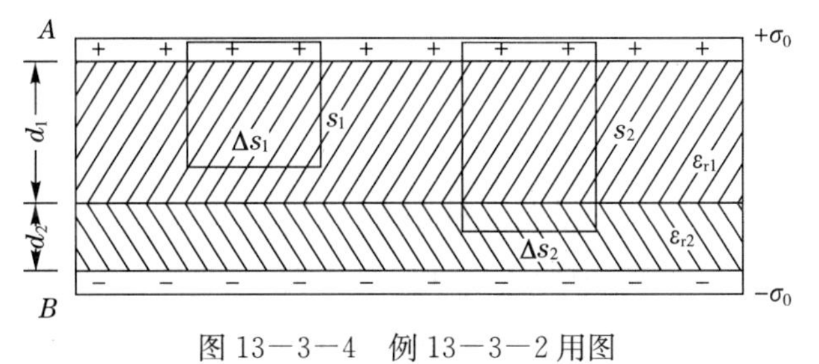

图 13－3－4 例 13－3－2 用图

解 由自由电荷和电介质分布的对称性知，两层介质中的电场都为均匀电场. $\boldsymbol{D}$ 的方向与带电平面垂直.

(1) 在第一层介质中选取圆柱形高斯面，使轴线与板面垂直，上底在金属板内. 下底在介质 1 中，底面积为 ΔS_1，并平行于金属板. 由于金属中 $D=0$，高斯面侧面与 $\boldsymbol{D}$ 平行. 由电介质中高斯定理得

$$\oint_{S1} \boldsymbol{D} \cdot \mathrm{d}\boldsymbol{S} = D_1 \Delta S_1 = \sigma_0 \Delta S_1$$

故得

$$D_1 = \sigma_0, E_1 = \frac{D_1}{\varepsilon_0 \varepsilon_{r1}} = \frac{\sigma_0}{\varepsilon_0 \varepsilon_{r1}} = \frac{E_0}{\varepsilon_{r1}}$$

同理，作高斯面 S_2，可得，在介质 2 中

$$D_2 = \sigma_0, E_2 = \frac{D_2}{\varepsilon_0 \varepsilon_{r2}} = \frac{\sigma_0}{\varepsilon_0 \varepsilon_{r2}} = \frac{E_0}{\varepsilon_{r2}}$$

我们看到，在两层介质中 $D_1 = D_2 = \sigma_0$，而 $E_1 \neq E_2$，在这种均匀各向同性电介质界面为等势面的情况下，介质中场强也减小为真空中场强 E_0 的 $1/\varepsilon_r$.

(2)由电势差定义，可求得

$$\begin{aligned} U_A - U_B &= \int_A^B \boldsymbol{E} \cdot \mathrm{d}\boldsymbol{l} = E_1 d_1 + E_2 d_2 \\ &= \frac{\sigma_0}{\varepsilon_0}\left(\frac{d_1}{\varepsilon_{r1}} + \frac{d_2}{\varepsilon_{r2}}\right) \end{aligned}$$

§13－4 电容 电容器

电容是电学中一个重要的物理量，它反映了导体的容电本领. 电容器是一种常用的电学和电子学元件，它由两个用电介质隔开的金属导体组成.

一、孤立导体的电容

我们知道，导体在静电平衡时是一个等势体. 那么，对孤立带电导体来说，它的电势和所带电荷存在着什么关系呢？显然，当一个孤立导体所带的电荷 q 增大时，在它所激发的电场中，各场点的场强

将正比地增大，因而将试探电荷从导体表面移至无限远处时，电场力所做的功也将增大同样的倍数，这意味着导体的电势与其所带电荷成正比. 其比值

$$C = \frac{Q}{U} \qquad (13-4-1)$$

此式称为孤立导体的**电容**. 对同一个导体来说，它的电容是一个恒量，它与导体本身的大小、形状有关，而与构成导体的材料无关，也和所带电荷的多少或是否带电无关.

从式(13－4－1)可知，导体的电容在数值上等于使该导体得到单位电势时所必须给予的电荷. 这正像物体的热容是使物体的温度升高 1 K 时所需传给的热量一样. 所以，电容 C 是表征导体容纳电荷本领的物理量.

电容的单位为法拉或法，用 F 表示. 如某导体所带的电荷为 1 C 时，它的电势为 1 V，则该导体的电容就是 1 F. 即

$$1\ \mathrm{F} = 1\ \mathrm{C} \cdot \mathrm{V}^{-1}$$

法拉是很大的单位. 例如，半径为 R 的孤立导体球的电容 $C=4\pi\varepsilon_0 R$，若电容 C 为 1 F 时，其半径为 9×10^9 m，比地球半径 6.4×10^6 m 还大1 400多倍；以地球为孤立导体球，其电容也只有 7×10^{-4} F. 因此，在实际中，常用 μF(微法)或 pF(皮法)等较小的单位，其变换关系为

$$1\ \mu\mathrm{F} = 10^{-6}\ \mathrm{F},\ 1\ \mathrm{pF} = 10^{-12}\ \mathrm{F}$$

二、电容器

当带电导体周围存在其他导体或者其他带电体时，该带电导体的电势不仅与自己所带的电荷有关，且与周围的导体以及带电量都有关. 不论其他导体是否带电，由于静电感应，这些导体上都会分布一定的感应电荷，而且这些感应电荷的分布将因其他带电体带电情况的改变而改变，从而改变所考察带电导体的电势. 因此，在一般情况下，非孤立导体的电荷与其电势并不成正比. 为了消除其他导体的影响，可采用静电屏蔽的原理，进行适当的导体组合，就成了电容器. 荷兰莱顿大学的一位教授在 1746 年发明的莱顿瓶是世界上第一个电容器.

常用的电容器由两个金属极板和介于其间的电介质所组成，如图 13－4－1 所示. 电容器带电时常使两极板带上等量异号的电荷(或使一板带电，另一板接地，借感应起电而带上等量异号电荷). **电容器的电容定义为电容器一个极板所带电荷 q**(指它的绝对值)**和两极板的电势差 U_A-U_B**(不是某一极板的电势)**之比**，即

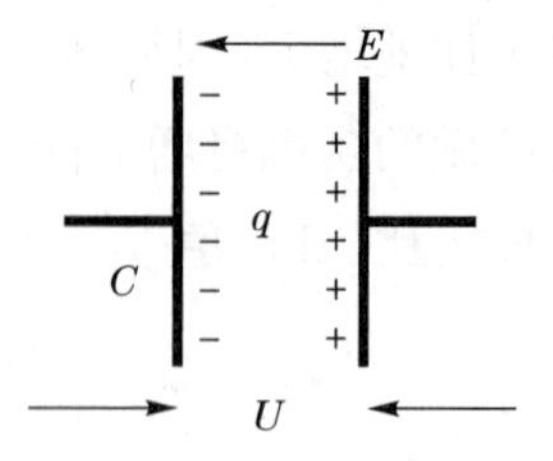

图 13－4－1　电容器

$$C=\frac{q}{U_A-U_B} \tag{13-4-2}$$

下面将根据定义式(13－4－2)来计算几种常用电容器的电容.

计算电容器电容的一般步骤为：

(1)首先假设电容器两极板分别带 $+q$ 和 $-q$ 电荷.

(2)求两极板间场强 $\boldsymbol{E}$ 的分布，并由 $U_A-U_B=\int_A^B \boldsymbol{E}\cdot \mathrm{d}\boldsymbol{l}$ 计算两极板间电势差.

(3)由定义式 $C=\dfrac{q}{U_A-U_B}$，计算电容 C.

例 13－4－1　有一平行板电容器，如图 13－4－2 所示. 它由两个很靠近的平行极板组成，两极板的面积均为 S，两极板的内表面之间相距为 d，并使板面的线度远大于两极板的内表面的间距. 求此电容器的电容.

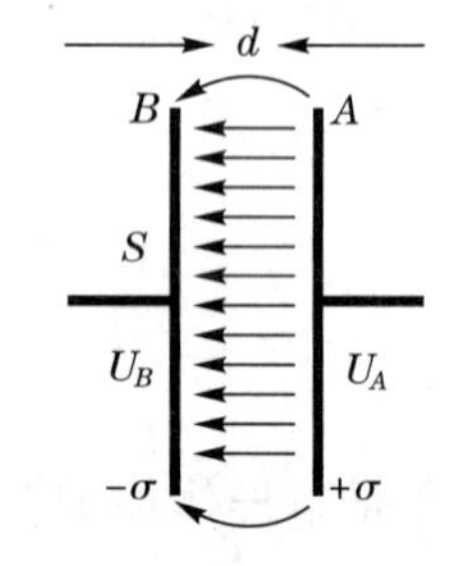

图 13－4－2　平行板电容器

解　令极板 A 带正电，极板 B 带等量的负电. 由于极板面线度远大于两板的间距，所以除边缘部分以外，两极板间的电场可以认为是均匀的，而且电场局限于两板之间. 现在，先不考虑介质的影响，即认为两极板间为真空或充满空气. 根据上一章所求出的平行的无限大均匀带电平面的电场强度公式，两极板间均匀电场的场强大小为

$$E=\frac{\sigma}{\varepsilon_0}$$

式中，σ 为任一极板上所带电荷的面密度(绝对值)，$q=\sigma S$ 为任一极板表面上所带的电荷量，则两极板间的电势差为

$$U_A - U_B = Ed = \frac{qd}{\varepsilon_0 S}$$

设两极板间为真空时的平行板电容器电容为 C_0，则由电容器电容的定义，得

$$C_0 = \frac{q}{U_A - U_B} = \varepsilon_0 \frac{S}{d} \qquad (13-4-3)$$

由式(13—4—3)可知，只要使两极板的间距 d 足够小，并加大两极板的面积 S，就可获得较大的电容.

仿照式(13—4—3)的导出过程，可以求得平行板电容器在两极板间充满均匀电介质时的电容为

$$C = \varepsilon \frac{S}{d} \qquad (13-4-4)$$

式中，ε 为该电介质的电容率，将式(13—4—3)与式(13—4—4)相比，得

$$\frac{C}{C_0} = \frac{\varepsilon}{\varepsilon_0} = \varepsilon_r$$

ε_r 即为该电介质的相对电容率. 除空气的 ε_r 近似等于 1 以外，一般电介质的 ε_r 均大于 1. 故从上式可知，在充入均匀电介质后，平行板电容器的电容 C 将增大为真空状态下的 ε_r 倍. 并且对任何电容器来说，当其间充满相对电容率为 ε_r 的均匀电介质后，它的电容亦总是增至 ε_r 倍(证明从略). 有的材料(如钛酸钡)的 ε_r 可达数千，用来作为电容器的电介质，就能制成电容大、体积小的电容器.

从式(13—4—4)可知，S，d 和 ε 三者中任一个量发生变化，都会引起电容 C 的变化. 根据这一原理所制成的电容式传感器，可用来测量诸如位移、液面高度、压强和流量等非电学量. 例如，如图 13—4—3 所示的电容测厚仪，可用来测量塑料带子等的厚度.

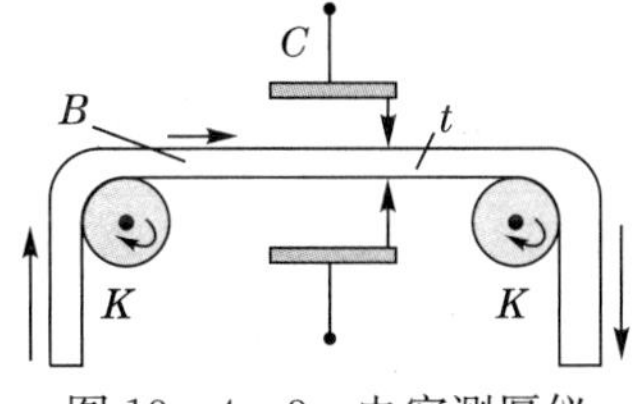

图 13—4—3　电容测厚仪

例 13-4-2 求球形电容器的电容.

解 球形电容器是由半径分别为 R_A 和 R_B 的两个同心球壳组成的,两球壳中间充满电容率为 ε 的电介质,如图 13-4-4 所示.内球壳带电荷 $+q$,均匀地分布在它的外表面上.同时,在外球壳的内、外两表面上的感应电荷 $-q$ 和 $+q$ 也都是均匀分布的.

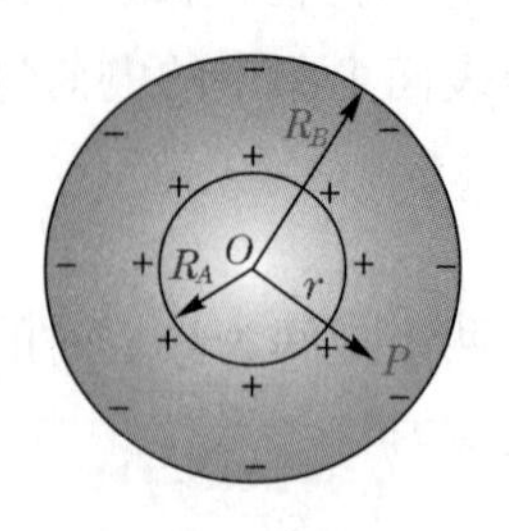

图 13-4-4 球形电容器

外球壳的外表面上的正电荷可用接地法消除掉.两球壳之间的电场具有球对称性,可用有介质时的高斯定理求出此时电场,它和单独由内球激发的电场相同,即

$$E=\frac{q}{4\pi\varepsilon r^2}$$

式中,r 为球心与场点 P 的距离.

因为 $U_A-U_B=\int_A^B \boldsymbol{E}\cdot \mathrm{d}\boldsymbol{l}$;取 $\mathrm{d}\boldsymbol{l}$ 沿半径方向,则 $\theta=0°$,故

$$U_A-U_B=\int_A^B E\cos 0°\mathrm{d}r=\frac{q}{4\pi\varepsilon}\int_{R_A}^{R_B}\frac{\mathrm{d}r}{r^2}=\frac{q}{4\pi\varepsilon}\left(\frac{1}{R_A}-\frac{1}{R_B}\right)$$

由电容器电容的定义,得

$$C=\frac{q}{U_A-U_B}=4\pi\varepsilon\frac{R_AR_B}{R_B-R_A} \qquad (13-4-5)$$

讨论

(1)如果两球面间的距离 d 很小,R_A 和 R_B 都很大,则 $d=R_B-R_A \ll R_A$,$R_A\approx R_B=R$,得 $C=4\pi\varepsilon R^2/d$.以球面的面积 $S=4\pi R^2$ 代入,从而,$C=\varepsilon\dfrac{S}{d}$,此即为平行板电容器电容的公式.

(2)若 $R_B\gg R_A$,则在公式(13-4-5)的分母中可略去 R_A,便有

$$C=4\pi\varepsilon\frac{R_AR_B}{R_B}=4\pi\varepsilon R_A \qquad (13-4-6)$$

这就是半径为 R_A 的孤立导体球在电介质中的电容.

例 13-4-3 如图 13-4-5 所示,圆柱形电容器是由半径为 R_1 的导线和与它同轴的导体圆筒构成,圆筒内半径为 R_2,长为 l,充满电容率为 ε 的均匀各向同性电介质.求此电容器的电容.

解 设导线和圆筒沿轴线单位长度所带电荷分别为$+\lambda$和$-\lambda$，忽略边缘效应．按有电介质时静电场的高斯定理，柱面之间场强的大小为

$$E=\frac{\lambda}{2\pi\varepsilon r}$$

内、外导体间的电势差为

$$U_1-U_2=\int_{R_1}^{R_2}E\cdot\mathrm{d}\boldsymbol{l}=\int_{R_1}^{R_2}\frac{\lambda}{2\pi\varepsilon r}\mathrm{d}r$$

$$=\frac{\lambda}{2\pi\varepsilon}\ln\frac{R_2}{R_1}=\frac{q}{2\pi\varepsilon l}\ln\frac{R_2}{R_1}$$

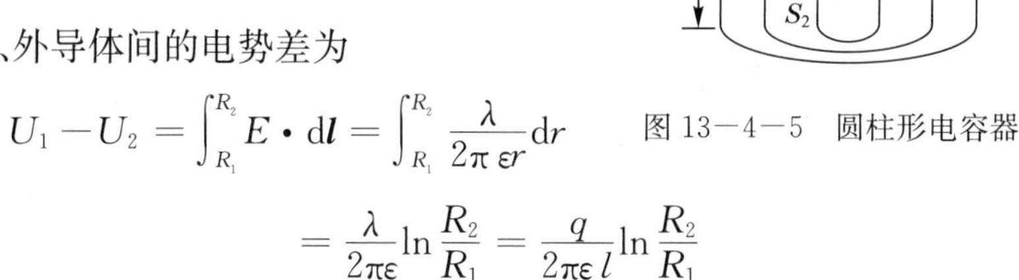

图 13—4—5　圆柱形电容器

由电容器电容的定义，得

$$C=\frac{q}{U_1-U_2}=2\pi\varepsilon\frac{l}{\ln\dfrac{R_2}{R_1}}\qquad(13-4-7)$$

讨论

当两柱面间的距离$d=R_2-R_1\ll R_1$时，有$\ln\dfrac{R_2}{R_1}=\ln\dfrac{R_1+d}{R_1}\approx\dfrac{d}{R_1}$，得$C=\dfrac{2\pi\varepsilon R_1 l}{d}$．将圆柱体侧面积$S=2\pi R_1 l$代入，从而，$C=\varepsilon\dfrac{S}{d}$，此即为平行板电容器电容的公式．

三、电容器的串联和并联

每个电容器的成品，除了标明型号外，还标有两个重要的性能指标，例如电容器上标有“100 μF、25 V”，“470 pF、60 V”，其中 100 μF、470 pF 表示电容器的电容，25 V、60 V 表示电容器的耐压．耐压是指电容器工作时两极板上所能承受的电压值，如果外加的电势差超过电容器上所规定的耐压值，电容器中的场强太大，两极板间的电介质就有被击穿的危险，即电介质失去绝缘性能而转化为导体，电容器遭到损坏，这种情况称为电介质的击穿，使用时必须注意．

在实际应用中，常会遇到手头现有的电容器不适合我们需要的情况．如电容的大小不合用或者是打算加在电容器上的电势差（电

压)超过电容器的耐压程度等，这时可以把现有的电容器适当地连接起来使用.

当几只电容器互相连接后，它们所容纳的电荷与两端的电势差之比，称为电容器组的等值电容.

电容器连接的基本方法有串联和并联两种，现分述如下.

1. 电容器的串联

设有 n 只电容器，电容分别为 C_1，C_2，…，C_n，串联的方法如图 13－4－6 所示. 这里，每一只电容器的每一极板都只和另一只电容器的一个极板相连接. 把电源接到这个组合体两端的两个极板上进行充电，使两端的极板上分别带正、负电荷. 由于静电感应，每个电容器的两极板上亦分别感应出等量异种电荷 $+q$ 与 $-q$，如图 13－4－6 所示.

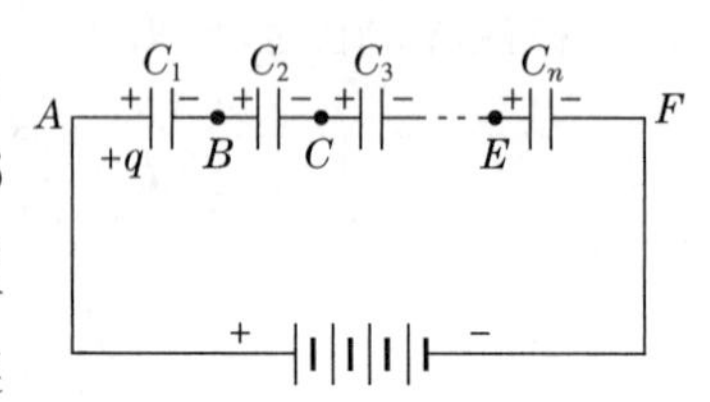

图 13－4－6　电容器的串联

令电路上 A，B，…，F 各点的电势分别为 U_A，U_B，…，U_F，因为电容器的电容不受外界影响，串联后每一只电容器的电容都与其单独存在时一样，所以我们对这个电容器组的每一只电容器单独考虑，有

$$U_A - U_B = \frac{q}{C_1}, U_B - U_C = \frac{q}{C_2}, \cdots, U_E - U_F = \frac{q}{C_n}$$

把以上各式相加，得

$$U_A - U_F = q\left(\frac{1}{C_1} + \frac{1}{C_2} + \cdots + \frac{1}{C_n}\right)$$

现在，我们把这一个电容器组当作一个整体来看，它所储蓄的电荷，只是两端极板上的电荷 q，这两端极板的电势差是 $U_A - U_F$. 所以这一组合的等值电容 C 为

$$C = \frac{q}{U_A - U_F} = \frac{1}{\dfrac{1}{C_1} + \dfrac{1}{C_2} + \cdots + \dfrac{1}{C_n}}$$

或

$$\frac{1}{C} = \frac{1}{C_1} + \frac{1}{C_2} + \cdots + \frac{1}{C_n} \qquad (13-4-7)$$

这就是说，**串联电容器组的等值电容的倒数，等于各个电容器电容的倒数之和**. 这样，电容器串联后，使总电容变小. 但每个电容器两极板间的电势差，比欲加的总电压小，因此电容器的耐压程度有了增加. 这是串联的优点.

2. 电容器的并联

电容器的并联方法如图 13－4－7 所示. 这里，各个电容器的一块极板都连接在同一点 A 上，另一块极板都连接在另一点 B 上. 接上电源后，每一只电容器两极板的电势差都等于 A，B 两点间的电势差 U_A-U_B，各个电容器极板上的电荷大小分别为 q_1，q_2，q_3，…，q_n. 对各个电容器来说，有

$$C_1=\frac{q_1}{U_A-U_B},C_2=\frac{q_2}{U_A-U_B},\cdots,C_n=\frac{q_n}{U_A-U_B}$$

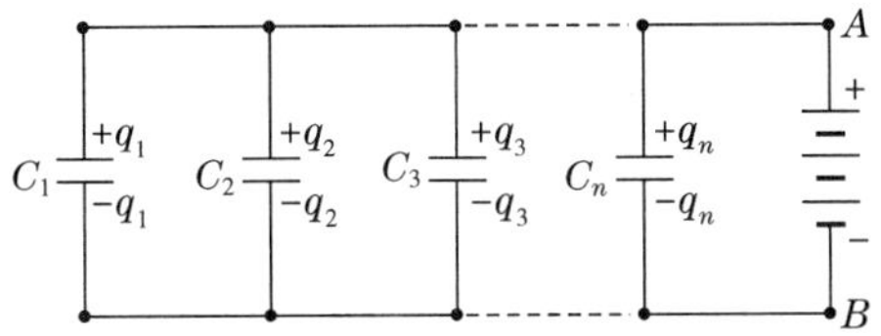

图 13－4－7　电容器的并联

把这一个组合作为一个整体看，它可用的电荷是

$$q=q_1+q_2+\cdots+q_n$$

而其电势差是 U_A-U_B，因此这一组合的等值电容 C 为

$$C=\frac{q_1+q_2+\cdots+q_n}{U_A-U_B}=\frac{q_1}{U_A-U_B}+\frac{q_2}{U_A-U_B}+\cdots+\frac{q_n}{U_A-U_B}$$

或

$$C=C_1+C_2+\cdots+C_n \qquad (13-4-8)$$

所以，并联电容器组的等值电容是各个电容器电容之和. 这样，总的电容量是增加了，但是每只电容器两极板间的电势差和单独使用时一样，因而耐压程度并没有因并联而改变.

以上是电容器的两种基本连接方法. 实际上，还有混合连接法，即串联和并联一起使用.

§13—5 静电场的能量

任何带电过程都是正、负电荷的分离过程. 在带电过程中，外力必须克服已形成的电场对电荷的作用力而做功，外力做功应等于系统能量的增量而转化为静电能，进而储存在电场中. 下面将按照这一思路给出带电系统的能量公式，并把电容器的能量公式表述为一般的电场能量公式.

一、点电荷系统的电能

我们先讨论两个点电荷组成的系统. 如图 13—5—1 所示，设该带电系统由位于空间 a 点和 b 点、相距为 r 的两个点电荷 q_1 和 q_2 组成. 若 q_1 和 q_2 开始时相距为无限远，它们的相互作用力为零，并规定该状态时静电能(或电势能)为零. 此时，先把点电荷 q_1 从无限远移至 a 点，但因 q_2 与 a 点仍相距无限远，所以移动 q_1 时外力不做功. 然后，再把 q_2 从无限远移至 b 点，从而形成两个点电荷组成的系统. 在这个过程中，外力克服电场力做功为

$$A=\int_{\infty}^{b}\boldsymbol{F}_{外}\cdot \mathrm{d}\boldsymbol{l}=-\int_{\infty}^{b}q_2\boldsymbol{E}_1\cdot \mathrm{d}\boldsymbol{l}=\frac{q_1q_2}{4\pi\varepsilon_0 r}$$

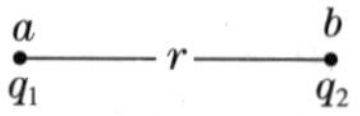

图 13—5—1 两个点电荷的相互作用能

根据功能原理，上述外力所做的功应等于两个点电荷形成系统前后电能的增量，即两点电荷系统的电能. 由于该能量以力的相互作用形式出现，故又称相互作用能，即

$$W=A=\frac{q_1q_2}{4\pi\varepsilon_0 r} \qquad (13-5-1)$$

上式可改写为

$$\begin{aligned}W=A&=\frac{1}{2}q_1\frac{q_2}{4\pi\varepsilon_0 r}+\frac{1}{2}q_2\frac{q_1}{4\pi\varepsilon_0 r}\\&=\frac{1}{2}q_1U_1+\frac{1}{2}q_2U_2\end{aligned} \qquad (13-5-2)$$

式中，U_1 是以 q_2 为场源的电场在 q_1 所在处的 a 点产生的电势，U_2 是以 q_1 为场源的电场在 q_2 所在处的 b 点产生的电势. 显然，式(13—5—2)与点电荷 q_1 和 q_2 移动的顺序无关. 当 q_1 和 q_2 为同号电荷时能量为正值，表示点电荷系统形成过程中，外力做正功；当 q_1 和 q_2 为异号电荷时能量为负值，表示在点电荷系统形成过程中，电场力做正功.

现在，再讨论三个点电荷组成的系统. 如图 13—5—2 所示，相距分别为 r_{12}，r_{23}，r_{13} 的 q_1，q_2，q_3 三个点电荷，根据上面的讨论，也可认为它们是依次从相距无限远处分别移到系统所在的位置上. 由力的叠加原理，依次迁移各点电荷过程中外力所做的功分别为

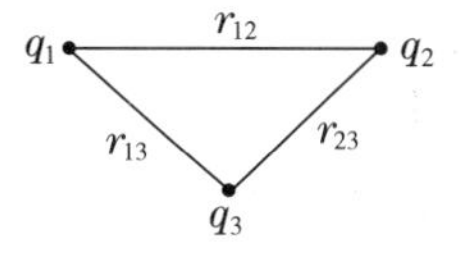

图 13—5—2　三个点电荷系统的相互作用能

$$A_1 = 0$$

$$A_2 = q_2 \frac{q_1}{4\pi\varepsilon_0 r_{12}}$$

$$A_3 = q_3 \left(\frac{q_1}{4\pi\varepsilon_0 r_{13}} + \frac{q_2}{4\pi\varepsilon_0 r_{23}} \right)$$

三个点电荷组成的系统具有的电能，即为建立该系统过程中外力所做的总功，即

$$\begin{aligned} A &= A_1 + A_2 + A_3 \\ &= q_2 \frac{q_1}{4\pi\varepsilon_0 r_{12}} + q_3 \left(\frac{q_1}{4\pi\varepsilon_0 r_{13}} + \frac{q_2}{4\pi\varepsilon_0 r_{23}} \right) \end{aligned}$$

或写为

$$\begin{aligned} A &= \frac{1}{2} q_1 \left(\frac{q_2}{4\pi\varepsilon_0 r_{12}} + \frac{q_3}{4\pi\varepsilon_0 r_{13}} \right) + \frac{1}{2} q_2 \left(\frac{q_1}{4\pi\varepsilon_0 r_{12}} + \frac{q_3}{4\pi\varepsilon_0 r_{23}} \right) \\ &\quad + \frac{1}{2} q_3 \left(\frac{q_1}{4\pi\varepsilon_0 r_{13}} + \frac{q_2}{4\pi\varepsilon_0 r_{23}} \right) \\ &= \frac{1}{2} q_1 U_1 + \frac{1}{2} q_2 U_2 + \frac{1}{2} q_3 U_3 \end{aligned} \qquad (13-5-3)$$

式中，U_1 表示点电荷 q_2 和 q_3 在点电荷 q_1 处产生的电势，其余类推.

对于 n 个点电荷组成的系统，可用类似方法求得其系统的电能为

$$W=\frac{1}{2}\sum_{i=1}^{n}q_iU_i \tag{13-5-4}$$

式中，U_i 表示除第 i 个点电荷以外的其他所有点电荷为场源的电场，在第 i 个点电荷所在位置产生的电势.

应该注意，式(13－5－4)不论对真空还是对电介质都是正确的. 当有电介质时，q_i 仍是自由电荷，而 U_i 则应是有电介质时，第 i 个自由电荷所在处的电势；式中系数$\frac{1}{2}$是取和时，每个点电荷的能量重复计算了两次的缘故.

其实，上面形成点电荷系统的过程，也可推广到电荷连续分布的带电体的电能计算. 若电荷以体电荷分布在带电体上，我们可设想不断地把电荷元 $\rho\,\mathrm{d}V$ 从无限远处迁移到物体上，此时只需把式(13－5－4)的取和改写成积分形式，就可得出电荷为体分布的电能 W 为

$$W=\frac{1}{2}\int_V U\rho\,\mathrm{d}V \tag{13-5-5}$$

同理，当带电体上电荷为面分布和线分布时，其电能分别为

$$W=\frac{1}{2}\int_S U\sigma\,\mathrm{d}S \tag{13-5-6}$$

$$W=\frac{1}{2}\int_l U\lambda\,\mathrm{d}l \tag{13-5-7}$$

式中，ρ,σ,λ 分别为电荷的体密度、面密度和线密度. U 是整个带电体的电场在体积元 $\mathrm{d}V$(或面积元 $\mathrm{d}S$ 及线元 $\mathrm{d}l$)处产生的电势. 上述积分范围遍及整个存在电荷的空间.

由电荷连续分布带电体电能的计算可知，式(13－5－4)仅是点电荷与点电荷间的相互作用能，公式中并未包括每个点电荷本身的固有能量(或称自能)，因此带电体之间具有的总静电能应该是每个带电体形成时的固有能量与各带电体间的相互作用能之总和，式(13－5－5)～(13－5－7)所代表的即是带电体系的总能量.

二、电容器的能量

如图 13—5—3 所示，有一电容为 C 的平行板电容器正处于充电过程中，设某时刻两板之间的电势差为

$$U_{AB}=U_A-U_B=\frac{q_i}{C}$$

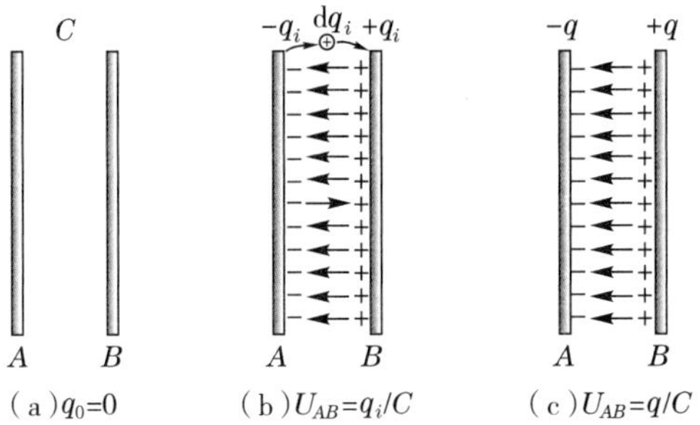

图 13—5—3　电容器的充电过程

若从板 A 再将电荷 $+dq_i$ 移到板 B 上，则外力做功为

$$dA=U_{AB}\cdot dq_i=\frac{q_i}{C}dq_i$$

在极板带电从零达到 q 值的整个过程中，外力做功为

$$A=\int dA=\int_0^q\frac{q_i}{C}dq_i=\frac{1}{2}\frac{q^2}{C}$$

此功便等于带电荷为 q 的电容器所具有的能量 W，即

$$W=\frac{1}{2}\frac{q^2}{C}\tag{13—5—8a}$$

根据电容器电容的定义式，上式也可写成

$$W=\frac{1}{2}C(U_A-U_B)^2\tag{13—5—8b}$$

或

$$W=\frac{1}{2}q(U_A-U_B)\tag{13—5—8c}$$

这一结果对各种结构的电容器都是正确的.

三、电场能量

实验证明，在电磁现象中，能量能够以电磁波的形式和有限的速

度在空间传播,这证实了带电系统所储藏的能量分布在它所激发的电场空间之中,即电场具有能量. 现在以平板电容器为例,如图13—5—4所示,导出电场的能量公式. 将$C=\varepsilon S/d$代入式(13—5—8b)中,得

$$W_e=\frac{1}{2}\frac{\varepsilon S}{d}(U_A-U_B)^2=\frac{1}{2}\varepsilon(Sd)\left(\frac{U_A-U_B}{d}\right)^2$$

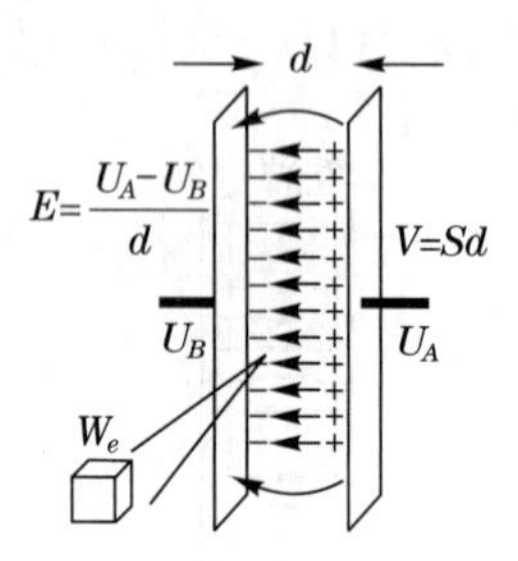

图 13—5—4　平行板电容器能量分布

这就是电场总的能量. 式中$\frac{U_A-U_B}{d}$是电容器两极板间的电场强度E,Sd是两极板间的体积,即电场的体积V,所以

$$W=\frac{\varepsilon E^2}{2}V \qquad (13-5-9)$$

这样就把平行板电容器的能量用表征电场性质的场强E表示出来,而且和电场所占体积成正比,表明电能储存在电场中. 为了描述电场中某点具有能量的多少,定义某点处单位体积内的电场能量为该点的电场能量密度,以w表示,即

$$w_e=\frac{\mathrm{d}W}{\mathrm{d}V} \qquad (13-5-10)$$

显然,由平行板电容器能量公式得

$$w_e=\frac{\varepsilon E^2}{2}=\frac{DE}{2} \qquad (13-5-11)$$

在国际单位制中,电场能量密度单位为$\mathrm{J\cdot m^{-3}}$(焦耳·米$^{-3}$).

上述结果虽从均匀电场导出,但可证明它是一个普遍适用的公式. 在任何非均匀电场中,只要给出场中某点的电容率ε、场强E(或电位移$D=\varepsilon E$),那么该点的电场能量密度就可由式(13—5—11)确定. 因为能量是物质的状态特性之一,所以它是不能和物质分割开的. 电场具有能量,这就证明电场也是一种物质.

四、电场能量的计算

对于任一带电系统的电场，只要知道其场强分布，便可计算出其电场所储存的总能量. 首先把电场空间划分成许多小体积元 dV，认为 dV 内电场是均匀的，则 dV 内电场能量为

$$dW = w_e dV = \frac{1}{2}\varepsilon E^2 dV \qquad (13-5-12)$$

然后，再对整个电场空间积分，即可求得整个电场的总能量

$$W = \int_V dW = \int_V \frac{1}{2}\varepsilon E^2 dV \qquad (13-5-13)$$

显然，计算电场能量的关键是选取合适的体积元 dV，并使 dV 中各处的 E 相等，即 dV 中各点处的能量密度 w_e 相等.

例 13－5－1 半径为 $R=10$ cm 的金属球，带有电荷 $q=1.0\times10^{-5}$ C，位于$\varepsilon_r=2$的无限大均匀电介质中. 求这个带电球体的电场能量.

解 ［方法一］

根据有电介质时静电场的高斯定理，可求得在离开球心为 r $(r>R)$处的场强为

$$E = \frac{q}{4\pi\varepsilon r^2}$$

该处任一点的电场能量密度为

$$w_e = \frac{\varepsilon E^2}{2} = \frac{q^2}{32\pi^2\varepsilon r^4}$$

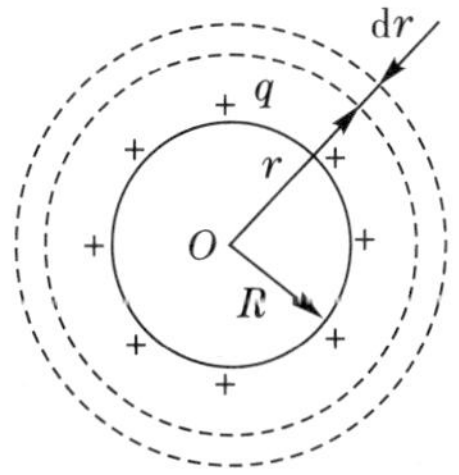

图 13－5－5 带电球体的电场能量

如图 13－5－5 所示，在该处取一个与金属球同心的球壳层，其厚度为 dr，体积$dV=4\pi r^2 dr$，拥有的能量为 $dW=w_e dV$. 整个电场

的能量可用积分计算,即

$$W=\int w_e \mathrm{d}V=\frac{q^2}{8\pi\varepsilon}\int_R^\infty \frac{\mathrm{d}r}{r^2}=\frac{q^2}{8\pi\varepsilon R}=\frac{1}{4\pi\varepsilon_0}\frac{q^2}{2\varepsilon_r R}$$

代入数值,得

$$W=9\times10^9\ \mathrm{N\cdot m^2\cdot C^{-2}}\times\frac{(1.0\times10^{-5}\ \mathrm{C})^2}{2\times2\times0.1\ \mathrm{m}}=2.25\ \mathrm{J}$$

［方法二］

由孤立导体球在电介质中的电容式(13—4—6),得

$$C=4\pi\varepsilon R$$

再由式(13—5—8a)得带电球体的电场能量为

$$W=\frac{1}{2}\frac{q^2}{C}=\frac{q^2}{8\pi\varepsilon R}=\frac{1}{4\pi\varepsilon_0}\frac{q^2}{2\varepsilon_r R}$$

与方法一结果一致.

例 13—5—2 一空气平板电容器电容 $C=1.0\times10^{-12}$ F,当充电至 $Q=1.0\times10^{-6}$ C 时切断电源.求:

(1)极板间电势差 U_{AB} 及电场能量;

(2)若将极板间距由 d 拉开至 $2d$ 时,能量是增加还是减少?为什么?

解 (1)极板间电势差为

$$U_{AB}=\frac{q}{C}=\frac{1.0\times10^{-6}}{1.0\times10^{-12}}=1.0\times10^6\,(\mathrm{V})$$

电场能量为

$$\begin{aligned}W&=\frac{1}{2}CU_{AB}^2\\&=\frac{1}{2}\times1.0\times10^{-12}\times(1.0\times10^6)^2\\&=0.5\ (\mathrm{J})\end{aligned}$$

(2)当极板间距由 d 拉开至 $2d$ 时,相应的电容为

$$C=\frac{\varepsilon_0 S}{d},C'=\frac{\varepsilon_0 S}{2d}=\frac{C}{2}$$

能量的变化为

$$\Delta W=W'-W=\frac{1}{2}\frac{q^2}{C'}-\frac{1}{2}\frac{q^2}{C}=\frac{1}{2}\frac{q^2}{C}=0.5\ (\mathrm{J})>0$$

由此可见，电场能量增加了，增加的能量是由外力克服两极板间静电引力做功转换而来的. 试问：若在切断电源后，与极板平行地插入一块厚度为 t 的大铜板，那么，电场能量如何变化？请解释这一结果.

习题十三

一、选择题

13－1 一个中性空腔导体，腔内有一个带正电的带电体，当另一中性导体接近空腔导体时，腔内各点的场强 （　　）

(A)变化　(B)不变　(C)不能确定

13－2 对于带电的孤立导体球，下列说法中正确的是 （　　）

(A)导体内的场强与电势大小均为零

(B)导体内的场强为零，而电势为恒量

(C)导体内的电势比导体表面高

(D)导体内的电势与导体表面的电势高低无法确定

13－3 忽略重力作用，两个电子在库仑力作用下从静止开始运动，由相距 r_1 到相距 r_2，在此期间，两个电子组成的系统中保持不变的物理量是 （　　）

(A)动能总和　(B)电势能总和　(C)动量总和　(D)电子相互作用力

13－4 一个空气平行板电容器，充电后把电源断开，这时电容器中储存的能量为 W_0，然后在两极板间充满相对电容率为 ε_r 的各向同性均匀电介质，则该电容器中储存的能量为 （　　）

(A) $\varepsilon_r W_0$　(B) W_0/ε_r　(C) $(1+\varepsilon_r)W_0$　(D) W_0

13－5 极板间为真空的平行板电容器，充电后与电源断开，将两极板用绝缘工具拉开一些距离，则下列说法中，正确的是 （　　）

(A)电容器极板上电荷面密度增加　(B)电容器极板间的电场强度增加

(C)电容器的电容不变　(D)电容器极板间的电势差增大

二、填空题

13－6 如图 13－1 所示，有一块大金属板 A，面积为 S，带有电量 q，今在其近旁平行地放入另一块大金属板 B，该板原来不带电，则 A 板上的电荷分布 $\sigma_1=$__________，$\sigma_2=$__________；B 板上的电荷分布 $\sigma_3=$__________，$\sigma_4=$__________. 周围空间电场分布为 $E_{\text{I}}=$__________，方向__________；

$E_{\text{II}}=$__________,方向__________;$E_{\text{III}}=$____________,方向__________. 如果把 B 板接地,则 $\sigma_1=$____________,$\sigma_2=$____________,$\sigma_3=$__________,$\sigma_4=$__________.

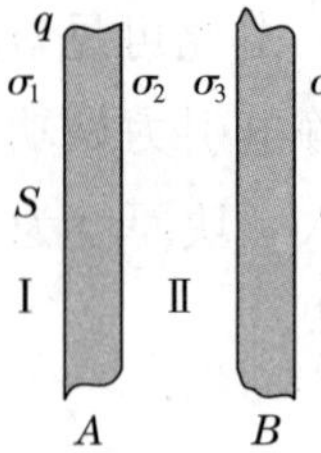

图 13—1

13—7 如图 13—2 所示的电容器组中,2,3 间的电容为______,2,4 间的电容为______.

13—8 如图 13—3 所示,平行板电容器极板面积为 S,充满两种电容率分别为 ε_1 和 ε_2 的均匀介质,则该电容器的电容为 $C=$____________.

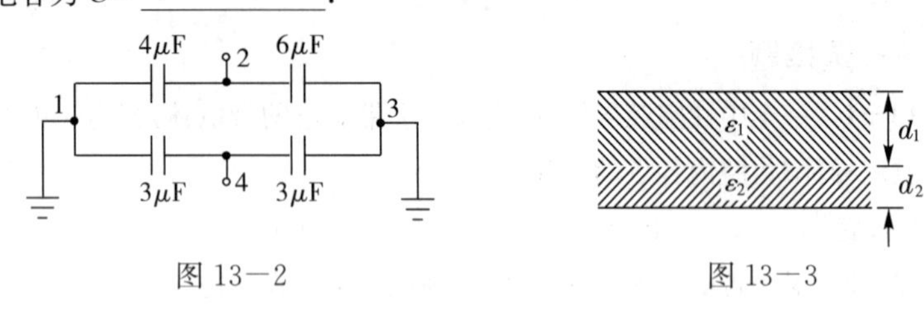

图 13—2　　图 13—3

13—9 为了把 4 个点电荷 q 置于边长为 L 的正方形的 4 个顶点上,外力须做功______.

13—10 半径分别为 R 和 r 的两个孤立球形导体($R>r$),它们的电容之比 C_R/C_r 为____________,若用一根细导线将它们连接起来,并使两个导体带电,则两导体球表面电荷面密度之比 σ_R/σ_r 为____________.

13—11 一平行板电容器,极板面积为 S,极板间距为 d,接在电源上,保持电压恒定为 U,若将极板间距拉大一倍,那么电容器中静电能改变为________________,电源对极板做功为____________,外力对极板做功为____________.

三、计算与证明题

13—12 半径分别为 1.0 cm 与 2.0 cm 的两个球形导体,各带电荷 $q=1.0\times10^{-8}$ C,两球相距很远. 若用细导线将两球相连接. 求:

(1)每个球所带的电荷;

(2)每球的电势.

13—13 平板电容器极板间的距离为 d,保持极板上的电荷不变,把相对电容率为 ε_r、厚度为 $\delta(<d)$的玻璃板插入极板间,求无玻璃时和插入玻璃后极板间电势差的比.

13—14 如图 13—4 所示,半径为 R_0 的导体球带有电荷 Q,球外有一层均匀介质同心球壳,其内、外半径分别为 R_1 和 R_2,相对电容率为 ε_r. 求:

(1)介质内、外的电场强度 $\boldsymbol{E}$ 和电位移 $\boldsymbol{D}$;

(2)介质内的电极化强度 $\boldsymbol{P}$ 和表面上的极化电荷面密度 σ'.

13—15 如图 13—5 所示，球形电极浮在相对电容率为 $\varepsilon_r=3.0$ 的油槽中，球的一半浸没在油中，另一半在空气中. 已知电极所带净电荷 $Q_0=2.0\times10^{-6}$ C，球的上下部分各有多少电荷？

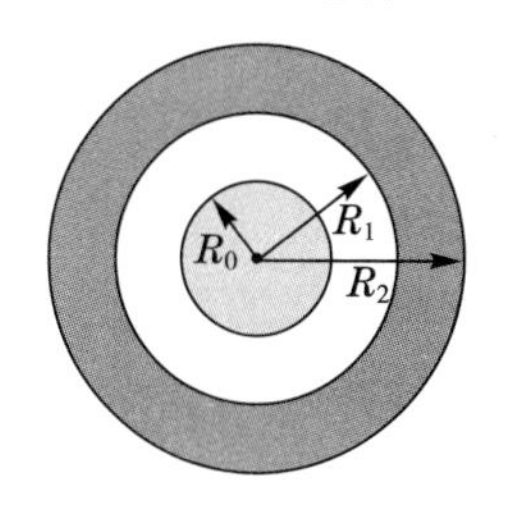

图 13—4

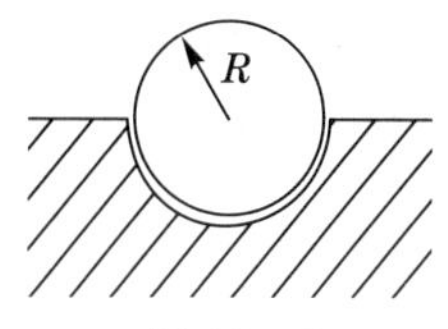

图 13—5

13—16 一平行板电容器，充电后，将电源断开，然后将一厚度为两极板间距一半的金属板放在两极板之间. 试问下述各量如何变化？(1)电容；(2)极板上面电荷；(3)极板间的电势差；(4)极板间的电场强度；(5)电场的能量.

13—17 一圆柱形电容器，外柱的直径为 4 cm，内柱的直径可以适当选择，若其间充满各向同性的均匀电介质，该介质的击穿电场强度的大小为 $E_0=200\ \mathrm{kV\cdot cm^{-1}}$. 试求该电容器可能承受的最高电压.（自然对数的底 e=2.7183）

13—18 假想从无限远处陆续移来微量电荷使一半径为 R 的导体球带电.

(1)当球上已带有电荷 q 时，再将一个电荷元 $\mathrm{d}q$ 从无限远处移到球上的过程中，外力做多少功？

(2) 使球上电荷从零开始增加到 Q 的过程中，外力共做多少功？

13—19 在真空中，一半径为 R 的导体球带有电荷 Q. 设无穷远处为电势零点，计算电场能量 W.

13—20 电容 $C_1=4\ \mu\mathrm{F}$ 的电容器在 800 V 的电势差下充电，然后切断电源，并将此电容器的两个极板分别与原来不带电、电容为 $C_2=6\ \mu\mathrm{F}$ 的两极板相连. 求：

(1)每个电容器极板所带的电量；

(2)连接前后 C_1 的静电场能.

13—21 半径为 2 cm 的导体球，外套同心的导体球壳，壳的内、外半径分别为 4 cm 和 5 cm，球与壳之间是空气，壳外也是空气. 当内球的电荷量为 3×10^{-8} C 时，

(1)这个系统储存了多少电能？

(2)如果用导线把球与壳连在一起，结果将如何？

第十四章

真空中的恒定磁场

人们发现磁现象要比电现象早得多. 1820 年以前,人们虽然也曾在自然现象中观察到闪电能使钢针磁化或使磁针退磁等现象,但没能把电现象与磁现象联系起来. 1820 年,丹麦物理学家奥斯特(H. Oersted)在一次电流的实验中偶然发现了电流的磁效应. 奥斯特发现电流的磁效应以后,人们对磁的认识和利用才得到了较快的发展,改变了把电与磁截然分开的看法,开始了探索电、磁内在联系的新时期.

通过前面的学习我们知道,在静止电荷周围存在着电场,如果电荷在运动呢? 那么在它的周围不仅有电场,而且还有磁场. 磁场也是物质的一种形态,它只对运动电荷施加作用,对静止电荷则毫无影响. 本章着重讨论恒定电流(或相对参考系以恒定速度运动的电荷)激发磁场的规律和性质.

§14—1 恒定电流

一、电流 电流密度

电流是电荷做定向运动形成的. 一般来说,电荷的携带者可以是自由电子、质子、正负离子,这些带电粒子亦称为载流子. **由带电粒子在导体中的定向运动形成的电流叫作传导电流**. 在金属导体内,载流子是自由电子,它做定向移动的方向是由低电势到高电势. 由于历史的原因,人们把正电荷从高电势向低电势移动的方向规定为电流的方向，因而电流的方向与负电荷的移动方向恰好相反.

电流(或称为电流强度)用符号 I 表示，定义为**在单位时间内通过导体截面的电荷量**，即

$$I=\frac{\mathrm{d}Q}{\mathrm{d}t} \qquad (14-1-1)$$

如果电流的大小和方向不随时间变化，则称为恒定电流(俗称直流). 电流是标量，所谓电流的方向是指电流沿导体循行的方向，也就是“正电荷定向运动的方向”. 在国际单位制中，规定电流为基本量，单位是安培，其符号为 A. 因此，“安培”是国际单位制中七个基本单位之一.

电流只能从整体上反映导体内电流的大小. 当电流在大块导体中流动时，导体的不同部分电流的大小和方向可能不一样，如图 14－1－1所示. 图中仿照画电场线的方法用带有箭头的线段标示电流的流向，称为电流线，电流线的疏密程度表示电流的大小.

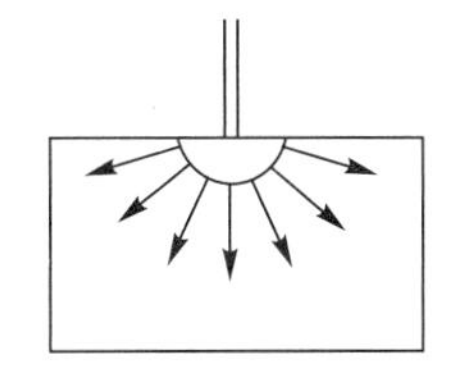

(a) 半球形接地电极附近的电流

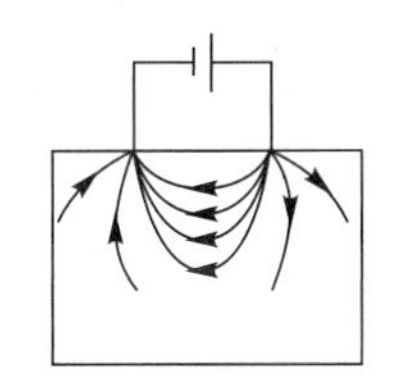

(b) 电阻法勘探矿藏时大地中的电流

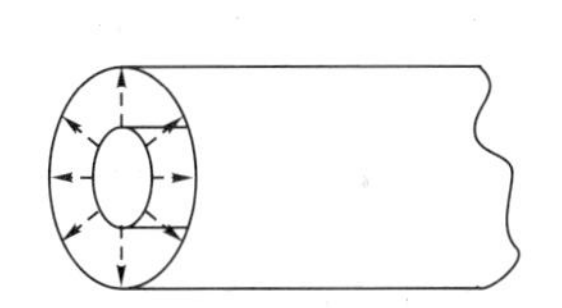

(c) 同轴电缆中的漏电流

图 14－1－1　大块导体中的电流分布

为了细致地描述导体的各点电流分布的情况，必须引入一个新的物理量**电流密度**，它是矢量，用符号 $\boldsymbol{j}$ 表示. **电流密度矢量的方向与该点正电荷运动的方向一致，大小等于通过垂直于电流方向的单位面积的电流**，记作

$$\boldsymbol{j}=\frac{\mathrm{d}I}{\mathrm{d}S_{\perp}}\boldsymbol{n} \qquad (14-1-2)$$

式中，$\boldsymbol{n}$ 是与电场方向垂直的面积的法向单位矢量，它与电场 $\boldsymbol{E}$ 的方向相同. 上式表明，电流密度矢量 $\boldsymbol{j}$ 的方向沿该点电场 $\boldsymbol{E}$ 的方向，大

小等于通过与该点场强方向垂直的单位面积的电流，如图14—1—2所示.

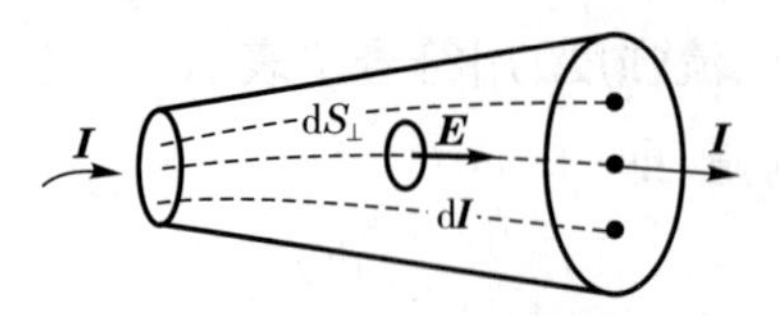

图 14—1—2　电流密度矢量的引出

一般情况下，截面元 d$\boldsymbol{S}$ 法线的单位矢量 $\boldsymbol{e}_n$ 与该点电流密度 $\boldsymbol{j}$ 之间有一夹角 θ，如图 14—1—3 所示. 此时通过任一截面的电流为

$$I=\int_S \boldsymbol{j}\cdot\boldsymbol{e}_n \mathrm{d}S=\int_S \boldsymbol{j}\cdot\mathrm{d}\boldsymbol{S} \qquad (14-1-3)$$

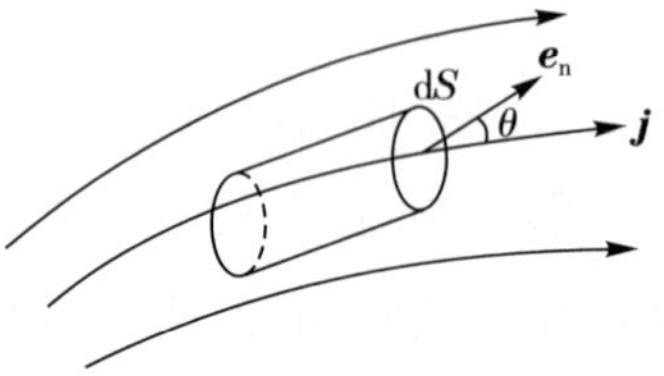

图 14—1—3　电流 I 与电流密度 $\boldsymbol{j}$ 的关系

在国际单位制中，电流密度的单位为 $\mathrm{A\cdot m^{-2}}$.

二、电流的连续性方程　恒定电流条件

考虑如图 14—1—4 所示的闭合曲面，并规定外法线方向为正. 这样，在单位时间内，从闭合曲面内向外流出的电荷，即通过闭合曲面向外的总电流为

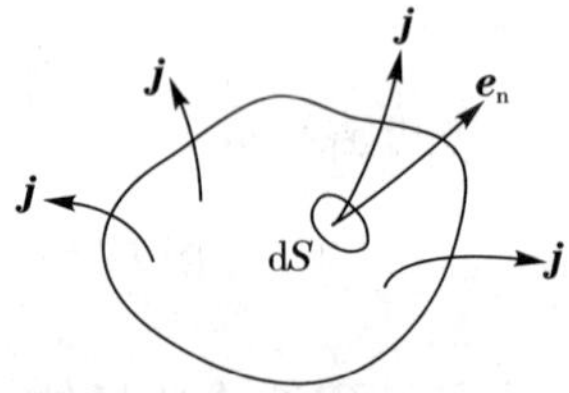

图 14—1—4　电流连续性方程

$$\frac{\mathrm{d}Q}{\mathrm{d}t}=I=\oint_S \boldsymbol{j}\cdot\mathrm{d}\boldsymbol{S}$$

根据电荷守恒定律，在单位时间内通过闭合曲面向外流出的电荷，应等于此闭合曲面内单位时间所减少的电荷，如以 $-\frac{\mathrm{d}Q_i}{\mathrm{d}t}$ 表示闭合曲面内单位时间减少的电荷，则有

$$\frac{\mathrm{d}Q}{\mathrm{d}t}=-\frac{\mathrm{d}Q_i}{\mathrm{d}t}$$

代入上式,即得

$$\oint_S \boldsymbol{j} \cdot \mathrm{d}\boldsymbol{S} = -\frac{\mathrm{d}Q_\mathrm{i}}{\mathrm{d}t} \qquad (14-1-4)$$

式(14—1—4)表明,**单位时间通过闭合曲面向外流出的电荷,等于这一时间内闭合曲面里电荷的减少量**. 这就是电流的连续性,式(14—1—4)就是**电流的连续性方程**. 它表明电流线可以是有头有尾的,凡是有电流线发出的地方,那里的正电荷量必随时间减少.

显然,若图 14—1—4 中闭合曲面内的电荷不随时间变化,即

$$\frac{\mathrm{d}Q_\mathrm{i}}{\mathrm{d}t} = 0$$

根据电流的连续性方程,有

$$\oint_S \boldsymbol{j} \cdot \mathrm{d}\boldsymbol{S} = 0 \qquad (14-1-5)$$

这表明,在闭合曲面内,若电荷不随时间变化,则电流密度 $\boldsymbol{j}$ 对闭合曲面的面积积分为零. 这就是说,从闭合曲面 S 上某一部分流入的电流,等于从闭合曲面 S 其他部分流出的电流. 总之,当导体中任意闭合曲面满足式(14—1—5)时,闭合曲面内没有电荷增加或减少,此时导体中任意点电流密度是恒定的. 式(14—1—5)称为**恒定电流条件**.

三、电源 电动势

在图 14—1—5 中,怎样才能维持 A、B 间恒定的电势差呢?

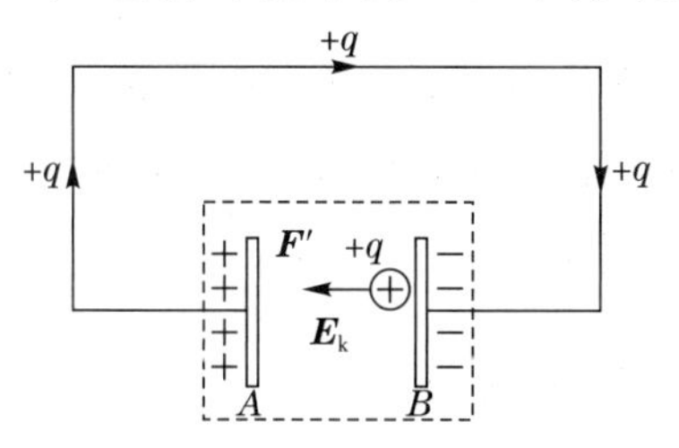

图 14—1—5 电源的非静电力维持恒定的电势差

在如图 14—1—5 所示的回路中,开始时极板 A 和 B 分别带有正、负电荷,A、B 之间有电势差,这时在导线中有电场. 在电场力作用下,正电荷从极板 A 通过导线移到极板 B,并与极板 B 上的负电

荷中和,直至两极板间的电势差消失. 如果我们能把正电荷从负极板 B 沿着两极板间另一路径,移至正极板 A 上,并使两极板维持正、负电荷不变,这样两极板间就有恒定的电势差,导线中也就有恒定的电流通过. 显然,要把正电荷从负极板移到正极板,必须有非静电力 $\boldsymbol{F}'$ 作用才行. 这种能提供非静电力的装置称为电源. 在电源内部,依靠非静电力 $\boldsymbol{F}'$ 克服静电力 $\boldsymbol{F}$ 对正电荷做功,方能使正电荷从极板 B 经电源内部输送到极板 A 上去. 可见,电源中非静电力 $\boldsymbol{F}'$ 的做功过程,就是把其他形式的能量转变为电能的过程.

为了表示不同电源转化能量的能力,人们引入了电动势这一物理量. 其定义为把单位正电荷绕闭合回路一周时,非静电力所做的功. 如以 $\boldsymbol{E}_\mathrm{k}$ 表示非静电场强度(这只是一种等效说法),A 为非静电力所做的功,$\mathscr{E}$ 表示电源电动势,则有

$$\mathscr{E} = \frac{A}{q} = \oint \boldsymbol{E}_\mathrm{k} \cdot \mathrm{d}\boldsymbol{l} \qquad (14-1-6)$$

考虑到在如图 14—1—5 的闭合回路中,非静电场强度 $\boldsymbol{E}_\mathrm{k}$ 只存在于电源内部,故有

$$\mathscr{E} = \int_{-}^{+} \boldsymbol{E}_\mathrm{k} \cdot \mathrm{d}\boldsymbol{l} \qquad (14-1-7)$$

该式表明,**电源电动势的大小等于把单位正电荷从负极经电源内部移到正极时非静电力所做的功**. 显然,其大小只取决于电源本身的性质.

应该明确,电动势虽不是矢量,但为了便于判断在电流流通时非静电力是做正功还是负功,通常把电源内部电势升高的方向,即从负极经电源内部到正极的方向规定为电动势的正方向. 电动势的单位和电势的单位相同.

*四、欧姆定律的微分形式

从图 14—1—1 可知,在一段导体内各点的电流常常并非总是均匀的,为了更精细地描绘出导体的导电情况,我们常将从场的观点出发导出欧姆定律的微分形式,它将反映出导体中逐点的导电规律.

现在,导体中沿电流方向取一极小的直圆柱体,如图 14—1—6 所示,其截面积大小为 $\mathrm{d}S$,柱体长度为 $\mathrm{d}l$,两端的电势分别为 U 和 $(U+\mathrm{d}U)$. 假定这段圆

柱体的电阻为 R，根据欧姆定律，通过该小圆柱体的电流是

$$\mathrm{d}I = \frac{U-(U+\mathrm{d}U)}{R} = -\frac{\mathrm{d}U}{R}$$

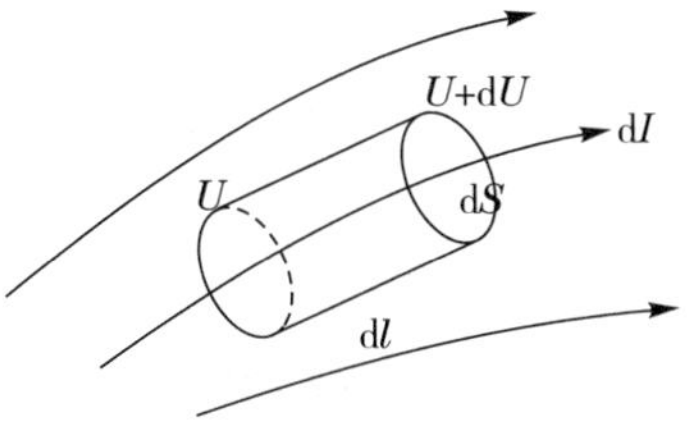

图 14—1—6　欧姆定律的微分形式的推导

因为 $R=\rho\dfrac{\mathrm{d}l}{\mathrm{d}S}=\dfrac{\mathrm{d}l}{\sigma\mathrm{d}S}$，代入上式，则有

$$\frac{\mathrm{d}I}{\mathrm{d}S} = -\sigma\frac{\mathrm{d}U}{\mathrm{d}l}$$

上式左边是电流密度 $\boldsymbol{j}$，右边电势梯度的负值正是电场强度 $\boldsymbol{E}$，考虑到在导体中 $\boldsymbol{j}$ 与 $\boldsymbol{E}$ 方向相同，所以可以将上式表达为矢量关系

$$\boldsymbol{j} = \sigma\boldsymbol{E} \tag{14—1—8}$$

式(14—1—8)称为欧姆定律的微分形式，它表明了导体中任一点处电流密度与电场强度之间的关系，式中 σ 为电导率，表征导体中该点处的导电性质.

*五、基尔霍夫定律

基尔霍夫定律是求解复杂电路的基本定律.

对于恒定电流电路中几根导线相交的节点，即几个电流的汇合点(如图 14—1—7所示)来说，取一包围该节点的封闭曲面 S，由式(14—1—5)可得

$$\sum I_i = 0 \tag{14—1—9}$$

即流出节点的电流代数和为零，称为**基尔霍夫第一定律**.

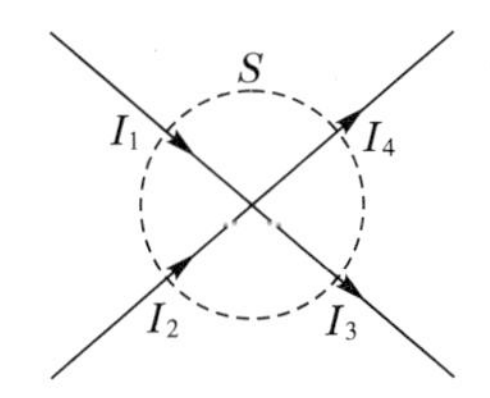

图 14—1—7　节点电流示意图

在恒定电流的情况下，导体内电荷的分布不随时间改变. 不随时间改变的电荷分布产生不随时间改变的电场，这种电场叫恒定电场. 恒定电场与静电场

有许多相似之处. 例如,它们都服从高斯定理和环路定理. 根据恒定电场的环路定理有

$$\oint_L \boldsymbol{E} \cdot \mathrm{d}\boldsymbol{l} = 0 \tag{14-1-10}$$

也就是说,**在恒定电流电路中,沿任何闭合回路一周的电势降落的代数和为零**,称为**基尔霍夫第二定律**.

§14-2　恒定磁场 磁感应强度

一、基本磁现象

1. 磁铁的磁性

早在远古时代,人们就发现某些天然矿石(Fe_3O_4)具有吸引铁屑的本领,这种矿石称为天然磁铁. 若把天然磁铁制成磁针,使之可在水平面内自由转动,则磁针的一端总是指向地球的南极,另一端总是指向地球的北极. 中国是世界上最早发现并利用磁现象的国家. 传说我国在上古时代就发现了天然磁铁,战国时期已经能用"司南"判断方向,如图14-2-1所示. 司南是指南针的前身,是我国古代四大发明之一. 历史上把磁针或磁棒指南的一端称为磁南极,用S表示,指北的一端称为磁北极,用N表示.

磁铁的磁极之间存在相互作用:同种磁极相互排斥,异种磁极相互吸引. 与电荷不同,两种不同性质的磁极总是成对出现. 将一根磁棒分为两段,磁南极和磁北极并不能相互分离,而是成为两根各有两极的磁棒. 尽管有科学家预言存在磁单极,然而,到目前为止,还没有实验能证实磁单极能够单独存在.

图14-2-1　司南勺

2. 电流的磁效应

1820年,丹麦物理学家奥斯特在一次电流的实验中偶然发现了电流的磁效应. 在载流直导线附近,平行放置的磁针受力向垂直于导线的方向偏转,这就是电流的磁效应. 奥斯特发现电流的磁效应

以后，改变了把电与磁截然分开的看法，逐渐揭开了电磁现象的内在联系. 另外，奥斯特发现电流对磁针的作用力是一种横向力，而在这以前人们认为全部作用力都是有心力.

1820 年 9 月，安培(A. Ampere)发现放在磁铁附近的载流导线或载流线圈，也受到力的作用而发生运动. 进一步的实验表明，磁铁与磁铁之间，电流与磁铁之间，以及电流与电流之间都有磁相互作用. 上述实验现象引发了人们对“磁性本源”的研究. 1826 年，安培提出了等效的分子电流的假说，他认为：**一切磁现象都可归结为电流的磁效应. 从微观上看，一切磁现象都是运动电荷之间的相互作用.**

二、磁场

与电荷相互作用一样，磁相互作用也不是超距作用，它们也是通过场来传递的，这种场就是磁场. 这就是说，能够产生磁力的空间存在着磁场. 磁力也称为磁场力. 磁场是一种特殊的物质. 电流、运动电荷、磁体或变化电场周围的空间均存在这种特殊形态的物质. 磁场的基本特征是能对其中的运动电荷施加作用力，磁场对电流、对磁体的作用力或力矩皆源于此. 电流或磁铁在其周围空间产生磁场，磁场对处在场内的电流或磁铁有力的作用. 磁相互作用可表示为

$$\text{电流(磁铁)} \rightleftharpoons \text{磁场} \rightleftharpoons \text{电流(磁铁)}$$

以后，我们将进一步说明，磁铁或电流所产生的磁场都是由运动电荷产生的；磁场对磁铁或电流的作用归根到底都是磁场对运动电荷的作用. 因此，磁相互作用可以归结为

$$\textbf{运动电荷} \rightleftharpoons \textbf{磁场} \rightleftharpoons \textbf{运动电荷}$$

运动电荷与静止电荷的性质很不一样. 不同之处在于：静止电荷的周围空间只存在静电场，而任何运动电荷或电流的周围空间，除了和静止电荷一样存在电场之外，还存在磁场. 静止的电荷只受电场的作用力，运动的电荷除了受电场作用力外，还受磁场的作用力. 电场对处于其中的任何电荷(不论运动与否)都有电场力作用，而磁场则只对运动电荷有磁场力作用.

当空间存在电流时，做定向运动的载流子不仅产生磁场，还产

生电场.处在附近的其他电流中的载流子将同时受到磁场和电场的作用,两种相互作用总是混杂在一起的.

三、磁感应强度

在研究电场时,我们用电场强度描写电场,它是通过电场对静止的检验电荷的作用而引入的.与此相似,我们将引入一个描写磁场的物理量磁感应强度 $\boldsymbol{B}$,它是通过磁场对电流或运动的试探电荷的作用力而引入的.但是通过直接测量磁场对电流的作用力来引入描写磁场的物理量将会遇到困难,因为作为检测磁场的电流必须是脱离载流回路而单独存在的无限小的电流元.而这种孤立的恒定电流元又是不存在的.因此,我们利用磁场对试探的运动点电荷有磁场力作用来描述磁场中各点的方向和强弱.实验表明:

(1)当点电荷沿某两个特定(相互反平行)方向运动时,它不受磁场力作用,$F=0$,我们规定其中一个方向为磁感应强度 $\boldsymbol{B}$ 的方向,即磁场方向.

(2)当点电荷以某一速度 $\boldsymbol{v}$ 沿不同于磁场方向运动时,它所受到的磁场力 $\boldsymbol{F}$ 的大小与点电荷的电荷量 q 和运动速度 $\boldsymbol{v}$ 的乘积成正比,$\boldsymbol{F}$ 的方向总是垂直于运动速度与磁场方向所组成的平面.

(3)当点电荷垂直于磁场方向运动时,它所受的磁场力最大,用 $F_{\max}$ 表示,其数值与运动电荷的电量 q 及速率 v 成正比.但对磁场中某一指定点而言,$F_{\max}$ 与 $|q|v$ 的比值 $\dfrac{F_{\max}}{|q|v}$ 是一个与 $|q|$ 和 v 的大小都无关的恒量.

因此,我们定义:场中某点磁感应强度的大小为 $B=\dfrac{F_{\max}}{|q|v}$;磁感应强度的方向可用小磁针在该点时 N 极的指向表示,也可用叉积 $\boldsymbol{F}_{\max}\times\boldsymbol{v}$ 的方向来确定,如图 14—2—2 所示.磁感应强度 $\boldsymbol{B}$(简称 $\boldsymbol{B}$ 矢量)是表述磁场中各点磁场强弱和方向的物理量.

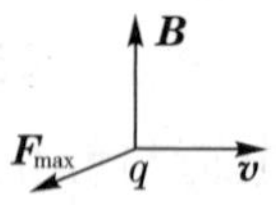

图 14—2—2 正点电荷垂直于磁场方向运动时受力方向

在国际单位制中,磁感应强度 $\boldsymbol{B}$ 的单位是 T,叫作特斯拉

(Tesla),简称特. 几种典型的磁感应强度的大小如表 14—1 所示.

表 14—1　一些磁感应强度的大小　　单位:T

原子核表面	约 10^{12}
中子星表面	约 10^{8}
太阳黑子中	约 0.3
太阳表面	约 10^{-2}
小型条形磁铁近旁	约 10^{-2}
木星表面	约 10^{-3}
地球表面	约 5×10^{-5}
人体表面(头部)	约 3×10^{-10}
星际空间	约 10^{-10}
磁屏蔽室内	3×10^{-14}

§14—3　毕奥—萨伐尔定律

这一节我们介绍恒定电流激发磁场的规律. 恒定电流激发的磁场为恒定磁场,也称为静磁场.

一、磁场叠加原理

计算磁场的基本方法与在静电场中计算带电体的电场时方法相仿,为了求恒定电流的磁场,我们也可将载流导线分成无限多个小的载流线元,每个小的载流线元的电流情况可用 $I\mathrm{d}\boldsymbol{l}$ 来表征,称为电流元. 电流元可作为计算电流磁场的基本单元.

实验证明,磁场也服从叠加原理. 也就是说,整个载流导线回路在空间中某点所激发的磁感应强度 $\boldsymbol{B}$,就是该导线上所有电流元在该点激发的磁感应强度 $\mathrm{d}\boldsymbol{B}$ 的叠加(矢量和),即 $\boldsymbol{B}=\int_L \mathrm{d}\boldsymbol{B}$. 积分号下的 L 表示对整个导线中的电流求积分. 上式是一矢量积分,具体计算时要用它在选定的坐标系中的分量式.

二、毕奥—萨伐尔定律

毕奥—萨伐尔定律给出了一段电流元 $I\mathrm{d}\boldsymbol{l}$ 与它所激发的磁感应强度 $\mathrm{d}\boldsymbol{B}$ 之间的大小关系，如图 14—3—1 所示，即为

$$\mathrm{d}B=\frac{\mu_0}{4\pi}\frac{I\mathrm{d}l\sin\theta}{r^2}$$

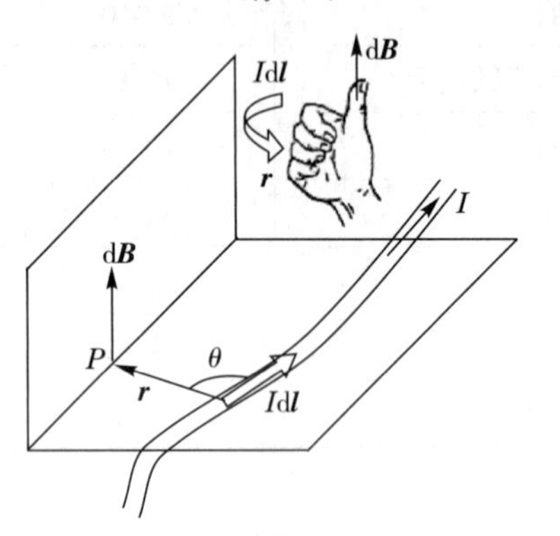

图 14—3—1　电流元的磁感应强度的方向

考虑到电流元 $I\mathrm{d}\boldsymbol{l}$、位矢 $\boldsymbol{r}$ 和磁场 $\mathrm{d}\boldsymbol{B}$ 三者的方向，电流元的磁场可写成矢量形式

$$\mathrm{d}\boldsymbol{B}=\frac{\mu_0}{4\pi}\frac{I\mathrm{d}\boldsymbol{l}\times\boldsymbol{r}}{r^3}\qquad(14-3-1)$$

电流元 $I\mathrm{d}\boldsymbol{l}$、位矢 $\boldsymbol{r}$ 和磁场 $\mathrm{d}\boldsymbol{B}$ 三个矢量的方向之间服从右手螺旋法则，由此可确定电流元磁场 $\mathrm{d}\boldsymbol{B}$ 的方向.

式(14—3—1)中，$\mu_0=4\pi\times10^{-7}\ \mathrm{N}\cdot\mathrm{A}^{-2}$，称为真空磁导率. 由于电流元不能孤立地存在，所以式(14—3—1)不是直接对实验数据的总结. 它是拉普拉斯(Pierre Simon Laplace)在毕奥和萨伐尔对电流磁作用的实验结果上分析得出的，称为毕奥—萨伐尔—拉普拉斯定律. 因为实验主要由毕奥和萨伐尔做的，所以现在就简称为毕奥—萨伐尔定律. 有了电流元的磁场公式(14—3—1)，再根据叠加原理，对此式进行积分，就可以求出任意电流的磁场分布.

三、毕奥—萨伐尔定律的应用

应用毕奥—萨伐尔定律计算磁场中各点磁感应强度的具体步骤为：

(1)首先,将载流导线划分为一段段电流元,任选一段电流元 $I\mathrm{d}\boldsymbol{l}$,并标出 $I\mathrm{d}\boldsymbol{l}$ 到场点 P 的位矢 $\boldsymbol{r}$,确定两者的夹角 $\theta(I\mathrm{d}\boldsymbol{l},\boldsymbol{r})$.

(2)根据毕奥—萨伐尔定律的公式,求出电流元 $I\mathrm{d}\boldsymbol{l}$ 在场点 P 所激发的磁感应强度 $\mathrm{d}\boldsymbol{B}$ 的大小,并由右手螺旋法则决定 $\mathrm{d}\boldsymbol{B}$ 的方向.

(3)建立坐标系,将 $\mathrm{d}\boldsymbol{B}$ 在坐标系中分解,并用磁场叠加原理做对称性分析,以简化计算步骤.

(4)最后,就整个载流导线对 $\mathrm{d}\boldsymbol{B}$ 的各个分量分别积分,再对积分结果进行矢量合成,求出磁感应强度 $\boldsymbol{B}$.

下面通过几个典型例子来说明毕奥—萨伐尔定律的应用.

例 14—3—1 如图 14—3—2 所示,用毕奥—萨伐尔定律计算一半径为 R、通有恒定电流 I 的圆线圈,在轴线上任一点 P 所激发的磁感应强度 $\boldsymbol{B}$.

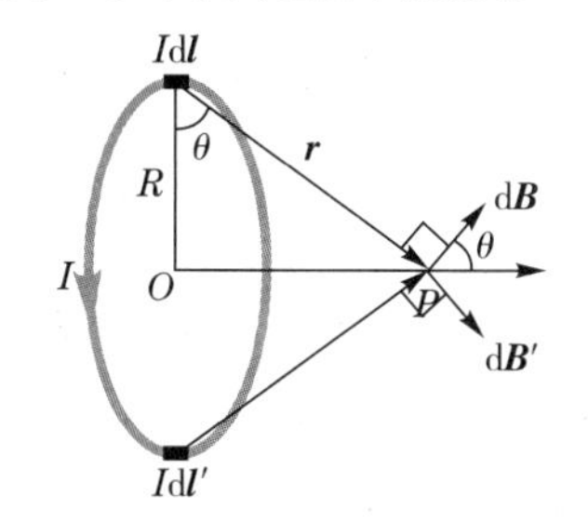

图 14—3—2 圆线圈轴线上的磁场

解 由毕奥—萨伐尔定律知,$I\mathrm{d}\boldsymbol{l}$ 在轴线上任意一点 P 的磁感应强度 $\mathrm{d}\boldsymbol{B}$ 的大小为

$$\mathrm{d}B=\frac{\mu_0 I\mathrm{d}l\sin 90^\circ}{4\pi r^2}=\frac{\mu_0 I\mathrm{d}l}{4\pi r^2}$$

各电流元在 P 点 $\mathrm{d}\boldsymbol{B}$ 大小相等,方向不同,由对称性可知

$$B_{\perp}=\int \mathrm{d}B_{\perp}=0$$

$$B=B_{/\!/}=\int \mathrm{d}B\cos\theta=\int_0^{2\pi R}\frac{\mu_0 I\mathrm{d}l}{4\pi r^2}\frac{R}{r}$$

$$=\frac{\mu_0 IR}{4\pi r^3}\int_0^{2\pi R}\mathrm{d}l=\frac{\mu_0 IR^2}{2(R^2+x^2)^{3/2}}$$

方向沿轴线向右.

讨论

(1)若线圈有 N 匝,则:$B=\dfrac{N\mu_0 IR^2}{2(R^2+x^2)^{\frac{3}{2}}}$;

(2)$x<0$ 时,$\boldsymbol{B}$ 的方向不变(I 和 $\boldsymbol{B}$ 成右螺旋关系);

(3) $x=0$ 时,$B=\frac{\mu_0 I}{2R}$,即得载流圆线圈中心处的磁感应强度,方向也沿轴线向右;

(4) $x\gg R$ 时,$B=\frac{\mu_0 IR^2}{2x^3}$,$B=\frac{\mu_0 IS}{2\pi x^3}$,式中 $S=\pi R^2$ 为圆电流的面积.

例 14—3—2 如图 14—3—3 所示,有一长度为 L、通有恒定电流 I 的载流直导线,用毕奥一萨伐尔定律计算距离导线为 a 处的 P 点的磁感应强度 $\boldsymbol{B}$.(导线两端到 P 点的连线与导线的夹角分别为 θ_1 和 θ_2)

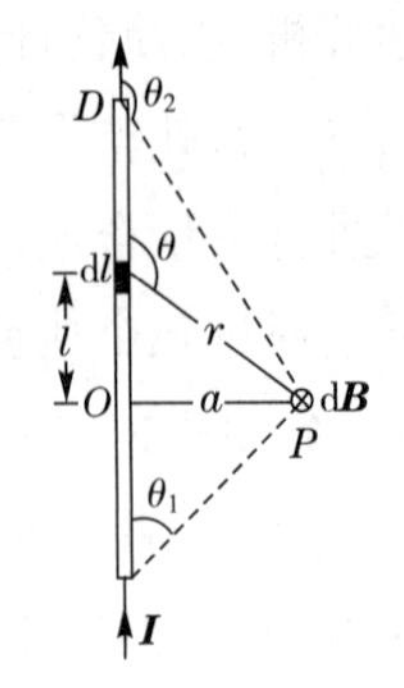

图 14—3—3 有限长载流直导线的磁场

解 如图 14—3—3 所示,在直电流上取电流元 $I\mathrm{d}\boldsymbol{l}$,由毕奥一萨伐尔定律知电流元 $I\mathrm{d}\boldsymbol{l}$ 在任意一点 P 产生的磁感应强度 $\mathrm{d}\boldsymbol{B}$ 的大小为

$$\mathrm{d}B=\frac{\mu_0 I\mathrm{d}l\sin\theta}{4\pi r^2}$$

方向垂直纸面向内,各电流元在点 P 产生的磁感应强度 $\mathrm{d}\boldsymbol{B}$ 方向相同.

统一将上式中变量用 θ 表示,则

$$l=-a\cot\theta,\mathrm{d}l=\frac{a\mathrm{d}\theta}{\sin^2\theta},r=\frac{a}{\sin\theta}$$

对 $\mathrm{d}B$ 积分,可得 $\boldsymbol{B}$ 的大小为

$$B=\frac{\mu_0 I}{4\pi a}\int_{\theta_1}^{\theta_2}\sin\theta\mathrm{d}\theta=\frac{\mu_0 I}{4\pi a}(\cos\theta_1-\cos\theta_2)$$

$\boldsymbol{B}$ 的方向与直电流成右手螺旋关系,四指的绕向即为 $\boldsymbol{B}$ 的方向.

讨论

(1)载流直导线为“无限长”时,$\theta_1=0$,$\theta_2=\pi$,$B=\frac{\mu_0 I}{2\pi a}$;

(2)载流直导线为“半无限长”时,$\theta_1=\pi/2$,$\theta_2=\pi$,$B=\frac{\mu_0 I}{4\pi a}$.

例 14—3—3 直螺线管是指均匀地密绕在直圆柱面上的螺旋形线圈,如图 14—3—4 所示.设螺线管的半径为 R,电流为 I,每单位长度

有线圈 n 匝，计算螺线管内轴线上 P 点的磁感应强度(图 14—3—5).

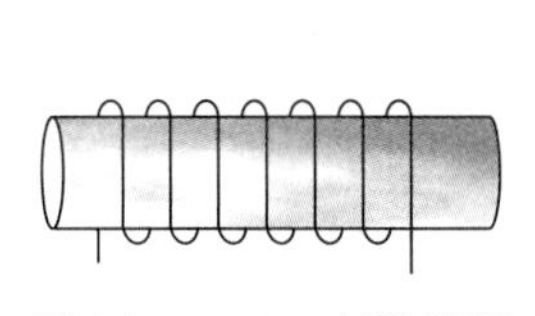
图 14—3—4　直螺线管

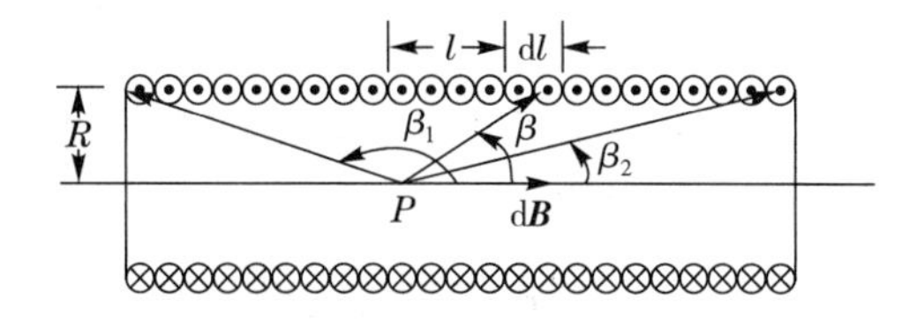

图 14—3—5　直螺线管轴上各点磁感应强度的计算

解　在螺线管上任取一小段 dl，这小段上有线圈 ndl 匝. 管上线圈绕得很紧密，那么这小段上的线圈相当于电流为 $Indl$ 的一个圆形电流. 由例 14—3—1 的结果，可知这小段上的线圈在轴线上某点 P 所激发的磁感应强度为

$$dB = \frac{\mu_0 R^2 Indl}{2(R^2 + l^2)^{3/2}}$$

磁感应强度的方向沿轴线向右. 因为螺线管的各小段在 P 点所产生的磁感应强度的方向都相同，因此整个螺线管所产生的总磁感应强度

$$B = \int_L dB = \int_L \frac{\mu_0 R^2 Indl}{2(R^2 + l^2)^{3/2}}$$

为了便于积分，我们引入参变量 β 角，也就是螺线管的轴线与从 P 点到 dl 处小段线圈上任一点的矢量 $\boldsymbol{r}$ 之间的夹角. 于是从图 14—3—5中可以看出

$$l = R\cot\beta$$

对上式微分，得

$$dl = -R\csc^2\beta d\beta$$

又

$$R^2 + l^2 = R^2\csc^2\beta$$

将以上关系式及积分变量的上下限 β_2 和 β_1 代入上式后，得

$$B = \frac{\mu_0 nI}{2}\int_{\beta_1}^{\beta_2} \sin\beta d\beta = \frac{\mu_0 nI}{2}(\cos\beta_2 - \cos\beta_1)$$

方向按右手螺旋法则确定.

讨论

(1)若 $l \gg R$，即很细又很长的螺线管可看作“无限长”，这时 $\beta_1 \to \pi$，

$\beta_2 \to 0$,所以

$$B=\mu_0 nI$$

这一结果说明,任何绕得很紧密的细长螺线管内部轴线上的磁感应强度与点的位置无关.还可以证明,对不在轴线上的内部各点 $\boldsymbol{B}$ 的值也等于 $\mu_0 nI$,因此“无限长”螺线管内部的磁场是均匀的.

(2)如点 P 处于半“无限长”载流螺线管的一端,则 $\beta_1=\frac{\pi}{2}$,$\beta_2=0$,或 $\beta_1=\pi$,$\beta_2=\frac{\pi}{2}$,故得螺线管两端的磁感应强度的值均为

$$B=\frac{\mu_0 nI}{2}$$

轴线上各处 B 的量值变化情况大致如图 14—3—6 所示.

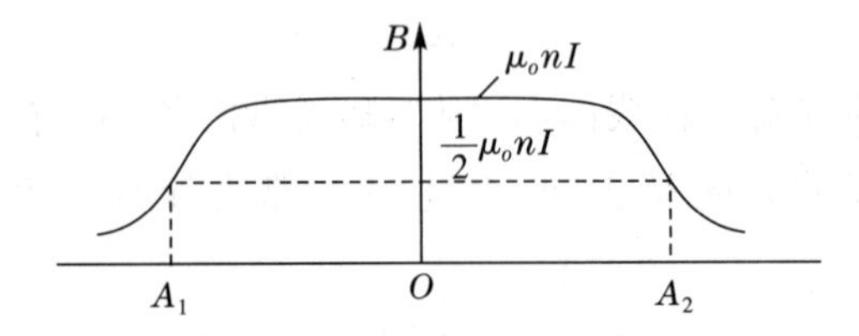

图 14—3—6 螺线管轴线上的磁场分布

例 14—3—4 一无限长直载流导线,其中 CD 部分被弯成 120° 圆弧,AC 与圆弧相切,如图 14—3—7 所示.已知电流 $I=5.0$ A,圆弧半径 $R=2.0\times10^{-2}$ m,求圆心 O 处的磁感应强度.

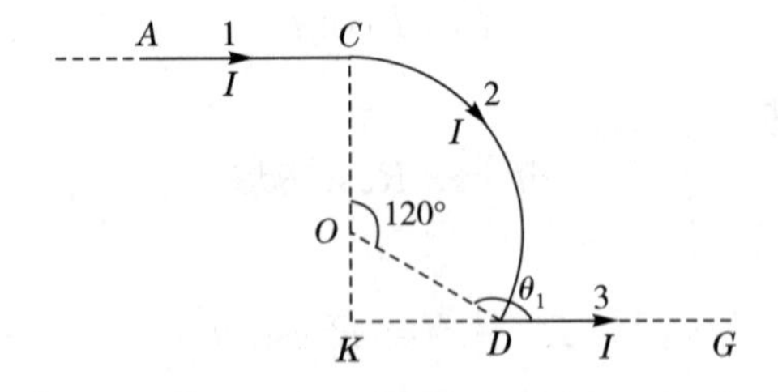

图 14—3—7 例 14—3—4 用图

解 根据磁场的叠加性,可将载流导线分成三部分,如图 14—3—7 所示,分别将 AC,CD 和 DG 称为载流导线 1、2 和 3.它们在 O 点产生的磁感应强度分别计算如下:

载流导线 1 相对于 O 点为半无限长载流直导线,它在 O 点产生

的磁感应强度 B_1 的方向垂直于纸面向里，大小为

$$B_1 == \frac{\mu_0 I}{4\pi R}$$

圆弧电流 2 在 O 点产生的磁感应强度 B_2 的方向垂直于纸面向里，大小为$\frac{1}{3}$圆弧在圆心处产生的磁场，由毕奥一萨伐尔定律计算，有

$$B_2 = \frac{1}{3}\frac{\mu_0 I}{2R}$$

载流导线 3 在 O 点产生的磁感应强度 B_3 的方向垂直于纸面向外，其大小为

$$B_3 = \frac{\mu_0 I}{4\pi a}(\cos\theta_1 - \cos\theta_2)$$

$a=R\cos 60^\circ$，$\theta_1=150^\circ$，$\theta_2=\pi$，代入上式得

$$B_3 = \frac{\mu_0 I}{2\pi R}\left(1-\frac{\sqrt{3}}{2}\right)$$

将上述 B_1，B_2 和 B_3 叠加，得电流 I 在 O 点产生的磁感应强度大小为

$$B_0 = B_1 + B_2 - B_3 = \frac{\mu_0 I}{4\pi R}\left(\frac{2\pi}{3}+\sqrt{3}-1\right)$$

代入数据，得 $B_0=7.1\times 10^{-5}$ T，方向垂直于纸面向里.

四、运动电荷的磁场

载流导线中的电流在空间激发的磁场，实质上与导体中大量带电粒子的定向运动有关. 因此，运动电荷的磁场可以由毕奥一萨伐尔定律推导出来. 如图14—3—8所示，将一段电流元放大，设载流导线的横截面积为 S，单位体积内载流子数目为 n，载流子电量为 q，定向移动的平均速度为 v. 根据电流强度的定义，可知其微观量的表述形式为 $I=qnvS$. 长度为 $\mathrm{d}l$ 的一段导线中，载流子数目为 $\mathrm{d}N=nS\mathrm{d}l$. 代入毕奥一萨伐尔定律公式，即可推导出运动电荷的磁场公式.

$$\mathrm{d}B = \frac{\mu_0 I\mathrm{d}l\sin(\mathrm{d}\boldsymbol{l},\boldsymbol{r})}{4\pi r^2} \xrightarrow{I=qnvS} B = \frac{\mathrm{d}B}{\mathrm{d}N} = \frac{\mu_0}{4\pi}\frac{qv\sin(\boldsymbol{v},\boldsymbol{r})}{r^2}$$

将上式改写成矢量形式为

$$\boldsymbol{B}=\frac{\mu_0}{4\pi}\frac{q\boldsymbol{v}\times\boldsymbol{r}}{r^3} \tag{14-3-2}$$

运动电荷磁场 B 的方向垂直于 $\boldsymbol{v}$ 和 $\boldsymbol{r}$ 所组成的平面,其指向亦适合右手螺旋法则,如图 14—3—9 所示.以上根据载流导线的磁场导出的运动电荷的磁场公式适用于任意的运动电荷.

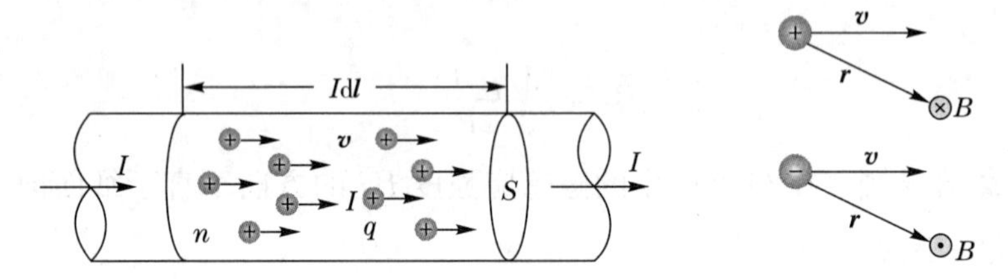

图 14—3—8　运动电荷与电流的关系　　图 14—3—9　运动电荷的磁场

这里要指出的是,式(14－3－2)代表一个运动电荷产生的磁场,而毕奥－萨伐尔定律式(14－3－1),计算的则是多个运动电荷产生的磁场.

例 14—3—5　一个塑料圆盘,半径为 R,电荷 q 均匀分布于表面,圆盘绕通过圆心垂直于盘面的轴转动,角速度为 ω.求圆盘中心处的磁感应强度.

解　**[方法一]**　圆电流磁场叠加.

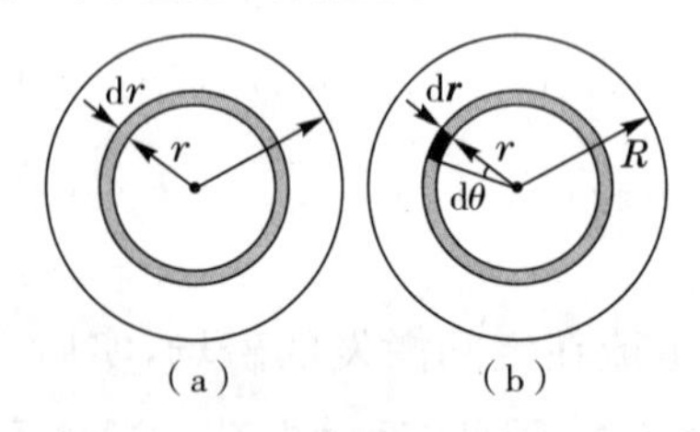

图 14—3—10　转动的带电圆盘的磁场

如图 14—3—10(a)所示,在圆盘上取半径为 r、宽度为 $\mathrm{d}r$ 的同心圆环,其带电量为

$$\mathrm{d}q=\frac{q}{\pi R^2}2\pi r\mathrm{d}r$$

圆环上的电流为

$$\mathrm{d}I=\frac{\mathrm{d}q}{\mathrm{d}t}=\frac{q\omega}{\pi R^2}r\mathrm{d}r$$

由例 14—3—1 知，$\mathrm{d}I$ 在圆心处激发的磁感应强度大小为

$$\mathrm{d}B=\frac{\mu_0\mathrm{d}I}{2r}=\frac{\mu_0}{2r}\frac{q\,\omega}{\pi R^2}r\mathrm{d}r=\frac{\mu_0 q\,\omega}{2\pi R^2}\mathrm{d}r$$

圆盘中心处的磁感应强度大小为

$$B=\int_0^R\mathrm{d}B=\int_0^R\frac{\mu_0 q\,\omega}{2\pi R^2}\mathrm{d}r=\frac{\mu_0 q\,\omega}{2\pi R}$$

方向垂直于纸面，其指向与转动方向成右手螺旋关系.

［方法二］ 运动电荷磁场叠加.

如图 14—3—10(b)所示，在圆盘上取一小块微元，其距圆心距离为 r、径向宽度为 $\mathrm{d}r$、对圆心张角为 $\mathrm{d}\theta$，则其带电量为

$$\mathrm{d}q=\frac{q}{\pi R^2}r\mathrm{d}r\mathrm{d}\theta$$

其运动速度为 $v=\omega r$.

由式(14—3—2)得

$$\mathrm{d}B=\frac{\mu_0}{4\pi}\frac{q}{\pi R^2}\frac{r\mathrm{d}r\mathrm{d}\theta\omega r}{r^2}$$

对整个圆盘积分，得

$$B=\int_0^R\int_0^{2\pi}\frac{\mu_0}{4\pi}\frac{q}{\pi R^2}\omega\mathrm{d}r\mathrm{d}\theta=\frac{\mu_0 q\,\omega}{2\pi R}$$

方向同上. 这与方法一结果一致.

例 14—3—6 根据波尔理论，氢原子处在基态时，其电子绕原子核运动的轨道半径为 0.53×10^{-10} m，速度为 2.2×10^6 m·s^{-1}. 求此时电子在原子核处产生的磁感应强度的大小.

解 由式(14—3—2)得

$$B=\frac{\mu_0}{4\pi}\frac{ev}{r^2}=\frac{4\pi\times10^{-7}\times1.6\times10^{-19}\times2.2\times10^6}{4\pi\times(0.53\times10^{-10})^2}=12.5\ (\mathrm{T})$$

§14—4 磁场的高斯定理

一、磁感应线

与电场相仿，磁场是在一定空间区域内连续分布的场，描述磁

场的基本物理量是磁感应强度 $\boldsymbol{B}$,也可以用磁感应线形象地表示. 就像在静电场中用电场线来表示静电场的分布那样,我们可以在磁场中画曲线来表示磁场中各处磁感应强度 $\boldsymbol{B}$ 的方向和大小,这样的曲线称为磁感应线. 磁感应线上任一点的切线方向都和该点的磁场方向一致. 为了使磁感应线能够定量地描述磁场的强弱,我们规定:通过某点上垂直于 $\boldsymbol{B}$ 矢量的单位面积的磁感应线条数,在数值上等于该点磁感应强度 $\boldsymbol{B}$ 的大小. 在均匀磁场中,磁感应线是一组间隔相等的同方向平行线.

根据实验观察,可归纳出磁感应线具有如下特性.

(1)在任何磁场中,每一条磁感应线都是环绕电流的无头无尾的闭合线,即没有起点也没有终点,或两头伸向无穷远处. 换言之,在磁场中不存在发出磁感应线的源头,也不存在会聚磁感应线的尾闾. 磁感应线闭合表明沿磁感应线的环路积分不为零,即磁场是有旋场而不是保守场,不存在类似于电势那样的标量函数.

(2)当磁场是由长直载流导线产生时,磁感应线的环绕方向与电流方向之间服从右手螺旋定则,即用右手握住导线,使大拇指伸直并指向电流方向,这时其他四指弯曲的方向,就是磁感应线的环绕方向,如图 14—4—1(a)所示;而当磁场是由圆形电流产生时,其磁感应线方向也可由右手螺旋定则来确定. 不过这时要用右手握住圆形电流,使四指弯曲的方向沿着电流方向,而伸直大拇指的指向就是圆形电流中心处磁感应线的方向,如图 14—4—1(b)所示.

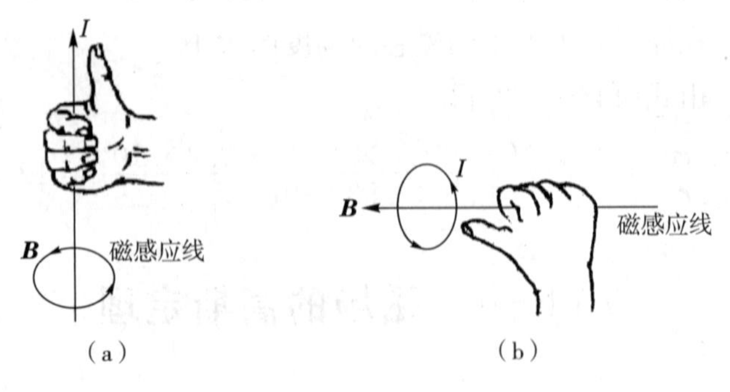

图 14—4—1　磁感应线和电流方向的关系

二、磁通量

通过磁场中某一曲面的磁感应线数叫作通过此曲面的磁通量，用 Φ_m 表示. 如图 14—4—2 所示，设想在磁场中有一个面积元 d$\boldsymbol{S}$，并用单位矢量 $\boldsymbol{n}$ 标示它的法线方向，$\boldsymbol{n}$ 与该处 $\boldsymbol{B}$ 矢量之间的夹角为 θ，根据磁感应线密度的规定，穿过 d$\boldsymbol{S}$ 的磁通量为

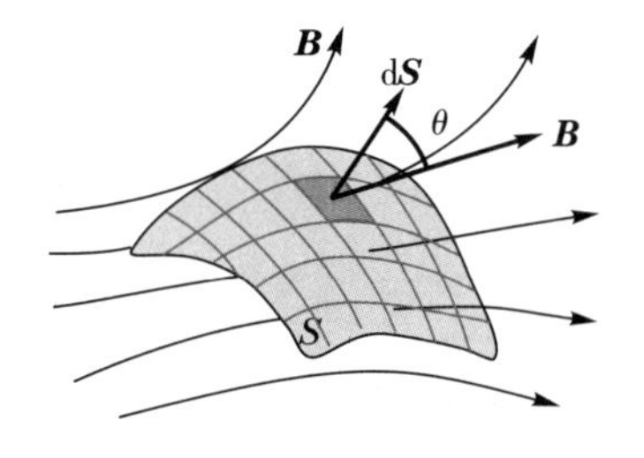

图 14—4—2　有限曲面的磁通量

$$\mathrm{d}\Phi_m = \boldsymbol{B}\cdot \mathrm{d}\boldsymbol{S} = B\cos\theta \mathrm{d}S$$

在磁场中穿过一面积为 S 的有限曲面的磁通量为 Φ_m，则

$$\Phi_m = \int_S \mathrm{d}\Phi_m = \int_S \boldsymbol{B}\cdot \mathrm{d}\boldsymbol{S}$$

Φ_m 的单位是 Wb，称为韦伯，简称韦. 1 Wb=1 T·m^2. 因此磁感应强度的单位又可用 Wb·m^{-2}表示.

三、磁场的高斯定理

如图 14—4—3 所示，在磁场中任意取一个闭合曲面，由于每一条磁感应线都是闭合线，因此有几条磁感应线进入闭合曲面，必然有相同条数的磁感应线穿出闭合曲面，并且规定封闭曲面外方向为正方向. 所以，通过任何闭合曲面的总磁通量必为零，即

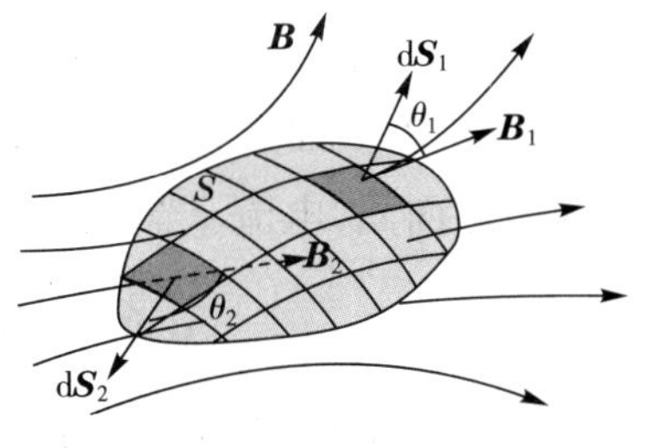

图 14—4—3　闭合曲面的磁通量

$$\oint_S \boldsymbol{B}\cdot \mathrm{d}\boldsymbol{S} = 0 \qquad (14—4—1)$$

这就是磁场的高斯定理. 它是反映磁场规律的一个重要定理，即磁场是无源场.

例 14—4—1　两平行长直导线相距 d=40 cm，通过导线的电流 $I_1=I_2$=20 A，电流流向如图 14—4—4 所示. 求：

(1)两导线所在平面内与两导线等距的一点 P 处的磁感应强度；

(2)通过图中阴影部分的磁通量($r_1=r_3=10$ cm, $l=25$ cm).

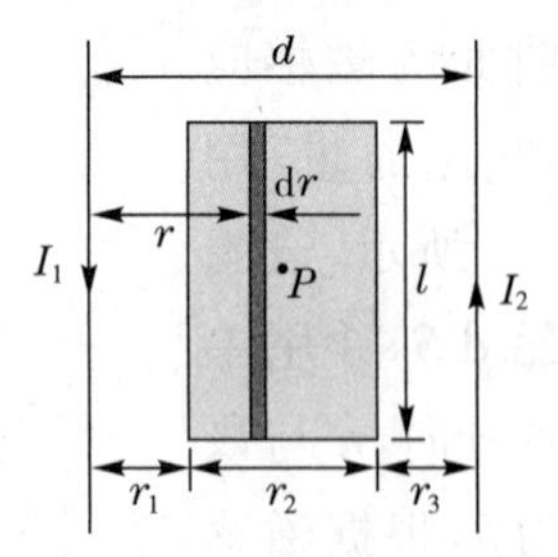

图 14—4—4 例 14—4—1 用图

解 (1)两导线电流在 P 点激发的磁感应强度大小分别为

$$B_1=\frac{\mu_0 I_1}{2\pi\frac{d}{2}},B_2=\frac{\mu_0 I_2}{2\pi\frac{d}{2}}$$

方向均垂直于纸面向外，因此 P 点的磁感应强度大小为

$$B=B_1+B_2=2\times\frac{\mu_0 I_1}{2\pi\frac{d}{2}}$$

$$=2\times\frac{4\pi\times10^{-7}\times20}{2\pi\times0.20}=4.0\times10^{-5}(\text{T})$$

方向垂直于纸面向外.

(2)在矩形面上，距离左边导线电流为 r 处取长度为 l、宽度为 $\mathrm{d}r$ 的矩形面元，电流 I_1 激发的磁场，通过矩形面元的磁通量为

$$\mathrm{d}\Phi_1=B_1\mathrm{d}S=\frac{\mu_0 I_1}{2\pi r}l\,\mathrm{d}r$$

电流 I_1 激发的磁场，通过矩形面积的磁通量为

$$\Phi_1=\int\mathrm{d}\Phi_1=\int_{r_1}^{r_1+r_2}\frac{\mu_0 I_1}{2\pi r}l\,\mathrm{d}r=\frac{\mu_0 I_1 l}{2\pi}\ln\frac{r_1+r_2}{r_1}$$

$$=\frac{4\pi\times10^{-7}\times20\times0.25}{2\pi}\ln\frac{0.30}{0.10}$$

$$=10^{-6}\ln3=1.1\times10^{-6}(\text{Wb})$$

同理可得，$\Phi_2=\Phi_1$.

因此，通过矩形面积的磁通量为

$$\Phi=\Phi_2+\Phi_1=2.2\times10^{-6}(\text{Wb})$$

§14—5　安培环路定理

一、安培环路定理

在静电场中，电场强度 E 沿任意闭合路径的线积分等于零，即 $\oint \boldsymbol{E}\cdot \mathrm{d}\boldsymbol{l}=0$，这就是静电场的环路定理. 那么，在恒定磁场中，磁感应强度 $\boldsymbol{B}$ 沿任何闭合路径的线积分，等于什么呢？由上一节磁感应线的特性可知，磁感应线是闭合的，表明沿磁感应线的环路积分不为零.

下面先研究真空中一无限长载流直导线的磁场.

1. 闭合环路包围长直导线

如图 14—5—1(a)所示，载流长直导线内电流为 I. 由例 14—3—2 知，闭合环路上任一点的磁感应强度的大小为

$$B=\frac{\mu_0 I}{2\pi r}$$

方向如图 14—5—1(a)所示，则磁感应强度沿闭合回路的环量为

$$\oint_L \boldsymbol{B}\cdot \mathrm{d}\boldsymbol{l}=\int_L B\cos\theta \mathrm{d}l$$

由图 14—5—1(a)可知，$\mathrm{d}l\cos\theta=r\mathrm{d}\varphi$，所以

$$\oint_L \boldsymbol{B}\cdot \mathrm{d}\boldsymbol{l}=\int_L \frac{\mu_0 I}{2\pi r}r\mathrm{d}\varphi=\frac{\mu_0 I}{2\pi}\int_0^{2\pi}\mathrm{d}\varphi=\mu_0 I$$

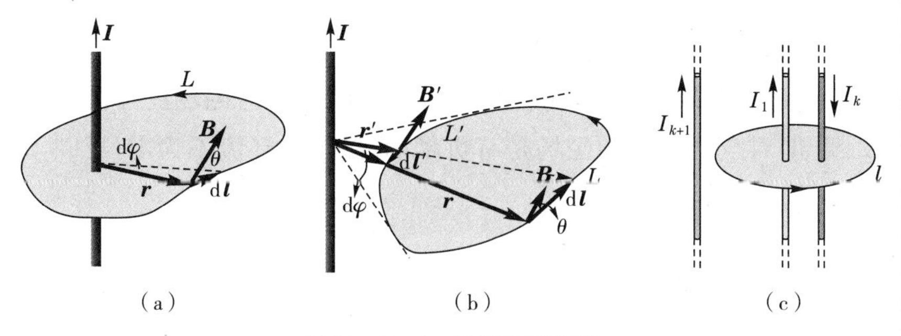

图 14—5—1　安培环路定理

2. 载流长直导线在闭合环路之外

如图 14—5—1(b)所示. 将回路分为 L 和 L' 两部分，则

$$\oint \boldsymbol{B}\cdot d\boldsymbol{l}=\int_L \boldsymbol{B}\cdot d\boldsymbol{l}+\int_{L'}\boldsymbol{B}'\cdot d\boldsymbol{l}'=\int_L B\,dl\cos\theta+\int_{L'}B'\,dl'\cos\theta\approx$$

$$dl\cos\theta = r\,d\varphi, dl'\cos\theta' = -r'\,d\varphi$$

$$\int_L \boldsymbol{B}\,d\boldsymbol{l}\cos\theta+\int_{L'}\boldsymbol{B}'\,d\boldsymbol{l}'\cos\theta' = \int_0^{\varphi}\frac{\mu_0 I}{2\pi r}r\,d\varphi-\int_0^{\varphi}\frac{\mu_0 I}{2\pi r'}r'\,d\varphi = 0$$

结论为

$$\oint_L \boldsymbol{B}\cdot d\boldsymbol{l} = 0$$

3. 多根载流导线穿过闭合环路

设空间有 n 根载流导线,电流分别为 $I_1,I_2,\cdots,I_k,I_{k+1},\cdots,I_n$,其中 $I_1,I_2,\cdots,I_k$ 被闭合环路包围,而 $I_{k+1},\cdots,I_n$ 不被包围. 设 B_1,$B_2,\cdots,B_k,B_{k+1},\cdots,B_n$ 分别为各电流单独产生的磁感应强度. 由磁场叠加原理可知总磁感应强度为

$$\boldsymbol{B} = \boldsymbol{B}_1 + \boldsymbol{B}_2 + \cdots + \boldsymbol{B}_n$$

由 1 和 2 讨论结果知,总磁感应强度沿闭合回路的环量为

$$\begin{aligned}\oint_L \boldsymbol{B}\cdot d\boldsymbol{l} &= \oint_L (\boldsymbol{B}_1 + \boldsymbol{B}_2 + \cdots + \boldsymbol{B}_n)\cdot d\boldsymbol{l} \\ &= \oint_L \boldsymbol{B}_1\cdot d\boldsymbol{l} + \oint_L \boldsymbol{B}_2\cdot d\boldsymbol{l} + \cdots + \oint_L \boldsymbol{B}_n\cdot d\boldsymbol{l} \\ &= \mu_0 I_1 + \mu_0 I_2 + \cdots + \mu_0 I_k \\ &= \mu_0 \sum_{\text{in}} I_i \end{aligned} \qquad (14-5-1)$$

式中,$\sum\limits_{\text{in}} I_i$ 为电流的代数和. 电流的正负规定为:当电流流向与回路绕行方向成右手螺旋关系时,I 为正;反之为负. 式(14-5-1)就是磁场的安培环路定理.

应该注意,尽管未被闭合路径所包围的电流对磁场的环流没有贡献,但对空间各点的磁场是有贡献的. 磁场的环流不为零,反映了磁场是一种涡旋场.

二、安培环路定理的应用

与应用高斯定理可以方便地计算某些具有对称性的带电体的电场分布一样,应用安培环路定理也可以方便地计算出某些具有一定对称性的载流导线的磁场分布.

利用安培环路定理求磁场的基本步骤：

(1)首先根据电流分布的对称性，分析磁场分布的对称性.

(2)根据磁场的对称性和特征，选择适当形状闭合环路 L. 在环路上的磁感应强度 $\boldsymbol{B}$ 的大小处处相等，或分段相等，$\boldsymbol{B}$ 的方向和路径夹角也处处相等或分段相等。

(3)利用公式(14—5—1)求磁感应强度.

例 14—5—1 求无限长载流圆柱形导体的磁场分布. 如图 14—5—2(a)所示，半径为 R 的无限长均匀载流圆柱导体，电流强度为 I，计算距轴线为 r 的 P 点处的磁感应强度.

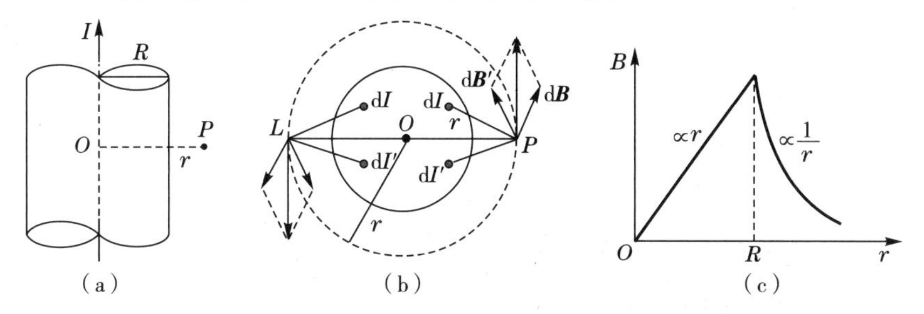

图 14—5—2 无限长载流圆柱形导体的磁场

解 如图 14—5—2(b)所示，在垂直于载流圆柱平面内，作以点 O 为中心、半径为 r 的圆环 L；由电流分布具有轴对称性可知，L 上各点等价，$\boldsymbol{B}$ 大小相等，方向沿切向. 以 L 为安培环路，逆时针绕向为正，运用公式(14—5—1)得

$$\oint_L \boldsymbol{B} \cdot \mathrm{d}\boldsymbol{l} = B \cdot 2\pi r = \mu_0 \sum I_{\mathrm{in}}$$

$$B = \frac{\mu_0}{2\pi r} \sum I_{\mathrm{in}}$$

$$r \geqslant R: \sum I_{\mathrm{in}} = I$$

$$B_{外} = \frac{\mu_0 I}{2\pi r} \propto \frac{1}{r}$$

$$r \leqslant R: \sum I_{\mathrm{in}} = \frac{I}{\pi R^2} \cdot \pi r^2 = \frac{I r^2}{R^2}$$

$$B = \frac{\mu_0 I r}{2\pi R^2} \propto r$$

$\boldsymbol{B}$ 的方向与电流 I 指向满足右手螺旋关系. $\boldsymbol{B}$ 的大小与 r 的关系如图 14—5—2(c)所示.

思考 无限长均匀载流直圆筒磁场是如何分布的?

例 14—5—2 如图 14—5—3(a)所示,长直密绕螺线管内通有电流 I,单位长度线圈匝数为 n,求螺线管内磁场.

解 由对称性分析知螺线管内为均匀场,方向沿轴向,外部靠近螺线管的外磁感应强度趋于零. 如图 14—5—3(b)所示,选取闭合回路 L 作为安培环路,利用安培环路定理得

$$\oint_L \boldsymbol{B}\cdot \mathrm{d}\boldsymbol{l}=\int_{MN}\boldsymbol{B}\cdot \mathrm{d}\boldsymbol{l}+\int_{NO}\boldsymbol{B}\cdot \mathrm{d}\boldsymbol{l}+\int_{OP}\boldsymbol{B}\cdot \mathrm{d}\boldsymbol{l}+\int_{PM}\boldsymbol{B}\cdot \mathrm{d}\boldsymbol{l}$$
$$= u_0 n\overline{MN}I$$

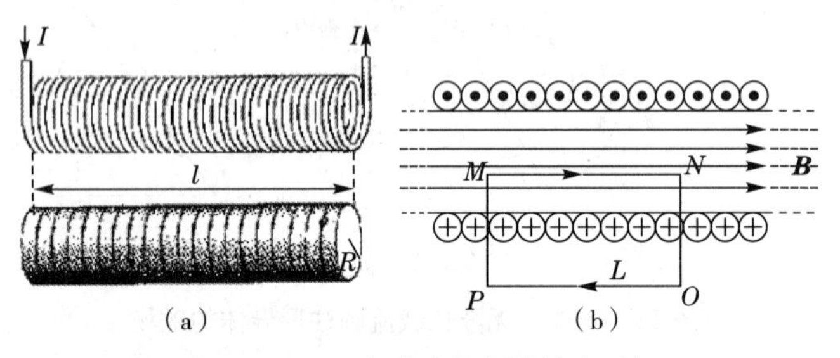

图 14—5—3 长直密绕螺线管内磁场

在 OP 段上,由于它处于管的外侧,$B=0$,所以$\int_{PO}\boldsymbol{B}\cdot \mathrm{d}\boldsymbol{l}=0$. 在 NO 段和 PM 段,一部分在管外,一部分在管内,虽然管内 $B\neq 0$,但 $\boldsymbol{B}$ 与 $\mathrm{d}\boldsymbol{l}$ 垂直,所以$\int_{NO}\boldsymbol{B}\cdot \mathrm{d}\boldsymbol{l}+\int_{PM}\boldsymbol{B}\cdot \mathrm{d}\boldsymbol{l}=0$,而在 MN 段,$\boldsymbol{B}$ 的大小均相同,且 $\boldsymbol{B}$ 的方向与 $\mathrm{d}\boldsymbol{l}$ 相同,所以$\int_{MN}\boldsymbol{B}\cdot \mathrm{d}\boldsymbol{l}=B\cdot\overline{MN}$,故有

$$B\cdot\overline{MN}=\mu_0 n\overline{MN}I$$

可以解得螺线管内的磁感应强度为

$$B=\mu_0 nI$$

与例 14—3—3 用毕奥—萨伐尔定律所求结果一致.

例 14—5—3 如图 14—5—4(a)所示为一螺绕环,环上均匀地密绕着 N 匝线圈,线圈内通有电流 I,求螺绕环内外的磁场.

解 由于整个电流的分布具有中心轴对称性,因而磁场的分布也应具有轴对称性. 由此,可取如图 14—5—4(b)所示的安培环路

L,利用安培环路定理可得

$$\oint_L \boldsymbol{B}\cdot \mathrm{d}\boldsymbol{l}=B\cdot 2\pi r=\mu_0\sum I_{\mathrm{in}}$$

$$r<R_1,r>R_2:\sum I_{\mathrm{in}}=0,B=0$$

$$R_1<r<R_2:\sum I_{\mathrm{in}}=NI,B=\frac{\mu_0 NI}{2\pi r}$$

在螺绕环的横截面上各点 B 不同,且 B 与 r 成反比.

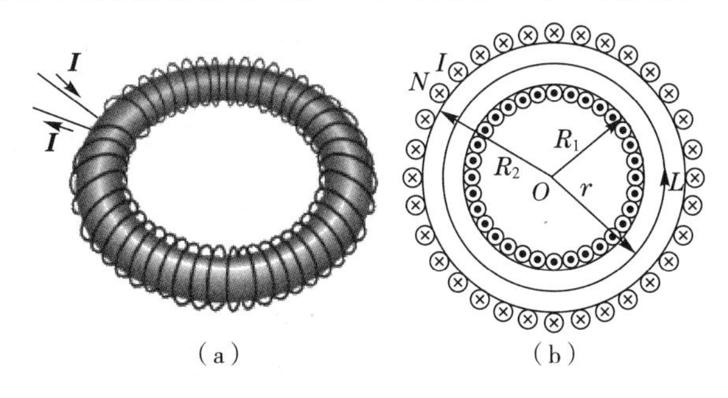

图 14—5—4　均匀密绕螺绕环的磁场

当 $R_2-R_1=R_1$ 时,即当螺绕环很细时,环内各点的磁感应强度的大小近似相等,可取 $R=(R_1+R_2)/2$ 为环的平均半径,用 $n=N/2\pi R$表示环上单位长度内的线圈匝数,这时上述结果就与载流无限长直螺线管内的磁感应强度相同.实际上,当环半径 R 趋于无限大而维持单位长度上线圈的匝数 n 不变时,螺绕环就过渡到了无限长直螺线管.

例 14—5—4　无限大薄导体板均匀通过电流时的磁场分布.

解　**[方法一]**　利用磁场叠加原理.

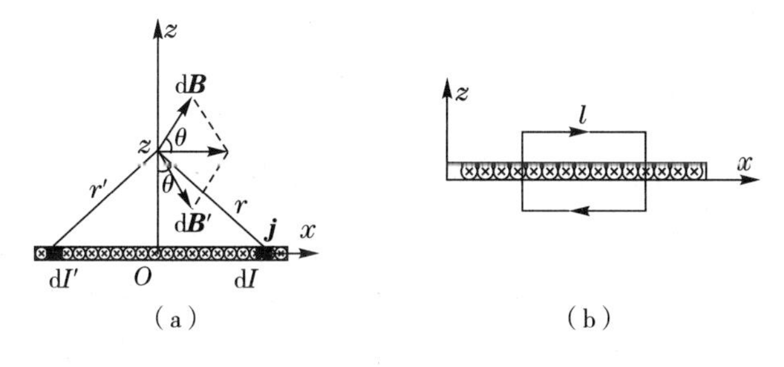

图 14—5—5　无限大薄导体板的磁场

建立直角坐标系,如图 14—5—5(a)所示,并将无限大薄导体板看成一根根载流直导线,每一根载流导线中电流为 $\mathrm{d}I$,在 z 点产生的磁场大小为 $\mathrm{d}B$,方向如图 14—5—5(a)所示,令电流密度为 j,则

$$\mathrm{d}I = j\mathrm{d}x, \mathrm{d}B = \frac{\mu_0 \mathrm{d}I}{2\pi r}$$

由于电流分布具有对称性,则

$$B_z = \int \mathrm{d}B_z = 0$$

$$B = \int \mathrm{d}B_x = \int \mathrm{d}B\cos\theta = \int \frac{\mu_0 j\mathrm{d}x}{2\pi r} \cdot \frac{z}{r}$$

$$= \frac{\mu_0 zj}{2\pi}\int_{-\infty}^{\infty} \frac{\mathrm{d}x}{x^2 + z^2} = \frac{\mu_0 zj}{2\pi} \cdot \frac{1}{z}\arctan\frac{x}{z}\Big|_{-\infty}^{\infty} = \frac{\mu_0 j}{2}$$

[方法二] 利用安培环路定理.

如图 14—5—5(b)所示,取安培环路 L,由于电流分布具有对称性,磁场只有 x 方向分量,对回路 L 应用安培环路定理,得

$$\oint_L \boldsymbol{B} \cdot \mathrm{d}\boldsymbol{l} = 2lB = \mu_0 jl$$

$$B = \frac{\mu_0 j}{2}$$

§14—6 带电粒子在电磁场中的运动

上两节我们分别介绍了磁场的两个基本定理:磁场的高斯定理和安培环路定理. 这一节将介绍带电粒子在电磁场中的受力情况和运动情况.

一、洛伦兹力

实验发现,静止的电荷在磁场中不受力的作用,当电荷运动时,才受到磁场的作用力. 实验和理论证明,在磁感应强度为 $\boldsymbol{B}$ 的磁场中,电荷为 q、运动速度为 v 的带电粒子,所受的磁场力为

$$\boldsymbol{F}_{\mathrm{m}} = q\boldsymbol{v} \times \boldsymbol{B} \qquad (14-6-1)$$

此力 $\boldsymbol{F}_{\mathrm{m}}$ 通常称为**洛伦兹力**.

若空间除了存在磁场外,还存在电场,则运动电荷不仅受到磁

场的作用力，还受到电场的作用力. 带电粒子 q 在电场 $\boldsymbol{E}$ 中受电场力 $\boldsymbol{F}_e$ 为

$$\boldsymbol{F}_e = q\boldsymbol{E}$$

因此，电场与磁场共同对运动电荷的作用力为

$$\boldsymbol{F} = q(\boldsymbol{E} + \boldsymbol{v} \times \boldsymbol{B}) \qquad (14-6-2)$$

该式也称为**洛仑兹力公式.**

二、带电粒子在磁场中的运动

带电粒子在均匀磁场中运动时，速度 $\boldsymbol{v}$ 和 $\boldsymbol{B}$ 的夹角不同，粒子的运动轨迹类型就不同.

1. 纵向匀强磁场

磁感应强度 $\boldsymbol{B}$ 与带电粒子的速度 $\boldsymbol{v}$ 互相平行的磁场称为纵向磁场. 由于速度方向与磁场方向平行，洛伦兹力为零，故带电粒子在纵向磁场中做匀速直线运动.

2. 横向匀强磁场

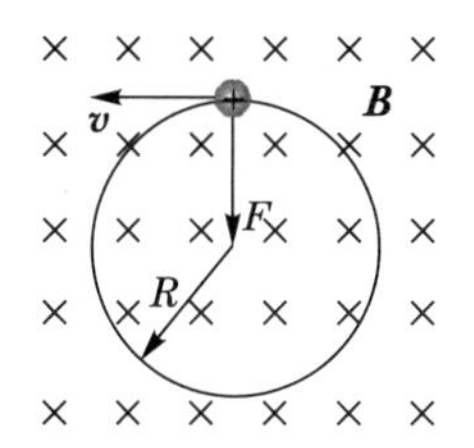

图 14—6—1　带电粒子的速度与磁场垂直时的运动

磁感应强度 $\boldsymbol{B}$ 与带电粒子的速度 $\boldsymbol{v}$ 互相垂直的磁场称为横向磁场，此时带电粒子所受的磁场力大小为 $F=qvB$，方向与带电粒子速度 $\boldsymbol{v}$ 垂直，粒子将在磁场中做匀速率圆周运动，$\boldsymbol{F}$ 为圆周运动的向心力，如图 14—6—1 所示. 由牛顿第二定律，可求出圆周运动的回旋半径为

$$R = \frac{mv}{qB} \qquad (14-6-3a)$$

圆周运动的周期为

$$T = \frac{2\pi m}{qB} \qquad (14-6-3b)$$

它与带电粒子的速度无关，仅取决于磁感应强度和带电粒子的荷质比，可以应用于测定带电粒子的荷质比.

3. 任意方向的匀强磁场

当磁感应强度 $\boldsymbol{B}$ 与粒子的速度 $\boldsymbol{v}$ 成任意夹角 θ 时，如图 14—6—2 所示，速度可以分解成平行于 $\boldsymbol{B}$ 的分量 $v_{/\!/}=v\cos\theta$ 和垂直于 $\boldsymbol{B}$ 的分量 $v_{\perp}=v\sin\theta$，对于 $v_{/\!/}$，磁场是纵向的，故质点将以 $v_{/\!/}$ 速度沿着磁场方向做匀速直线运动；对于 $v_{\perp}$，磁场是横向的，因而粒子做圆周运动. 带电粒子同时参与两种运动，将在磁场中做螺旋线运动.

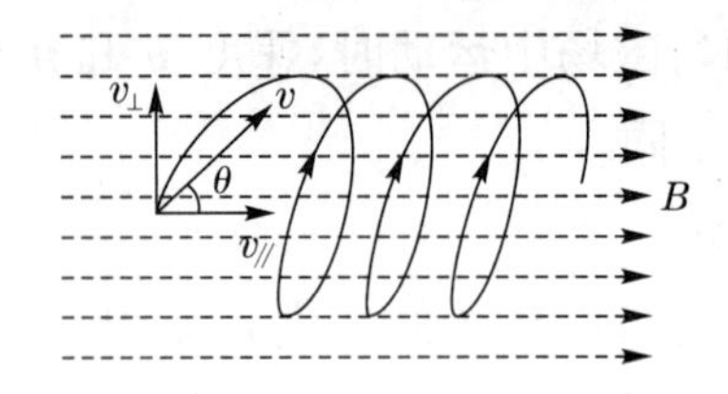

图 14—6—2　带电粒子的速度与磁场不垂直时的运动

螺旋线运动的半径为

$$R=\frac{mv\sin\theta}{qB}$$

周期为

$$T=\frac{2\pi m}{qB}$$

螺距为

$$h=\frac{2\pi m}{qB}v\cos\theta$$

显然，螺距 h 与 $v_{\perp}$ 无关.

若带电粒子的速度 $\boldsymbol{v}$ 与 $\boldsymbol{B}$ 的夹角 θ 很小时，$\cos\theta\approx1$，则螺距为

$$h\approx\frac{2\pi mv}{qB}$$

当一束很窄的电子流进入磁场中，若各电子的速率 v 大致相等，且 $\boldsymbol{v}$ 与 $\boldsymbol{B}$ 的夹角 θ 很小时，它们将从进入点 O 开始做螺旋线运动，经相同螺距于一个周期后会聚在 O' 点，OO' 等于螺距 h，这种现象称为磁聚焦现象，如图 14—6—3 所示. 利用磁聚焦现象可以制成电子显微镜.

带电粒子在非均匀磁场中，速度方向和磁场方向不同时，也要做螺旋运动，但半径和螺距都将不断变化. 特别是当粒子具有一分速度向磁场较强处前进时，它受到的磁场力有一个和前进方向相反的分量. 这一分量有可能最终使粒子前进速度减小到零，并继而沿反方向前进，如图 14—6—4 所示. 利用这一现象可以实现磁约束. 利用磁约束装置，可以把高温等离子体约束起来，进而实现可控核聚变.

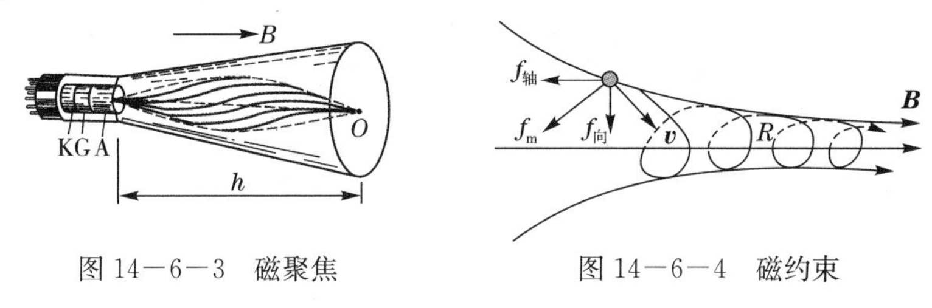

图 14—6—3　磁聚焦　　　　图 14—6—4　磁约束

三、带电粒子在电场和磁场中的运动

下面应用带电粒子在电场和磁场中的运动规律，讨论几个实例.

1. 回旋加速器

回旋加速器是研究粒子物理的最基本的实验设备之一，它可用于加速带电粒子. 第一台回旋加速器是由美国物理学家劳伦斯于 1932 年研制成功的，劳伦斯因此获得 1939 年诺贝尔物理学奖.

回旋加速器结构如图 14—6—5 所示. D_1 和 D_2 是两个空心的半圆形金属盒，分别作为两个电极，当两电极间加上高频交变电压时，两盒间的狭缝中存在一交变的电场. 两半圆形盒放在由一对大电磁铁产生的磁场中，磁场方向与盒面垂直. 当带电粒子进入狭缝时，因电场的作用，粒子被加速，并进入 D_1. 粒子在 D_1 中不受电场力作用，但在磁场作用下做圆周运动，其半径由式(14—6—3a)决定. 当粒子在 D_1 内完成半个圆周运动之后，又来到狭缝，相隔的时间为

$$\tau = \frac{m\pi}{qB}$$

式中，τ 与质点的速度无关.

若狭缝中的电场每经过时间 τ 便改变一次方向(即交变电场的

周期与粒子的回旋周期相同),就能保证粒子进入狭缝便得到加速,使粒子以更大的速度进入另一半圆形盒,做半径较大的半圆运动,这样经过一次又一次的加速,直到粒子到达半圆形电极的边缘,通过铝箔覆盖着的小窗,被引出加速器.

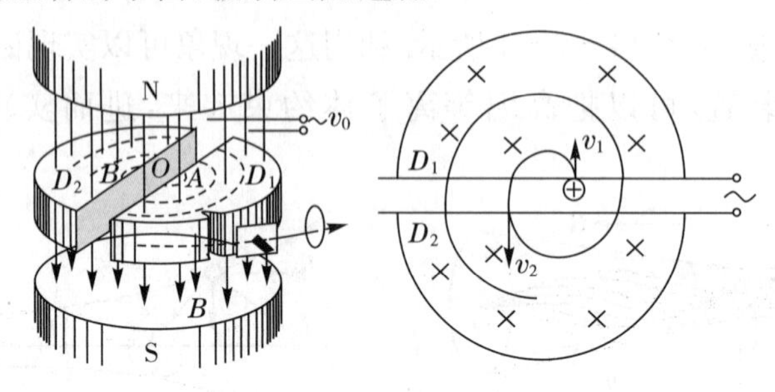

图 14—6—5　回旋加速器示意图

若回旋加速器半圆形盒的半径为 R,则当带电粒子到达半圆形电极的边缘时,速率为

$$v=\frac{qBR}{m}$$

粒子的动能为

$$E_{\mathrm{k}}=\frac{1}{2}mv^2=\frac{q^2B^2R^2}{2m} \qquad (14-6-4)$$

从式(14—6—4)可知,某一带电粒子在回旋加速器中所获得的动能,与电极半径的平方成正比,与磁感应强度 B 的平方成正比. 由此看来,似乎只要增大磁极半径就可任意增大带电粒子的能量,但实际上很难实现. 例如,要在 1.5 T 的磁场中,使质子获得 300 MeV 的能量,磁极的直径就必须达到 10.9 m. 制造这样大的电磁铁是很困难的. 更重要的是,当粒子速率被加速到很大时,相对论效应不能忽略,粒子的质量将与速度有关,因此回旋频率不再是常量;这时周期亦将与速度有关. 如果电场振荡的周期仍保持不变,粒子进入狭缝时并不能被电场加速,故回旋加速器加速粒子时,粒子获得的最大动能受到限制.

2. 同步回旋加速器

由于高速时,粒子质量随速度的增大而有显著的变化,因此回旋加速器加速粒子的能量受到了限制. 但如果改变加在电极上的交流电压的频率(也就是改变周期 T),即不再用固定的频率,而采用逐渐缓慢减少的频率,这样当粒子的能量很高而在电极内绕圈所需时间逐步增加时,频率减少,粒子在每次通过电极间的隙缝时,还是恰好得到加速.这种改良的回旋加速器就叫作同步回旋加速器,它所加速粒子的最高能量是由磁感应强度和磁极直径的大小所决定的.用同步回旋加速器加速粒子,可使粒子的能量大大提高.但粒子在做圆周运动的过程中,有很大的向心加速度.做加速运动的电荷要辐射电磁波,当粒子的速度很大时,粒子在同步加速过程中辐射损失的能量是非常可观的,它限制了粒子可能获得的最大能量.每当加在电极上的交流电压的频率改变一次,即从起始值减小到最终值,这种加速器就出来一群粒子,所以从同步回旋加速器出来的粒子是一群一群的.

3. 同步加速器

上面讲到,同步回旋加速器所产生粒子的最高能量,是由磁感应强度和磁极的直径大小所决定的.因此,要想将粒子加速到很高能量,加速器必须做得很大,例如,要想得到 680 MeV 的质子,磁极直径就要 6 m,需磁铁 7 000 t 左右.如果要把它的能量再提高 10 倍,磁铁质量还要增加约 1 000 倍,这不仅不经济,而且在技术上也是非常困难的.

如果能够找到一种加速方法,使粒子的轨道不是充满整个圆平面,而是仅仅在这个圆外缘的一个狭窄的环上,那么就可以省去同步回旋加速器的中心部分,因而就有可能建造一个能量很大而质量却比回旋加速器轻得多的加速器.

一个以速度 v 沿半径 R 做圆周运动的粒子,其回旋周期为

$$T = \frac{2\pi R}{v}$$

若要求 R 为常数,则回旋周期需要依速度成反比地减小.为了使粒子沿半径不变的轨道进行加速,用以加速粒子的交变电场的周期 T_0 应等于 T,即

$$T_0 = T = \frac{2\pi R}{v}$$

初看起来，为了实现粒子沿固定圆周加速，我们只需要一直不断地测量粒子的速度，并且按速度值来相应地改变加速电场的周期就可以了. 但事实上并没有这么简单，因为在均匀磁场中，粒子做圆周运动的半径为

$$R=\frac{mv}{qB}$$

所以

$$B(t)=\frac{mv}{qR}=\frac{m_0 v}{\sqrt{1-v^2/c^2}}\frac{1}{qR}$$

由上式可见，粒子的速度和磁场是一一对应的，若要求 R 为常数，则磁感应强度 B 必须随 v 的变化而做相应的变化. 如果二者配合得非常精确，那么就有可能实现粒子在半径不变的轨道上进行共振加速，根据这一原理建成的加速器，称为同步加速器. 在同步加速器中，交变电压的周期和磁感应强度 B 必须同时随粒子速度的变化而做相应的变化. 由于 B 不能从零开始，而是必须从一最小值开始增大(否则剩磁效应将使磁场不准)，所以要保持 R 固定，v 也不能从零开始，因而粒子的能量也必须有一最小值限制. 故这种高能同步加速器需要一个前级注入器，把粒子预先加速到一定能量后，再把束流注入主加速器的轨道.

同步加速器既可以加速电子，使其能量达到 12 GeV，也可以加速质子等重粒子，使其能量达到 400 GeV. 若进一步使用超导强磁场，还可将质子的能量提高到 1 000 GeV. 用质子同步加速器加速的高能质子去轰击靶时，可以产生多种次级的高能粒子流，如反质子流、π 介子流、μ 子流……并可把这些次级粒子流分别引到不同的实验室，进行多种高能物理实验.

4. 质谱仪

质谱仪是一种用物理方法分析同位素的仪器，也可用于测定离子荷质比. 如图 14—6—6 所示是一种质谱仪的示意图. 离子源 N 所产生的离子经过狭缝 S_1 和 S_2 之间的加速电场后，进入速度选择器 P. 速度选择器两极板间的电场方向垂直于板面向右，场强为 E. 磁场垂直于纸面向外，磁感应强度为 B'. 从离子源出来的离子以不同的速度进入选择器，如果离子带 $+q$，则离子受到的电场力 $F_e=qE$，

方向垂直于板面向右. 若离子的速度为 v,则离子所受的磁场力大小为 $F_{\mathrm{m}}=qvB'$,方向与板面垂直向左. 只有当离子的速度恰好使电场力和磁场力等值时,即满足

$$v=\frac{E}{B'}$$

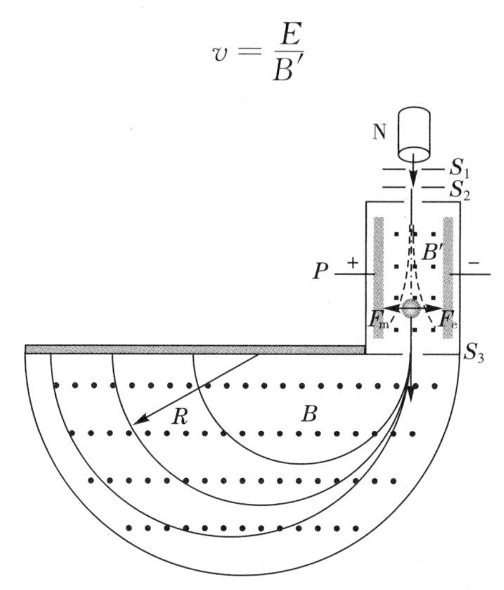

图 14—6—6　质谱仪示意图

离子才能够穿过速度选择器 P 从狭缝 S_3 射出. 而其他速度的粒子,由于所受电场力和磁场力不相等,而不能从 S_3 射出. 所以射出的离子均具有一定的速率. 在 S_3 外的空间没有电场,仅有垂直于纸面的均匀磁场 B,质量为 m 的离子进入该磁场后将做半径为 R 的匀速圆周运动. 根据式(14—6—3a),可得

$$m=\frac{qBR}{v}=\frac{qBB'R}{E} \tag{14—6—5a}$$

如果这些离子中有不同质量的同位素,它们的轨道半径就不相同,将分别射到照相底片上不同的位置,形成若干条线谱状的细条纹,每一条纹相当于一定质量的离子. 从条纹的位置可测出圆周的半径 R,从而计算出相应的质量,所以这种仪器叫作质谱仪. 利用质谱仪可以精确地判定同位素的原子量.

由式(14—6—5a)得离子的荷质比为

$$\frac{q}{m}=\frac{E}{RBB'} \tag{14—6—5b}$$

因此,也可以利用质谱仪测定离子荷质比.

5. 霍耳效应

1879年,霍耳发现,将通有电流 I 的金属板(或半导体板)置于磁感应强度为 B 的均匀磁场中,当电流的方向垂直于磁场时,在垂直于磁场和电流方向的导体板的两端面之间会出现电势差.这一现象称为霍耳效应,如图14—6—7(a)所示.出现的电势差 U_H 称为霍耳电势差或霍耳电压.

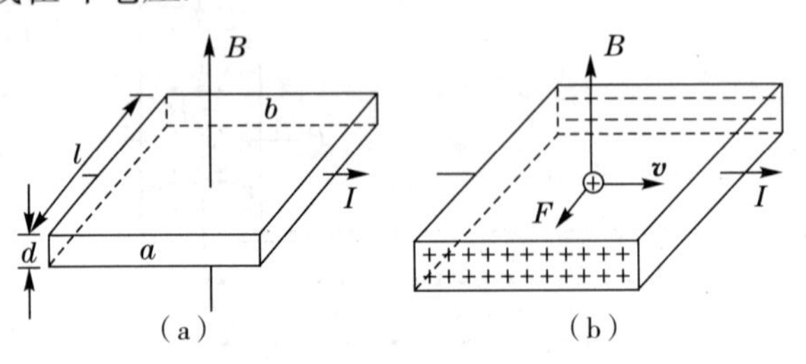

图14—6—7　霍耳效应示意图

实验指出,霍耳电势差与通过导体板的电流 I、磁场的磁感应强度 B 成正比,与板的厚度成反比,霍耳电势差可定量地表示为

$$U_H = R_H \frac{IB}{d} \tag{14—6—6a}$$

式中,R_H称为霍耳系数.

霍耳效应可用洛伦兹力来说明.当电流通过导体板时,运动电荷在磁场的洛伦兹力作用下偏转,使 a 侧和 b 侧两个面上出现异号电荷分布,从而产生电势差,如图14—6—7(b)所示.若导体中的载流子带的电荷为 q,定向运动的速度为 v,则载流子受到的洛伦兹力为 qvB,而霍耳电场对载流子的作用力为

$$qE = q\frac{U_H}{l}$$

当电场力正好等于磁场力时,达到动态平衡.此时有

$$qE = q\frac{U_H}{l} = qvB$$

考虑到 $I=ldnqv$,其中 n 为载流子数密度,于是得

$$U_H = \frac{IB}{nqd} \tag{14—6—6b}$$

比较式(14—6—6a)和(14—6—6b)，可得霍耳系数为

$$R_{\mathrm{H}} = \frac{1}{nq} \qquad (14-6-6\mathrm{c})$$

霍耳效应可用于测量磁场的磁感应强度，亦可用于测量电流，特别是测量较大的电流. 利用霍耳效应，还可实现磁流体发电.

§14—7　磁场对载流导线的作用

一、安培定律

安培在研究电流与电流之间的相互作用时，模仿电荷之间相互作用的库仑定律，把载流导线分割成电流元，得到了两电流元之间的相互作用规律，并于1820年总结出电流元受力的安培定律. 安培发现，**电流元 $I\mathrm{d}\boldsymbol{l}$ 在磁场中某点所受到的磁场力 $\mathrm{d}\boldsymbol{F}$ 的大小，与该点磁感应强度 $\boldsymbol{B}$ 的大小、电流元 $I\mathrm{d}l$ 的大小以及电流元 $I\mathrm{d}\boldsymbol{l}$ 与磁感应强度 $\boldsymbol{B}$ 的夹角 θ 的正弦成正比**，可表示为

$$\mathrm{d}F = I\mathrm{d}lB\sin\theta$$

$\mathrm{d}\boldsymbol{F}$ 的方向垂直于 $I\mathrm{d}\boldsymbol{l}$ 与 $\boldsymbol{B}$ 所决定的平面，其指向由右手螺旋法则确定. 将上式写成矢量式为

$$\mathrm{d}\boldsymbol{F} = I\mathrm{d}\boldsymbol{l}\times\boldsymbol{B} \qquad (14-7-1)$$

对于一段任意形状的载流导线所受的磁场力，等于作用在它各段电流元上的磁场力的矢量和，即

$$\boldsymbol{F} = \int_L \mathrm{d}\boldsymbol{F} = \int_L I\mathrm{d}\boldsymbol{l}\times\boldsymbol{B} \qquad (14-7-2)$$

这个力又叫**安培力**.

载流导线在磁场中受到安培力的微观机制实质上是载流导线中大量载流子受到洛沦兹力的结果. 可以简单证明如下：在载流导线上任取一电流元 $I\mathrm{d}\boldsymbol{l}$，其中电荷 $\mathrm{d}q$ 以速度 v 沿导线运动，设电流元长 $\mathrm{d}\boldsymbol{l}=v\mathrm{d}t$，在 $\mathrm{d}t$ 时间内通过 $\mathrm{d}l$ 段的电荷 $\mathrm{d}q=I\mathrm{d}t$，$\mathrm{d}\boldsymbol{l}$ 是如此之小，在其上的磁场 $\boldsymbol{B}$ 可看作是均匀的，那么按照洛沦兹力公式，可计算

作用在该段电流元内电荷 $\mathrm{d}q$ 上的磁场力

$$\mathrm{d}\boldsymbol{F} = \mathrm{d}q\boldsymbol{v} \times \boldsymbol{B} = I\mathrm{d}t\,\frac{\mathrm{d}\boldsymbol{l}}{\mathrm{d}t} \times \boldsymbol{B} = I\mathrm{d}\boldsymbol{l} \times \boldsymbol{B}$$

这即是电流元 $I\mathrm{d}\boldsymbol{l}$ 在磁场 $\boldsymbol{B}$ 中受到的安培力.

二、载流导线在磁场中受力

讨论均匀磁场中的一段长直载流导线所受的安培力. 设直导线长 l,通有电流 I,放在磁感应强度为 $\boldsymbol{B}$ 的均匀磁场中,导线与 $\boldsymbol{B}$ 的夹角为 θ,如图 14—7—1 所示. 在这种情况下,作用在各电流元上的安培力 $\mathrm{d}\boldsymbol{F}$ 方向都沿 Oz 轴正向,所以作用在长直导线上的合力等于各电流元上的各个分力的代数和,即

$$\boldsymbol{F} = \int_L \mathrm{d}\boldsymbol{F} = \int_0^l I\mathrm{d}lB\sin\theta = IB\sin\theta\int_0^l \mathrm{d}l = IBl\sin\theta \tag{14-7-3}$$

方向沿 Oz 轴正向.

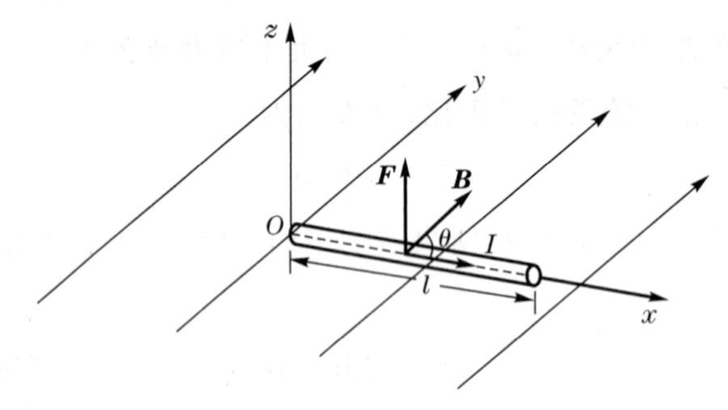

图 14—7—1　一段长直载流导线在均匀磁场中所受安培力

如果这段载流导线是在非均匀磁场中,则每一小段上所受的安培力 $\mathrm{d}\boldsymbol{F}$ 的大小和方向都有所不同,这时,原则上可先把 $\mathrm{d}\boldsymbol{F}$ 分解为 $\mathrm{d}\boldsymbol{F}_x$、$\mathrm{d}\boldsymbol{F}_y$、$\mathrm{d}\boldsymbol{F}_z$ 三个分矢量,求出合力 $\boldsymbol{F}$ 的分量分别为

$$\boldsymbol{F}_x = \int \mathrm{d}\boldsymbol{F}_x, \boldsymbol{F}_y = \int \mathrm{d}\boldsymbol{F}_y, \boldsymbol{F}_z = \int \mathrm{d}\boldsymbol{F}_z$$

对于分力的作用点(或作用线),按力学中计算平行力合力的方法处理,然后再由 $\boldsymbol{F}_x$、$\boldsymbol{F}_y$、$\boldsymbol{F}_z$ 求出合力 $\boldsymbol{F}$.

例 14—7—1　无限长直载流导线通有电流 I_1,在同一平面内有长为 L 的载流直导线,通有电流 I_2,如图 14—7—2 所示. r,α 已知,

求长为 L 的导线所受的磁场力.

解 建立坐标系,如图 14—7—2 所示,考察 I_2上电流元 $I_2\mathrm{d}l$ 受力

$$\mathrm{d}F = I_2\mathrm{d}lB = I_2\mathrm{d}l\frac{\mu_0 I_1}{2\pi x}$$

其中

$$x = r + l\cos\alpha,\quad \mathrm{d}l = \frac{\mathrm{d}x}{\cos\alpha},\quad \mathrm{d}F = \frac{\mu_0 I_1 I_2}{2\pi x}\frac{\mathrm{d}x}{\cos\alpha}$$

因此,导线所受的磁场力为

$$F = \int\mathrm{d}F = \frac{\mu_0 I_1 I_2}{2\pi\cos\alpha}\int_r^{r+L\cos\alpha}\frac{\mathrm{d}x}{x} = \frac{\mu_0 I_1 I_2}{2\pi\cos\alpha}\ln\frac{r+L\cos\alpha}{r}$$

方向如图 14—7—2 所示.

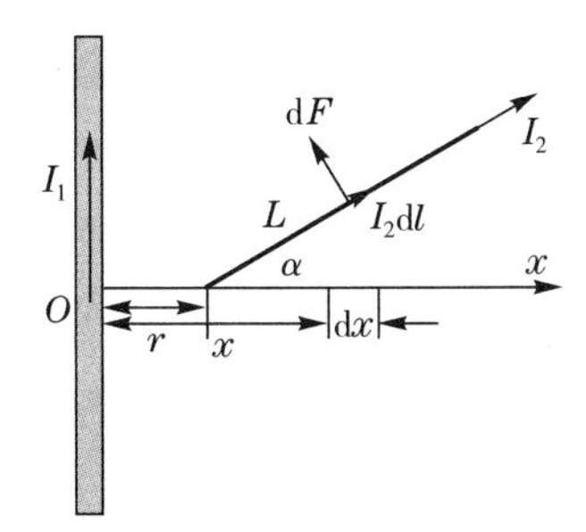

图 14—7—2 载流导线在磁场中受力分析图

三、载流线圈在磁场中受到的磁力矩

1. 在匀强磁场中的载流线圈

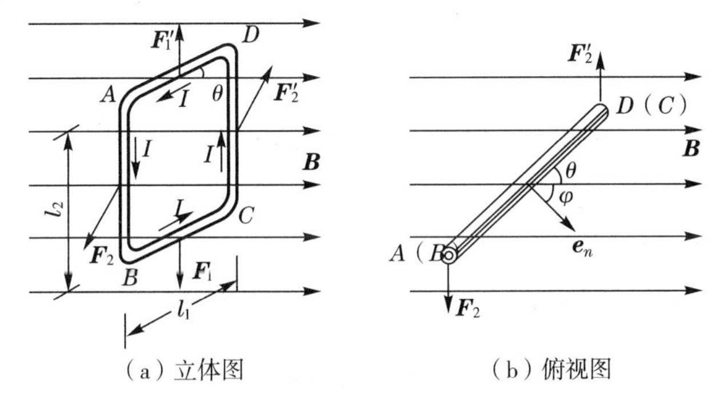

(a) 立体图　　(b) 俯视图

图 14—7—3 平面载流线圈在匀强磁场中所受的力矩
(线圈的法线与磁场成 φ 角)

如图 14—7—3 所示,在磁感应强度为 $\boldsymbol{B}$ 的匀强磁场中,有一长

方形平面载流线圈,边长分别为 l_1 和 l_2,电流为 I,设线圈的平面与磁场的方向成任意角 θ,对边 AB,CD 与磁场垂直.根据安培定律,导线 BC 和 AD 所受的磁场力分别为

$$F_1 = BIl_1\sin\theta$$

$$F'_1 = BIl_1\sin(\pi-\theta) = BIl_1\sin\theta$$

这两个力在同一直线上,大小相等,方向相反,作用相互抵消.

导线 AB 和 CD 所受的磁场力分别为 F_2 和 F'_2,

$$F_2 = F'_2 = BIl_2$$

这两个力大小相等,指向相反,但力的作用线不在同一直线上,因此形成一力偶,力臂为 $l_1\cos\theta$.它们作用在线圈上的力偶矩为

$$M = F_2 l_1\cos\theta = BIl_1 l_2\cos\theta = BIS\cos\theta$$

式中,$S=l_1 l_2$ 为线圈的面积.

如果用线圈平面的正法线方向和磁场方向的夹角 φ 来代替 θ,由于 $\theta+\varphi=\dfrac{\pi}{2}$,所以上式应为

$$M = BIS\sin\varphi$$

如果线圈有 N 匝,那么线圈所受的力偶矩为

$$M = NBIS\sin\varphi = p_m B\sin\varphi \qquad (14-7-4)$$

式中,$p_m=NIS$ 是线圈的磁矩,磁矩是矢量,用 $\boldsymbol{p}_m$ 表示.磁矩的方向就是载流线圈平面法线的正方向,所以式(14-7-4)也可写成矢量式

$$\boldsymbol{M} = \boldsymbol{p}_m \times \boldsymbol{B} \qquad (14-7-5)$$

式(14-7-4)和式(14-7-5)不仅对长方形线圈成立,对于在匀强磁场中任意形状的平面线圈也同样成立.甚至对带电粒子沿闭合回路的运动以及带电粒子的自旋所具有的磁矩,计算在磁场中所受的磁力矩作用时也都可用上述公式.

由式(14-7-4)可知,当 $\varphi=\dfrac{\pi}{2}$,即线圈平面与磁场方向相互平行时,线圈所受的磁力矩最大.这一磁力矩有使 φ 减小的趋势.当 $\varphi=0$,亦即线圈平面与磁场方向垂直时,线圈磁矩 $\boldsymbol{p}_m$ 的方向与磁场方向相同,线圈所受到的磁力矩为零,这是线圈稳定平衡的位置.当

$\varphi=\pi$ 时，线圈平面虽然也与磁场方向垂直，但 $\boldsymbol{p}_{\mathrm{m}}$ 的方向与磁场方向正相反，线圈所受到的力矩虽然也为零，但这一平衡位置是不稳定的，线圈稍受扰动，它就会在磁力矩的作用下离开这一位置，而转到$\varphi=0$处的稳定位置上. 由此可见，磁场对载流线圈所施的磁力矩，总是促使线圈转到其线圈磁矩的方向与外磁场方向相同的稳定平衡的位置处. 利用载流线圈在磁场中转动这一特性，可以用载流试探小线圈来检测磁场，由线圈在稳定平衡位置时磁矩 $\boldsymbol{p}_{\mathrm{m}}$ 的指向确定外磁场 $\boldsymbol{B}$ 的方向，并由线圈所受的最大磁力矩 $M_{\max}$确定外磁场的 B 值等于$\dfrac{M_{\max}}{p_{\mathrm{m}}}$（即单位磁矩所受的最大磁力矩）. 应用磁力矩公式时，$\boldsymbol{B}$ 的单位用 T，$\boldsymbol{p}_{\mathrm{m}}$ 的单位用 $\mathrm{A\cdot m^2}$，力矩的单位用 $\mathrm{N\cdot m}$.

平面载流线圈在均匀磁场中任意位置上所受的合力均为零，仅受力矩的作用. 因此在均匀磁场中的平面载流线圈只发生转动，不会发生整个线圈的平动. 磁场对载流线圈作用力矩的规律是制成各种电动机、动圈式电表和电流计等的基本原理.

2. 在非均匀磁场中的载流线圈

如果平面载流线圈处在非均匀磁场中，由于线圈上各个电流元所在处的 $\boldsymbol{B}$ 在量值和方向上都不相同，各个电流元所受到的作用力的大小和方向一般也都不可能相同. 因此，合力和合力矩一般也不会等于零，所以线圈除转动外还要平动. 为简单起见，在如图 14－7－4 所示的辐射型磁场中，设线圈的磁矩 $\boldsymbol{p}_{\mathrm{m}}$ 与线圈中心所在处的 $\boldsymbol{B}$ 同方向. 在线圈上任取一电流元 $I\mathrm{d}\boldsymbol{l}$，把电流元所在处的 $\boldsymbol{B}$ 分解为两个分矢量：垂直于线圈平面的分矢量 $\boldsymbol{B}_{\perp}$ 和平行于线圈平面的分矢量 $\boldsymbol{B}_{/\!/}$. 电流元 $I\mathrm{d}\boldsymbol{l}$ 受到 $\boldsymbol{B}_{\perp}$ 所作

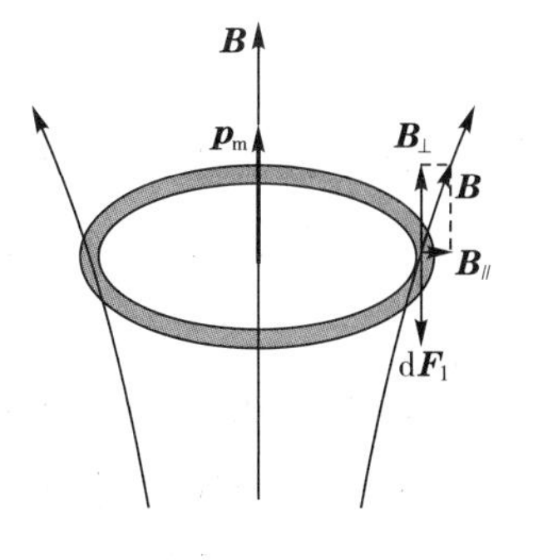

图 14－7－4　非匀强磁场中的载流线圈

用的力为 $\mathrm{d}\boldsymbol{F}_2$（图中未画出），方向沿线圈的半径向外. 对整个线圈来说，作用在各个电流元上的这些力，只能使线圈发生形变，而不能使线圈发生平动或转动. 但是电流元 $I\mathrm{d}\boldsymbol{l}$ 还同时受到 $\boldsymbol{B}_{/\!/}$ 分矢量作用的力 $\mathrm{d}\boldsymbol{F}_1$，方向垂直于线圈平面，指向下方. 对整个线圈来说，各个电流

元上的这些力的方向都相同,所以在合力的作用下,线圈将向磁场较强处移动(线圈下方磁感应线较密,表示磁场较强).若图14—7—4中线圈的电流反向,则所受磁力将把线圈推离磁场较强的区域.可以证明,合力的大小与线圈的磁矩和磁感应强度的梯度成正比.

四、电流单位"安培"的定义

设有两条平行的载流直导线AB和CD,两者的垂直距离为d,电流分别为I_1和I_2,方向相同(图14—7—5),距离d与导线的长度相比是很小的,因此两导线可视为"无限长"导线.

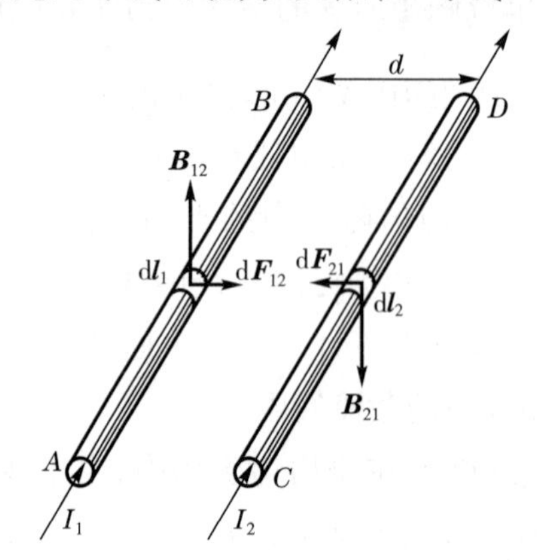

图14—7—5 平行载流直导线之间的相互作用力

首先计算载流导线CD所受的力.在CD上任取一电流元$I_2\mathrm{d}l_2$,按安培定律,该电流元所受的力$\mathrm{d}F_{21}$的大小为

$$\mathrm{d}F_{21}=B_{21}I_2\mathrm{d}l_2\sin\theta$$

式中,θ为$I_2\mathrm{d}l_2$与$\boldsymbol{B}_{21}$间的夹角,而$\boldsymbol{B}_{21}$为载流导线AB在$I_2\mathrm{d}l_2$处所激发的磁感应强度(注意:CD上任何其他的电流元在$I_2\mathrm{d}l_2$处所激发的磁感应强度为零).根据"无限长"直导线产生的磁感应强度的公式,得

$$B_{21}=\frac{\mu_0 I_1}{2\pi d}$$

$\boldsymbol{B}_{21}$的方向如图14—7—5所示,垂直于电流元$I_2\mathrm{d}l_2$,所以$\sin\theta=1$,因而

$$\mathrm{d}F_{21}=B_{21}I_2\mathrm{d}l_2\sin\theta=\frac{\mu_0 I_1 I_2}{2\pi d}\mathrm{d}l_2$$

dF_{21}的方向在两平行载流直导线所决定的平面内,指向导线 AB. 显然,载流导线 CD 上各个电流元所受的力方向都与上述方向相同,所以导线 CD 单位长度所受的力为

$$\frac{dF_{21}}{dl_2} = \frac{\mu_0 I_1 I_2}{2\pi d} \qquad (14-7-6)$$

同理,可以证明载流导线 AB 单位长度所受的力的大小也等于 $\frac{\mu_0 I_1 I_2}{2\pi d}$,方向指向导线 CD. 这就是说,两个同方向的平行载流直导线,通过磁场的作用,将互相吸引. 不难看出,两个反向的平行载流直导线,通过磁场的作用,将互相排斥,而每一导线单位长度所受的斥力的大小与这两电流同方向时的引力相等.

由于电流比电荷量容易测定,在国际单位制中把安培定为基本单位. 安培的定义如下:**真空中相距 1 m 的两无限长而圆截面极小的平行直导线中载有相等的电流时,若在每米长度导线上的相互作用力正好等于 2×10^{-7} N,则导线中的电流定义为 1 A.**

在国际单位制中,真空磁导率 μ_0 是导出量. 根据安培定律,在式(14—7—6)中 $d=1$ m,$I_1=I_2=1$ A,$\frac{dF_{21}}{dl}=2\times10^{-7}\ \text{N}\cdot\text{m}^{-1}$,从而可得 $\mu_0=4\pi\times10^{-7}\ \text{N}\cdot\text{A}^{-2}$.

§14—8 磁力的功

当载流导线或载流线圈在磁场内受到磁力或磁力矩的作用而运动时,磁力或磁力矩就做了功. 下面从两种简单情况出发,讨论磁力做功的一般公式.

一、磁力对运动载流导线做功

如图 14—8—1 所示,闭合回路位于匀强磁场 $\boldsymbol{B}$ 中,回路中电流为 I,当载流导线 ab 在导体轨道上滑行时,所受到的磁场力为

$$F = BIL$$

若保持 I 大小不变,则磁场力做的功为

$$A = F\Delta x = BIL\Delta x$$

其中

$$BL\Delta x = B\Delta S = \Delta\Phi_m$$

因此,磁场力做功可以改写为

$$A = I\Delta\Phi_m \qquad (14-8-1)$$

上式说明,如果电流保持不变,磁场力对运动载流导线做的功等于电流强度与闭合回路所包围面积的磁通量增量的乘积.或者说,等于电流强度乘以回路所切割的磁感应线的条数.

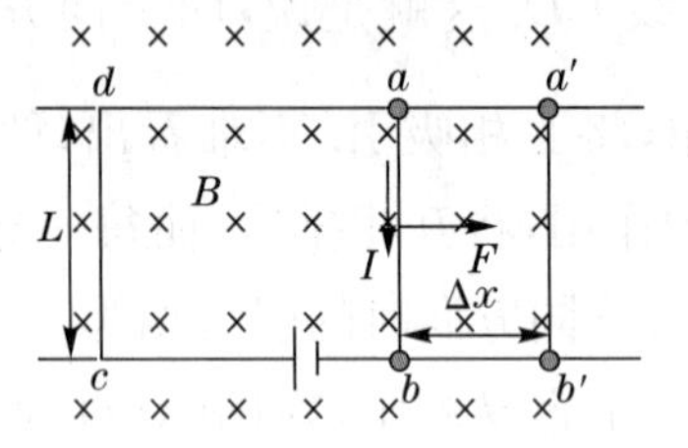

图 14-8-1 磁力对运动载流导线做功

二、载流线圈在磁场中转动时磁场力做功

如图 14-8-2 所示,载流线圈位于匀强磁场 **B** 中.若保持线圈中电流 I 不变,当线圈平面的法向方向与 **B** 之间夹角为 φ 时,所受到的磁力矩为

$$M = p_m B\sin\varphi = BIS\sin\varphi$$

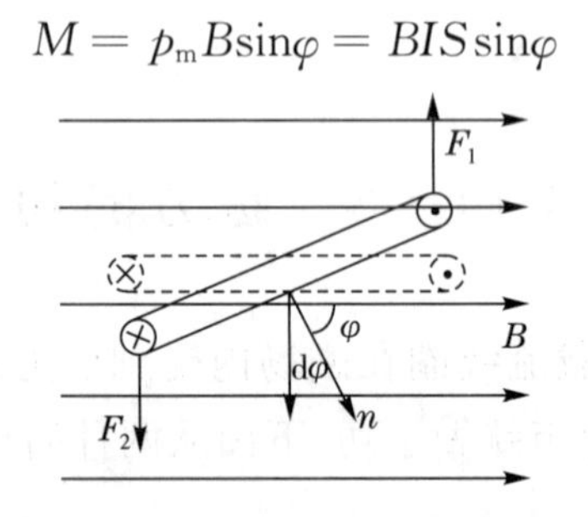

图 14-8-2 载流线圈在磁场中转动时磁场力做功

当线圈从 φ 转至 $\varphi + d\varphi$ 时,磁力矩所做的功为

$$dA = -Md\varphi = -BIS\sin\varphi d\varphi = Id(BS\cos\varphi) = Id\Phi_m$$

式中,负号表示磁力矩做正功时将使 φ 角减小,$d\varphi$ 为负值,当线圈从 φ_1 转到 φ_2 时,相应穿过线圈的磁通量由 Φ_{m1} 变为 Φ_{m2},磁力矩做的总功为

$$A = \int dA = \int_{\Phi_{m1}}^{\Phi_{m2}} Id\Phi_m = I\Delta\Phi_m \qquad (14-8-2)$$

式(14—8—2)在形式上与式(14—8—1)相同,可以证明,对任意形状的平面闭合电流回路,在均匀磁场中,产生变形或处在转动过程中,如果保持回路中电流不变,则磁力或磁力矩做功均可用上式计算.必须注意,当回路中电流 I 变化时,磁力矩的功应为

$$A=\int_{\Phi_{m1}}^{\Phi_{m2}} I\mathrm{d}\,\Phi_{m}$$

例 14—8—1 一半径为 R 的半圆形闭合载流线圈中电流为 I,放在磁感应强度为 $\boldsymbol{B}$ 的均匀磁场中,其方向与线圈平面平行,如图 14—8—3 所示.求:

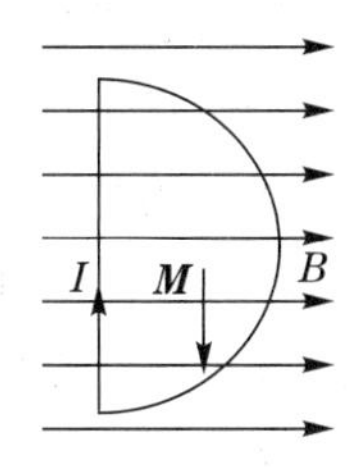

图 14—8—3 半圆形载流线圈在磁场中磁场力的功

(1)以直径为转轴,线圈所受磁力矩的大小和方向;

(2)在力矩作用下,线圈转过 90°,力矩做了多少功?

解 (1)载流线圈的磁矩大小为

$$p_{m}=I\cdot\frac{\pi R^{2}}{2}$$

方向垂直于纸面向里,载流线圈在磁场中所受的磁力矩为

$$\boldsymbol{M}=\boldsymbol{p}_{m}\times\boldsymbol{B}$$

其大小为

$$M=p_{m}B\sin\frac{\pi}{2}=\frac{1}{2}\pi IBR^{2}$$

方向如图 14—8—3 所示.

(2)线圈转过 90°时,磁通量的增量为

$$\Delta\Phi_{m}=\frac{\pi R^{2}}{2}B$$

磁力矩做的功

$$A=I\Delta\Phi_{m}=\frac{\pi R^{2}}{2}IB$$

习题十四

一、选择题

14－1 空间某点的磁感应强度 $\boldsymbol{B}$ 的方向，一般可以用下列几种办法来判断，其中哪个是错误的？ ( )

(A)小磁针北(N)极在该点的指向

(B)运动正电荷在该点所受最大的力与其速度的矢积的方向

(C)电流元在该点不受力的方向

(D)载流线圈稳定平衡时，磁矩在该点的指向

14－2 下列关于磁感应线的描述，正确的是 ( )

(A)条形磁铁的磁感应线是从 N 极到 S 极的

(B)条形磁铁的磁感应线是从 S 极到 N 极的

(C)磁感应线是从 N 极出发终止于 S 极的曲线

(D)磁感应线是无头无尾的闭合曲线

14－3 关于磁场的高斯定理 $\oint \boldsymbol{B} \cdot \mathrm{d}\boldsymbol{S} = 0$，正确的是 ( )

a 穿入闭合曲面的磁感应线条数必然等于穿出的磁感应线条数

b 穿入闭合曲面的磁感应线条数不等于穿出的磁感应线条数

c 一根磁感应线可以终止在闭合曲面内

d 一根磁感应线可以完全处于闭合曲面内

(A)a d (B)a c (C)c d (D)a b

14－4 如图 14－1 所示，在无限长载流直导线附近作一球形闭合曲面 S，当曲面 S 向长直导线靠近时，穿过曲面 S 的磁通量 Φ 和面上各点的磁感应强度 B 将如何变化？ ( )

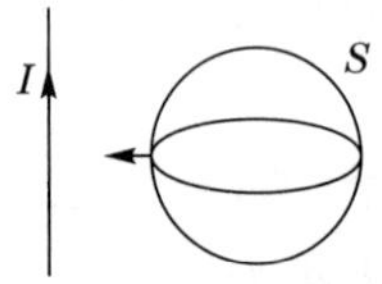

(A)Φ 增大，B 也增大 (B)Φ 不变，B 也不变

(C)Φ 增大，B 不变 (D)Φ 不变，B 增大

图 14－1

14－5 如图 14－2 所示，两个载有相等电流 I 的半径为 R 的圆线圈，一个处于水平位置，一个处于竖直位置，两个线圈的圆心重合，则在圆心 O 处的磁感应强度大小为 ( )

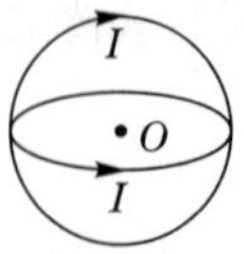

(A)0 (B)$\mu_0 I/2R$

(C)$\sqrt{2}\mu_0 I/2R$ (D)$\mu_0 I/R$

图 14－2

二、填空题

14－6 如图 14－3 所示，均匀磁场的磁感应强度为 $B=0.2$ T，方向沿 x 轴正方向，则通过 $abOd$ 面的磁通量为____________，通过 $befO$ 面的磁通量为____________，通过 $aefd$ 面的磁通量为____________.

14－7 真空中一载有电流 I 的长直螺线管，单位长度的线圈匝数为 n，管内中段部分的磁感应强度为________，端点部分的磁感应强度为__________.

14－8 如图 14－4 所示，两根无限长载流直导线相互平行，通过的电流分别为 I_1和 I_2. 则$\oint_{L_1}\boldsymbol{B}\cdot\mathrm{d}\boldsymbol{l}=$__________，$\oint_{L_2}\boldsymbol{B}\cdot\mathrm{d}\boldsymbol{l}=$____________.

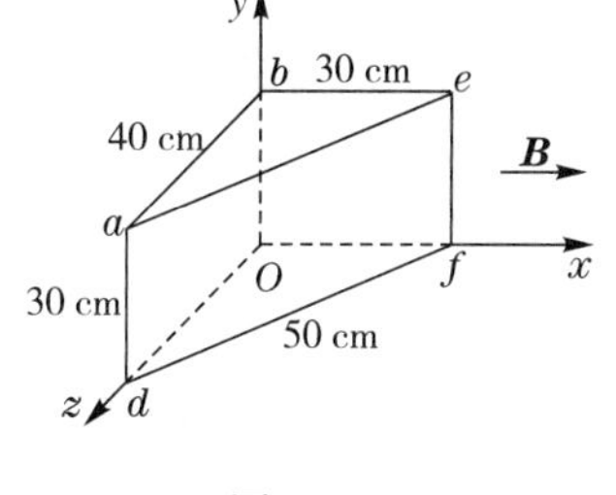

图 14－3

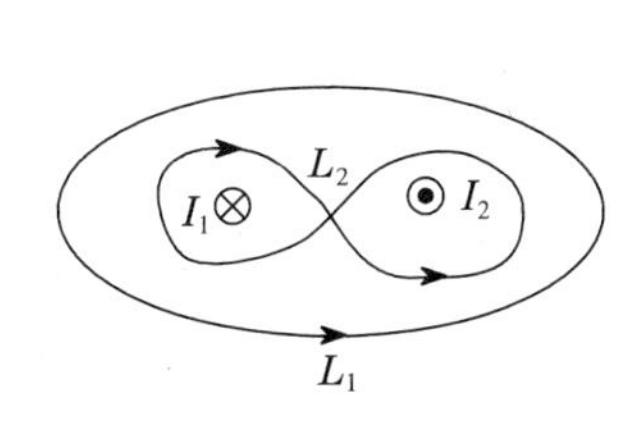

图 14－4

14－9 如图 14－5 所示，正电荷 q 在磁场中运动，速度沿 x 轴正方向. 若电荷 q 不受力，则外磁场 $\boldsymbol{B}$ 的方向是____________；若电荷 q 受到沿 y 轴正方向的力，且受到的力为最大值，则外磁场的方向为____________.

14－10 如图 14－6 所示，$ABCD$ 是无限长导线，通以电流 I，BC 段被弯成半径为 R 的半圆环，CD 段垂直于半圆环所在的平面，AB 的沿长线通过圆心 O 和 C 点. 则圆心 O 处的磁感应强度大小为____________，方向____________.

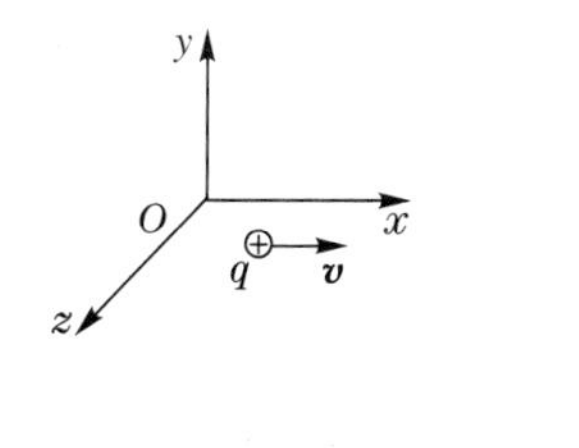

图 14－5

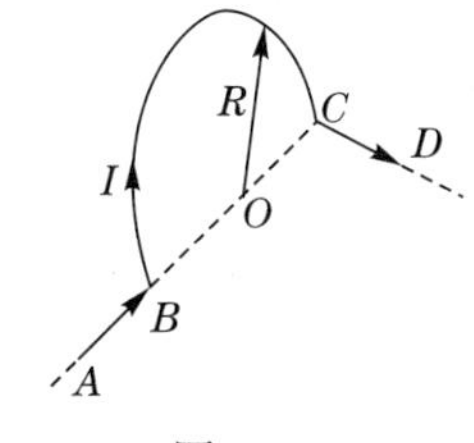

图 14－6

三、计算与证明题

14－11 设氢原子基态的电子轨道半径为 a_0，如图 14－7 所示，求由于电子的轨道运动，在原子核处（圆心处）产生的磁感应强度的大小和方向.

14－12 如图 14－8 所示，半径为 R，线电荷密度为 $\lambda(\lambda>0)$的均匀带电的圆线圈，绕过圆心与圆平面垂直的轴以角速度 ω 转动，求轴线上任一点 $\boldsymbol{B}$ 的大小及方向.

图 14－7　　图 14－8

14－13　有一长直导体圆管，内外半径分别为 R_1 和 R_2，如图 14－9 所示，它所载的电流 I_1 均匀分布在其横截面上. 导体旁边有一绝缘“无限长”直导线，载有电流 I_2，且在中部绕了一个半径为 R 的圆圈. 设导体管的轴线与长直导线平行，相距为 d，且与导体圆圈共面，求圆心 O 点处的磁感应强度 $\boldsymbol{B}$.

14－14　已知真空中电流分布如图 14－10 所示，两个半圆共面，且具有公共圆心，试求公共圆心 O 点处的磁感应强度.

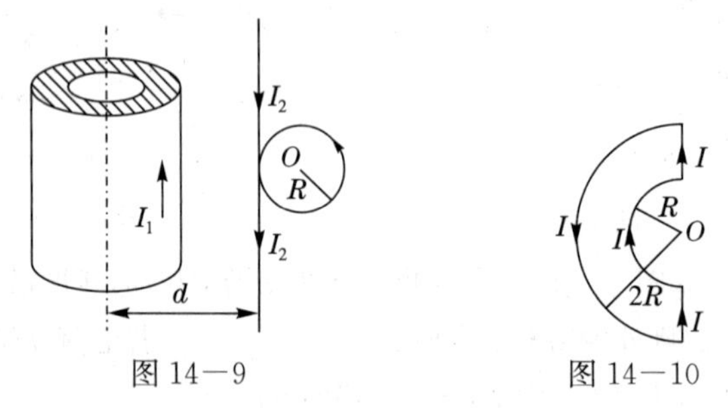

图 14－9　　图 14－10

14－15　如图 14－11 所示，在 $B=0.1$ T 的均匀磁场中，有一个速度大小为 $v=10^4\ \mathrm{m\cdot s^{-1}}$ 的电子沿垂直于 $\boldsymbol{B}$ 的方向通过 A 点，求电子的轨道半径和旋转频率.

14－16　一根无限长直导线载有电流 $I_1=20\mathrm{A}$，一矩形回路载有电流 $I_2=10\mathrm{A}$，二者共面，如图 14－12 所示. 已知 $a=0.01$ m，$b=0.08$ m，$l=0.12$ m. 求

(1)作用在矩形回路上的合力.

(2) $I_2=0$ 时，通过矩形面积的磁通量.

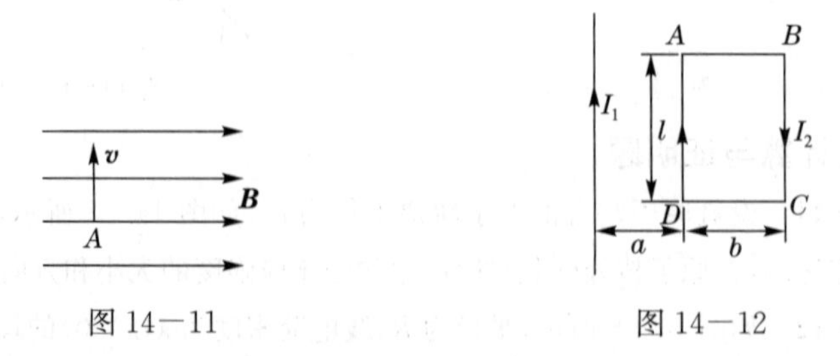

图 14－11　　图 14－12

14－17　在半径为 R 的无限长金属圆柱体内部挖去一半径为 r 的无限长圆柱体，两柱体的轴线平行，相距为 d，如图 14－13 所示. 今有电流沿空心柱体

的轴线方向流动，电流 I 均匀分布在空心柱体的截面上. 分别求圆柱轴线上和空心部分轴线上 O、O' 点的磁感应强度大小.

14—18 一半径为 R 的无限长半圆柱面导体，载有与轴线上的长直导线的电流 I 等值反向的电流，如图 14—14 所示. 试求轴线上长直导线上单位长度所受的磁力.

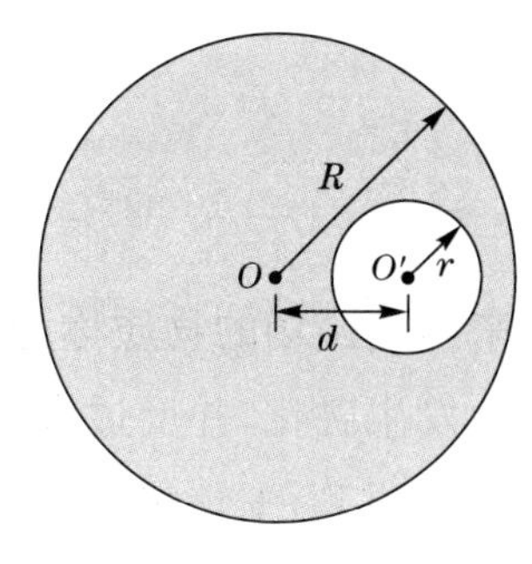

图 14—13

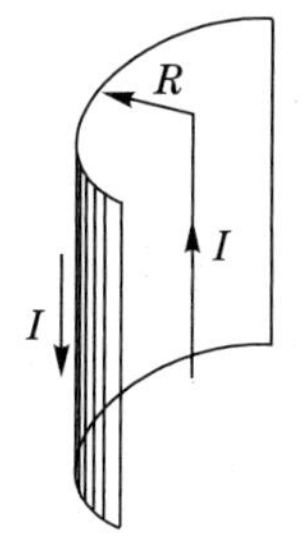

图 14—14

14—19 截面积为 S、密度为 ρ 的铜导线被弯成正方形的三边，可以绕水平轴 OO' 转动，如图 14—15 所示. 导线放在方向竖直向上的匀强磁场中，当导线中的电流为 I 时，导线离开原来的竖直位置偏转一个角度 θ 而平衡. 求磁感应强度. 若 $S=2\ \mathrm{mm}^2$，$\rho=8.9\ \mathrm{g\cdot cm^{-3}}$，$\theta=15°$，$I=10\ \mathrm{A}$，磁感应强度大小为多少？

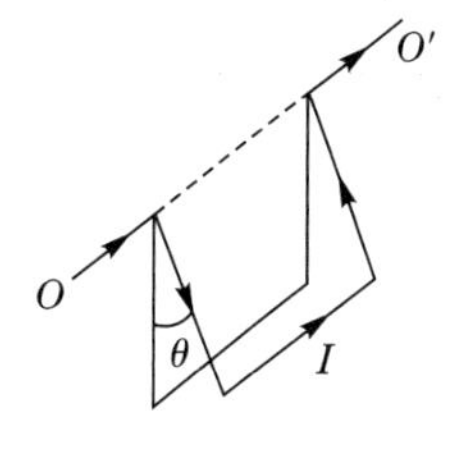

图 14—15

第十五章

磁场中的磁介质

在磁场作用下能被磁化并反过来影响磁场的物质称为磁介质. 任何实物在磁场作用下都或多或少地发生磁化,并反过来影响原来的磁场,因此任何实物都是磁介质. 前面讲到,安培提出了关于揭示物质磁性本质的分子电流假说. 据此,物质磁性来源于物质中的分子电流. 本章主要讨论磁介质磁化的微观机制和有介质时磁场所遵循的普遍规律.

§15—1 磁介质及其磁化

一、磁介质及其分类

当磁场中存在实物物质时,由于实物物质的分子或原子中都存在运动的电荷,这些运动电荷将受到磁力的作用,其结果是使磁介质产生磁化并出现宏观的磁化电流,磁化电流又产生附加磁场,从而又会反过来影响磁场的分布.

磁介质对磁场的影响可以通过实验来观察. 设在真空中的长直螺线管通以电流 I 时,内部的磁感应强度为 $\boldsymbol{B}_0$(称外磁场),实验表明,当螺线管内充满某种均匀各向同性磁介质,并通以相同的电流 I 时,磁介质磁化电流在螺线管内产生的附加磁场为 $\boldsymbol{B}'$,则长直螺线管内的磁场为 $\boldsymbol{B}_0$ 和 $\boldsymbol{B}'$的矢量和,即

$$\boldsymbol{B}=\boldsymbol{B}_0+\boldsymbol{B}' \qquad (15-1-1)$$

实验表明,当磁场中充满均匀各向同性磁介质时,磁介质中磁

场 $\boldsymbol{B}$ 与该处外磁场 $\boldsymbol{B}_0$ 存在的关系为

$$\boldsymbol{B}=\mu_r\boldsymbol{B}_0 \tag{15-1-2}$$

即磁介质中的磁场为外磁场的 μ_r 倍，方向相同. 我们定义 μ_r 为磁介质的相对磁导率，是无单位的纯数. μ_r 是决定磁介质本身特性的物理量，反映介质磁化后对磁场的影响程度. 对无限长直螺线管，其内部的磁场为 $B_0=\mu_0 nI$，当管内充满均匀各向同性磁介质后，管内的磁场大小为

$$B=\mu_r B_0=\mu_r\mu_0 nI \tag{15-1-3}$$

定义

$$\mu=\mu_r\mu_0 \tag{15-1-4}$$

则式(15－1－3)为

$$B=\mu nI \tag{15-1-5}$$

式中，μ 称为磁介质的磁导率，也是反映磁介质磁性的物理量. 在国际单位制中，磁介质的磁导率 μ 的单位和真空磁导率 μ_0 的单位相同. 实验表明，相对磁导率 μ_r 的大小将随着磁介质的种类或状态的不同而不同，如表 15－1 所示. **根据 μ_r 的大小，可把磁介质分为顺磁质、抗磁质和铁磁质三类.**

表 15－1　几种磁介质的相对磁导率

磁介质种类		相对磁导率
抗磁质 $\mu_r<1$	铋(293 K)	$1-1.66\times10^{-5}$
	汞(293 K)	$1-2.9\times10^{-5}$
	铜(293 K)	$1-1.0\times10^{-5}$
	氢(气体)	$1-3.89\times10^{-5}$
顺磁质 $\mu_r>1$	氧(液体 90 K)	$1+7.699\times10^{-3}$
	氧(气体 293 K)	$1+3.449\times10^{-3}$
	铝(293 K)	$1+1.65\times10^{-5}$
	铂(293 K)	$1+2.6\times10^{-4}$
铁磁质 $\mu_r\gg1$	纯铁	5×10^{3}(最大值)
	硅钢	7×10^{2}(最大值)
	坡莫合金	1×10^{5}(最大值)

顺磁质是 μ_r 略大于 1 的磁介质，这说明顺磁质磁化后产生的附加磁场 $\boldsymbol{B}'$ 与外磁场 $\boldsymbol{B}_0$ 同方向. 自然界中的大多数物质是顺磁质，如

空气、氧、铝、铬、锰等. 抗磁质是 μ_r 略小于1的磁介质. 这说明抗磁质磁化后产生的附加磁场 $\boldsymbol{B}'$ 的方向与外磁场 $\boldsymbol{B}_0$ 相反,如氢、水、汞、铜、铅、铋等.

从上表可以看出,无论顺磁质或抗磁质,它们的相对磁导率与1相差很小. 因而在工程技术中常不考虑它们的影响,而直接当成 $\mu_r=1$ 的真空情况来处理. 铁磁质是 μ_r 远大于1的磁介质,而且它的量值还随外磁场 $\boldsymbol{B}_0$ 的大小发生变化. 铁磁质磁化后能产生与外磁场 $\boldsymbol{B}_0$ 方向相同的很强的附加磁场 $\boldsymbol{B}'$,如铁、镍、钴等. 它们对磁场影响很大,工程技术上应用也很广泛.

另外还有一类物质,即处于超导态的超导材料,当其处于外磁场中并被磁化后,它所产生的附加磁场在超导材料内能完全抵消磁化它的外磁场,使超导材料内部的磁场为零,这说明处于超导态下的物质相对磁导率 $\mu_r=0$. 超导材料的这一性质称为完全抗磁性.

*二、分子磁矩 分子附加磁矩

磁介质为什么会对磁场产生影响呢? 这首先得从磁介质受磁场影响后其电磁性能发生改变加以说明,为此必然涉及磁介质的微观电结构.

近代科学实践证明,组成分子或原子中的电子,不仅存在绕原子核的轨道运动,还存在自旋运动. 这两种运动都能产生磁效应. 把分子或原子看成一个整体,它们中各电子对外界产生磁效应的总和,可等效于一个圆电流,称为分子电流. 这种分子电流的磁矩称为分子磁矩,在忽略原子核中质子和中子自旋磁矩后,实际上,它是分子内所有电子的轨道磁矩和电子的自旋磁矩的矢量和,用 $\boldsymbol{p}_m$ 表示.

下面,我们仅以电子绕核运动为例,来定性讨论外磁场对电子轨道磁矩 $\boldsymbol{m}$ 的影响. 从而进一步理解,当顺磁质或抗磁质处在外磁场中产生磁化时,其电磁性能就改变. 如图15-1-1所示,设电子在库仑力作用下以速率 v 绕原子核做圆周运动. 若外磁场 $\boldsymbol{B}_0$ 方向与电子轨道磁矩 $\boldsymbol{m}$ 方向一致,如图15-1-1(a)所示,此时电子在磁场中受到的洛伦兹力为 $-e(\boldsymbol{v}\times\boldsymbol{B})$,方向与库仑引力方向相反,背离原子核. 假设电子在库仑引力和洛伦兹力共同作用下维持轨道半径不变,则由牛顿定律可知,由于合力减小,电子的轨道速度必然减小,相当于有一个与电子速度方向相反的附加电子在运动. 该附加电子产生的附加轨道磁矩 $\Delta\boldsymbol{m}$ 的方向与外磁场 $\boldsymbol{B}_0$ 的方向相反.

同理,若外磁场 $\boldsymbol{B}_0$ 与电子轨道磁矩反向平行,如图 15—1—1(b)所示,根据类似分析同样可以得出,附加轨道磁矩 $\Delta\boldsymbol{m}$ 的方向与外磁场 $\boldsymbol{B}_0$ 的方向相反. 应该指出,对于电子的自旋和核的自旋,外磁场也产生相同的效果.

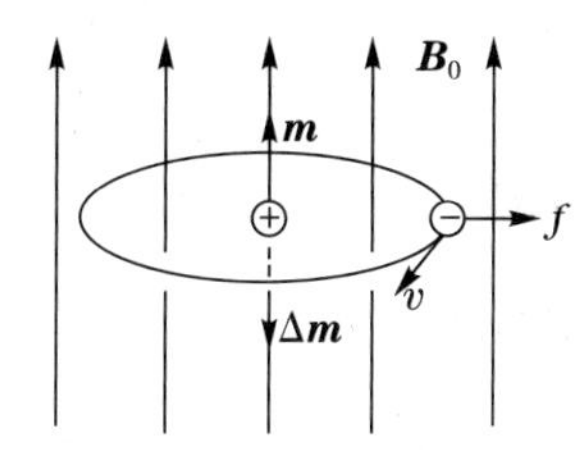

(a) 外磁场$\boldsymbol{B}_0$与轨道磁矩平行

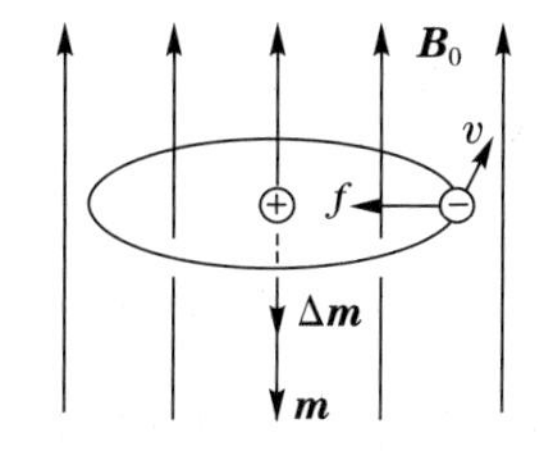

(b) 外磁场$\boldsymbol{B}_0$与轨道磁矩反向平行

图 15—1—1 外磁场对电子轨道磁矩的影响

从以上分析中可以看出:在外磁场中,磁介质分子中每个运动电子都要产生与外磁场 $\boldsymbol{B}_0$ 方向相反的附加磁矩 $\Delta\boldsymbol{m}$. 分子中所有运动电子产生的附加磁矩的矢量和就是整个分子在外磁场中的附加磁矩 $\Delta\boldsymbol{p}_{\mathrm{m}}$,即 $\Delta\boldsymbol{p}_{\mathrm{m}}=\sum\Delta\boldsymbol{m}$, 分子附加磁矩 $\sum\Delta\boldsymbol{p}_{\mathrm{m}}$ 的方向也一定与外磁场 $\boldsymbol{B}_0$ 方向相反. 以上就是磁介质受到磁场影响后,其电磁性能发生改变后产生的一种效应,称为分子的抗磁性. 这就是说,无论何种磁介质,尽管它们的分子磁矩的大小可以不同,但在外磁场中产生的分子附加磁矩 $\sum\Delta\boldsymbol{p}_{\mathrm{m}}$ 的方向总是与外磁场 $\boldsymbol{B}_0$ 的方向相反,都存在抗磁性.

*三、顺磁质和抗磁质的磁化

不论顺磁质还是抗磁质分子,在外磁场中都要产生抗磁效应,那么顺磁质和抗磁质为什么表现出不同的磁化现象呢? 这主要是因为顺磁质和抗磁质的分子电结构不同. 对于顺磁质分子(类似电介质的有极分子),每个分子的分子磁矩 $\boldsymbol{p}_{\mathrm{m}}\neq0$,或称固有磁矩不等于零. 无外磁场时,由于分子热运动,各个分子磁矩方向处于无规则取向状态,这种分子固有磁矩方向的无序分布使顺磁质任一体积元的合磁矩 $\sum\boldsymbol{p}_{\mathrm{m}}=0$,任一体积元及顺磁质整体宏观上均不显磁性. 加上外磁场后,一方面由于分子固有磁矩受外磁场磁力矩作用,转向外磁场方向,这个磁化过程称为取向磁化(图 15—1—2),外磁场越强,排列越整齐. 这样,分子固有磁矩的矢量和 $\sum\boldsymbol{p}_{\mathrm{m}}$ 不再为零,而且与外磁场 $\boldsymbol{B}_0$ 方向相同. 这种现象称为顺磁效应. 另一方面,分子磁矩在外磁场作用下将产生前述抗磁效应,出现与外磁场 $\boldsymbol{B}_0$ 反向的分子附加磁矩 $\sum\Delta\boldsymbol{p}_{\mathrm{m}}$. 实验证明, $\left|\sum\boldsymbol{p}_{\mathrm{m}}\right|\gg\left|\sum\Delta\boldsymbol{p}_{\mathrm{m}}\right|$,二者相比,一个分子所产生的附加磁矩要比一个分子的固有磁矩小 5 个数量

级.因而,顺磁效应是顺磁质磁化后产生附加磁场 $\boldsymbol{B}'$ 的主要原因. $\boldsymbol{B}'$ 与 $\boldsymbol{B}_0$ 同方向,顺磁质总磁感应强度 $\boldsymbol{B}=\boldsymbol{B}_0+\boldsymbol{B}'>\boldsymbol{B}_0$,因而相对磁导率 μ_r 略大于1.

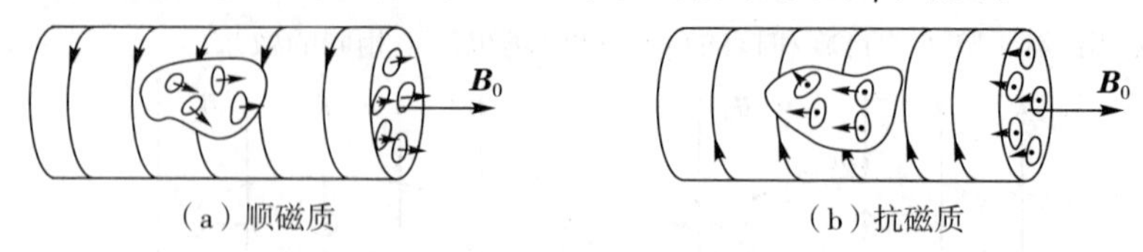

(a)顺磁质　　(b)抗磁质

图 15－1－2　磁介质表面磁化电流的产生

对于抗磁质分子(类似电介质的无极分子),每个分子的分子磁矩 $\boldsymbol{p}_m=0$,意味着每个分子的所有电子的轨道磁矩和自旋磁矩的矢量和为零.在无外磁场时,抗磁质整体不显磁性.加上外磁场后,抗磁质分子没有由于固有磁矩转向引起的顺磁效应,而外磁场引起的附加磁矩 $\sum \Delta \boldsymbol{p}_m \neq 0$ 是抗磁质磁化的唯一原因.所以,抗磁质中附加磁场 $\boldsymbol{B}'$ 总是与外磁场 $\boldsymbol{B}_0$ 方向相反.抗磁质中总磁感应强度 $\boldsymbol{B}=\boldsymbol{B}_0+\boldsymbol{B}'<\boldsymbol{B}_0$,因而抗磁质的相对磁导率 μ_r 略小于1.

铁磁质的分子磁矩也不等于零,但铁磁质的磁化不同于顺磁质,有其特殊机制,我们将在后面另作介绍.

四、磁化强度矢量与磁化电流

由上述讨论知道,无论是顺磁质还是抗磁质,磁化前介质内分子的总磁矩为零,而磁化后介质内分子总磁矩将不为零.为了表征物质的宏观磁性或介质的磁化程度,我们将磁介质内某点处单位体积内分子磁矩的矢量和定义为该点的磁化强度矢量,用 $\boldsymbol{M}$ 表示,即

$$\boldsymbol{M}=\frac{\sum \boldsymbol{p}_m+\sum \Delta \boldsymbol{p}_m}{\Delta V} \tag{15-1-6}$$

式中,ΔV 为磁介质某点处所取体积元的体积,$\sum \boldsymbol{p}_m$ 为体积元内磁介质磁化后分子磁矩的矢量和,$\sum \Delta \boldsymbol{p}_m$ 为体积元内磁介质磁化后分子附加磁矩的矢量和.显然,对顺磁质,由于 $\left|\sum \boldsymbol{p}_m\right| \gg \left|\sum \Delta \boldsymbol{p}_m\right|$,此时 $\sum \Delta \boldsymbol{p}_m$ 可以忽略不计.而对抗磁质,由于 $\sum \boldsymbol{p}_m=0$,主要是抗磁效应起作用,为此可得顺磁质的磁化强度矢量为

$$\boldsymbol{M}=\frac{\sum \boldsymbol{p}_m}{\Delta V} \tag{15-1-7}$$

$\boldsymbol{M}$ 的方向与外磁场 $\boldsymbol{B}_0$ 方向相同. 而对抗磁质,其磁化强度矢量为

$$\boldsymbol{M} = \frac{\sum \Delta \boldsymbol{p}_{\mathrm{m}}}{\Delta V} \qquad (15-1-8)$$

$\boldsymbol{M}$ 的方向与外磁场 $\boldsymbol{B}_0$ 方向相反.

磁化强度矢量是磁介质磁化时定量描述磁化强弱和方向的物理量,它是空间坐标的矢量函数. 当均匀磁化时,$\boldsymbol{M}$ 是常矢量. 在国际单位制中,磁化强度的单位是安・米$^{-1}$($\mathrm{A \cdot m^{-1}}$).

磁介质磁化后,对顺磁质,其分子内固有磁矩起主要作用,且沿磁场方向取向;对抗磁质,分子内起主要作用的是分子附加磁矩. 与这些磁矩相对应的小圆电流必将有规则地排列在介质的内部和表面. 若磁介质均匀分布,则介质内部的小圆电流将互相抵消,其宏观效果是在介质横截面边缘出现环形电流,如图15—1—3所示,这种电流称为磁化电流 I_s,由于处于介质表面,又称磁化面电流. 又因为它是由分子内相应的小圆电流一段段接合而成,不同于导体中自由电荷定向运动形成的传导电流,所以也称之为束缚电流. 束缚电流在磁效应方面与传导电流是相当的,同样可以产生磁场并计算磁感应强度,但是不存在热效应.

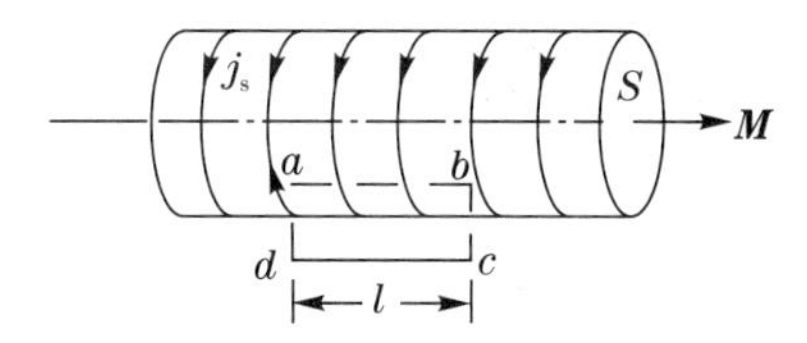

图 15—1—3　磁化强度与磁化电流关系

磁化强度 $\boldsymbol{M}$ 与磁化面电流 I_s 是用两种手段来描述同一磁化现象,与电介质极化时电极化强度 $\boldsymbol{P}$ 和极化电荷 σ' 的关系类似. $\boldsymbol{M}$ 与 I_s 必然相关联. 下面以顺磁质为例,用无限长直螺线管中充满均匀磁介质时的磁化来说明它们之间的关系. 设螺线管内的磁介质圆柱体长为 L,截面积为 S,表面的磁化面电流为 I_s,单位长度上的磁化面电流,即磁化面电流线密度为 j_s,则介质中的总磁矩为

$$\sum \boldsymbol{p}_{\mathrm{m}} + \sum \Delta \boldsymbol{p}_{\mathrm{m}} = I_s \boldsymbol{S}$$

由磁化强度定义式(15—1—7),得

$$M = \frac{I_s S}{\Delta V} = \frac{j_s L S}{L S} = j_s \qquad (15-1-9)$$

可见,介质中某点磁化强度的大小等于磁化面电流的线密度.应该指出,式(15—1—9)只适用于均匀磁介质被均匀磁化的情况.

下面,我们计算磁化强度 $\boldsymbol{M}$ 的环流.如图 15—1—3 所示为一根均匀磁化的圆柱形磁介质棒,磁介质内各点的磁化强度 $\boldsymbol{M}$ 相同,方向与轴线平行.作一长方形闭合回路 $abcd$ 为积分回路 L,其中,ab 边长为 l,平行于轴线并位于磁介质中,cd 边在磁介质外.计算 $\boldsymbol{M}$ 的环流时,由于介质外 $\boldsymbol{M}=0$,da 和 bc 边均垂直于 $\boldsymbol{M}$,故 $\boldsymbol{M}$ 的环流为

$$\oint_L \boldsymbol{M}\cdot \mathrm{d}\boldsymbol{l} = \int_{\overline{ab}} \boldsymbol{M}\cdot \mathrm{d}\boldsymbol{l} = Ml$$

将 $M=j_s$ 代入上式,得

$$\oint_L \boldsymbol{M}\cdot \mathrm{d}\boldsymbol{l} = j_s l = I_s$$

实际上,上述结果是普遍成立的,即磁化强度在闭合回路上的环流,等于穿过闭合回路所包围面积的磁化面电流的代数和.即

$$\oint_L \boldsymbol{M}\cdot \mathrm{d}\boldsymbol{l} = \sum_{L_{内}} I_s \qquad (15-1-10)$$

§15—2 磁介质中的高斯定理和安培环路定理

一、有磁介质时的高斯定理

磁介质受外磁场作用而发生磁化后,磁介质内外的磁场应该是原有的外磁场与磁介质磁化出现的磁化电流产生的附加磁场的共同叠加,即空间各点的磁感应强度 $\boldsymbol{B}$ 应是外磁场 $\boldsymbol{B}_0$ 与附加磁场 $\boldsymbol{B}'$ 的矢量和,为

$$\boldsymbol{B} = \boldsymbol{B}_0 + \boldsymbol{B}' \qquad (15-2-1)$$

由于磁化面电流与传导电流在产生磁场方面是等效的,二者的磁感应线均为闭合曲线,都属于涡旋场.因此,在有磁介质存在时,高斯定理仍成立.即

$$\oint_S \boldsymbol{B}\cdot \mathrm{d}\boldsymbol{S} = 0 \qquad (15-2-2)$$

式(15－2－2)在形式上与式(14－4－1)完全相同，但式(15－2－2)中 $\boldsymbol{B}$ 应理解为外磁场 $\boldsymbol{B}_0$ 和磁化电流产生的附加磁场 $\boldsymbol{B}'$ 的合磁场. 因此，式(15－2－2)就是普遍情况下的恒定磁场的高斯定理.

二、有磁介质时的安培环路定理

若外磁场 $\boldsymbol{B}_0$ 是由传导电流产生，当有磁介质时，磁场中任一点的磁感应强度 $\boldsymbol{B}$ 应由传导电流与磁化电流共同产生. 因而磁场中的安培环路定理可写成

$$\oint_L \boldsymbol{B} \cdot \mathrm{d}\boldsymbol{l} = \mu_0 \sum (I + I_s) \qquad (15-2-3)$$

式(15－2－3)表示，磁感应强度 $\boldsymbol{B}$ 沿任一闭合回路 L 的环流，等于穿过回路所包围面积的传导电流和总磁化电流的代数和的 μ_0 倍. 由于磁化电流 I_s 不能直接测量，需对式(15－2－3)进行变换. 利用式(15－1－10)可将式(15－2－3)改写为

$$\oint_L \boldsymbol{B} \cdot \mathrm{d}\boldsymbol{l} = \mu_0 \left(\sum I + \oint_L \boldsymbol{M} \cdot \mathrm{d}\boldsymbol{l} \right)$$

或

$$\oint_L \left(\frac{\boldsymbol{B}}{\mu_0} - \boldsymbol{M} \right) \cdot \mathrm{d}l = \sum I_0$$

类似电介质中引进电位移矢量 $\boldsymbol{D}$，在此我们定义一个新的物理量磁场强度 $\boldsymbol{H}$，并令

$$\boldsymbol{H} = \frac{\boldsymbol{B}}{\mu_0} - \boldsymbol{M} \qquad (15-2-4)$$

于是，有磁介质存在时的安培环路定理可简洁地写为

$$\oint_L \boldsymbol{H} \cdot \mathrm{d}\boldsymbol{l} = \sum I \qquad (15-2-5)$$

式(15－2－5)表示，**磁场强度 $\boldsymbol{H}$ 沿任一闭合回路的环流，等于闭合回路所包围并穿过的传导电流的代数和**，而与磁介质中磁化电流无关. 它可比较方便地处理磁介质中的磁场问题. 类似电学中引进电位移矢量 $\boldsymbol{D}$ 后，可应用电介质中的高斯定理处理有电介质的静电场问题一样.

在国际单位制中，$\boldsymbol{H}$ 的单位是 $\mathrm{A \cdot m^{-1}}$.

应该指出，式(15－2－4)是磁场强度 $\boldsymbol{H}$ 的定义式，在任何条件

下均适用. 它表示在磁场中任一点处,$\boldsymbol{H}$,$\boldsymbol{M}$,$\boldsymbol{B}$ 三个物理量之间的关系. 实验表明,对各向同性均匀磁介质,磁化强度 $\boldsymbol{M}$ 与介质中同一处磁场强度 $\boldsymbol{H}$ 成正比,即

$$\boldsymbol{M}=\chi_m\boldsymbol{H} \tag{15-2-6}$$

式中,比例系数 χ_m 称为磁介质的磁化率,它的大小仅与磁介质的性质有关,是无单位的纯数. 对顺磁质 $\chi_m>0$,而抗磁质 $\chi_m<0$,但都很小. 将式(15—2—6)代入式(15—2—4),可得

$$\boldsymbol{B}=\mu_0\boldsymbol{H}+\mu_0\boldsymbol{M}=\mu_0(1+\chi_m)\boldsymbol{H}$$

令

$$\mu_r=1+\chi_m \tag{15-2-7}$$

μ_r 称为磁介质的相对磁导率,则可得

$$\boldsymbol{B}=\mu_0\mu_r\boldsymbol{H}=\mu\boldsymbol{H} \tag{15-2-8}$$

对于真空中的磁场,由于 $\boldsymbol{M}=0$,由式(15—2—4)及式(15—2—7)可得$\boldsymbol{B}=\mu_0\boldsymbol{H}$及 $\chi_m=0$,说明真空的相对磁导率 $\mu_r=1$.

对于各向同性均匀磁介质,χ_m 与 μ_r 为恒量. 如介质不均匀,则 χ_m 与 μ_r 还是位置的函数. 至于铁磁质,χ_m 与 μ_r 还是 $\boldsymbol{H}$ 的函数.

对于均匀各向同性磁介质,磁化强度 $\boldsymbol{M}$ 由式(15—2—6)中总磁场强度 $\boldsymbol{H}$ 决定. 而由式(15—2—4)可看出,总磁场强度 $\boldsymbol{H}$ 的分布又与磁化电流 I_s(或磁化强度 $\boldsymbol{M}$)有关,从而形成了一个循环,给我们直接求解磁介质中的磁场带来不便. 所以,在有磁介质(各向同性均匀磁介质)存在时,我们一般是先利用式(15—2—5)求解 $\boldsymbol{H}$ 的分布,再由式(15—2—8)$\boldsymbol{H}$ 与 $\boldsymbol{B}$ 的关系求出 $\boldsymbol{B}$ 的分布. 这样便可避免对磁化电流 I_s 的计算. 当然,这样做的条件是:只有当传导电流和磁介质的分布(乃至磁场分布)具有某些对称性时,才能找到恰当的安培环路,使式(15—1—5)左边积分中的 $\boldsymbol{H}$ 能以标量形式提到积分号外,从而方便地求解 $\boldsymbol{H}$ 和 $\boldsymbol{B}$.

例 15—2—1 如图 15—2—1 所示,一电缆由半径为 R_1 的长直导线和套在外面的内、外半径分别为 R_2 和 R_3 的同轴导体圆筒组成,其间充满相对磁导率为 μ_r 的各向同性非铁磁质. 电流 I 由半径为 R_1 的中心导体流入纸面,由外面圆筒流出纸面. 求磁场分布和紧

贴中心导线的磁介质表面的磁化电流.

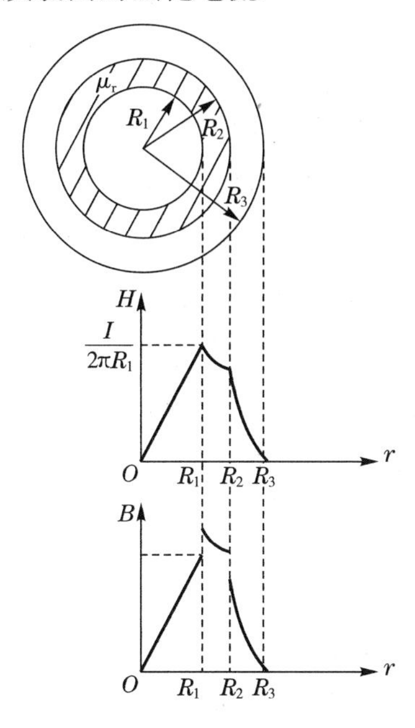

图 15—2—1　载流同轴电缆的磁场分布

解　由于电流分布和磁介质分布具有轴对称性,可知磁场分布也具有轴对称性. $\boldsymbol{H}$ 线和 $\boldsymbol{B}$ 线都在垂直于轴线的平面内,并在以轴线上某点为圆心的同心圆上. 选取距轴线距离 r 为半径的圆为安培环路 L,取顺时针方向为绕行方向,应用磁介质中安培环路定理式(15—2—5),则有

$r<R_1$:
$$\oint_L \boldsymbol{H}_1\cdot \mathrm{d}\boldsymbol{l}=H_1 2\pi r=\frac{I}{\pi R_1^2}\pi r^2$$

$$H_1=\frac{Ir}{2\pi R_1^2},\ B_1=\mu_1 H_1=\frac{\mu_0 Ir}{2\pi R_1^2}$$

$R_1<r<R_2$:
$$\oint_L \boldsymbol{H}_2\cdot \mathrm{d}\boldsymbol{l}=H_2 2\pi r=I$$

$$H_2=\frac{I}{2\pi r},\ B_2=\mu_2 H_2=\frac{\mu_0\mu_r I}{2\pi r}$$

$R_2<r<R_3$:
$$\oint_L \boldsymbol{H}_3\cdot \mathrm{d}\boldsymbol{l}=H_3 2\pi r=I-\frac{I(r^2-R_2^2)}{(R_3^2-R_2^2)}$$

$$H_3=\frac{I}{2\pi r}\frac{R_3^2-r^2}{R_3^2-R_2^2},\ B_3=\mu_3 H_3=\frac{\mu_0 I}{2\pi r}\frac{R_3^2-r^2}{R_3^2-R_2^2}$$

$r > R_3$：　　$\oint_L \boldsymbol{H}_4 \cdot \mathrm{d}\boldsymbol{l} = H_4 2\pi r = 0$

$$H_4 = 0,\ B_4 = \mu_4 H_4 = 0$$

H 和 B 随离轴线距离 r 变化的曲线如图 15－2－1 所示. 为了求出紧贴中心导线的磁介质表面的磁化电流，我们对 $R_1 < r < R_2$ 情况下应用 $\boldsymbol{B}$ 的安培环路定理式(15－2－3)进行求解，即

$$\oint_L \boldsymbol{B}_2 \cdot \mathrm{d}\boldsymbol{l} = B_2 2\pi r = \mu_0 (I + I_s)$$

$$B_2 = \frac{\mu_0 (I + I_s)}{2\pi r}$$

与前面得到的 $B_2 = \frac{\mu_0 \mu_r I}{2\pi r}$ 进行比较，可以得出磁介质内表面上的磁化电流为

$$I_s = (\mu_r - 1) I$$

例 15－2－2　在磁导率 $\mu = 5.0 \times 10^{-4}\ \mathrm{Wb \cdot A^{-1} \cdot m^{-1}}$ 的均匀磁介质圆环上，均匀密绕着线圈，单位长度匝数为 $n = 1000$ 匝·$\mathrm{m^{-1}}$，导线中通有电流 $I = 2.0$ A. 求：

(1)磁场强度 H；

(2)磁感应强度 B；

(3)磁介质的磁化强度 M；

(4)磁化电流密度 j_s.

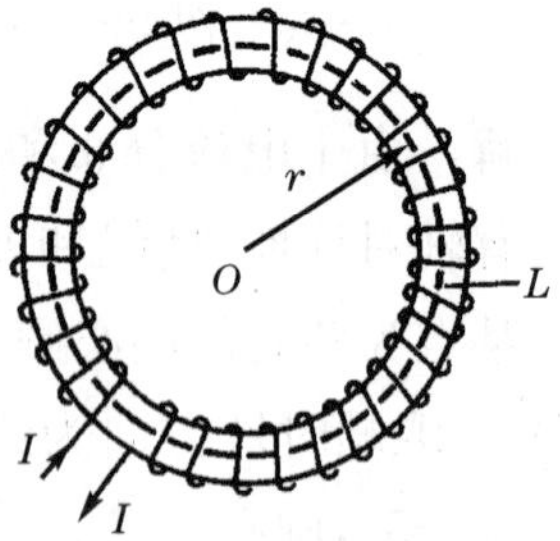

解　(1)如图 15－2－2 所示，密绕螺绕环内有均匀磁介质，可由有磁介质时的安培环路定理求解. 选取以圆环中心为圆心，r 为半径的圆为安培环路 L，则由磁介质中安培环路定理可得

图 15－2－2　密绕螺绕环内的磁场

$$\oint_S \boldsymbol{H} \cdot \mathrm{d}\boldsymbol{l} = H 2\pi r = 2\pi r n I$$

$$H = nI = 1000 \times 2.0 = 2.0 \times 10^3 (\mathrm{A \cdot m^{-1}})$$

(2) $B = \mu H = 5.0 \times 10^{-4} \times 2.0 \times 10^3 = 1\ (\mathrm{T})$

(3)由 $\boldsymbol{H} = \dfrac{\boldsymbol{B}}{\mu_0} - \boldsymbol{M}$ 得

$$M = \frac{B}{\mu_0} - H = \frac{1}{4\pi \times 10^{-7}} - 2.0 \times 10^3 \approx 7.9 \times 10^5 (\mathrm{A \cdot m^{-1}})$$

(4) $j_s = M = 7.9 \times 10^5\ \mathrm{A \cdot m^{-1}}$

*§ 15－3　铁磁质

一、铁磁质的特点

铁、镍、钴等金属及其合金通常称铁磁质，它们的磁性较顺磁质或抗磁质要复杂得多. 主要有如下特点.

(1)能产生非常大的附加磁场 $\boldsymbol{B}'$，甚至是外磁场 $\boldsymbol{B}_0$ 的千百倍，而且同方向.

(2)$\boldsymbol{B}$ 和 $\boldsymbol{H}$ 不是线性关系，而是复杂的函数关系. 相对磁导率 μ_r 可以很大，一般可达 $10^2 \sim 10^4$ 数量级，甚至高达 10^6 以上，但不是常量，μ_r 是磁场强度 $\boldsymbol{H}$ 的函数.

(3)$\boldsymbol{B}$ 的变化落后于 $\boldsymbol{H}$ 的变化，称为磁滞现象，当 $\boldsymbol{H}=0$ 时，有剩磁现象.

(4)各种不同铁磁质各有一临界温度 T_c，当 $T>T_c$ 时，失去铁磁性，成为一般顺磁质. T_c 称为铁磁质的居里点. 如铁的居里点为 1 040 K，钴的居里点为 1423 K，镍的居里点为 631 K 等.

二、铁磁质的起始磁化曲线 磁滞回线

我们以铁磁质为芯制成如图 15－2－2 所示的螺绕环，线圈中通以电流 I，设螺绕环单位长度匝数为 n，则根据有介质时的安培环路定理可求得磁场强度为

$$H=\frac{NI}{2\pi r}$$

如果逐渐改变线圈中电流 I，依次测出铁芯中相应的 H 值和 B 值，并由$\mu=\dfrac{B}{H}$ 算出此时介质中相应的磁导率，就可以画出如图 15－3－1 所示铁磁质的 $\mu-H$ 曲线，称磁导率曲线，图中 μ_i 称起始磁导率，μ_{max}称最大磁导率. 由曲线可以看出，当 H 的值从零开始逐渐增大时，μ(或 μ_r)从某一量值开始随 H 的增大而迅速增加，达到 μ_{max}之后迅速减小. 同时还可画出如图15－3－2所示的 $B-H$ 曲线和磁滞回线. 从图中可以看出，随着 H 的增大，没有磁化过的铁磁质内 B 也非线性地增大，当 H 达到某一值 H_s后，B 不再增大，此时对应的磁感应强度 B_s 称为饱和磁感应强度，曲线 Oa 称为起始磁化曲

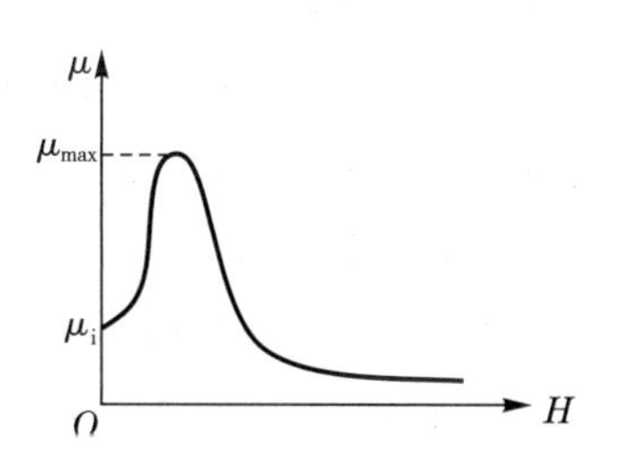

图 15－3－1　铁磁质的 $\mu-H$ 曲线

线. 实验表明,各种铁磁质的起始磁化曲线都是“不可逆的”. 当 H 再减小时,起始磁化曲线绝不会沿原曲线回到 O 点,而当 H 降到零时,铁磁质内仍有剩磁 B_r. 继续反向增加磁场,一直达到 H_c 时,才能使铁磁质退磁,使磁感应强度为零,此时的磁场强度 H_c 称为矫顽力. 再增加反向磁化场,铁磁质内磁感应强度反向增大,直到饱和磁感应强度 B_s. 减小反向磁化场,磁化曲线沿下部曲线上升,直到形成一闭合曲线. 从中可以看出,磁感应强度 B 的变化总是滞后于磁场强度 H 的变化,故称该闭合曲线为磁滞回线.

磁滞回线表明铁磁质中 B 与 H 之间的关系不是线性的,也不是单值的. 设想如果在磁化未达到饱和前就开始减小 H,磁滞回线将如图 15－3－2 中虚线所示. 所以,给定一个 H 值并不能唯一地确定 B 值,B 值的大小与铁磁质磁化的历史有关.

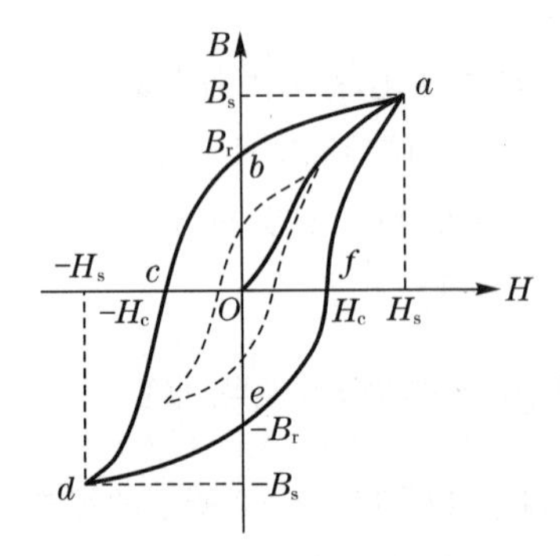

图 15－3－2　起始磁化曲线和磁滞回线

实验还表明,铁磁质反复磁化会使磁介质本身发热,造成能量损耗,称为磁滞损耗. 磁滞损耗的大小与磁滞回线所围面积成正比.

人们常根据铁磁材料矫顽力 H_c 的大小,将铁磁材料主要分成两大类. 纯铁、硅钢、坡莫合金、铁氧体等材料的矫顽力 H_c($<100\ \mathrm{A\cdot m^{-1}}$)很小,因而磁滞回线比较瘦小,如图 15－3－3(a)所示,磁滞损耗也较小,这些材料叫软磁材料,常用于做继电器、变压器和电磁铁的铁芯. 碳钢、钨钢、铝镍钴合金等材料具有较大的矫顽力 H_c($>100\ \mathrm{A\cdot m^{-1}}$),剩磁也大,因而磁滞回线显得胖而大,如图 15－3－3(b)所示,这类材料叫硬磁材料,适宜制作永久磁铁或制作录音机的记录磁带. 此外,还有一类铁磁质叫作矩磁材料,其特点是剩磁很大,接近于饱和磁感应强度 B_s,而矫顽力小,其磁滞回线接近于矩形,如图 15－3－3(c)所示. 当它被外磁场磁化时,总是处于 B_s 或 $-B_s$ 两种不同的剩磁状态. 通常,计算机中采用二进制,只有“0”和“1”两个数码. 因此,可用矩磁材料的两种剩磁状态代表这两个数码,能起到“记忆”和“储存”的作用. 最常用的矩磁材料是锰镁铁氧体和锂锰铁氧体等.

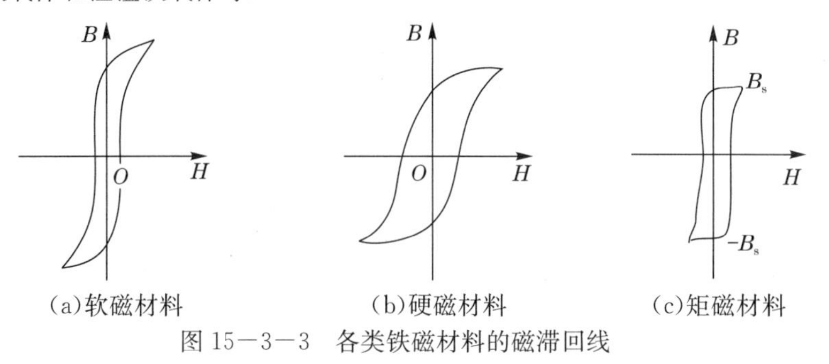

图 15—3—3　各类铁磁材料的磁滞回线

三、磁畴

铁磁质的磁化特性可以用磁畴理论来解释. 根据固体结构理论,铁磁质相邻原子的电子间存在很强的“交换作用”,使得在无外磁场情况下电子自旋磁矩能在微小区域内“自发”整齐地排列,形成具有强磁矩的小区域. 这些小区域体积为 $10^{-9}\sim10^{-5}$ cm^3,可以包含$10^{17}\sim10^{21}$个原子,我们把铁磁质中这些小区域称为磁畴.

在未被磁化的铁磁质中,虽然每一个磁畴内部有确定的自发磁化方向,但各个磁畴的磁化方向如图 15—3—4 所示杂乱无章,因而整个铁磁质对外不显磁性.

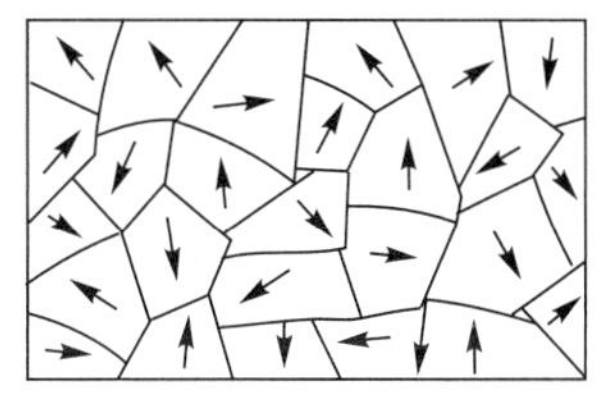

图 15—3—4　未加外磁场磁畴

在外磁场 **H** 中,与 **H** 方向夹角较小的磁畴逐渐扩展自己的范围(称壁移运动),并使自发磁化方向逐渐转向 **H** 方向(磁畴转向). 外磁场较强,所有磁畴都沿 **H** 方向而整齐排列时,将达到磁饱和状态. 此过程可用图 15—3—5 表示.

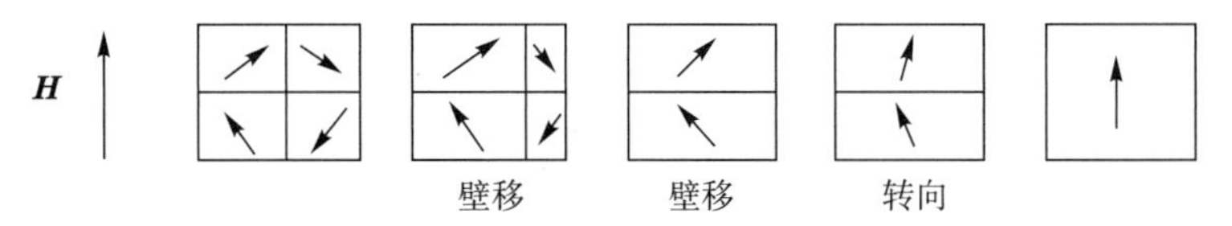

图 15—3—5　某种铁磁质磁化过程示意图

由于介质里的掺杂和内应力,在外磁场去掉后阻碍着磁畴恢复到原来的退磁状态,因而磁畴间存在“摩擦”作用,妨碍磁畴的变化与外磁场的变化同步,这是造成磁滞现象的主要原因. 如果撤去外磁场,磁畴的某些规则排列将被保存下来,使铁磁质保留部分磁性,这就是剩磁. 当温度升高到居里点时,剧烈的热运动将使磁畴全部瓦解,这时铁磁质就成为一般的顺磁质了.

四、磁屏蔽

在许多情况下，需要把磁场屏蔽掉. 如同用导体空腔屏蔽掉外电场那样，用铁磁材料做成的罩壳可以达到磁屏蔽的目的. 这是因为铁磁材料的 μ 值比空气的 μ 值(近似为 μ_0)高很多，按 $B=\mu H$ 知，在铁磁材料内的磁通密度(即 B 值)比周围空气要高得多，因此磁感应线很容易集中在铁磁材料内. 所以把铁磁材料(如坡莫合金或铁铝合金)做成的罩壳放在磁场中，绝大部分磁感应线从铁磁材料内通过，而空腔内几乎没有磁感应线，如图15－3－6所示，从而起到了磁屏蔽的作用. 根据这个原理，为了避免外磁场对示波管或显像管中电子束聚焦的干扰，可用铁磁性材料把这些器件屏蔽起来.

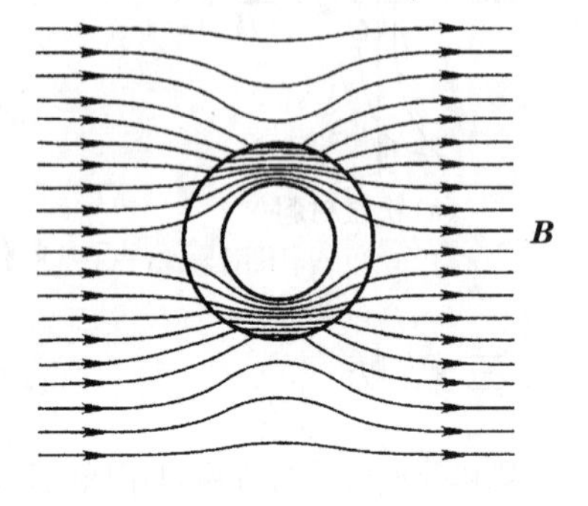

图 15－3－6　磁屏蔽示意图

需要指出的是：

(1)用铁磁材料壳实现的磁屏蔽不如用导体壳实现的静电屏蔽效果好，为了提高磁屏蔽效果，可以加厚屏蔽层，或者使用多层屏蔽壳，因此磁屏蔽效果良好的屏蔽层一般都很重.

(2)上述磁屏蔽的方法不宜用于屏蔽高频磁场.

习题十五

一、选择题

15－1　如图 15－1 所示的三条线分别表示三种不同的磁介质的 $B-H$ 关系. 下列说法中正确的是

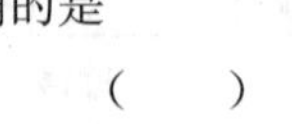
(　　)

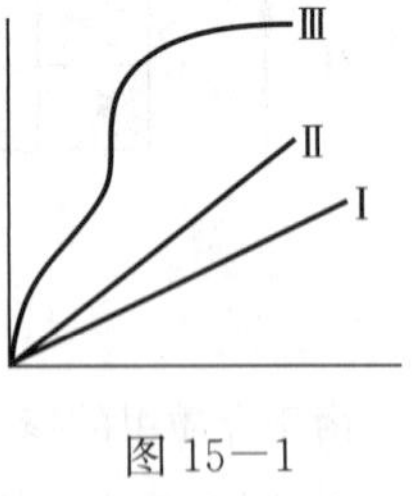

图 15－1

(A)Ⅲ表示抗磁质，Ⅱ表示顺磁质，Ⅰ表示铁磁质

(B)Ⅱ表示抗磁质，Ⅰ表示顺磁质，Ⅲ表示铁磁质

(C)Ⅰ表示抗磁质，Ⅱ表示顺磁质，Ⅲ表示铁磁质

(D)Ⅰ表示抗磁质，Ⅲ表示顺磁质，Ⅱ表示铁磁质

15－2　下列说法中，正确的是　(　　)

(A)磁场强度 $\boldsymbol{H}$ 的安培环路定理 $\oint_L \boldsymbol{H}\cdot \mathrm{d}\boldsymbol{l}=\sum I_{内}$ 表明，若闭合回路 L 内

没有包围传导电流，则回路 L 上各点 $\boldsymbol{H}$ 必为零

(B) $\boldsymbol{H}$ 仅与传导电流有关

(C)对各向同性的非铁磁质，不论抗磁质，还是顺磁质，$\boldsymbol{B}$ 总与 $\boldsymbol{H}$ 同向

(D)对于所有的磁介质 $\boldsymbol{H}=\dfrac{\boldsymbol{B}}{\mu}$ 都成立，其中 μ 均为常数

15－3 用细导线均匀密绕成长为 l、半径为 $a(l\gg a)$、总匝数为 N 的螺线管，通以稳恒电流 I，当管内充满相对磁导率为 μ_r 的均匀介质后，管中任意一点的 (　　)

(A)磁感应强度大小为 $\mu_0\mu_r NI$　　(B)磁感应强度大小为 $\mu_r NI/l$

(C)磁场强度大小为 $\mu_r NI/l$　　(D)磁场强度大小为 NI/l

15－4 一均匀磁化的磁棒长 30 cm，直径为 10 mm，磁化强度为 1200 A・m^{-1}. 它的磁矩为 (　　)

(A)1.13 A・m^2　　(B)2.26 A・m^2

(C)1.12×10^{-2} A・m^2　　(D)2.83×10^{-2} A・m^2

二、填空题

15－5 细螺绕环中心周长为 10 cm，环上均匀密绕线圈 200 匝，线圈中通有 0.1 A 的电流. 若管内充满相对磁导率 $\mu_r=4200$ 的磁介质，则管内的磁感应强度 $|\boldsymbol{B}|=$________，磁场强度 $|\boldsymbol{H}|=$________；其中由导线中电流产生的磁感应强度 $|\boldsymbol{B}_0|=$________，由磁化电流产生的 $|\boldsymbol{B}'|=$________.

15－6 把两种不同的磁介质分别放在磁铁的两个磁极之间，磁化后也成为磁体，但两极的位置不同，如图 15－2 所示. 其中图(a)所示的是________，图(b)所示的是________.

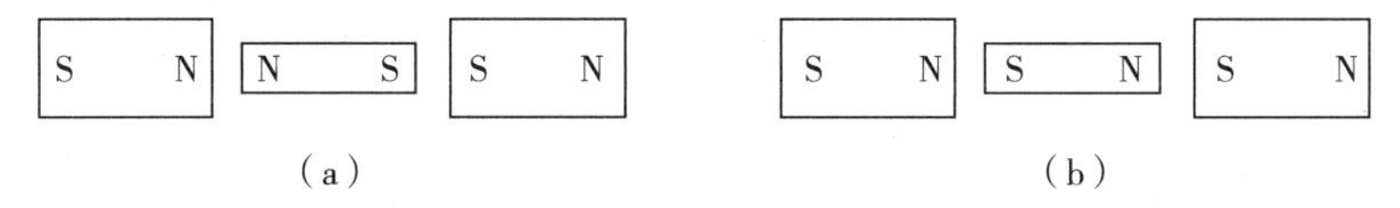

图 15－2

15－7 一介质圆环，各点的磁化强度 $\boldsymbol{M}$ 沿切向，大小相同，如图 15－3 所示. 磁化电流面密度 $j_s=$________，磁化电流产生的磁场 $\boldsymbol{B}'$ 可根据________定律计算，介质环内中心线上的 $\boldsymbol{B}'=$________.

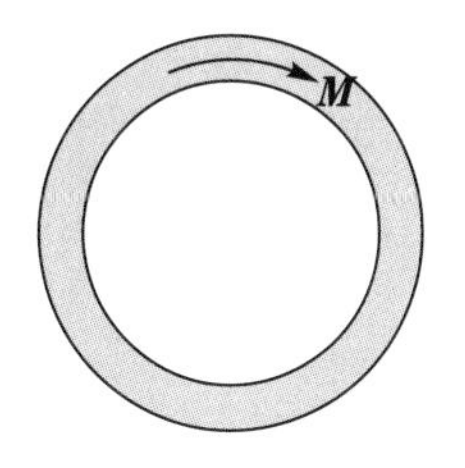

图 15－3

三、计算题

15－8 在生产当中，为了测试某种材料的相对磁导率，常将这种材料做成截面为圆形的圆环形螺线管的芯子. 设环上绕有线圈 200 匝，平均围长为 0.10 m，横截面积为 $5\times10^{-5}\ \mathrm{m}^2$，当

线圈内通有电流 0.1 A 时，用磁通计测得穿过环形螺线管横截面积的磁通量为 6×10^{-5} Wb，试计算该材料的相对磁导率.

15—9 一无限长圆柱形铜线，半径为 R_1，铜线外包有一层圆筒形顺磁质，外半径为 R_2，相对磁导率为 μ_r，导线中通以电流 I，均匀分布在导线横截面上，如图 15—4 所示，试求：

(1)离导线轴线为 r 处的 $\boldsymbol{H}$ 和 $\boldsymbol{B}$ 的大小；

(2)磁介质内、外表面上的磁化电流密度.

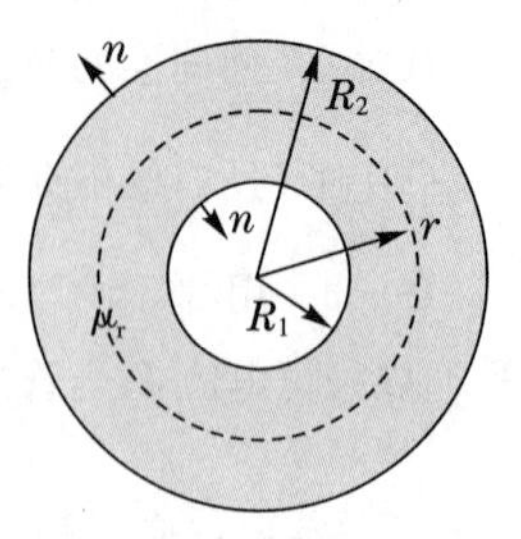

图 15—4

15—10 利用有磁介质时的安培环路定理，计算充满磁介质的螺绕环内的磁感应强度 $\boldsymbol{B}$. 已知磁化场的磁感应强度为 $\boldsymbol{B}_0$，介质的磁化强度为 $\boldsymbol{M}$.

15—11 一个带有很窄缝隙的永磁环，已知其磁化强度为 $\boldsymbol{M}$，方向如图 15—5所示. 试求图中所标各点的 $\boldsymbol{B}$ 和 $\boldsymbol{H}$.

15—12 如图 15—6 所示，相对磁导率为 μ_{r1} 的无限长磁介质圆柱，半径为 R_1，通以电流 I，且电流沿横截面均匀分布. 在磁介质圆柱的外面有半径为 R_2 的无限长同轴圆柱面，该圆柱面上通有大小也为 I 但方向相反的电流，在圆柱面和圆柱体之间充满相对磁导率为 $\mu_{r2}(\mu_{r2}>\mu_{r1})$ 的均匀磁介质，圆柱面外为真空. 试求 $\boldsymbol{B}$ 和 $\boldsymbol{H}$ 的分布，以及在半径为 R_1 的界面上磁化电流 I_s 的大小.

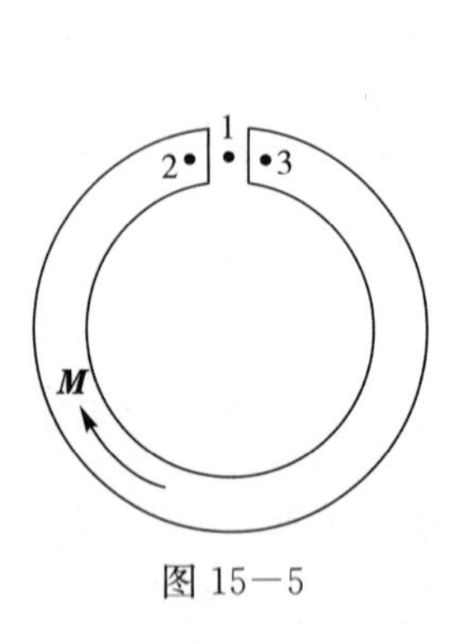

图 15—5

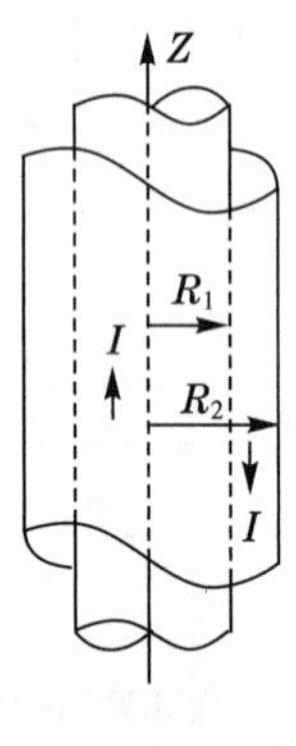

图 15—6

第十六章

电磁感应 电磁场

在前几章中，我们已讨论了静止电荷的电场和恒定电流的磁场. 自从 1820 年奥斯特发现了电流的磁效应，人们自然地联想到：电流可以产生磁场，磁场是否也能产生电流呢？法拉第通过大量实验终于发现，当穿过闭合导体回路中的磁通量发生变化时，回路中就出现电流，这个现象称为电磁感应现象. 电磁感应现象的发现，是电磁学领域中最伟大的成就之一. 电磁感应现象及其规律的发现，标志着电磁学进入全面认识电磁相互联系的新阶段.

本章着重介绍电磁感应的现象、基本概念和定律，磁场的能量及分布规律，麦克斯韦方程组，以认识电与磁之间的联系.

§16－1 电磁感应定律

一、电磁感应现象

1831 年，法拉第首次发现，载流线圈中电流发生变化时，处在附近的闭合回路中有感应电流产生. 下面先回顾发现电磁感应现象的一些典型实验，并由此归纳出电磁感应现象的基本规律.

实验一 当条形磁铁插入或拔出线圈回路时，在线圈回路中会产生电流；而当磁铁与线圈保持相对静止时，回路中不存在电流，如图 16－1－1 所示.

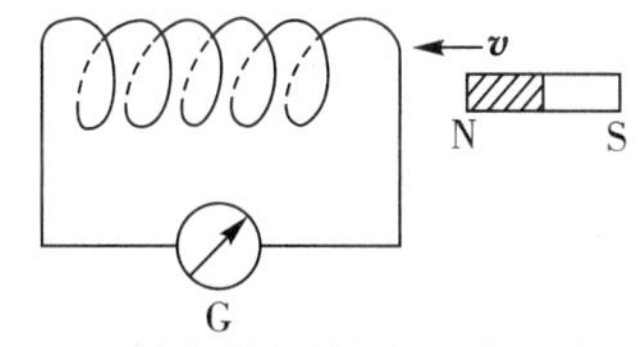

图 16－1－1 磁铁与线圈相对运动时线圈中产生电流

实验二 当闭合回路和载流线圈间没有相对运动,但载流线圈中电流发生变化时,同样可在回路中产生电流,如图16—1—2所示.

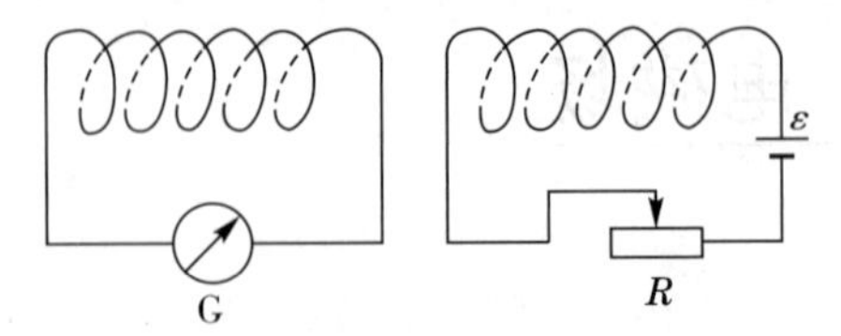

图16—1—2 线圈中电流变化时另一线圈中产生电流

实验三 如图16—1—3所示,将闭合回路置于恒定磁场中,当导体棒在导体轨道上滑行时,回路内出现了电流.

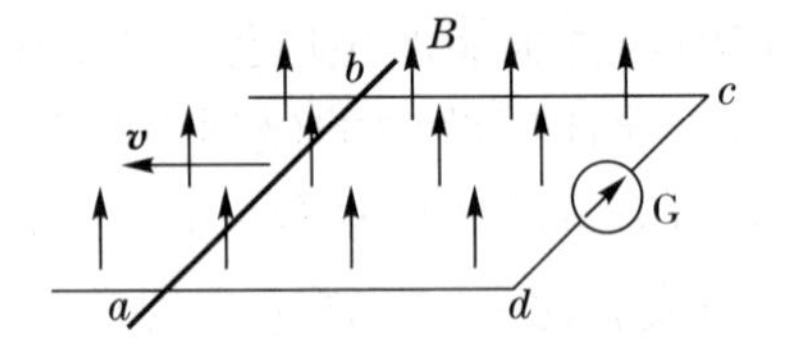

图16—1—3 闭合回路中导体棒在导体轨道上滑行

总结以上几个典型实验,可得如下结论:不管什么原因使穿过闭合导体回路所包围面积内的磁通量发生变化(增加或减少),回路中都会出现电流,这一现象称为电磁感应现象,电磁感应现象中产生的电流称为感应电流.在磁通量增加和减少的两种情况下,回路中感应电流的流向相反.感应电流的大小取决于穿过回路中的磁通量变化的快慢.变化越快,感应电流越大;反之,就越小.

二、楞次定律

感应电流的流向可以用楞次定律来方便地判断.

闭合导体回路中的感应电流,其流向总是企图使它自己激发的磁场穿过回路面积的磁通量,去阻碍或抵偿引起感应电流的磁通量的增加或减少.或者说,回路中感应电流的流向,总是使它自己所激发的磁场反抗任何引起电磁感应的原因(反抗相对运动、磁场变化或线圈变形等),如图16—1—4所示.这个规律叫作楞次定律.大量实验现象证明,楞次定律实质上是能量守恒定律在电磁感应现象中的具体体现.

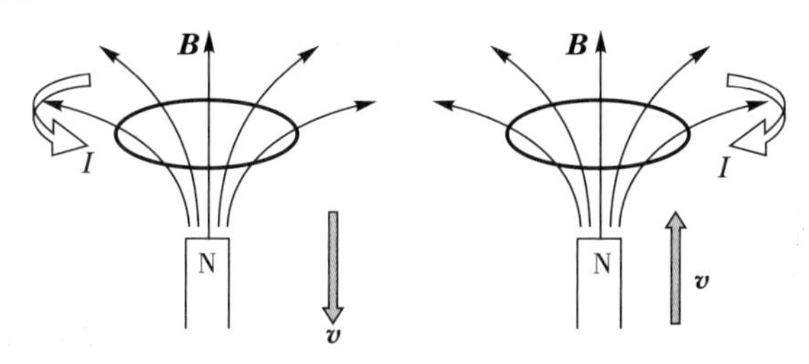

图 16—1—4 感应电流流向的确定

三、法拉第电磁感应定律

由第十四章我们知道,闭合电路中有电流的根本原因是电路中存在电动势.上述电磁感应现象表明,当闭合导体回路所包围面积的磁通量发生变化时,此回路中就出现感应电流,这意味着该回路中必定存在电动势.这种直接由电磁感应现象所引起的电动势叫作感应电动势,记作 $\mathscr{E}_i$.

在任何电磁感应现象中,只要穿过回路的磁通量发生变化,回路中就一定有感应电动势产生.若导体回路是闭合的,感应电动势就会在回路中产生感应电流;若导线回路不是闭合的,回路中仍然有感应电动势,但是不会形成电流.

将法拉第的实验研究结果归纳起来,就得到了法拉第电磁感应定律:不论任何原因,**当穿过闭合导体回路所包围面积的磁通量 $\boldsymbol{\Phi}_m$ 发生变化时,在回路中都会出现感应电动势 $\mathscr{E}_i$,其大小总是与磁通量对时间 t 的变化率$\frac{\mathrm{d}\Phi_m}{\mathrm{d}t}$成正比.**用数学公式可表示为

$$\mathscr{E}_i = k\left|\frac{\mathrm{d}\Phi_m}{\mathrm{d}t}\right|$$

式中,k 是比例系数,在国际单位制中,$\mathscr{E}_i$ 的单位是伏特(V),Φ_m 的单位是韦伯(Wb),t 的单位是秒(s),则有 $k=1$.如果再考虑电动势的“方向”,就得到法拉第电磁感应定律的完整表示形式,即

$$\mathscr{E}_i = -\frac{\mathrm{d}\Phi_m}{\mathrm{d}t} \qquad (16-1-1)$$

对法拉第电磁感应定律,有两点需要说明:

(1)式(16－1－1)是针对单匝回路而言的,如果导体回路是由 N 匝线圈绕制而成的,则式(16－1－1)中的磁通量 Φ_m 就应该用 $\Psi_m=\sum\Phi_{mi}$ 来表示,Ψ_m 是穿过 N 匝线圈的总磁通量,称为全磁通. 当穿过各匝线圈磁通量相等时,N 匝线圈全磁通为 $\Psi_m=N\Phi_m$,称为磁通匝链数,简称磁链. 因此,对 N 匝线圈的感应电动势的计算,应该用表示式

$$\mathscr{E}_i=-\frac{d\Psi_m}{dt} \tag{16－1－2}$$

(2)电磁感应定律中的负号反映了感应电动势的方向与磁通量变化之间的关系,是楞次定律的数学表示,是法拉第电磁感应定律的重要组成部分.

怎样直接由法拉第电磁感应定律确定感应电动势的方向呢?我们先选定回路 L 的绕行方向,如图 16－1－5 所示,规定与绕行方向成右手螺旋关系的磁通量为正,反之为负. 通常选 $\Phi_m>0$ 的绕行方向. 当穿过闭合回路包围面积的磁通量增加$\left(\frac{d\Phi_m}{dt}>0\right)$时,如图 16－1－5(a)所示,感应电动势 $\mathscr{E}_i<0$,这表明此时感应电动势的方向与 L 绕行方向相反. 而当穿过闭合回路包围面积的磁通量减少$\left(\frac{d\Phi_m}{dt}<0\right)$时,如图 16－1－5(b)所示,感应电动势 $\mathscr{E}_i>0$,这表明此时感应电动势的方向和 L 绕行方向相同.

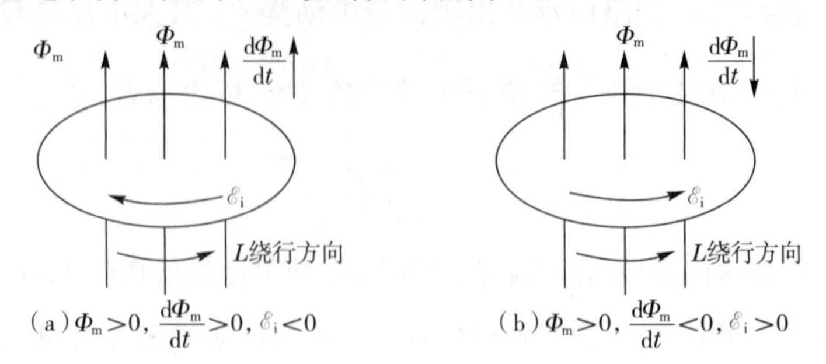

图 16－1－5　感应电动势方向与磁通量变化间关系

因此,如何正确理解和运用式(16－1－2)中的负号来判断感应

电动势的方向，是掌握好法拉第电磁感应定律的一个重要方面.

例 16—1—1 一长直导线通以电流 $i=I_0\sin\omega t$（I_0 为常数）. 旁边有一个边长分别为 l_1 和 l_2 的矩形线圈 $abcd$ 与长直电流共面，ab 边与长直导线的距离为 r. 求线圈中的感应电动势.

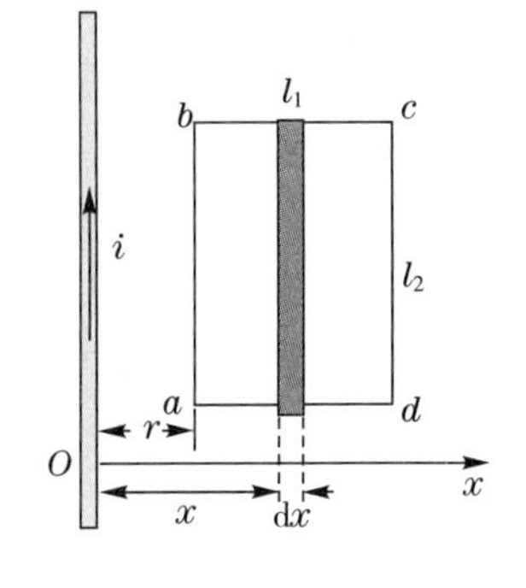

图 16—1—6 例 16—1—1 用图

解 建立坐标系 Ox 如图 16—1—6 所示，通过矩形线圈 $abcd$ 的磁通量为

$$\Phi_{\mathrm{m}}=\int_S \boldsymbol{B}\cdot\mathrm{d}\boldsymbol{S}=\int_r^{r+l_1}\frac{\mu_0 i}{2\pi x}l_2\mathrm{d}x$$

$$=\frac{\mu_0 I_0 l_2}{2\pi}\sin\omega t\ln\frac{r+l_1}{r}$$

$$\mathscr{E}_{\mathrm{i}}=-\frac{\mathrm{d}\Phi}{\mathrm{d}t}=-\frac{\mu_0 I_0}{2\pi}l_2\omega\cos\omega t\ln\frac{r+l_1}{r}$$

当 $0<\omega t<\frac{\pi}{2}$ 时，$\cos\omega t>0$，$\mathscr{E}_{\mathrm{i}}<0$，为逆时针转向；当 $\frac{\pi}{2}<\omega t<\pi$ 时，$\cos\omega t<0$，$\mathscr{E}_{\mathrm{i}}>0$，为顺时针转向.

§16—2 动生电动势和感生电动势

根据法拉第电磁感应定律，只要穿过回路的磁通量发生了变化，在回路中就会有感应电动势产生. 根据磁通量的定义式

$$\Phi_{\mathrm{m}}=\int_S B\cos\theta\mathrm{d}S$$

不难看出，引起磁通量变化的原因不外乎以下两条.

（1）磁场的分布不随时间变化，即 $\boldsymbol{B}$ 不变，但回路相对于磁场有运动，即构成磁通量的 θ，S 在变化. 在这种情况下，由回路面积或面积取向变化而产生的感应电动势，称为动生电动势.

（2）回路在磁场中无相对运动，即回路的位置、形状和大小不变，但是磁场在空间的分布是随时间变化的，即构成磁通量的 θ，S 不变，$\boldsymbol{B}$ 的大小在变. 因为这一原因产生的感应电动势称为感生电动势.

下面,我们将分别讨论这两种电动势.

一、动生电动势

在上一节实验三中指出,将闭合回路置于恒定磁场中,当导体棒在导体轨道上滑行时,回路内出现了电流.这里的电动势就是动生电动势,动生电动势是如何形成的呢?根据电动势的定义式(14—1—6)

$$\mathscr{E}=\frac{A}{q}=\int \boldsymbol{E}_{\mathrm{k}} \cdot \mathrm{d}\boldsymbol{l}$$

关键是搞清楚动生电动势中的非静电力来源于何处.

如图16—2—1所示,导体回路位于均匀磁场$\boldsymbol{B}$中,导线ab以速度v向右运动,导线内部的自由电子也同样在磁场中运动,因此,要受到磁场力作用,即

$$\boldsymbol{F}_{\mathrm{m}}=-e\boldsymbol{v}\times\boldsymbol{B}$$

在力$\boldsymbol{F}_{\mathrm{m}}$作用下电子沿导线向$b$端运动,使$a$端和$b$端出现了等量异号电荷,在直导线$ab$上产生自上而下的静电场$\boldsymbol{E}$.当作用在自由电子上的静电力$\boldsymbol{F}_{\mathrm{e}}=-e\boldsymbol{E}$和$\boldsymbol{F}_{\mathrm{m}}$大小相等时,导体棒中的电动势达到稳定值.也就是说,磁场力是运动导线在磁场中切割磁感应线产生动生电动势的根本原因.

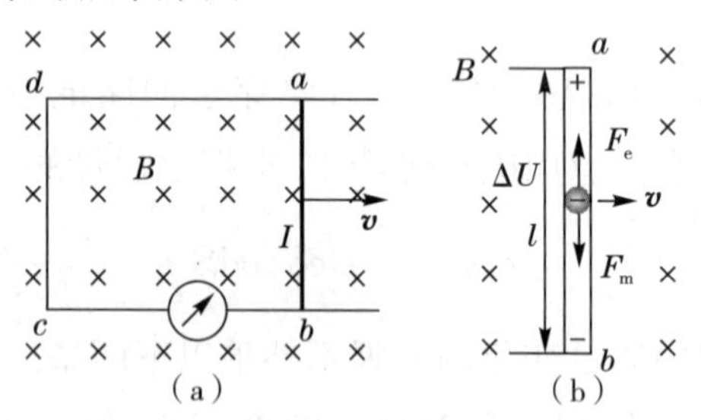

图16—2—1　动生电动势

根据以上分析,形成动生电动势的非静电力即为磁场力$\boldsymbol{F}_{\mathrm{m}}$.所以动生电动势中的非静电性场强$\boldsymbol{E}_{\mathrm{k}}$就是

$$\boldsymbol{E}_{\mathrm{k}}=\frac{\boldsymbol{F}_{\mathrm{m}}}{-e}=\boldsymbol{v}\times\boldsymbol{B}$$

根据电动势的定义式(14—1—7),在磁场中运动导体的动生电

动势可以表示为

$$\mathscr{E}_i = \int_a^b (\boldsymbol{v} \times \boldsymbol{B}) \cdot \mathrm{d}\boldsymbol{l} \qquad (16-2-1)$$

对于非均匀磁场中任意形状的金属导线，以及金属导线上各部分的运动速度不相同时的一般情况，通常可以在导线上取一段以速度 v 运动的导线元 $\mathrm{d}\boldsymbol{l}$，设其所在处的磁场为 $\boldsymbol{B}$，我们可先求得导线元 $\mathrm{d}l$ 上产生的动生电动势为

$$\mathrm{d}\mathscr{E}_i = (\boldsymbol{v} \times \boldsymbol{B}) \cdot \mathrm{d}\boldsymbol{l} \qquad (16-2-2)$$

则整个导线中的电动势便可利用式(16—2—1)的积分式表示.

可能有学生会提出疑问，磁场力对运动电荷不做功，而这里却说动生电动势是由磁场力所产生，两者是否矛盾？应该说磁场力的作用并不是提供能量，而只是传递能量.

在如图 16—2—2 所示中，导体内的电子既具有导体本身的运动速度 $\boldsymbol{v}$，又具有相对于导体的定向运动速度 $\boldsymbol{u}$，正是由于电子具有的后一种运动才形成了感应电流. 电子所受到的总的磁场力为

$$\boldsymbol{F}_m = -e(\boldsymbol{u} + \boldsymbol{v}) \times \boldsymbol{B}$$

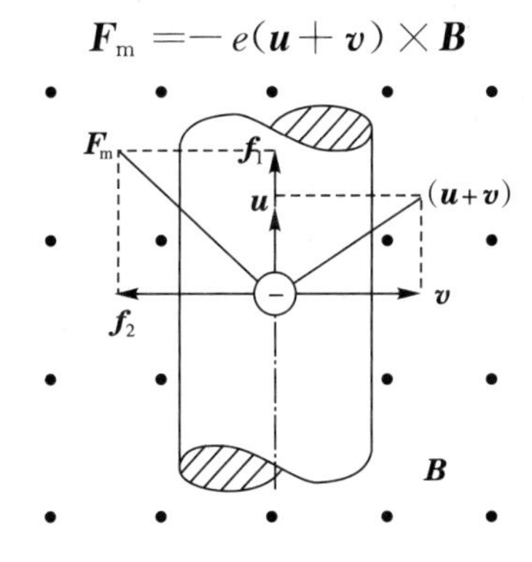

图 16—2—2　总磁场力不做功

由于总的磁场力与合速度$(\boldsymbol{u}+\boldsymbol{v})$垂直，故对电子不做功，而分力为

$$\boldsymbol{f}_1 = -e(\boldsymbol{v} \times \boldsymbol{B})$$

却对电子做功，形成感应电流(或动生电动势). 而另一个分力

$$\boldsymbol{f}_2 = -e(\boldsymbol{u} \times \boldsymbol{B})$$

其方向沿$-\boldsymbol{v}$，它阻碍导体运动，从而做负功，而且可以证明两个分力做功的代数和为零.

由图16—2—2可知,导体受到分力 f_2 作用后,速度必然会逐渐降低,若要保持导体匀速运动,必须要有与分力 f_2 大小相等、方向相反的外力作用于导体,克服 f_2 的阻碍作用而做功. 此时,能量转换关系是:外力克服阻力做正功,输入机械能,再通过另一分力 f_1 转化为感应电流的能量,即把机械能转化为电能. 这就是大家熟知的发电机中的能量转换的基本原理.

动生电动势可以利用式(16—2—1)求解,也可以直接利用上一节中法拉第电磁感应定律式(16—1—1)来求解.

例16—2—1 长为 L 的铜棒 OA,绕其固定端 O 在均匀磁场 B 中以 ω 逆时针转动,铜棒与 $\boldsymbol{B}$ 垂直,求动生电动势 $\mathscr{E}$.

解 [方法一]

如图16—2—3(a)所示,在铜棒 OA 上取线元 $\mathrm{d}\boldsymbol{l}$,其运动速度大小为 $v=\omega l$,方向如图16—2—3(a)所示,$\boldsymbol{v}\times\boldsymbol{B}$ 与 $\mathrm{d}\boldsymbol{l}$ 方向相同,则线元 $\mathrm{d}\boldsymbol{l}$ 产生的动生电动势为

$$\mathrm{d}\mathscr{E}=(\boldsymbol{v}\times\boldsymbol{B})\cdot\mathrm{d}\boldsymbol{l}$$

对线元 $\mathrm{d}\boldsymbol{l}$ 积分得铜棒 OA 产生的动生电动势为

$$\mathscr{E}=\int\mathrm{d}\mathscr{E}=\int_0^L B\omega l\,\mathrm{d}l=\frac{1}{2}B\omega L^2$$

方向由 O 指向 A,O 端带负电,A 端带正电.

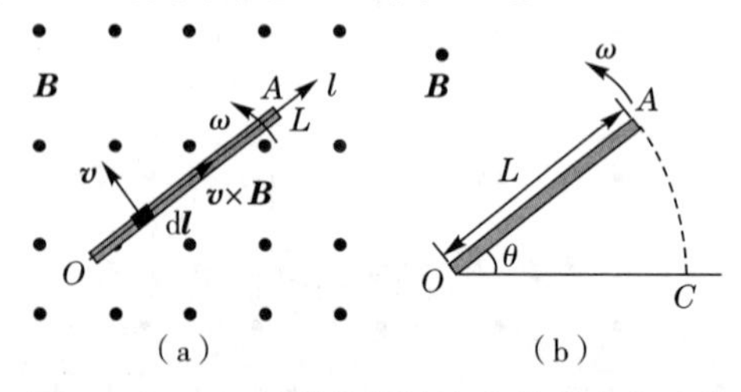

图16—2—3 转动的铜棒产生的动生电动势

[方法二]

如图16—2—3(b)所示,构成扇形闭合回路 $AOCA$,选逆时针绕行方向,则其包围面积的磁通量为

$$\Phi_{\mathrm{m}}=BS_{AOCA}=B\frac{1}{2}L^2\theta$$

由法拉第电磁感应定律式(16—1—1),得

$$\mathscr{E}=-\frac{\mathrm{d}\Phi_{\mathrm{m}}}{\mathrm{d}t}=-\frac{1}{2}BL^2\frac{\mathrm{d}\theta}{\mathrm{d}t}=-\frac{1}{2}BL^2\omega$$

因为 $\mathscr{E}<0$，所以电动势方向与所选绕行方向相反，即电动势方向由 O 指向 A，O 端带负电，A 端带正电. 此结果与方法一结果一致. 亦可由楞次定律判定.

动生电动势的一个重要应用就是交流发电机. 设一形状不变的矩形线圈 $abcd$，面积为 $\boldsymbol{S}$，在匀强磁场中绕固定轴线匀速转动，角速度为 ω，轴线 OO' 与磁感应强度 $\boldsymbol{B}$ 垂直，如图 16—2—4 所示. 设 $t=0$ 时，$\boldsymbol{n}$ 与 $\boldsymbol{B}$ 同向，则 t 时刻两者夹角为 $\theta=\omega t$，穿过闭合线圈的磁通量为

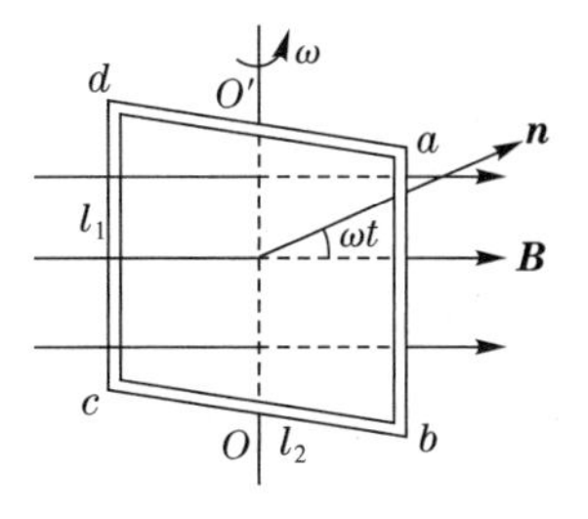

图 16—2—4　转动线圈中的感应电动势

$$\Phi_{\mathrm{m}} = l_1 l_2 B\cos\omega t$$

根据式(16—1—1)，得回路中的感应电动势为

$$\mathscr{E}_{\mathrm{i}} = -\frac{\mathrm{d}\Phi_{\mathrm{m}}}{\mathrm{d}t} = l_1 l_2 B\omega\sin\omega t = SB\omega\sin\omega t$$

该电动势来自于 ab，cd 两边切割磁感线而产生的动生电动势之和(da、bc 因不切割磁感线而不产生动生电动势). 这种随时间按正弦规律变化的电动势称为交变电动势. 相应的回路电流，也将按正弦规律变化，称为交变电流. 变化的周期为 $2\pi/\omega$，频率为 $f=\omega/2\pi$.

二、感生电动势

一个静止的导体或导体回路，当它所在处的磁场发生变化时，穿过它的磁通量也会发生变化. 这时导体或导体回路中也会产生感应电动势，这样产生的电动势称为感生电动势. 这里所说的磁场发生变化，其原因可能是磁场源的运动或通电导线中电流大小的变化.

产生感生电动势的非静电力是什么力呢？显然，由于导体或导体回路静止，它不可能是磁场力. 由于这时的感应电流是由原来静止的电荷受到非静电力作用形成的，而静止电荷受到的力只能是电场力，所以这时的非静电力本质上是电场力，而这种电场是由变化的磁场引起的. 为此，麦克斯韦在 1861 年提出了感生电场，又称涡旋电场. 他认为，问题的实质在于：变化的磁场在闭合导体中激发了一

种电场,这种电场称为感生电场.感生电流的产生就是这一电场作用于导体中自由电荷的结果.他加以推广,认为不管有无导体存在,变化的磁场总是在空间激发电场.我们必须注意到,法拉第建立的电磁感应定律是对导体组成的回路而言的,而从场的观点来看,场的存在并不取决于空间有无导体存在,变化的磁场总是在空间激发电场.因此,不管闭合回路是否由导体构成,也不管闭合回路处在真空还是介质中,麦克斯韦假设都是适用的,这个假设已被近代科学实验所证实.从理论上说,麦克斯韦的“感生电场”假设和另一个“位移电流”假设,都是奠定电磁场理论和指明电磁波存在的理论基础.

若感生电场力 $\boldsymbol{F}_{感}=q\boldsymbol{E}_{感}$ 是形成回路中感生电动势的非静电力,则非静电场强 $\boldsymbol{E}_{\mathrm{k}}=\boldsymbol{E}_{感}$.那么,由于磁场的变化,在导线 ab 上产生的感生电动势为

$$\mathscr{E}_{\mathrm{i}}=\int_{a}^{b}\boldsymbol{E}_{感}\cdot\mathrm{d}\boldsymbol{l} \qquad (16-2-3)$$

而在闭合导体回路 L 上产生的感生电动势为

$$\mathscr{E}_{\mathrm{i}}=\oint_{L}\boldsymbol{E}_{感}\cdot\mathrm{d}\boldsymbol{l} \qquad (16-2-4)$$

根据法拉第电磁感应定律,又可得

$$\mathscr{E}_{\mathrm{i}}=-\frac{\mathrm{d}\Phi}{\mathrm{d}t}=-\frac{\mathrm{d}}{\mathrm{d}t}\int_{S}\boldsymbol{B}\cdot\mathrm{d}\boldsymbol{S} \qquad (16-2-5)$$

由于回路 L 静止,其形状和面积不随时间变化,而一般情况下磁感应强度 $\boldsymbol{B}$ 又是空间位置和时间 t 的函数.故比较式(16—2—4)和式(16—2—5),可得

$$\mathscr{E}_{\mathrm{i}}=\oint_{L}\boldsymbol{E}_{感}\cdot\mathrm{d}\boldsymbol{l}=-\int_{S}\frac{\partial\boldsymbol{B}}{\partial t}\cdot\mathrm{d}\boldsymbol{S} \qquad (16-2-6)$$

它是电磁场的基本方程之一.

式(16—2—6)即为感生电场的环路定理.式中曲面积分的区域 S 是以回路 L 为边界的.当选定了面积的法线方向后,环路的绕向与面积的法向成右手螺旋关系时为正.

三、感生电场

前面曾讲到随时间变化的磁场在空间将激发感生电场,那么感

生电场与静电场有什么相同点和不同点呢？实验表明，无论静电场还是感生电场，都能对场中的电荷施以作用力，这是它们的相同点.所不同的，首先是产生原因不同，静电场是由静止电荷激发的，而感生电场却是由变化的磁场激发的；再则，静电场和感生电场的性质也不同：

(1)静电场是保守场，沿任意闭合回路电场强度的环流恒为零，即$\oint_L \boldsymbol{E}\cdot \mathrm{d}\boldsymbol{l}=0$；而感生电场沿任意闭合回路的环流一般不为零，即$\oint_L \boldsymbol{E}_{\mathrm{k}}\cdot \mathrm{d}\boldsymbol{l}=-\dfrac{\mathrm{d}\Phi}{\mathrm{d}t}$，故感生电场是非保守场或非势场.因此，通常不引入势的概念(注意：对不形成回路的导体棒，由于两端堆积电荷，仍有电势差，但该电势差是由电场力引起的).

(2)静电场的电场线起始于正电荷，终止于负电荷，是有头有尾的.由静电场的高斯定理$\oint_S \boldsymbol{E}\cdot \mathrm{d}\boldsymbol{S}=\dfrac{1}{\varepsilon_0}\sum q_i$，静电场对任意闭合曲面的通量可以不为零，它是有源场；而感生电场的电场线是闭合的，无头无尾的，故感生电场又称涡旋电场.感生电场对任意闭合曲面的通量必然为零，即

$$\oint_S \boldsymbol{E}_{\mathrm{k}}\cdot \mathrm{d}\boldsymbol{S}=0 \qquad (16-2-7)$$

该式就是感生电场的高斯定理，它说明感生电场是无源场.

此外，还需要特别说明：感生电场的环路定理式(16-2-6)既反映了感生电场与变化磁场的方向关系，又反映了它们之间的量值关系.式中，负号表示了感生电场 $\boldsymbol{E}_{感}$ 和变化磁场 $\dfrac{\partial \boldsymbol{B}}{\partial t}$ 成左手螺旋关系，如图 16-2-5 所示.这与用楞次定律判断 $\boldsymbol{E}_{感}$ 的方向仍然是一致的($\boldsymbol{E}_{感}$ 的方向与 $\mathscr{E}_{感}$ 和 $I_{感}$ 是一致的).而当涡旋电场具有某种对称性时，我们还可以通过选取适当的回路，利用式(16-2-6)可以很方便地求出感生电场的场强 $\boldsymbol{E}_{感}$.

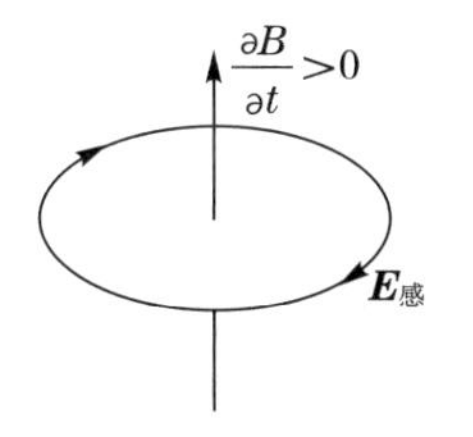

图 16-2-5 $\boldsymbol{E}_{感}$ 与$\dfrac{\partial \boldsymbol{B}}{\partial t}$的方向成左手螺旋关系

四、感生电动势的计算

计算感生电动势的基本方法有两种.

(1)若磁场在空间分布具有对称性,在磁场中导体又不构成闭合回路,可利用式(16—2—6)首先求出空间 $\boldsymbol{E}_{感}$ 的分布,然后再利用式(16—2—3)求出导体上的感生电动势.

(2)若导体为闭合回路,或虽不闭合,但可通过加辅助线构成闭合回路.这时可直接利用法拉第电磁感应定律式(16—1—2)求解.

下面将通过例题来讨论和计算感生电场及感生电动势.

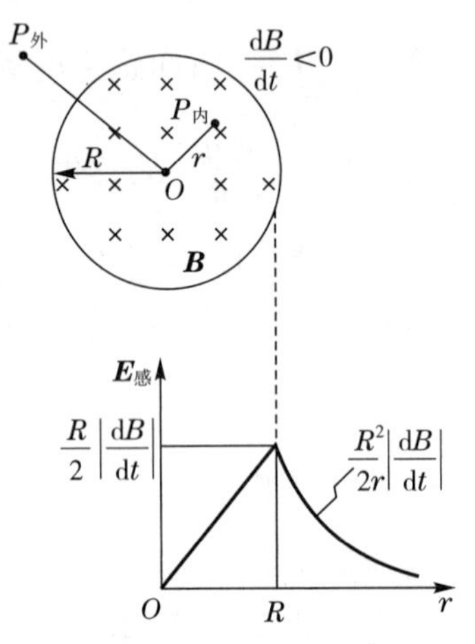

图 16—2—6 感生电场计算

例 16—2—2 如图 16—2—6 所示,有一局限在半径为 R 的圆柱状空间的均匀磁场,方向垂直于纸面向里,磁场的变化率 $\frac{\mathrm{d}B}{\mathrm{d}t}$ 为常数且小于零,求距圆心 O 为 r 处的 P 点($0<r<\infty$)的感生电场场强.

解 根据磁场对称性可知,空间的感生电场也是对称的,即 $\boldsymbol{E}_{感}$ 线应是一系列以 O 为圆心的同心圆.作半径为 r 的圆形回路 L,沿顺时针方向,回路所围面积 S 的法线垂直于纸面向里,分两种情况讨论.

(1)$0<r<R$,P 点在圆柱内.则有

$$\oint_L \boldsymbol{E}_{感}\cdot\mathrm{d}\boldsymbol{l}=-\int_S\frac{\partial\boldsymbol{B}}{\partial t}\cdot\mathrm{d}\boldsymbol{S}$$

即

$$E_{感}\,2\pi r=-\pi r^2\frac{\mathrm{d}B}{\mathrm{d}t},E_{感}=-\frac{r}{2}\frac{\mathrm{d}B}{\mathrm{d}t}$$

$\boldsymbol{E}_{感}>0$,表明 $\boldsymbol{E}_{感}$ 线与回路绕行方向相同,即 $\boldsymbol{E}_{感}$ 线为顺时针.如果用楞次定律判别,可得同样结果.

(2)$r>R$,P 点在圆柱外.此时注意到变化磁场的有效面积只存

在于 R 内，即有

$$E_{感}\,2\pi r = -\pi R^2\frac{\mathrm{d}B}{\mathrm{d}t},\ E_{感} = -\frac{R^2}{2r}\frac{\mathrm{d}B}{\mathrm{d}t}$$

同样，$\boldsymbol{E}_{感}$线的方向也沿顺时针方向. $\boldsymbol{E}_{感}$随 r 的变化关系如图 16—2—6 所示.

例 16—2—3 在半径为 R 的圆柱状空间内存在均匀磁场，且 $\frac{\mathrm{d}B}{\mathrm{d}t}>0$，有一长为 l 的金属棒放在磁场中，位置如图 16—2—7 所示. 求棒两端的感生电动势.

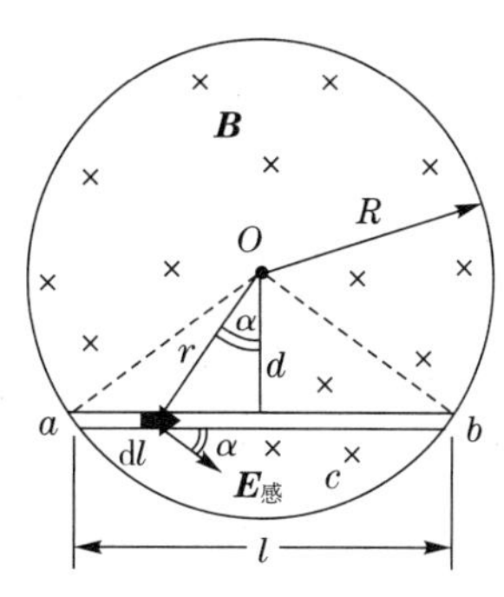

图 16—2—7 金属棒中感生电动势的计算

解 [方法一]

取弓形 $abca$ 为积分回路，绕行方向为顺时针，回路所围面积 S 的法线方向垂直于纸面向里，并设 θ 为三角形 abO 的顶角，则有

$$\oint_{abca}\boldsymbol{E}_{感}\cdot\mathrm{d}\boldsymbol{l} = \int_{ab}\boldsymbol{E}_{感}\cdot\mathrm{d}\boldsymbol{l} + \int_{bca}\boldsymbol{E}_{感}\cdot\mathrm{d}\boldsymbol{l}$$

而

$$\mathscr{E} = \int_{ab}\boldsymbol{E}_{感}\cdot\mathrm{d}\boldsymbol{l} = \oint_{abca}\boldsymbol{E}_{感}\cdot\mathrm{d}\boldsymbol{l} - \int_{bca}\boldsymbol{E}_{感}\cdot\mathrm{d}\boldsymbol{l} = \frac{l}{2}\sqrt{R^2-\left(\frac{l}{2}\right)^2}\frac{\mathrm{d}B}{\mathrm{d}t}$$

方向：从 $a\rightarrow b$，其中

$$\oint_{abca}\boldsymbol{E}_{感}\cdot\mathrm{d}\boldsymbol{l} = -\frac{\mathrm{d}\Phi}{\mathrm{d}t} = -\int_S\frac{\partial\boldsymbol{B}}{\partial t}\cdot\mathrm{d}\boldsymbol{S} = -S_{abca}\frac{\mathrm{d}B}{\mathrm{d}t}$$

$$= -\left[\frac{\theta}{2\pi}\pi R^2 - \frac{l}{2}\sqrt{R^2-\left(\frac{l}{2}\right)^2}\right]\frac{\mathrm{d}B}{\mathrm{d}t}$$

$$\int_{bca}\boldsymbol{E}_{感}\cdot\mathrm{d}\boldsymbol{l} = -\frac{R}{2}\frac{\mathrm{d}B}{\mathrm{d}t}\theta R = -\frac{\theta R^2}{2}\frac{\mathrm{d}B}{\mathrm{d}t}$$

[方法二]

取三角形 $abOa$ 为积分回路，绕行方向为逆时针，回路所围面积 S 的法线方向垂直于纸面向外，则有

$$\mathscr{E}_{ab} = \int_{ab}\boldsymbol{E}_{感}\cdot\mathrm{d}\boldsymbol{l} = \oint_{abOa}\boldsymbol{E}_{感}\cdot\mathrm{d}\boldsymbol{l} - \int_{\overline{bO}}\boldsymbol{E}_{感}\cdot\mathrm{d}\boldsymbol{l} - \int_{\overline{Oa}}\boldsymbol{E}_{感}\cdot\mathrm{d}\boldsymbol{l}$$

$$= -\oint_{abOa}\frac{\partial\boldsymbol{B}}{\partial t}\cdot\mathrm{d}\boldsymbol{S} - 0 - 0 = -\left(-S_{abOa}\frac{\mathrm{d}B}{\mathrm{d}t}\right) = \frac{l}{2}\sqrt{R^2-\left(\frac{l}{2}\right)^2}\frac{\mathrm{d}B}{\mathrm{d}t}$$

[方法三] 直接积分法.

在 ab 上取线元 $\mathrm{d}l$，$E_{感}=\dfrac{r}{2}\dfrac{\mathrm{d}B}{\mathrm{d}t}$，$E_{感}$ 与 $\mathrm{d}\boldsymbol{l}$ 的夹角为 α，则有

$$\mathscr{E}_{ab}=\int_{ab}\boldsymbol{E}_{感}\cdot\mathrm{d}l=\int_{ab}\frac{r}{2}\frac{\mathrm{d}B}{\mathrm{d}t}\cos\alpha\cdot\mathrm{d}l$$

$$=\int_{ab}\frac{\mathrm{d}B}{\mathrm{d}t}\frac{d}{2}\mathrm{d}l=\frac{l}{2}\sqrt{R^2-\left(\frac{l}{2}\right)^2}\frac{\mathrm{d}B}{\mathrm{d}t}$$

其中，弦 ab 的弦心距 $d=r\cos\alpha=\sqrt{R^2-\left(\dfrac{l}{2}\right)^2}$.

例 16－2－4 如图 16－2－8 所示，有一 π 形金属架置于垂直纸面的非均匀的随时间变化的磁场 $B=kx\cos\omega t$ 中，设 $t=0$ 时，其上长为 l 的导线 ab 在 $x=0$ 处开始以恒定速度 $\boldsymbol{v}$ 垂直于 ab 沿 cb 方向滑动，求框架内感应电动势的变化规律.

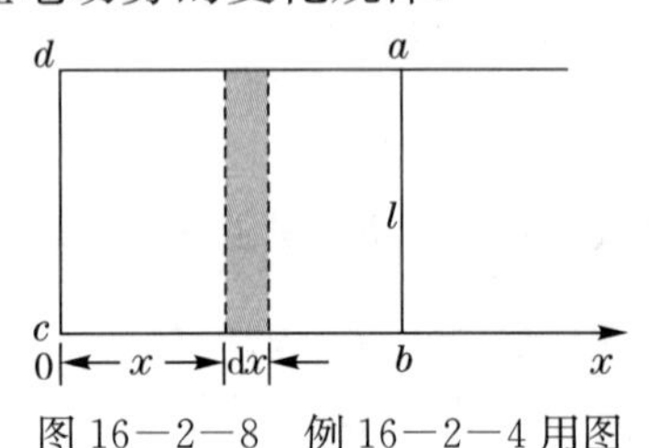

图 16－2－8　例 16－2－4 用图

解 在图 16－2－8 中，取面积元 $\mathrm{d}S=l\mathrm{d}x$，法向与该时刻 $\boldsymbol{B}$ 同向，任意时刻 t 通过 $\mathrm{d}S$ 的磁通量为

$$\mathrm{d}\Phi=\boldsymbol{B}\cdot\mathrm{d}\boldsymbol{S}=B\mathrm{d}S=klx\cos\omega t\,\mathrm{d}x$$

则通过回路 $cbadc$ 所包围面积的总磁通量为

$$\Phi=\int_0^x klx\cos\omega t\,\mathrm{d}x=\frac{1}{2}klx^2\cos\omega t$$

由法拉第电磁感应定律，有

$$\mathscr{E}_{\mathrm{i}}=-\frac{\mathrm{d}\Phi}{\mathrm{d}t}=\frac{1}{2}klx^2\omega\sin\omega t-klx\cos\omega t\,\frac{\mathrm{d}x}{\mathrm{d}t}$$

$$=\frac{1}{2}kl\omega v^2t^2\sin\omega t-klv^2t\cos\omega t$$

式中，$x=vt$，$\dfrac{\mathrm{d}x}{\mathrm{d}t}=v$. 从结果可以看出，金属框架上总的感应电动势，既有动生电动势(第二项)，仅由 ab 段产生；也有感生电动势(第一项)，它出现在整个回路 $abcda$ 中.

*五、电子感应加速器

电子感应加速器是利用涡旋电场(感生电场)加速电子以获得高能的一种装置,它是由美国物理学家克斯特在 1940 年研制成功的.

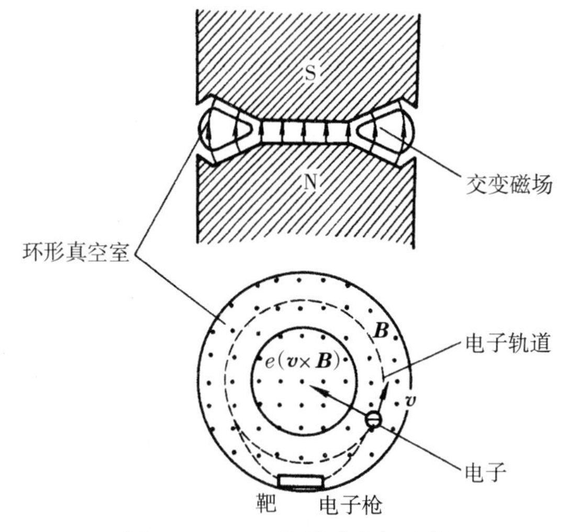

图 16—2—9 电子感应加速器

如图 16—2—9 所示是电子感应加速器的原理图,斜线区域为绕有励磁线圈的圆形电磁铁的两极,在其间隙中安放一个环形真空室. 当励磁线圈通有频率为每秒几十周的交变电流时,电磁铁便在真空室区域内激发随时间变化的交变磁场,使两磁极间任意闭合回路的磁通量发生变化,从而在环形真空室内激发感生电场. 用电子枪将电子沿回路的切线方向注入环形真空室,它们在感生电场的作用下被加速. 此时,电子除受到感生电场力作用外,还要受到磁场对它的洛伦兹力作用. 在洛伦兹力作用下,电子将在环形真空室内沿圆形轨道运动.

在电子感应加速器中,我们必须同时考虑两个基本问题,才能使电子在感应加速器中不断地被加速.

第一个问题是如何使电子在圆形轨道上被加速,而不至于被减速.

如图 16—2—10 所示是磁感应强度随时间按正弦函数规律变化的曲线(因为励磁电流是随时间做正弦变化的). 通过分析,我们知道:在磁感应强度 B 随时间变化的一个完整周期内,若将其分成四个阶段,那么 B 的方向以及其大小变化趋势在这四个阶段中均不相同,因而所引起的感生电场的方向也各不相同. 为使电子在如图 16—2—9 所示的情况下得到加速(电子沿逆时针方向运动),那么感生电场应该是顺时针方向,因此第一个 1/4 周期可用来加速电子. 此外,为了使电子获得一个指向圆形轨道的洛伦兹力,在图示情况下,也只有在第一个 1/4 周期内才能做到. 综合考虑以上两个方面,只有在磁场变化的第一个1/4周期才能实现对电子的加速作用,也就是说,必须在第一个1/4周期结束时将被加速的电子引出轨道射在靶子上.通常,电子束注入真空室时的初速度相当大,在电场还未改变方向之前,电子束已在环内加速绕行了几十万圈.

第二个基本问题是如何使电子稳定在给定的圆形轨道上.

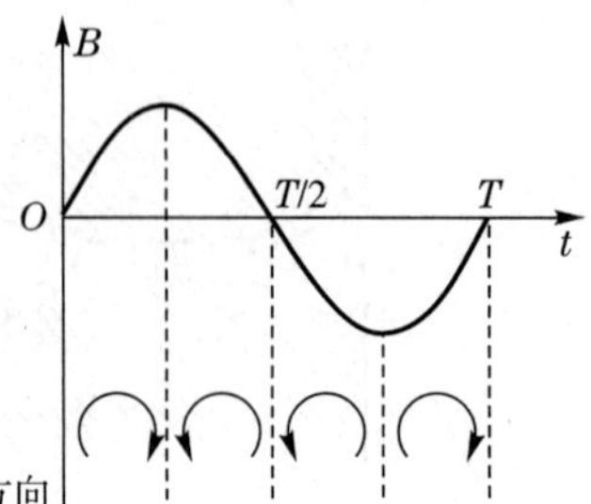

图16—2—10　感应加速器中磁场变化处于不同相位时感生电场的方向

设电子以速率v在半径为R的圆形轨道上运动,电子轨道所在处的磁感应强度为B_R.由洛伦兹力公式和牛顿第二定律,有

$$evB_R=\frac{mv^2}{R}$$

得

$$mv=ReB_R \tag{16-2-8}$$

由上式可知,要使电子沿给定轨道做圆周运动,必须使电子动量随磁感应强度成比例增加.怎样才能实现这个条件呢?

由式(16—2—5)和式(16—2—6)可得感生电场为

$$E=-\frac{1}{2\pi R}\frac{\mathrm{d}\Phi}{\mathrm{d}t}$$

根据牛顿第二定律$\frac{\mathrm{d}(mv)}{\mathrm{d}t}=-eE=\frac{e}{2\pi R}\frac{\mathrm{d}\Phi}{\mathrm{d}t}$,则得

$$\mathrm{d}(mv)=\frac{e}{2\pi R}\mathrm{d}\Phi$$

设开始加速时,$\Phi=0$,电子速率$v=0$,对上式两边积分得

$$mv=\frac{e}{2\pi R}\Phi=\frac{e}{2\pi R}\pi R^2\overline{B}=\frac{1}{2}eR\overline{B} \tag{16-2-9}$$

式中,Φ为穿过电子圆形轨道所包围面积的磁通量,$\overline{B}$为电子圆形轨道内的磁感应强度的平均值.比较式(16—2—8)和式(16—2—9),可得

$$B_R=\frac{1}{2}\overline{B} \tag{16-2-10}$$

或

$$\frac{\mathrm{d}B_R}{\mathrm{d}t}=\frac{1}{2}\frac{\mathrm{d}\overline{B}}{\mathrm{d}t} \tag{16-2-11}$$

式(16－2－11)表明，当真空环形室内电子运动轨道所在处磁场的磁感应强度随时间的增长率为电子运动轨道所包围面积内磁场的平均磁感应强度随时间增长率的一半时，电子能在稳定的圆形轨道上被加速.

用电子感应加速器加速电子不会受相对论效应的限制，但要受到电子因加速运动而辐射能量的限制. 一般小型电子感应加速器可将电子加速到几十万电子伏特，大型的可达数百万电子伏特.

电子感应加速器主要用于核物理研究. 用被加速的电子束轰击各种靶时，可产生穿透力很强的 γ 射线和 X 射线等，供工业上探伤或医学上治疗癌症等方面使用. 电子感应加速器的制成，对麦克斯韦关于感生电场假设的正确性，是一个有力的证明.

*六、涡电流

实际问题中，常遇到大块导体在磁场中运动，或者处于不断变化着的磁场中. 此时导体内部也要产生感应电流，由于这种电流在导体内自成闭合回路，故称涡电流. 在工程实践中，涡电流有时可加以利用，有时则应予以避免.

1. 热效应

导体中的涡电流，由于流经截面大而电阻很小，可达到很大数值，并能释放出大量的焦耳热来. 尤其在交流电路中，涡电流产生的焦耳热将与电流频率的平方成正比. 当使用几千赫兹的交变电流时，可放出巨大的热量，工业上常采用这种高频感应加热法冶炼金属. 例如，在冶金工业中，熔化易氧化或难熔的金属(如钛、钽、铌、钼等)，以及冶炼特种合金材料. 家用电器中电磁灶就是利用涡电流的热效应来加热和烹饪食物的.

涡电流的热效应虽然有着广泛应用，但在有些情况下也有很大弊害. 如变压器铁芯常因涡电流产生热量，既消耗了部分电能，降低电机效率，又易使设备发热甚至烧坏. 如图 16－2－11 所示，通常为减小涡流损耗，一般铁芯采用矽钢片构成，以隔断回路、增大电阻来减小涡流，降低损耗.

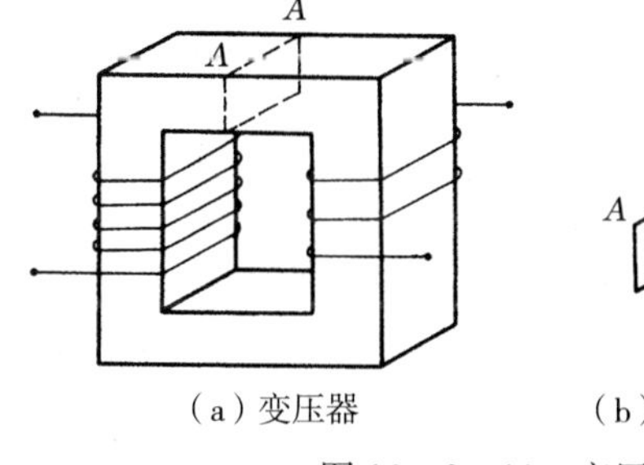

(a) 变压器

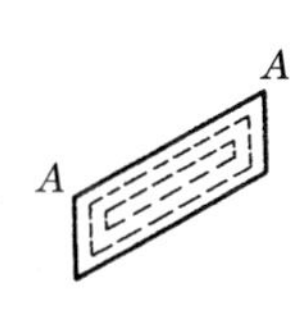

(b) 整块铁芯

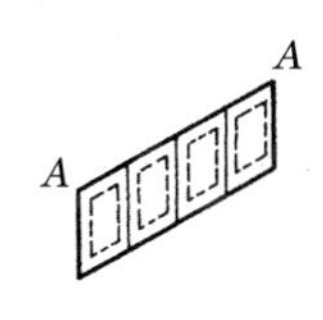

(c) 矽钢片构成的铁芯

图 16－2－11　变压器铁芯中的涡电流

2. 机械效应

根据楞次定律可知,涡电流还有机械效应,这主要表现在电磁阻尼和电磁驱动两个方面.

如图 16—2—12 所示,将一块铜或铝等非铁磁物质制成的金属板悬挂在电磁铁两极之间摆动. 如果电磁铁线圈中不通电,则两极间无磁场,金属摆只受到空气的阻力和转轴处摩擦力作用,摆动不会马上停止. 当电磁铁线圈中通电后,两极间有了磁场,若摆正向着两磁极中运动时,穿过摆表面的磁通量增加,板中产生了图 16—2—12 中虚线所示方向的涡电流,该涡电流在磁场中受安培力作用,其方向正好与摆的运动方向相反,阻碍摆的运动;若摆离开磁场时仍然受到阻碍作用(请读者自证),则摆动很快就停下来. 磁场对金属板的这种效应称为电磁阻尼. 这一现象常在电磁仪表中得到广泛应用.

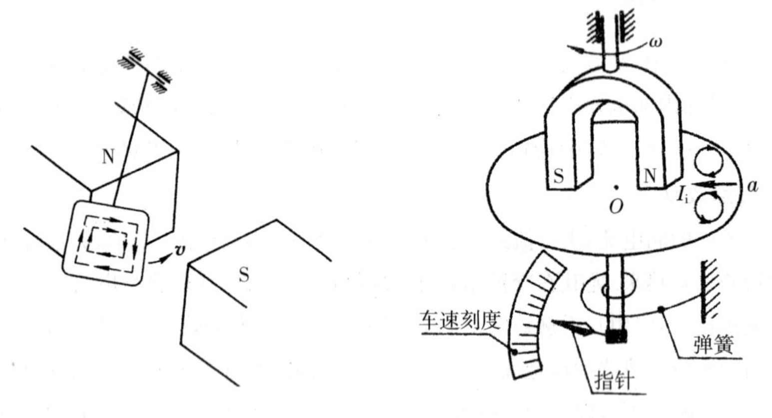

图 16—2—12　阻尼摆　　　　图 16—2—13　磁性式车速表原理图

如图 16—2—13 所示为磁性式车速表原理图,它反映了涡电流的电磁驱动效应. 当连接汽车发动机转轴的蹄形磁铁转动时,紧贴(不接触)蹄形磁铁对称放置的圆形金属板上,其 Oa 连线两侧金属板的磁通量必然一部分增加,一部分减少,最后产生沿 aO 方向流动的涡电流. 该涡电流在磁场中受到安培力作用,必然随蹄形磁铁同步转动,其产生的扭力矩与弹簧平衡后,指针便反映了当时汽车发动机转轴的转速. 这种由于电磁感应产生的涡电流驱动圆形金属板随蹄形磁铁一起转动的现象,称为电磁驱动.

3. 趋肤效应

在直流电路中,导线截面内的电流密度基本上是均匀的,但在交流电路中,随着频率的增大,由于涡电流的出现,会使电流趋向导线表面,这一现象称为趋肤效应.

产生趋肤效应的原因是涡电流. 当一根导线通过电流 I_0 时,在它周围产生

环形磁场 $\boldsymbol{B}_0$，随着 I_0 变化，$\boldsymbol{B}_0$ 也跟着变化. 变化的磁场在导线内产生涡电流 I_1，如图16—2—14所示为电流 I_0 增大时的情况，此时感应电动势要阻碍磁通量的增加，故产生的涡电流 I_1 的方向如图所示. 而要仔细地分析该问题，尚需考虑涡流 I_1 和原来电流 I_0 的相位关系，才能得出严格的定量关系. 但实验表明，在一个周期内的大部分时间里，轴线附近的 I_1 和 I_0 方向总是相反，而表面附近 I_1 和 I_0 方向相同. 显然，由于趋肤效应使载流导线的有效截面减小，从而使等效电阻增加. 为了改善这种情况，常在导线表面上镀银以减少电阻，或用彼此绝缘的许多细导线集束来代替单一粗导线. 这样可以增加导线的表面积，增大导线载流的有效截面.

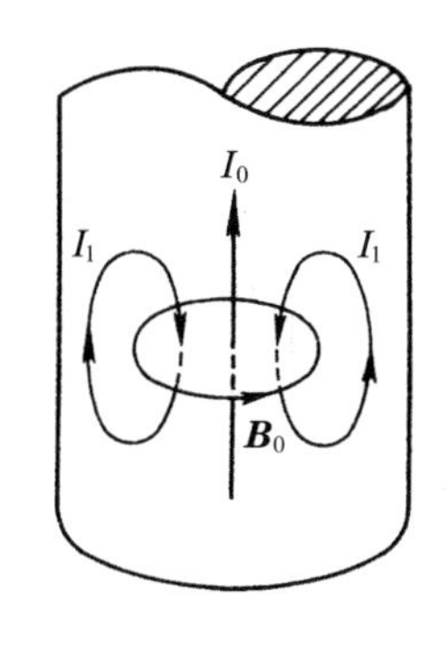

图 16—2—14　趋肤效应

§16—3　自感和互感

一、自感

当线圈中的电流发生变化时，它所激发的磁场穿过该线圈自身的磁通量也随之变化，从而在该线圈内自身产生感应电动势的现象，称为自感现象，这样产生的感应电动势，称之为自感电动势，通常用 $\mathscr{E}_L$ 来表示.

设闭合回路中的电流强度为 I，根据毕奥—萨伐尔定律，空间任意一点的磁感应强度 B 的大小都和回路中的电流强度 I 成正比，因此穿过该回路所包围面积内的全磁通 Ψ_{m} 也和 I 成正比，即

$$\Psi_{\mathrm{m}} = LI \qquad (16-3-1)$$

比例系数 L 叫作回路的自感系数，简称**自感**. 自感系数 L 的单位为H，称为亨利，简称亨. 1 H=1 Wb/A. 从式(16—3—1)可见，某回路的自感系数 L 在数值上等于该回路中的电流强度为 1 安培时，穿过该回路所包围面积的磁通量. 自感系数与回路电流的大小无关，决定线圈回路自感系数的因素是线圈回路的几何形状、大小及周围介质的磁导率. 自感系数表征了回路本身的一种电磁属性. 按法拉第

电磁感应定律，回路中所产生的自感电动势为

$$\mathscr{E}_L=-\frac{\mathrm{d}\Psi_{\mathrm{m}}}{\mathrm{d}t}=-\frac{\mathrm{d}(LI)}{\mathrm{d}t}=-(L\frac{\mathrm{d}I}{\mathrm{d}t}+I\frac{\mathrm{d}L}{\mathrm{d}t})$$

式中，第一项代表电流变化产生的自感电动势，第二项代表因回路几何形状、大小、位置和磁介质种类及分布的变化产生的自感电动势，若 L 不随时间变化，则 $\frac{\mathrm{d}L}{\mathrm{d}t}=0$，有

$$\mathscr{E}_L=-L\frac{\mathrm{d}I}{\mathrm{d}t} \tag{16-3-2}$$

式中，负号表示：当回路中电流增加时，$\mathscr{E}_L<0$，即 $\mathscr{E}_L$ 与 I 的方向相反；反之，当电流减小时，$\mathscr{E}_L>0$，即 $\mathscr{E}_L$ 与 I 的方向相同. 由此可见，$\mathscr{E}_L$ 总要阻碍回路本身电流的变化. 而且，回路的自感系数 L 越大，回路中的电流越不易改变，回路的这一性质与力学中物体的惯性有些相似，所以可认为自感系数 L 是回路电磁惯性的量度.

我们可以用下述两个实验的对比来观察自感现象. 在如图 16－3－1(a)所示的直流电路中，只串接了一个白炽灯泡 R. 在如图 16－3－1(b)所示的直流电路中，还多串接了一个自感系数 L 较大的线圈，这一电路称为 $L-R$ 电路. 通过按下和打开电键，可以看到灯泡明、暗的变化，以及电流计 G 的指针所显示的回路电流的变化.

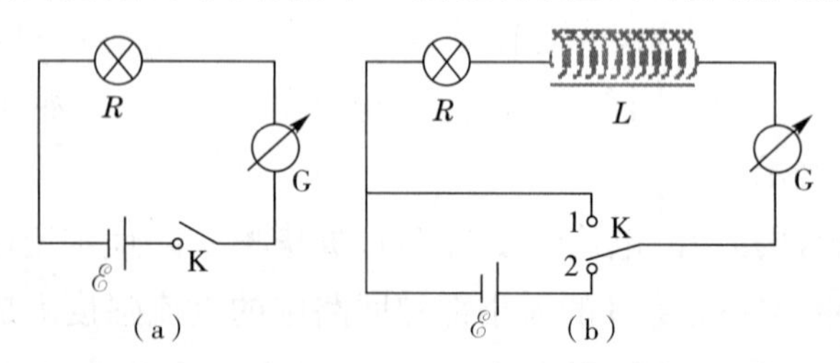

图 16－3－1　自感现象

如图 16－3－1(a)所示的电路，按下电键，白炽灯泡 R 瞬息间即达到最大亮度，断开电键，白炽灯泡 R 立即熄灭. 而对于如图 16－3－1(b)所示的电路，由于自感电动势的存在，当接通电源时，电流由零增到稳定值要有一个过程；同样，切断电源时，电流由稳定值衰减到零，亦需一个过程. 因此灯泡的亮度有一个渐变的过程.

二、自感现象的应用和防止

在许多电器设备中，常利用线圈的自感起稳定电流的作用. 例如，日光灯的镇流器就是一个带有铁芯的自感线圈. 此外，在电工设备中，常利用自感作用制成自耦变压器或扼流圈. 在电子技术中，利用自感器和电容器可以组成谐振电路或滤波电路等.

另一方面，通常在具有相当大的自感和通有较大电流的电路中，扳断开关的瞬间，在开关处将发生强大的火花，产生弧光放电现象，亦称电弧. 电弧发生时产生的高温，可用来冶炼、熔化、焊接和切割熔点高的金属，温度可达 2 000℃以上. 但也有破坏开关、引起火灾的危险. 因此，通常都用油开关，即把开关放在绝缘性能良好的油里，以防止发生电弧.

在实际问题中，线圈的自感系数往往需要根据式(16—3—2)，通过实验来测定，但在有些较简单的情况下，也可以利用式(16—3—1)进行计算，一般步骤为：

(1)设线圈中通有电流 I；

(2)确定电流 I 在线圈中产生的磁场及其分布；

(3)求通过线圈的全磁通.

(4)由$\frac{\Psi_m}{I}$求得.

例 16—3—1 如图 16—3—2 所示，长为 l 的螺线管，横断面为 S，线圈总匝数为 N，管中磁介质的磁导率为 μ. 求自感系数 L.

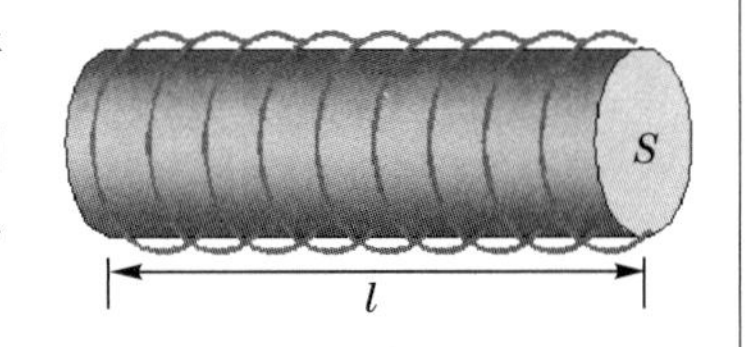

图 16—3—2 螺线管的自感

解 螺线管中磁场为

$$B=\mu\frac{N}{l}I$$

则全磁通为

$$\Psi_m=NBS=\mu\frac{N^2}{L}IS$$

由公式(16—3—1)，得

$$L=\frac{\Psi_m}{I}=\mu\frac{N^2}{l}S=\mu\frac{N^2}{l^2}lS$$

线圈的体积为$V=Sl$,单位长度上线圈匝数为$n=N/l$.因此

$$L=\mu n^2 V$$

三、互 感

设有两个邻近的导体回路1和2,分别通有电流I_1和I_2,如图16—3—3所示.I_1激发磁场,该磁场的一部分磁感线要穿过回路2所包围的面积,用磁通量Φ_{21}表示.当回路1中的电流I_1发生变化时,Φ_{21}也要变化,因而在回路2内激起感应电动势$\mathscr{E}_{21}$;同样,回路2中的电流I_2变化时,它也使穿过回路1所包围面积的磁通量Φ_{12}变化,因而在回路1中也激起感应电动势$\mathscr{E}_{12}$.

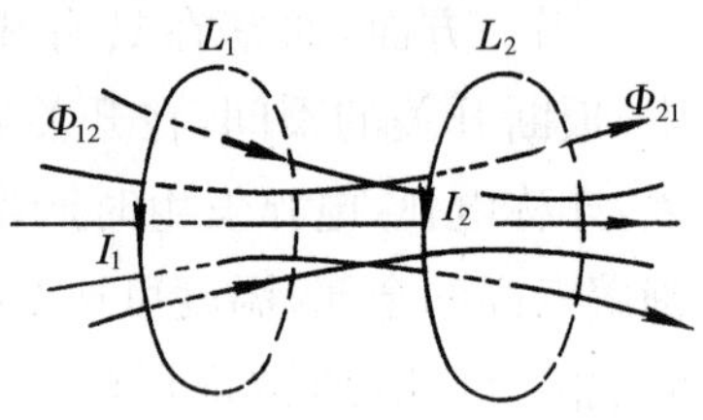

图16—3—3 互感现象

上述两个载流回路相互激起感应电动势的现象,称为**互感现象**.

假设上面两个回路的形状、大小、匝数、相对位置和周围磁介质的磁导率都不改变,根据毕奥—萨伐尔定律,由I_1在空间任何一点激发的磁感应强度都与I_1成正比,相应地,穿过回路2的全磁通Ψ_{21}也必然与I_1成正比,即

$$\Psi_{21}=N_2\Phi_{21}=M_{21}I_1$$

同理,有

$$\Psi_{12}=N_1\Phi_{12}=M_{12}I_2$$

式中,M_{21}和M_{12}是两个比例系数,它们只和两个回路的形状、大小、匝数、相对位置及其周围磁介质的磁导率有关.理论和实践都证明,在两线圈的形状、大小、匝数、相对位置以及周围的磁介质都保持不变时,$M_{12}=M_{21}=M$,M称为两回路的互感系数,简称互感.

$$M=\Psi_{21}/I_1=\Psi_{12}/I_2 \qquad (16-3-3)$$

由式(16—3—3)可知,两个导体回路的互感在数值上等于其中一个回路中的电流强度为1单位时,穿过另一个回路所包围面积的磁通量.在国际单位制中,互感系数的单位与自感相同,都是H(亨利).互感系数的计算一般很复杂,常用实验方法来测定.

应用法拉第电磁感应定律，可以计算由互感产生的电动势，即为

$$\mathscr{E}_{21}=-M\frac{\mathrm{d}I_1}{\mathrm{d}t},\quad \mathscr{E}_{12}=-M\frac{\mathrm{d}I_2}{\mathrm{d}t} \qquad (16-3-4)$$

由式(16—3—4)可以看出，当一个回路中的电流随时间的变化率一定时，互感系数越大，通过互感在另一回路中引起的互感电动势也越大. 反之，则互感电动势越小. 所以说，互感系数 M 是表明耦合回路互感强弱的物理量.

四、互感的应用和防止

互感在电工和电子技术中应用很广泛. 通过互感线圈可以使能量或信号由一个线圈方便地传递到另一个线圈，利用互感现象的原理可制成变压器、感应圈等. 但在有些情况中，互感也有害处. 例如，有线电话由于两路电话线之间的互感而有可能造成串音；收录机、电视机及电子设备中也会由于导线或部件间的互感而妨害正常工作. 这些互感的干扰都要设法尽量避免.

例 16—3—2 如图 16—3—4 所示，有两个长度均为 l，半径分别为 r_1 和 r_2（且 $r_1<r_2$），匝数分别为 N_1 和 N_2 的同轴长直密绕螺线管. 试计算它们的互感.

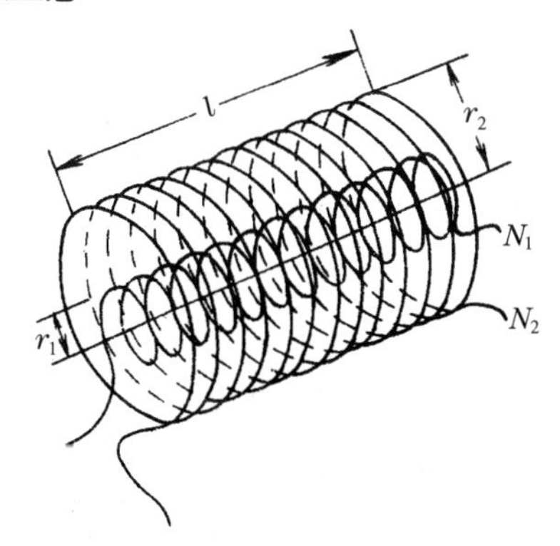

图 16—3—4　两同轴长直密绕螺线管的互感

分析　从题意知，这两个同轴直螺线管是半径不等的密绕螺线管，而且它们的形状、大小、磁介质和相对位置均固定不变. 因此，我们可以先设想在某一线圈中通以电流 I，再求出穿过另一线圈的全磁通 Ψ，然后按互感的定义式 $M=\Psi/I$，求出它们的互感.

解 设有电流 I_1 通过半径为 r_1 的螺线管,此螺线管内磁感应强度为

$$B_1 = \mu_0 \frac{N_1}{l} I_1 = \mu_0 n_1 I_1$$

应当注意,考虑到螺线管是密绕的,所以在两螺线管之间的区域内的磁感应强度为零.于是,穿过半径为 r_2 的螺线管的全磁通

$$N_2 \Phi_{21} = N_2 B_1 (\pi r_1^2) = n_2 l B_1 (\pi r_1^2) = \mu_0 n_1 n_2 l (\pi r_1^2) I_1$$

由式(16—3—3),可得互感为

$$M_{21} = \frac{N_2 \Phi_{21}}{I_1} = \mu_0 n_1 n_2 l (\pi r_1^2) \qquad (16-3-5\text{a})$$

我们还可以设电流 I_2 通过半径为 r_2 的螺线管,从而计算互感 M_{12}.当电流 I_2 通过半径为 r_2 的螺线管时,在此螺线管内的磁感应强度为

$$B_2 = \mu_0 \frac{N_2}{l} I_2 = \mu_0 n_2 I_2$$

而穿过半径为 r_1 的螺线管的磁通匝数为

$$N_1 \Phi_{12} = N_1 B_2 (\pi r_1^2) = \mu_0 n_1 n_2 l (\pi r_1^2) I_2$$

同样,由式(16—3—3)得

$$M_{12} = \frac{N_1 \Phi_{12}}{I_2} = \mu_0 n_1 n_2 l (\pi r_1^2) \qquad (16-3-5\text{b})$$

从式(16—3—5a)和式(16—3—5b)可以看出,不仅 $M_{21}=M_{12}=M$,而且对两个大小、形状、磁介质和相对位置给定的同轴密绕长直螺线管来说,它们的互感是确定的.

五、感应圈

利用上例中两同轴长直密绕螺线管可制成工业和实验室中常用的感应圈.它是利用互感原理,实现由低压直流电源获得高电压的一种装置.它的主要结构如图 16—3—5 所示.在一些硅钢片叠成的长直铁芯上,绕有两个线圈.初级线圈的匝数 N_1 较少,它经断

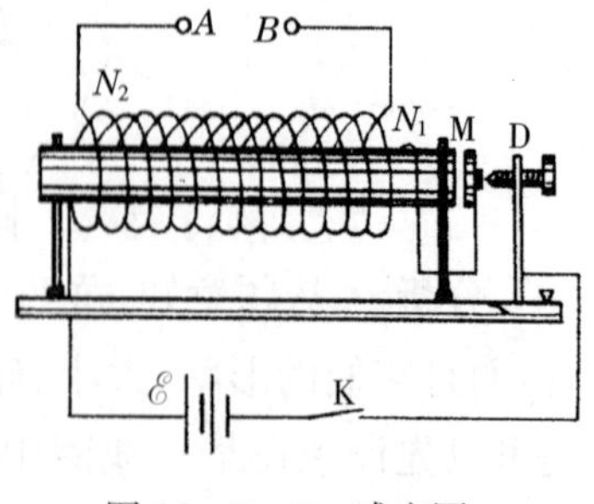

图 16—3—5 感应圈

续器(M,D)、电键 K 和低压直流电源 $\mathscr{E}$ 相连接. 在初级线圈的外面套有一个用绝缘很好的导线绕成的次级线圈,其匝数 N_2 比初级线圈的匝数 N_1 大得多,即 $N_2 \gg N_1$.

闭合电键 K,初级线圈内就有电流通过. 这时,铁芯因被磁化而吸引小铁锤 M. 使之与螺钉 D 分离,于是电路被切断. 电路一旦被切断,铁芯的磁性就消失. 这时,小铁锤 M 在弹簧片的弹力作用下又重新和螺钉 D 相接触,于是电路又被接通. 这样,由于断续器的作用,初级线圈电路的接通和断开将自动地反复进行. 随着初级线圈电路的不断接通和断开,初级线圈中的电流也不断地变化,这样,通过互感,次级线圈中就产生了感应电动势. 由于次级线圈的匝数比初级线圈的匝数多得多,所以在次级线圈中能获得高达几万伏的电压. 这样高的电压,可以使 A,B 间产生火花放电现象. 汽油发动机的点火器,就是一个感应圈,它所产生的高压放电火花,能把混合气体点燃.

§16—4　磁场的能量

一、自感磁能

在一个含有线圈和电阻的简单电路中(如图 16—4—1 所示),通过实验会发现,在闭合和断开电键 K 的短暂时间内,电路中出现变化的电流,线圈中会产生自感电动势. 当电键 K 闭合时,线圈与电源接通,电流由零逐渐增大,线圈中自感电动势方向与电源电动势的方向相反,在线圈中起着阻碍电流增大的作用. 可见,电源在建立电流的过程中,不仅要为电路产生焦耳热提供能量,还要克服自感电动势而做功,所做的功转换为磁场的能量而储存起来. 载流线圈便是储存磁能的器件.

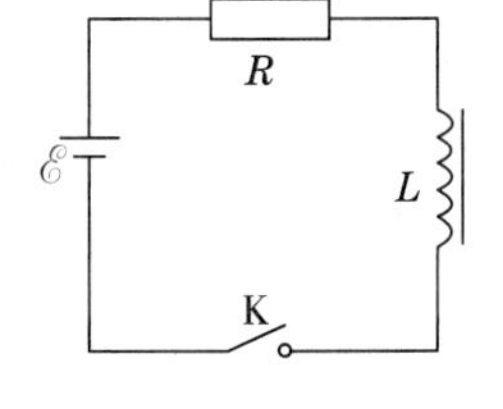

图 16—4—1　RL 电路

显然,线圈中通有恒定电流 I 时储存的磁场能量,应等于电流从零增加至稳定值 I 的过程中,外电源反抗自感电动势所做的功. $\mathrm{d}t$

时间内电源克服自感电动势做功为

$$\mathrm{d}A=-\mathscr{E}_L\mathrm{d}q=-\mathscr{E}_L i\mathrm{d}t=Li\mathrm{d}i$$

用 W_m 表示磁场能量,则有

$$W_\mathrm{m}=\int_0^I Li\mathrm{d}i=\frac{1}{2}LI^2 \qquad (16-4-1)$$

载流线圈中的磁场能量通常又称为**自感磁能**. 从公式(16—4—1)中可以看出:在电流相同的情况下,自感系数 L 越大的线圈,回路储存的磁场能量越大.

二、磁场的能量

磁场的能量与电场能量一样,也是定域在场中的,所以也可以用场量表示,并可引入磁场能量密度. 下面,我们以均匀密绕的细螺绕环为例,导出磁场能量密度公式.

设细螺绕环通有电流 I 时,它内部的磁感应强度为 $B=\mu nI$. 细螺绕环的自感系数为 $L=\mu n^2V$. 这样,磁场能量公式(16—4—1)可改写为

$$W_\mathrm{m}=\frac{1}{2}LI^2=\frac{1}{2}(\mu n^2V)\left(\frac{B}{\mu n}\right)^2=\frac{B^2}{2\mu}V \qquad (16-4-2)$$

由于螺绕环内部是均匀磁场,于是,磁场中单位体积的能量——能量密度 w_m 可表示为

$$w_\mathrm{m}=\frac{W_\mathrm{m}}{V}=\frac{B^2}{2\mu}=\frac{1}{2}BH \qquad (16-4-3)$$

磁场能量密度的结果说明:任何磁场都具有能量,磁场能量存在于一切磁感应强度 $B\neq0$ 的空间.

在非均匀磁场中,各点的 B,H,μ 不尽相同,这时如何计算磁场能量呢? 可在磁场中取一个微小体积元 $\mathrm{d}V$,在此微小部分的范围内,可以认为各点的 B,H,μ 相同,于是体积元 $\mathrm{d}V$ 中的磁场能量为

$$\mathrm{d}W_\mathrm{m}=w_\mathrm{m}\mathrm{d}V=\frac{1}{2}BH\mathrm{d}V$$

整个有限体积 V 中的磁场能量为

$$W_\mathrm{m}=\int_V\mathrm{d}W_\mathrm{m}=\int_V w_\mathrm{m}\mathrm{d}V=\int_V\frac{1}{2}BH\mathrm{d}V \qquad (16-4-4)$$

式(16—4—4)是计算磁场能量的通用公式.

例 16—4—1 如图 16—4—2 所示，长同轴电缆，中间充以磁介质，芯线与圆筒上的电流大小相等、方向相反. 已知 R_1, R_2, I, μ，求单位长度同轴电缆的磁能和自感.（注：内芯线上电流分布在芯线表面很薄的一层，外圆筒很薄.）

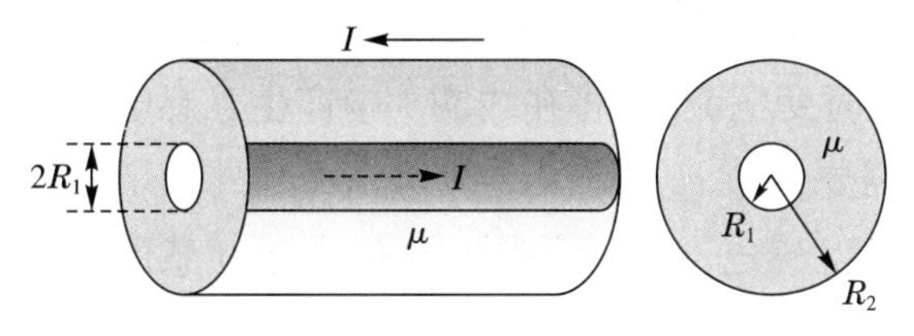

图 16—4—2 长同轴电缆示意图

解 根据安培环路定理，可得磁场分布为

$$H = 0, r < R_1, r > R_2; H = \frac{1}{2\pi r}, R_1 \leqslant r \leqslant R_2$$

单位长度电缆上的磁场能量为

$$W_m = \int_V w_m \mathrm{d}V = \int_{R_1}^{R_2} \frac{\mu I^2}{8\pi^2 r^2} \cdot 2\pi r \mathrm{d}r = \frac{\mu I^2}{4\pi} \ln \frac{R_2}{R_1}$$

由 $W_m = \frac{1}{2} L I^2$，可得单位长度同轴电缆的自感为

$$L = \frac{\mu}{2\pi} \ln \frac{R_2}{R_1}$$

例 16—4—2 设有 1 和 2 相邻的两线圈，自感分别为 L_1 和 L_2，互感为 M，如图 16—4—3 所示，求当电流分别达到 I_1 和 I_2 时的总磁能.

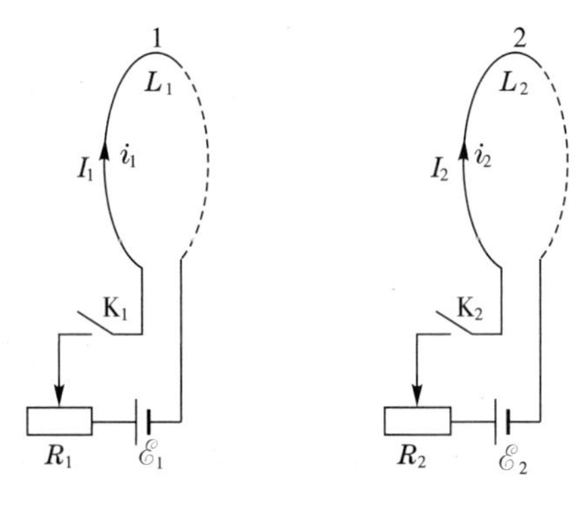

图 16—4—3 两通电线圈的总磁能

解 首先合上开关 K_1，使 i_1 从 0 增大到 I_1，电源 $\mathscr{E}_1$ 提供线圈 1 的磁能为

$$W_1 = \frac{1}{2}L_1 I_1^2$$

其次，在 i_1 达到稳定值 I_1 后再合上开关 K_2. 由于在暂态过程（见下一节）中 i_2 是时变电流，它将在线圈 1 中产生互感电动势 $\mathscr{E}_{12}$，为了保持 I_1 不变，需要调节 R_1. 调节 R_1 使电流 I_1 保持不变的代价是，电源 $\mathscr{E}_1$ 还必须反抗互感电动势 $\mathscr{E}_{12}$ 做功. 这样由于互感的存在，由电源 $\mathscr{E}_1$ 多做的功而储存到磁场中的能量为

$$W_{12} = -\int \mathscr{E}_{12} I_1 \mathrm{d}t = \int_0^{I_2} M_{12} I_1 \mathrm{d}i_2 = M_{12} I_1 I_2$$

同时，线圈 2 中电流由 0 增大到 I_2，电源 $\mathscr{E}_2$ 提供线圈 2 的磁能为

$$W_2 = \frac{1}{2}L_2 I_2^2$$

这时磁场的总能量

$$W_\mathrm{m} = W_1 + W_2 + W_{12} = \frac{1}{2}L_1 I_1^2 + \frac{1}{2}L_2 I_2^2 + M_{12} I_1 I_2$$

如果先合上 K_2，再合上 K_1，仍按上述推理，则可得

$$W'_\mathrm{m} = \frac{1}{2}L_1 I_1^2 + \frac{1}{2}L_2 I_2^2 + M_{21} I_1 I_2$$

由于这两种通电方式的最后状态相同，总能量与到达此状态的过程无关，即 $W_\mathrm{m} = W'_\mathrm{m}$. 由此可得

$$M_{12} = M_{21} = M$$

*§ 16—5 电感和电容电路的暂态过程

一、RL 电路

对于一个含有电感线圈的电路，在接通电路或切断电路的瞬间，由于自感的作用，电路中的电流并不立即达到稳定值或立即消失，而要经历一定的时间，持续一个过程，这些过程都称为 RL 电路的暂态过程. 暂态过程一般很短，但在这过程中出现的某些现象却非常重要. 暂态过程在电子线路中有着巧妙的应用.

如图 16—5—1(a)所示，把开关 K 接通的时刻选作 $t=0$，由公式(16—3—2)和欧姆定律可以计算出 RL 电路中电流 i 随时间 t 增长的规律为

$$i=\frac{\mathscr{E}}{R}(1-\mathrm{e}^{-\frac{R}{L}t}) \tag{16—5—1}$$

如图 16—5—1(b)所示，先合上开关 K 使电路达到稳定状态，再合上开关 K′，此时整个电路分成互不影响的两个回路. 把开关 K′接通的时刻选作 $t=0$，同理，可以计算出 RL 回路中电流 i 随时间 t 衰减的规律为

$$i=\frac{\mathscr{E}}{R+R'}\mathrm{e}^{-\frac{R}{L}t} \tag{16—5—2}$$

式(16—5—1)、(16—5—2)中，$\tau=L/R$ 称为 RL 电路的时间恒量，其值决定电流变化的快慢.

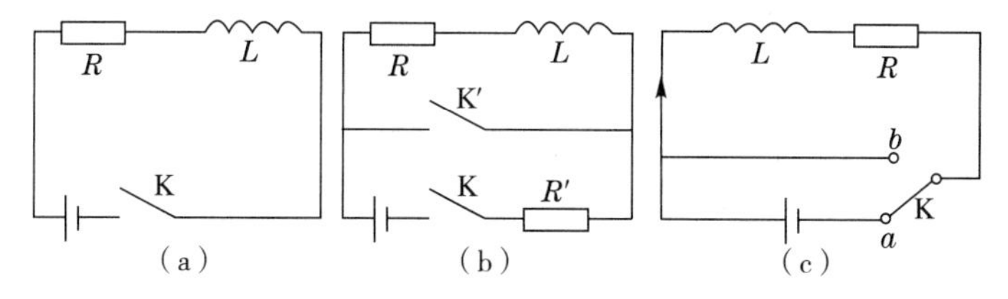

图 16—5—1　RL 电路

另外，我们定性地分析一下如图 16—5—1(c)所示的电路，将开关从 a 点扳断的瞬时，回路中的电流被突然阻断，相当于回路中电流变化率相当大，由式(16—3—2)知，此时感应电动势也非常大，足以击穿开关，产生电火花或放电电弧. 当开关离开 a 点尚未达到 b 点时，电流已经强行通过开关降低到近似为零. 因此，定量分析 RL 暂态过程中电流变化规律时，一般不采用该电路形式.

二、RC 电路

RC 电路的暂态过程是指电容器通过电阻的充电或放电过程，电子线路中经常用到 RC 电路. 下面主要讨论 RC 电路中电容电压随时间的变化规律.

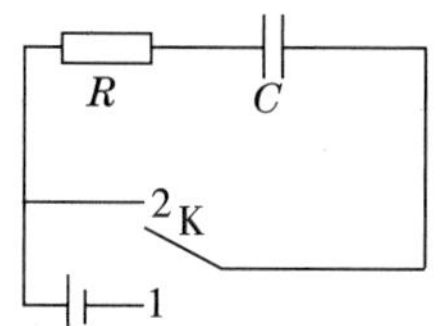

图 16—5—2　RC 电路

如图 16—5—2 所示，开始时开关 K 处于断开状态，此时电容电压为零. 当把开关 K 接通 1 点时，电源 $\mathscr{E}$ 开始对电容充电，取开关 K 接通的时刻为 $t=0$，设充电过程中，任一时刻电容电压为 u_C，回路中电流为 i，有

$$iR+u_C=\mathscr{E},i=\frac{\mathrm{d}q}{\mathrm{d}t}=C\frac{\mathrm{d}u_C}{\mathrm{d}t}$$

解得

$$u_C = \mathscr{E}(1 - e^{-\frac{t}{RC}}) \qquad (16-5-3)$$

当电容充电稳定后，把开关K从1点改掷于2点后，电容开始放电，取开关K接通2点的时刻作为$t=0$，设放电过程中，任一时刻电容电压为u_C，同理可以解得

$$u_C = \mathscr{E}e^{-\frac{t}{RC}} \qquad (16-5-4)$$

式(16—5—3)、(16—5—4)中，$\tau=RC$称为RC电路的时间恒量，其值决定充放电过程中电容电压变化的快慢.

电感线圈和电容合称储能元件. 从上述讨论中可知，电感线圈的电流不能突变，电容电压也不能突变.

§16—6 位移电流

前面，我们已经讨论过关于“感生电场”的假设，即变化的磁场产生感生电场的理论. 根据对称性思想，下面我们将讨论麦克斯韦电磁理论中关于“位移电流”的假设，即变化电场产生磁场的理论. 从而引入全电流的概念，这样安培环路定理不仅适用于恒定电磁场，也适用于变化电磁场.

一、位移电流

在第十五章中，我们曾讨论过恒定电流的磁场满足安培环路定理$\oint \boldsymbol{H} \cdot d\boldsymbol{l} = \sum I$，$\sum I$为穿过以回路$L$为边界的任意曲面$S$的传导电流代数和. 在非恒定电流的情况下，这个定理是否仍适用呢？在讨论这个问题前，我们先看一看传导电流的连续性问题.

在一个无分支的不含电容器的闭合电路中，在任何时刻，通过导体上任何截面的电流总是相等的，即传导电流是连续的，但在含有电容器电路的暂态过程中，如图16—6—1所示，无论是充电还是放电，传导电流都不能在电容器的两极板之间通过，因而对整个电路来说，传导电流是不连续的.

在传导电流不连续的情况下，应用安培环路定理，将得到矛盾的结果. 例如，在如图16—6—1(a)所示中，取一个包围平板A

的封闭曲面，它由平面 S_1 和曲面 S_2 组成，两面的共同边界为 L，其中 S_1 与导线相交，S_2 在两极板之间不与导线相交，分别应用安培环路定理.

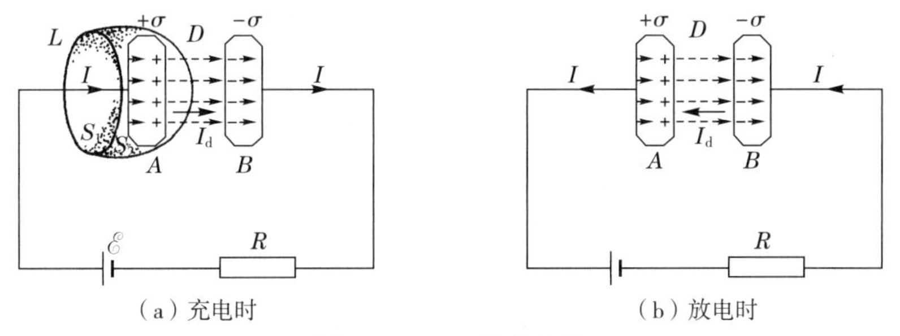

(a) 充电时　　(b) 放电时

图 16—6—1　位移电流

对平面 S_1，有

$$\oint_L \boldsymbol{H} \cdot \mathrm{d}\boldsymbol{l} = I$$

对曲面 S_2，有

$$\oint_L \boldsymbol{H} \cdot \mathrm{d}\boldsymbol{l} = 0$$

上述结果表明，在非恒定电流的磁场中，H 的环流与以闭合回路 L 为边界的曲面有关. 选取不同曲面，环流会有不同的值. 这个矛盾的结果引起了麦克斯韦的重视. 他认为第一个式子是正确的，而第二个式子则需要加以修正，才能使安培环路定理适用于非恒定电流情况.

麦克斯韦注意到，在上述电路中，当电容器充、放电时，对于电容器两极板外侧的电路有

$$\frac{\mathrm{d}q}{\mathrm{d}t} = I$$

而在两极板之间，虽没有传导电流，但有随时间变化的电位移 D 和电位移通量 Φ_D. 根据在静电学中我们曾推得的平板电容器 $D=\sigma$，$\Phi_D = DS = \sigma S = q$，可见，无论充电或放电，在量值上电容器极板间电位移通量随时间的变化率均为

$$\frac{\mathrm{d}\,\Phi_D}{\mathrm{d}t} = \frac{\mathrm{d}(DS)}{\mathrm{d}t} = \frac{\mathrm{d}(\sigma S)}{\mathrm{d}t} = \frac{\mathrm{d}\,q}{\mathrm{d}t} = I$$

在方向上，充电时，极板间电场 $\boldsymbol{E}$ 增大，电位移随时间的变化率 $\frac{\mathrm{d}D}{\mathrm{d}t}$ 的

方向与电场$\boldsymbol{E}$的方向一致,同时也与导体中电流方向一致;放电时,电场$\boldsymbol{E}$减小,电位移随时间的变化率$\frac{\mathrm{d}D}{\mathrm{d}t}$的方向与电场$\boldsymbol{E}$的方向相反,但仍与导体中的电流方向一致.为此,麦克斯韦提出了大胆的假设:变化的电场从产生磁场的角度可以看作一种电流.因此,在电容器两极板之间可以认为存在着电流和电流密度.麦克斯韦称它们为位移电流和位移电流密度.即有

$$I_{\mathrm{d}}=\frac{\mathrm{d}\,\Phi_D}{\mathrm{d}t},\ \boldsymbol{J}_{\mathrm{d}}=\frac{\mathrm{d}\boldsymbol{D}}{\mathrm{d}t} \tag{16-6-1}$$

式中,I_{d}和$\boldsymbol{J}_{\mathrm{d}}$分别表示位移电流和位移电流密度.上述定义说明,通过电场中某截面的位移电流等于通过该截面的电位移通量对时间的变化率,电场中某点的位移电流密度矢量等于该点电位移矢量对时间的变化率.

二、全电流定律

由于引入位移电流概念,本节从一开始由安培环路定理得出矛盾结果的原因,也就迎刃而解了.亦即在电容器极板间中断的传导电流I,将被位移电流I_{d}所接替,两者合在一起保持了电流的连续性.通常情况下,传导电流和位移电流可以同时通过某一截面.因此麦克斯韦引入位移电流后,又提出了全电流的概念.他认为,在普遍情况下,通过空间某截面的全电流是通过这一截面的传导电流I和位移电流I_{d}的代数和.即

$$I_{全}=I+I_{\mathrm{d}} \tag{16-6-2}$$

全电流在空间上永远是连续的.为此,麦克斯韦将安培环路定理推广至非恒定情况,即

$$\oint_L \boldsymbol{H}\cdot\mathrm{d}\boldsymbol{l}=I_0+I_{\mathrm{d}}=\int_S \boldsymbol{J}\cdot\mathrm{d}\boldsymbol{S}+\int_S \frac{\partial \boldsymbol{D}}{\partial t}\cdot\mathrm{d}\boldsymbol{S} \tag{16-6-3}$$

式中,S是以L为边界的曲面.式(16—6—3)的实质说明:由于位移电流的引入,一方面揭示了不仅传导电流是激发磁场的场源,位移电流也是激发磁场的场源;另一方面也深刻地揭示了电场和磁场的内在联系,反映了自然现象的对称性.法拉第电磁感应定律说明了

变化的磁场能产生电场，而位移电流的概念和全电流定律则说明了变化的电场能产生磁场，变化的电场和磁场永远互相联系着，形成统一的电磁场.

应该指出，传导电流和位移电流在激发磁场方面是等效的，位移电流产生的涡旋磁场也满足右手螺旋关系. 虽然都称为电流，但两者是两个不同的概念，在其他方面也有着根本的区别. 首先是两者激发的原因不同，传导电流与自由电荷的定向运动有关，即使在介质中也只和极化电荷的微观运动有关. 而位移电流则和电场随时间的变化率有关；其次是位移电流不像传导电流，它通过导体时不会产生焦耳热. 由位移电流的定义可知，位移电流不仅在电介质中，就是在导体中，甚至在真空中，只要场中存在电位移的变化，都可以产生位移电流. 然而，通常情况下，电介质中电流主要是位移电流，传导电流可以忽略不计；而导体中的电流主要是传导电流，位移电流可以忽略不计；至于在高频电流的场中，导体内位移电流和传导电流均不可忽略.

例 16－6－1 半径为 R 的圆形平行板空气电容器，充电至使电容器两极板间电场的变化率为$\frac{dE}{dt}$，如图 16－6－2 所示. 在某一时刻，电容器内距轴线 r 处的 P 点，有一电子沿径向向里做匀速直线运动，此刻板间的电场强度为 $\boldsymbol{E}$，忽略重力影响及电容器极板的边缘效应. 求：

(1)极板间的位移电流 I_d；

(2)P 点的磁感应强度 $\boldsymbol{B}$；

(3)电子在 P 点的速度大小.

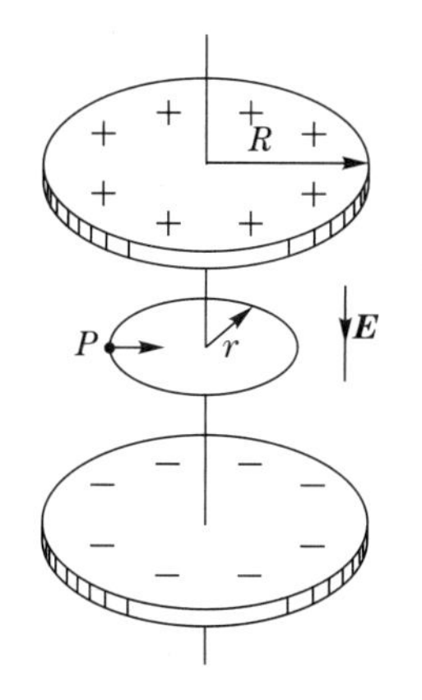

图 16－6－2 电容器两极板间磁场的计算

解 (1)电容器两极板间的位移电流 I_d 为

$$I_d=\frac{d\Phi_D}{dt}=S\frac{dD}{dt}=\pi R^2\varepsilon_0\frac{dE}{dt}$$

由全电流的连续性可知，I_d 的方向沿轴线向下.

(2)由于忽略边缘效应，板间为均匀电场. 故板间各点处电场随时间的变化率相同，所以板间的位移电流是均匀分布的. 所产生的磁场对于两板中心连线具有对称性. 即 $\boldsymbol{B}$ 线是以电容器轴为中心的一系列同心圆,并与位移电流成右手螺旋关系. 取半径为 r 的圆形回路积分,应用全电流定律得

$$\oint_L \boldsymbol{H} \cdot \mathrm{d}\boldsymbol{l} = \frac{1}{\mu_0} B_r 2\pi r = \frac{\mathrm{d}\Phi_D}{\mathrm{d}t} = \pi r^2 \varepsilon_0 \frac{\mathrm{d}E}{\mathrm{d}t}$$

$$B_r = \frac{\mu_0 \varepsilon_0}{2} r \frac{\mathrm{d}E}{\mathrm{d}t}$$

P 点 $\boldsymbol{B}_r$ 的方向垂直于纸面向里.

(3)因电子在 P 点做匀速直线运动,所以作用在电子上的洛伦兹力与电场力相平衡(忽略重力),由

$$\boldsymbol{f}_{洛} = -e\boldsymbol{v} \times \boldsymbol{B}, 方向向下$$

$$\boldsymbol{f}_{电} = -e\boldsymbol{E}, 方向向上$$

两者平衡,得

$$v = \frac{E}{B} = \frac{2E}{\mu_0 \varepsilon_0 r} \cdot \frac{1}{\frac{\mathrm{d}E}{\mathrm{d}t}}$$

若以 $\frac{\mathrm{d}E}{\mathrm{d}t} = 1.0 \times 10^{13}\ \mathrm{V \cdot m^{-1} \cdot s^{-1}}$, $r = R = 0.1\ \mathrm{m}$ 代入上式,则得 $I_\mathrm{d} = 2.8\ \mathrm{A}$, $B = 5.6 \times 10^{-6}\ \mathrm{T}$. 此计算结果表明,虽然位移电流较大,但产生的磁场却很弱,不易测量. 所以人们长时期只注意到电磁感应现象,而忽略了位移电流的磁效应. 不过在超高频情况下,将会获得较强的位移电流所产生的磁场.

例 16—6—2 电容为 C、极板面积为 S、板间距为 d 的圆形平板电容器有漏电现象,两板间介质的电容率为 ε、磁导率为 μ、电导率为 γ. 充电到电压为 U_0 和极板上带电 q_0 时,然后撤去电源,如图 16—6—3 所示. 试计算:

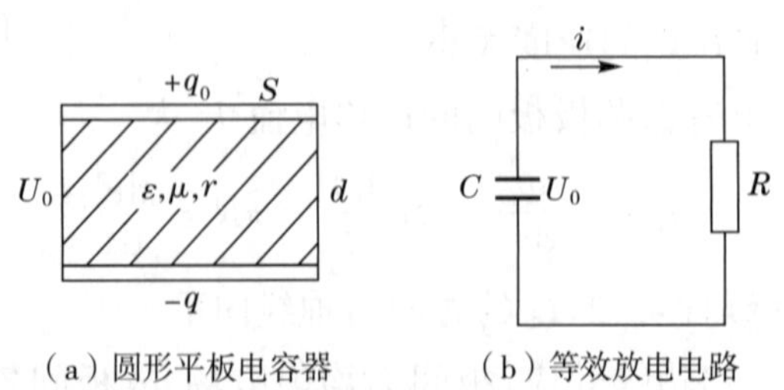

(a) 圆形平板电容器　　(b) 等效放电电路

图 16—6—3　电容器漏电时位移电流的计算

(1)极板上的电量变化关系 $q(t)$；

(2)位移电流 I_d；

(3)全电流；

(4)两板间的磁场.

解 (1)设漏电电流为 i,由等效放电电路图 16—6—3(b)可得

$$U_0 - iR = 0$$

即

$$\frac{q}{C} - i\frac{1}{\gamma}\frac{d}{S} = 0$$

又 $C = \varepsilon\frac{S}{d}$,代入上式可得

$$q - i\frac{\varepsilon}{\gamma} = 0$$

放电时,$i = -\frac{\mathrm{d}q}{\mathrm{d}t}$,代入得

$$\frac{\varepsilon}{\gamma}\frac{\mathrm{d}q}{\mathrm{d}t} + q = 0$$

对上式积分,初始条件为 $t=0$ 时,$q=q_0=CU_0$. 代入得

$$q(t) = CU_0\mathrm{e}^{-\frac{\gamma}{\varepsilon}t}$$

(2)板间电位移 D 的大小为

$$D = \sigma = \frac{q}{S} = \frac{CU_0}{S}\mathrm{e}^{-\frac{\gamma}{\varepsilon}t}$$

于是,得

$$I_d = S\frac{\partial D}{\partial t} = -\frac{CU_0\gamma}{\varepsilon}\mathrm{e}^{-\frac{\gamma}{\varepsilon}t}$$

(3)传导电流即为漏电流 i,则

$$I = i = -\frac{\mathrm{d}q}{\mathrm{d}t} = \frac{\gamma CU_0}{\varepsilon}\mathrm{e}^{-\frac{\gamma}{\varepsilon}t}$$

于是,得

$$I_{全} = I + I_d = 0$$

(4)由全电流定律 $\oint \boldsymbol{H}\cdot\mathrm{d}\boldsymbol{l} = I_{全} = 0$,得 $H = 0$,则

$$B = 0$$

例 16—6—3 有一圆形平行板电容器，如图 16—6—4 所示，$R=3.0\ \text{cm}$. 现对其充电，使电路上的传导电流 $I=2.5\ \text{A}$，若略去边缘效应，求：

(1)通过两极板间半径为 $r=2.0\ \text{cm}$ 的圆面的位移电流；

(2)两极板间离轴线的距离为 $r=2.0\ \text{cm}$ 的点 P 处的磁感应强度.

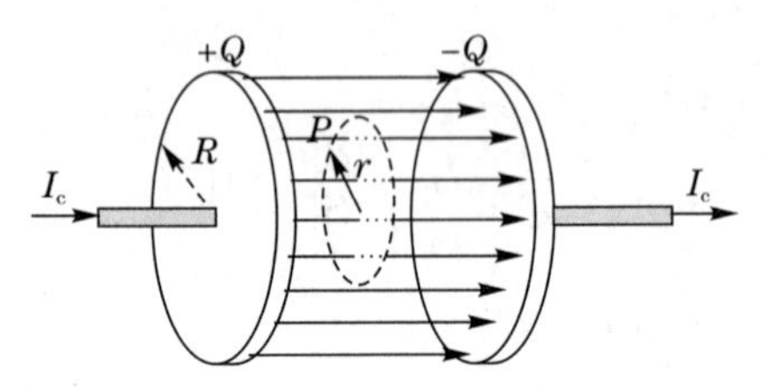

图 16—6—4 圆形平行板电容器

解 (1)如图 16—6—4 所示，作一半径为 r 平行于极板的圆形回路，通过此圆面积的电位移通量为

$$\Phi_D = D(\pi r^2)$$

$$\because D=\sigma \qquad \therefore \Phi_D = \frac{r^2}{R^2}Q$$

由式(16—6—2)得两极板间的位移电流为

$$I_d = \frac{d\Phi_D}{dt} = \frac{r^2}{R^2}\frac{dQ}{dt} = \frac{r^2}{R^2}I$$

代入数据，计算得

$$I_d = 1.1\ \text{A}$$

(2)利用全电流安培回路定理式(16—6—4)，得

$$\oint_L \boldsymbol{H}\cdot d\boldsymbol{l} = I_0 + I_d = I_d$$

$$H = \frac{r}{2\pi R^2}I$$

$$B = \frac{\mu_0 r}{2\pi R^2}I$$

代入数据，计算得

$$B = 1.1\times 10^{-5}\ \text{T}$$

§16－7 麦克斯韦方程组

继1820年奥斯特发现电现象与磁现象之间的联系之后，由于安培、法拉第、亨利等人的工作，电磁学的理论有了很大发展. 麦克斯韦在总结前人成就的基础上，结合自己所引入的位移电流和涡旋电场的概念，建立起系统完整的电磁场理论. 在此基础上麦克斯韦还预言了电磁波的存在.

一、麦克斯韦方程组的积分形式

1. 电场性质的说明

根据麦克斯韦的假设，除电荷建立电场外，变化磁场也建立电场.

对单纯由电荷建立的电位移矢量和电场强度，根据高斯定理有

$$\oint_S \boldsymbol{D}_1 \cdot \mathrm{d}\boldsymbol{S} = \int_S \varepsilon \boldsymbol{E}_1 \cdot \mathrm{d}\boldsymbol{S} = \sum q_i$$

对单纯由变化磁场建立起的涡旋电场中的电位移和电场强度，因为在涡旋电场中，电场线是闭合曲线，所以有

$$\oint_S \boldsymbol{D}_2 \cdot \mathrm{d}\boldsymbol{S} = \int_S \varepsilon \boldsymbol{E}_2 \cdot \mathrm{d}\boldsymbol{S} = 0$$

如果在由电荷和变化磁场两者共同产生的电场中，显然 $\boldsymbol{D}$ 和 $\boldsymbol{E}$ 应是上述两式的和，因此它们满足

$$\oint_S \boldsymbol{D} \cdot \mathrm{d}\boldsymbol{S} = \int_S \varepsilon \boldsymbol{E} \cdot \mathrm{d}\boldsymbol{S} = \sum q_i \qquad (16-7-1)$$

即在任何电场中，通过任何封闭曲面的电通量等于该封闭曲面内自由电荷的代数和.

2. 磁场性质的说明

根据麦克斯韦的假设，位移电流（或变化电场）和传导电流一样建立磁场，而且磁感线都是闭合曲线，所以在由传导电流和位移电流共同建立的磁场中，总的磁感应强度和磁场强度仍满足

$$\oint_S \boldsymbol{B} \cdot \mathrm{d}\boldsymbol{S} = \int_S \mu \boldsymbol{H} \cdot \mathrm{d}\boldsymbol{S} = 0 \qquad (16-7-2)$$

3. 变化电场和磁场的关系

在上节已讨论过，考虑位移电流产生磁场后，安培环路定理应由全电流定律代替，即

$$\oint_L \boldsymbol{H} \cdot \mathrm{d}\boldsymbol{l} = I_0 + I_\mathrm{d} = \int_S \boldsymbol{J} \cdot \mathrm{d}\boldsymbol{S} + \int_S \frac{\partial \boldsymbol{D}}{\partial t} \cdot \mathrm{d}\boldsymbol{S} \tag{16-7-3}$$

4. 变化磁场和电场的关系

单纯由电荷建立的电场强度，根据静电场环路定理有

$$\oint_L \boldsymbol{E}_1 \cdot \mathrm{d}\boldsymbol{l} = 0$$

变化的磁场产生涡旋电场，根据法拉第电磁感应定律，有

$$\oint_L \boldsymbol{E}_2 \cdot \mathrm{d}\boldsymbol{l} = -\frac{\mathrm{d}\Phi_\mathrm{m}}{\mathrm{d}t} = -\int_S \frac{\partial \boldsymbol{B}}{\partial t} \cdot \mathrm{d}\boldsymbol{S}$$

由此可见，在电荷和变化磁场两者共同建立的任何电场中，电场强度应满足

$$\oint_L \boldsymbol{E} \cdot \mathrm{d}\boldsymbol{l} = -\int_S \frac{\partial \boldsymbol{B}}{\partial t} \cdot \mathrm{d}\boldsymbol{S} \tag{16-7-4}$$

即在任何电场中，电场强度沿着任意闭合回路的积分等于该回路中磁通量对时间变化率的负值.

5. 积分形式的麦克斯韦方程组

根据式(16—7—1)、(16—7—2)、(16—7—3)和(16—7—4)，在一般情况下，可以得到四个方程，即

$$\begin{aligned}
&\oint_S \boldsymbol{D} \cdot \mathrm{d}\boldsymbol{S} = \int_S \varepsilon E \cdot \mathrm{d}S = \sum q_i \\
&\oint_L \boldsymbol{E} \cdot \mathrm{d}\boldsymbol{l} = -\int_S \frac{\partial \boldsymbol{B}}{\partial t} \cdot \mathrm{d}\boldsymbol{S} \\
&\oint_S \boldsymbol{B} \cdot \mathrm{d}\boldsymbol{S} = 0 \\
&\oint_L \boldsymbol{H} \cdot \mathrm{d}\boldsymbol{l} = \int_S \left(\boldsymbol{J} + \frac{\partial \boldsymbol{D}}{\partial t}\right) \cdot \mathrm{d}\boldsymbol{S}
\end{aligned} \tag{16-2-5}$$

这四个方程即为积分形式的麦克斯韦方程组.

二、麦克斯韦方程组的微分形式

上面所讨论的麦克斯韦方程的积分形式，适用于一定范围内

(例如一个闭合回路或一闭合曲面内)的电磁场,但不能适用于任一给定点 P 的电磁场.在实际中,更重要的是要知道场中各点的场量.要达到这个目的,可用数学方法把各有关积分方程变换为相应的微分方程,所得结果就是麦克斯韦方程组的微分形式,通常称为麦克斯韦方程组.

麦克斯韦方程组的微分形式为

$$\begin{aligned} \mathrm{div}\boldsymbol{D} &= \nabla\cdot\boldsymbol{D} = \rho \\ \mathrm{rot}\boldsymbol{E} &= \nabla\times\boldsymbol{E} = -\frac{\partial\boldsymbol{B}}{\partial t} \\ \mathrm{div}\boldsymbol{B} &= \nabla\cdot\boldsymbol{B} = 0 \\ \mathrm{rot}\boldsymbol{H} &= \nabla\times\boldsymbol{H} = \boldsymbol{J}_C + \frac{\partial\boldsymbol{D}}{\partial t} \end{aligned} \qquad (16-7-6)$$

三、麦克斯韦方程组的意义

麦克斯韦方程组的形式既简洁又优美,全面地反映了电场和磁场的基本性质.麦克斯韦方程组作为一个整体,有如下几个方面的意义.

(1)麦克斯韦方程组是对电磁场宏观规律的全面总结,建立了电磁场的数学形式,其中高斯定理方程(电磁场闭合曲面的通量)描述了电磁场性质,而环路定理方程(电磁场闭合回路的环量)揭示了电场与磁场的关系,电场和磁场统一为电磁场理论.

(2)麦克斯韦方程组预言了电磁波的存在,电磁场可以在电荷、电流源之外的空间互相激发,从而可以脱离电荷、电流向外传播.

(3)麦克斯韦方程组预言了光的电磁本性,由方程组可以解出电磁波在真空中的传播速度为光速.

麦克斯韦理论的建立是19世纪物理学发展史上又一个重要的里程碑.正如爱因斯坦所说:“这是自牛顿以来物理学所经历的最深刻和最有成果的一项真正观念上的变革.”普朗克把它称为“人类精神最伟大的奇迹”.

*§16－8　电磁振荡

电路中电压和电流的周期性变化称为电磁振荡. 电磁振荡与机械振动有类似的运动形式,其物理原理是谐振器、电磁波及相关电子技术的基础,同时它也是理解大学物理学中振荡偶极子这一理想模型的基础.

一、无阻尼自由电磁振荡

没有任何能量损耗的电磁振荡称为无阻尼自由电磁振荡,它可由 LC 电路(即电容 C 和自感 L 组成的电路)产生. 如图 16－8－1 所示,先由电源给电容器充电,使两极板间的电势差 U_0 等于电源电动势 ε,这时电容器两极板上分别带电荷 $+Q_0$ 和 $-Q_0$,然后将电键 K 接通 LC 回路. 在电容器放电前的瞬间,电路中没有电流,电场的能量全部集中于电容器的两极板之间. 设此时刻为 $t=0$,如图16－8－2(a)所示.

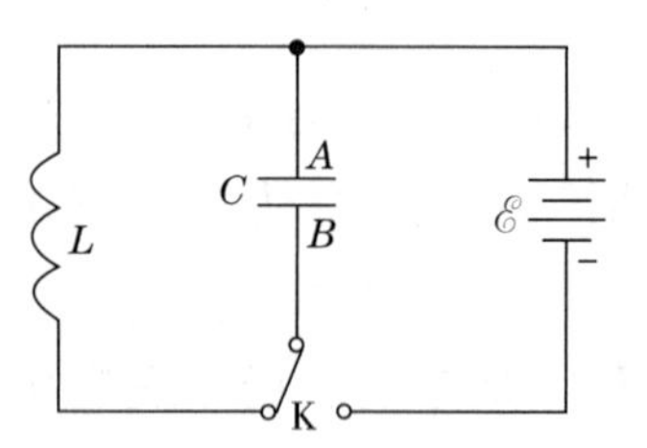

图 16－8－1　LC 电磁振荡电路

当电容器放电时,因自感的存在,电路中的电流将逐渐增加到最大值,两极板上的电荷也相应地逐渐减小到零. 在此过程中,电流在线圈中激起磁场,到放电结束时($t=\frac{T}{4}$),电容器极板间的电场能量全部转换成线圈中的磁场能量,如图 16－8－2(b)所示.

在电容器放电完毕时,回路中的电流到达最大值. 这时,由于线圈的自感作用,就要对电容器作反方向充电. 随着电流逐渐减小到零,电容器两极板上的电荷也相应地逐渐增加至最大值. 此时($t=\frac{T}{2}$)磁场能量又全部转换成电场能量,如图 16－8－2(c)所示.

然后,电容器又通过线圈放电,电路中的电流逐渐增大,不过,这时($t=\frac{3}{4}T$)电流方向与图 16－8－2(b)中反向,电场能量又转换成磁场能量,如图 16－8－2(d)所示.

此后,电容器又被充电,回复到原状态,此时($t=T$),完成了一个完整的振荡过程，如图 16—8—2(e)所示.

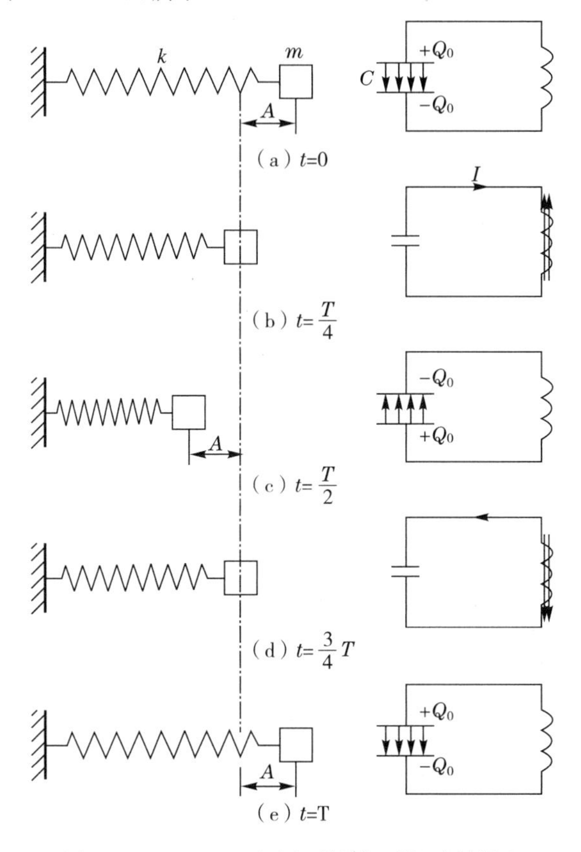

图 16—8—2　*LC* 回路与弹簧振子振动的类比

从上面的分析可知，在 *LC* 电路中，电荷和电流都随时间做周期性的变化，相应地电场能量和磁场能量也都随时间做周期性变化，而且不断地相互转换着，这种现象就是电磁振荡. 如果电路中没有任何能量损耗(转换为焦耳热、电磁辐射等)，那么这种变化过程将在电路中一直进行下去，这种电磁振荡便是无阻尼自由电磁振荡，亦称 *LC* 电磁振荡.

二、LC 电磁振荡方程

下面，我们定量地研究 *LC* 电路中电荷和电流随时间变化的规律. 在图 16—8—1中，设某一时刻电路中电流为 i，电容器极板上电量为 q，并取回路的顺时针方向为电流正方向. 根据欧姆定律，则有

$$-L\frac{\mathrm{d}i}{\mathrm{d}t}=\frac{q}{C}$$

由于 $i=\frac{\mathrm{d}q}{\mathrm{d}t}$,所以有

$$\frac{\mathrm{d}^2q}{\mathrm{d}t^2}=-\frac{1}{LC}q \tag{16-8-1}$$

令 $\omega^2=\frac{1}{LC}$,得

$$\frac{\mathrm{d}^2q}{\mathrm{d}t^2}=-\omega^2q$$

这是 LC 电磁振荡方程,将上式与弹簧振子的简谐运动方程 $\frac{\mathrm{d}^2x}{\mathrm{d}t^2}=-\omega^2x$ 相比较,可知其解可写为

$$q=Q_0\cos(\omega t+\varphi) \tag{16-8-2}$$

式中,Q_0 是电容器极板上电荷量的最大值,称为电荷振幅,ω 是振荡的角频率. Q_0 和 φ 的数值由初始条件决定. 而频率和周期分别为

$$\nu=\frac{\omega}{2\pi}=\frac{1}{2\pi\sqrt{LC}},T=2\pi\sqrt{LC} \tag{16-8-3}$$

将式(16—8—2)对时间求导数,可得电路中任一时刻的电流

$$i=\frac{\mathrm{d}q}{\mathrm{d}t}=-\omega Q_0\sin(\omega t+\varphi)$$

令 $I_0=\omega Q_0$ 表示电流的最大值,称为电流振幅,上式写为

$$i=-I_0\sin(\omega t+\varphi)=I_0\cos(\omega t+\varphi+\frac{\pi}{2}) \tag{16-8-4}$$

由式(16—8—2)和(16—8—4)可以看出,在 LC 振荡电路中,电荷和电流都按简谐运动形式变化,并且电荷和电流的振荡频率相同,电流的相位比电量的相位超前 $\frac{\pi}{2}$. 当电容器两极板上所带电荷最大时,电路中电流为零,反之,电流最大时,电荷为零. 图 16—8—3 表示电荷和电流随时间变化的情况.

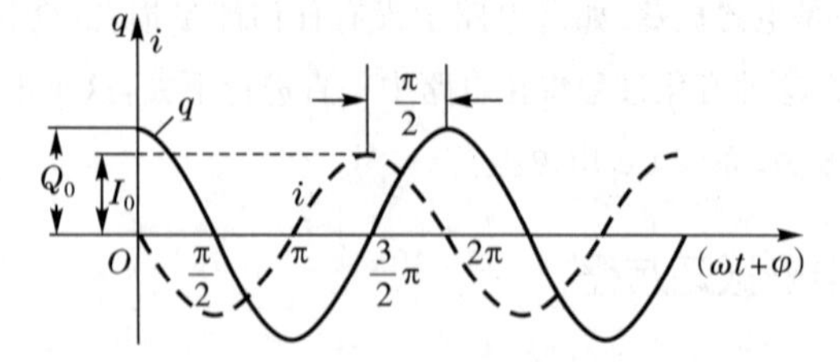

图 16—8—3　无阻尼自由振荡中的电荷和电流随时间的变化

三、LC 电磁振荡的能量

现在考虑 LC 振荡电路中的能量. 当电容器极板上电量为 q 时,相应的电

场能量为

$$W_e = \frac{q^2}{2C} = \frac{q_0^2}{2C}\cos^2(\omega t + \varphi) \qquad (16-8-5)$$

设此时的电流为 i,那么自感线圈内的磁场能量为

$$W_m = \frac{1}{2}Li^2 = \frac{1}{2}LI_0^2\sin^2(\omega t + \varphi) = \frac{q_0^2}{2C}\sin^2(\omega t + \varphi) \qquad (16-8-6)$$

将上两式相加,可得总能量

$$W_{总} = W_e + W_m = \frac{1}{2}LI_0^2 = \frac{q_0^2}{2C} \qquad (16-8-7)$$

可见,在无阻尼的自由振荡电路中,尽管电场能量和磁场能量都随时间而变化,但总的电磁能却保持不变.

无阻尼自由电磁振荡是一种理想化的情况.事实上,任何电路都有电阻,因而一部分能量要转变为焦耳热.另外,振荡电路还会把电磁能量以电磁波的形式辐射出去,因此振荡电路中的总能量将会逐渐减少,形成阻尼振荡.如果在电路中加入电动势作周期性变化的电源以提供能量补充,这时的振荡称为受迫振荡.

§16—9 平面电磁波

麦克斯韦方程组给出的一个重要结论是随时间变化的电磁场具有波动性,并以确定的速度在空间传播,这种传播着的电磁场就是电磁波.电磁波的传播过程也是能量的传播过程.最初,电磁波只不过是麦克斯韦方程的预言,人们并不知道电磁波是怎么一回事.后来赫兹通过实验,证实了电磁波的存在.

一、电磁波的产生与传播

电磁波是一种随时间变化的电磁场.而电场和磁场归根到底是由电荷和电荷的运动所产生的,作为产生电磁波的电荷应具有什么特征,在什么条件下才能产生电磁波,这是一个使人们感兴趣的问题.产生电磁波的过程称为电磁辐射.欲产生电磁波,必须有适当的波源.理论上可以证明,电磁波在单位时间内辐射的能量与频率的四次方成正比,也就是说,振荡电路的固有频率越高,越能有效地将能量辐射出去.在上节中,我们讨论了 LC 振荡电路及其产生的电磁

振荡.在 LC 振荡电路中,由于 L 和 C 都比较大,其固有频率很低,而且电场能量和磁场能量局限在电容器 C 和线圈 L 内,不利于把电磁能辐射出去.为了把电磁能辐射出去,就必须改变振荡电路的形状,以提高电路的固有频率,并能将电磁能更好地分散到空间.我们可以把电容器极板面积缩小,两极板间距离拉大,同时减少线圈匝数并逐渐地拉直,最后简化成一根直导线,如图 16—9—1 所示.这样,电场和磁场就越来越开放,使电场、磁场分散于周围空间.同时,L 和 C 减小,振荡频率随之增高.在如图 16—9—1(c)所示的直线形电路上引起电磁振荡,电路两端将出现正负交替的等量异号电荷,这样的电路称为振荡电偶极子.振荡电偶极子可以作为波源向四周空间辐射出电磁波,其发射电路如图 16—9—2 所示.

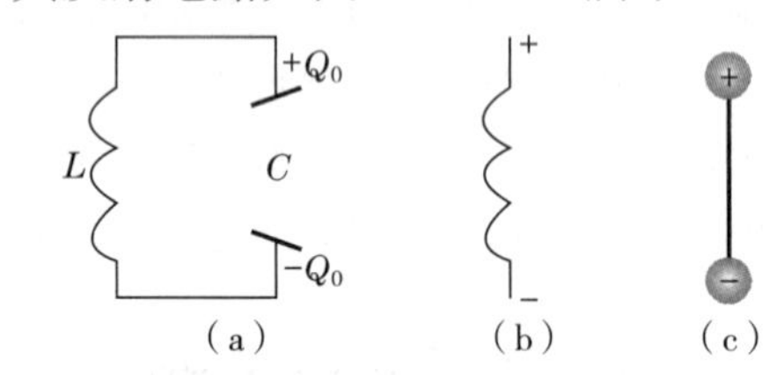

图 16—9—1 振荡电路开放示意图

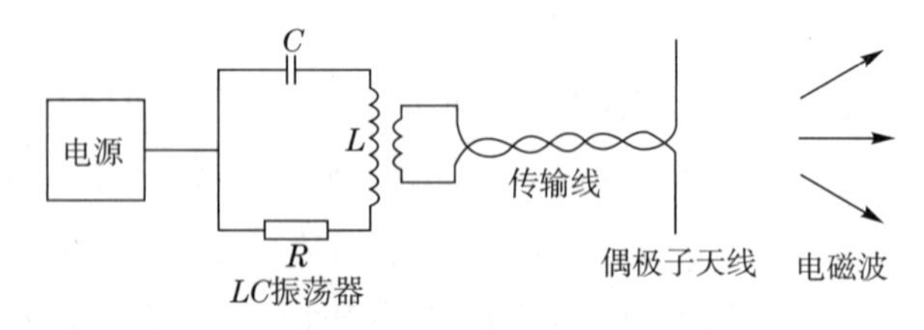

图 16—9—2 发射电磁波(短波)的电路示意图

下面,我们以上述的振荡电偶极子为例,进一步说明电磁波的产生与传播过程.振荡电偶极子可看作一个电矩为 $\boldsymbol{p}=q\boldsymbol{l}$,并随时间做周期变化的电偶极子,它的电矩可表示为

$$\boldsymbol{p} = \boldsymbol{p}_0 \cos \omega t$$

式中,$\boldsymbol{p}_0$ 是电偶极矩振幅,ω 是圆频率.

由于振荡电偶极子的正、负电荷间距不断交替变化,因而电场和磁场也随着时间不断变化.如果我们把振荡电偶极子的运动简化为正、负电荷相对于偶极子的中心做简谐振动,则其电场线的变化如图 16—9—3 所示.设 $t=0$ 时,正、负电荷都在图 16—9—3(a)的原点处，然后正、负电荷分别上、下移动至某一距离，两电荷间的一条电场线如图 16—9—3(b)所示. 接着两电荷逐渐向中心靠近，电场线的形状也随着改变，如图 16—9—3(c)所示. 当振动半个周期时，正、负电荷中心又重合，其电场线成闭合状，如图 16—9—3(d)所示. 在后半周期，正、负电荷的位置对调，形成方向相反新的电场线，如图 16—9—3(e)所示. 闭合电场线的形成表明，振荡电偶极子周围将激起变化的(涡旋)电场，而变化的电场又在自己周围激起变化的磁场. 接着新的变化磁场又在更远的区域引起新的变化电场，此后的过程依此类推. 这样，变化的电场和磁场相互激发，交替产生，由近及远地向四周传播，这就是电磁波传播的大致图像. 图 16—9—4 表示振荡电偶极子周围电磁场的一般情况. 图中曲线代表电场线，⊗和⊙分别表示穿入和穿出纸面的磁场线. 这些磁场线是环绕偶极子轴线的同心圆.

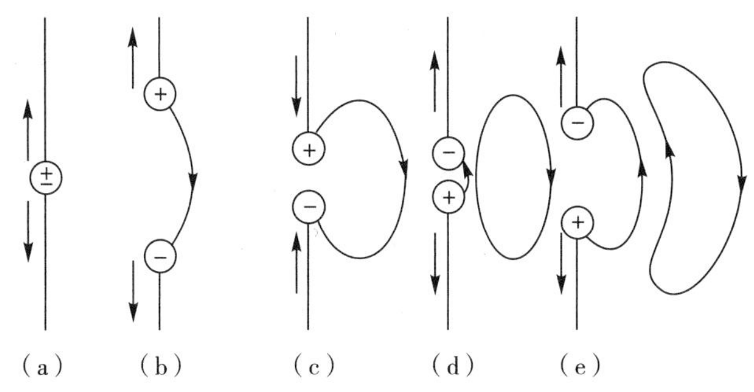

图 16—9—3　不同时刻振荡电偶极子附近的电场线

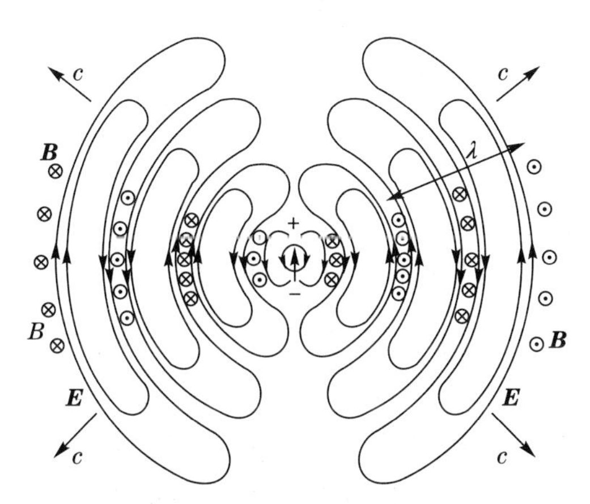

图 16—9—4　振荡偶极子周围的电磁场

由麦克斯韦方程组可知，当电荷做加速运动时，就有可能发射电磁波，即电磁波的产生与电荷的加速运动相联系. 由于电荷做加速运动的方式不同，产生电磁波的方式亦不同. 金属中的自由电荷做简谐运动可以产生无线电波，如广播、电视的天线发射等；打在金属靶上的电子受到碰撞或减速时，将产生 X 射线，此即为所谓的韧致辐射；在电子感应加速器和同步加速器以及星际的磁场中，电子做圆周运动的向心加速度将产生同步辐射等.

二、平面电磁波的特性

依照激发和传播条件的不同，电磁波的场强 $\boldsymbol{E}(r)$ 和 $\boldsymbol{H}(r)$ 可以有各种不同的形式. 其中一种最基本的解，是存在于自由空间中的平面电磁波. 在与电磁波传播方向相垂直的平面上，各点的场强有相同的值，即其波阵面是与传播方向正交的平面.

上述振荡电偶极子所激发的电场和磁场的波函数，可以由麦克斯韦方程组求解得出，由于计算比较复杂，这里不做讨论，只给出计算结果.

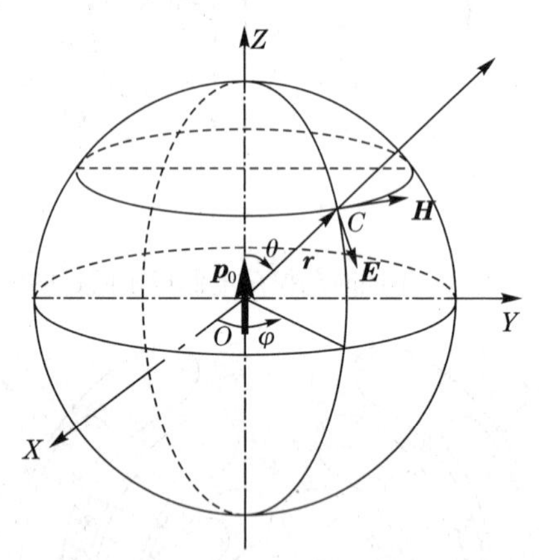

图 16—9—5　振荡偶极子的辐射

如图 16—9—5 所示，设振荡偶极子位于球坐标原点 O. 其电偶极矩沿铅直方向，ε 和 μ 分别为偶极子周围任一点的介电常数和磁导率. C 为空间任一点，它的矢径为 $\boldsymbol{r}$，矢径与铅直方向的夹角为 θ 角. 计算结果表明，C 点的电场强度 $\boldsymbol{E}$、磁场强度 $\boldsymbol{H}$ 和矢径 $\boldsymbol{r}$ 三个矢

量互相垂直. 其电场强度 $\boldsymbol{E}$ 和磁场强度 $\boldsymbol{H}$ 的大小分别为

$$E(r,t)=\frac{\mu p_0\omega^2\sin\theta}{4\pi r}\cos\omega\left(t-\frac{r}{u}\right) \qquad (16-9-1)$$

$$H(r,t)=\frac{\sqrt{\varepsilon\mu}p_0\omega^2\sin\theta}{4\pi r}\cos\omega\left(t-\frac{r}{u}\right) \qquad (16-9-2)$$

式中，p_0 为电偶极矩振幅，u 为电磁波的传播速度，与介电常数 ε 和磁导率 μ 的关系为

$$u=\frac{1}{\sqrt{\varepsilon\mu}}$$

式(16—9—1)和式(16—9—2)是距离振荡偶极子足够远处的球面电磁波的波函数.

在离开振荡偶极子很远的地方，小范围内 θ 和 $\boldsymbol{r}$ 变化很小，E 和 H 的振幅可以看作常量，式(16—9—1)和式(16—9—2)可以分别写成

$$E_{(r,t)}=E_0\cos\omega\left(t-\frac{r}{u}\right)=E_0\cos(\omega t-kx) \qquad (16-9-3)$$

$$H_{(r,t)}=H_0\cos\omega\left(t-\frac{r}{u}\right)=H_0\cos(\omega t-kx) \qquad (16-9-4)$$

这就是平面电磁波的波函数. 可见，在距离振荡偶极子很远的区域，电磁波呈现为平面波.

平面电磁波的基本特性可以归纳如下.

1. 平面电磁波是横波

电场强度 $\boldsymbol{E}$ 和磁场强度 $\boldsymbol{H}$ 都与传播方向垂直，所以电磁波是横波. $\boldsymbol{E}$ 和 $\boldsymbol{H}$ 又互相垂直，$\boldsymbol{E}$，$\boldsymbol{H}$，$\boldsymbol{u}$ 三者构成右手螺旋关系，如图 16—9—6 所示. $\boldsymbol{E}$ 和 $\boldsymbol{H}$ 与 $\boldsymbol{u}$ 构成的平面，分别称为 $\boldsymbol{E}$ 的振动面和 $\boldsymbol{H}$ 的振动面. $\boldsymbol{E}$ 和 $\boldsymbol{H}$ 分别在各自的振动面内振动，这个特性称为偏振性. 横波才具有偏振性.

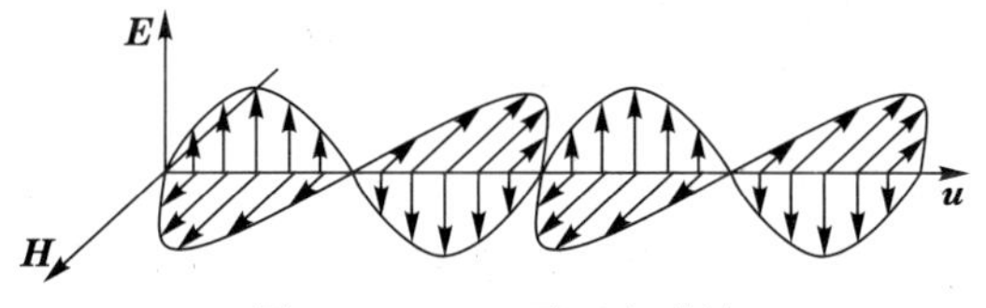

图 16—9—6　平面电磁波

2. *E* 和 *H* 同相位

即在任何时刻、任何地点 $\boldsymbol{E}$ 和 $\boldsymbol{H}$ 都是同步变化的.

3. *E* 和 *H* 的数值成比例

在空间任一点都有 $\sqrt{\varepsilon}E=\sqrt{\mu}H$.

4. 电磁波在介质中传播的速度

$$u=\frac{1}{\sqrt{\varepsilon\mu}}$$

电磁波的传播可以不依赖任何介质在真空中传播. 在真空中

$$u=\frac{1}{\sqrt{\varepsilon_0\mu_0}}=\frac{1}{\sqrt{8.85\times10^{-12}\times4\pi\times10^{-7}}}=3.0\times10^{8}\ \mathrm{m\cdot s^{-1}}$$

即光速,光也是一种电磁波.

三、电磁波的能量

电磁波是变化的电磁场的传播. 由于电磁场具有能量,所以伴随电磁波的传播,也有能量的传播,这种以波的形式传播出去的能量称为辐射能. 显然,辐射能传播的速度和方向就是电磁波传播的速度和方向.

由式(13—5—11)和(16—4—3)可知,电场和磁场的能量体密度分别为

$$w_{\mathrm{e}}=\frac{1}{2}\varepsilon E^{2}=\frac{1}{2}DE\qquad w_{\mathrm{m}}=\frac{1}{2}\mu H^{2}=\frac{1}{2}BH$$

因此,电磁场的总能量密度为

$$w=w_{\mathrm{e}}+w_{\mathrm{m}}=\frac{1}{2}\varepsilon E^{2}+\frac{1}{2}\mu H^{2}$$

为了衡量波的强弱,与机械波情况相同,我们定义电磁波的能流密度为单位时间内通过与波的传播方向垂直的单位面积的能量,用 $\boldsymbol{I}$ 表示,它是一个矢量. 下面讨论它的大小和方向. 如图 16—9—7 所示,设 $\mathrm{d}A$ 为垂直于电磁波传播方向的截面积,若介质不吸收电磁能,则在 $\mathrm{d}t$ 时间内,通

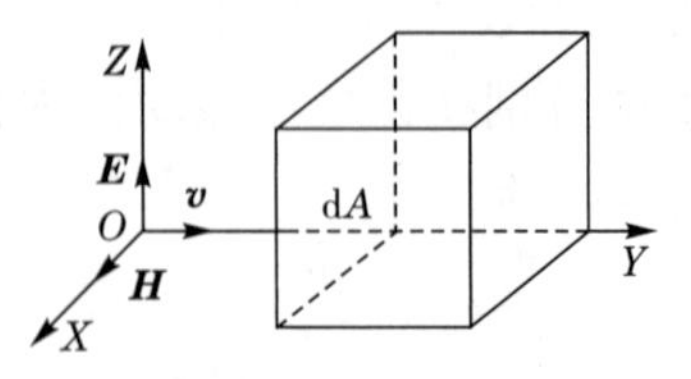

图 16—9—7　能流密度矢量

过 dA 的辐射能量为 $wu\mathrm{d}A\mathrm{d}t$. 由能流密度的定义,得

$$I=\frac{wu\mathrm{d}A\mathrm{d}t}{\mathrm{d}A\mathrm{d}t}=wu=\left(\frac{1}{2}\varepsilon E^2+\frac{1}{2}\mu H^2\right)\frac{1}{\sqrt{\varepsilon\mu}}=EH \tag{16-9-5}$$

因能流密度方向就是电磁波的传播方向,又由于 $\boldsymbol{E}$ 和 $\boldsymbol{H}$ 互相垂直,都和传播方向垂直,所以上式可以写成矢量形式

$$\boldsymbol{I}=\boldsymbol{E}\times\boldsymbol{H}$$

式中,$\boldsymbol{I}$ 为电磁波的能流密度矢量,也称坡印廷矢量,它是描述电磁波能量传播的重要物理量.

对于平面电磁波,可以证明,能流密度的平均值为

$$\overline{I}=\frac{1}{2}E_0H_0$$

将式(16—9—1)和式(16—9—2)代入式(16—9—5),得振荡偶极子辐射的电磁波能流密度

$$I=EH=\frac{\sqrt{\varepsilon\mu^3}\,p_0^2\omega^4\sin^2\theta}{16\pi^2r^2}\cos^2\omega\left(t-\frac{r}{u}\right) \tag{16-9-6}$$

振荡偶极子在单位时间内辐射出去的能量叫作辐射功率,用 P 表示. 如果将式(16—9—6)在以振荡偶极子为中心,半径为 r 的球面上积分,并把所得结果对时间取平均值,得振荡偶极子的平均辐射功率

$$\overline{P}=\frac{\mu p_0^2\omega^4}{12\pi u} \tag{16-9-7}$$

上式说明,平均辐射功率与振荡偶极子频率的四次方成正比. 因此,振荡偶极子的辐射功率随着频率的增高而迅速增大.

例 16—9—1 设有一平面电磁波在真空中传播,电磁波通过某点时,该点的 $E=50\ \mathrm{V\cdot m^{-1}}$. 试求该时刻该点的 $\boldsymbol{B}$ 和 $\boldsymbol{H}$ 的大小,以及电磁能量密度 w 和能流密度 $\boldsymbol{I}$ 的大小.

解 由 $B=\mu_0H$ 和 $\sqrt{\varepsilon_0}E=\sqrt{\mu_0}H$ 以及 $c=\dfrac{1}{\sqrt{\varepsilon_0\mu_0}}=3.0\times10^8\ \mathrm{m\cdot s^{-1}}$,得

$$B=\frac{E}{c}=\frac{50}{3.0\times10^8}\ \mathrm{T}=1.67\times10^{-7}\ \mathrm{T}$$

$$H=\frac{B}{\mu_0}=\frac{1.67\times10^{-7}}{4\pi\times10^{-7}}\ \mathrm{A\cdot m^{-1}}=0.134\ \mathrm{A\cdot m^{-1}}$$

$$w = \frac{1}{2}\varepsilon_0 E^2 + \frac{1}{2}\mu_0 H^2 = \varepsilon_0 E^2 = 8.85 \times 10^{-12} \times 50^2 \ \mathrm{J \cdot m^{-3}}$$
$$= 2.21 \times 10^{-8} \ \mathrm{J \cdot m^{-3}}$$
$$I = EH = 50 \times 0.134 \ \mathrm{J \cdot m^{-2} \cdot s^{-1}} = 6.7 \ \mathrm{J \cdot m^{-2} \cdot s^{-1}}$$

四、电磁波谱

自从赫兹用实验的方法产生电磁波,并证明光波也属于电磁波以后,人们又做了许多实验,证明伦琴射线(X 射线)、γ 射线等都是电磁波.所有这些电磁波在本质上完全相同,只是频率和波长有很大差别.例如无线电波的波长最长,光波次之,X 射线和 γ 射线的波长最短.各种不同的电磁波在真空中的传播速度都是 c,由波的基本公式 $c = \nu\lambda$ 可见,在真空中不同波长的电磁波具有不同的频率.波长越短,相应的频率越高.

为了对各种电磁波有一个统一、直观的了解,人们习惯上按真空中电磁波波长的长短或频率的高低次序把这些电磁波排列成谱,这就是常说的电磁波谱.如图 16—9—8 所示是用频率和波长两种标度画出的电磁波谱.由于电磁波的波长或频率范围很宽,所以图中用对数标示比较方便.在电磁波谱中,无线电波是波长最长的电磁波,一般用振荡电路通过天线发射到四周空间.它通常按波长大小又分为长波(波长在 3 km 以上)、中波(波长在 50 m~3 km 范围)、短波(波长在 10~50 m 范围)和超短波(波长在 1~10 m 范围).中波和短波用于无线电广播和通讯,微波(波长在 0.1~1 m 范围)用于电视和雷达.

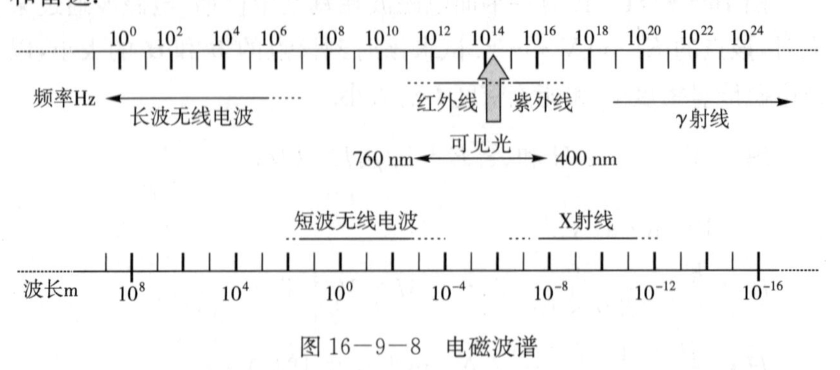

图 16—9—8　电磁波谱

可见光的波长范围很窄，由红光到紫光的波长在 400～760 nm 范围. 从可见光向两侧扩展，波长比红光长的称为红外线，它有显著的热效应，可用来制成“夜视仪”、红外雷达；也可用来做物质结构和化学成分分析等. 波长比紫光更短的称为紫外线，它有显著的化学效应和荧光效应，常用于医学上的紫外杀菌、农业的紫外灯捕虫器等. 红外线和紫外线都不能引起人们的视觉效应，只能利用特殊的仪器来探测. 可见光、红外线、紫外线都是由原子或分子等微观源的振荡所激发. 可见光、红外线和紫外线这三部分电磁波合称为光辐射.

X 射线的波长范围在 0. 04～5 nm 之间；它具有很强的穿透能力，能使照相底片感光、荧光屏发光. 工业上广泛用 X 射线探测金属内部缺陷或做物质晶体结构分析，医疗上用于透视和病理检查. X 射线是用高速电子流轰击金属靶得到的.

γ 射线是比 X 射线更短的电磁波，其波长在 0. 04 nm 以下. 它来自宇宙射线、放射性物质的辐射或高能粒子与原子核碰撞所产生的电磁辐射. 它比 X 射线具有更强的穿透力，可用来进行放射性实验，产生高能粒子，还可以借助它研究天体、认识宇宙，也可用于金属探伤等.

由上述可知，电磁波谱中各波段的划分，是依据它们的产生方法和探测手段不同而定的. 随着科学技术的发展，各波段之间的界限已被冲破，许多相邻波段已互相渗透重叠. 目前，电磁波谱中各波段电磁波的性质，在相当广泛的程度被人们所认识和应用.

*§ 16—10 电磁场的统一性与相对性

原来电学和磁学是分开研究的，互不关联. 后经奥斯特、法拉第的研究，发现“电能生磁”，“磁也能生电”，把电与磁联系起来. 麦克斯韦把法拉第的力线思想“翻译”成数学语言，得到了统一的电磁场理论——麦克斯韦方程组. 特别是爱因斯坦的狭义相对论建立后，其中一个令人印象深刻的观念是关于电场和磁场的看法，在电动力学的相对论形式中，电场 $\boldsymbol{E}$ 的三个分量和磁场 $\boldsymbol{B}$ 的三个分量都属于同一个物理量. 这个物理量当然不可能是四维矢量，因为四维矢量只有四个分量,不可能容纳 **E** 和 **B** 的六个分量.统一描写电磁场强度的量称为"电磁场张量",用 $F_{\mu\nu}$ 表示,是一个四维二阶张量.一个三维二阶张量有 9 个分量,与此类似,一个四维二阶张量有 16 个分量.如果这个张量是反对称的,它便只有 6 个不为零的独立分量,这恰好可用来分别表示 **E** 和 **B** 的 6 个分量.电磁场张量的具体表达式是

$$F_{\mu\nu} = \begin{pmatrix} 0 & B_z & -B_y & -\frac{i}{c}E_x \\ -B_z & 0 & B_x & -\frac{i}{c}E_y \\ B_y & -B_x & 0 & -\frac{i}{c}E_z \\ \frac{i}{c}E_x & \frac{i}{c}E_y & \frac{i}{c}E_z & 0 \end{pmatrix}$$

因此,电场和磁场是不可分割的,它们之间有本质的联系.

根据狭义相对论的相对性原理,所有的惯性系都是等价的,对同一物理规律的表述,在不同惯性参考系中都应具有相同的形式.研究表明,麦克斯韦方程在所有惯性系中都具有相同的形式,因此,不同惯性系中场量间必然有一定的变换关系.

设惯性系 $K'(x',y',z')$ 以匀速 v 沿 x 方向相对于惯性系 $K(x,y,z)$ 运动,如图 16-10-1 所示.如果在 K' 系中有一静止的电荷 q,那么它相对 K 系是以速度 v 运动的.于是 K' 系中观察者认为电荷 q 产生了电场 E',而在 K 系的观察者不仅观察到电场 E,而且由于电荷以速度 v 运动,还观察到磁场 B.更为一般的情况,电荷 q 在 K' 系中也是运动的,那么在 K' 系中也观察到电场 E' 和磁场 B'.电荷 q 在不同参考系中是不变的,按洛伦兹变换可以证明,在不同惯性系中电磁场量的关系是

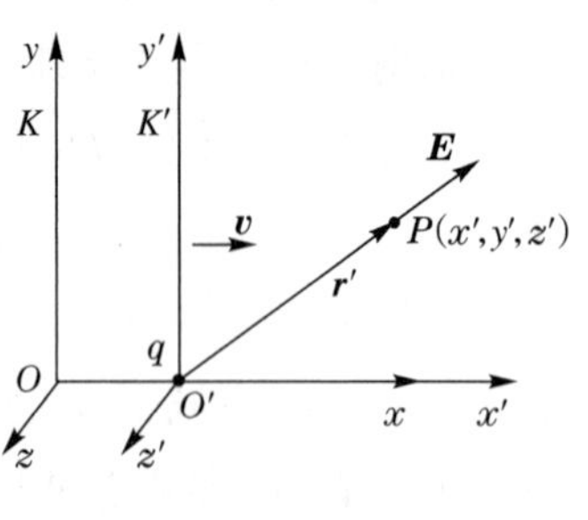

图 16-10-1

$$E_x = E'_x, E_y = \gamma(E'_y + vB'_z), E_z = \gamma(E'_z - vB'_y)$$

$$B_x = B'_x, B_y = \gamma\left(B'_y - \frac{vE'_z}{c^2}\right), B_z = \gamma\left(B'_z + \frac{vE'_y}{c^2}\right)$$

式中,$\gamma = 1\Big/\sqrt{1-\frac{v^2}{c^2}}$.只要把上式的 v 换成 $(-v)$ 就可以得到反变换式.

在不同的惯性系中采用各自所在系统的时间、空间及场量来描述电磁现象,即描述电磁现象的场量在不同惯性系内可以有不同的量值,这说明电磁场

量是相对的.

利用场量变换关系，可以计算高速运动电荷的电场强度和磁感应强度为

$$\boldsymbol{E}=\frac{q}{4\pi\varepsilon_0}\frac{(1-\beta^2)\boldsymbol{r}}{(1-\beta^2\sin^2\theta)^{3/2}r^3}$$

$$\boldsymbol{B}=\frac{\mu_0 q}{4\pi}\frac{(1-\beta^2)\boldsymbol{v}\times\boldsymbol{r}}{(1-\beta^2\sin^2\theta)^{3/2}r^3}$$

式中，$\beta=\frac{v}{c}$，$\boldsymbol{r}$ 为点电荷至场点的矢量，θ 为 $\boldsymbol{r}$ 与 $\boldsymbol{v}$ 的夹角，如图 16－10－2 所示. 这时电场已不再是球对称的了，在垂直运动的方向上，电磁场变强，速度越大，越向 $\theta=90°$方向集中，电场线如图 16－10－3 所示，当 $v\ll c$ 时，$\beta\to 0$，上式化为

$$\boldsymbol{E}=\frac{q}{4\pi\varepsilon_0}\frac{\boldsymbol{r}}{r^3},\ \boldsymbol{B}=\frac{\mu_0 q}{4\pi}\frac{\boldsymbol{v}\times\boldsymbol{r}}{r^3}$$

分别与式(12－2－2)和式(14－3－2)相同.

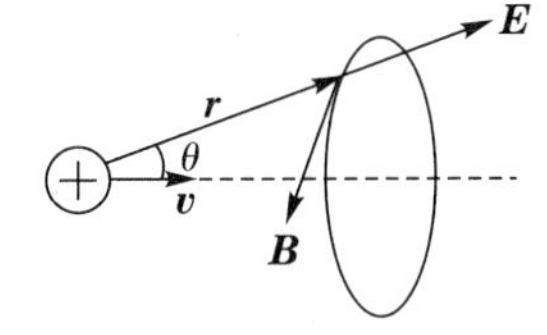

图 16－10－2　运动电荷激发的电磁场

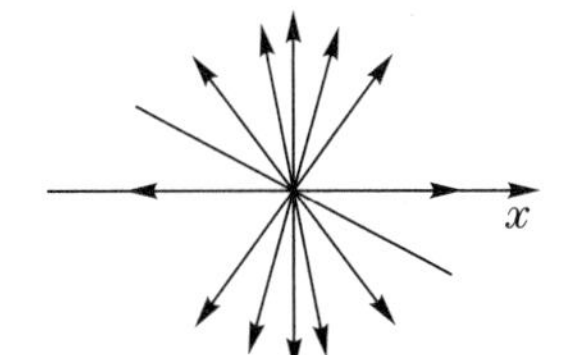

图 16－10－3　点电荷在高速下的电场线分布

习题十六

一、选择题

16－1　如图 16－1 所示，有一边长为 1 m 的立方体，处于沿 y 轴指向的强度为 0.2 T 的均匀磁场中，导线 a,b,c 都以 50 cm・s^{-1}的速度沿图中所示方向运动，则 (　　)

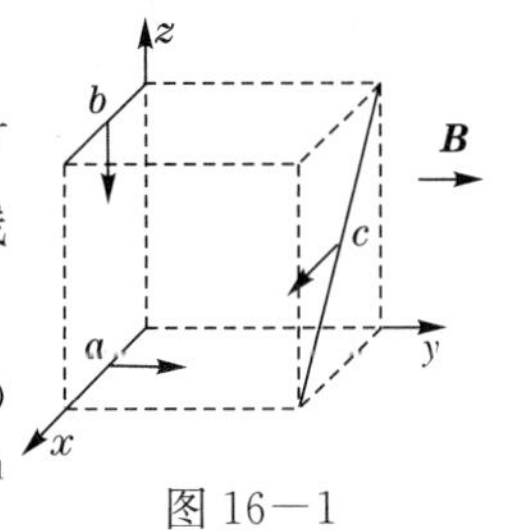

图 16－1

(A)导线 a 内等效非静电性场强的大小为 0.1 V・m^{-1}

(B)导线 b 内等效非静电性场强的大小为零

(C)导线 c 内等效非静电性场强的大小为 0.2 V・m^{-1}

(D)导线 c 内等效非静电性场强的大小为 0.1 V・m^{-1}

16—2 如图16—2所示,导线AB在均匀磁场中做下列四种运动:

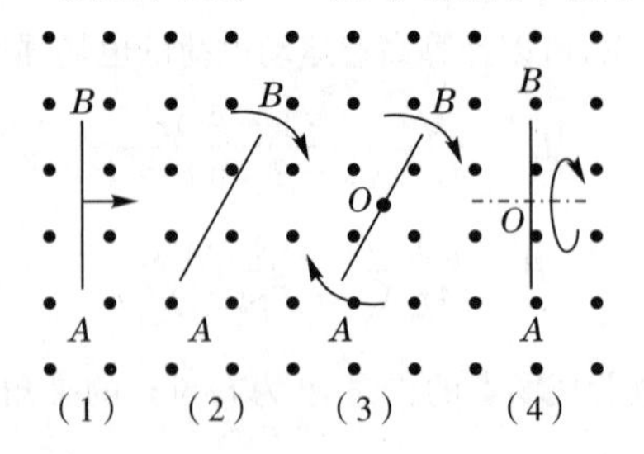

图16—2

(1)垂直于磁场平动;

(2)绕固定端A做垂直于磁场转动;

(3)绕其中心点O做垂直于磁场转动;

(4)绕通过中心点O的水平轴做平行于磁场的转动.

关于导线AB的感应电动势,下列结论中错误的是 (　　)

(A)(1)有感应电动势,A端为高电势

(B)(2)有感应电动势,B端为高电势

(C)(3)无感应电动势

(D)(4)无感应电动势

16—3 一"探测线圈"由50匝导线组成,截面积$S=4\ \text{cm}^2$,电阻$R=25\ \Omega$.若把探测线圈在磁场中迅速翻转90°,测得通过线圈的电荷量为$\Delta q=4\times10^{-5}\ \text{C}$,则磁感应强度$B$的大小为 (　　)

(A)0.01 T　　(B)0.05 T　　(C)0.1 T　　(D)0.5 T

16—4 如图16—3所示,一根长为1 m的细直棒ab,绕垂直于棒且过其一端a的轴以$2\ \text{r}\cdot\text{s}^{-1}$的角速度旋转,棒的旋转平面垂直于0.5 T的均匀磁场,则在棒的中点,等效非静电性场强的大小和方向为 (　　)

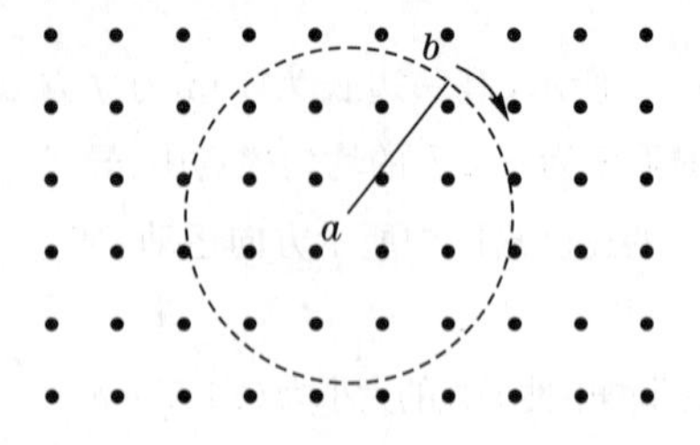

图16—3

(A)$314\ \text{V}\cdot\text{m}^{-1}$,方向由$a$指向$b$　　(B)$6.28\ \text{V}\cdot\text{m}^{-1}$,方向由$a$指向$b$

(C)$3.14\ \text{V}\cdot\text{m}^{-1}$,方向由$b$指向$a$　　(D)$628\ \text{V}\cdot\text{m}^{-1}$,方向由$b$指向$a$

二、填空题

16—5 电阻 $R=2\ \Omega$ 的闭合导体回路置于变化磁场中，通过回路包围面积的磁通量与时间的关系为 $\Phi_{\mathrm{m}}=(5t^2+8t-2)\times10^{-3}(\mathrm{Wb})$，则在 $t=2$ s至 $t=3$ s 的时间内，流过回路导体横截面的感应电荷 $q_t=$__________C.

16—6 半径为 a 的无限长密绕螺线管，单位长度上的匝数为 n，螺线管导线中通过交变电流 $i=I_0\sin\omega t$，则围在管外的同轴圆形回路(半径为 r)上的感生电动势为__________ V.

16—7 半径 $r=0.1$ cm 的圆线圈，其电阻为 $R=10\ \Omega$，匀强磁场垂直于线圈，若使线圈中有稳定电流 $i=0.01$ A，则磁场随时间的变化率为 $\dfrac{\mathrm{d}B}{\mathrm{d}t}=$__________.

16—8 为了提高变压器的效率，一般变压器选用叠片铁芯，这样可以减少______损耗.

16—9 感应电场是由__________产生的，它的电场线是__________.

16—10 引起动生电动势的非静电力是________力，引起感生电动势的非静电力是________力.

三、计算题

16—11 如图 16—4 所示，长直导线 AB 中的电流 I 沿导线向上，并以 $\mathrm{d}I/\mathrm{d}t=2\ \mathrm{A\cdot s^{-1}}$的变化率匀速增长. 导线附近放一个与之同面的直角三角形线框，其一边与导线平行，位置及线框尺寸如图所示. 求此线框中产生的感应电动势的大小和方向. ($\mu_0=4\pi\times10^{-7}\ \mathrm{T\cdot m\cdot A^{-1}}$)

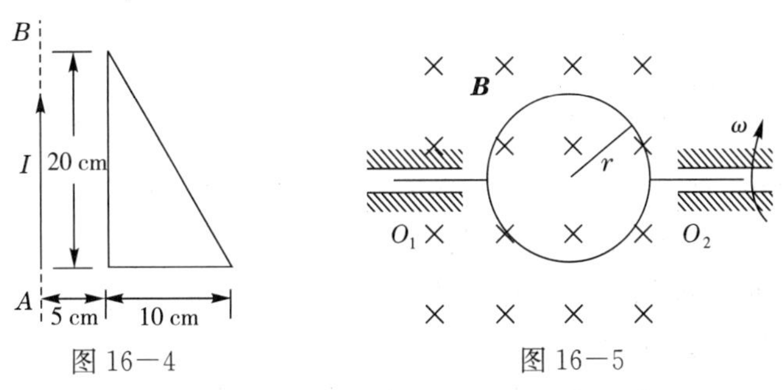

图 16—4　　　图 16—5

16—12 如图 16—5 所示，有一半径为 $r=10$ cm 的多匝圆形线圈，匝数 $N=100$，置于均匀磁场 $\boldsymbol{B}$ 中($B=0.5$ T). 圆形线圈可绕通过圆心的轴 O_1O_2 转动，转速 $n=600\ \mathrm{r\cdot min^{-1}}$. 当圆线圈自图示的初始位置转过 $\dfrac{1}{2}\pi$ 时，求：

(1)线圈中的瞬时电流值(线圈的电阻 R 为 100 Ω，不计自感)；

(2)圆心处的磁感应强度. ($\mu_0=4\pi\times10^{-7}\ \mathrm{H\cdot m^{-1}}$，线圈中电流产生的磁场，不含外场)

16—13　如图16—6所示，一长直导线中通有电流I，有一垂直于导线、长度为l的金属棒AB在包含导线的平面内，以恒定的速度$\boldsymbol{v}$沿与棒成θ角的方向移动. 开始时，棒的A端到导线的距离为a，求任意时刻金属棒中的动生电动势，并指出棒哪端的电势高.

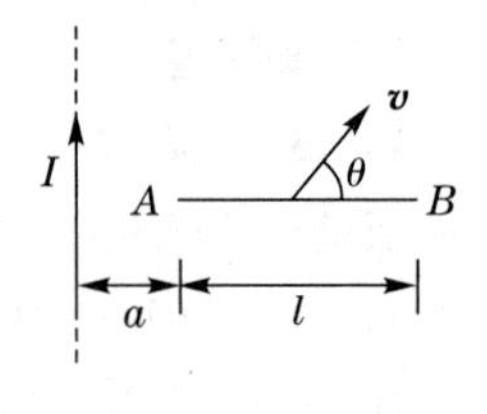

图16—6

16—14　一圆形线圈A由50匝细线绕成，其面积为4 cm^2，放在另一个匝数等于100匝、半径为20 cm的圆形线圈B的中心，两线圈同轴，设线圈B中的电流在线圈A所在处激发的磁场是均匀的. 求：

(1)两线圈的互感；

(2)当线圈B中的电流以50 $\text{A}\cdot\text{s}^{-1}$的变化率减小时，线圈$A$内的磁通量的变化率；

(3)线圈A中的感生电动势.

16—15　如图16—7所示，在半径为R的无限长直圆柱形空间内，存在磁感应强度为$\boldsymbol{B}$的均匀磁场，$\boldsymbol{B}$的方向平行于圆柱轴线，在垂直于圆柱轴线的平面内有一根无限长直导线，直导线与圆柱轴线相距为d，且$d>R$，已知$\frac{\mathrm{d}B}{\mathrm{d}t}=k$，$k$为大于零的常量. 求长直导线中的感应电动势的大小和方向.

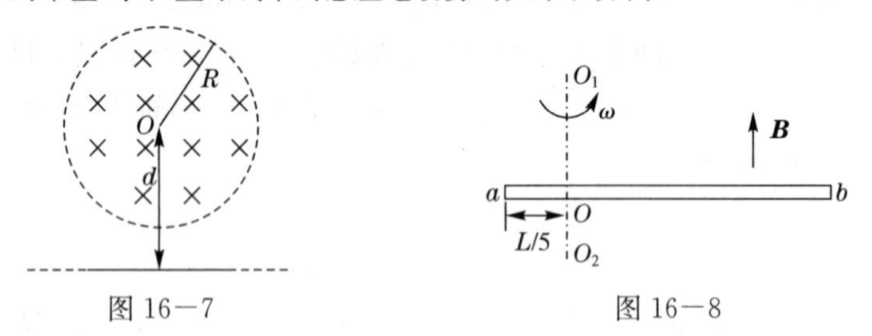

图16—7　　图16—8

16—16　如图16—8所示，一根长为L的金属细杆ab绕竖直轴O_1O_2以角速度ω在水平面内旋转. O_1O_2在离细杆a端$L/5$处. 若已知地磁场在竖直方向的分量为$\boldsymbol{B}$. 求ab两端间的电势差U_a-U_b.

16—17　有一段10号铜线，直径为2.54 mm，单位长度的电阻为$3.28\times10^{-3}\ \Omega\cdot\text{m}^{-1}$，在这根铜线上载有10 A的电流. 试计算：

(1)铜线表面处的磁能密度；

(2)该处的电能密度.

16—18　有两根半径均为a(很小)的平行长直导线，它们中心距离为d，如图16—9所示. 试求长为l的一对导线的自感. 导线内部的磁通量可略去不计.

16—19　如图16—10所示，在一柱形纸筒上绕有两组相同线圈AB和$A'B'$，每个线圈的自感均为L. 求：

(1)A 和 A' 相接时，B 和 B' 间的自感 L_1；

(2)A' 和 B 相接时，A 和 B' 间的自感 L_2.

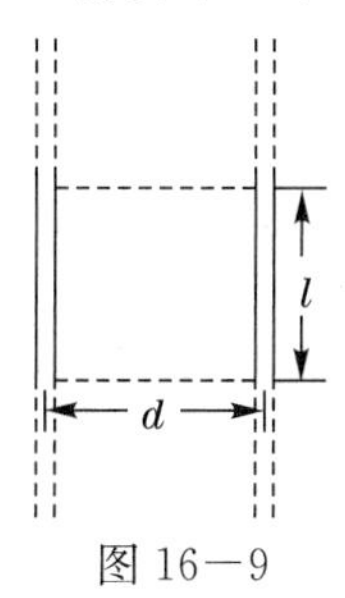

图 16—9

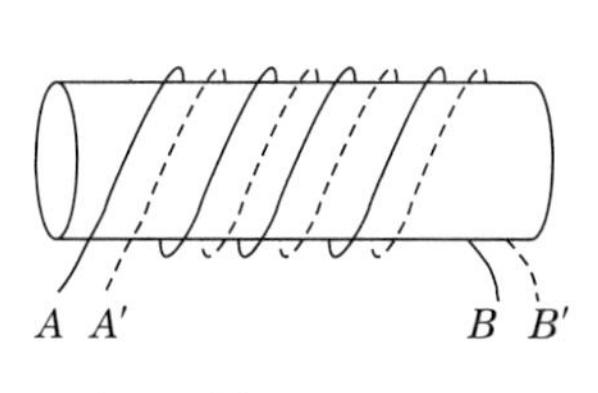

图 16—10

16—20 一半径为 R 的圆形回路与一无限长直导线共面，圆心到长直导线间的距离为 d，如图 16—11 所示. 求它们之间的互感.

16—21 将一段导线弯成一边长为 l 的正六边形线圈，在正六边形中心处放一个半径为 r 的小圆形线圈，且 $r \ll l$. 这两个线圈在同一平面内，如图 16—12 所示. 求：

(1)它们的互感；

(2)当小圆线圈通以电流 I 时，通过正六角形线圈的磁通量为多少？

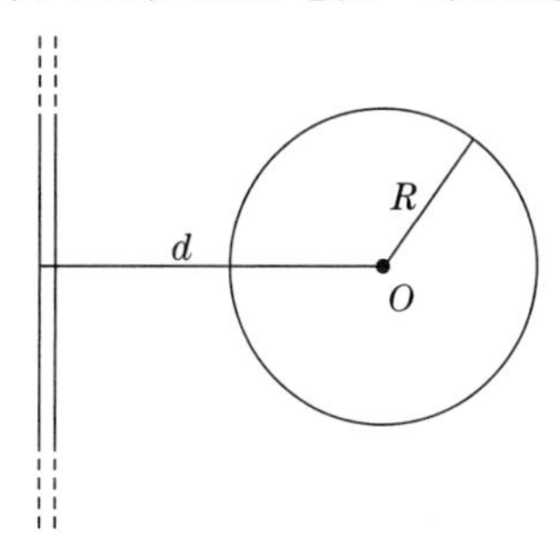

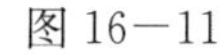

图 16—11

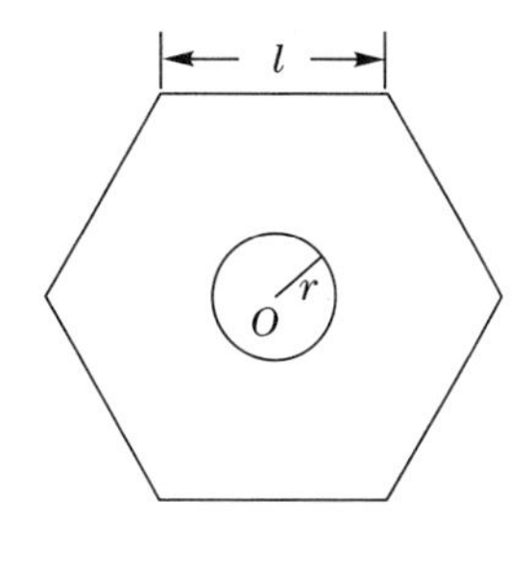

图 16—12

16—22 如图 16—13 所示，正点电荷 q 自 P 点以速度 $\boldsymbol{v}$ 向 O 点运动，已知 $\overline{OP}=x$，若以 O 点为圆心、R 为半径作一个与 $\boldsymbol{v}$ 垂直的圆平面，试求：

(1)通过圆平面的位移电流；

(2)由全电流安培环路定理求圆周上各点的磁感应强度值.

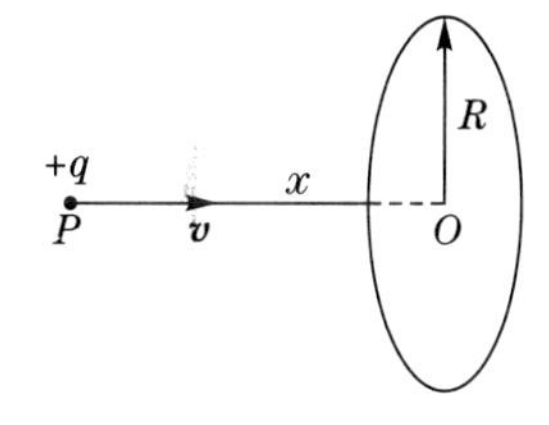

图 16—13

16－23 如图16－14所示，将开关K揿下后，电容器即由电池充电，放手后，电容器即经由线圈L放电.

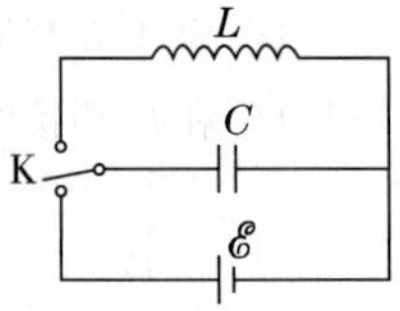

(1)若$L=0.010\ \mathrm{H}$，$C=1.0\ \mu\mathrm{F}$，$\mathscr{E}=1.4\ \mathrm{V}$，求$L$中的最大电流(电阻极小，可略)；

(2)当分布在电容和电感间的能量相等时，电容器上的电荷为多少？

(3)从放电开始到电荷第一次为上述数值时，经过了多少时间？

图16－14

16－24 电磁波在某介质中传播的波动方程为

$$A\frac{\partial^2 E_y}{\partial t^2}=B\frac{\partial^2 E_y}{\partial x^2}\text{ 和 }A\frac{\partial^2 H_z}{\partial t^2}=B\frac{\partial^2 H_z}{\partial x^2}$$

式中，$A=1.26\times10^{-6}\ \mathrm{H\cdot m^{-1}}$，$B=5.04\times10^{10}\ \mathrm{m\cdot F^{-1}}$，试求该介质的折射率.

16－25 一个沿z轴正方向传播的平面电磁波，传播速度为c. 其电场强度沿x方向，在某点P的电场强度为$E_x=300\cos\left(2\pi\nu t+\frac{\pi}{3}\right)$(SI制)，试求$P$点的磁场强度表示式.

第十七章

交 流 电

一个电路中,如果电源电动势 $\varepsilon(t)$ 的大小和方向随时间做周期性变化,那么,电路中电流 $i(t)$ 和各元件上的电压 $u(t)$ 的大小和方向也随时间做周期性变化.这种电路称为交流电路.其中的电压 $u(t)$ 称为交变电压,电流 $i(t)$ 称为交变电流.它们也统称为交流电.由于交流电在电能的产生、传输和利用上,具有一系列直流电无法比拟的优点,因此,在工农业生产上,科研和日常生活中都得到了广泛的使用.

本章主要介绍交流电的基本概念、基本规律,以及简单交流电路的解法,最后再介绍一下三相交流电.

*§ 17—1　交流电及交流电路中的基本元件

一、交流电概述

1. 各种形式的交流电

实际中遇到的交流电的形式是多种多样的.交流电路中电流和电压随时间变化的曲线图形,称为交流电的波形,如图 17—1—1 所示.

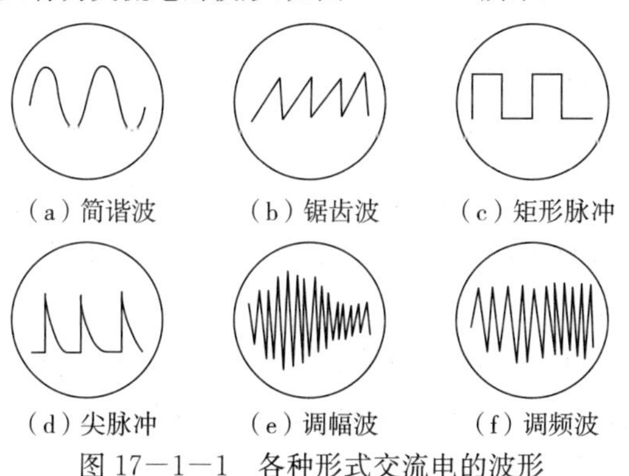

(a) 简谐波　(b) 锯齿波　(c) 矩形脉冲
(d) 尖脉冲　(e) 调幅波　(f) 调频波

图 17—1—1　各种形式交流电的波形

在各种波形的交流电中，以简谐交流电为最简单、最重要，因为其他形式的交流电，都可以看作由一系列不同频率、不同幅度的简谐交流电的叠加. 本章只讨论简谐交流电遵循的规律.

2. 简谐交流电的表述及特征量

对简谐交流电的描述，我们一律采用如下余弦函数表达式.

$$\begin{aligned} &\text{交变电动势} \quad \varepsilon(t) = \varepsilon_0 \cos(\omega t + \varphi_e) \\ &\text{交变电压} \quad u(t) = U_0 \cos(\omega t + \varphi_u) \\ &\text{交变电流} \quad i(t) = I_0 \cos(\omega t + \varphi_i) \end{aligned} \tag{17-1-1}$$

描述简谐交流电的以上三个物理量中的任何一个，都需要三个特征量，即角频率 ω(或频率 $f=\frac{\omega}{2\pi}$)，相位 φ 以及峰值(或幅值)ε_0，U_0 或 I_0. 交流电中的相位是决定瞬时变化状态的特征量，如果两个简谐量之间有相位差，则它们随时间变化的步调就不一致，与直流电路相比，交流电路的复杂性和多样性主要起因于此.

交流电的大小常用其有效值表示. 有效值的意义是，如果把一个交流电加到电阻上所产生的焦耳热与一个直流电在相同时间内加到此电阻上产生的焦耳热相同，那么就把这个直流电的电压或电流叫作这个交流电的电压或电流的有效值. 可以证明，交流电的有效值等于它的峰值除以$\sqrt{2}$，即

$$\begin{aligned} U &= \frac{U_0}{\sqrt{2}} = 0.707U_0 \\ I &= \frac{I_0}{\sqrt{2}} = 0.707I_0 \end{aligned} \tag{17-1-2}$$

例如，通常所说的市电电压为 220 V，就是说它的有效值 $U=220$ V，而 $U_0=311$ V.

这里需要说明的是：

(1)频率是由电源决定的.

(2)式(17-1-1)中$(\omega t+\varphi)$交流电在时刻 t 的相位反映了时刻 t 交流电的状态(指交流电的瞬时值及其变化趋势)，其中 φ 称为初相位，它决定了交流电的初始状态.

(3)ε_0、U_0、I_0 总取正值，如 $i(t)=-I_0\cos(\omega t+\varphi')$之类表达式中，定其峰值和初相位时要特别注意，不能认为 $i(t)$的峰值为$-I_0$，初相位为 φ'，而应将表达整理成 $i(t)=I_0\cos(\omega t+\varphi'+\pi)$，这时可定出 $i(t)$的峰值为 I_0，初相位 $\varphi_i=\varphi'+\pi$. 同理可知，任意时刻 $i(t)$的相位不是 $\omega t+\varphi'$，而是 $\omega t+\varphi'+\pi$.

(4)在交流电路中，电路刚接通时，由于电源是简谐交变的，因此存在一个暂态过程，不是简谐的，稳定后才是简谐的.

二、交流电路中的基本元件

交流电路像直流电路一样，讨论的基本问题仍然是电路中同一元件上电压和电流的关系，以及电压、电流和功率在电路中的分配. 交流电路与直流电路的不同点是，直流电路中只有一种基本元件，即电阻 R；在交流电路中，除了 R 外，还有电容 C 和电感 L，共三种基本元件. 电容器和电感器在直流电路中，除了暂态情况下起作用外，在恒定电流情况下，电感就相当于一根导线，电容相当于一个始终断开的开关. 但是，电感器和电容器在交流电路中则不同了. 由于电源电动势是交变的，电感器 L 中随着电路里出现的大小方向不断变化的电流而产生了大小方向都不断变化的自感电动势；电容器 C 上，则出现了大小和方向也不断变化的充电和放电电流. 可见，在交流电路中，L 和 C 的存在，强烈地影响着电路中的电流和电压分配.

在交流电路中，描述一个元件上的电压 $u(t)$ 与电流 $i(t)$ 之间的关系，需要有两个量.

(1)电压与电流峰值或有效值之比，称为该元件的阻抗，用 Z 表示，即

$$Z = \frac{U_0}{I_0} \tag{17-1-3}$$

(2)电压与电流的相位关系，即相位差

$$\varphi = \varphi_u - \varphi_i \tag{17-1-4}$$

阻抗 Z 和相位差 φ 总起来代表了一个交流元件本身的特性，因此，也可以用 (Z,φ) 代表一个阻抗元件.

下面分别讨论三种元件单独接在交流电路中时的作用.

1. 仅含电阻的电路

设通过如图 17—1—2 所示电路中电阻 R 的电流为

$$i(t) = I_0\cos(\omega t + \varphi_i)$$

为简单起见，设 $\varphi_i=0$. 由欧姆定律 $i=\frac{u}{R}$，加在 R 上的电压

$$u(t) = I_0 R\cos\omega t \tag{17-1-5}$$

故电阻 R 上的电压也按余弦规律变化. $\varphi_u=0$，表示与电流同相位. 因此，对于电阻上电压与电流的相位差为

$$\varphi_R = \varphi_u - \varphi_i = 0 \tag{17-1-6}$$

这说明电阻上的 $u(t)$ 和 $i(t)$ 同时达到最大值. 将 $u(t)$ 和 $i(t)$ 画成曲线后如图 17—1—3所示.

由 $i(t)$ 的表达式知其有效值为 $I=\frac{I_0}{\sqrt{2}}$，由式(17－1－5)可知，$u(t)$ 的峰值 $U_0=I_0R$，有效值为 $U=\frac{U_0}{\sqrt{2}}=\frac{I_0R}{\sqrt{2}}=IR$. 根据式(17－1－3)，可求得电阻的阻抗

$$Z_R=\frac{U_0}{I_0}=\frac{U}{I}=R \tag{17－1－7}$$

所以电阻元件在交流电路中阻抗的大小就是电阻值 R，单位是欧姆.

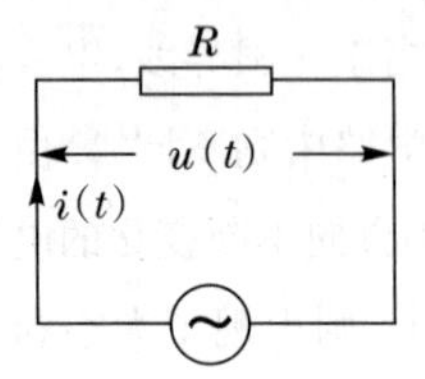

图 17－1－2　仅含电阻的交流电路

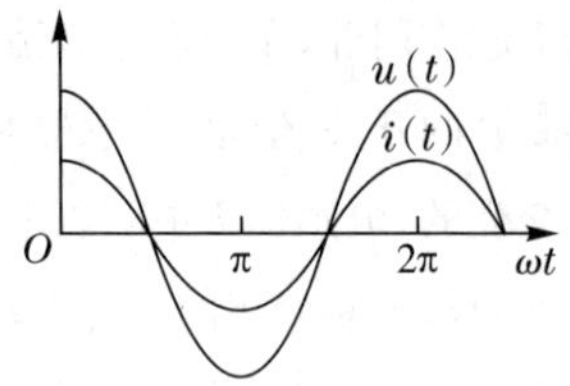

图 17－1－3　电阻上 $u(t)$ 和 $i(t)$ 的关系

2. 仅含电感的电路

如图 17－1－4 所示，一个理想电感与一个输出电压为 $u(t)$ 的电源相接，由于 $u(t)$ 做周期性变化，回路中电流也是交变的，因此，电感上产生了 $\varepsilon_L=-L\frac{\mathrm{d}i}{\mathrm{d}t}$ 的自感电动势. 由于自感电动势是非静电力做功形成的，此时可将电感器本身看成一个交流电源，它两端的端电压与自感电动势的关系为

$$u(t)=-\varepsilon_L=L\frac{\mathrm{d}i}{\mathrm{d}t}$$

如果电路中的电流 $i(t)=I_0\cos\omega t$，将 $i(t)$ 代入上式得

$$u(t)=-LI_0\omega\sin\omega t=LI_0\omega\cos(\omega t+\frac{\pi}{2}) \tag{17－1－8}$$

此即为加在图 17－1－4 中电感 L 上的电压，$LI_0\omega$ 为电感上电压的峰值. 将式(17－1－8)与流过电感的电流 $i(t)=I_0\cos\omega t$ 比较可知，两者的相位差为

$$\varphi_L=\varphi_u-\varphi_i=\frac{\pi}{2} \tag{17－1－9}$$

即电感元件上电压的相位比电流超前$\frac{\pi}{2}$，或者说，$u(t)$ 比 $i(t)$ 超前$\frac{1}{4}$个周期，如图 17－1－5 所示.

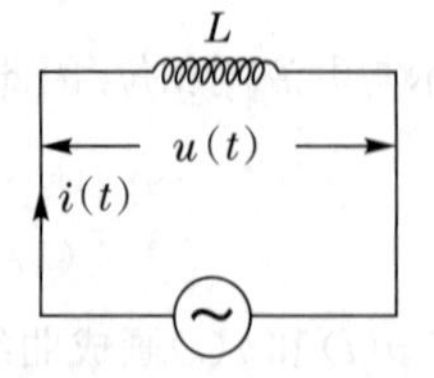

图 17－1－4　仅含电感的交流电路

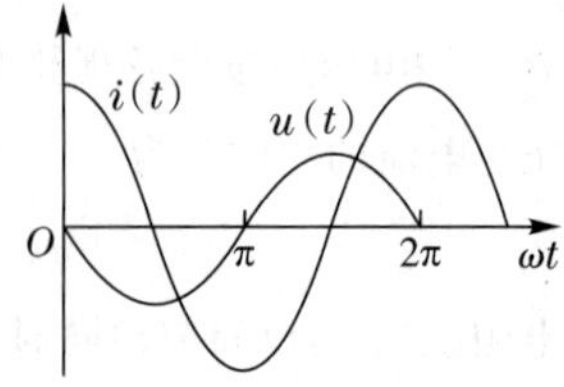

图 17－1－5　电感上 $u(t)$ 和 $i(t)$ 的关系

根据阻抗的定义式(17—1—3)，纯电感元件的阻抗 Z_L(也常称为感抗)为

$$Z_L = \frac{U_0}{I_0} = \frac{U}{I} = L\omega = 2\pi fL \quad (17-1-10)$$

f 的单位是赫兹(Hz)，L 的单位为亨利(H)，Z_L 的单位则为欧姆(Ω).

式(17—1—10)表明，Z_L 与 L 和 f(或 ω)成正比，且当 $f\to 0$ 时，$Z_L\to 0$；当 $f\to\infty$ 时，$Z_L\to\infty$. 因此，电感在交流电路中起着通低频阻高频的作用. 根据电感的这一特性，交流电器设备中的扼流圈(镇流器)一类的电感元件常用来限制交流或稳定直流.

3. 仅含电容的电路

在图 17—1—6 中，由于电源输出电压 $u(t)=U_0\cos\omega t$ 做周期性变化，所以电容器两极板上电荷不断变化，处于反复的充电和放电过程中. 根据电容器上的电压、电量与电容的关系 $q=CU$ 知道，电容器极板上的瞬时电量

$$q(t) = CU_0\cos\omega t \quad (17-1-11)$$

所以电路中的瞬时电流

$$i(t) = \frac{\mathrm{d}q}{\mathrm{d}t} = -CU_0\omega\sin\omega t = CU_0\omega\cos(\omega t + \frac{\pi}{2}) \quad (17-1-12)$$

将 $i(t)$ 的余弦表达式与 $u(t)$ 的余弦表达式比较可知，电容器上的 $u(t)$ 和"流经"它的电流 $i(t)$ 之间的相位差

$$\varphi_C = \varphi_u - \varphi_i = -\frac{\pi}{2} \quad (17-1-13)$$

因而电容器 C 上的电压落后于电流的相位 $\frac{\pi}{2}$，如图 17—1—7 所示.

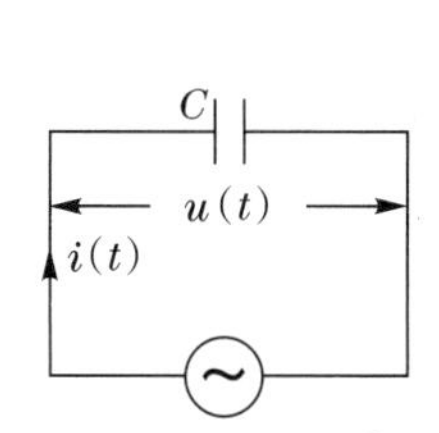

图 17—1—6 仅含电容的交流电路

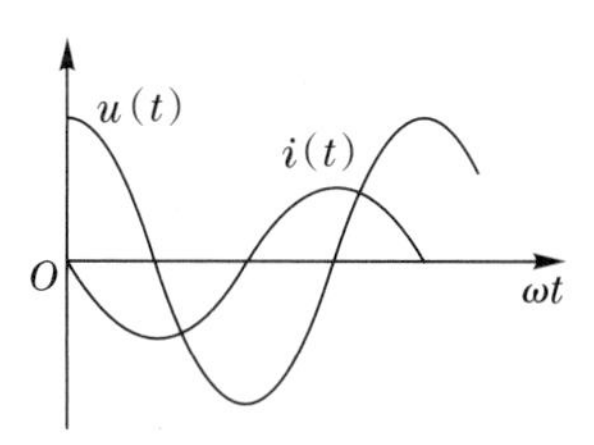

图 17—1—7 电容上 $u(t)$ 和 $i(t)$ 的关系

根据阻抗的定义式(17—1—3)，纯电容元件的阻抗 Z_C 为

$$Z_C = \frac{U_0}{I_0} = \frac{U}{I} = \frac{1}{\omega C} = \frac{1}{2\pi fC} \quad (17-1-14)$$

常称为容抗. 上式表明，Z_C 与 f 和 C 成反比，当 $f\to 0$ 时，$Z_C\to\infty$；$f\to\infty$ 时，$Z_C\to 0$. 若 f 固定，则 C 大时，Z_C 小；反之，C 小时，Z_C 大. 可见，电容器在交流电路中具有通高频阻低频的作用. Z_C 与 Z_L 的单位一样，也是欧姆.

正是由于电阻 R、电感 L 和电容 C 三类元件性质上的不同(见表 17—1)，构

成了千差万别的交流电路.但是,只要我们记住了三者的阻抗特性,就能在求解问题时,抓住关键,顺理成章.这里要特别指出的是,阻抗的频率特性和相位关系,尤其是相位关系,三类元件的不同将在各类元件的组合电路中起重要作用;即使对于单个元件,电压电流间的相位差在功率问题上也起着重要的作用.

表 17-1　交流电路基本元件主要性质的比较

元件种类	$Z=\frac{U_0}{I_0}=\frac{U}{I}$	$\varphi=\varphi_u-\varphi_i$	相位关系
电阻 R	$Z_R=R$(与频率 f 无关)	0	电压电流同相位
电感 L	$Z_L=2\pi fL\propto f$	$\frac{\pi}{2}$	电压超前电流$\frac{\pi}{2}$
电容 C	$Z_C=\frac{1}{2\pi fC}\propto\frac{1}{f}$	$-\frac{\pi}{2}$	电压落后电流$\frac{\pi}{2}$

严格而言,实际元件都不是单纯的电阻、电感或电容元件,而是这种纯元件的某种组合,但以某一方面的特征为主.例如,实际电容器总是有损耗的,它的等效电路是 C 和 R 的并联.当频率 $f\to 0$ 时,该并联等效电路等效于电阻 R;当频率 $f\to\infty$时,C 高频短路,R 不起作用;而在一般频率下$\frac{1}{\omega C}\ll R$,以电容特性为主.所有这些特性都与实际情况相符.然而,C 和 R 串联的电路不符合实际情况,它不是实际电容器的等效电路.

*§ 17-2　简单交流电路的解法

求解简谐交流电路的方法,有矢量图解法、复数法、解电路方程法和三角函数法等,其中以矢量图解法最为直观,以复数法运算最为简便,下面我们就介绍这两种方法.

一、矢量图解法计算同频率简谐量的叠加

1. 问题的提出

如图 17-2-1 所示的是两个交流元件(Z_1,φ_1)和(Z_2,φ_2)(例如一个是电阻,一个是电感;或一个是电容,一个是电感等)串联后,接在一个输出电压为 $u(t)$的电源上.如果用交流电压表分别测得这两个元件上的分电压为 U_1 和 U_2,测得总电压为 U_s,结果你会发现一个奇怪的现象

$$U_s\neq U_1+U_2$$

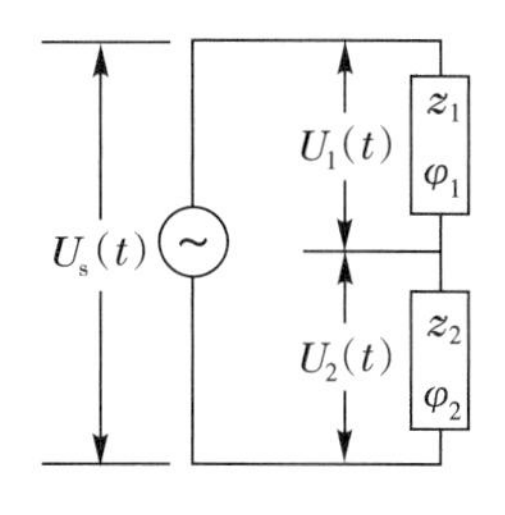

图 17—2—1　交流元件串联

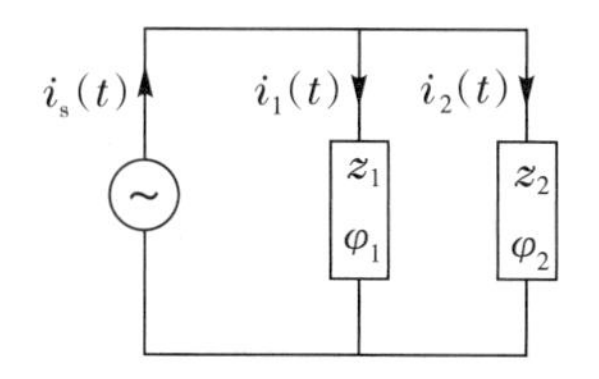

图 17—2—2　交流元件的并联

用交流电流表测量如图 17—2—2 所示的并联电路中的总电流和流过各元件的分电流时,同样会发现

$$I_s \neq I_1 + I_2$$

但是,我们知道,在串联电路中通过各元件的电流 $i(t)$是一样的,因此对于瞬时电压有 $U_s(t)=U_1(t)+U_2(t)$. 在并联电路中,由于各元件上所加电压相同,对于瞬时电流有 $i_s(t)=i_1(t)+i_2(t)$. 同样一个交流电路,却有两种不同的结果,这是为什么？这是因为交流电与直流电不同,对交流电不仅要考虑它的量值大小,还要考虑它的相位. 用交流电压表和电流表测出的是其有效值,即只能测出其大小,不能反映相互间的相位关系. 因此,不能将交流电表测出的电压或电流直接相加减.

那么,为什么交流电压、电流的瞬时值可以直接相加,而有效值却不能呢？这从图 17—2—3 所示的两个存在相位差的同频率简谐交流电压的叠加例子即可看出. 因为这两个同频交流电压 $u_1(t)$和 $u_2(t)$保持恒定相位差,所以两者不会同时到达峰值. 叠加后的结果势必有总电压的峰值不等于两分电压的峰值之和. 电表测出的有效值是正比于峰值的,因此,测出的各分电压或分电流的有效值之和当然不会等于总电压或总电流的有效值.

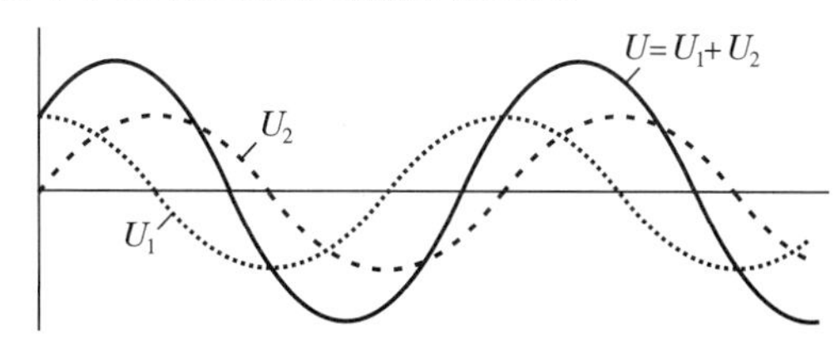

图 17—2—3　同频简谐交流电的叠加

为解决交流电的叠加问题,我们采用旋转矢量法,把简谐交流电用旋转矢量表示,再用矢量图法处理简谐交流电的叠加问题.

2. 矢量图法求解简谐交流电

如何用旋转矢量表示一个余弦式的交流电压或电流呢？对于一个简谐交流电压 $u(t)=U_0\cos(\omega t+\varphi_u)$,我们可以建立一个平面极坐标系,用匀速旋转矢量$\boldsymbol{U}_0$在平面极坐标参考轴上的投影来描述 $u(t)$. 以旋转矢量的长度表示 $u(t)$的峰值U_0，用旋转矢量与极坐标参考轴的夹角表示$u(t)$的相位$\omega t+\varphi_u$，由于$\omega t+\varphi_u$随时间变化，故把此旋转矢量看成以角速度ω沿逆时针方向做匀速转动. 矢量$\boldsymbol{U}_0$在极轴上的投影就是余弦式交流电的瞬时值$U_0\cos(\omega t+\varphi_u)$，如图17—2—4(a)所示，(b)图则绘出了简谐交流电在一个周期内$u-t$曲线.

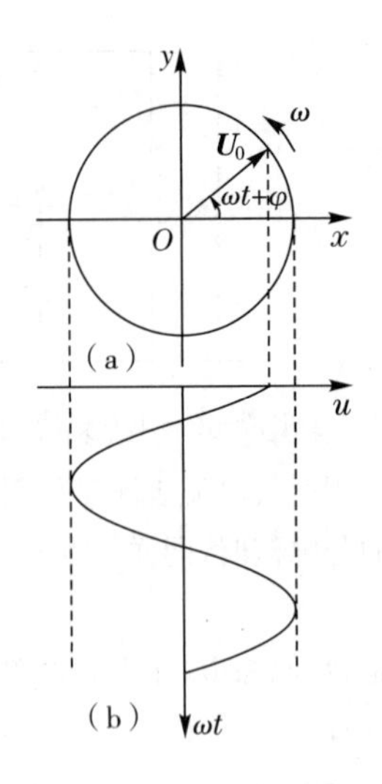

图17—2—4　用旋转矢量和余弦函数图形表示的简谐交流电

我们现在来处理同频交流电的叠加. 设有两个交流电压$u_1(t)=U_1\cos(\omega t+\varphi_1)$和$u_2(t)=U_2\cos(\omega t+\varphi_2)$相叠加，先在平面极坐标系上建立两个旋转矢量$\boldsymbol{U}_1$和$\boldsymbol{U}_2$，分别与$u_1(t)$和$u_2(t)$相对应，如图17—2—5所示. 因为$u_s(t)=u_1(t)+u_2(t)$，所以其相应的旋转矢量为$\boldsymbol{U}$. 显然，$u(t)$与$u_1(t)$、$u_2(t)$的频率相同，在任一时刻，三者相互之间的位置固定不变. 因此，只要画出$t=0$时刻，各简谐量对应的旋转矢量与极轴的夹角为各简谐量的初相位即可求解. 又因为简谐交流电的有效值的$\sqrt{2}$倍即为其峰值，所以作矢量图时，可取矢量的长度为所代表的交流电的有效值. 在图17—2—5中的$\boldsymbol{U}_1$、$\boldsymbol{U}_2$和$\boldsymbol{U}$，分别表示$u_1(t)$、$u_2(t)$和$u(t)$的有效值；φ_1、φ_2和φ，分别表示$u_1(t)$、$u_2(t)$和$u(t)$的初相位. 根据矢量的加法可知，$\boldsymbol{U}=\boldsymbol{U}_1+\boldsymbol{U}_2$. $\boldsymbol{U}$的大小及其与极轴的夹角，则可以根据几何关系求得.

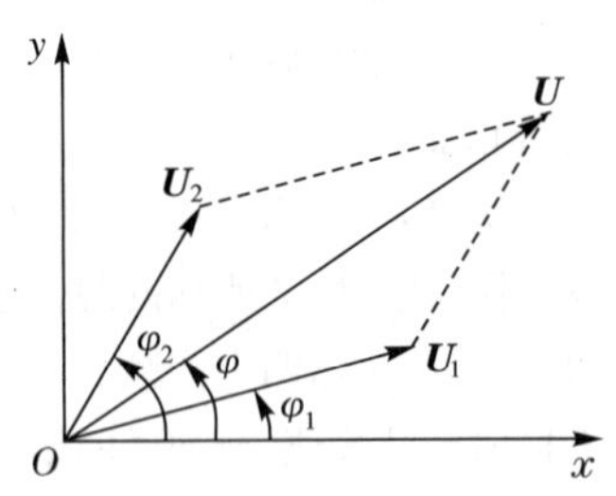

图17—2—5　矢量图解法

下面用矢量图法表示电阻、电感和电容这三种理想元件上的电压和电流的关系.

请注意，如图17—2—6所示各矢量不能进行叠加，只是表示不同性质矢量间的相位关系.

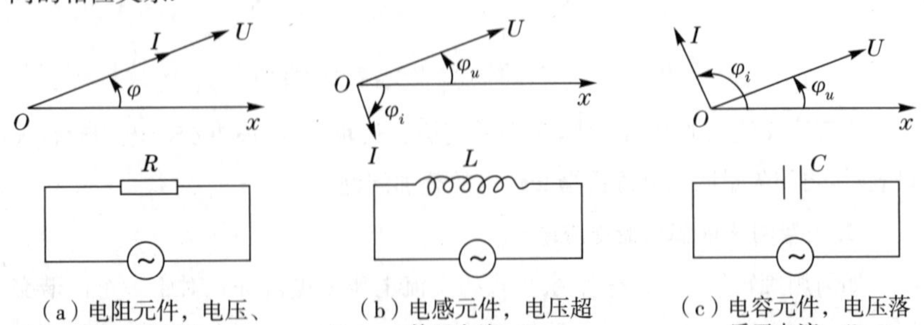

(a) 电阻元件，电压、电流同相位　(b) 电感元件，电压超前于电流$\pi/2$　(c) 电容元件，电压落后于电流$\pi/2$

图17—2—6　单个元件交流电路图及相应元件上的电压、电流矢量表示及相位关系

二、串联电路的矢量图法解

1. *RL* 串联电路

如图 17—2—7 所示，一个电感 L 与一个电阻 R 串联，接在输出电压为 $u(t)=U_0\cos(\omega t+\varphi_u)$ 的电源上，电路中的电流为 $i(t)=I_0\cos(\omega t+\varphi_i)$. 如前所述，电阻上的 $u_R(t)$ 与 $i(t)$ 同相位，电感上的 $u_L(t)$ 比 $i(t)$ 超前 $\frac{\pi}{2}$. 由于是串联电路，故通过 R、L 的电流 $i(t)$ 相等. 因此，我们可以选取代表电流 $i(t)$ 的矢量 $\boldsymbol{I}$ 为参考矢量，并取 $\varphi_i=0$，画出 RL 串联电路的电压矢量图，如图 17—2—8 所示.

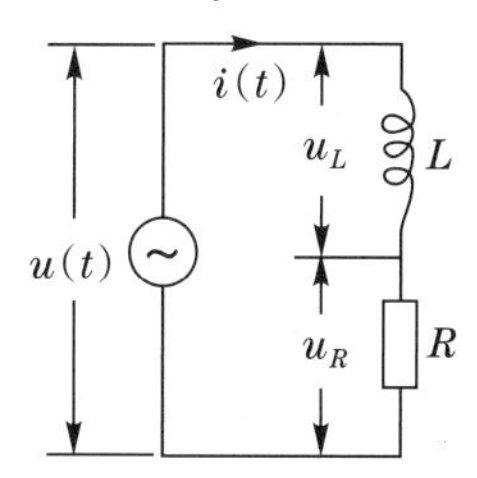

图 17—2—7　*RL* 串联电路

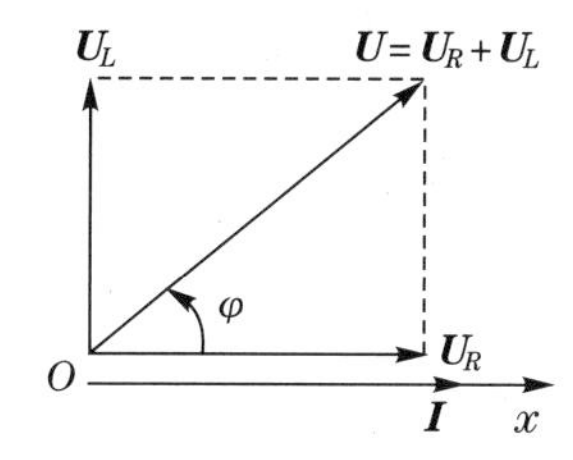

图 17—2—8　*RL* 串联电路电压矢量图

由图 17—2—8，可知：

(1) 由于 $\boldsymbol{U_R}$ 与 $\boldsymbol{U_L}$ 垂直，所以总电压 $\boldsymbol{U}$ 的大小为

$$U=\sqrt{U_R^2+U_L^2} \qquad (17-2-1)$$

可见，在交流电路中，各串联元件上的电压有效值之和并不等于总电压的有效值，电压有效值不能直接相加.

(2) 根据式(17—2—1)，可以求得电路中总电压与电流的关系为

$$U=\sqrt{(RI)^2+(Z_LI)^2}=I\sqrt{R^2+Z_L^2} \qquad (17-2-2)$$

上式两边同除以 I，由阻抗的定义式(17—1—3)可求得 RL 串联电路的总阻抗为

$$Z=\frac{U}{I}=\sqrt{R^2+Z_L^2}=\sqrt{R^2+(\omega L)^2} \qquad (17-2-3)$$

(3) 总电压 U 的相位比电流 I 的相位超前 φ，其值为

$$\varphi=\arctan\frac{U_L}{U_R}=\arctan\frac{Z_L}{R}=\arctan\frac{\omega L}{R} \qquad (17-2-4)$$

由式(17—2—4)，我们还可以得到串联元件上的电压与阻抗的关系为

$$\frac{U_L}{U_R}=\frac{Z_L}{R}=\frac{\omega L}{R} \qquad (17-2-5)$$

这表明分电压有效值的分配与各元件的阻抗成正比，这一点和直流电路的分压规律是一样的.

例 17－2－1　某台仪器上有一交流接触器，它的参数为 $R=100\ \Omega$，$L=4.0\ \text{H}$，额定工作电流为 95 mA，其原设计使用“60 Hz　120 V”的电源.

(1)此接触器能否直接使用“50 Hz　220 V”的市电？

(2)如果把市电降为 120 V 后，供它使用呢？

(3)接触器使用“60 Hz　120 V”的电压时，求流过线圈的电流(此接触器视为 RL 串联电路)、电源电压与电流的相位差.

(4)如果误将此交流接触器接在 120 V 直流电源上，会出现什么后果？

解　(1) $Z=\sqrt{R^2+(\omega L)^2}=\sqrt{100^2+(2\pi\times 50\times 4.0)^2}=1.26\times 10^3(\Omega)$

$$I=\frac{U}{Z}=\frac{220}{1.26\times 10^3}=0.17(\text{A})$$

此电流几乎是额定电流的 2 倍，不能用.

(2) $I=\dfrac{120}{1.26\times 10^3}=0.095(\text{A})=95(\text{mA})$

此电流等于额定电流，不宜长期使用于“120 V　50 Hz”的工作电压下，否则会因发热而缩短其使用年限.

(3) $Z=\sqrt{100^2+(2\pi\times 60\times 4.0)^2}=1.51\times 10^3(\Omega)$

$$I=\frac{120}{1.51\times 10^3}=0.079(\text{A})=79(\text{mA})$$

接触器中总电压与电流的相位差为

$$\varphi=\arctan\frac{\omega L}{R}=\arctan\frac{2\pi\times 60\times 4.0}{100}=86°12'$$

(4)若误用了 120 V 的直流电源，电感的阻抗就因直流电的 $\omega=0$ 而 $Z_L=0$，那么，此接触器对于 120 V 直流电源的阻抗就变为 $Z=R=100\ \Omega$.

$$I=\frac{120}{100}=1.2(\text{A})$$

可见，此电流为其额定电流 13 倍！所以一旦误用，会立即烧毁.

由此可见，一般交流电器使用时，应注意它要求的工作频率和工作电压. 特别是不能把交流电器接在与其工作电压相同的直流电源上.

2. *RC* 串联电路

RC 串联电路图 17－2－9 的电压矢量图，如图 17－2－10 所示. 由图可知，总电压

$$U=\sqrt{U_R^2+U_C^2} \tag{17－2－6}$$

$$Z=\sqrt{R^2+Z_C^2}=\sqrt{R^2+\left(\frac{1}{\omega C}\right)^2} \tag{17－2－7}$$

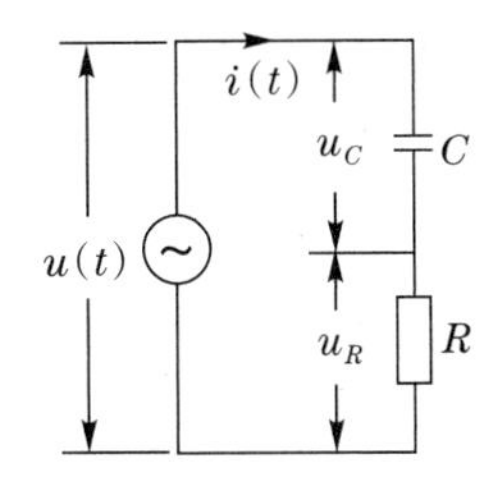

图 17—2—9 RC 串联电路

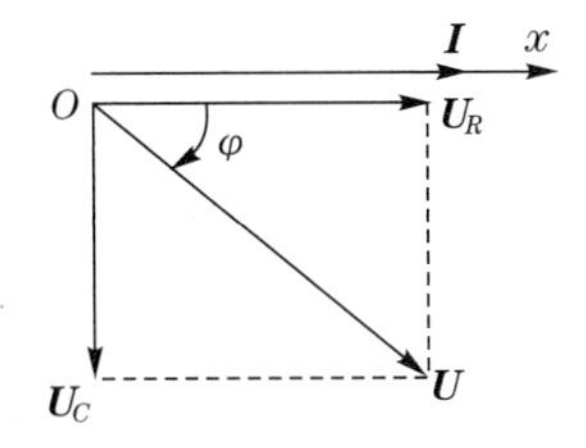

图 17—2—10 RC 串联电路电压矢量图

$u(t)$与 $i(t)$的相位差

$$\varphi = -\arctan\frac{U_C}{U_R} = -\arctan\frac{Z_C}{R} = \arctan\frac{1}{\omega CR} \qquad (17-2-8)$$

因为电容上电压落后于电流，所以上式中有一负号. 对于 $\varphi=\varphi_u-\varphi_i<0$ 的电路，我们称之为电容性电路. 由式(17—2—8)，对 RC 串联电路可得到电压分配与阻抗的关系为

$$\frac{U_C}{U_R} = \frac{Z_C}{Z_R} = \frac{1}{\omega CR} \qquad (17-2-9)$$

例 17—2—2 RC 串联电路在实际中有着广泛的应用. RC 串联后组成的低通滤波电路，就是典型的例子. 这种电路图如图 17—2—11 所示. 已知电源电压包含的直流成分是 240 V，交流成分是“100 Hz 100 V”. 若$R=200\ \Omega$，$C=50\ \mu\text{F}$. 求：

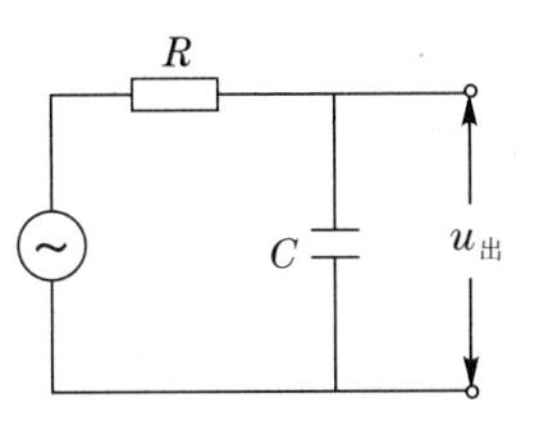

图 17—2—11 低通滤波电路

(1)从 C 输出的电压中交、直流成分各为多少?

(2)若 C 换成 500 μF，又如何?

解 (1)因为电源输出的直流成分全部降在 C 上，所以输出的电压中，直流成分仍为 240 V.

为计算交流成分的输出，先求出 C 的容抗

$$Z_C = \frac{1}{\omega C} = \frac{1}{2\pi\times 100\times 50\times 10^{-6}} = 31.8(\Omega)$$

和电路的总阻抗

$$Z = \sqrt{R^2+\left(\frac{1}{\omega C}\right)^2} = \sqrt{200^2+31.8^2} = 202.5(\Omega)$$

再求得 RC 电路中的电流

$$I = \frac{U}{Z} = \frac{100}{202.5} = 0.494(\text{A})$$

则从 C 输出的电压中交流成分为

$$U_C = IZ_C = 15.7\ \text{V}$$

(2)如果 $C=500\ \mu\text{F}$,则得 $Z_C=3.18\ \Omega$. 用同样的方法求得输出电压(即 C 上的电压降)中的交流成分为 1.59 V,因而在 RC 串联电路构成的低通滤波电路中,C 越大,从 C 上输出的电压中交流成分越小. 这就是 RC 滤波电路中 C 一般要取值大的缘故. 在实际中,为加强滤波效果,常常采用多级 RC 滤波电路.

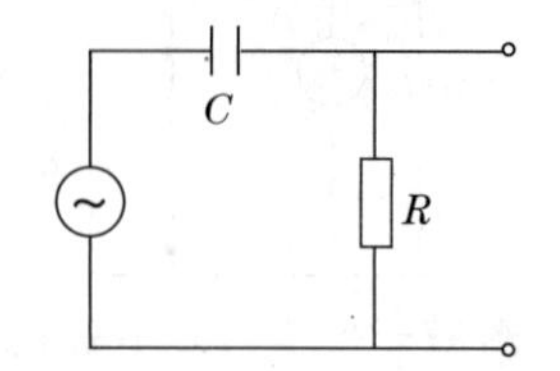

图 17—2—12　高通滤波电路

若想得到高通滤波电路,只需将图 17—2—11 中的 R、C 位置互换即可,如图 17—2—12 所示. 电容 C 把直流成分挡住,不使其通过,R 上则只有交流成分的电压降. 如果再使 $Z_R>Z_C$,就可在 R 上得到较大的高频电压信号输出. 如晶体管电路中级间的阻容耦合,就是采用这种方式.

三、并联电路的矢量图解法

交流电路中,并联电路的特点是,阻抗性质不同的元件并联于电源上时,各元件上的电压 $u(t)$ 相同,但各元件中的电流的大小和相位却彼此不同. 这样,用矢量图法求解并联电路时,作为参考矢量(即作矢量图时首先取与极轴平行的矢量)的应是与各元件上的共同电压 $u(t)$ 所相应的 $\boldsymbol{U}$,并根据各理想元件上电压与电流的相位关系,画出各分电流的矢量图,作矢量叠加后可求得代表总电流的合电流矢量. 根据矢量图就可得到总电流与电压的关系,进而求得并联电路的阻抗.

1. *RL* 并联电路

RL 并联电路图 17—2—13 的电流矢量图,如图 17—2—14 所示. 由图可知,表示总电流的电流矢量 $\boldsymbol{I}=\boldsymbol{I}_L+\boldsymbol{I}_R$ 的大小为

$$I=\sqrt{I_L^2+I_R^2} \tag{17-2-10}$$

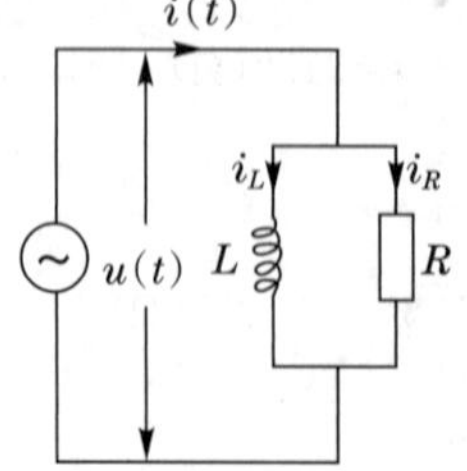

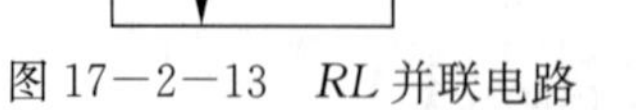
图 17—2—13　RL 并联电路

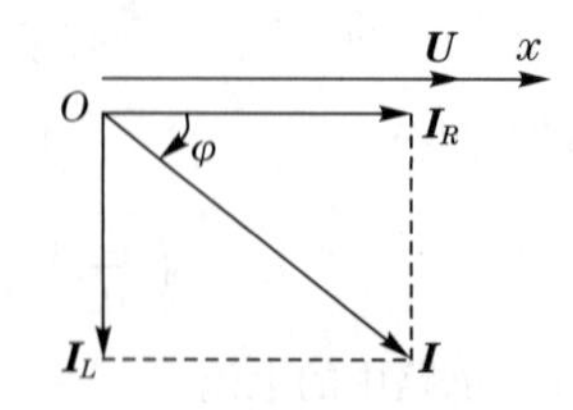

图 17—2—14　RL 并联电路电流矢量图

这表明 RL 并联电路中,总电流(指有效值)不等于两支路中电流的代数和,其原因与串联电路中的总电压不等于各元件上的电压和一样. 由式

(17—2—10),可得

$$I=\sqrt{\left(\frac{U}{R}\right)^2+\left(\frac{U}{\omega L}\right)^2}=U\sqrt{\left(\frac{1}{R}\right)^2+\left(\frac{1}{\omega L}\right)^2} \quad (17-2-11)$$

RL 并联电路的总阻抗为

$$Z=\frac{U}{I}=\frac{1}{\sqrt{\left(\frac{1}{R}\right)^2+\left(\frac{1}{\omega L}\right)^2}} \quad (17-2-12)$$

从图 17—2—14 可知,电压矢量 $\boldsymbol{U}$ 和总电流矢量 $\boldsymbol{I}$ 之间的相位差为

$$\varphi=\arctan\frac{I_L}{I_R}=\arctan\frac{R}{\omega L} \quad (17-2-13)$$

且 I_L 与 I_R 之比为

$$\frac{I_L}{I_R}=\frac{R}{\omega L} \quad (17-2-14)$$

此式表明,各支路中的电流与阻抗成反比.在这一点上与直流并联电路的特点一样.

2. RC 并联电路

RC 并联电路图和电流矢量图分别如图 17—2—15 和图 17—2—16 所示.总电流 $\boldsymbol{I}$ 的大小为

$$I=\sqrt{I_R^2+I_C^2} \quad (17-2-15)$$

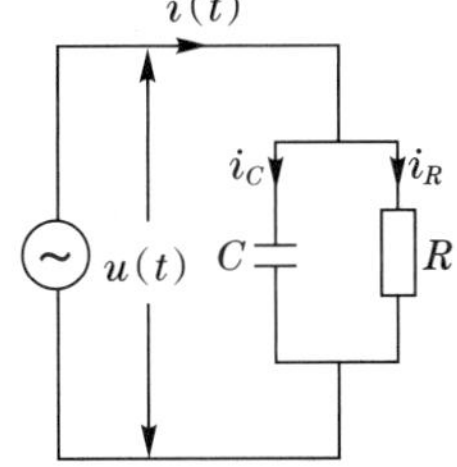

图 17—2—15　RL 并联电路

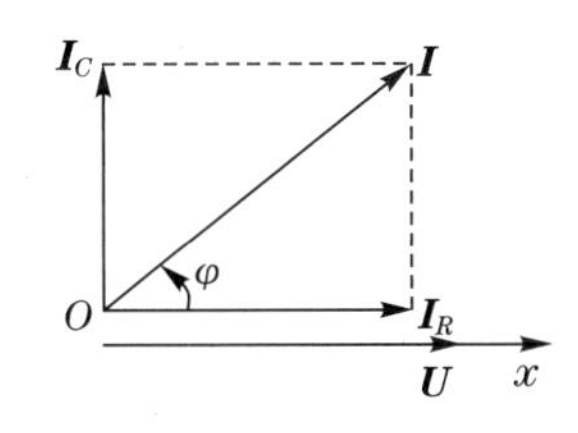

图 17—2—16　RC 并联电路电流矢量图

总阻抗为

$$Z=\frac{U}{I}=\frac{1}{\sqrt{\frac{1}{R^2}+(\omega C)^2}} \quad (17-2-16)$$

电压 $u(t)$ 与总电流 $i(t)$ 的相位差

$$\varphi=-\arctan\frac{I_C}{I_R}=-\arctan\omega CR \quad (17-2-17)$$

支路中的电流之比为

$$\frac{I_C}{I_R}=\omega CR \quad (17-2-18)$$

例 17—2—3 如图 17—2—17 所示是一个 RC 并联交流电路. 加在并联电路上的电压 $u(t)=311\cos(314t+\frac{\pi}{3})$ V. 已知 $R=100\ \Omega$, $Z_C=50\ \Omega$. 求各交流安培计中的读数及电路中总电流的表达式.

解 其电流矢量图,如图 17—2—18 所示.

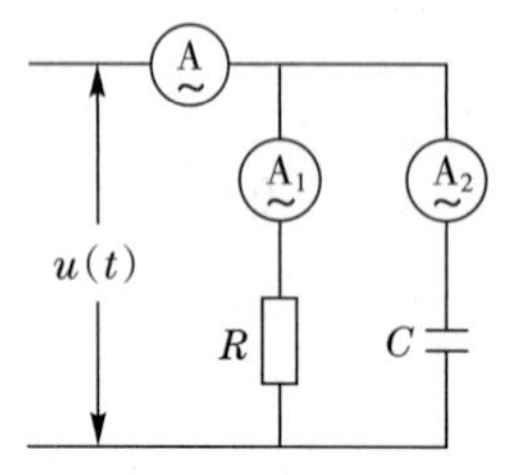

图 17—2—17 例 17—2—3 用图

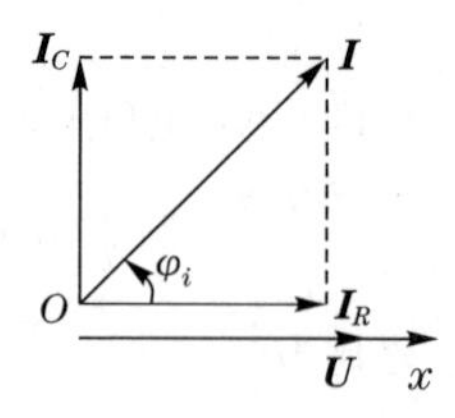

图 17—2—18 电流矢量图

由题意知,$U_0=311$ V,所以 $U=\frac{311}{\sqrt{2}}=220$(V),于是求得电阻中的电流

$$I_R=\frac{U}{R}=\frac{220}{100}=2.2(\text{A})$$

电容中的电流

$$I_C=\frac{U}{Z_C}=\frac{220}{50}=4.4(\text{A})$$

由图 17—2—18 可求得电路中总电流

$$I=\sqrt{I_R^2+I_C^2}=\sqrt{2.2^2+4.4^2}=4.9(\text{A})$$

电路中电压与总电流的相位差

$$\varphi=-\arctan\frac{I_C}{I_R}=-\arctan\frac{R}{Z_C}=-\arctan\frac{100}{50}=-63°26'$$

已知 $\varphi_u=60°$,故 $\varphi_i=\varphi_u-\varphi=60°-(-63°26')=123°26'$. 所以 $i(t)$ 的表达式为

$$i(t)=4.9\sqrt{2}\cos(314t+123°26')=6.9\cos(314t+123°26')$$

四、交流电路的复数解法

1. 交流电的复数表示

根据欧拉公式,复数 $\tilde{A}=Ae^{j(\omega t+\varphi)}$ 的实部是 $A\cos(\omega t+\varphi)$,正好是一个简谐量,以后我们就用一复数来表示简谐量. 对于交流电压和交流电流来说,即对于

$$u(t)=U_0\cos(\omega t+\varphi_u)$$
$$i(t)=I_0\cos(\omega t+\varphi_i)$$

它们所对应的复数分别是

$$\tilde{U}=Ue^{j(\omega t+\varphi_u)} \qquad (17-2-19)$$

$$\tilde{I}=Ie^{j(\omega t+\varphi_i)} \qquad (17-2-20)$$

注意，这里不取$\tilde{U}=U_0 e^{j(\omega t+\varphi_u)}$等形式，只有当我们欲求交流电的峰值或交流电的瞬时值表达式时，才求相应的峰值. 同样，若不加说明，讨论交流电大小时，都指有效值.

式(17—2—19)和式(17—2—20)中，$\tilde{U}$称为复电压，$\tilde{I}$称为复电流. 电压和电流的瞬时值 $u(t)$和 $i(t)$分别相应于复电压$\tilde{U}$和复电流$\tilde{I}$的实部. 同一段电路上的$\tilde{U}$和$\tilde{I}$的比值$\tilde{Z}$，称为这段电路的复阻抗，即

$$\tilde{Z}=\frac{\tilde{U}}{\tilde{I}}=\frac{U}{I}e^{j(\varphi_u-\varphi_i)}=Ze^{j\varphi} \qquad (17-2-21)$$

因此，复阻抗$\tilde{Z}$同时反映了这段电路的两个最基本的性质——阻抗 Z 和相位差 φ. 必须指出，虽然$\tilde{Z}$取了复数形式，但它与$\tilde{U}$和$\tilde{I}$完全不同. $\tilde{U}$和$\tilde{I}$是简谐交流电压 $u(t)$和简谐交流电流 $i(t)$相对应的复数形式，而$\tilde{Z}$并不对应于任何随时间变化的简谐量.

上式在形式上与直流电路中的 $R=\frac{U}{I}$很相似，不同的是$\tilde{U}$、$\tilde{I}$、$\tilde{Z}$为复数，而且$\tilde{Z}$还包含了一个相位因子 $e^{j\varphi}$，故我们称

$$\tilde{U}=\tilde{Z}\tilde{I} \qquad (17-2-22)$$

为复数交流欧姆定律.

对电阻 R、电感 L 和电容 C 这三种理想元件，由式(17—2—21)并考虑到表 17—1 中的结果，可得

$$\tilde{Z}_R=R \qquad (17-2-23)$$

$$\tilde{Z}_L=\omega L e^{j\frac{\pi}{2}}=j\omega L \qquad (17-2-24)$$

$$\tilde{Z}_C=\frac{1}{\omega C}e^{-j\frac{\pi}{2}}=\frac{1}{j\omega C} \qquad (17-2-25)$$

2. 复数法解交流电路

对于串联电路，由电压和电流瞬时值的关系式 $u(t)=u_1(t)+u_2(t)$ 和 $i(t)=i_1(t)=i_2(t)$，可以得到复电压和复电流的关系式 $\tilde{U}=\tilde{U}_1+\tilde{U}_2$ 和$\tilde{I}=\tilde{I}_1=\tilde{I}_2$. 因此，有

$$\tilde{Z}=\tilde{Z}_1+\tilde{Z}_2 \qquad (17-2-26)$$

对于并联电路，由电流和电压瞬时值的关系式 $i(t)=i_1(t)+i_2(t)$ 和 $u(t)=u_1(t)=u_2(t)$，可以得到复电流和复电压的关系式 $\tilde{I}=\tilde{I}_1+\tilde{I}_2$ 和$\tilde{U}=\tilde{U}_1=\tilde{U}_2$. 因此，有

$$\frac{1}{\tilde{Z}}=\frac{1}{\tilde{Z}_1}+\frac{1}{\tilde{Z}_2} \qquad (17-2-27)$$

式(17—2—26)和式(17—2—27)表明，交流电路复阻抗的串、并联公式与

直流电路电阻的串、并联公式,形式上完全相同.但是,复阻抗并不相应于简谐量,而只是反映了简谐量$u(t)$和$i(t)$之间的关系.具体而言,复阻抗中有物理意义的是它的模和辐角,它们分别代表交流电路的阻抗和相位差.所以,在进行复阻抗的运算之后,要把所得结果中的模和辐角求出来.

还应指出,复数量$\tilde{U}$和$\tilde{I}$并不是简谐量$u(t)$和$i(t)$本身,而只是它们的某种运算符号.由于复数量和简谐量的运算法则之间满足一定的对应关系,因此可以用这些复数符号的运算来代替简谐量的运算.在运算之后,还必须利用上述对应关系,从所得到的结果中找出简谐量的特征量——峰值和相位,而简谐量本身,则相应于复数量的实部.

例 17—2—4 日光灯由灯管及镇流器串联组成.可以把灯管近似为一个纯电阻,把镇流器近似为一个纯电感(并忽略其非线性特性),用交流电表测得电源电压为220 V,灯管上电压为43 V,电路中电流为0.39 A.用复数法求镇流器上的电压降、感抗和灯管的等效电阻.

解 因为是RL串联电路,所以有

$$\tilde{U}=\tilde{U}_R+\tilde{U}_L$$

$$U_L=\sqrt{U^2-U_R^2}=\sqrt{220^2-43^2}=216(\text{V})$$

因镇流器近似为纯电感,$\tilde{Z}_L$的大小为

$$Z_L=\frac{U_L}{I}=\frac{216}{0.39}=554(\Omega)$$

日光灯管近似为纯电阻,所以其等效电阻

$$R=\frac{U_R}{I}=\frac{43}{0.39}=110(\Omega)$$

例 17—2—5 在电阻$R=30\ \Omega$、感抗$Z_L=40\ \Omega$的并联电路中,加有120 V简谐交流电压,如图17—2—19所示.

(1)试求电路中的复阻抗$\tilde{Z}$、电压与总电流的相位差;

(2)设电路上电压的初相位为零,试求电路中总的复电流及其瞬时值表达式.

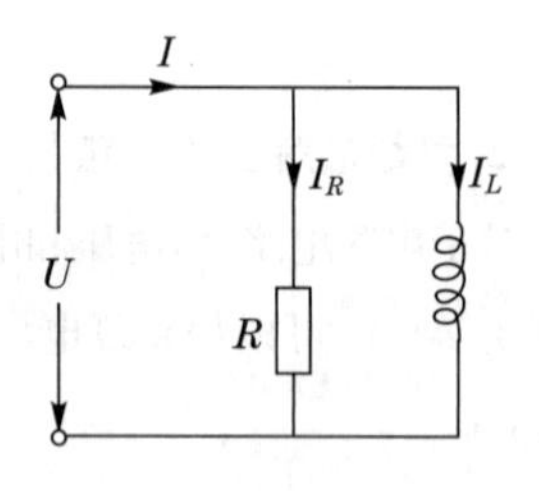

图 17—2—19 例 17—2—5 用图

解 (1)

$$\tilde{Z}=\frac{\tilde{Z}_R\tilde{Z}_L}{\tilde{Z}_R+\tilde{Z}_L}=\frac{R(\omega L)^2+j\omega LR^2}{R^2+(\omega L)^2}$$

$$=\frac{30\times40^2+j(40\times30^2)}{30^2+40^2}=19.2+j14.4=24e^{j36.9^\circ}(\Omega)$$

电路中电压与总电流的相位差为

$$\varphi = \varphi_u - \varphi_i = 36.9^\circ$$

(2)因为已设 $\varphi_u=0$,再令电源的频率为 ω,则 $u(t)=120\sqrt{2}\cos\omega t$ V,其复数表达式为

$$\tilde{U} = 120e^{j\omega t}$$

由复数交流欧姆定律,有

$$\tilde{I} = \frac{\tilde{U}}{\tilde{Z}} = \frac{120e^{j\omega t}}{24e^{j36.9^\circ}} = 5.0e^{j(\omega t - 36.9^\circ)}$$

因此,总电流瞬时值表达式为

$$i(t) = 5.0\sqrt{2}\cos(\omega t - 36.9^\circ)\text{A}$$

*§ 17—3　交流电的功率

一、瞬时功率和平均功率

交流电在某一元件或组合电路中瞬间消耗的功率为

$$P(t) = u(t)i(t) \tag{17-3-1}$$

称为交流电的瞬时功率.显然,$P(t)$是随时间变化的.设

$$i(t) = I_0\cos\omega t,\ u(t) = U_0\cos(\omega t + \varphi)$$

则

$$\begin{aligned} P(t) &= U_0 I_0 \cos\omega t\cos(\omega t + \varphi) \\ &= \frac{1}{2}U_0 I_0\cos\varphi + \frac{1}{2}U_0 I_0\cos(2\omega t + \varphi) \end{aligned} \tag{17-3-2}$$

通常,人们所关心的并不是瞬时功率,而是它在一个周期 T 内对时间的平均值$\overline{P}$,即

$$\overline{P} = \frac{1}{T}\int_0^T u(t)i(t)\mathrm{d}t \tag{17-3-3}$$

称为交流电的平均功率或有功功率,常简称为功率.利用式(17—3—2)以及阻抗的定义,可得

$$\overline{P} = UI\cos\varphi = I^2 Z\cos\varphi = I^2 R \tag{17-3-4}$$

式中,$R=Z\cos\varphi$,称为有功电阻或电阻,它是复阻抗的实部.复阻抗的虚部 X 称为电抗,即

$$\tilde{Z} = Z\cos\varphi + jZ\sin\varphi = R + jX \tag{17-3-5}$$

对于纯电阻元件,有

$$\varphi = 0, \cos\varphi = 1, R_R = R, \overline{P}_R = UI = I^2 R$$

对于纯电感元件,有

$$\varphi=\frac{\pi}{2},\cos\varphi=0,R_L=0,\overline{P}_L=0$$

对于纯电容元件,有

$$\varphi=-\frac{\pi}{2},\cos\varphi=0,R_C=0,\overline{P}_C=0$$

因此,在交流电路中,纯电感和纯电容的有功电阻都为零,它们都不消耗能量,只是不断地与电源交换能量.在实际电路中,对功率有贡献的只是其有功电阻 R,然而有功电阻并不一定都来自元件中的欧姆电阻,电容器和电感线圈中的介质损耗相当于具有等效的有功电阻.

在进行线性运算时,简谐量可用复数代替,而功率是两个简谐量的乘积,计算功率 $P(t)$ 和 $\overline{P}$ 时,不能用复电压和复电流的乘积来代替.

二、功率因数

式(17—3—4)表明,交流电路的平均功率等于电压和电流有效值之积乘以 $\cos\varphi$.鉴于 $\cos\varphi$ 对平均功率如此重要,常称它为功率因数,用 λ 表示.在电能输送的过程中,提高所使用电器的功率因数具有非常重要的作用.

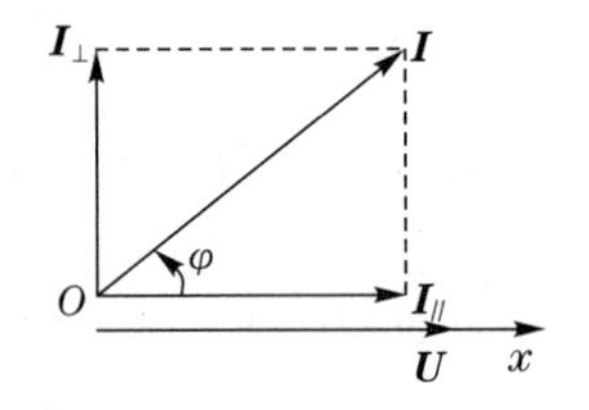

图 17—3—1 有功电流与无功电流

当一个用电器中,一段电路上电流和电压间有相位差 φ 时,可以把电流矢量 $\boldsymbol{I}$ 分解成 $\boldsymbol{I}_{/\!/}$ 和 $\boldsymbol{I}_{\perp}$ 两个分量,如图 17—3—1 所示.于是,电路中的有功功率 $P_{有功}$ 为

$$P_{有功}=UI_{/\!/}=UI\cos\varphi=\overline{P} \qquad (17-3-6)$$

相应地将功率

$$UI_{\perp}=UI\sin\varphi \qquad (17-3-7)$$

称为无功功率 $P_{无功}$.可见,只有电流 I 中 $I_{/\!/}$ 的分量对有功功率有贡献,因此,通常把 $I_{/\!/}$ 和 $I_{\perp}$ 分别称为有功电流和无功电流.为区别有功功率与无功功率,无功功率的单位用乏和千乏,且 1 千乏 $=10^3$ 乏.

无功功率反映了电源与电感和电容之间的能量交换程度.如果用电器的 $\varphi\neq0$,则在输电线所输送的总电流 I 中,只有有功电流 $I_{/\!/}=I\cos\varphi$ 是有用的部分,无功电流把能量输送给用电器后又输送回来,完全是无益的循环.然而,总电流 I 中无论哪个分量,在输电线中都有焦耳热损耗.因此,无功电流 $I_{\perp}$ 在输电线中的这种损耗应尽量设法消除,消除的办法是提高用电电器的功率因数 $\cos\varphi$,以增加总电流中有功分量的比重.同时,这样也能使输电导线和电源内阻上的电压损失减小,保证用电电器上有足够的电压.

由 $I_{/\!/}$、$I_{\perp}$ 及 I 与 U 的矢量关系，可知它们在量值上满足

$$UI=\sqrt{(UI_{/\!/})^2+(UI_{\perp})^2}=\sqrt{P_{有功}^2+P_{无功}^2}=S \quad (17-3-8)$$

称 $S=UI$ 为视在功率或表观功率，它是用电设备或发电系统在功率因数 $\cos\varphi=1$ 时所消耗或提供的功率，是以额定电压 U 和额定电流 I 的乘积来衡量的. 为了和有功功率区别，视在功率的单位用伏安和千伏安，且 1 千伏安 $=10^3$ 伏安.

由式(17—3—8)，可把 S、$P_{有功}$、$P_{无功}$ 和 φ 之间的关系用如图 17—3—2 所示的三角形表示出来，称为功率三角形. 在此三角形中，只要知道任意两个量，就可求得其余两个量.

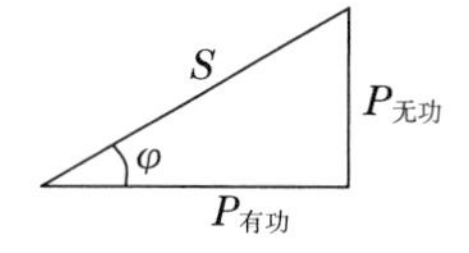

图 17—3—2　功率三角形

电力系统和电气设备的铭牌上所标示的容量，是其额定电压和额定电流的乘积，也就是视在功率的额定值. 若要提高额定电压，就需要增加导线外绝缘层的厚度；若要提高额定电流，则需要加大导线的横截面积. 总之，两者都要使设备的体积和重量加大. 显然，在运行过程中应该尽量发挥电力系统和电气设备的潜力. 例如，一台发电机的容量是指它可能输出的最大功率，这标志着发电机的发电潜力. 至于一台发电机在运行中实际上输出多少功率，则还与用电电器的功率因数 $\cos\varphi$ 密切相关. 因此，提高用电电器的功率因数，除了可以减小线路上的焦耳热损耗外，还可以使电力设备的潜力得到比较充分的发挥.

常见的用电器，如电动机和日光灯等，都是电感性的，可以用并联电容的方法来提高其功率因数. 这样做的结果是，无功电流只在电感性和电容性两个支路中循环，使外部输电线和电源中的电流没有或较少有无功电流. 换言之，功率因数提高之后，就可以在相同的电压下以较小的电流输送同样的功率，因此，可以减小输电线中的损耗，并能更好地发挥电力设备的潜力.

例 17—3—1　在 RLC 串联电路里，$R=30\ \Omega$，$L=126$ mH，$C=40\ \mu$F，电源电压 $u(t)=311\cos(314t+30°)$ V. 试求这个电路的平均功率 $P_{有功}$、无功功率 $P_{无功}$ 和视在功率 S，并画出功率三角形. 若仅改变 L，使之变为 $L=253.7$ mH，三个量又各为多少？

解　在电源电压已知时，欲求 RLC 串联电路的各有关功率值，必须先求出电路中总电压与电流的相位差 φ.

由已知条件，求得复总阻抗

$$\tilde{Z}=R+j\left(\omega L-\frac{1}{\omega C}\right)=30+j\left(314\times 0.126-\frac{1}{314\times 40\times 10^{-6}}\right)$$

$$=30-j40=50e^{-j53.13°}(\Omega)$$

所以总阻抗值为 50 Ω,电路中总电压与电流的相位差为−53.13°,电路呈现电容性. 电流则可由复数交流欧姆定律求得. 因为 $u(t)$ 的复数表达式为 $\widetilde{U}=220e^{j(\omega t+30°)}$,所以有

$$\widetilde{I}=\frac{\widetilde{U}}{\widetilde{Z}}=\frac{220e^{j(\omega t+30°)}}{50e^{-j53.13°}}=4.4e^{j(\omega t+83.13°)}(\text{A})$$

即电流大小为 4.4 A,初相位为 83.13°.

$$P_{有功}=UI\cos\varphi=220\times4.4\cos(-53.13°)=5.8\times10^2(\text{W})$$

$$P_{无功}=UI\sin\varphi=220\times4.4\sin(-53.13°)=7.7\times10^2(\text{乏})$$

$P_{无功}$小于零,说明此电路为电容性. 视在功率则为

$$S=UI=220\times4.4=9.68\times10^2(\text{伏安})$$

功率三角形,如图 17−3−3 所示.

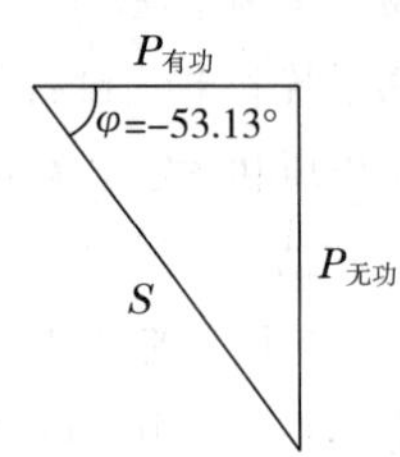

图 17−3−3　例 17−3−1 解图

当 L 由 126 mH 改变为 253.7 mH 后,电路的复总阻抗为

$$\widetilde{Z}=30+j\left(314\times0.2537-\frac{1}{314\times40\times10^{-6}}\right)$$
$$=30(\Omega)$$

电路呈现纯电阻性,总电压与电流的相位差为零,故电路的有功功率

$$P_{有功}=UI\cos\varphi=\frac{220^2}{30}=1.6\times10^3(\text{W})$$

$$P_{无功}=UI\sin\varphi=0$$

$$S=UI=\frac{220^2}{30}=1.6\times10^3(\text{伏安})$$

功率三角形因 $P_{无功}=0$,而退化为一直线.

*§ 17−4　谐振电路

同时具有电容和电感两类元件电路,在一定条件下会发生所谓的共振现象. 这种电路称为共振电路,也称为谐振电路.

一、串联共振电路

1. *RLC* 串联电路的矢量图解

如图 17−4−1 所示,对于串联电路,我们可以选取电流矢量 $\boldsymbol{I}$ 作为基准,由于 $\varphi_R=0,\varphi_L=\frac{\pi}{2},\varphi_C=-\frac{\pi}{2}$,因此 $\boldsymbol{U}_R$ 与 $\boldsymbol{I}$ 平行,$\boldsymbol{U}_L$ 垂直于 $\boldsymbol{I}$ 向上,$\boldsymbol{U}_C$ 垂直于

$\boldsymbol{I}$ 向下，$\boldsymbol{U}_L$ 和 $\boldsymbol{U}_C$ 方向恰好相反. 所以，有

$$U=\sqrt{U_R^2+(U_L-U_C)^2}=I\sqrt{R^2+\left(\omega L-\frac{1}{\omega C}\right)^2}$$

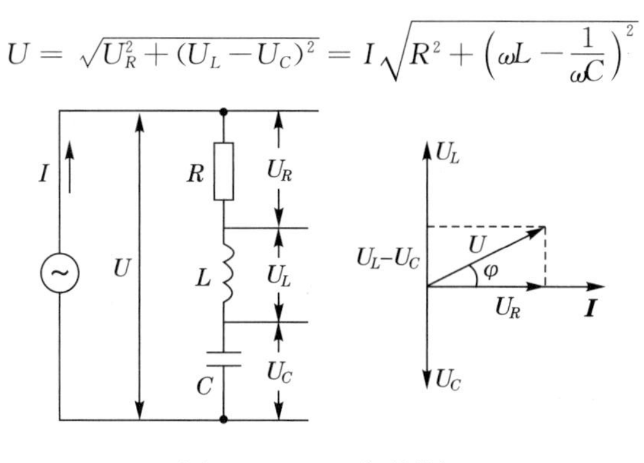

图 17—4—1　串联共振

由此可得，RLC 串联电路的总阻抗和相位差分别为

$$Z=\frac{U}{I}=\sqrt{R^2+\left(\omega L-\frac{1}{\omega C}\right)^2} \tag{17—4—1}$$

$$\varphi=\arctan\frac{U_L-U_C}{U_R}=\arctan\frac{\omega L-\frac{1}{\omega C}}{R} \tag{17—4—2}$$

2. 共振现象

由式(17—4—1)可得，RLC 串联电路中的电流为

$$I=\frac{U}{\sqrt{R^2+\left(\omega L-\frac{1}{\omega C}\right)^2}} \tag{17—4—3}$$

由此可见，当电压 U 一定时，若电源频率满足

$$\omega_0 L=\frac{1}{\omega_0 C}\ 或\ \omega_0=\frac{1}{\sqrt{LC}} \tag{17—4—4}$$

则电路阻抗达到其极小值 $Z_0=R$，电路中电流达到其极大值

$$I_{\max}=\frac{U}{R} \tag{17—4—5}$$

这种电路中电流出现极大的现象，称为共振现象. 在以上各式中出现的因子 $\left(\omega L-\frac{1}{\omega C}\right)$ 来源于 RLC 串联电路中的 $u_L(t)$ 和 $u_C(t)$ 之间的相位差为 π，因此，任何时刻它们的符号都相反. 串联共振电路的所有特性的根源都在于此.

共振时的频率 f_0 称为共振频率，由式(17—4—4)得到

$$f_0=\frac{1}{2\pi\sqrt{LC}} \tag{17—4—6}$$

利用上述关系式，可以得到串联共振电路的阻抗 Z、电流 I 和相位差

$\varphi=\varphi_u-\varphi_i$随频率变化的曲线，如图 17—4—2 所示. 定性而言，由式(17—4—2)和式(17—4—4)可以看出，低频时 $f<f_0,\omega L<\dfrac{1}{\omega C}$，容抗大于感抗，$\varphi<0$，此时总电压落后于电流，整个电路呈电容性；共振时，$\varphi=0$，电路呈电阻性；高频时 $f>f_0,\omega L>\dfrac{1}{\omega C}$，感抗大于容抗，$\varphi>0$，此时总电压超前于电流，电路呈电感性.

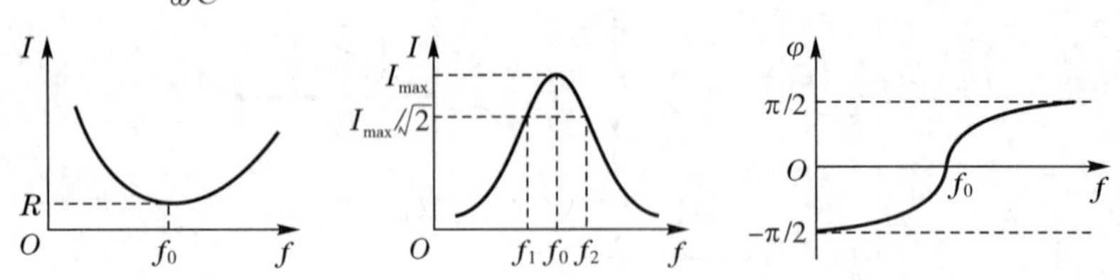

图 17—4—2　串联共振电路的共振曲线以及相位随频率的变化

二、共振电路的品质因数

1. Q 值的一种定义和电压分配

利用式(17—4—5)可得，串联共振电路中电阻、电感和电容的电压分别为

$$U_R=I_{max}R=U$$

$$U_L=I_{max}Z_L=\frac{U}{R}\omega_0 L$$

$$U_C=I_{max}Z_C=\frac{U}{R}\,\frac{1}{\omega_0 C}=U_L$$

共振时电感上的电压 U_L 与总电压 U 的比值，称为共振电路的品质因数，用 Q 表示，即

$$Q=\frac{U_L}{U}=\frac{\omega_0 L}{R} \tag{17-4-7}$$

当总电压一定时，Q 值越高，U_L 和 U_C 越大. 因此，Q 值是一个标志共振电路性能好坏的物理量.

2. 共振电路的频率选择性

在无线电技术中，共振电路常用于选择讯号. 如图 17—4—2(b)所示，通频带宽度 Δf 规定为

$$\Delta f=f_2-f_1,\ I(f_1)=I(f_2)=\frac{I_{max}}{\sqrt{2}} \tag{17-4-8}$$

可以证明，通频带宽度 Δf 反比于共振电路的 Q 值，即

$$\Delta f=\frac{f_0}{Q} \tag{17-4-9}$$

Q 值越大，通频带宽度 Δf 就越小，共振峰越尖锐. 因此，Q 值越大，共振电路的频率选择性就越好.

3. 共振电路的储能与耗能

在 RLC 电路中，电阻是耗能元件，它把电能转化为热能；电感和电容是储能元件，它们时而把电磁能储存起来，时而放出. 在交流电的一个周期 T 内，电阻上损耗的能量为

$$W = I^2RT \qquad (17-4-10)$$

任意时刻 t_1 在共振电路的电感和电容元件中所储存的总能量为

$$W_{LC} = \frac{1}{2}Li^2(t) + \frac{1}{2}Cu_C^2(t)$$

设

$$i(t) = I_0\cos\omega t$$

则有

$$u_C(t) = \frac{I_0}{\omega C}\cos\left(\omega t - \frac{\pi}{2}\right) = \frac{I_0}{\omega C}\sin\omega t$$

$$W_{LC} = \frac{1}{2}I_0^2\left(L\cos^2\omega t + \frac{1}{\omega^2 C}\sin^2\omega t\right)$$

在共振状态下，$\omega=\omega_0=\dfrac{1}{\sqrt{LC}}$，从而有

$$W_{LC} = \frac{1}{2}I_0^2L = LI^2 \qquad (17-4-11)$$

这时，W_{LC}不再与外界交换，而是稳定地储存在电路中，为了维持稳定的振荡，外电路需要不断地输入有功功率，以补偿电阻上的损耗 W_R. 因此，W_{LC}与 W_R 之比反映了共振电路储能的效率.

由式(17—4—10)和式(17—4—11)，可以得到

$$\frac{W_{LC}}{W_R} = \frac{LI^2}{RI^2T} = \frac{1}{2\pi}\frac{\omega L}{R} = \frac{1}{2\pi}Q$$

即

$$Q = 2\pi\frac{W_{LC}}{W_R} \qquad (17-4-12)$$

这就是说，Q 值等于共振电路中所储存的能量与每个周期内消耗的能量之比的 2π 倍. Q 值越高，意味着相对于储存的能量来说，所需付出的能量耗散越少，亦即共振电路储能的效率越高.

三、并联共振电路

并联共振电路如图 17—4—3 所示，利用复数法，可以得到它的等效复阻抗$\tilde{Z}$为

$$\tilde{Z} = \left(\frac{1}{R + j\omega L} + j\omega C\right)^{-1} = \frac{R + j\omega L}{1 - \omega^2 LC + j\omega CR}$$

即

$$Z=\sqrt{\frac{R^2+(\omega L)^2}{(1-\omega^2 LC)^2+(\omega CR)^2}} \tag{17-4-13}$$

$$\varphi=\arctan\frac{\omega L-\omega C[R^2+(\omega L)^2]}{R} \tag{17-4-14}$$

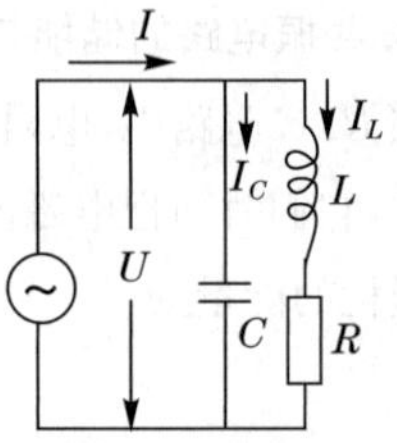

图 17—4—3　并联共振电路

并联共振电路具有如下的性质：

(1)并联共振电路的总电流和等效阻抗 Z 的频率特性与串联共振电路相反. 如图 17—4—4 所示，在频率 f'_0 处，电流 I 有极小值，阻抗 Z 有极大值. 在与频率 f'_0 稍有不同的频率 f_0 处，才能使相位差 $\varphi=0$.

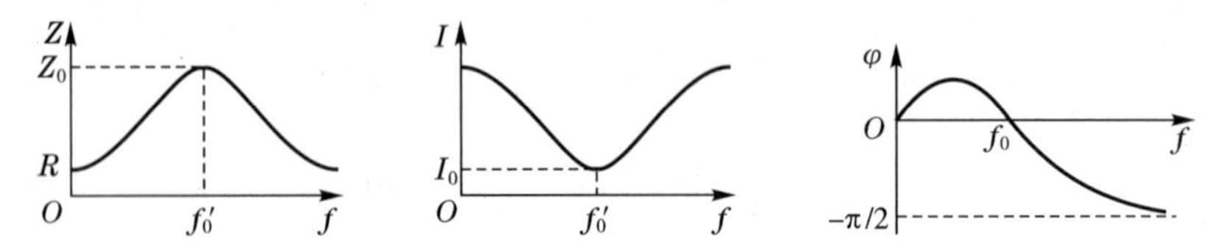

图 17—4—4　并联共振电路的共振曲线以及相位随频率的变化

(2)并联共振电路的电压和电流之间的相位差 φ 的频率特性，与串联共振电路正好相反，低频率 $\varphi>0$，电路呈电感性；高频时 $\varphi<0$，电路呈电容性；在共振频率 f_0 下，$\varphi=0$，电路呈电阻性，由式(17—4—14)可得

$$\omega_0=2\pi f_0=\sqrt{\frac{1}{LC}-\frac{R^2}{L^2}}$$

(3)并联共振时，两分支内的电流 I_C 和 I_L 几乎相等，相位几乎相差 π，所以尽管有很大的电流在 RLC 闭合回路中往复循环，但外电路中的总电流 I 却很小.

(4)并联共振电路的频率选择性和 Q 值的关系与串联共振电路差不多，Q 值越高，频率选择性越好.

*§ 17—5　三相交流电

一、产 生

当磁场匀速转动时，穿过线圈的磁通量不断发生变化，在线圈中产生简谐感应电动势，这种发电机为单相交流发电机，其原理图如图 17—5—1 所示.

发电站实际使用的大型发电机里，不是一组线圈，而是三组线圈，这三组线圈的匝数和大小都相同，彼此相隔 120°角，独立地嵌在磁场周围，如图 17—5—2 所示. 当磁场旋转时，每组线圈都产生感应电动势. 这种发电机称为三相交流发电机. 每一个绕组称为一“相”. 这种发电机输出的电流和电压称为三相交流电.

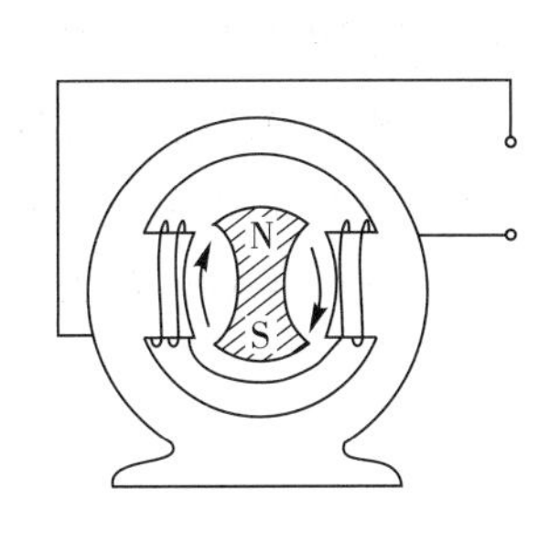

图 17—5—1　单相交流发电机原理图

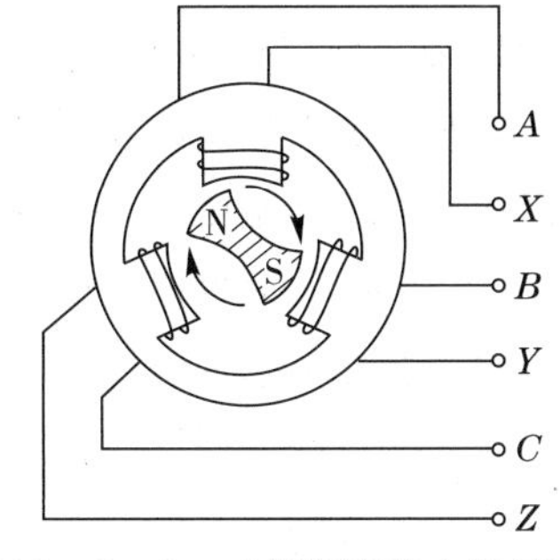

图 17—5—2　三相交流发电机示意图

在图 17—5—2 中，AX、BY、CZ 分别代表三组互相独立的线圈. A、B、C 分别为三个线圈的始端；X、Y、Z 分别为三个线圈的终端. 当磁场匀速转动时，由于三个绕组结构一样，但位置彼此相差 120°，所以各线圈产生的简谐交流电压的峰值和频率都相同，但达到峰值的时刻先后不同，彼此相差$\frac{2\pi}{3}$的相位. 在忽略发电机线圈的内阻时，各组线圈两端的输出电压等于线圈内的交变电动势，因此，如果取 AX 线圈的输出交变电压的相位为 0，那么，三组线圈中输出的瞬时电压可分别写为

$$u_{AX}(t)=U_0\cos\omega t=\sqrt{2}U\cos\omega t$$

$$u_{BY}(t)=U_0\cos\left(\omega t-\frac{2\pi}{3}\right)=\sqrt{2}U\cos\left(\omega t-\frac{2\pi}{3}\right)$$

$$u_{CZ}(t)=U_0\cos\left(\omega t-\frac{4\pi}{3}\right)=\sqrt{2}U\cos\left(\omega t-\frac{4\pi}{3}\right)$$

式中，U_0 为各相电压的峰值，U 为有效值. u_{AX}、u_{BY}、u_{CZ} 随时间变化的曲线如图 17—5—3 所示.

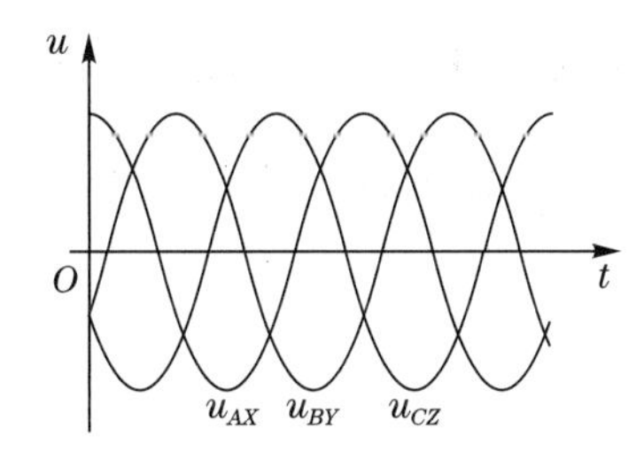

图 17—5—3　三相交流电压随时间变化的图形

二、相电压与线电压

由图 17—5—2 知道，三相交流发电机有三组线圈，共可引出六个抽头. 当发电机向外输电时，为了节省电线，实际上总是把三组线圈的相同位置的终端 X、Y、Z 连在一起，作为公共端，并从此端引出一根线，称为地线或中线. 从三组线圈的始端各引一根输电线，称为火线或端线. 这种连接叫作三相四线制，如图 17—5—4(a)所示. 有时也把中线、端线接于大地，只保留三根端线作为输出引线，这叫作三相三线制，如图 17—5—4(b)所示.

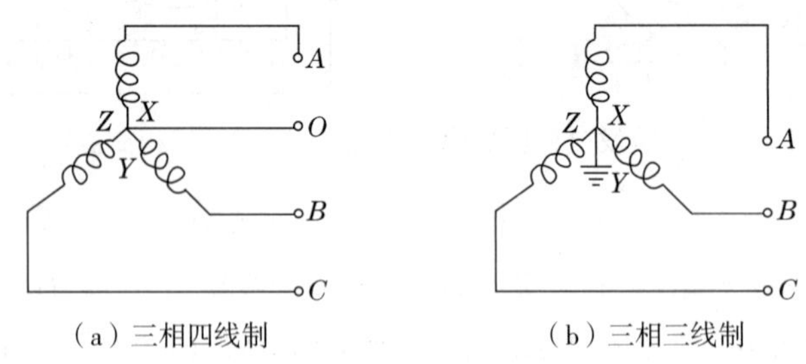

(a) 三相四线制　　(b) 三相三线制

图 17—5—4　交流电源连接方式

如图 17—5—4(a)所示的连接方式，形成星光四射的形象，因此，也称为星形连接，符号为 Y. 在这种连接方式中，任意一根火线与地线之间的电压称为相电压，记为 U_φ，这也就是每个绕组两端的电压 U_{AO}、U_{BO}、U_{CO}. 任意两根火线之间的电压，即 U_{AB}、U_{BC}、U_{CA}，称为线电压，记为 U_L. 对于星形连接的发电机中，线电压与相电压的矢量图如图 17—5—5 所示. 由矢量图知

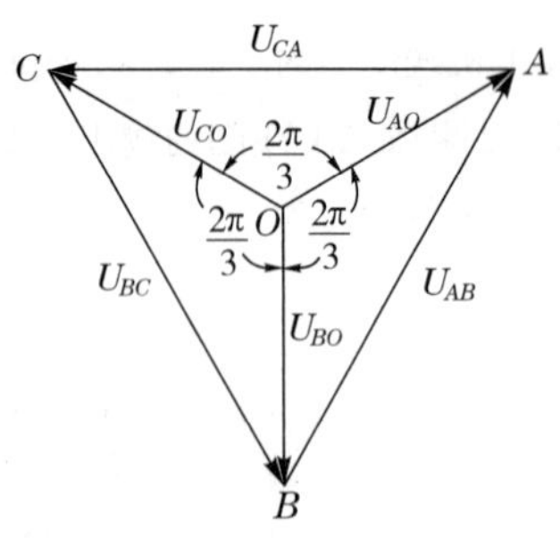

图 17—5—5　三相电矢量图

$$\boldsymbol{U}_{AO}+\boldsymbol{U}_{BO}+\boldsymbol{U}_{CO}=0$$

由于发电机绕组的对称性，利用几何关系可以证明，U_{AB}、U_{BC}、U_{CA} 三者大小相等，均为 U_L，相位差为$\frac{2\pi}{3}$，也可证明线电压 U_L 与相电压 U_{AO}、U_{BO}、U_{CO}的大小关系为

$$U_L=\sqrt{3}U_\varphi \qquad (17-5-1)$$

通常使用的三相交流电的线电压是 380 V(有效值)，从而相电压是 $380/\sqrt{3}$ $=220$(V)(有效值).

三、负载的连接

1. 负载的星形连接

每一端线和中线之间都可接一负载，三个负载都接入时，就组成如图 17—5—6 右半部所示的负载的星形连接的电路.

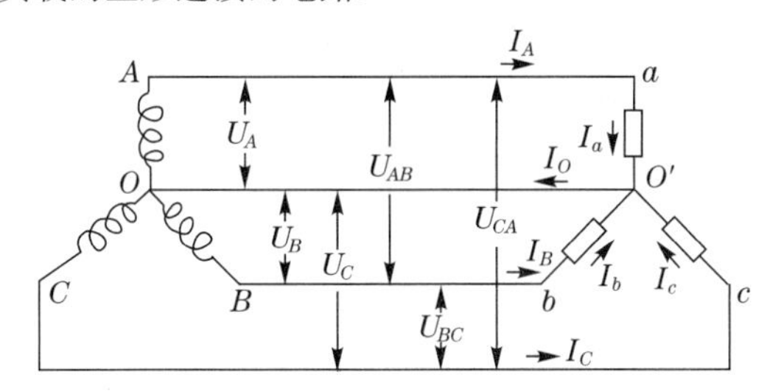

图 17—5—6　负载的星形连接

每相电流可以按照单相交流电路的计算法逐相求得，即

$$I_a=\frac{U_a}{Z_a},\ I_b=\frac{U_b}{Z_b},I_c=\frac{U_c}{Z_c} \qquad (17-5-2)$$

式中，Z_a、Z_b、Z_c 是每相负载的阻抗，U_a、U_b、U_c 是每相负载两端（即图 17—5—6 中 aO'、bO'、cO'）之间的电压.

每相电流与同相电压之间的相位差为

$$\varphi_a=\arctan\frac{X_a}{R_a},\ \varphi_b=\arctan\frac{X_b}{R_b},\ \varphi_c=\arctan\frac{X_c}{R_c} \qquad (17-5-3)$$

式中，X 表示电抗，R 表示电阻.

由于三个相电流之间存在着相位差，所以中线上的电流一般总是小于端线上的电流. 因此，中线的截面可以减小，这样更节省材料. 由此可见，用四根导线传输电能比用六根导线传输电能要经济得多. 三个相电路之所以要互相连接起来使用的原因，由此就不难回答了.

每相负载的电阻各各相等，电抗也各各相等的三个负载叫作对称负载，或均衡负载. 对于对称负载，可以证明，中线 OO' 中没有电流. 因此，中线完全不必要，于是三个负载和三个电源的相连只需三根导线，也就成了把图 17—5—6 中 OO' 线去掉后的三相三线电路.

这里要指出的是：

(1)中线中电流之所以等于零，正是由于三个相电流之间存在着 120°的相位差. 这就是之所以要有意识地把三个相同的线圈按彼此相差 120°位置安置的道理之所在.

(2)必须注意，在不对称的情况下，中线有均衡电压的作用不能省去，否则会产生极其不良的后果. 为了避免它有单独断开的可能性,中线上既不能装设保险丝,也不能单独装上开关.

2. 负载的三角形连接

如图 17－5－7 所示的右半部负载连接方式,就是负载的三角形连接. 此时,负载中每个相电压总是等于对应的线电压,各有定值,不受负载阻抗值的影响. 这一点和不具中线的星形连接电路的情况不同,后者负载每相的电压则随每相负载的阻抗值而变化.

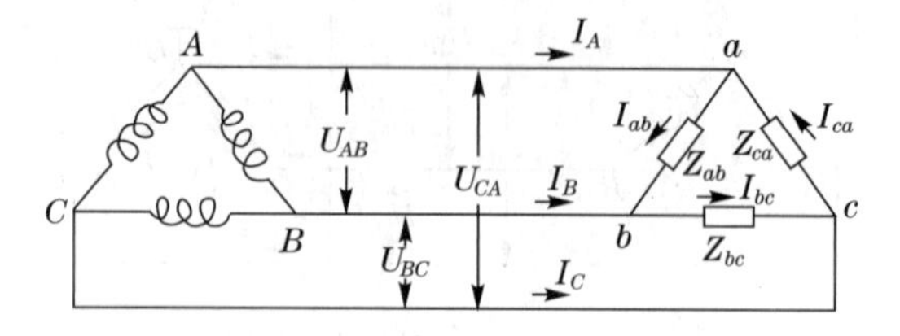

图 17－5－7　负载的三角形连接

每相电流为

$$I_{ab}=\frac{U_{ab}}{Z_{ab}},\ I_{bc}=\frac{U_{bc}}{Z_{bc}},\ I_{ca}=\frac{U_{ca}}{Z_{ca}} \qquad (17-5-4)$$

每个相电流与对应相电压之间的相位差可按式(17－5－3)求得.

必须指出,电源线圈和负载的连接方式也可以是不相同的. 例如,电源线圈做星形连接时,负载既可以做星形连接,也可做三角形连接;电源线圈做三角形连接时,负载既可做三角形连接,也可做星形连接,但对于需要中线的负载,负载做星形连接则不合适,因为电源做三角形连接时没有中线可以引出.

四、三相交流电的优点

1. 输配电的经济性

发电厂生产的电能可以通过单相制的两根传导线,或三相制的三根传导线输送到用户. 乍一看来,似乎采用三相制的三根传导线输送电能不如用单相制的两根传导线来得经济简便. 但事实上则并非如此,因为,输电线所用材料的多少,不只是由根数的多少来决定,还要由长度和截面积来决定. 在实际应用中,传输大量功率至数十或数百公里以外时,由于采用了三相制,常可节省数十吨甚至更多的金属.

2. 电力应用的优越性

三相交流电通入电动机的三相线圈时,就产生匀速旋转的恒定磁场,这就相当于转矩作用于永磁使其发生匀速旋转. 由于对称三相电路功率的恒定性,因而三相交流电动机所产生的转矩也是恒定的,所以三相交流电动机的运行性能好，效率也较高. 单相交流电通入单相电动机的线圈时，则产生振荡磁场（大小、方向都随时间变动的磁场），它的功率也有振荡性，所以单相交流电动机运行性能较差，效率也较低. 同时，还将看到，三相交流电动机比单相交流电动机成本较低，价格便宜. 因此，三相交流电动机（主要是感应电动机）在生产单位获得了广泛的应用，而单相电动机则在特殊情况下以及功率很小的条件下（电扇、电唱机等）才被采用.

3. 电机制造的经济性

三相交流发电机和单相交流发电机，在使用等量材料的条件下，前者的额定容量比后者大. 换句话说，三相交流发电机和单相交流发电机的额定容量相等时，前者比后者用材较省，价格便宜.

三相交流电动机和单相交流电动机的额定功率相同时，前者也比后者便宜.

鉴于上述种种优点，三相制已成为电力工程上的标准制.

习题十七

一、选择题

17－1 下列说法中，正确的是 （　　）

(A)阻抗为简谐量，与频率无关　　(B)阻抗为简谐量，与频率有关

(C)阻抗不是简谐量，与频率无关　　(D)阻抗不是简谐量，与频率有关

17－2 因为可用矢量图解法解交流电路，所以下列说法中，正确的是 （　　）

(A)电压、电流是简谐量，也是矢量

(B)电压、电流是简谐量，但不是矢量

(C)电压、电流不是简谐量，但是矢量

(D)电压、电流不是简谐量，也不是矢量

二、填空题

17－3 两简谐交流电压 $u_1(t)=311\cos\left(100\pi t-\frac{2\pi}{3}\right)$ V 和 $u_2(t)=311\sin\left(100\pi t-\frac{5\pi}{6}\right)$ V，它们的峰值 $U_0=$______，有效值 $U=$______，频率 $f=$______，周期 $T=$________，初相位 $\varphi_1=$________，$\varphi_2=$________，相位差 $\varphi=$________.

17－4 两阻抗 Z_1 和 Z_2 串联时，总阻抗 $Z=Z_1+Z_2$ 的条件是________.

17－5 一电阻和电感串联的电路，接到电压为 110 V 的交流电源上，若交

流伏特计不论接于电阻还是电感的两端,其读数都相同,则其读数为________.

17—6 电路 $-\overset{R}{\square}-\overset{L}{\text{ooo}}-$ 的复阻抗$\tilde{Z}$=________,相位差 φ=________,其功率因数 $\cos\varphi$=________.

三、计算题

17—7 在某频率下,电容 C 和电阻 R 的阻抗之比为 $Z_C:Z_R=3:4$,现将它们串联后接到该频率的 110 V 交流电源上. 试求:

(1)C 和 R 两端的电压 U_C 和 U_R;

(2)总电压和电流之间的相位差.

17—8 在某频率下,电感 L 和电容 C 的阻抗之比为 $Z_L:Z_C=2:1$,现将它们并联后接到该频率的交流电源上,若总电流为 $I=10$ mA,试求通过 L 和 C 的电流 I_L 和 I_C.

17—9 在如图 17—1 所示的电路中,已知 $R_1=10\ \Omega$,$R_2=2.5\ \Omega$,$Z_C=0.20\ \Omega$,$Z_L=5.0\ \Omega$.

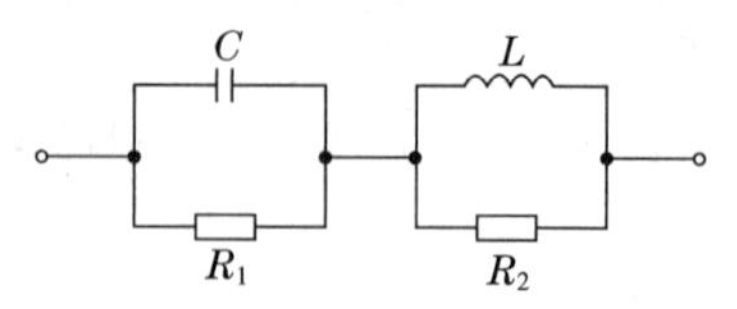

图 17—1

(1)求总电路的复阻抗,总电路是电感性的还是电容性的?

(2)如果在总电路上加上有效值为 6.0 V、初相位为零的交流电压,求总电流的有效值和初相位.

(3)此时电容上的电压为多少?

17—10 如图 17—2 所示是为消除分布电容的影响而设计的一种脉冲分压器. 当 C_1、C_2、R_1、R_2 满足一定条件时,此分压器就能和直流电路一样,使输入电压 U 与输出电压 U_2 之比等于电阻之比,即

$$\frac{U_2}{U}=\frac{R_2}{R_1+R_2}$$

而与频率无关. 试求电阻、电容应满足的条件.

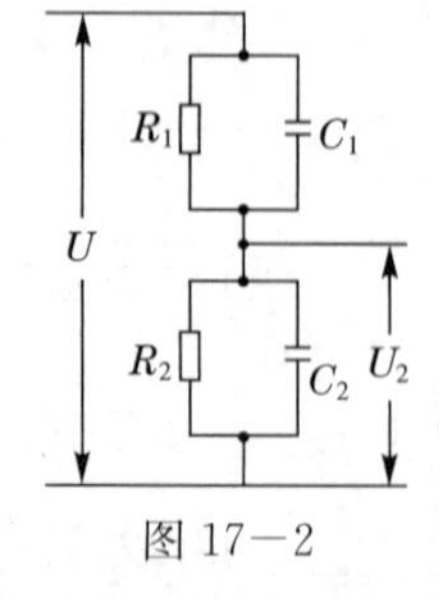

图 17—2

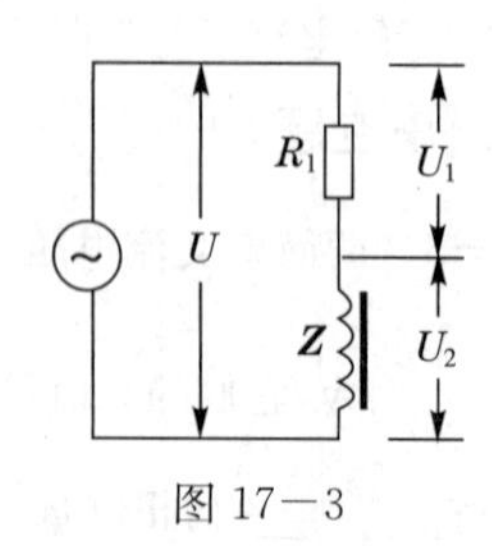

图 17—3

17—11 如图 17—3 所示的电路可以用来测量一个有磁心损耗的电感元件的自感 L 和有功电阻 R. 如果在待测电感元件上,串联一个电阻 $R_1=40\ \Omega$,测

量得到该电阻上的电压为 $U_1=50$ V，待测电感元件上的电压为 $U_2=50$ V，总电压为 $50\sqrt{3}$ V，已知频率为 $f=300$ Hz. 试求该电感元件的 L 和 R.

17－12　在如图 17－4 所示的电路中，已知 $R=40\ \Omega$，三个电流计 A_1、A_2、A 的读数分别为 $I_1=4.0$ A，$I_2=3.0$ A，$I=6.0$ A. 求元件 Z 消耗的功率.

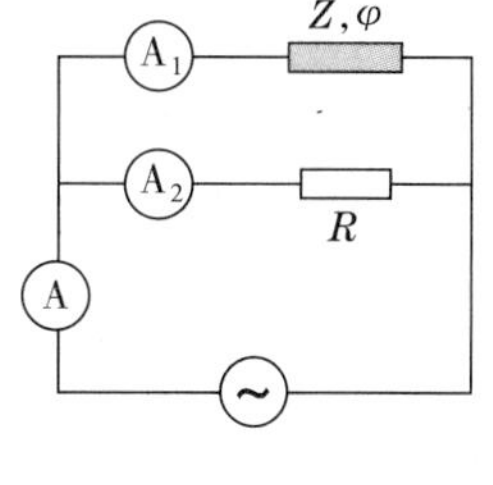

图 17－4

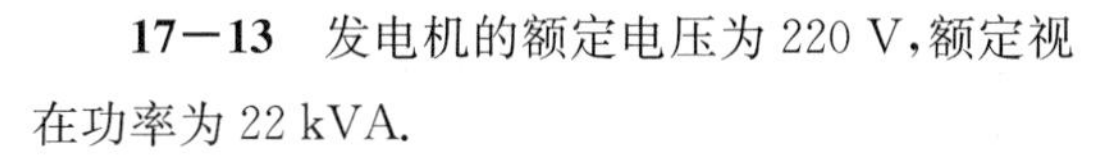

17－13　发电机的额定电压为 220 V，额定视在功率为 22 kVA.

(1)它能供多少盏功率因数 0.5、平均功率为 40 W 的日光灯正常发光？

(2)如果将日光灯的功率因数提高到 0.8 时，能供多少盏灯？

(3)如果保持日光灯数目不变而将功率因数继续提高到 1，则输电线中的总电流降低多少？

17－14　有一台发电机，标明的额定电压是 10 kV，额定电流是 1 500 A.

(1)求其视在功率；

(2)若包括发电机在内的电力系统的功率因数是 0.6，发电机提供多大有功功率？无功功率是多少？

(3)若电力系统的功率因数提高到 0.9，则有功功率和无功功率各为多少？

(4)若设供电系统的电阻为 r，试导出供电系统的功率损耗 ΔP 与功率因数的关系.

6　阅读资料

等离子体技术及其应用

等离子体是一种电离气体，由电子、离子、中性粒子等组成，属于物质的高能凝聚态. 等离子体中含有大量的带电粒子，使得它与普通气体有着本质的区别，具有很多普通气体没有的特性. 对等离子体的研究已发展成为一门独立的物理学分支——等离子体物理学. 等离子体物理学在工程技术中的应用形成了大有发展前景的专门技术，即等离子体技术. 近年来，等离子体技术的实际应用获得了快速的发展，应用领域越来越广泛. 由于其特点，等离子体在军事上具有更广阔的应用前景. 目前，世界各国正加紧研究把等离子体技术用于武器系统隐身、通信和探测、火炮发射、飞行器拦截、航天推进、电子对抗和军事能源等方面,等离子体技术的军事应用对未来高技术、信息化战争具有深远的意义.

一、等离子体技术的物理基础

1. 等离子体的基本特性

(1)等离子体具有一定的电离度.

要使电离气体具备等离子体性质,必须至少有0.1%的气体成分电离,这就要求气体有足够高的电离度.根据理论分析,气体处于热力学平衡态时,其电离度跟温度的关系满足沙哈方程,即

$$\frac{n_{\mathrm{i}}}{n_0} \approx 2.4 \times 10^{21} \frac{T^{3/2}}{n_i} \mathrm{e}^{-\frac{\Delta E}{kT}}$$

式中,n_{i}、n_0 分别是离子与中性粒子的数密度,T 是气体温度,ΔE 是气体电离能.经估算,在室温条件下,大气的电离度约为 10^{-122},可见,大气中气体分子的电离微乎其微,若要使电离成分占0.1%以上,必须使温度高于10 000 ℃,因此,在我们这个“寒冷”的地球上,天然的等离子体极其稀少.在地球环境中,天然等离子体只存在于地球表面几万米以上的高空电离层或闪电、极光中,除此以外,地球上的等离子体只能人为产生.

(2)等离子体存在两种温度.

温度是分子热运动激烈程度的标志,是大量分子平均平动动能的量度.对于同类粒子,通过粒子间的碰撞,可以有效传递能量,容易达到热平衡状态,形成宏观上确定的温度.在等离子体中,电子和电子之间通过碰撞易达到热平衡状态,离子与离子间也容易达到热平衡状态,但是,由于电子的质量远小于离子质量,因而,碰撞时不易发生能量的传递,彼此达到热平衡的机会很小.一般来说,在等离子体中电子和离子各自处于热平衡状态中,它们热运动的激烈程度相差很大,需要用两种温度(电子温度 T_{e} 和离子温度 T_{i})来描述.在人工等离子体中,一般电子温度比离子温度高得多,但这并不意味着很“热”,而取决于气体的数密度和电离度等因素.

(3)等离子体呈准电中性.

等离子体由电子、离子和中性粒子等组成,其中电子和离子的电荷总数基本相等,在整体上呈现电中性.等离子体对于电中性条

件的破坏十分敏感，一旦由于某种原因导致局部正电荷或负电荷的相对集中，就会产生巨大的电场，对粒子施加作用，促使其恢复电中性. 另一方面，若以某个电子或离子为中心，考察一半径微小的球体范围，则正负电荷可能并不完全相等，也就是说，等离子体的电中性随着时间会发生涨落. 半径越小，球内区域偏离电中性的涨落就越大. 只有当半径超过一定长度时，球内正负电荷的涨落现象才可忽略，通常把这一长度称为德拜长度. 经理论计算，电子温度为 T_e、数密度为 n 的等离子体德拜长度为

$$\lambda_0=\sqrt{\frac{\varepsilon_0 kT_e}{ne^2}}$$

德拜长度是判断电离气体是不是等离子体的一个判据，要使电离气体成为宏观电中性的等离子体，它所在系统的几何线度必须远大于德拜长度. 离子的电中性在小于德拜长度的微观尺度内无效，只有在宏观平均意义上才有效，故称其为准电中性.

(4)等离子体中存在朗谬尔振荡.

当等离子体中电子相对离子发生一微小位移时，由于电子和离子间的静电力作用，等离子体将产生强烈的恢复宏观电中性的趋势. 因为离子的质量远大于电子质量，其运动速度远小于电子速度，可近似认为离子不动. 当电子在静电力作用下相对于离子往回运动时，将不断被加速，由于惯性它会越过平衡位置，从而造成相反方向的电荷集中，产生一反向电场，使得电子再次向平衡位置运动，由于惯性会再次越过平衡位置. 这样周而复始地进行下去，在等离子体内部形成电子的集体振荡，这种振荡称为朗谬尔振荡，如图 1 所示.

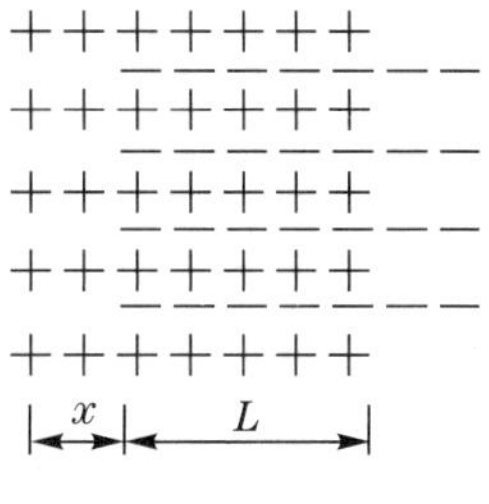

图 1　朗谬尔振荡示意图

根据理论计算，朗谬尔振荡的频率为

$$\nu_p=\frac{1}{2\pi}\sqrt{\frac{ne^2}{\varepsilon_0 m}}$$

式中，n 是电子数密度，m 是电子质量. 电子数密度越大，振荡频率就越高.

(5)等离子体中存在集体效应.

在等离子体中,电子、离子和中性粒子之间发生着各种相互作用.粒子间的碰撞非常复杂,有弹性碰撞和非弹性碰撞.在弹性碰撞中,粒子总动能保持不变,碰撞粒子的内能也不变,没有新的粒子或光子产生.非弹性碰撞则可引起粒子内能的改变,并伴随新粒子和光子的产生,内能的变化会引起粒子状态的改变,产生激发、电离、复合、电荷交换、电子附着、核反应等现象.带电粒子之间的作用不仅有分子力,还有库仑力.库仑力是长程力,使得粒子在相距较远时仍有一定的相互作用,带电粒子的相互作用和运动会引起局部的电荷集中,由此产生电场,同时,电荷的运动又引起电流,因而激发磁场.这些场会影响远处其他带电粒子的运动,从而引起整个体系的复杂运动,表现出集体效应,这正是等离子体与普通气体的本质区别.

2. 电磁场对等离子体的作用

等离子体由大量带电粒子组成,在外电场中将受电场力作用产生定向移动形成电流.经计算,等离子体的直流电导率为

$$\sigma=\frac{ne^2}{m\nu_{\mathrm{en}}}$$

式中,ν_{en}是电子与中性粒子的碰撞频率.理论表明,等离子体中带电粒子与其他粒子之间的碰撞频率与$T^{3/2}$成反比,温度越高碰撞频率越小,粒子间越不容易发生碰撞.相应地,等离子体的电导率就越高,其导电能力也越强,这与金属的导电情况正好相反.在高温热核反应中,等离子体的导电能力比铜强10倍,可看作理想导体.

等离子体中的电子和离子都在做高速运动,因此,磁场对这些粒子有力的作用,这些作用在宏观上表现为磁场对整个等离子体的作用.一般情况下,在均匀磁场中带电粒子绕磁感应线做螺旋线运动,回转半径与磁场成反比,回转角频率与磁场成正比,磁场越强,粒子回转角频率越高,拐弯越快.在非均匀磁场中,速度方向和螺距将不断变化,当带电粒子由磁场较弱处向较强处运动时,总会受到一个指向弱磁场方向的轴向分力,在此分力作用下,粒子平行于磁场的分速度将减小.当磁场足够强时,平行分速度将减为零,此后,

粒子在此分力作用下反向运动，就好像光遇到镜面发生反射一样，故称为磁镜原理. 在现代热核反应中，利用磁镜原理，可以把高温等离子体限制在一定的空间区域内实现磁约束. 另一方面，在非均匀磁场中由于受力不同，带电粒子还会发生一种垂直于磁场方向的漂移. 此外，当等离子体中有电流时，还将出现一种向中心收缩的箍缩效应. 粒子的漂移和箍缩效应的出现会影响等离子体的稳定性，这是其应用的不利方面.

3. 等离子体对电磁波的反射、折射和吸收

当有外来电磁波时，等离子体将与电磁波发生相互作用，彼此交换能量. 从宏观上看，等离子体就像电介质一样对电磁波有反射、折射和吸收作用. 由电磁场理论可以导出，等离子体对频率为 ν 的电磁波的折射率为

$$n=\sqrt{1-\frac{\nu_p^2}{\nu^2}}$$

式中，ν_p 是等离子体振荡的朗谬尔频率. 由此可见，当 $\nu<\nu_p$ 时，n 没有实际意义，这时电磁波不能进入等离子体内部传播，而是在等离子体的界面上发生全反射；当电磁波的频率 $\nu>\nu_p$ 时，折射率 n 为实数，这表明，电磁波能折射进等离子体，并在其中传播. 在等离子体中传播的电磁波，其能量很快会被等离子体吸收.

二、等离子体技术的军事应用

等离子体由于其特有的性质，引发了人们的极大兴趣和关注，对等离子体技术的研究日益深入，其应用范围也在不断扩展. 等离子体技术在军事上更具有诱人的应用前景，可用于武器系统隐身、通信和探测、火炮发射、飞行器拦截、航天推进、电子对抗和军事能源等多个方面.

1. 等离子体隐身

在现代战争中，雷达探测技术占有非常重要的地位，它可以探测导弹、飞机等武器系统. 为了使己方的武器系统不被敌方雷达探测到，必须采用一定的技术，使雷达探测波有来无回，以实现我方武器系统的隐身，运用等离子体技术可以有效达到武器系统隐身的目的.

在武器系统中，一般利用等离子体发生器产生等离子体，或者在武器系统的特定部位(如强散射区)涂上一种特殊的涂料，再用强α射线促使其附近的空气电离产生等离子体. 当探测的雷达波照射到等离子体上时，若入射波的频率大于等离子体的频率，则电磁波可以在等离子体中传播，传播过程中，电磁波的能量被等离子体迅速吸收，从而可以大大减弱信号的反射，以达到隐身的效果. 另一方面，当雷达探测波的频率小于等离子体频率时，电磁波不能进入等离子体，而被全部反射. 根据这一特性，利用等离子体可以对频率小于等离子体频率的雷达波进行干扰，向敌方发送假信号，使敌方雷达显示屏上显示目标的虚影，从而隐藏武器系统的真实位置.

2. 等离子体通信和探测

战时信息的畅通对战争的胜利至关重要，要求通信和探测的距离远、设备简单、隐蔽性好. 运用等离子体技术，一方面可以利用大自然现成的电离层进行通信；另一方面，又可以研制隐身性能好的等离子体天线用于通信和探测.

从地球表面发射电磁波，利用地球表面上空等离子体层的反射进行远距离军用短波通信，可以不需要中继站转发而实现数万里的远距离通信，尤其是间隔有高山或敌占区阻隔的两地通信. 这种军用短波通信设备简单、机动灵活，特别适用于车载、舰载和机载的远距离移动通信.

现代战场上的通信和探测都离不开天线，而天线也是敌方攻击的重要目标. 运用等离子体技术，可以使天线避开敌方的攻击，完成特定的任务. 将等离子体放电管作为天线，管中充有惰性气体，当无线电波通过金属电极进入管中后，惰性气体被电离，产生等离子体. 由于等离子体中含有大量的自由电子，可以促使自由电子振荡产生电磁波，向外发射无线电信号，同样，也可以用来接收无线电信号. 当不用或需要隐蔽时，只要断开电极，其中的惰性气体马上恢复正常状态，成为不反射敌方探测波的绝缘体. 这不仅为军事通信和探测提供了新方法，而且也增强了电子对抗的功效.

3. 等离子体电热发射

等离子体由于具有温度高、压力大、携带能量多等特点，被许多国家广泛用于各种电热炮的研制. 电热炮的主要原理是，利用放电的方法，人为产生等离子体，来推动弹丸射向目标. 按照等离子体形成方法的不同，电热炮可分为直热式和间热式两大类. 直热式电热炮利用高功率脉冲电源放电，产生高温、高压的等离子体，以等离子体膨胀做功的方法直接推动弹丸前进. 间热式电热炮(也叫电热化学炮)则利用高功率脉冲电源放电产生高温、高压的等离子体，再用该等离子体去加热化学工作物质，使之燃烧气化产生高温、高压的燃气，膨胀做功推动弹丸前进. 如图 2 所示，这是一种电热化学炮的整装“弹药”示意图. 目前，利用等离子体电热炮已可以将弹丸加速到 3 000 $m \cdot s^{-1}$的速度.

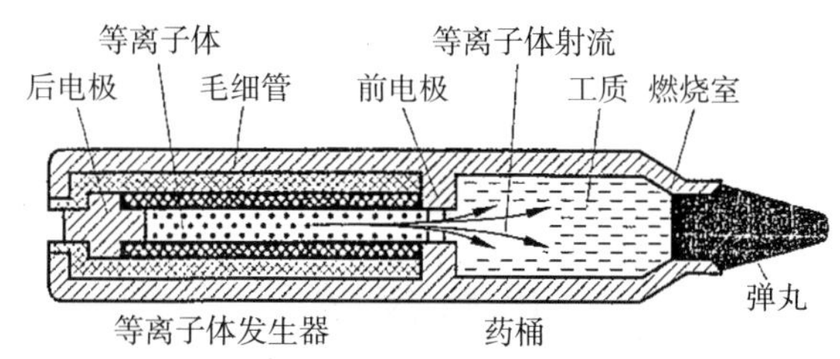

图 2　一种电热化学炮的整装“弹药”示意图

4. 等离子体拦截

在战场上拦截敌方的飞行器(如导弹)一直是军事专家们非常关心的问题，运用等离子体技术可以实现对飞行器的有效拦截. 在地面发射彼此交叉的大功率电磁波或激光束，使其在来袭的飞行器前方附近的大气中聚焦，焦点处的空气高度电离，形成电离度和密度极高的等离子体云团. 来袭的飞行器一旦进入等离子体云团，就会受到强大的电磁场作用，产生旋转力矩，从而偏离轨道坠毁. 这种拦截方法可以在较大的空间范围内进行，不需精确瞄准，命中率高，而且无须分辨真假目标，因此，利用等离子体技术可以有效地对付来自太空和高、中、低空大气层内的各种飞行器的袭击.

5. 等离子体航天推进

为了更好地探索太空，人们正努力把等离子体用于航天推进技术. 一般的化学燃料推进剂，由于受化学反应的影响，排气速度、推力和可用能量受到限制. 利用等离子体技术研制的推进器，只要电源保持供给足够的电能,其推进器在理论上可以达到的比冲没有限制,即使由于技术上的原因,等离子体推进器的比冲也比化学燃料推进器的比冲大. 利用等离子体推进器不仅可以节约时间,而且可使宇航员免受太空辐射,因此,等离子体技术将可能为人类探索太空和飞离太阳系创造前所未有的条件.

运用等离子体技术还可以将热能直接转换成电能,进行磁流体发电,这将为正在研制中的高功率微波武器、强激光武器和粒子束武器等提供高效、可靠的能源保障. 此外,等离子体技术也可用于高温润滑、核武器等方面. 尽管目前等离子体技术用于军事领域还存在着各种问题和局限性,但可以肯定,随着科学的发展和技术的不断进步,等离子体技术在未来战场上必将发挥更大的作用.

遥感技术

一、遥感技术概述

遥感是用一定的技术、设备、系统,在远离被测目标的位置上对被测目标的特性进行测量和记录的信息技术. 遥感器可安装在地面车载或飞机、卫星、航天器等运载工具上. 运载遥感器的运动工具称为遥感平台. 遥感技术主要包括四个方面:①遥感器. 用来接收目标或背景的辐射和反射的电磁波信息,并将其转换成电信号或图像,加以记录. ②信息传输系统. 将遥感得到的信息经初步处理后,用电信方式发送出去,或直接收回胶片. ③目标特征搜集. 从明暗程度,色彩、信号强弱的差异及变化规律中找出各种目标信息的特征,以便为判别目标提供依据. ④信息处理与判读. 将所收到的信息进行处理,包括消除噪声或虚假信息,矫正误差,借助于光电设备与目标特征进行比较,从复杂的背景中找出所需要的目标信息.

二、遥感工作的物理基础

1. 遥感分类与辐射源

遥感按工作方式分类,有主动遥感和被动遥感. 主动遥感是指由自身发射电磁波,如侧视雷达,接收的是被地面反射的回波. 被动遥感是指直接接收太阳光的反射及目标物和环境本身所辐射出来的电磁波.被动遥感的主要辐射源是太阳.太阳可近似看作一个6 000 K的黑体,入射到地表上的太阳辐射最强部分在可见光部分,峰值波长为0.47 μm.地球是另一个重要的辐射源,可近似看作一个300 K的黑体,峰值波长为10 μm.

无论电磁波从太阳射向地球,还是从地球射向遥感器,都要穿过大气层.从物理角度看,电磁波经过大气层时,要被吸收和散射,其强度、传播方向及偏振方向均要改变.因此,在应用遥感技术研究地球表面的状况以及通信时,工作波段必须选择在大气窗口内.按电磁波的频段进行分类,遥感所用的波段有:

可见光(0.40～0.76 μm).利用目标反射的太阳光靠胶片感光照相.迄今为止,从卫星上获得的最高的地面分辨率是用可见光照相得到的.但在阳光照射不到的地面,如地球的黑夜或云层覆盖区,可见光遥感就无能为力了.

红外波段的一部分(0.75～15 μm).辐射源是目标物,白天黑夜都能工作,而且红外波段比较宽,能得到较多的地面目标的信息.但探测器的灵敏度较差,红外辐射不能穿透云雾,处于云层覆盖下的地面情况也无法探测.在近红外区(0.75～3 μm),太阳辐射比较强,仍可利用反射的太阳辐射进行探测.

微波(1 mm～1 m).辐射也属于热辐射范畴.与红外辐射具有十分相似的性质.其不同点主要表现在:

(1)通常温度下,地表发射微波的能力很弱,一般要比红外波段低5～6个数量级.相对来说,低温状态下物体的微波特征较明显,常温状态下物体的红外特征较明显.

(2)微波波段穿透大气、云雾、雨雪的性能比可见光、红外波段好得多,因而微波遥感能全天候工作.对微波来说,由于波长较长,大气的散射作用很小.

(3)微波对于地表层有较强的穿透能力.如波长10 cm的微波,对铜只能透入10^{-4} cm,而对冰雪层却能透入15 m以上.所以,运用微波技术可探测地表下的地质结构.

2. 地物波谱特性

不同物体,甚至同一种物体的不同状态,反射、吸收和辐射电磁波的规律是不一样的,这种规律称为物体的波谱特性. 图1表示几种植物的波谱特性曲线.

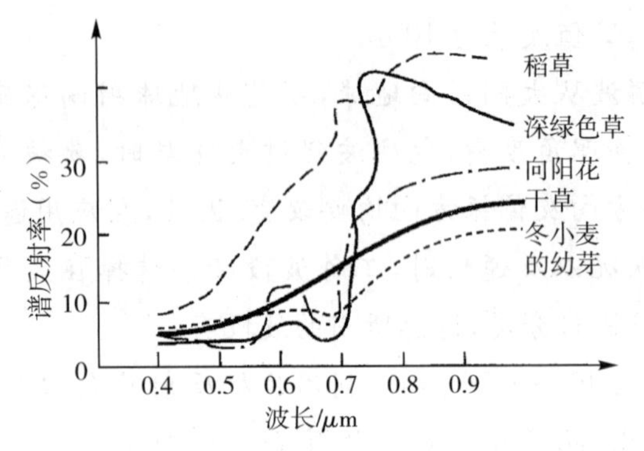

图1　几种植物的波谱特性

遥感器就是根据各种物体或状态的波谱特性来识别多种地物. 如果我们事先掌握了各种物体的波谱特性,只要将遥感器测到的不同电磁波的波谱信息与之相比较,即可区别出物体的种类和状态.

当然,从遥感器上所接收到的电磁波是综合性的. 它包括地球表面反射来自太阳、大气和其他物体的电磁波,也包括地球表面、大气辐射的电磁波等. 但由于各自不同的特性,可以采用选择光谱的方法,让所需要的波段进入遥感器. 所以,实际上是不可叠加的.

地物的波谱特性是设计遥感器和判读遥感图像的依据. 研究各种地物的波谱特性,并找出遥感器工作的最佳波段,是遥感技术应用的一项基础性工作.

三、遥感信息处理和图像判读

地面站收到的遥感信息必须通过适当的处理才能加以利用. 将接收到的原始数据加工制成可供观察的图像照片的过程,称为遥感信息处理. 根据所获得的遥感图像,从中分析出人们所感兴趣的地面目标状态或数据,此过程称为图像判读. 信息处理和图像判读直接涉及最终结果,因而是遥感技术中至关重要的两个步骤.

所谓判读,是对图像中内容进行分析、判别、解释,弄清图像中的线条、轮廓、色调、色彩、花纹等内容对应着地表上什么景物及这些景物处于什么状态.

最基本的判读方法是人工判读或目视判读.用计算机进行的图像识别(也称模式识别),是近20多年来发展起来的一门专门的技术学科.其主要优点是速度快,便于利用可见光以外的遥感数据.但相对于精细的人工判读,计算机的图像识别还是比较粗糙的.正在发展的人工智能识别技术,为图像判读展示了美好的前景.

四、遥感技术应用

1. 遥感技术在气象方面的应用

气象卫星的遥感技术已作为日常气象观测的一种手段,为天气预报提供了大量有价值的资料,其中红外遥感占有很重要的地位.利用可见光的电视式照相机,借助云层对太阳光的强反射,可以摄取地球上空的云层分布.对于地球的背阴面,则采用红外技术才能获取云层的分布图,利用卫星云图可较早地侦察到热带风暴、飓风.台风的中心位置,对恶劣天气的预报具有重要价值;用安装在卫星上的红外辐射计对辐射能量进行测量,能获得大气温度的垂直分布情况;还可测量海洋面和陆地面的温度,划定冰雪覆盖区的边界等;同时也能提供大气中水汽和臭氧的分布情况.

2. 遥感技术在地学方面的应用

引用卫星遥感绘制小比例尺地图是一个多快好省的方法.与航空制图相比,拍摄照片的数量可减少到十分之一.成本可下降到十分之一.以往绘制的地图主要是用可见光照相;由于用了红外遥感可以获得更多人眼看不到的地面特征,同时也提高了图像的清晰度.航空和卫星遥感图像为地质构造分析提供了非常直观的工具.可以利用拍摄的照片得到准确的地质地形图,从而指导找矿;由于红外成像的温度分辨率约为0.1°,通过地面温差图,可以确定地热分布区及了解火山活动情况;卫星和飞机遥感技术有助于掌握高山、沙漠的河流湖泊分布以及水质水文资料;用红外遥感测得的海面热图,可以确定海温变化情况,这对研究海洋生物很有价值.此外,微波遥感器可用于测量海水的盐度,又可测量海风速度、风向及波浪高度等.

3. 遥感技术在其他领域的应用

在农、林、牧方面，通过红外遥感仪测量土壤和植物的温度，就能获得像植物长势、土地类型、水分状况等有关信息；可及早发现森林火情、判断农作物遭受病虫害的程度等；还可用于环境污染情况的测量以及在军事方面的许多重要应用，在此不再赘述.

第十八章

几何光学

光学是物理学的一个重要组成部分，它与天文学、力学、几何学一样是最早发展起来的一门学科. 然而，在很长一段历史时期内，人们对光的认识仅仅局限于光的直线传播及光的反射、折射现象，而从未涉及光的本性问题. 17 世纪下半叶，牛顿提出了光的微粒说，认为光是按照惯性定律沿直线飞行的微粒流. 这种学说直接说明了光的直线传播定律，并能对光的反射和折射做出一定的解释，但是，用微粒说研究光的折射定律时，得出了光在水中的传播速度比空气中大的错误结论. 不过，这一点在当时的科学技术条件下还不能通过科学实验来鉴别.

在牛顿发表光的微粒说 10 年之后，惠更斯提出了光的波动说，他将光看成是机械振动在一种假想的特殊媒质(以太)中的传播，并由此解释了光的反射和折射等现象. 由于当时牛顿所具有的巨大权威使得这一理论并未引起大多数人的重视. 直到 19 世纪初，托马斯・扬(Thomas Young)通过双缝干涉实验，观察到直边衍射现象，为波动说提供了充分的实验依据. 1815－1826 年间，菲涅耳(A. J. Fresnel)完成了关于光的波动说理论，波动说逐渐代替了微粒说.

19 世纪中叶，麦克斯韦在电磁场理论的基础上提出了光的电磁波理论，人们才逐渐认识到可见光是波长在 400～760 nm 范围内的电磁波. 应用麦克斯韦电磁波理论可以普遍解释光在两种媒质分界面上发生的反射、折射现象，也能够满意地解释光的干涉、衍射和偏振等光学现象.

在 19 世纪末和 20 世纪初，当科学实验研究深入到微观领域时，在一些新的实验事实(如共振荧光、黑体辐射、光电效应等)面前，光的电磁理论遇到了无法克服的困难,这使得对光的认识发生了从连续到量子化的飞跃. 1905年,爱因斯坦提出了光子假说,完满地解释了光与物质相互作用时表现出粒子性的实验事实. 从此,光的量子说登上了历史舞台,使人们认识到,光具有波粒二象性.

光学是研究光的本性,光的发射、传播和接收,光与物质相互作用问题的学科. 光学除了是物理学中一门重要的基础学科外,它也是一门应用性很强的学科.

概括地说,以光的直线传播性质为基础,研究光在透明介质中的传播问题的光学理论,称为几何光学;以光的波动性质为基础,研究光的传播及其规律的光学理论,称为波动光学,波动光学包括光的干涉、光的衍射和光的偏振理论;以光和物质相互作用时表现出的粒子性和量子性为基础而建立的光学理论,称为量子光学. 波动光学和量子光学又统称为物理光学.

20世纪60年代,激光的发现使光学获得了很大的发展;激光技术与相关学科相结合,导致了光的全息技术、光信息处理技术、光纤技术的飞速发展.

本章主要介绍几何光学的基本原理,几何光学成像规律以及几何光学的应用,下一章介绍波动光学的内容,而量子光学将在量子物理中介绍.

§18—1 几何光学的基本定律

一、几何光学的基本定律

几何光学是以下列实验定律为基础建立起来的,它是光学仪器设计的理论依据.

1. 光的直线传播定律

光在真空或均匀媒质中沿直线传播.

2. 光的独立传播定律

来自不同方向或不同物体发出的光线相交,对每一条光线的独立传播不发生影响. 这就是光的独立传播定律.

3. 光的反射与折射定律

设 1,2 是透明、均匀、各向同性的媒质,它们的分界面是平面,如图 18—1—1 所示.

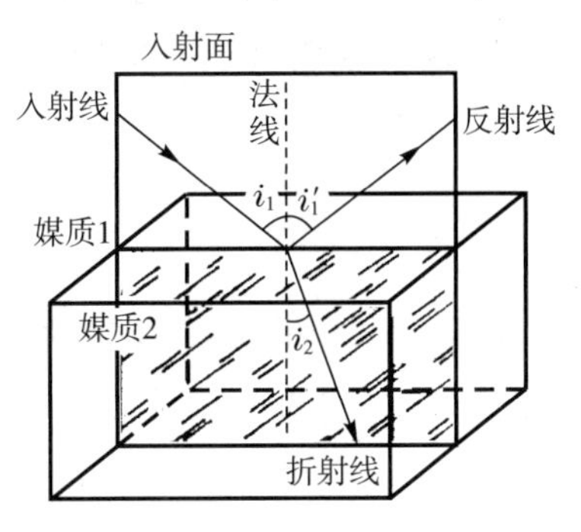

图 18—1—1　光的反射与折射

(1)**反射线与折射线均在入射面内.**

(2)**反射角等于入射角**

$$i_1' = i_1$$

(3)**入射角与折射角正弦之比与入射角无关,而是一个与媒质有关的常数.**

$$\frac{\sin i_1}{\sin i_2} = \frac{n_2}{n_1}(\text{常数})$$

或

$$n_1 \sin i_1 = n_2 \sin i_2$$

式中,$\frac{n_2}{n_1}=n_{12}$,称为第 2 种媒质相对于第 1 种媒质的折射率.

又因为 $n_1=\frac{c}{v_1}$,$n_2=\frac{c}{v_2}$(v_1,v_2 为光在媒质 1,2 中的传播速度),所以

$$\frac{\sin i_1}{\sin i_2} = \frac{v_1}{v_2}$$

应当指出,上述几何光学的定律是实验规律,它是近似的,只有在反射面和折射面的尺寸远远大于入射光的波长时才成立.

二、全反射

当光线由光密媒质(折射率大)射到光疏媒质(折射率小)的界

面上时，由折射定律可知，折射角一定大于入射角，而且折射角随着入射角的增大而增大. **当入射角增大到某一临界角 i_c 时**，折射角将达到 90°；如果入射角再增加，就没有与它对应的折射角了，**这时光线完全反射回光密媒质，这种现象称为全反射，i_c 称为临界角.**

由折射定律可知，临界角为

$$i_c = \arcsin \frac{n_2}{n_1}$$

对于光线从折射率 $n_1=1.5$ 的玻璃入射到空气这种情况，其临界角 $i_c=42°$，而由水入射到空气的全反射临界角约为 49°.

全反射的应用很广，光导纤维就是利用全反射规律而使光线沿弯曲的路径传播的光学元件. 一般光导纤维由直径约几微米的单根玻璃(或透明塑料)纤维组成，每根纤维外面包一层折射率低的玻璃介质，这样光线经过多次全反射后可沿着它从一端传到另一端，而且光的能量损失非常小.

§18－2　光在球面上的反射和折射

一、实像与虚像　实物与虚物

各光线本身或其延长线相交于同一点的光束，叫作同心光束. 变换入射同心光束的反射面或折射面的组合叫作光具组. 入射同心光束的中心称为物点，如果入射的是发散的同心光束，则相应的发散中心 Q 称为实物；如果入射的是会聚的同心光束，则相应的会聚中心 Q 称为虚物. 入射的同心光束经理想光学系统或理想光具组后，出射光仍然是同心光束，其中心 Q' 称为像点；如果出射的同心光束是会聚的，点 Q' 称为实像；若出射同心光束是发散的，点 Q' 称为虚像. 如图 18－2－1 所示.

一个能使任何同心光束保持同心性的光具组，称为理想光具组. 每个物点 Q 和相应的像点 Q' 组成一一对应关系，根据光的可逆性原理，Q 与 Q' 是互置的，它们称为共轭点.

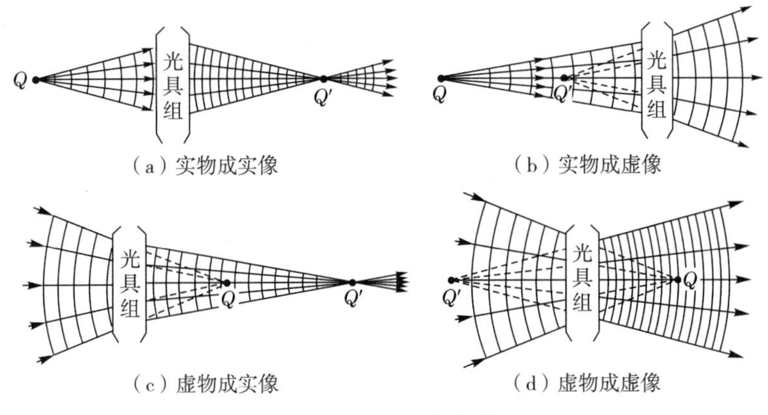

图 18—2—1　物与像

二、光在单球面上的折射

球面折射除个别点以外，均不能完善成像，也就是说，同心光束经球面折射后被破坏. 如果将参加成像的光线限制在光轴附近，即“傍轴光线”，则近似成像是可能的.

如图 18—2—2 所示，Σ为折射球面，半径为 r，球心位于点 C，顶点（与光轴的交点）为 A，前后媒质的折射率分别为 n 和 n'. 对于轴上物点来说，傍轴条件可表述为

$h^2 \ll s^2, s'^2$ 和 r^2（由于 s, s', r 可取正也可取负，故采用平方值）

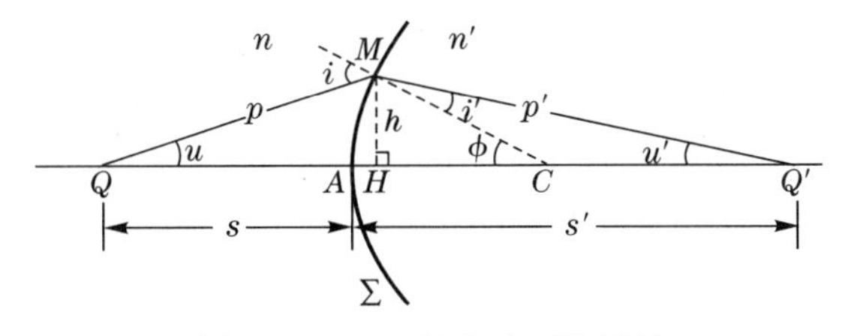

图 18—2—2　单个球面的折射

若用角度表示，则有

$$u^2, u'^2 \text{ 和} \phi^2 \ll 1$$

在傍轴条件下，单个折射球面的物像公式为

$$\frac{n'}{s'} + \frac{n}{s} = \frac{n' - n}{r} \qquad (18-2-1)$$

式中，n'是出射光线所在一方的折射率，n 是入射光线所在一方的折射率.

上式说明,s'仅取决于s的数值.因此,在傍轴条件下,光轴上任意发光点发出的同心光束经球面折射后仍保持为同心光束,即能得到完善的像.

令$\Phi=\dfrac{n'-n}{r}$,它表示折射球面屈折光线的本领,称为光焦度,其单位为屈光度(m^{-1}).$\Phi>0$表示折射球面对平行光轴的平行光束是会聚的,$\Phi<0$表示折射球面对平行光轴的平行光束是发散的.

当$r\to\infty$,则

$$\frac{n'}{s'}+\frac{n}{s}=0 \tag{18-2-2}$$

上式是单个平面折射成像公式.为将上述物像公式推广到普遍情况,需要约定s',s,r的正负号,我们采用下列一种,如图18-2-3所示.

设入射光从左到右,我们规定:

(1)若Q在顶点A之左(实物),则$s>0$;Q在A之右(虚物),则$s<0$.

(2)若Q'在顶点A之右(实像),则$s'>0$;Q'在A之左(虚像),则$s'<0$.

(3)球心C在顶点A之左,则半径$r<0$;C在A之右,则$r>0$.

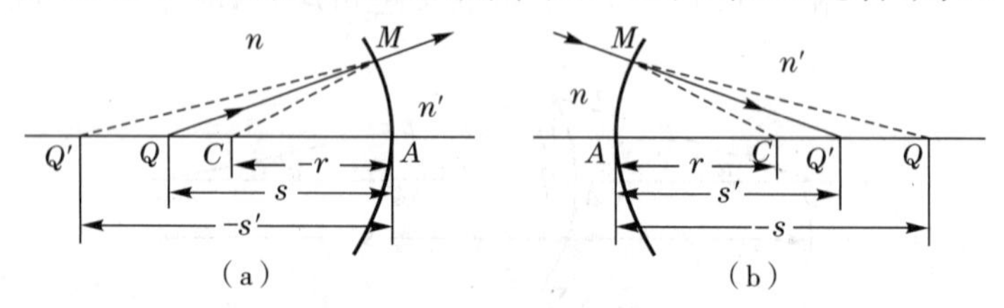

图18—2—3　正负号法则及其标示法

轴上无穷远像点的共轭点称为物方焦点,记作F;轴上无穷远物点的共轭点称为像方焦点,记作F'.它们到顶点A的距离分别称为物方焦距f和像方焦距f'.因此

$$s'=\infty,s=f\text{ 和 }s=\infty,s'=f'$$

从而

$$f=\frac{nr}{n'-n},\quad f'=\frac{n'r}{n'-n} \tag{18-2-3}$$

两者之比为

$$\frac{f}{f'}=\frac{n}{n'}$$

所以,式(18—2—1)可表示为

$$\frac{f'}{s'}+\frac{f}{s}=1 \qquad (18-2-4)$$

对于反射情况,由于反射光线的方向倒转从右到左,Q'在顶点A之左(实像),则$s'>0$;Q'在A之右(虚像),则$s'<0$.傍轴条件下,反射球面成像的物像公式为

$$\frac{1}{s'}+\frac{1}{s}=-\frac{2}{r} \qquad (18-2-5)$$

当$r\to\infty$,有

$$\frac{1}{s'}+\frac{1}{s}=0 \qquad (18-2-6)$$

上式为平面镜成像公式.

以上讨论的是物点在轴上的成像规律.设想将图18—2—2绕球心C旋转一很小的角度ϕ,Q和Q'将分别转到P和P'点,如图18—2—4所示.由于球对称性,P与P'必然也是共轭点,这就是傍轴物点成像.$\overset{\frown}{PQ}$和$\overset{\frown}{P'Q'}$是分别以C为中心的两个球面上的弧线,因ϕ很小,它们可以近似看作光轴的垂线,而两个球面也可以看作垂直光轴的小平面,分别用Π,Π'表示,小角度ϕ是任意的,故上述结论对Π,Π'上其他点也都适用.也就是说,在傍轴区域,Π上所有的点都成像在Π'上.Π和Π'这样一对由共轭点组成的平面叫作共轭面,其中Π叫物平面,Π'叫像平面.

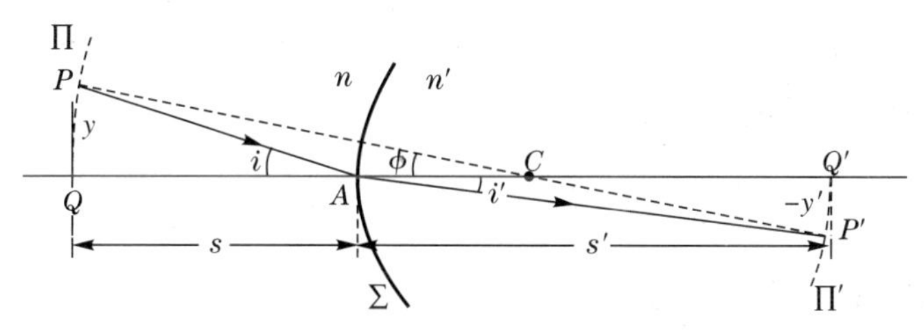

图 18—2—4 傍轴物点成像

轴外共轭点的傍轴条件为

$$y^2,y'^2\ll s^2,s'^2 \text{ 和 } r^2$$

横向放大率为

$$V=\frac{y'}{y} \tag{18-2-7}$$

若 P(或 P')在光轴之上,y(或 y')>0;在光轴之下,y(或 y')<0.

$|V|>1$ 表示放大,$|V|<1$ 表示缩小. $V>0$ 表示像正立的(像相对于物同向),是实物成虚像或虚物成实像;$V<0$ 表示像倒立的(像相对于物反向),是实物成实像或虚物成虚像.

显然

$$\tan i' \approx i' = -\frac{y'}{s'},\quad i=\frac{y}{s}$$

$$n\sin i = n'\sin i',\ n\,i \approx n'i'$$

于是得到折射球面横向放大率公式为

$$V=-\frac{n\,s'}{n'\,s} \tag{18-2-8}$$

因为对球面反射来说,$n=n'$,所以反射球面的横向放大率公式为

$$V=-\frac{s'}{s} \tag{18-2-9}$$

上面,仅仅讨论了单个球面上的成像,在傍轴光线的情况下,要解决共轭光具组成像问题,可以使用逐次成像法. 这样,第一个球面出射的折射光束,对第二个球面来说就是入射光束,所以第一个球面所成的像,就可以看作第二个球面的物,依次逐个对各球面成像,最后就能求出物体通过整个光学系统所成的像.

例 18—2—1 图 18—2—5 表示三个折射球面组成的共轴系统,$n_1=1$,$n_2=1.3$,$n_3=1.5$,$n_4=1$,$r_1=3$ cm,$r_2=8$ cm,$r_3=10$ cm,$d_1=26$ cm,$d_2=30$ cm,物高 5 cm 置于第一折射面前 15 cm 处. 求经过该系统后,像的位置、大小和虚实.

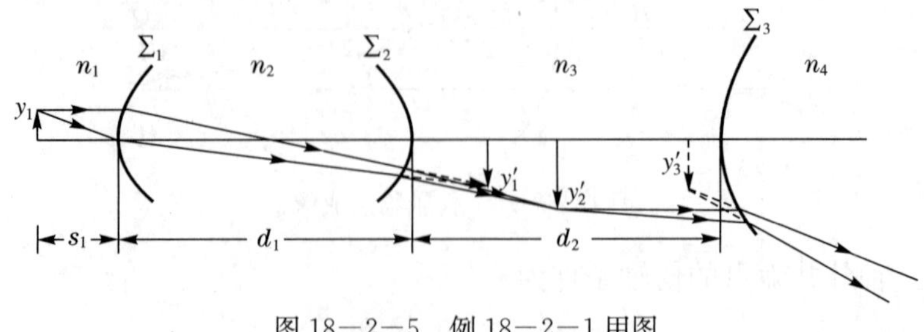

图 18—2—5 例 18—2—1 用图

解 对于第一折射球面Σ_1

$$s_1 > 0, \quad r_1 > 0$$

$$\frac{n_2}{s_1'} + \frac{n_1}{s_1} = \frac{n_2 - n_1}{r_1}, \quad s_1' = 39\ \text{cm}(\text{实像})$$

$$V_1 = \frac{y_1'}{y} = -\frac{n_1 s_1'}{n_2 s_1} = -\frac{1 \times 39}{1.3 \times 15} = -2(\text{倒立})$$

$$\therefore y_1' = -2 \times 5 = -10\ \text{cm}$$

对于第二个折射球面Σ_2

$$s_2 < 0(\text{虚物}), \quad r_2 < 0$$

$$\frac{n_3}{s_2'} + \frac{n_2}{s_2} = \frac{n_3 - n_2}{r_2}$$

$$\frac{1.5}{s_2'} + \frac{1.3}{-13} = \frac{1.5 - 1.3}{-8}, \quad s_2' = 20\ \text{cm}(\text{实像})$$

$$V_2 = \frac{y_2'}{y_2} = -\frac{n_2 s_2'}{n_3 s_2} = \frac{4}{3}(\text{正立})$$

对于第三个折射球面Σ_3

$$s_3 > 0, \quad r_3 > 0$$

$$\frac{n_4}{s_3'} + \frac{n_3}{s_3} = \frac{n_4 - n_3}{r_3}$$

$$\frac{1}{s_3'} + \frac{1.5}{10} = \frac{1 - 1.5}{10}, \quad s_3' = -5\ \text{cm}(\text{虚像})$$

$$V_3 = -\frac{n_3 s_3'}{n_4 s_3} = -\frac{1.5 \times (-5)}{1 \times 10} = \frac{3}{4}(\text{正立})$$

$$V = V_1 \cdot V_2 \cdot V_3 = -2 \times \frac{4}{3} \times \frac{3}{4} = -2$$

$$y' = -2 \times 5 = -10\ \text{cm}(\text{倒立})$$

例 18－2－2 如图 18－2－6 所示，一平行平面的玻璃板厚 $d=2$ cm，$n=1.5$，物点 P 距离第一板面 5 cm，当人眼沿垂直于玻璃板方向隔着玻璃板看物点 P，则 P 移动了多远？

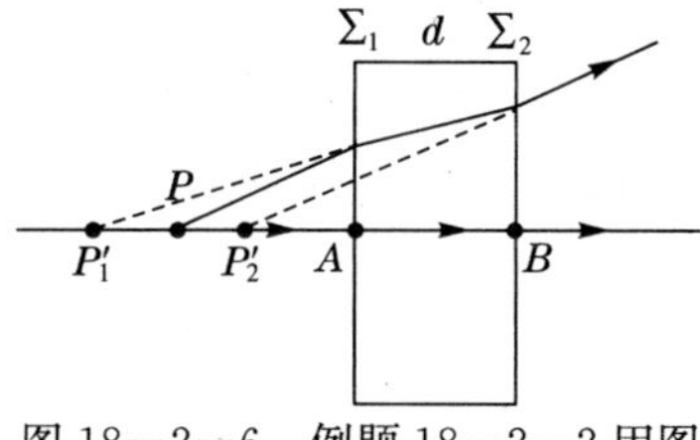

图 18－2－6 例题 18－2－2 用图

解　P 点经第一折射平面$\sum_1$，则

$$\frac{n'}{s'_1}+\frac{n}{s_1}=0$$

$$s'_1=-n's_1=-7.5\ \text{cm}(\text{虚像})$$

P_1 经第二折射平面$\sum_2$，则

$$s_2=9.5\ \text{cm}>0$$

$$\frac{1}{s'_2}+\frac{1.5}{9.5}=0,\quad s'_2=-6\frac{1}{3}\ \text{cm}(\text{虚像})$$

$$\therefore \Delta P=PP'_2=7-6\frac{1}{3}=\frac{2}{3}\ \text{cm}(\text{移近})$$

例 18—2—3　如图 18—2—7 所示，一个薄凸透镜的两球表面半径分别为 $r_1=20$ cm，$r_2=15$ cm，其折射率 $n=1.5$，并在 r_2 后表面镀铝，在前表面前40 cm的轴上放高 1 cm 的物，求最终的成像.

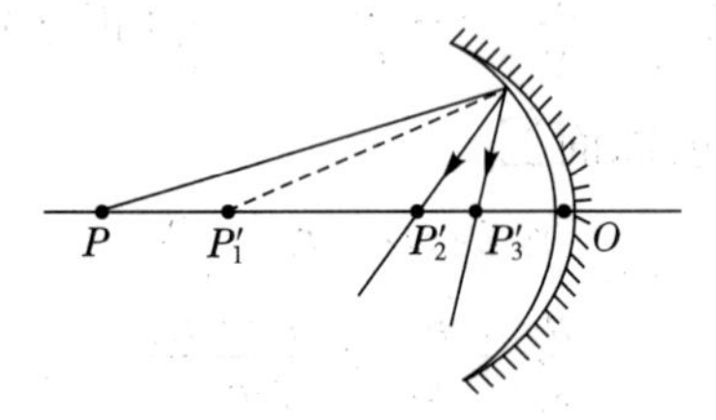

图 18—2—7　例 18—2—3 用图

分析　由于是薄凸透镜，两表面的顶点重合，以 O 记之. 本题成像过程是两次折射和一次反射.

解　经第一表面折射成像，则

$$s_1>0,\quad r_1<0$$

$$\frac{n'_1}{s'_1}+\frac{n}{s_1}=\frac{n'_1-n}{r_1}$$

$$\frac{1.5}{s'_1}+\frac{1}{40}=\frac{1.5-1}{-20},\quad s'_1=-30\ \text{cm}(\text{虚像})$$

$$V_1=-\frac{ns'_1}{n'_1s_1}=\frac{1}{2}(\text{正立})$$

P'_1经凹面镜反射成像，因为反射光线从右到左

$$s_2>0,\quad r_2<0$$

$$\frac{1}{s'_2}+\frac{1}{s_2}=-\frac{2}{r_2}$$

$$\frac{1}{s_2'}+\frac{1}{30}=-\frac{2}{-15},\quad s_2'=10\text{ cm}(\text{实像})$$

$$V_2=-\frac{s_2'}{s_2}=-\frac{1}{3}(\text{倒立})$$

P_2'再经前表面折射成像,此时入射光线从右到左

$$s_3<0,\quad r_1>0$$

$$\frac{1}{s_3'}+\frac{1.5}{-10}=\frac{1-1.5}{20},\quad s_3'=8\text{ cm}(\text{实像})$$

$$V_3=\frac{6}{5},\quad V=V_1\cdot V_2\cdot V_3=-\frac{1}{5}$$

§18—3 薄透镜

一、焦距公式

将玻璃等透明物质磨成薄片,其表面为球面或有一面为平面,组成为透镜.两表面间媒质的折射率为 n_L,其前后媒质的折射率为 n 和 n'.从图 18—3—1 可以看出,$-s_2=s_1'-d$,$d=\overline{A_1A_2}$为透镜厚度,d 很小的透镜称为薄透镜.显然,$d\to 0$ 时,顶点 A_1,A_2 重合,其重合点称为透镜的光心,记作 O,此时,$-s_2=s_1'$,这是薄透镜的特点.

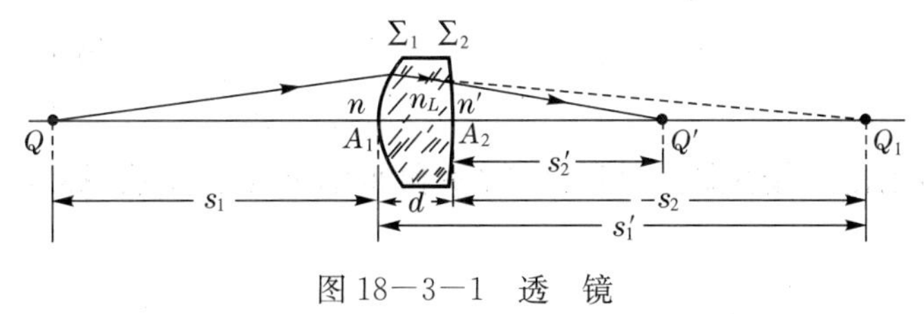

图 18—3—1 透 镜

由两折射球面的物像公式

$$\frac{f_1'}{s_1'}+\frac{f_1}{s_1}=1,\quad \frac{f_2'}{s_2'}+\frac{f_2}{s_2}=1$$

当 $d\to 0$ 时,有

$$s=s_1,\quad s'=s_2',\quad -s_2=s_1'$$

从而

$$\frac{f_1'}{s_1'}+\frac{f_1}{s}=1,\quad \frac{f_2'}{s'}+\frac{f_2}{-s_1'}=1$$

消去 s_1'，得

$$\frac{f_1' \cdot f_2'}{s'} + \frac{f_1 \cdot f_2}{s} = f_1' + f_2 \qquad (18-3-1)$$

依次令上式中 $s'=\infty, s=f$ 和 $s=\infty, s'=f'$，即得薄透镜的焦距.

$$f = \frac{f_1 \cdot f_2}{f_1' + f_2}, \quad f' = \frac{f_1' \cdot f_2'}{f_1' + f_2} \qquad (18-3-2)$$

把单球面的焦距公式(18—2—3)用于透镜两界面，有

$$\begin{cases} f_1 = \dfrac{nr_1}{n_L - n} \\ f_1' = \dfrac{n_L r_1}{n_L - n} \end{cases}, \quad \begin{cases} f_2 = \dfrac{n_L r_2}{n' - n_L} \\ f_2' = \dfrac{n' r_2}{n' - n_L} \end{cases}$$

代入式(18—3—2)，得薄透镜的焦距公式

$$f = \frac{n}{\dfrac{n_L - n}{r_1} + \dfrac{n' - n_L}{r_2}}$$

$$f' = \frac{n'}{\dfrac{n_L - n}{r_1} + \dfrac{n' - n_L}{r_2}} \qquad (18-3-3)$$

两者之比为

$$\frac{f}{f'} = \frac{n}{n'} \qquad (18-3-4)$$

在物、像方折射率 $n=n'\approx 1$ 时

$$f = f' = \frac{1}{(n_L - 1)\left(\dfrac{1}{r_1} - \dfrac{1}{r_2}\right)} \qquad (18-3-5)$$

上式给出薄透镜焦距 f 与其折射率和曲率半径的关系，称为磨镜者公式.

二、成像公式

利用式(18—3—2)中 f 和 f' 的表达式，可将式(18—3—1)通过 f 和 f' 表示出来

$$\frac{f'}{s'} + \frac{f}{s} = 1 \qquad (18-3-6)$$

当透镜两侧媒质相同，即 $n=n'$ 时，则 $f'=f$，有

$$\frac{1}{s'} + \frac{1}{s} = \frac{1}{f} \qquad (18-3-7)$$

这就是**薄透镜物像公式的高斯形式**. 在应用此公式时,应注意,s, s', r_1, r_2 的正负与单个折射球面物像公式中的符号法则一致,只是各个量应从光心算起,如图 18—3—2 所示.

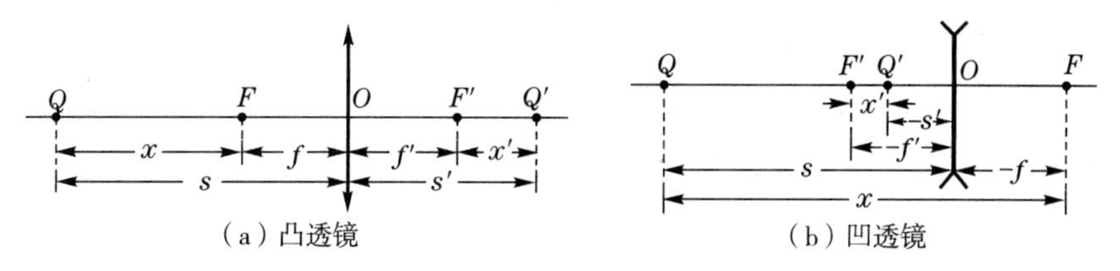

图 18—3—2　s, x, f 和 s', x', f' 的相互关系

如果两焦点分别作为计算物距和像距的起点,可得薄透镜物像公式的牛顿形式

$$xx' = ff' \qquad (18-3-8)$$

三、薄透镜的放大率

透镜两球面的横向放大率分别为

$$V_1 = -\frac{ns'_1}{n_L s_1}, \quad V_2 = -\frac{n_L s'_2}{n' s_2}$$

总的横向放大率为 $V = V_1 \cdot V_2$,且 $s_1 = s, -s_2 = s'_1, s'_2 = s'$,即得

$$V = -\frac{ns'}{n's} = -\frac{fs'}{f's} \qquad (18-3-9)$$

若用 x, x' 来表示,则有

$$V = -\frac{f}{x} = -\frac{x'}{f'} \qquad (18-3-10)$$

如果物、像方折射率相等,即 $f = f'$ 时,上式化为

$$V = -\frac{s'}{s} \qquad (18-3-11)$$

这就是**薄透镜的横向放大率**公式.

四、薄透镜成像的作图法

在傍轴区域,求物像关系的另一种方法是作图法. 每条入射光线经光具组合后转化为一条出射线,这一对光线称为共轭光线. 按照成像的含义,通过物点每条光线的共轭光线或其延长线都应通过像点. 于是,对光轴外的物点的成像,有三条特殊的共轭光线可供选择.

(1)若物像方折射率相等,通过光心 O 的光线,按原方向传播不发生偏折(图 18—3—3 中的光线 2).

(2)通过物方焦点 F 的光线,折射后平行于主光轴(图 18—3—3 中的光线 3).

(3)平行于主光轴(通过透镜两球面曲率中心的直线称为主光轴)的光线折射后通过像方焦点 F'(图 18—3—3 中的光线 1).

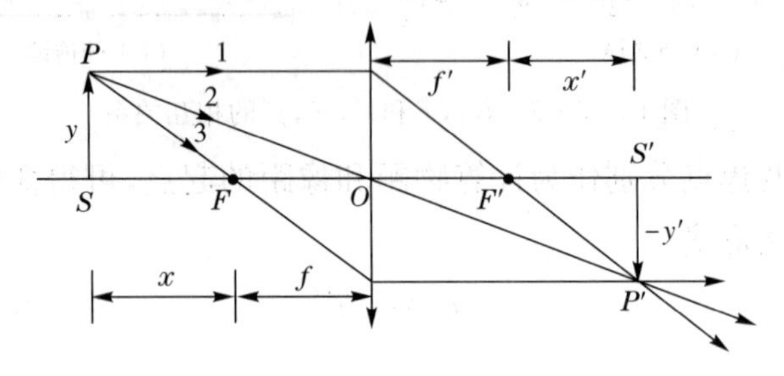

图 18—3—3　轴外物点的成像

当物点位于光轴上时,可以利用焦平面和副光轴的性质来确定像点.

(1)与副光轴平行的光线射向透镜,折射后会聚在副光轴(通过光心的任一直线称为薄透镜的副光轴)和像方焦平面的交点上(图 18—3—4 中的点 P').

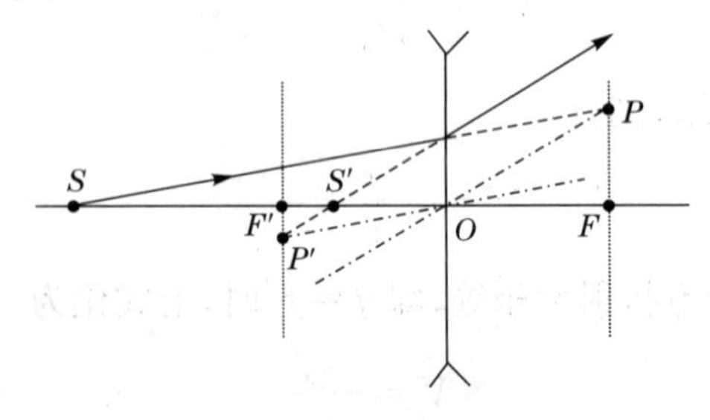

图 18—3—4　凹透镜轴上物点的成像

(2)而物方焦平面上任一点 P 发出的光,经透镜折射后,出射光线与过 P 点的副光轴平行(图 18—3—4 中的 OP).

从图 18—3—3 可知,根据三角形相似原理,薄透镜的横向放大率可以写成

$$V=\frac{y'}{y}=-\frac{s'}{s}=-\frac{x'}{f'}=-\frac{f}{x} \qquad (18-3-12)$$

五、密接薄透镜组

在实际中，我们往往需要将两个或更多个透镜组合起来使用. 透镜组合的最简单情形，是两个薄透镜紧密接触在一起，有时还用胶将它们粘合起来成为复合透镜（假定相互粘合的两个表面的曲率吻合）. 下面讨论这种复合透镜与组成它的每个透镜焦距之间的关系. 为此只需使用高斯公式两次，两次成像的公式分别为

$$\frac{1}{s_1'}+\frac{1}{s_1}=\frac{1}{f_1},\quad \frac{1}{s_2'}+\frac{1}{s_2}=\frac{1}{f_2} \qquad (18-3-13)$$

由于两透镜紧密接触，$s_2=-s_1'$. 于是

$$\frac{1}{s_2'}+\frac{1}{s_1}=\frac{1}{f_1}+\frac{1}{f_2} \qquad (18-3-14)$$

与 $s_2'=\infty$ 对应的 s_1 即为复合透镜的焦距 f，所以

$$\frac{1}{f}=\frac{1}{f_1}+\frac{1}{f_2} \qquad (18-3-15)$$

即密接复合透镜焦距的倒数是组成它的透镜焦距倒数之和.

通常把**焦距的倒数 $\frac{1}{f}$ 称为透镜的光焦度 Φ**. 式（18－3－15）表明，密接复合透镜的光焦度是组成它的透镜光焦度之和，即

$$\Phi=\Phi_1+\Phi_2 \qquad (18-3-16)$$

式中

$$\Phi=\frac{1}{f},\quad \Phi_1=\frac{1}{f_1},\quad \Phi_2=\frac{1}{f_2} \qquad (18-3-17)$$

光焦度的单位是屈光度，用 D 表示. 若透镜焦距以 m 为单位，其倒数的单位就是 D. 例如，$f=-50.0\ \mathrm{cm}$ 的凹透镜的光焦度 $\Phi=\frac{1}{-0.500\ \mathrm{m}}=-2.00\ \mathrm{D}$. 应注意，通常眼镜的度数是屈光度的 100 倍，例如焦距为 50.0 cm 的眼镜，度数是 200.

上述关于光焦度的定义是假定透镜的物像折射率 n，n' 都等于 1 的情形. 对于 n 和 n' 彼此不相等或不等于 1 的情形，更普遍的透镜的光焦度定义为

$$\Phi=\frac{n'}{f'}=\frac{n}{f} \qquad (18-3-18)$$

单个折射球面的光焦度定义为

$$\Phi = \frac{n'}{f'} = \frac{n}{f} = \frac{n'-n}{r} \qquad (18-3-19)$$

式中,r 为曲率半径.

例 18—3—1 一平凸薄透镜的光焦度 Φ=2 D(D 为屈光度,单位:m^{-1}),已知透镜的折射率 n_L=1.5,透镜在空气中使用.求凸面的曲率半径 r_1 及焦距 f,f'.

解 $f=f'=\frac{1}{\Phi}=\frac{1}{2}(\text{m})$

由式(18—3—5)和 $r_2=\infty$,有

$$f = f' = \frac{1}{(n_L-1)\left(\frac{1}{r_1}-\frac{1}{r_2}\right)} = \frac{1}{(1.5-1)\cdot\frac{1}{r_1}} = \frac{r_1}{0.5}$$

解得

$$r_1 = \frac{1}{4}(\text{m})$$

例 18—3—2 如图 18—3—5 所示,有一长 40 cm 的玻璃箱(壁厚不计),箱内装水,在箱的一端开一个圆孔,在圆孔处放一凸透镜,它在空气中焦距 f_0=12 cm,如果在箱的外面距透镜 18 cm 处有一物体 A,则 A 的像在何处?放大率为多大?$\left(n_{水}=\frac{4}{3},n_{玻}=\frac{3}{2}\right)$

解 A 的成像过程,可以看成先经凸透镜折射成像,再经过 NN'平面折射成像.

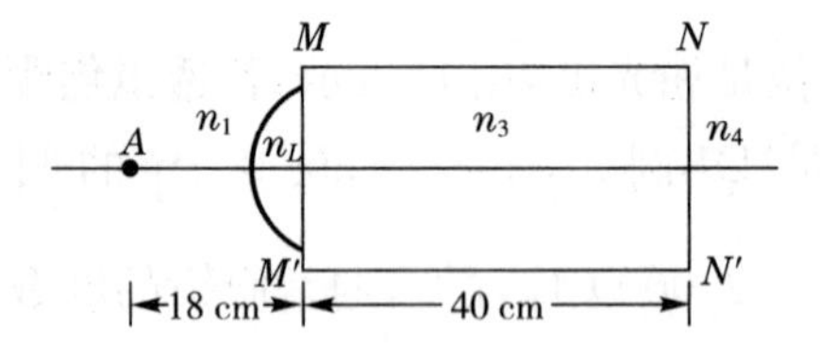

图 18—3—5 例 18—3—2 用图

根据单球面成像公式和薄透镜的厚度 $d\to 0$,可得薄透镜的物像公式为

$$\frac{n_3}{s_1'} + \frac{n_1}{s_1} = \frac{n_L - n_1}{r_1} + \frac{n_3 - n_L}{r_2}$$

由题意知，$r_1>0$，$r_2=\infty$，故

$$\frac{\frac{4}{3}}{s_1'}+\frac{1}{18}=\frac{1.5-1}{r_1} \quad ①$$

又

$$f_0=\frac{1}{(n_L-1)\left(\frac{1}{r_1}-\frac{1}{r_2}\right)}$$

所以

$$12=\frac{1}{(1.5-1)\frac{1}{r_1}} \quad ②$$

由式①和②，可得

$$s_1'=48\ \mathrm{cm}$$

再经 NN' 成像

$$s_2<0, s_2=-8\ \mathrm{cm}$$

$$\frac{n_3}{s_2}+\frac{n_4}{s_2'}=0 \quad ③$$

$$\frac{\frac{4}{3}}{-8}+\frac{1}{s_2'}=0, s_2'=6\ \mathrm{cm}\text{(实像，在 }NN'\text{ 右侧，距 }NN'\ 6\ \mathrm{cm)}$$

$$V=\left(-\frac{n_1 s_1'}{n_3 s_1}\right)\cdot\left(-\frac{n_3 s_2'}{n_4 s_2}\right)=\left[-\frac{1\times 48}{\frac{4}{3}\times 18}\right]\left[-\frac{\frac{4}{3}\times 6}{1\times(-8)}\right]=-2$$

例 18-3-3 凸透镜 L_1 和凹透镜 L_2 的焦距分别为 20 cm 和 40 cm，L_2 在 L_1 右方 40 cm，傍轴小物体放在 L_1 左方 30 cm，求它的像.

解 (1)利用高斯公式求解.

第一次成像

$$\frac{1}{s_1'}+\frac{1}{s_1}=\frac{1}{f_1}$$

其中，$s_1=30\ \mathrm{cm}$，$f_1=20\ \mathrm{cm}$，得

$$s_1'=60\ \mathrm{cm}\text{(实像)}$$

因此，横向放大率为

$$V_1=-\frac{s_1'}{s_1}=-2\text{(倒立)}$$

第二次成像

$$\frac{1}{s_2'}+\frac{1}{s_2}=\frac{1}{f_2}$$

其中,$d=40$ cm,$s_2=-20$ cm(虚物),$f_2=-40$ cm,由此得

$$s_2'=40\ \text{cm}(\text{实像})$$

横向放大率为

$$V_2=-\frac{s_2'}{s_2}=2(\text{正立})$$

所以,两次成像的横向放大率为

$$V=V_1\cdot V_2=-4(\text{倒立})$$

(2)利用牛顿公式求解.

第一次成像

$$x_1\cdot x_1'=f_1\cdot f_1'$$

其中,$x_1=10$ cm,$f_1=f_1'=20$ cm,得 $x_1'=40$ cm,则

$$V_1=-\frac{x_1'}{f_1'}=-2(\text{倒立})$$

第二次成像

$$x_2\cdot x_2'=f_2\cdot f_2'$$

其中,$x_2=20$ cm,$f_2=f_2'=-40$ cm,得 $x_2'=80$ cm,则

$$V_2=-\frac{x_2'}{f_2'}=2(\text{正立})$$

所以,两次成像的横向放大率为

$$V=V_1\cdot V_2=-4(\text{倒立})$$

*§18—4　眼　睛

人类的眼睛是一个相当复杂的天然光学仪器. 从结构来看,它类似于照相机,对于目视光学仪器,它可看成是光路系统的最后一个组成部分. 所有目视光学仪器的设计都要考虑眼睛的特点. 如图 18—4—1 所示为眼球在水平方向上的剖面图. 其中布满视觉神经的网膜,相当于照相机的感光底片,虹膜相当于照相机中的可变光阑,它中间的圆孔称为瞳孔. 眼球中与照相机镜头对应的部分结构比较复杂,其主要部分是晶状体(或称眼球),它是一个折射率不均匀的透

镜.包在眼球外面的坚韧的膜,最前面透明的部分称为角膜,其余部分称为巩膜.角膜与晶状体之间的部分称为前房,其中充满水状液.晶状体与网膜之间眼球的内腔,称为后房,其中充满玻璃状液.所以,眼睛是一个物、像方介质折射率不相等的例子,因而它的两个焦距是不等的,主点与节点也不重合.聚焦于无穷远时,物方焦距 $f=17.1$ mm,像方焦距 $f=22.8$ mm.

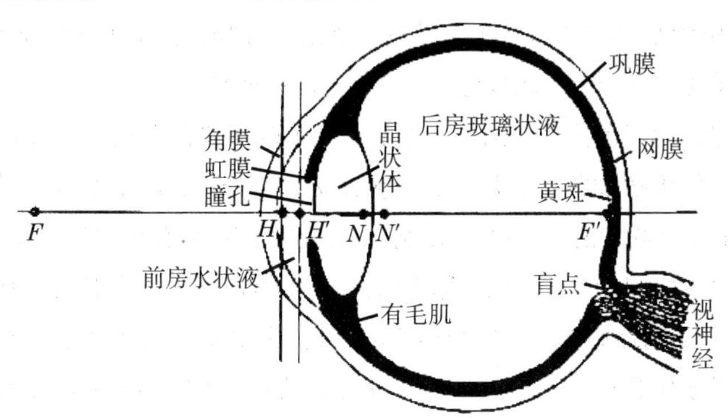

图 18—4—1　眼球在水平方向上的剖面图

在照相机中通过镜头和底片间距离的改变来调节聚焦的距离,在眼睛里是靠改变晶状体的曲率(焦距)来实现的.晶状体的曲率由有毛肌来控制.正常视力的眼睛,当肌肉完全松弛的时候,无穷远的物体成像在网膜上.为了观察较近的物体,肌肉压缩晶状体,使它的曲率增大,焦距缩短.眼睛的这种调节聚焦距离(调焦)的能力有一定的限度,小于一定距离的物体是无法看清楚的.儿童的这个极限距离在 10 cm 以下.随着年龄的增长,眼睛的调焦能力逐渐衰退,该极限距离随之而增大.造成老花眼的原因就在于此.

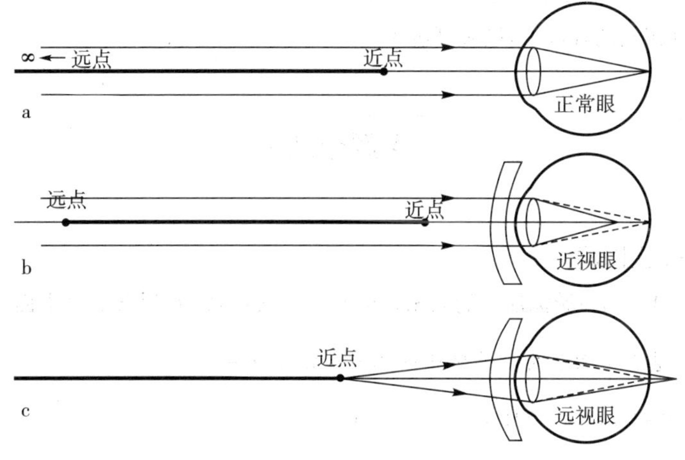

图 18—4—2　眼睛的缺陷与矫正

眼睛肌肉完全松弛和最紧张时所能清楚看到的点,分别称为它调焦范围的远点和近点. 如前所述,正常眼睛的远点在无穷远. 近视眼的眼球轴向过长,当肌肉完全松弛时,无穷远的物体成像在网膜之前,它的远点在有限远的位置. 远视眼的眼球轴向过短,无穷远的物体成像在网膜之后,它的远点在眼睛之后(虚物点),图 18—4—2 中光轴上粗黑线的部分代表调焦范围. 不难看出,矫正近视眼和远视眼的眼镜应分别是凹透镜和凸透镜. 所谓散光,是由于眼球在不同方向截面内的曲率不同引起的,它需要用非球面透镜来矫正.

物体在网膜上成像的大小,正比于它对眼睛所张的角度——视角. 所以物体越近,它在网膜上的像也就越大,我们便更容易分辨它的细节. 但是物体太近了,即使不超出调焦范围,看久了眼睛也会感到疲倦. 只有在适当的距离上眼睛才能比较舒适地工作,这个距离称为明视距离. 习惯上规定明视距离为 25 cm.

眼睛分辨物体细节的本领与网膜的结构(主要是其上感光单元的分布)有关,不同部分有很大差别. 在网膜中央靠近光轴的一个很小区域(称为黄斑)里,分辨本领最高. 能够分辨的最近两点对眼睛所张视角,称为最小分辨角. 在白昼的照明条件下,黄斑区的最小分辨角接近 $1'$. 趋向网膜边缘,分辨本领急剧下降. 所以人的眼睛视场虽然很大(水平方向视场角约为 $160°$,垂直方向约为 $130°$),但其中只有在中央视角为 $6'$~$7'$的一个小范围内,才能较清楚地看到物体的细节. 然而这对我们并没有什么妨碍,因为眼球是可以随意转动的,它可随时使视场的中心瞄准到所要注视的地方. 还要指出,眼睛的分辨本领与照明条件有很大的关系. 在夜间照明条件比较差的时候,眼睛的分辨本领大大下降,最小分辨角超过 $1°$.

瞳孔的大小随着环境亮度的改变而自动调节. 在白昼条件下其直径约为 2 mm,在黑暗的环境里,最大可达 8 mm.

习题十八

一、选择题

18—1 站在游泳池旁的人俯视池底的一块石块,看到石块离水面视深度为 h',水池真实深度为 h(水的折射率$\frac{4}{3}$). 则 $h':h=$ ( )

(A)3∶4 (B)4∶3 (C)1∶1

18—2 一块折射率为 1.5 的全反射直角棱镜浸没在折射率为$\frac{4}{3}$的水中,

该棱镜对如图 18－1 所示的光线能否起全反射棱镜的作用？　　　　(　　)

(A)能　　　　(B)不能

18－3　如图 18－2 所示的折射球面起会聚作用的条件是　　　　(　　)

(A)$n'>n$　　　　(B)$n'<n$　　　　(C)$n'=n$

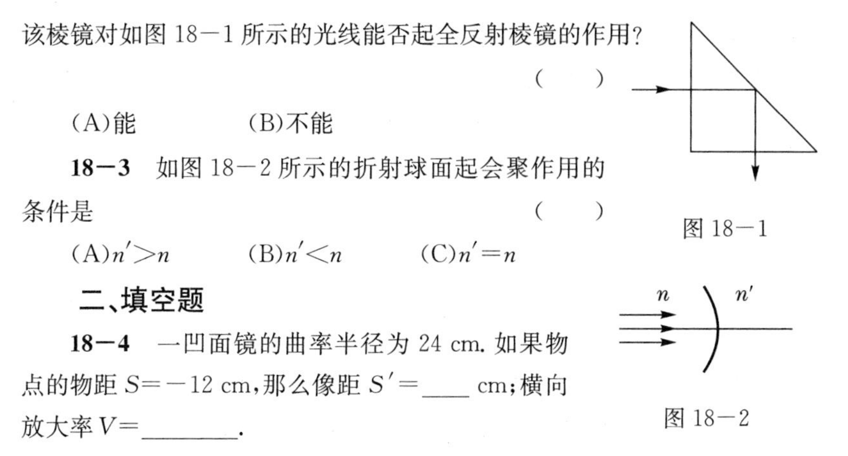

图 18－1

图 18－2

二、填空题

18－4　一凹面镜的曲率半径为 24 cm. 如果物点的物距 $S=-12$ cm，那么像距 $S'=$____ cm；横向放大率 $V=$________.

18－5　薄透镜的折射率 $n=\frac{3}{2}$，在空气中使用，当两球面曲率半径分别为 $r_1=-40$ cm，$r_2=-20$ cm 时，其焦距 $f'=$________ cm.

18－6　焦距为 4 cm 的薄凸透镜 L 和平面镜 M，相距 5 cm，物 AB 在 L 左侧 8 cm 处，那么最后像的位置 $s_3'=$________，放大率 $V=$________.

18－7　如图 18－3 所示，一玻璃半球曲率半径为 R，折射率为 1.5，其平面的一边镀银. 一物高 h，放在曲面顶点前 $2R$ 处，那么这一光具组所成的最后的像在球面顶点________方________处.

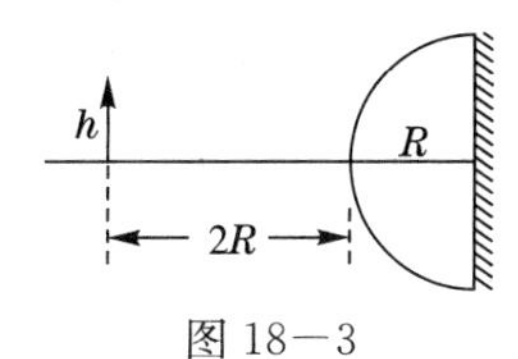

图 18－3

三、计算题

18－8　远处物点发出的平行光束，投射到一个实心的玻璃球上. 设玻璃的折射率为 n，球的半径为 r. 求像的位置.

18－9　一直径为 4 cm 的长玻璃棒，折射率为 1.5，其一端磨成曲率半径为 2 cm 的半球形，长为 0.1 cm 的物垂直置于棒轴上离棒的凸面顶点 8 cm 处，求像的位置及大小.

18－10　如图 18－4 所示，一物体在曲率半径为 12 cm 的凹面镜的顶点左方 4 cm 处，求像的位置及横向放大率，并作出光路图.

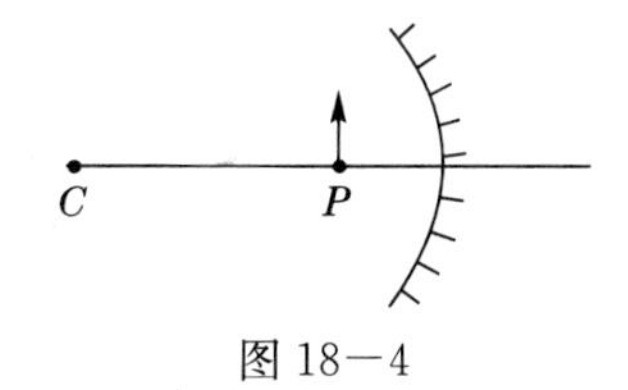

图 18－4

18－11 如图18－5所示，曲率半径为R、折射率为1.5的玻璃球，有半个球面镀上银，若平行光从透明表面入射，最终成像在哪里？

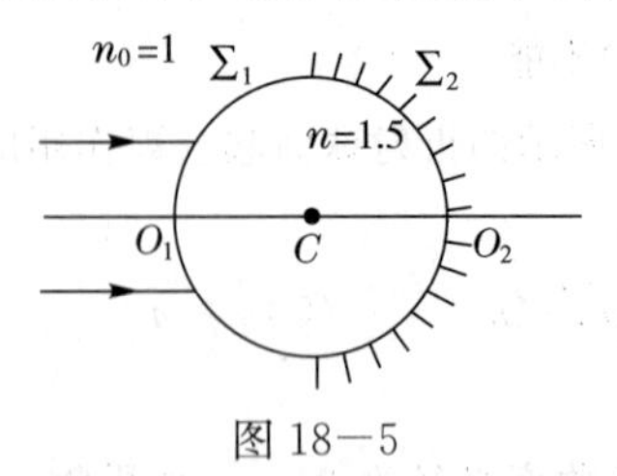

图18－5

18－12 已知水的折射率为$\frac{4}{3}$，玻璃折射率为$\frac{3}{2}$，试证：玻璃透镜在水中的焦距$f'_{水}$是它在空气中的焦距$f'_{气}$的4倍.

18－13 某凸透镜焦距为10 cm，凹透镜焦距为4 cm，两个透镜相距12 cm，已知物在凸透镜左方20 cm处，计算像的位置和横向放大率.

18－14 如图18－6所示，一块凹平薄透镜，凹面的曲率半径为0.5 m，玻璃的折射率为1.5，且在平表面上涂有一反射层. 在此系统左侧主轴上放一点物P，P离凹透镜1.5 m，求最后成像的位置，并说明像的虚实.

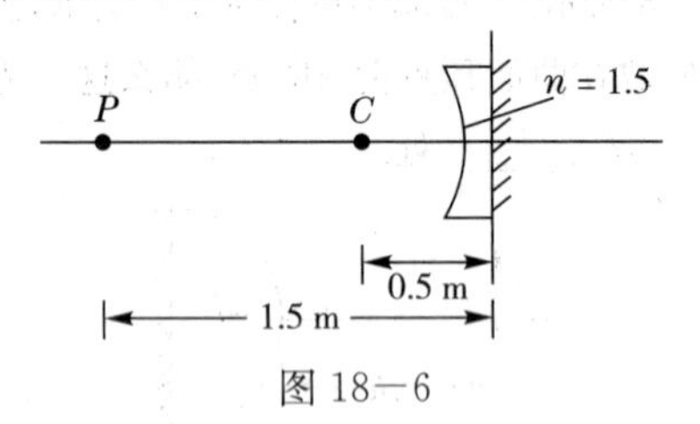

图18－6

18－15 一个双凸薄透镜，两表面的曲率半径均为20 cm，透镜材料的折射率为$n_2=1.50$. 此透镜嵌在水箱的侧壁上，一面的媒质是水，其折射率为$n_1=1.33$，另一面是空气，折射率为$n_3=1.00$. 试问：平行光束从水中沿光轴方向入射到透镜上，光束会聚的焦点离透镜多远？平行光束从空气入射，会聚点又离透镜多远？

第十九章

波动光学

波动光学是根据光的波动性研究光的传播规律的光学分支，主要内容有光的干涉、衍射、偏振及其应用等.

§19—1 光源 单色光 光的相干性

一、光源

发射光波的物体称为光源. 各种光源的激发方式不同，常见的有利用热能激发的，如白炽灯等热辐射发光光源；有利用电能激发引起发光的，称为电致发光，如半导体发光二极管等；还有光致发光、化学发光、受激辐射的激光等光源.

一般普通光源（非激光光源）发光的机理是处于激发态的原子（或分子）自发地回到低激发态或基态，在这个过程中，原子向外发射电磁波（光波）. 原子（或分子）每次发光的持续时间为 $10^{-9}\sim10^{-10}$ s，也就是说，原子（或分子）所发的光是一个有限长光波列，如图 19—1—1 所示是原子光波列的示意图. 普通光源中大量原子（或分子）是各自相互独立地发出一个个波列的，它们的发射是偶然的，彼此间没有任何联系，因此在同一时刻，各原子（或分子）所发出的光在频率、振动方向和相位上各不相同. 此外，由于原子（或分子）发光是间歇的，它先后所发出波列的振动方向和相位也不同，所以，两个独立的光源不能构成相干

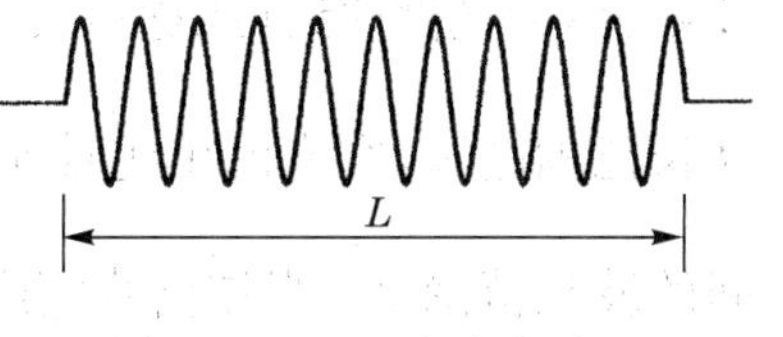

图 19—1—1 光波波列

光源.即使是同一光源上不同部分发出的光,一般也不会产生干涉.

自1960年第一台激光器发明以来,激光已成为一种性能优良、应用广泛的新型光源,其特点是:

(1)具有高单色性和高相干性.激光可用作精密测量长度和时间的标准,并广泛应用于信息光学和流速测量.

(2)方向性好.激光可用来定位、准直、导向、测距和通讯等.

(3)亮度高,其亮度能达到太阳亮度的10^{10}倍.激光可用于钻孔、焊接、切割、手术,甚至用于核聚变以及军用武器等.

激光的发光机理与普通光源不同,详细情况可参见§19—19.

二、单色光

可见光是波长在400～760 nm或频率在$(4.3\sim7.5)\times10^{14}$ Hz之间的电磁波.具有单一波长的光,称为单色光.这是一种理想化的光波,严格的单色光是不存在的.任何光源发出的光波都有一定的波长(或频率)范围,即在此范围内包含各种不同的波长成分,并且各种波长所对应的强度也各不相同.以波长为横坐标、强度为纵坐标表示的这种强度与波长之间的关系,称为光谱曲线(或称谱线),如图19—1—2所示.谱线所对应的波长范围越窄,则光的单色性越好.通常,用强度下降到$\frac{I_0}{2}$的两点之间的波长范围$\Delta\lambda$当作谱线宽度,它是标志单色性好坏的物理量.普通单色光源,如钠光灯、镉灯、汞灯等,谱线宽度的数量级为$10^{-1}\sim10^{-3}$ nm;激光的谱线宽度只有10^{-9} nm,甚至更小.

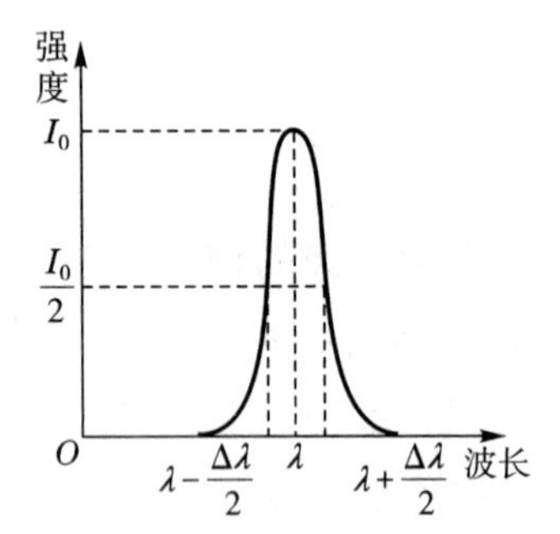

图19—1—2 光谱曲线

三、相干光

在波动学基础一章中,我们知道,机械波遵守波的叠加原理,当两束满足相干条件的机械波相遇时将产生干涉现象.光波是电磁波，虽然与机械波有完全不同的物理本质，但理论和实验都证明，光波的叠加也遵守波的叠加原理. 在满足光波相干条件时，光波也会产生干涉现象，即频率相同、振动方向相同、相位差恒定的两束简谐光波相遇时，在光波重叠区域，某些点合成光强大于分光强之和，某些点合成光强小于分光强之和，合成光波的光强在空间形成强弱相间，稳定分布的干涉条纹，这称为光的干涉现象. 光波的这种叠加称为相干叠加，能产生相干叠加的两束光称为相干光，相干叠加满足的条件，称为相干条件. 如果两束光不满足相干叠加条件，则在光波的重叠区，合成光强等于分光强之和，没有干涉现象出现，这时两束光的叠加称为非相干叠加.

下面，对光波的叠加进行较为详细的讨论.

我们知道，光波是传播着的交变电磁场，即场矢量 $\boldsymbol{E}$ 和 $\boldsymbol{H}$ 的传播. 实验表明，引起视觉和光化学效应的是光波中的电场矢量 $\boldsymbol{E}$. 因此，我们提到光波中的振动矢量时，用矢量 $\boldsymbol{E}$ 表示，称为光矢量.

设两个同频率单色光在空间某一点的光矢量 $\boldsymbol{E}_1$ 和 $\boldsymbol{E}_2$ 的数值为

$$E_1 = E_{10}\cos(\omega t + \varphi_1)$$

$$E_2 = E_{20}\cos(\omega t + \varphi_2)$$

如果两列光矢量是同方向的，则叠加区域内该点 P 的强度

$$I = E_{10}^2 + E_{20}^2 + 2E_{10}E_{20}\cos\delta$$

在观测时间 τ 内，P 点的平均强度为

$$\overline{I} = E_{10}^2 + E_{20}^2 + 2E_{10}E_{20}\ \frac{1}{\tau}\int_0^{\tau}\cos\delta\,\mathrm{d}\tau$$

式中，E_{10} 和 E_{20} 为两光波振幅，δ 为两光波的相位差 $\delta=(\varphi_1-\varphi_2)$. 如果在观察时间 τ 内，各个时刻到达两光波的相位差 δ 迅速且无规则变化，多次经历 $0\sim2\pi$ 之间的一切数值，则有

$$\frac{1}{\tau}\int_0^{\tau}\cos\delta\,\mathrm{d}\tau = 0$$

因而

$$\overline{I} = E_{10}^2 + E_{20}^2 = I_1 + I_2$$

可见，P 点的平均光强恒等于两叠加光波的强度之和，这种叠加就是前面所讲的非相干叠加. 如果在任意点 P 叠加的两光波是相互紧密相关的，以致在观测时间 τ 内，它们的相位差 δ 固定不变，则有

$$\frac{1}{\tau}\int_0^{\tau}\cos\delta\,\mathrm{d}\tau = \cos\delta$$

因而

$$\bar{I} = I_1 + I_2 + 2\sqrt{I_1 I_2}\cos\delta$$

P 点的光强不等于两光波强度之和，这便是两束光波相干叠加. 式中，$2\sqrt{I_1 I_2}\cos\delta$为干涉项. 因此，两叠加光波的相位差固定不变，是产生干涉的必要条件.

普通光源发出的光波不可能满足相干条件，要获得相干光，只有将光源上同一点发出的光设法“一分为二”. 这时，原来的每一个波列都分成频率相同、振动方向相同、相位差恒定的两部分，当它们相遇时便产生干涉现象. 当然，两叠加光波的光程差不要太大，要小于或等于光波波列的长度 L.（$L=c\cdot\tau$，c 为光速 $3\times10^8\ \mathrm{m\cdot s^{-1}}$，$\tau$ 为发光持续时间 $10^{-9}\sim10^{-10}$ s）

§19—2　光程 光程差的概念

一、光程

波长为 λ_0 的光在真空中传播 L 的路程，其相位的变化为 $\Delta\varphi=2\pi\frac{L}{\lambda_0}$，如果同样的光在折射率为 n 的媒质中传播了 x 的路程，其相位的变化正好也是 $\Delta\varphi$，则 $\Delta\varphi=2\pi\frac{x}{\lambda}$. 于是有

$$L=\frac{\lambda_0}{\lambda}x \qquad (19-2-1)$$

又因为 $n=\frac{c}{v}$，光波频率 $\nu=\frac{c}{\lambda_0}=\frac{v}{\lambda}$，于是有

$$n=\frac{\lambda_0}{\lambda} \qquad (19-2-2)$$

比较式(19—2—1)和(19—2—2)，可以得到

$$L = nx \qquad (19-2-3)$$

上式表示，光在折射率为 n 的媒质中传播 x 的路程所引起的相位的变化，与在真空中传播 nx 的路程所引起的相位的变化是相同的. 我们将光传播的路程与所在媒质折射率的乘积定义为光程. 其一般地表示为

$$L = \sum_i n_i x_i \qquad (19-2-4)$$

当光在多种媒质中传播时，总的光程 L 等于所经过媒质的折射率 n_i 与相应路程 x_i 的乘积之和.

二、光程差

有了光程概念，我们就可以将单色光在不同媒质中传播的路程都折算为该单色光在真空中传播的路程. 由此可见，两相干光分别通过不同的媒质在空间某点相遇时，所产生的干涉情况与两者的光程差(以符号 Δ 表示)有关. 光程差 Δ 与相位差 $\Delta\varphi$ 的关系为

$$\Delta\varphi = 2\pi \frac{\Delta}{\lambda_0} \qquad (19-2-5)$$

因为光经过相同的光程所需要的时间是相等的，物点与像点之间各光线的光程都相等，即物像之间的等光程性. 所以，使用透镜或其他光学仪器成像时，不会引起附加光程差.

§19—3　分波面干涉

一、杨氏双缝干涉实验

获得相干光，一般有两种方法，其中之一便是让光波通过并排的两个小孔或利用反射和折射方法将光波的波阵面分割成两个部分，这种方法称为波阵面分割法，杨氏干涉实验便是最著名的例子. 实验装置如图 19—3—1 所示，由光源 L 发出的光照在单缝 S(S 缝光源)上，在 S 前面放置两个相距很近的狭缝 S_1 和 S_2，且 S_1，S_2 与 S

之间距离相等，S_1，S_2 是由同一光源 S 形成的，故是相干光源.

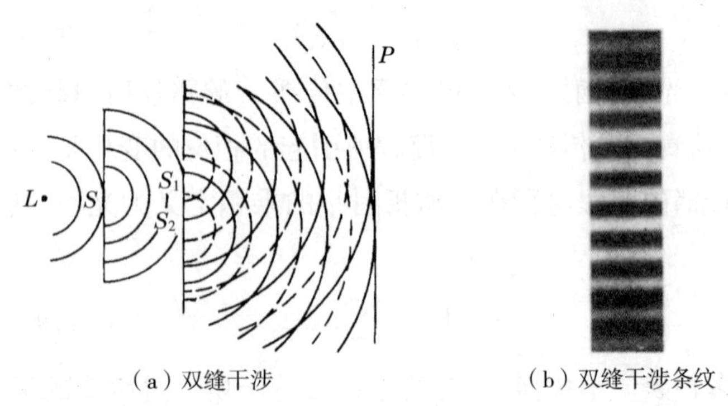

(a) 双缝干涉　　(b) 双缝干涉条纹

图 19—3—1　杨氏双缝干涉实验

如图 19—3—2 所示，设 S_1 和 S_2 之间距离为 d，双缝所在平面与屏幕 P 平行，两者之间距离为 d'，且 $d' \gg d$. 这时，由 S_1，S_2 发出的光到达屏幕上点 B 的光程差 Δr 为

$$\Delta r = r_2 - r_1 \approx d\sin\theta$$

此处 θ 是 O_1O 和 O_1B 所成之角，如图 19—3—2 所示.

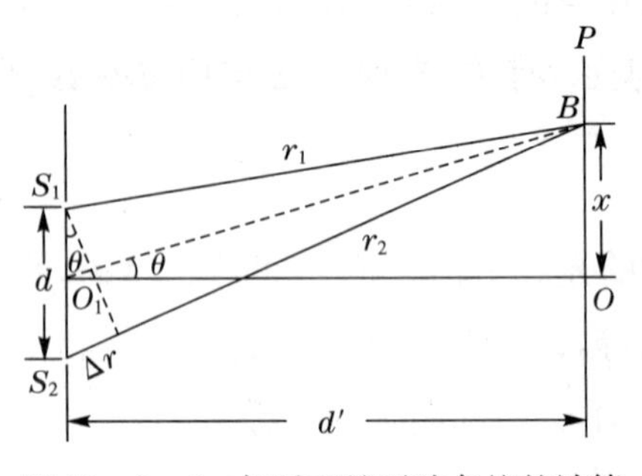

图 19—3—2　杨氏双缝干涉条纹的计算

若 Δr 满足条件

$$d\sin\theta = \pm k\lambda,\quad k = 0,1,2,\cdots$$

式中，正负号表明干涉条纹在 O 点两边是对称分布的，点 O 是中央明纹的中心. 在点 O 两侧，与 $k=1,2,\cdots$ 相应的 x_k 处，Δr 分别为 $\pm\lambda$，$\pm 2\lambda$，…，这些明条纹分别叫作第一级、第二级……明条纹，它们对称分布在中央明纹两侧.

因为 $d' \gg d$，所以 $\sin\theta \approx \mathrm{tg}\,\theta = \dfrac{x}{d'}$，于是

$$d\frac{x}{d'} = \pm k\lambda,\quad k = 0,1,2,\cdots \tag{19-3-1}$$

即 k 级明纹应位于：$x_k=\pm k\cdot\frac{d'}{d}\lambda$，　$k=0,1,2,\cdots$

当点 B 满足

$$d\frac{x}{d'}=\pm(2k-1)\frac{\lambda}{2},\quad k=1,2,\cdots \qquad (19-3-2)$$

与 $k=1,2,\cdots$相应的 x 为暗条纹中心.

综上所述，在干涉区域内，我们从屏幕上可以看到，在中央明纹两侧，对称地分布着明、暗相间的干涉条纹. 如果已知 d，d'和 λ，则可从式(19－3－1)或(19－3－2)算出相邻两明纹(或暗纹)之间的距离(称为条纹间距)为

$$\Delta x=x_{k+1}-x_k=\frac{d'}{d}\lambda$$

即干涉明、暗条纹是等距离分布的. 若 d 与 d' 一定，Δx 与入射光的波长 λ 成正比，波长越小，条纹间距越小. 若用白光照射，则在中央明纹(白色)的两侧出现彩色条纹.

二、洛埃镜

洛埃镜实验装置如图 19－3－3 所示，S_1 发出的光波，一部分直接射到屏幕 P 上，另一部分以很大的入射角(接近于 90°)投射到平面镜 M 上，再经平面镜反射到屏幕 P 上. 两部分光波由同一光波分割出来，因而是相干光波，相应的相干光源是 S_1 和虚像 S_2.

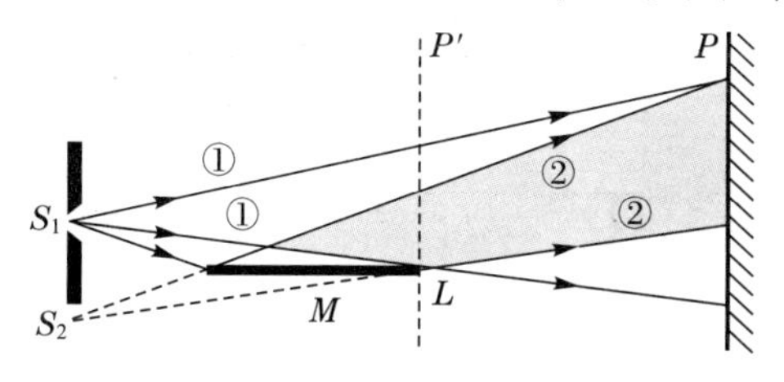

图 19－3－3　洛埃镜实验示意图

实验表明，光从折射率小的媒质射向折射率大的媒质时，入射角接近 90°情况下，反射光有相位突变 π，即有半波损失. 如果屏幕由 P 移到 P'位置，此时从 S_1 和 S_2 发出的光到达接触点 L 的路程相等，在 L 处似乎应出现明纹，但是实验事实是，在接触处为一暗纹. 这表明，直接射到屏幕上的光与由镜面反射出来的光在 L 处的相位

相反,即相位差为 π. 由于入射光的相位没有变化,所以只能是反射光(从空气射向玻璃并反射)的相位跃变了 π. 屏幕在 P' 位置时,入射光与反射光的光程差

$$d\frac{x}{d'}+\frac{\lambda}{2}=\begin{cases}k\lambda, & k=\pm 1,2,\cdots \\ (2k+1)\dfrac{\lambda}{2}, & k=0,\pm 1,\pm 2,\cdots\end{cases}$$

例 19—3—1 如图 19—3—4 所示,设洛埃镜的镜长 $C=5.0$ cm,屏幕与镜边缘的距离 $B=3.0$ m. 缝光源与镜边缘的距离 $A=2.0$ cm,离镜面高度 $a=0.5$ mm. 光波长为 5 893 Å(1 nm=10 Å). 求屏幕上条纹的间距和出现的干涉条纹数目.

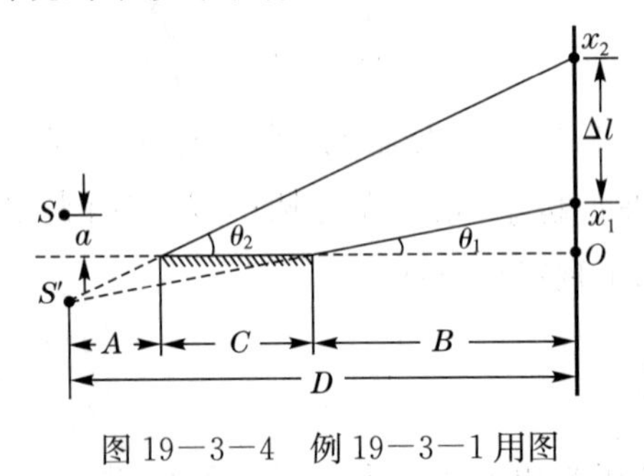

图 19—3—4 例 19—3—1 用图

解 洛埃镜为双像干涉装置,双像间隔为

$$d=2a$$

按条纹间距公式

$$\Delta x=\frac{D\lambda}{d}=\frac{A+B+C}{2a}\lambda\approx\frac{B}{2a}\lambda\approx 1.8\ \text{mm}$$

交叠区域的线度

$$\Delta l=\overline{x_1x_2}=\overline{Ox_2}-\overline{Ox_1}=(C+B)\tan\theta_2-B\tan\theta_1$$

且

$$\tan\theta_2=\frac{a}{A},\quad \tan\theta_1=\frac{a}{A+C}$$

考虑到 $B\gg A,C$,得

$$\Delta l=\frac{aBC}{A(A+C)}\approx 54\ \text{mm}$$

屏幕上产生的条纹数目为

$$\Delta N=\frac{\Delta l}{\Delta x}\approx 30(\text{条})$$

例 19－3－2 用很薄的云母片($n=1.58$)覆盖在双缝实验中的一条缝上,这时屏幕上的零级明条纹移到原来的第七级明条纹位置上,如果入射光波长为 550 nm,试问此云母片的厚度为多少?

解 覆盖云母片前的零级明纹位置处光程差

$$r_1-r_2=0$$

设云母片厚度为 e,覆盖云母片后 $x=0$ 处的光程差为 7λ,即

$$(r_1-e)+ne-r_2=7\lambda$$

$$e=\frac{7\lambda}{n-1}=6.64\times10^{-3}\ \mathrm{mm}$$

§19－4 分振幅干涉

一、薄膜干涉

获得相干光的另一种方法是利用两个反射折射表面,产生两个反射光波(或两个透射光波),称为分振幅法. 薄膜干涉就是采用分振幅法获得相干光的,如图 19－4－1 所示. 有一折射率为 n_2 的薄膜,n_1 和 n_3 为薄膜上方和下方的折射率. M_1 和 M_2 分别为薄膜的上、下两界面. 设由单色光源 S 上一点发出的光线 1,以入射角 i 投射到界面 M_1 上的点 A,一部分由点 A 反射(图中的光线 2),另一部分射进薄膜并在界面 M_2 上反射,再经界面 M_1 折射而出(图中的光线 3). 显然,光线 2,3 是两条平行光线,经透镜 L 会聚于屏幕 P 上. 由于光线 2,3 是同一入射光的两部分,因经历了不同的路径而有恒定的相位差,因此它们是相干光.

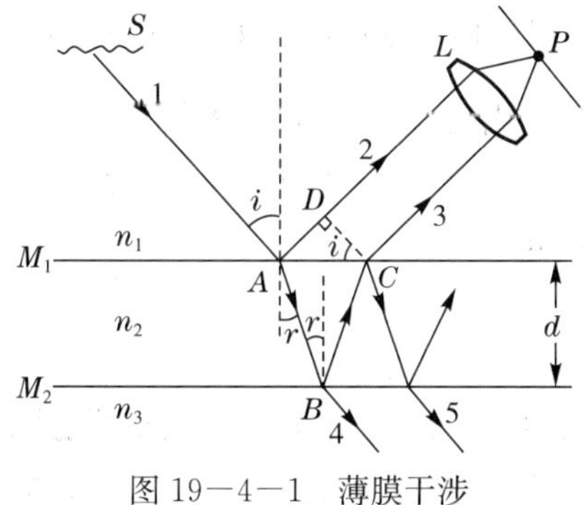

图 19－4－1 薄膜干涉

下面计算光线 2 和 3 的光程差.

设 $CD \perp AD$,则由等光程原理可知 CP 和 DP 的光程相等. 由图 19－4－1 可知,光线 3 在折射率为 n_2 的媒质中的光程为 $n_2(AB+BC)$;光线 2 在折射率为 n_1 的媒质中的光程为 n_1AD. 因此,它们的光程差是

$$\Delta' = n_2(AB+BC) - n_1 AD$$

设薄膜厚度为 d,则

$$AB = BC = \frac{d}{\cos r}$$

$$AD = AC\sin i = 2d\tan r\sin i$$

$$n_2 \sin r = n_1 \sin i$$

由此,可得

$$\Delta' = \frac{2d}{\cos r}(n_2 - n_1 \sin r \sin i) = \frac{2d}{\cos r} n_2 (1 - \sin^2 r) = 2n_2 d\cos r$$

或

$$\Delta' = 2n_2 d\sqrt{1-\sin^2 r} = 2d\sqrt{n_2^2 - n_1^2 \sin^2 i} \tag{19－4－1}$$

理论和实验表明,当 $n_1 < n_2 > n_3$ 或 $n_1 > n_2 < n_3$,两束反射光有附加光程差 $\frac{\lambda}{2}$;当 $n_1 < n_2 < n_3$ 或 $n_1 > n_2 > n_3$,没有 $\frac{\lambda}{2}$ 附加光程差. 在此,我们考虑有附加光程差情况并取附加光程差为 $\frac{\lambda}{2}$,则两反射光的光程差为

$$\Delta = 2d\sqrt{n_2^2 - n_1^2 \sin^2 i} + \frac{\lambda}{2} \tag{19－4－2}$$

$\frac{\lambda}{2}$ 项的存在与否,对具体问题要进行具体分析. 对透射光来说,$\frac{\lambda}{2}$ 存在的条件与上述正好相反. 于是,干涉条件为

$$\Delta = 2d\sqrt{n_2^2 - n_1^2 \sin^2 i} + \frac{\lambda}{2} = \begin{cases} k\lambda,\ k = 1,2,\cdots(\text{加强}) \\ (2k+1)\dfrac{\lambda}{2},\ k = 0,1,2,\cdots(\text{减弱}) \end{cases} \tag{19－4－3}$$

显然,光程差 Δ 取决于 n_2, n_1, d, i 等物理参数和入射光波长 λ. 由于 n_2, n_1 和 λ 总是不变的,所以 $\Delta = f(i,d)$. 对于厚度均匀的薄

膜，光程差 Δ 只决定于光在薄膜上的入射角 i. 所以，相同倾角的入射光所形成的反射光到达相遇点的光程差相同，必定处于同一级次 k 值的干涉条纹上，或者说，处于同一条干涉条纹上的各个光点是从光源射到薄膜的倾角相同的入射光所形成的，称这种干涉为等倾干涉. 当入射角 $i=$常数，则 $\Delta=f(d)$，即相同厚度 d 的两束反射光具有相同的光程差，组成同一级次 k 值的干涉条纹，这种条纹称为等厚条纹.

下面，我们着重介绍实际用途比较多的薄膜等厚干涉.

二、劈尖

如图 19—4—2 所示，G_1，G_2 为两片叠放在一起的平板玻璃，其一端的棱边相接触，另一端被直径为 D 的细丝隔开，故在 G_1 的下表面和 G_2 的上表面之间形成一空气薄层，叫作空气劈尖，设薄膜折射率为 n_2，光线是垂直入射于薄膜表面，这时 $i=0$. 这样，劈尖上、下表面反射的两相干光的光程差为

$$\Delta = 2n_2 d + \frac{\lambda}{2}$$

式中，d 为上、下表面间的距离. 劈尖反射光干涉极大(明纹)的条件为

$$2n_2 d + \frac{\lambda}{2} = k\lambda, \quad k = 1,2,3,\cdots(\text{明纹}) \quad (19-4-4)$$

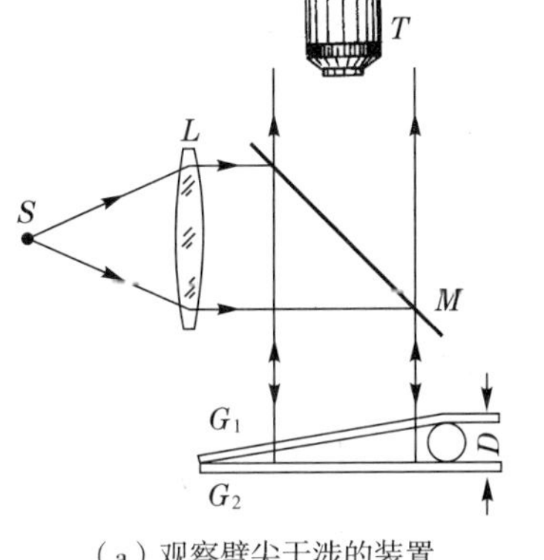

(a) 观察劈尖干涉的装置

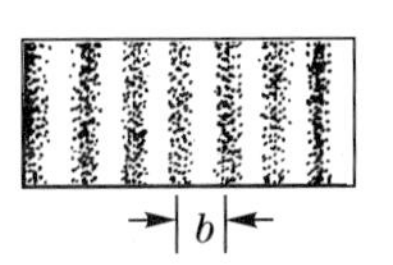

(b) 干涉条纹

图 19—4—2　劈尖干涉

产生干涉极小(暗纹)的条件为

$$2n_2d+\frac{\lambda}{2}=(2k+1)\frac{\lambda}{2},k=0.1,2,3,\cdots(\text{暗纹}) \quad (19-4-5)$$

不难求出相邻明纹(或暗纹)处劈尖的厚度差,设第 k 级明纹处劈尖厚度为 d_k,第 $k+1$ 级明纹处劈尖厚度为 d_{k+1},则

$$2n_2d_k+\frac{\lambda}{2}=k\lambda$$

$$2n_2d_{k+1}+\frac{\lambda}{2}=(k+1)\lambda$$

因此

$$d_{k+1}-d_k=\frac{\lambda}{2n_2}=\frac{\lambda_{n_2}}{2} \quad (19-4-6)$$

式中,$\lambda_{n_2}=\frac{\lambda}{n_2}$为光在折射率为 n_2 介质中的波长.

当 $n_2=1$(空气劈尖)时,由式(19—4—6)可得

$$d_{k+1}-d_k=\frac{\lambda}{2} \quad (19-4-7)$$

相邻两明纹(或暗纹)的间距 b 称为劈尖干涉的条纹宽度.一般情况下,劈尖的夹角 θ 很小,从图 19—4—3 可以得出

$$b\sin\theta=\frac{\lambda_{n_2}}{2}=\frac{\lambda}{2n_2},\quad \sin\theta\approx\theta$$

因此

$$b=\frac{\lambda}{2n_2\theta} \quad (19-4-8)$$

又因为 $\theta\approx\frac{D}{L}$,所以细丝直径 D 为

$$D=\frac{\lambda}{2n_2b}L \quad (19-4-9)$$

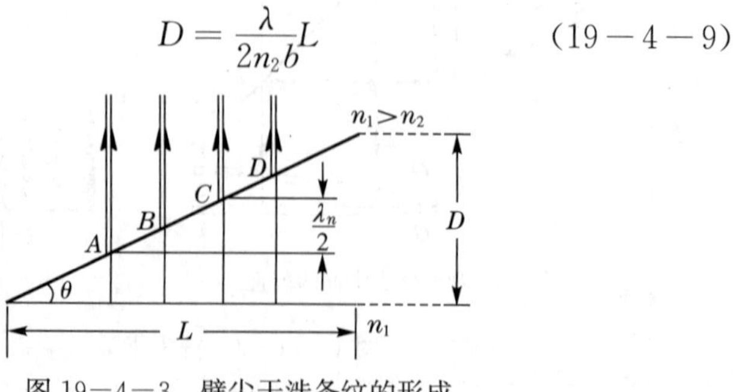

图 19—4—3　劈尖干涉条纹的形成

例 19—4—1　白光垂直照射在空气中厚度 $e=0.40\ \mu\mathrm{m}$ 的玻璃片上，其折射率 $n_2=1.50$，试问在可见光范围内（$\lambda=400\sim700\ \mathrm{nm}$），哪些波长的光在反射中增强？哪些波长的光在透射中增强？

解　玻璃片上、下表面的反射光存在$\frac{\lambda}{2}$，所以

$$2en_2+\frac{\lambda}{2}=k\lambda,\quad k=1,2,3,\cdots$$

即

$$\lambda=\frac{4n_2e}{2k-1}$$

在可见光范围内，只能取 $k=3$（其他值均在可见光范围外），所以

$$\lambda=480\ \mathrm{nm}$$

透射光加强时，应有

$$2en_2=k\lambda,\quad k=0,1,2,\cdots$$

$$\lambda=\frac{2n_2e}{k}$$

在可见光范围内，只能取 $k=2$ 和 $k=3$. 当 $k=2$ 时，$\lambda_1=\frac{2n_2e}{2}=600\ \mathrm{nm}$；当 $k=3$ 时，$\lambda_2=\frac{2en_2}{3}=400\ \mathrm{nm}$.

例 19—4—2　在很薄的劈尖玻璃（$n_2=1.52$）板上，垂直地射入波长为589.3 nm的钠光，条纹间距 $b=5.0\ \mathrm{mm}$，求此劈尖的夹角.

解　由 $b=\frac{\lambda}{2n_2\theta}$ 可得

$$\theta=\frac{\lambda}{2n_2b}=3.88\times10^{-5}\ \mathrm{rad}$$

三、牛顿环

如图 19—4—4(a)所示是牛顿环实验装置示意图. 一个曲率半径很大的平凸透镜放在一块平整的玻璃板上，则在它们之间就形成了环形的空气劈尖，以接触点为中心的圆周上各点的空气膜厚度相等. 当以单色光垂直照射时，在空气层上形成一组以接触点为中心

的中央疏、边缘密的同心圆环状条纹，如图 19—4—4(b)所示，称为牛顿环.

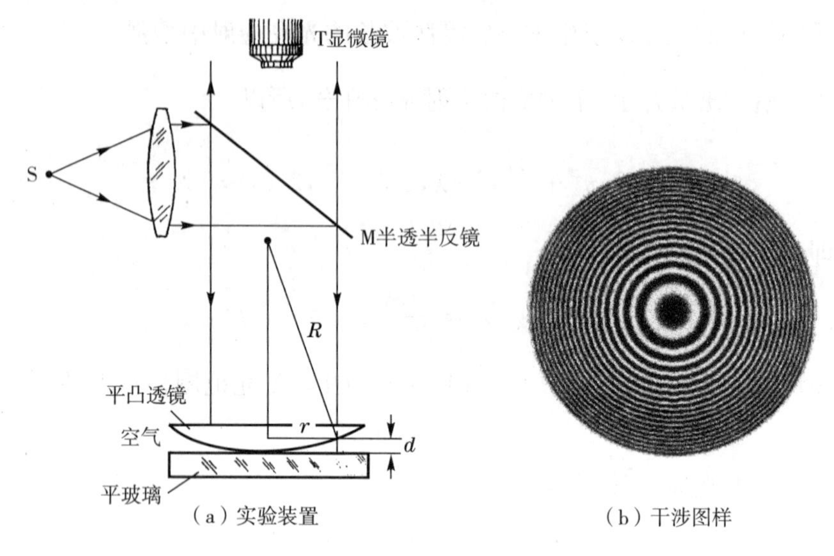

(a) 实验装置　　(b) 干涉图样

图 19—4—4　牛顿环

下面推求干涉条纹半径 r、光波波长 λ 和平凸透镜的曲率半径 R 之间的关系.

由图 19—4—4(a)可知

$$r^2 = R^2 - (R-d)^2 = 2dR - d^2$$

已知 $R \gg d$，可以略去 d^2，故得

$$r = \sqrt{2dR} \tag{19—4—10}$$

考虑到空气劈尖的折射率($n \approx 1$)小于玻璃的折射率 n_1，以及光是垂直入射($i=0$)的情形，可知在厚度 d 处，当两相干光的光程差

$$\Delta = 2d + \frac{\lambda}{2} = \begin{cases} k\lambda, & k = 1,2,\cdots(\text{加强}) \\ (2k+1)\dfrac{\lambda}{2}, & k = 0,1,2,\cdots(\text{减弱}) \end{cases} \tag{19—4—11}$$

将式(19—4—11)代入式(19—4—10)，有

明环半径　$r = \sqrt{\dfrac{(2k-1)R\lambda}{2}}, \quad k = 1,2,\cdots$

暗环半径　$r = \sqrt{kR\lambda}, \quad k = 0,1,2,\cdots$

在透镜与平玻璃的接触处，$d=0$，光程差 $\Delta=\frac{\lambda}{2}$（由于光在平板玻璃的上表面反射时相位跃变了 π 造成的），所以反射式牛顿环的中心总是暗纹.

例 19—4—3 用氦氖激光器发出的波长为 633 nm 的单色光做牛顿环实验，测得第 k 个暗环的半径为 5.63 mm，第 $k+5$ 个暗环的半径为 7.96 mm，求平凸透镜的曲率半径 R.

解 由暗环公式知

$$r_k=\sqrt{kR\lambda},\quad r_{k+5}=\sqrt{(k+5)R\lambda}$$

所以

$$R=\frac{r_{k+5}^2-r_k^2}{5\lambda}=\frac{(7.96\ \text{mm})^2-(5.63\ \text{mm})^2}{5\times 633\ \text{nm}}=10.0\ \text{m}$$

即平凸透镜的曲率半径为 10.0 m.

§19—5 迈克耳逊干涉仪

迈克耳逊干涉仪是 1881 年迈克耳逊为了研究绝对静止参考系是否存在而设计的，它是利用光的干涉精确地测量长度变化的仪器之一.

如图 19—5—1(b)是其原理图，来自面光源 S_1 的光，经过透镜 L 后，平行射向玻璃板 G_1，一部分被 G_1 反射后，向平面镜 M_1 传播，M_1 由螺旋测微计控制做微小移动，经 M_1 反射后穿过 G_1 向 E 处传播（光 1）；另一部分透过 G_1 向玻璃板 G_2 传播，经平面镜 M_2 反射后，再穿过 G_2 经 G_1 反射后也向 E 处传播（光 2）. 显然，到达 E 处的光 1 和光 2 是相干光，补偿玻璃板 G_2 与玻璃板 G_1 完全相同，只是底面没有镀银膜. 放置 G_2 的目的是使两相干光束都三次穿越相同的玻璃板，不致引起额外的光程差.

M_2'是 M_2 经由 G_1 形成的虚像，所以从 M_2 上反射的光，可看成是从虚像M_2'处发出来，这样射到 E 处的光 1 和光 2 可视为 M_1 和 M_2'所反射. 如果 M_1 与 M_2 严格垂直，这时发出的干涉是等倾干涉，如果 M_1 与 M_2 不严格垂直，则 M_1 与M_2'不严格平行，它们之间形成一劈形空气膜，这时发出的干涉是等厚干涉.

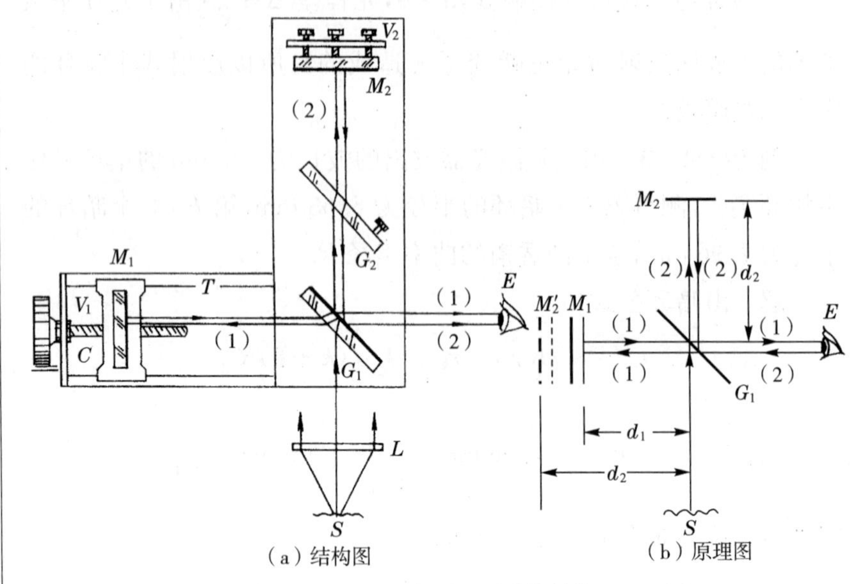

（a）结构图 （b）原理图

图 19－5－1　迈克耳逊干涉仪结构和原理图

如果入射光波长为 λ，M_1 每向前或向后移动 $\frac{\lambda}{2}$ 距离时，可看到干涉条纹移动一条，如果视场中移过的条纹数目为 n，则 M_1 平移距离为

$$\Delta d = n\frac{\lambda}{2} \qquad (19-5-1)$$

利用上式，可测定长度；若已知长度，则可用来测定光的波长.

例 19－5－1　在迈克耳逊干涉仪的两臂中，分别插入 $l=10.0$ cm 长的玻璃管，其中一个抽成真空，另一个则储有压强为 1.013×10^5 Pa 的空气，用以测量空气的折射率 n. 设光波波长为 546 nm，实验时，向真空玻璃管中逐渐充入空气，直至压强达到 1.013×10^5 Pa 为止. 在此过程中，观察到 107.2 条干涉条纹的移动，试求空气的折射率 n.

解　设玻璃管充入空气前，两相干光之间的光程差为 Δ_1，充入空气后两相干光的光程差为 Δ_2，根据题意，有

$$\Delta_1 - \Delta_2 = 2(n-1)l$$

因为干涉条纹每移动一条，对应于光程变化一个波长，所以

$$2(n-1)l = 107.2\lambda$$

故空气的折射率为

$$n=1+\frac{107.2\lambda}{2l}=1+\frac{107.2\times546\times10^{-7}\ \mathrm{cm}}{2\times10.0\ \mathrm{cm}}=1.00029$$

*§ 19—6　光的空间相干性和时间相干性

一、光场的空间相干性

任何光源总有一定的宽度，这样的光源可看成由许多不相干的点光源组成，每一点光源有一套自己的干涉条纹，屏幕上的强度是各套干涉条纹的非相干叠加. 在图 19—6—1 中，如果逐渐增加光源 S_1 的宽度，各点光源 S'，S''等产生的干涉条纹彼此错开，亮纹与暗纹重叠的结果，使条纹变得模糊甚至消失，这一特性称为光场的空间相干性. 前面我们讲过，获得相干光源方法之一是分波面法，由于光场空间性的限制，波面的横向有约束范围，在这个横向线度内取出的两个次波源 S_1，S_2 是相干的，否则是不相干的.

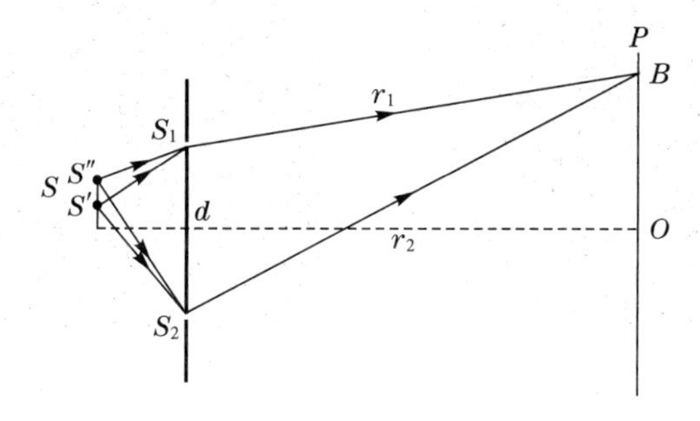

图 19—6—1　空间相干性

二、光场的时间相干性

由于光源每次发光的持续时间 τ_0 有限，或者说每次发射的波列长度 L_0 有限($L_0=c\tau_0$). 当光波在干涉装置中分成两束光时，每个波列都被分成两部分. 若两光路的光程差 ΔL 大于波列长度 L_0，由同一波列分解出来的两波列不能叠加，而相互叠加的可能是前后两波列分解出来的波列，这时就不能发生干涉. L_0 称为相干长度，相应的传播时间 τ_0 称为相干时间. 也就是说，两光路的光程差 ΔL 沿传播方向有一个纵向限制范围. 迈克耳逊干涉仪中补偿玻璃 G_2 的作用是使两束相干光相遇干涉时不致具有较大的光程差. 这种由于光源发光的间歇性，致使干涉条纹变得模糊甚至消失，称为时间相干性.

§19—7　惠更斯—菲涅耳原理

一、光的衍射现象

光沿直线传播是建立几何光学的基本依据，在通常情况下，光表现出直线传播的性质. 当光通过较宽的单缝时，在屏上将呈现单缝的清晰影子，这是光直线传播特性的表现. 但是当用一束光照射诸如小孔、细缝、细丝等尺寸接近光波波长的微小障碍物时，在远处的屏上会观察到**光线绕过障碍物到达偏离直线传播的区域**，并在屏上呈现出明暗相间的光强分布，即产生了**光的衍射现象**. 图 19—7—1(a)和(b)分别是采用一束单色光照射剃须刀片和矩形小孔在远处屏上形成的衍射图样.

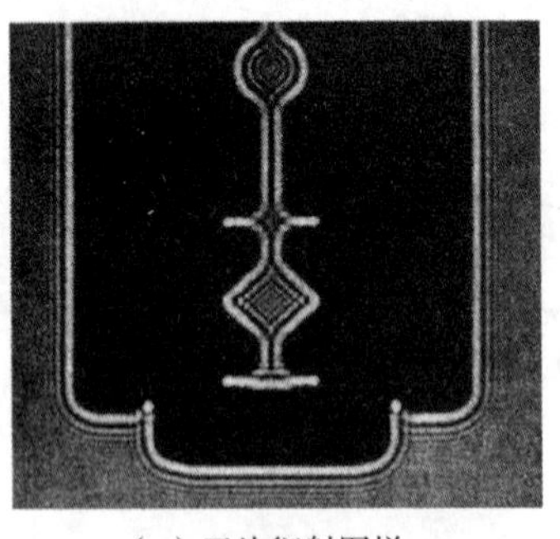

(a) 刀片衍射图样

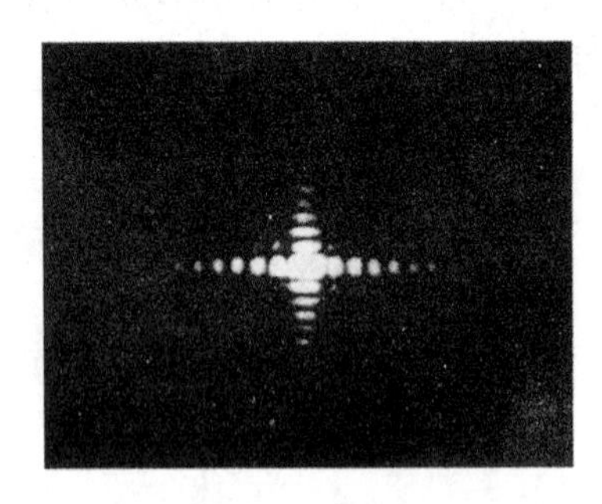

(b) 矩形孔衍射图样

图 19—7—1　光的衍射现象

二、菲涅耳衍射和夫琅禾费衍射

依据光源、衍射孔(或障碍物)、屏三者的相互位置，可把衍射分成两类. 一类是光源或光屏 E 与衍射孔(或障碍物)相距为有限远，称为**菲涅耳**(Fresnel)**衍射**，如图 19—7—2(a)所示；另一类是光源和光屏 E 都离衍射孔(或障碍物)无限远或相当于无限远，称为**夫琅禾费**(Fraunhofer)**衍射**，如图 19—7—2(b)所示. 在实验室中，可利用两个会聚透镜来实现夫琅禾费衍射，如图 19—7—2(c)所示. 本书只讨论夫琅禾费衍射，不仅因为这类衍射在理论上比较简单，而且夫琅禾费衍射也是大多数实用场合需要考虑的情形.

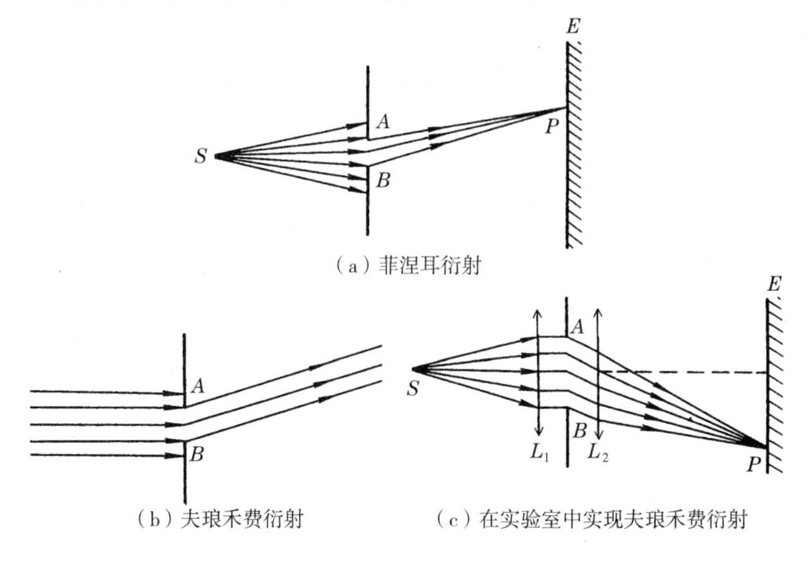

（a）菲涅耳衍射

（b）夫琅禾费衍射　（c）在实验室中实现夫琅禾费衍射

图 19—7—2　菲涅耳与夫琅禾费衍射

三、惠更斯—菲涅耳原理

在第九章中曾用惠更斯原理定性地解释了波的衍射，但是惠更斯原理不能定量地给出衍射波在空间各点波的强度. 菲涅耳经过实验观察和分析，对惠更斯原理提出两方面的重要补充. 一是波面上各面元发出的子波是相干波；二是光屏上出现的衍射图样，是子波干涉叠加的结果. 经过菲涅耳补充后的惠更斯原理，称为**惠更斯—菲涅耳原理**. 此原理要点可定性地表述为：**从同一波面上各点发出的子波是相干波，在传播到空间某一点时，各子波进行相干叠加的结果，决定了该处波振幅.**

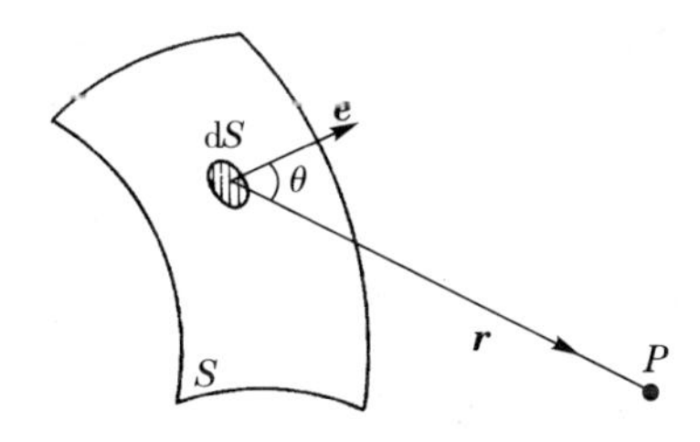

图 19—7—3　子波相干叠加

如图 19—7—3 所示，将波面 S 分成许多面元 dS，菲涅耳假设面元 dS 发出的次波在 P 点引起的振动的振幅与 dS 成正比,与 P 点到 dS 的距离 r 成反比,而且和倾角 θ($\boldsymbol{r}$ 和 dS 的法线 $\boldsymbol{e}$ 之间的夹角)有关. 若取 $t=0$ 时刻,该波面的初相位为零,则在时刻 t,面元 dS 在 P 点引起的振动可表示为

$$\mathrm{d}E = C\frac{k(\theta)}{r}\cos\left[2\pi\left(\frac{t}{T}-\frac{r}{\lambda}\right)\right]\mathrm{d}S$$

式中,C 是比例系数,$k(\theta)$ 称为倾斜因子,是角 θ 的函数,随 θ 增大而减小,当 $\theta=0$ 时,$k(\theta)$ 最大,可取作 1. t 时刻,P 点处的合振动就等于波面 S 上所有 dS 发出的次波在 P 点引起振动的叠加,即

$$E = C\int_S \frac{k(\theta)}{r}\cos\left[2\pi\left(\frac{t}{T}-\frac{r}{\lambda}\right)\right]\mathrm{d}S$$

这就是惠更斯—菲涅耳原理的数学表达式.

菲涅耳等用倾斜因子来说明次波不能向后传播,他假设 $\theta\geqslant\frac{\pi}{2}$ 时,$k(\theta)=0$,因而次波振幅为零. 借助于惠更斯—菲涅耳原理,原则上可定量地描述光通过各种障碍物所产生的各种衍射现象. 但对于一般衍射问题,积分计算是相当复杂的. 对光通过具有对称性的障碍物,如狭缝、圆孔等,用半波带法或振幅矢量合成方法研究衍射问题比较方便,这样不仅可将积分运算转化为代数运算,而且物理图像清晰.

§19—8　夫琅禾费单缝衍射

单缝夫琅禾费的实验装置如图 19—8—1(a)所示,线光源 S 和屏幕 E 分别在透镜 L_1 和 L_2 的焦平面上. 由 S 发出的光经 L_1 后成为一束平行光,入射在单缝 K 上,经过缝口的波面 AB 上各点向各方向发射子波,方向彼此平行的衍射光线,经 L_2 会聚到屏 E 上各位置,屏上出现一组明暗相间的平行直条纹. 其中央明纹又宽又亮,其宽度约为两侧明纹的 2 倍. 中央明纹两侧对称分布着明、暗相间的条纹,它的强度比中央明纹弱得多,如图 19—8—1(b)所示. 下面用半

波带法来研究屏上的衍射图样.

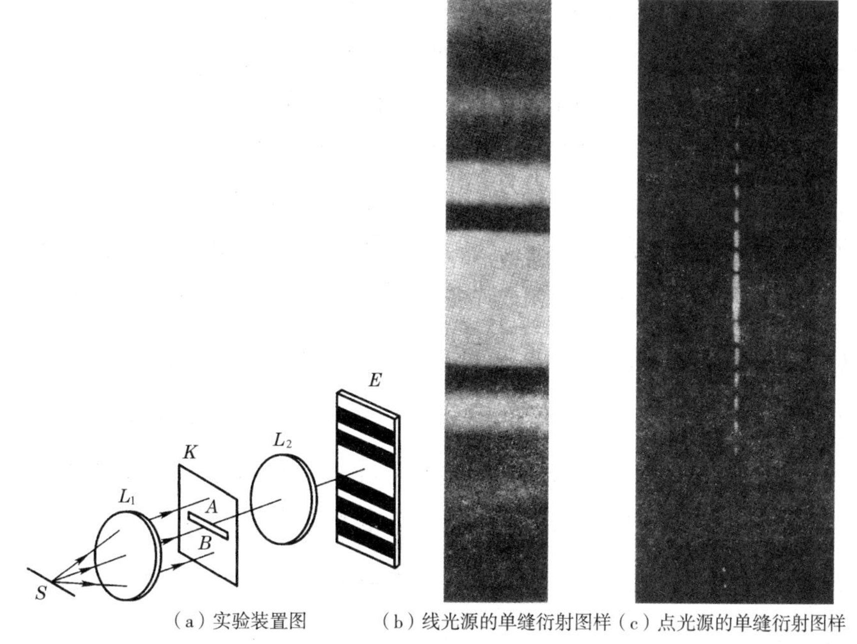

（a）实验装置图　（b）线光源的单缝衍射图样（c）点光源的单缝衍射图样

图 19—8—1　单缝的夫琅禾费衍射

如图 19—8—2 所示，设单缝的宽度为 a，波长为 λ 的平行光垂直入射到单缝上，根据惠更斯—菲涅耳原理，单缝 AB 处波面上各点是子波波源，子波向各方向发射，在屏上相干叠加形成明暗条纹.

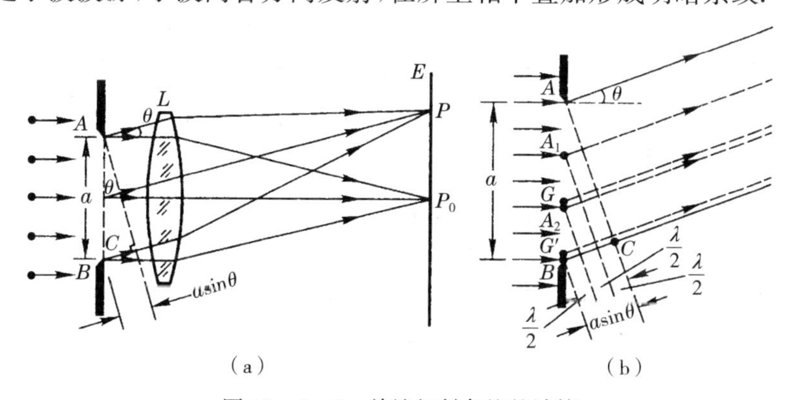

（a）　（b）

图 19—8—2　单缝衍射条纹的计算

首先，分析各子波波源向正前方发出的光线，即衍射角 $\theta=0$ 的衍射光线(衍射后沿某一方向传播的子波波线与平面衍射屏法线之间的夹角称为衍射角)，这些光线由透镜会聚于屏 E 中间的主焦点

P_0 上,形成一条通过 P_0 而与缝平行的明纹,叫作中央明纹.各子波波源沿该方向发出的光线是同相的,而透镜又不产生附加光程差,这些光线到达 P_0 点仍是同相的,所以形成亮纹.

其次,分析各子波向衍射角为 θ 方向发出的一束平行光,经透镜会聚在屏上 P 点.两条边缘衍射线之间的光程差为 $BC=a\sin\theta$,P 点条纹的明暗完全决定于光程差 BC 的数值.菲涅耳在惠更斯—菲涅耳原理的基础上,提出将波面分割成许多等面积的半波带的方法.在单缝的情形下,可作一些平行于 AC 的平面[如图 19－8－2(b)],使相邻两平面之间的距离等于入射光的半波长,即$\frac{\lambda}{2}$.假定这些平面将单缝处的波面 AB 分成 AA_1,A_1A_2,A_2B 等整数个半波带.由于各个半波带的面积相等,所以各个半波带在 P 点引起的光振幅接近相等.相邻两个半波带上,任何两个对应点(如 A_1A_2 带上的 G 点与 A_2B 上的 G' 点)所发出的子波的光程差总是$\frac{\lambda}{2}$,亦即相位差总是 π.经过透镜聚焦后,由于透镜不产生附加光程差,所以到达 P 点时的相位差仍然是 π.结果任何两个相邻半波带发出的子波在 P 点引起的光振动完全抵消.由此可见,BC 是半波长的偶数倍时,亦即对应某个给定角度 θ,单缝可分成偶数个半波带时,所有半波带的作用成对地相互抵消,在 P 点处将形成暗纹;如果 BC 是半波长的奇数倍,亦即单缝可分成奇数个半波带时,相互抵消的结果还留下一个半波带的作用,在 P 点将产生明纹.上述结果可用数学式表示如下:

(1)当 θ 满足

$$a\sin\theta=\pm 2k\frac{\lambda}{2},\quad k=1,2,\cdots \qquad (19-8-1)$$

时为暗纹.在两个第一级($k=1$)暗纹之间的区域,即 θ 满足

$$-\lambda < a\sin\theta < \lambda$$

的范围为中央明纹.

(2)当 θ 满足

$$a\sin\theta=\pm(2k+1)\frac{\lambda}{2},\quad k=1,2,\cdots \qquad (19-8-2)$$

时为其他各级明纹.

我们把 $k=1$ 的两个暗点之间的角距离作为中央明纹的角宽度. 由于 $k=1$ 时的暗点对应衍射角 θ_1，显然它就是**中央明纹的半角宽度** $\Delta\theta_0$，于是

$$\Delta\theta_0 = \theta_1 = \arcsin\frac{\lambda}{a} \tag{19-8-3}$$

当 θ_1 很小时

$$\Delta\theta_0 \approx \frac{\lambda}{a} \tag{19-8-4}$$

必须指出，对任意衍射角 θ 来说，AB 一般不能恰巧分成整数个波带，亦即 BC 不等于$\frac{\lambda}{2}$的整数倍. 此时，衍射光束经透镜聚集后，形成屏幕上照度介于最明和最暗之间的中间区域. 在单缝衍射条纹中，光强分布并不是均匀的，如图 19－8－3 所示. 中央明纹最亮，同时也最宽(约为其他明纹宽度的 2 倍). 中央明纹的两侧，光强迅速减小，直至第一个暗条纹；其后，光强又逐渐增大而成为第一级明条纹，依此类推. 必须注意到，各级明纹的光强随着级数的增大而逐渐减小. 这是由于 θ 角越大，分成的波带数越多，未被抵消的波带面积仅占单缝面积的一微小部分.

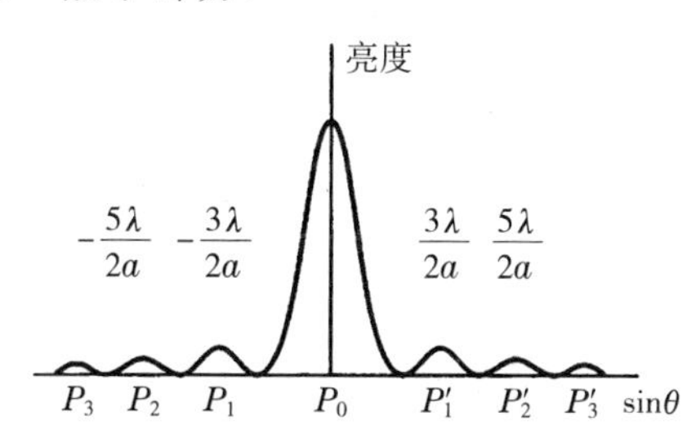

图 19－8－3　单缝衍射条纹的光强分布

由式(19－8－1)和(19－8－2)可知，对一定宽度的单缝来说，$\sin\theta$ 与波长 λ 成正比，而单色光的衍射条纹的位置是由 $\sin\theta$ 决定的. 因此，如果入射光为白光，白光中各种波长的光抵达 P_0 点都没有光程差，所以中央是白色明纹. 但在 P_0 两侧的各级条纹中，不同波长的单色光在屏幕上的衍射明纹将不完全重叠. 各种单色光的明纹将随波长的不同而略微错开，最靠近 P_0 的为紫色，最远的为红色.

由式(19－8－1)和式(19－8－2)可见，对给定波长λ的单色光来说，a愈小，与各级条纹相对应的θ角就愈大，亦即衍射作用愈显著；反之，a愈大，与各级条纹相对应的θ角将愈小，这些条纹都向中央明纹P_0靠近，逐渐分辨不清，衍射作用也就愈不显著. 如果a与λ相比很大，即$a \gg \lambda$，各级衍射条纹全部并入P_0附近，形成单一的很窄的亮线，它就是光源缝S经透镜L_1和L_2所造成的几何光学的像. 这是从单缝射出的平行光束直线传播所引起的作用. 由此可知，通常所说的光的直线传播现象，只是光的波长较障碍物的线度为很小，亦即衍射现象不显著时的情况.

例 19－8－1 设波长λ＝500 nm的绿色平行光，垂直入射于缝宽a＝0.5 mm的单缝，缝后放一焦距为2.0 m透镜. 试求：

(1)中央明条纹的半角宽度；

(2)在透镜的焦平面上测得中央明纹的线宽度.

解 (1)由式(19－8－3)知

$$\theta_1 \approx \frac{\lambda}{a} = \frac{500 \times 10^{-9}}{5 \times 10^{-4}} = 1 \times 10^{-3}(\mathrm{rad})$$

(2)由式(19－8－4)知

$$\Delta x_0 = 2f\frac{\lambda}{a} = 2 \times 2 \times 10^{-3} = 4 \times 10^{-3}(\mathrm{m})$$

§19－9 光学仪器的分辨本领

一、圆孔的夫琅禾费衍射

当单色平行光垂直照射小圆孔时，在透镜L的焦平面处的屏幕上将出现中央为亮圆斑，周围为明、暗交替的环形的衍射图样，如图19－9－1所示. 中央光斑较亮，叫作**爱里**(G. B. Airy)**斑**. 中央亮斑几乎集中衍射光强的绝大部分(80％以上)，若爱里斑的直径为d，透镜的焦距为f，圆孔直径为D，单色光波长λ，则由理论计算可得，第一级暗环的角半径为

$$\sin\theta_1 = 1.22\frac{\lambda}{D}$$

θ_1 很小时，则有

$$\theta_1 \approx 1.22 \frac{\lambda}{D}$$

爱里斑的角半径就是第一级暗环所对应的衍射角，即

$$\theta_1 = 1.22 \frac{\lambda}{D} \tag{19-9-1}$$

若透镜的焦距为 f，则爱里斑线半径为

$$R = 1.22 \frac{\lambda}{D} f \tag{19-9-2}$$

爱里斑直径为

$$d = 2 \times f \times 1.22 \frac{\lambda}{D} = 2.44 \frac{\lambda}{D} f$$

由此可知，λ 越大或 D 越小，衍射现象越显著；当 $\frac{\lambda}{D} \ll 1$ 时，衍射现象可以忽略.

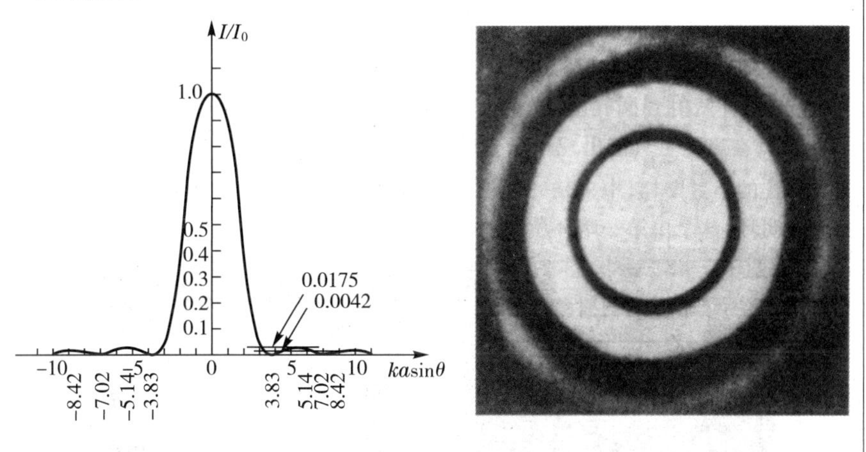

图 19—9—1　爱里斑及强度分布

二、光学仪器的分辨本领

从几何光学的观点，物体通过光学仪器成像时，每一物点就有一对应的像点. 但是光学仪器中的透镜、显微镜、望远镜等物镜都相当于一个衍射小孔，由于光的衍射，光学仪器对物点所成的像，是具有一定大小的爱里亮斑. 因此对相距很近的两个物点，其对应的两个爱里亮斑就会互相重叠甚至无法分辨出两个物点的像. 由于光的

衍射现象,使光学仪器的分辨能力受到了限制.

为了确定光学仪器分辨角距离(或距离)的标准,瑞利(L. Rayleigh)提出一个判据:**如果一物点的爱里斑中心,刚好和另一物点的爱里斑边缘(即第一个暗环)相重合,则这两个物点能被这一光学仪器所分辨.** 这个判据称为**瑞利判据**.

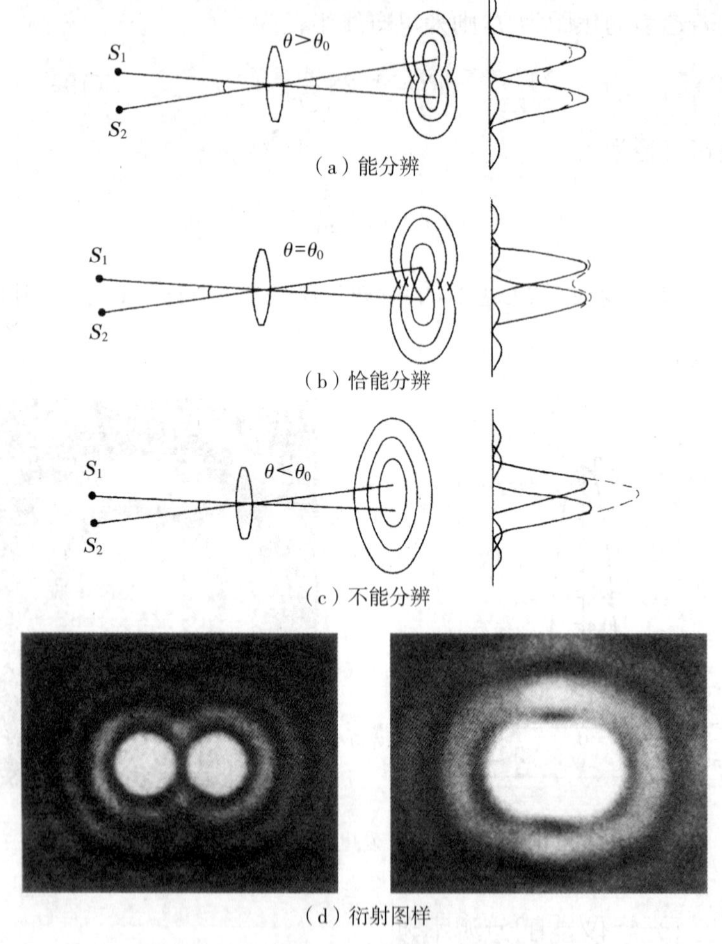

图 19—9—2　光学仪器的分辨本领

如图 19—9—2 所示,两个点光源 S_1,S_2 的爱里斑中心的角距离 θ 大于爱里斑角半径,即

$$\theta > \theta_0 = 1.22\,\frac{\lambda}{D}$$

S_1,S_2 能被分辨.

当

$$\theta < \theta_0 = 1.22\frac{\lambda}{D}$$

S_1, S_2 不能被分辨.

当

$$\theta_{\min} = \theta_0 = 1.22\frac{\lambda}{D} \qquad (19-9-3)$$

S_1, S_2 恰能被分辨. $\theta_{\min}$称为最小分辨角,其倒数叫作分辨率.

由式(19—9—3)可知,分辨率与波长成反比,波长越小分辨率越大;分辨率又与仪器的透光孔径 D 成正比,D 越大则分辨率越大.在天文观察上,采用直径很大的透镜就是为了提高望远镜的分辨率.近代物理指出(参阅第十八章),电子亦有波动性.与运动电子(如电子显微镜中的电子束)相应的物质波的波长,比可见光的波长要小三四个数量级.所以电子显微镜的分辨率比普通光学显微镜的分辨率大数千倍.

应当注意,上述讨论是指在非相干光照射时的情形,否则,应考虑它们的干涉效应,式(19—9—3)也不再适用了.

例 19—9—1 设人眼在正常照度下的瞳孔直径约为 3 mm,而在可见光中,人眼最灵敏的波长为 550 nm.求:

(1)人眼的最小分辨角;

(2)若物体放在距人眼 25 cm(明视距离)处,则两物点间距多大时才能被分辨?

解 (1)人眼最小分辨角为

$$\theta_0 = 1.22\frac{\lambda}{D} = \frac{1.22\times 5.5\times 10^{-7}\ \mathrm{m}}{3\times 10^{-3}\,\mathrm{m}} = 2.2\times 10^{-4}\ \mathrm{rad}$$

(2)设两物点之间的距离为 d,这时人眼的最小分辨角为 θ_0,则

$$d = L\cdot\theta_0 = 25\ \mathrm{cm}\times 2.2\times 10^{-4} = 0.055\ \mathrm{mm}$$

§19—10 光栅衍射及光栅光谱

一、光栅衍射

在不透明的屏上刻上许多平行的、等间距的、相同的单缝构成

的光学元件叫衍射光栅. 精制的光栅,在 1 cm 宽度内刻有几千条乃至上万条刻痕. 设透射光栅的总缝数为 N,缝宽为 a(透光部分),缝间不透光部分宽度为 b,则$(a+b)=d$ 称为光栅常数,一般光栅的光栅常数 d 为 $10^{-5}\sim10^{-6}$ m 数量级.

如图 19—10—1 所示,当一束平行单色光垂直入射到光栅上时,每一单缝都要产生衍射,而缝与缝之间透过的光又要发生干涉,也就是说,接收屏上任一点 P 的光振动决定于每一单缝的无限多个子波源发出子波的衍射和来自各缝间光波的干涉,即光栅衍射条纹应是单缝衍射和多缝干涉的总效果.

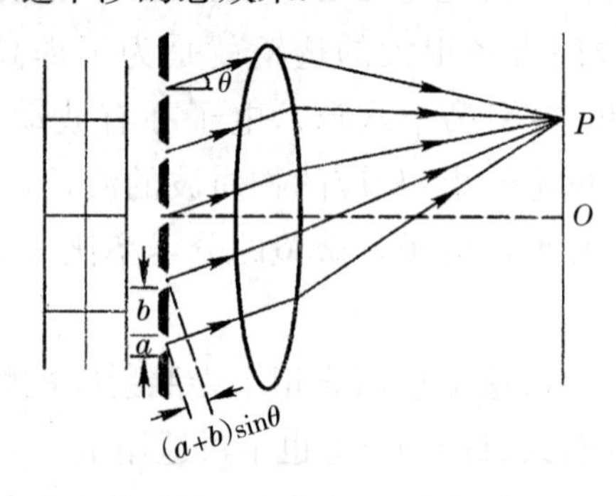

图 19—10—1　光栅衍射

1. 光栅方程

如图 19—10—1 所示,对应于衍射 θ,任意相邻两缝发出的光到达 P 点的光程差都是$(a+b)\sin\theta$,当此光程差等于入射光波长 λ 的整数倍时,各缝射出的聚集于 P 点的光因相干叠加得到加强,形成明条纹. 因此,光栅衍射明纹的条件是 θ角必须满足

$$(a+b)\sin\theta=k\lambda,\quad k=0,\pm1,\pm2,\cdots \tag{19-10-1}$$

上式称为光栅方程,它是光栅衍射的基本公式.

2. 主极大

满足光栅方程式的明纹又称主明纹或主极大条纹,也称光谱线. k 称主极大级数,$k=0$ 时,$\theta=0$,称中央明条纹;$k=\pm1,\pm2\cdots$分别称为第一级、第二级主极大,正、负号表示各级明纹对称地分布在中央明条纹两侧. 需要说明的有两点:一是主极大条纹的位置是缝

间干涉决定的；二是在光栅方程中，衍射角$|\theta|$不可能大于$\frac{\pi}{2}$，$|\sin\theta|$不可能大于1，这就对能观察到的主极大的数目有限制，主极大的最大级数$k<\frac{(a+b)}{\lambda}$.

3. 缺级

上面仅讨论了由光栅各缝发出的光因干涉在屏上形成极大的情形，而没有考虑每单缝衍射对屏上明纹的影响. 设想光栅中只留下一个透光缝，其余全部遮住，这时屏上呈现的是单缝衍射条纹. 不论留下哪一个缝，屏上的单缝衍射条纹都一样，而且条纹位置也完全重合，这时因为同一衍射角θ的平行光经过透镜都聚焦于同一点，因此满足光栅方程的θ角，若同时满足单缝衍射的暗条纹条件，即

$$(a+b)\sin\theta=k\lambda,\quad a\sin\theta=k'\lambda,k'=1,2,\cdots$$

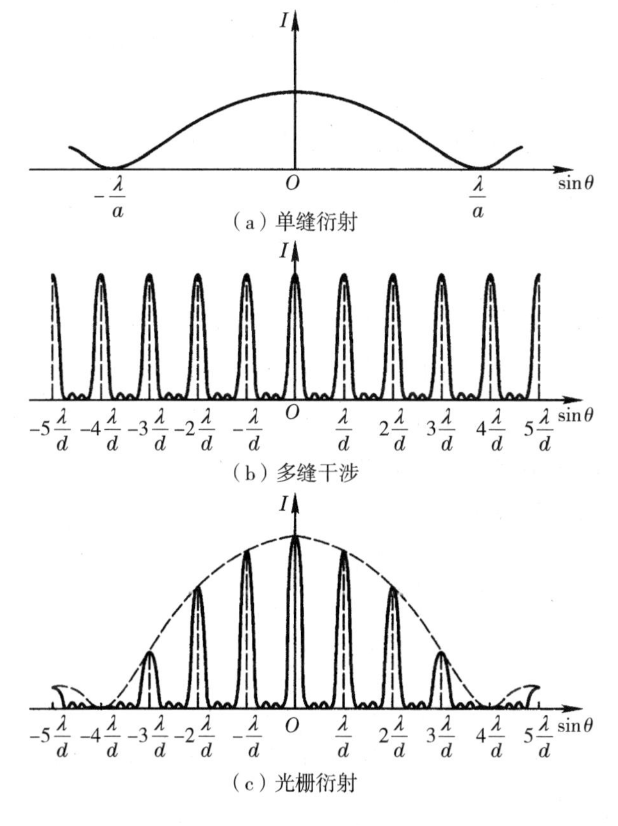

图 19－10－2　光栅衍射的光强分布

这时,对应衍射角 θ,由于各缝所射出的光都各自满足暗纹条件,当然也就不存在缝与缝之间出射光的干涉加强.因此,虽然满足光栅方程,对应于衍射角 θ 的主极大并不出现,这称为光谱线的缺级,缺级的级数 k 为

$$k=\frac{a+b}{a}k' \tag{19-10-2}$$

例如,当 $(a+b)=4a$ 时,缺级的级数为 $k=4,8,12,\cdots$,如图19—10—2所示.由此可见,光栅方程只是产生主极大的必要条件,而不是充分条件.也就是说,在研究光栅干涉图样时,除了考虑缝间干涉处,还必须考虑每个缝的衍射,即光栅衍射是干涉和衍射的综合结果.

4. 暗纹

在光栅衍射中,两主极大条纹之间分布着一些暗条纹,也称极小.这些暗条纹是由各缝射出的聚集于屏上 P 点的光,因干涉相消而形成的.

设来自每个狭缝的光振动到达屏上 P 点的振幅矢量分别用 $\boldsymbol{A}_1$, $\boldsymbol{A}_2,\cdots,\boldsymbol{A}_N$ 表示,屏上 P 点处的光振动的振幅矢量 $\boldsymbol{A}$ 应为

$$\boldsymbol{A}=\sum_{i=1}^{N}\boldsymbol{A}_i$$

由于各缝面积相等,又对应于同一衍射角 θ,因此 $\boldsymbol{A}_i(i=1,2,\cdots,n)$ 各矢量大小应相等.这样,只要知道来自各缝的振幅矢量的夹角,就可以用矢量多边形法则求得合矢量 $\boldsymbol{A}$,如图 19—10—3(a)所示.相邻两缝间沿衍射角 θ 方向发出的光的光程差都等于 $(a+b)\sin\theta$,相应的相位差 δ 都等于

$$\delta=\frac{2\pi}{\lambda}(a+b)\sin\theta$$

根据谐振动的旋转矢量表示法,显然 δ 就是 $\boldsymbol{A}_1,\boldsymbol{A}_2,\cdots,\boldsymbol{A}_N$ 各矢量间依次的夹角,如果合矢量 $\boldsymbol{A}=\sum\limits_{i=1}^{N}\boldsymbol{A}_i=0$,即 $\boldsymbol{A}_i$ 矢量组成的多边形是封闭的,如图 19—10—3(b)所示,则 P 点为暗纹位置.因此,暗纹形成的条件为

$$N\delta=\pm m\cdot 2\pi,\quad m\text{ 为不等于 }N\text{ 的整数倍的整数}$$

或

$$N(a+b)\sin\theta=\pm m\lambda \qquad (19-10-3)$$

式中 $m=1,2,\cdots,(N-1),(N+1),\cdots,(2N-1),(2N+1),\cdots$ 衍射角 θ 满足式(19—10—3)的方向上出现暗纹. 当 $m=N,2N,3N,\cdots$ 时,从式(19—10—3)可见,从相邻两缝沿衍射角 θ 方向发出的白光的相位差正好为 2π 的整数倍,因此相干叠加加强. 实际上,这时相应的 θ 角正是光栅方程式确定的主极大的位置.

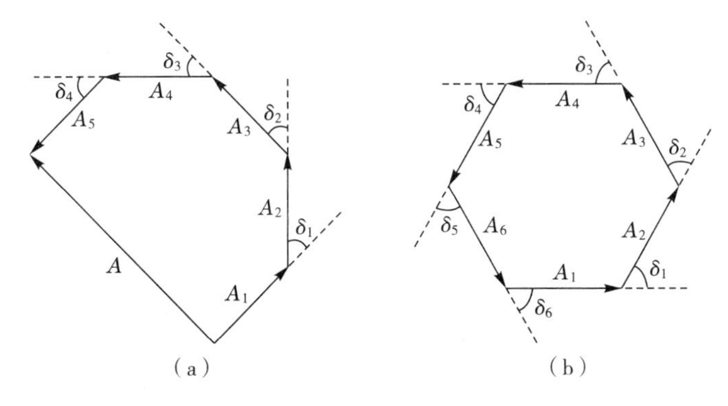

图 19—10—3　多缝光振动的合成

由此可见,在相邻两个主极大之间,有 $(N-1)$ 个暗纹. 显然,在这 $(N-1)$ 个暗纹之间还有 $(N-2)$ 个光强很小的次极大,以致缝数众多的情况下,相邻两主极大之间实际形成一片暗的背景,主极大条纹分得很开且很细.

二、衍射光谱

由光栅方程可知,在光栅常数 $(a+b)$ 一定时,主极大衍射角 θ 的大小和入射光的波长有关,波长越长,主极大条纹越疏,即各级条纹距中央明条纹越远. 若用白光照射光栅,中央明条纹的中心仍为白光,其两侧的各级明纹都由紫到红对称排列着. 这种经光栅衍射产生的按波长排列的谱线称为光栅光谱.

各种元素或化合物都有它们自己特定的谱线,测定光谱中各谱线的波长和相对强度,可以确定该物质的成分及其含量. 这种分析方法叫作光谱分析,在科学研究和工程技术上有着广泛的应用.

例 19—10—1 波长为 600 nm 的单色光垂直入射到一光栅上，相邻的两条明纹分别出现在 $\sin\theta=0.20$ 与 $\sin\theta=0.30$ 处，第四级缺级. 试问：

(1)光栅常数多大？

(2)狭缝的最小宽度为多大？

解 由光栅方程和单缝衍射极小所满足的条件有

$$(a+b)\sin\theta = k\lambda, \quad (a+b) = 4a$$

由此，得

$$\sin\theta = \frac{k\lambda}{4a}$$

按题意，有

$$\sin\theta_k = \frac{k\lambda}{4a} = 0.20, \quad \sin\theta_{k+1} = \frac{(k+1)\lambda}{4a} = 0.30$$

联立后，得

$$\frac{(k+1)\lambda}{4a} = \frac{k\lambda}{4a} + \frac{\lambda}{4a} = 0.20 + \frac{\lambda}{4a} = 0.30$$

解得

$$a = \frac{\lambda}{4(0.30-0.20)} = 1.5\times10^{-6}\ \text{m}, \quad (a+b) = 6.0\times10^{-6}\ \text{m}$$

例 19—10—2 设计一平面光栅，要求当用白光垂直入射时，能在 30°的衍射方向看到 600 nm 波长的第二级主极大，但在该方向上 400 nm 波长的第三级主极大不出现.

解 由光栅方程 $(a+b)\sin\theta=k\lambda$，因为在 30°的方向能看到 600 nm波长的第二级主极大，所以有

$$(a+b) = \frac{2\times600\times10^{-9}}{\sin30^\circ} = 24\times10^{-4}\ \text{mm}$$

而在该方向上 400 nm 波长的第三级主极大不出现，因此得到

$$k = \frac{24\times10^{-4}\times\sin30^\circ}{4\times10^{-4}} = 3$$

可见在 30°的方向应能看到 400 nm 波长的第三级主极大，为使其不出现，必须是在该位置上存在缺级现象，即在 30°方向上 $(a+b)\sin\theta=k\lambda$ 和 $a\sin\theta=k'\lambda$ 同时成立，故

$$k = \frac{a+b}{a}k' = 3$$

以$(a+b)=24\times10^{-4}$ mm代入，得

$$a=\frac{24\times10^{-4}}{3}k'=8\times10^{-4}k'$$

当$k'=1$时，$a=8\times10^{-4}$ mm，$b=16\times10^{-4}$ mm；当$k'=2$时，$a=16\times10^{-4}$ mm，$b=8\times10^{-4}$ mm.

为什么不能取$k'\geqslant3$？

*§ 19—11 X射线的衍射

X射线又称伦琴(W. K. Röntgen)射线，它是一种波长极短的电磁波，X射线的波长λ在$10^{-2}\sim10$ Å范围内. X射线的特点是波长短，穿透力强. 普通的衍射光栅的光栅常数远大于X射线的波长. 这样，X射线透过光栅时就不会产生衍射.

晶体内的原子是有规则排列的，它的原子间隔与X射线波长的数量级相同，因而它对于波长很短的X射线来说，是一个理想的三维光栅. 劳厄(M. Von. Laue)的实验装置如图19—11—1(a)所示，一束穿过铅板PP'上小孔的X射线(波长连续分布)投射在薄片晶体C上，在照相底片E上发现有很强的X射线束在一些确定方向上出现，其他方向上不会出现. 这是由于X射线照射晶体时，组成晶体的每一个微粒相当于发射子波的中心，它们向各方向发出子波，而来自晶体中许多有规则排列的散射中心的X射线会相互干涉而使得沿某些方向的光束加强. 图19—11—1(b)中，由相互加强的X射线束在底片上感光所形成的斑点，叫作劳厄斑点.

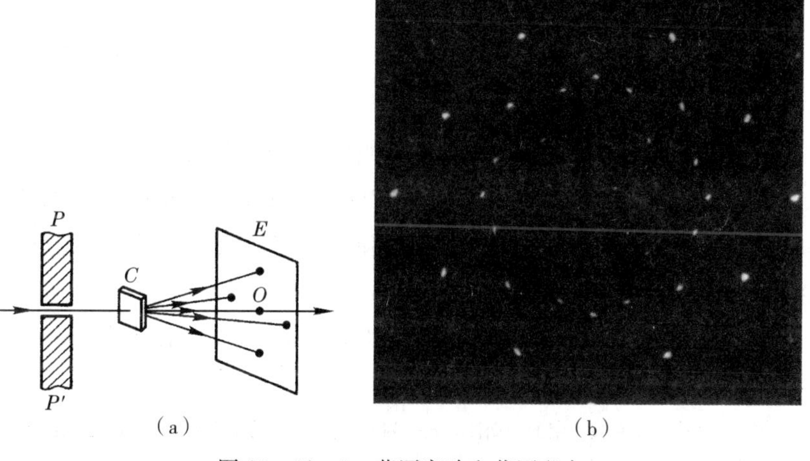

图19—11—1 劳厄实验和劳厄斑点

不久,布拉格父子(W. H. Bragg 和 W. L. Bragg)提出另一种研究X射线的方法.他们把晶体看成由一系列彼此相互平行的原子层所组成的.各原子层(晶面)之间的距离为d,如图19－11－2所示.小圆点表示晶体点阵中的原子(或离子),当一束单色的、平行的X射线,以掠射角θ入射到晶面上时,这些原子就成子波波源,向各个方向发出子波,也就是说,入射波被原子散射.其中一部分将为表面层原子所散射,其余部分为内部各原子层所散射.但是,在各原子层所散射的射线中,只有沿镜反射方向的射线的强度为最大.由图19－11－2可见,上下两层原子所发出的反射线的光程差为$2d\sin\theta$.显然,各层散射射线相互加强而成亮点的条件是

$$2d\sin\theta = k\lambda,\quad k = 1,2,3,\cdots \qquad (19-11-1)$$

上式称为布拉格公式,此时的掠射角θ称为布拉格角.由此可测出X射线的波长λ或晶格常数d.

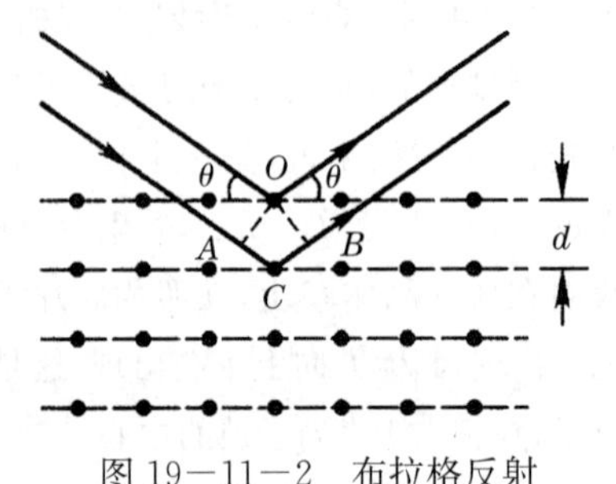

图19－11－2　布拉格反射

如果入射的单色X射线以任意掠射角θ投射到晶面上,一般不产生反射加强的图案,因为布拉格公式一般是得不到满足的.如果入射X射线的波长是连续分布的,则对于X射线中波长为

$$\lambda = \frac{2d\sin\theta}{k},\quad k = 1,2,3,\cdots \qquad (19-11-2)$$

的波,在反射中得到加强.

X射线的衍射,已广泛地用来解决下列两个方面的重要问题.

(1)如果作为衍射光栅的晶体的结构为已知,亦即晶体的晶格常量[①]为已知时,就可用来测定X射线的波长.这一方面的工作,发展了X射线的光谱分析,对原子结构的研究极为重要.

(2)用已知波长的X射线在晶体上发生衍射,就可以测定晶体的晶格常量.

---

① 晶体中的微粒按一定的周期性方式排列着.晶体点阵的重复单元叫作晶胞,通常以沿晶胞三边的三个基矢$\boldsymbol{a}_1$,$\boldsymbol{a}_2$,$\boldsymbol{a}_3$表示.每边之长a_1,a_2,a_3称为晶格常量.立方晶胞的每边a是相等的.

这一应用发展为X射线的晶体结构分析，分子物理中很多重要结构都是以此为基础的. X射线的晶体结构分析在工程技术上也有极大的应用价值.

*§ 19—12　全息照相

早在1948年，伽伯(D. Gabor)就提出了全息照相的原理，特别是在20世纪60年代激光的出现，为它提供了辐射强度高和相干性好的光源后，才使全息照相开辟了许多有趣而新颖的用途，在许多领域中显示了其独特的优点. 它已作为一门年轻的学科迅速地发展起来.

全息照相中利用了波的干涉和衍射规律，记录下光波的频率、振幅和相位的全部信息. 和普通照相比较，全息照相的基本原理、拍摄过程和观察方法都不相同.

一、全息照片的拍摄

普通照相术是根据几何光学原理，利用透镜系统使立体景物成像于感光底片上，然后在照相纸上再现原景物的平面像. 照相底片只是对原景物平面上的各点的光强和位置做一一对应的记录，显然，它不能完整地反映立体物上各点的光强和位置.

全息照相没有利用透镜成像原理. 拍摄全息照片的基本光路如图19—12—1所示，来自同一激光光源(波长为λ)的光经分束镜分成两部分，其中一部分经过反射镜和扩束镜后均匀地照射到照相底片上，这束光称为“参考光波”，另一部分光透过分束镜射向被拍摄物体，被物体散射后再投射到照相底片上，这束光就称为“物光波”. 由于这两束光是相干的，在照相底片上相遇时，就形成了稳定而复杂的干涉条纹，并被精确而永久性地记录在照相底片上，称为“全息图”. 全息图上干涉条纹的形状和疏密反映了物光波的相位的分布情况，而条纹的最大光强与最小光强的差值反映了物光波的振幅. 可见，全息图就将物光波的全部信息记录下来. 在做这种记录时，每一物体点的散射球面波在扩散后都覆盖整个底片，因此，在全息图上的每一点都记录了整个物体的光信息. 所以当一张全息照片被撕成碎片后，其每一小片仍能再现出一幅完整的像.

全息照片的拍摄要求参考光波和物光波是彼此相干的. 实际上所用仪器设备以及被拍物体的尺寸都比较大，这就要求光源有很高的时间相干性和空间相干性. 激光作为一种相干性很好的强光源正好能满足这些要求.

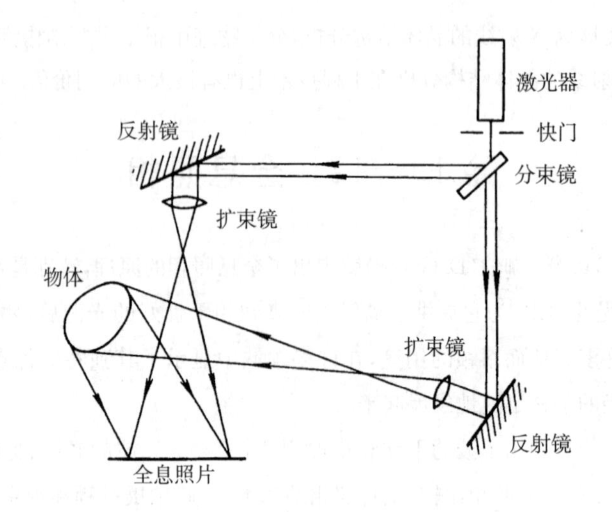

图 19-12-1　全息照相的基本光路图

二、全息照片的再现

全息照片再现的过程是用原参考光或其他单色光(称再现光)沿原参考光波的方向,照射全息照片即可.由于全息照片包含大量的、细密分布的干涉条纹,它可看作一块复杂的光栅,再现光波经全息照片衍射后,在它后面出现一系列零级、一级、二级等衍射波,如图 19-12-2 所示.零级条纹可以看成是衰减后的入射光束.两个一级衍射波构成了物体的两个再现像.其中一列衍射波与物体在原位发出的光波完全一样,构成物体的立体虚像.其突出特征是,当人眼换一个位置时,可以看到物体的侧面像,原来被挡住的部分这时也显露出来了.另外,一级衍射波将形成原物的实像.

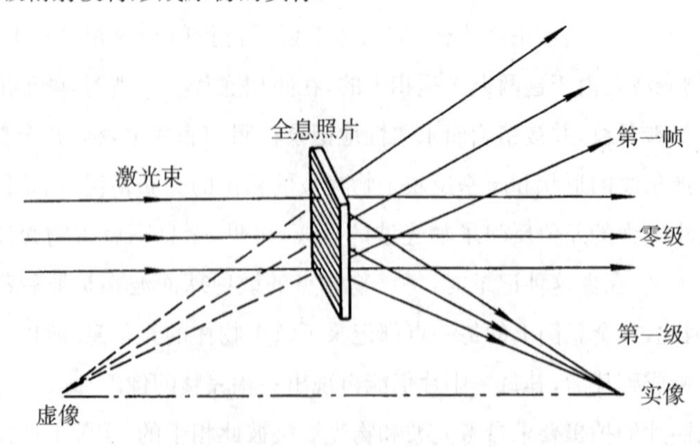

图 19-12-2　全息照片的各级衍射

当再现光采用原参考光时,再现出的物体像将同原物体完全一样.但若采用其他波长的单色光，一般也能出现物体的像，但像的颜色、亮暗、位置、大小等方面已发生了改变.

全息照相技术发展到现阶段，已得到了广泛的应用，如全息显微、全息 X 射线显微镜、全息电影、全息干涉计量、全息存储等.

除光学全息外，还发展了红外全息、微波全息、超声全息. 这些全息术在军事侦察等领域中具有重要意义. 另外，全息商标防伪在商品市场也具有重要的应用价值.

§19—13　光的偏振性 马吕斯定律

光的干涉和衍射现象说明了光的波动性，但还不能由此确定光是横波还是纵波. 本节要介绍的光的偏振现象清楚地表明了光的横波性，这一点和光的电磁理论完全一致，或者说，这也是光的电磁理论的一个有力证明.

一、自然光　偏振光

电磁理论指出，光是电磁波，它是一种横波，光的振动矢量与光的传播方向垂直. 如果**光矢量始终沿某一方向振动，这样的光称为线偏振光**. 光的振动方向和传播方向组成的平面称为振动面. 由于线偏振光的光矢量保持在固定的振动面内，所以线偏振光又称**平面偏振光**，如图19—13—1(a)和(b)所示；若某一方向的光振动比与之垂直方向的光振动占优势，这种光叫作部分偏振光，如图19—13—1(c)和(d)所示. 光的振动方向相对于传播方向不具有对称性，这叫作偏振. 显然，只有横波才有偏振现象.

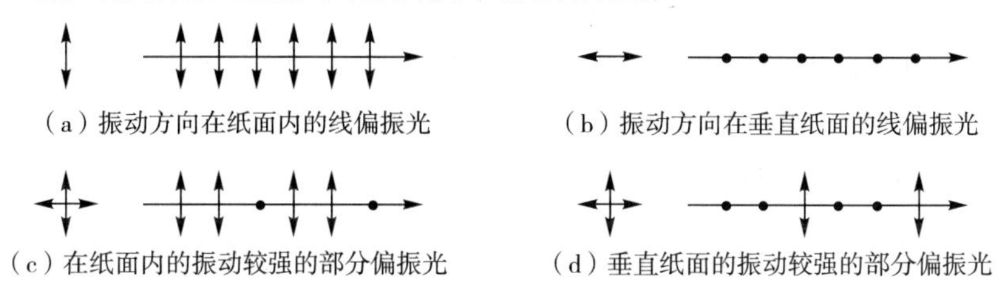

图 19—13—1　线偏振光和部分偏振光

在普通光源中，各原子或分子发出的光波不仅初相位彼此无关联，它们的振动方向也是杂乱无章的，因此从宏观看来，入射光中包含了所有方向的横振动，而平均说来，它们对于光的传播方向形成轴对称分布．具有这种特点的光叫自然光，如图 19－13－2(a)所示．在任意时刻，我们可以把各个光矢量分解成互相垂直的两个光矢量分量，而用如图19－13－2(b)所示的方法表示自然光．但应注意，由于自然光中各个光振动是相互独立的，所以合成起来的相互垂直的两个光矢量分量之间没有恒定的相位差．常用和传播方向垂直的短线表示在纸面内的光振动，而用点表示和纸面垂直的光振动．对自然光、点子和短线作等距分布，表示没有哪一个方向的光振动占优势，如图 19－13－2(c)所示．

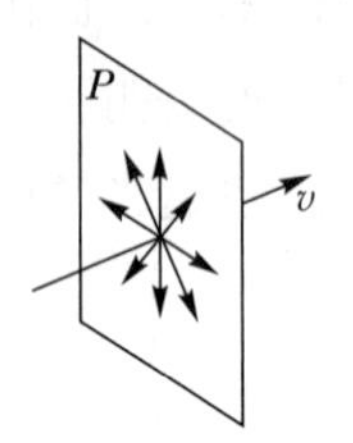

(a) 自然光中光矢量振幅在各个方向上都相等

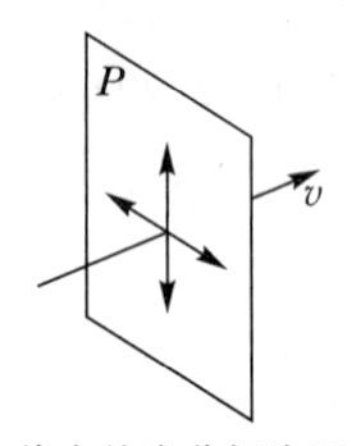

(b) 将自然光分解为两个没有恒定相位差的垂直光振动的传播

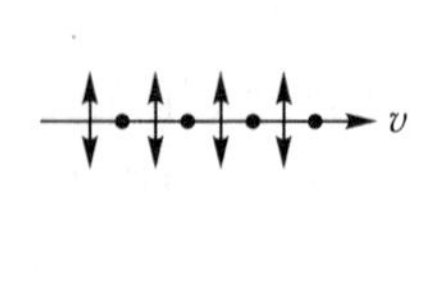

(c) 从左向右传播的自然光

图 19－13－2　自然光

二、起偏与检偏

从自然光获得偏振光的过程叫起偏，所用的元件称起偏器，偏振片是一种常用的起偏器．它能对入射自然光的光矢量在某方向有强烈的吸收，而只让与该方向垂直的光振动通过．因此，偏振片只能透过沿某个方向的光矢量或光矢量沿该方向的分量．我们把这个透光方向称作偏振片的偏振化方向或透振方向，通常用记号“↕”标示在偏振片上．当自然光垂直入射于偏振片 P，透过的光将为线偏振光，其振动方向平行于 P 的偏振化方向，强度 I 等于入射自然光强度 I_0 的$\frac{1}{2}$．如果偏振片 P 绕以光传播方向为轴旋转一周时，虽然透过 P 的偏振光的振动方向不断改变，但透过光的强度始终不变，均为入射光强度的$\frac{1}{2}$．

三、马吕斯定律

偏振片的作用除起偏外，还可以用来检验入射光是否为偏振光. 这时该偏振片的作用是检偏，称为检偏器. 如图 19—13—3 所示，设 A_1 为入射线偏振光的光矢量的振幅，其强度为 I_1，P_2 是检偏器的偏振化方向，入射线偏振光的振动方向与 P_2 方向之间夹角为 α，显然只有平行于 P_2 方向的分量 $A_1\cos\alpha$ 可以透过 P_2，所以透射光振幅 $A_2=A_1\cos\alpha$，透射光的光强 I_2 为

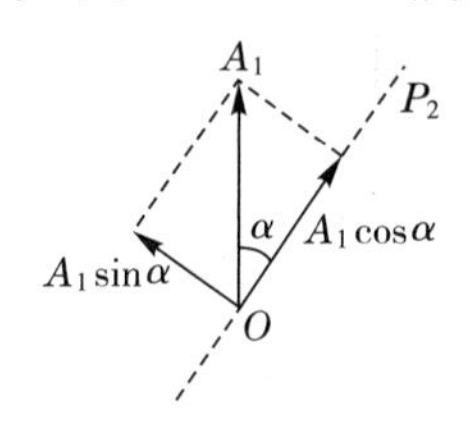

图 19—13—3　马吕斯定律用图

$$I_2 = I_1\cos^2\alpha \qquad (19-13-1)$$

上式就是**马吕斯**(E. L. Malus)**定律**.

从式(19—13—1)可知，当 $\alpha=0°$ 或 180°时，$I_2=I_1$，光强最强；当 $\alpha=90°$ 或 270°时，$I_2=0$，这时没有光从检偏器 P_2 射出. 可见线偏振光通过检偏器 P_2，并将 P_2 绕以光传播方向为轴旋转一周，透射光由亮逐渐变暗，再由暗逐渐变亮，出现两次最亮和两次最暗(称之消光).

例 19—13—1　如图 19—13—4 所示，将一偏振片沿 45°角插入一对正交偏振器之间. 自然光经过它们时，强度减为原来的百分之几?

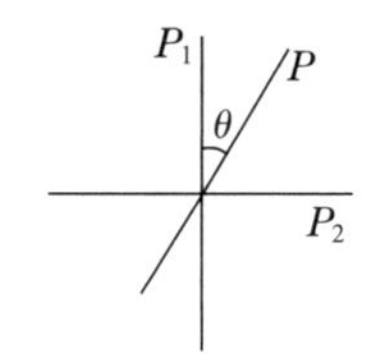

图 19—13—4　例 19—13—1 用图

解　设偏振片 P_1，P_2 正交，则最终通过 P_2 的光强为

$$I_2 = 0 \quad (\text{消光})$$

若在 P_1，P_2 之间插入另一块偏振片 P，与 P_1 夹角为 θ，如图 19—13—4 所示，则最终通过 P_2 的光强为

$$I_2' = I\sin^2\theta = I_1\cos^2\theta\sin^2\theta = \frac{1}{8}I_0(\sin 2\theta)^2$$

式中，I_0 为入射光强，I_1，I 分别为通过 P_1，P 后的光强. 当 $\theta=45°$ 时，比值

$$\frac{I_2'}{I_0} = \frac{1}{8} = 12.5\%$$

例 19－13－2 用两偏振片平行放置作为起偏器和检偏器，在它们的偏振化方向成30°角时，观测一光源，又在成60°角时，观测同一位置处的另一光源，两次所得的强度相等，求两光源照到起偏器上的光强之比.

解 令 I_{10} 和 I_{20} 分别为两光源照到起偏器上的光强，透过起偏器后，光的强度分别 $\frac{1}{2}I_{10}$ 和 $\frac{1}{2}I_{20}$，透过检偏器的光的强度分别 I'_1 和 I'_2，则

$$I'_1=\frac{1}{2}I_{10}\cos^2 30°$$

$$I'_2=\frac{1}{2}I_{20}\cos^2 60°$$

根据题意，可知

$$I'_1=I'_2$$

即

$$I_{10}\cos^2 30°=I_{20}\cos^2 60°$$

所以

$$\frac{I_{10}}{I_{20}}=\frac{\frac{1}{4}}{\frac{3}{4}}=\frac{1}{3}$$

§ 19－14　布儒斯特定律

实验表明，自然光以任意入射角 i 入射时，反射光和折射光不再是自然光. 在反射光中垂直入射面的振动多于平行入射面的振动，反射光和折射光都是部分偏振光，如图 19－14－1(a)所示.

改变入射角 i 时，反射光的偏振程度也随之改变. 布儒斯特(D. Brewster)总结出如下规律：

(1)当 i 等于某一特定角度时，在反射光中只有垂直于入射面的振动，而平行于入射面的振动变为零，这时的反射光为线偏振光(完全偏振光)，这个特定的入射角叫作起偏振角，也称布儒斯特角，用 i_B 表示.

(2)当入射角为起偏振角时,反射光与折射光互相垂直,即

$$i_B + r_0 = \frac{\pi}{2}$$

由于

$$n_1 \sin i_B = n_2 \sin r_0 = n_2 \cos i_B$$

$$\tan i_B = \frac{n_2}{n_1} \qquad (19-14-1)$$

上式称为布儒斯特定律.

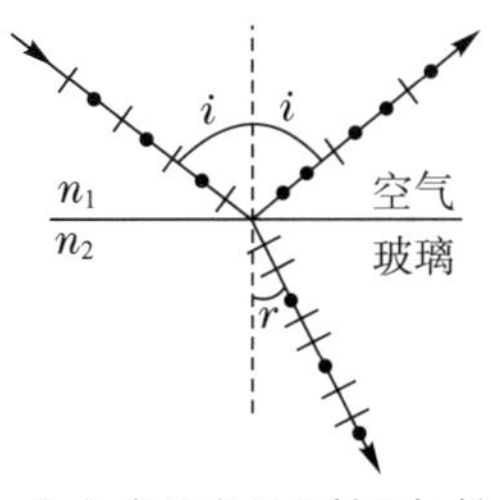

(a)自然光经反射和折射后产生部分偏振光

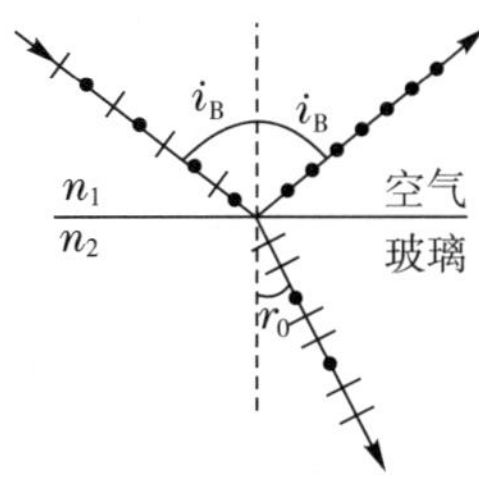

(b)入射角为布儒斯特角时,反射光为线偏振光

图 19—14—1　反射和折射时光的偏振

对于一般的光学玻璃,反射光的强度约占入射光强度的 7.5%,大部分光能透过玻璃. 为了增强反射光的光强和折射光的偏振化程度;常把若干玻璃片叠成一起做成玻璃片堆. 当自然光以起偏角i_B入射玻璃片堆时,如图 19—14—2 所示,由于光线逐次被玻璃片反射和折射,使得反射光的光强加强,同时折射光中的垂直入射面的振动因多次反射而减小. 当玻璃片足够多时,透射光近似为线偏振光.

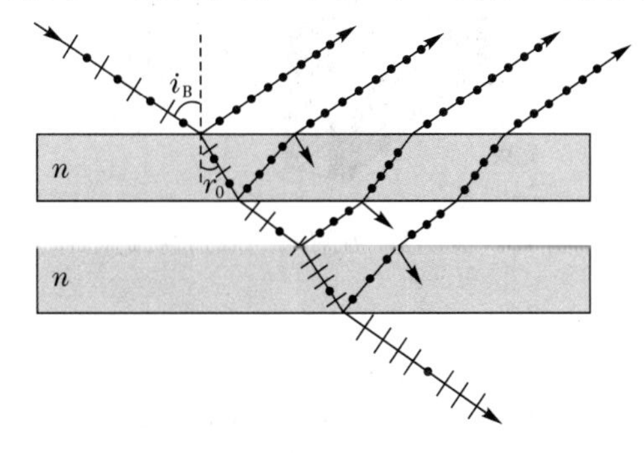

图 19—14—2　光通过玻璃片堆,折射光近似为线偏振光

(这里只画出两片玻璃,且分开一定距离)

例 19—14—1 水的折射率为 1.33，玻璃的折射率为 1.50. 当光由水中射向玻璃而反射时，起偏角为多少？当光由玻璃射向水面而反射时，起偏角又为多少？

解 由布儒斯特定律

$$\tan i_B = \frac{n_2}{n_1}$$

当光从水中射向玻璃时

$$i_{B1} = \arctan\frac{n_2}{n_1} = 48°26'$$

当光从玻璃射向水中时

$$i_{B2} = \arctan\frac{n_1}{n_2} = 41°34'$$

*§ 19—15 光的双折射现象

光波在光学各向同性介质(如空气、水、玻璃)中传播时，光速与光的传播方向及偏振状态无关，但在光学各向异性介质(如方解石、石英等透明晶体)中传播时，光速与光的传播方向及偏振状态有关. 一束自然光入射到各向异性介质时，在晶体内部的折射光常分为传播方向不同的两束折射光线，如图 19—15—1 所示，这种现象称为晶体的双折射现象.

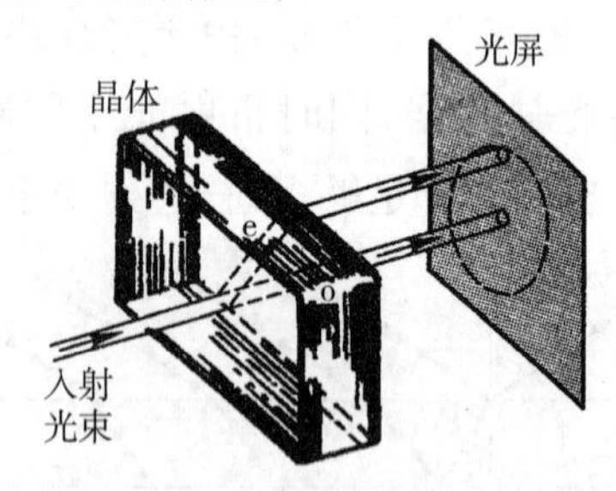

图 19—15—1 方解石的双折射现象

一、寻常光和非常光

实验证明，晶体内的这两束折射光线中一束遵守折射定律，称为寻常光，通常用 o 表示(称为 o 光)；另一束光不遵守折射定律，称为非常光，用 e 表示(称为 e 光). o 光和 e 光是光矢量振动方向不同的线偏振光，如图 19—15—2(a)所示. 在入射角 $i=0$ 时，o 光沿原方向传播($\gamma_o=0$)，而 e 光一般不沿原方向传播($\gamma_e\neq$

0)，如图 19—15—2(b)所示. 此时，当以入射光为轴转动晶体时，o 光不动，而 e 光绕轴旋转.

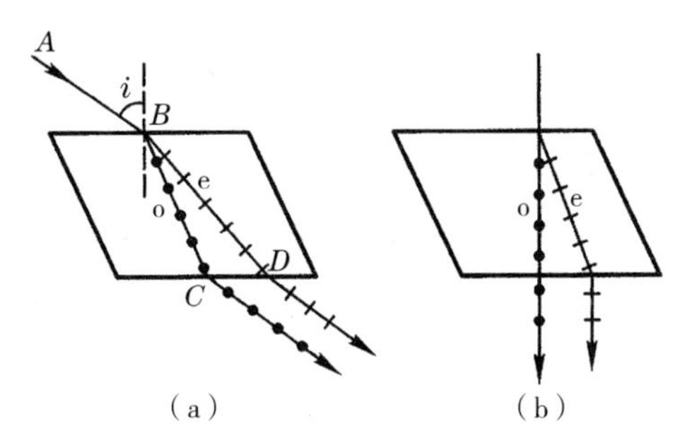

图 19—15—2　寻常光和非常光

二、光轴

当改变光的入射方向时，可以发现在晶体内部有一个特殊的方向，当光沿着这个方向传播时将不发生双折射现象，这个特殊的方向称为光轴. 必须着重指出，光轴并不是在晶体内的某一个轴，而是一个方向，晶体内所有平行于此方向的直线都是光轴. 在光轴方向上 o 光和 e 光的折射率相等，传播速度也相同. 某些晶体(如方解石、石英等)内只有一个这样的方向，这些晶体称为单轴晶体；而某些晶体(如云母、硫黄等)内有两个这样的方向，称为双轴晶体. 以下我们仅讨论单轴晶体情况.

三、主截面

一般情形下，e 光与 o 光不在一个平面内. 但是，实验和理论都指出，若光线在光轴和晶体表面法线组成的平面内入射，则 o 光和 e 光都在这个平面内. 这个由光轴和晶体表面法线组成的面称为晶体的主截面. 在实用上，都有意选择入射面与主截面重合，以使研究的双折射大为简化.

如果用检偏器来检验 o 光与 e 光的偏振态，就会发现 o 光和 e 光都是线偏振光，o 光的光振动与主截面垂直，因而总是与光轴垂直的；e 光的光振动在主截面内与光轴共面.

我们也可这样理解，晶体的作用好像一个同时具有两个相互垂直的偏振化方向的偏振器. 其中的一个偏振化方向就是光轴方向，透过该方向的光称为 e 光，e 光的光振动显然与光轴共面，所以光轴也称 e 轴；另一个偏振化方向就是与光轴方向垂直的方向，透过这个方向的光称为 o 光，其振动方向与光轴垂直.

四、子波波阵面

光在晶体中传播时出现的双折射现象,来源于晶体结构上的各向异性.也就是由于电容率 ε 与方向有关,因而导致了在晶体中沿各不同方向传播的光速不同,即光在晶体内传播速度的大小与光矢量和光轴间的相对取向密切相关.如图 19—15—3 所示,寻常光在晶体中传播时其光矢量始终与光轴垂直,因此其速率在各个方向相同,在晶体中任意一个子波源所发出的子波波阵面是球面.非常光在晶体中传播时,其光矢量方向与光轴间夹角随传播方向而异,因此其速率在各个方向上是不同的,在晶体中任一子波源发出的子波波阵面可以证明是个旋转椭球面.两束光只有在沿光轴方向传播时,它们的速率才相等,因此上述两子波波阵面在光轴上相切.在垂直于光轴方向,两束光的速率相差最大.显然,由折射率的定义可知,o 光折射率不随方向而变化,e 光折射率随方向不同而数值不同.

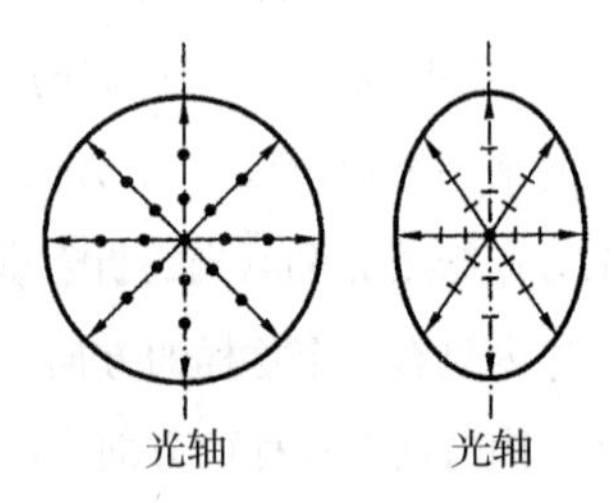

图 19—15—3　子波波阵面

五、$\frac{1}{4}$波片和半波片

当按一定方式切割方解石晶体,使光轴与晶体表面平行,并以平行光垂直入射于晶体表面时,晶体内的 o 光和 e 光仍沿原入射方向,如图 19—15—4 所示,但这并不表明此时不存在双折射现象.在这种情况下,振动方向相互垂直的 o 光和 e 光在晶体内的传播速度并不一致,两者的波阵面不重合.由于经过一定厚度的晶体后,同时出射的这两束线偏振光之间存在一定的相位差(或光程差),因此可利用这一现象制成能使 o 光和 e 光产生各种相位差的晶体薄片(简称晶片).

设晶片厚度为 d,则由于 o 光和 e 光在晶片内的传播速度不同,即折射率不同,因此从晶体出射的两束光之间存在着一定的光程差 $\delta=(n_o-n_e)d$,相应的相位差为

$$\Delta\varphi=\frac{2\pi}{\lambda}\delta=\frac{2\pi}{\lambda}(n_o-n_e)d$$

当晶片的厚度 d 使两束出射光之间的相位差 $\Delta\varphi=\frac{\pi}{2}$ 时，晶片厚度满足

$$d=\frac{\lambda}{4(n_o-n_e)}$$

上述厚度的晶片，称为 $\frac{1}{4}$ 波片.

当晶片的厚度满足

$$d=\frac{\lambda}{2(n_o-n_e)}$$

即两束出射光之间的相位差 $\Delta\varphi=\pi$ 时，称为半波片或 $\frac{1}{2}$ 波片.

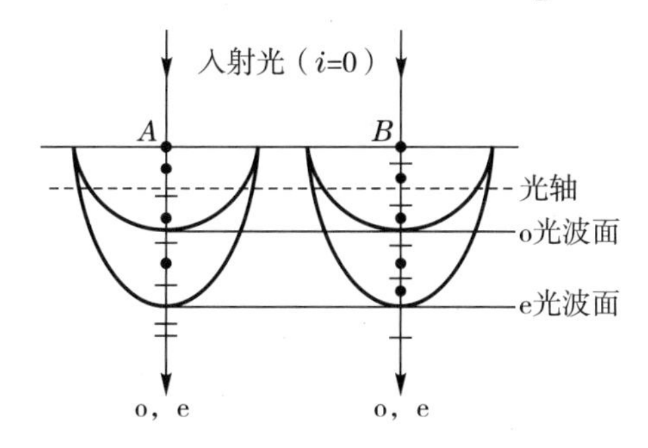

图 19—15—4 光轴平行晶体表面

*§ 19—16 偏振光的干涉

如图 19—16—1 所示，从起偏振器 P_1 得到的线偏振光，经过晶片 C 后，成为两束相互之间有相位差而振动方向相互垂直的偏振光（在相位差不等于 π 的整数倍时，它们构成椭圆偏振光）. 这两束光再经检偏振器后，两者在检偏振器的偏振化方向上的分振动是相干的.

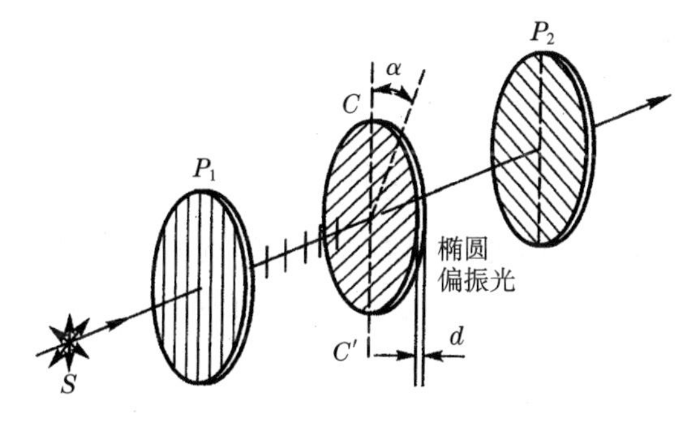

图 19—16—1 偏振光的干涉

以图 19－16－2 为例进行讨论. 图 19－6－2 中 P_1 和 P_2 表示偏振化方向正交的偏振器，CC' 表示晶片 C 的光轴(e 轴)方向. 线偏振光经过晶片后，相应于 o 光和 e 光的振幅矢量分别为 $\boldsymbol{A}_o$ 和 $\boldsymbol{A}_e$，相位差为 δ. 这两束折射光线再经过检偏振器 P_2 后，它们在 P_2 偏振化方向上的分振动是相干的，在 P_2P_2' 方向上的分量分别为

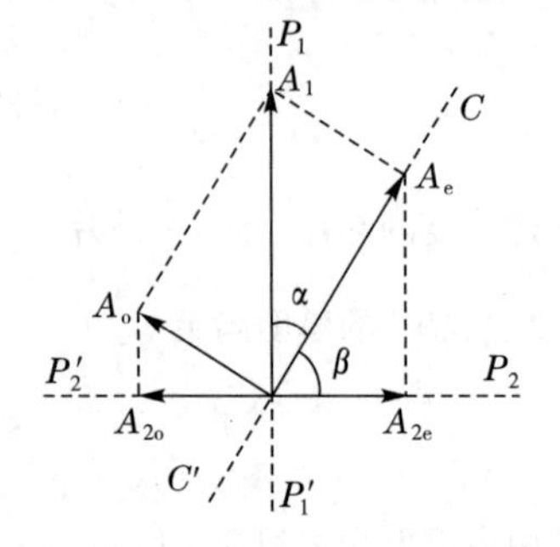

图 19－16－2　两束相干偏振光的振幅的确定

$$A_e = A_1\cos\alpha,\quad A_o = A_1\sin\alpha$$

$$A_{2e} = A_1\cos\alpha\cos\beta = A_1\sin\alpha\cos\alpha$$

$$A_{2o} = A_1\sin\alpha\sin\beta = A_1\sin\alpha\cos\alpha$$

式中，α 角是线偏振光的振动方向与晶片光轴的夹角，β 角是偏振片 P_2 的偏振化方向和晶片的光轴之间的夹角.

因为

$$P_1 \perp P_2$$

$$\cos\beta = \sin\alpha,\quad \sin\beta = \cos\alpha,\quad \delta = \frac{2\pi}{\lambda}(n_o - n_e)d$$

其中，n_o 是 o 光的折射率，n_e 是 e 光沿垂直于光轴传播时，这个方向的折射率，d 为晶片厚度. 从 P_2 透过的光的强度为

$$I_2 = A_{2e}^2 + A_{2o}^2 + 2A_{2e}A_{2o}\cos\delta_{出} = 2A_1^2\sin^2\alpha\cos^2\alpha(1+\cos\delta_{出})$$

式中，$\delta_{出}=\delta+\pi$(在 P_2 上的投影分量 A_{2e} 与 A_{2o} 方向相反为 π，方向相同为 0).

$$\begin{aligned} I_2 &= 2I_1\sin^2\alpha\cos^2\alpha[1+\cos(\delta+\pi)] \\ &= 2I_1\sin^2\alpha\cos^2\alpha(1-\cos\delta) \end{aligned} \tag{19－16－1}$$

当 $\alpha=45°$时

$$I_2 = \frac{I_1}{2}(1-\cos\delta) \tag{19－16－2}$$

如果 $P_1 /\!/ P_2$，且 $\alpha=45°$，则

$$I_2 = \frac{I_1}{2}(1+\cos\delta) \tag{19－16－3}$$

式中，I_1 是入射到晶片上的线偏振光的强度. 偏振光的干涉现象可分为两类：平行偏振光的干涉和会聚偏振光的干涉. 这里讨论的只是平行偏振光的干涉.

*§ 19—17　旋光现象 人为双折射现象

一、旋光现象

当线偏振光通过某些透明物质后，其振动面会以光的传播方向为轴线旋转一定的角度，这种现象称为旋光现象. 能使振动面旋转的物质称为旋光物质. 如石英晶体、含糖溶液和酒石酸溶液等都是旋光性较强的物质.

如图 19—17—1 所示的装置可对旋光现象进行观察. 图中 P_1 和 P_2 是两个偏振化正交的偏振片，C 是旋光物质. 未插入旋光物质 C 时，自然光通过 P_1 和 P_2 后，消光视场是暗的；而插入 C 后，视场由原来的黑暗变为明亮. 若偏振片 P_2 以光的传播方向为轴旋转某一角度 θ，视场又重新变暗. 这说明线偏振光透过旋光物质 C 后仍为线偏振光，只是振动面旋转 θ 角.

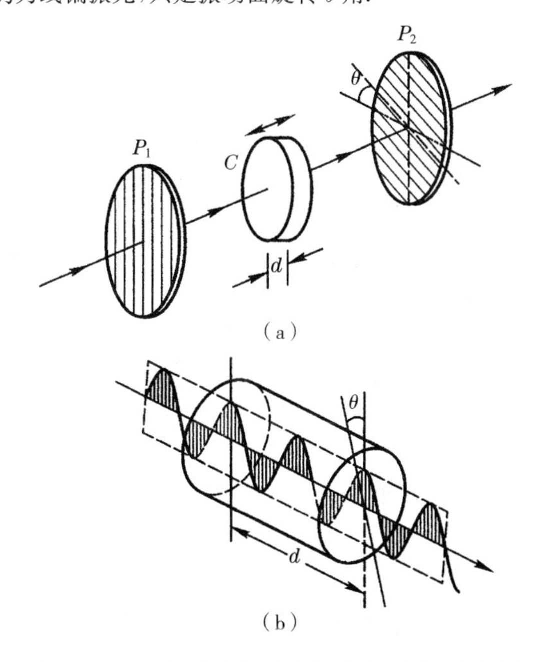

图 19—17—1　观察偏振光振动面旋转的实验图

实验表明，对于固体旋光物质，振动面的放置角 θ 与旋光物质的厚度 d 有关.

$$\theta = \alpha d \tag{19—17—1}$$

式中，α 称为旋光率，与物质的性质、入射光的波长等有关.

对于液体旋光物质，θ 与光在液体中通过的距离 d 有关，与液体溶液的浓度 c 成正比.

$$\theta = \alpha c d \tag{19-17-2}$$

实验表明，不同的旋光物质可以使线偏振光的振动面向不同方向旋转. 迎着光的传播方向看去，若使振动面沿顺时针方向旋转，称为右旋，而使振动面沿逆时针方向旋转，称为左旋. 天然石英晶体有的右旋，也有的左旋，糖也有右旋和左旋之分，人体需要右旋糖，而左旋糖对人体是无用的.

用人工方法也可以产生旋光现象. 例如，外加一定程度的磁场，可以使某些不具有自然旋光性的物质产生旋光现象. 这种旋光现象称为磁致旋光效应，亦叫法拉第旋转效应. 实验表明，对于给定的磁性介质，光的振动面的转角 θ 与外加磁场的磁感应强度 B 和介质的透光长度 l 成正比，即

$$\theta = VlB \tag{19-17-3}$$

式中，V 叫作韦尔代(Verdet)常量.

二、人为双折射现象

某些各向同性的非晶体材料或液体，本来是不具备双折射性质的，但在人为条件下，可以显示出各向异性而产生双折射现象. 下面简单介绍两种人为双折射现象.

1. 光弹效应

塑料、玻璃、环氧树脂等非晶体物质，当它们受到机械应力作用时，会变成光学上的各向异性而表现出双折射性质. 这种现象称为光弹效应.

应用光弹效应研究物体内部应力分布是一种极好的实验方法. 可以将待分析的机械零部件用透明材料制成一定比例的模型，并按实际受力情况用相似理论对模型施加外力，在各受力部分会产生相应的双折射. 设 n_o 和 n_e 分别为材料对 o 光的折射率和对 e 光的主折射率，实验表明，在一定范围内，$n_e - n_o$ 与应力 p 成正比，即

$$n_e - n_o = kp$$

式中，k 为应力光学系数，由材料的性质而定. 将受力模型放在正交的偏振片之间，便可看到干涉条纹，观察和分析条纹的形状和分布便可以了解物体内部的应力情况. 图 19-17-2 表示一个用有机玻璃制成的横梁模型，在中央受压后所产生的干涉条纹分布情况，条纹的疏密反映出应力的分布情况，条纹越密的地方表示应力越集中. 许多物体的复杂应力分布，实际上是不可能用数学方法分析的，但用这种偏振光干涉的方法却可以直观地表现出来. 正是因为光弹性方法在工程技术上有着广泛的应用，所以才使之发展成为一个专门的应用学

科——光测弹性学.

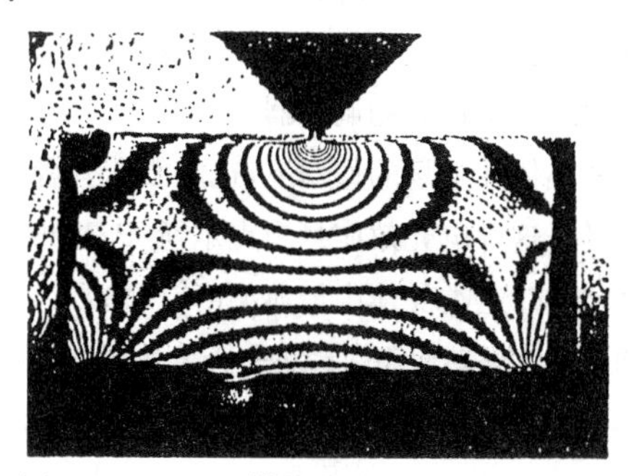

图 19—17—2　横梁的光测弹性干涉图样

2. 电光效应

物体在电场的影响下所产生的各向异性性质，是人为双折射的另一个例子.

在电场作用下，某些透明非晶体或液体的分子将做定向排列，因而获得类似于晶体的各向异性的特性. 这种现象称为电光效应，它是由克尔(Kerr)在1875 年首次发现的，所以也称为克尔效应.

如图 19—17—3 所示为克尔效应的实验装置. P_1 和 P_2 为两个偏振化方向正交的偏振片. M 为盛有液体的容器，称为克尔盒，盒内装有长为 l、极间距离为 d 的平行板电极，在不加电场时，没有光通过 P_1；加上电压后，两极板间的液体将产生双折射. 实验表明，折射率差正比于电场强度 E 的平方，即

$$n_o - n_e = kE^2$$

式中，k 为克尔常数，它只与液体的种类有关. 在通过长为 l 的液体后，o 光和 e 光之间所产生的相位差为

$$\Delta\varphi = \frac{2\pi l}{\lambda} n_o - n_e = \frac{2\pi}{\lambda} klE^2$$

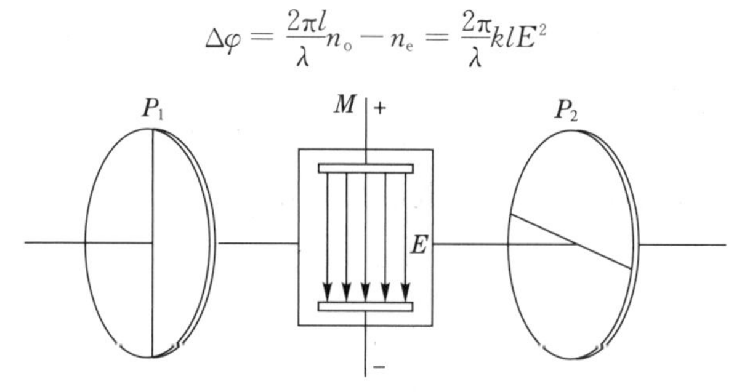

图 19—17—3　克尔电光效应实验装置图

若两极板间电势差为 U，有 $E = \dfrac{U}{d}$，则相位差与电势差的关系为

$$\Delta\varphi = \frac{2\pi}{\lambda} kl \frac{U^2}{d^2} \qquad (19-17-4)$$

上式表示，当电势差变化时，相位差随之变化，因而通过 P_2 的光强也随之变化.

克尔效应最重要的特点是产生和消失的时间极短,约为 10^{-9} s,因而克尔效应可用做没有惯性的电光开关,比机械开关有很大的优点. 若在两极板间加上调制信号电压,则克尔盒又可作为光调制器.

此外,又发现有些晶体在电场的作用下,也能改变其各向异性的性质,并由单轴晶体变成双轴晶体. 这种电光效应是泡克尔斯(Pockels)在1893年发现的,所以称之为泡克尔斯效应. 这类晶体中最典型的有磷酸二氢钾(简称KDP)和磷酸二氢铵(简称ADP). 与克尔效应的差别在于泡克尔斯效应中晶体的折射率差(n_e-n_o)与所加电场的强度呈线性关系,所以泡克尔斯效应又称为线性电光效应.

近年来,随着激光技术的发展,利用电光效应制成的电光开关、电光调制器在高速摄影和激光通讯等方面有着越来越广泛的应用.

*§19—18 光与物质的相互作用

光的吸收、色散和散射是光波在物质中传播时所发生的普遍现象,是光与物质相互作用的表现.

一、光的吸收

光波在物质中传播时,光的强度随穿进媒质的深度而减小,其中一部分光能被媒质吸收后转化为热能. 这种现象称为物质对光的吸收.

1. 吸收的线性规律

令单色平行光束沿 x 方向通过均匀媒质,设光的强度在经过厚度为 dx 的一层媒质时,强度由 I 减为 $I-dI$. 实验表明,$-dI$ 正比于 I 和 dx,有

$$-dI=\alpha I dx$$

式中,α 是比例系数,称该物质的吸收系数.

$$\int_{I_0}^{I}\frac{dI}{I}=-\int_0^x dx$$

$$I=I_0 e^{-\alpha x} \qquad (19-18-1)$$

式中,I_0 和 I 分别是 $x=0$ 和 x 处的光强. 式(19—18—1)称布格尔(P. Bouguer)定律或朗伯(J. H. Lambert)定律,因 α 与 I 无关,该式是光强 I 的线性方程,故布格尔定律是光吸收的线性规律.

溶液对光的吸收,与溶液的浓度 c 有关. 实验证明,吸收系数 α 与浓度 c 成正比,即

$$\alpha=Ac$$

式中，A 是一个与浓度 c 无关的常数，这样式(19－18－1)可改写成

$$I = I_0 e^{-Acx} \tag{19－18－2}$$

这个规律称比尔(A. Beer)定律. 该定律只有每个分子的吸收本领不受周围分子影响时才成立.

2. 选择吸收和吸收光谱

物质对各种波长 λ 的光的吸收程度几乎相等，即吸收系数与 λ 无关，称之普遍吸收. 在可见光范围内的普遍吸收意味着光束通过媒质后只改变强度，不改变颜色. 若物质对某些波长或某些波段的波长的吸收特别强烈，则称为选择吸收.

任何一种物质都不会在整个电磁波波段只表现为普遍吸收. 如果某物质在可见光范围内表现为普遍吸收，那么它往往在红外波段或紫外波段表现为选择吸收. 地球大气层对可见光和波长在 300 nm 以上的紫外光表现为普遍吸收，波长小于 300 nm 的紫外光被空气中的臭氧强烈吸收，对于红外波段被水蒸气吸收.

物质的发射光谱有线光谱、带光谱、连续光谱等. 值得注意的是，某种物质自身发射哪些波长的光，它就强烈地吸收那些波长的光. 当具有连续谱的光通过有选择吸收物质后，再经光谱仪分析，就可以显示出某些波段的光或某些波长的光被吸收，这就是吸收光谱. 太阳光谱是典型的暗线吸收光谱，在其连续光谱的背景上呈现一条条的暗线. 将这些吸收谱线的波长与地球上已知物质发射的原子光谱对比一下，就可知道太阳表层中包含哪些元素.

由于原子吸收光谱的灵敏度高，混合物或化合物中原子含量的极小变化，都会在吸收光谱中反映出吸收系数的很大变化. 不少新元素都是用这种方法发现的.

二、光的色散

光在媒质中的传播速度 v(或者说折射率 $n=\frac{c}{v}$)随波长 λ 而改变的现象，称为色散. 即可以表示为下面的函数形式

$$n = f(\lambda) \tag{19－18－3}$$

上式所表示的关系曲线，即折射率随波长的变化曲线，称作色散曲线. 曲线的梯度 $\frac{dn}{d\lambda}$ 称为 λ 处的色散率.

1. 正常色散

如果 n 和 $\left|\frac{dn}{d\lambda}\right|$ 都随波长 λ 的增加而单调下降，即媒质对短波有更大的折

射率,并且在短波端的折射率变化要大得多,称正常色散. 如图 19—18—1 所示,所有无色透明的物质,在可见光范围内都表现出正常色散. 它们的色散曲线在形式上都相似. 正常色散的规律可用科希(A. L. Cauchy)公式来描述

$$n = A + \frac{B}{\lambda^2} + \frac{C}{\lambda^4} \tag{19—18—4}$$

这是经验公式,其中 A,B,C 是与物质有关的常数. 当 λ 变化范围不大时,有

$$n = A + \frac{B}{\lambda^2} \tag{19—18—5}$$

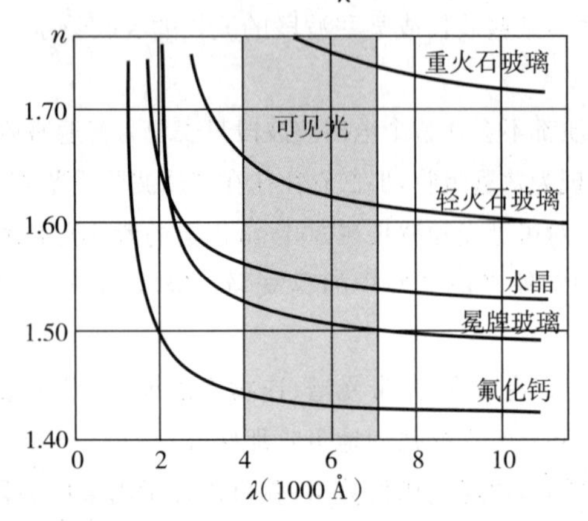

图 19—18—1　几种光学材料的色散曲线

2. 反常色散

在选择吸收波段附近和选择吸收波段内物质出现的色散,称为反常色散.

如图 19—18—2 所示的是石英在红外区域中的反常色散. 现靠近吸收带,折射率变化很快. 先靠近吸收带短波一侧,n 随波长 λ 增加而迅速减小,但不符合科希公式. 靠近吸收带长波一侧,折射率比短波一侧大得多,并随波长 λ 增加而迅速减小,只有在远离吸收带的波长范围内才是正常色散.

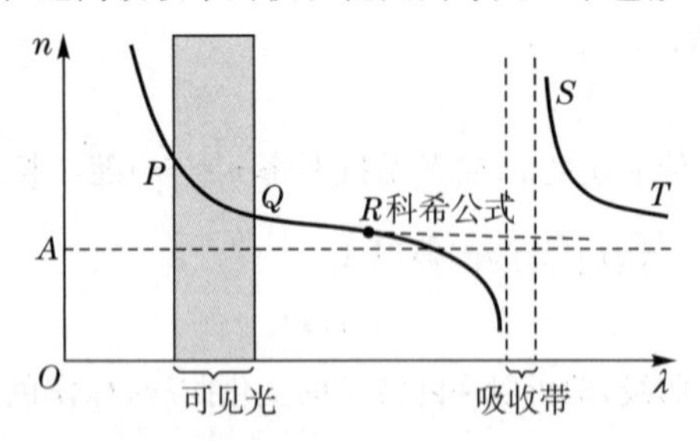

图 19—18—2　一种透明物质(如石英)在红外区域中的反常色散

3. 光的散射

光在均匀媒质中或两种折射率不同的均匀媒质的界面上,无论光的直射、反射或折射,都仅限于在给定方向上,其他方向上不可能观察到光束. 当光通过

非均匀物质时，如阳光穿过烟雾弥漫的房间或细光束穿过浑浊的液体，可以在偏离原来传播方向上看到光，这种现象叫光的散射，均匀还是不均匀是以入射光波波长（10^{-5} cm）的尺度来衡量. 散射物质的特征是这些散射微粒的线度一般说来比光的波长小，它们相互之间的距离比波长大，而且排列毫无规则. 这样在 10^{-5} cm 范围内是不均匀的，还有，在该尺度内由于密度 ρ 不均匀，使得折射率 n 不均匀，也出现散射. 这种线度小于光的波长的微粒对入射光的散射现象称瑞利散射，其散射光强度与波长的四次方成反比，这种关系称为瑞利散射定律. 即

$$I \propto \frac{1}{\lambda^4} \qquad (19-18-6)$$

太阳光中的短波成分比长波成分更多地被大气散射，所以当我们仰望晴空时，看到的散射光呈蔚蓝色. 清晨和黄昏射向我们的阳光所穿越大气层的厚度比中午时大得多，更多的短波成分被散射掉了，所以看到的旭日和夕阳是红色的. 大气的散射小部分来自悬浮的尘埃，大部分是密度涨落引起的分子散射，后者的尺度往往比前者小得多，瑞利 λ^4 反比律的作用更加明显. 每当大雨初晴，天空显得更蓝，就是这个道理.

实验发现，在自然光被散射的情况下，在垂直于入射方向上，散射光是线偏振光，在原入射方向及其逆方向上，散射光仍是自然光，在其他方向上，散射光是部分偏振光.

*§ 19—19　激　光

激光是基于受激发射放大原理而产生的一种相干光辐射. 激光的英文名“laser”就是“light amplification by stimulated emission of radiation”首字母缩写而成的. 因此，要想了解激光原理，必须理解受激发射（或称受激辐射）和光放大的概念.

一、受激吸收、自发辐射和受激辐射

按照原子的量子理论，光和原子的相互作用过程中可能发生受激吸收、自发辐射和受激辐射三种跃迁过程.

原来处于低能态 E_1 的原子受到频率为 ν 的光照射时，若满足 $h\nu = E_2 - E_1$，原子就有可能吸收光子向高能态 E_2 跃迁，这种过程称为受激吸收，或称为原子的光激发，其示意图如图 19—19—1(a)所示. 自从激光出现后，实验上还发现了多光子吸收过程，就是在强激光作用下，一个原子在满足一定条件时能接连吸

收多个光子，从低能态跃迁到高能态.

处于高能态的原子是不稳定的. 在没有外界的作用下，激发态原子会自发地向低能态跃迁，并发射出一个光子，光子的能量为 $h\nu=E_2-E_1$，这称为自发辐射，如图 19－19－1(b)所示. 普通光源的发光就属于自发辐射. 由于发光物质中各个原子自发地、独立地进行辐射，因而各个光子的相位、偏振态和传播方向之间没有确定的关系. 对于大量发光原子来说，即使在同样的两能级 E_1，E_2 之间跃迁，所发出的同频率的光，也是不相干的.

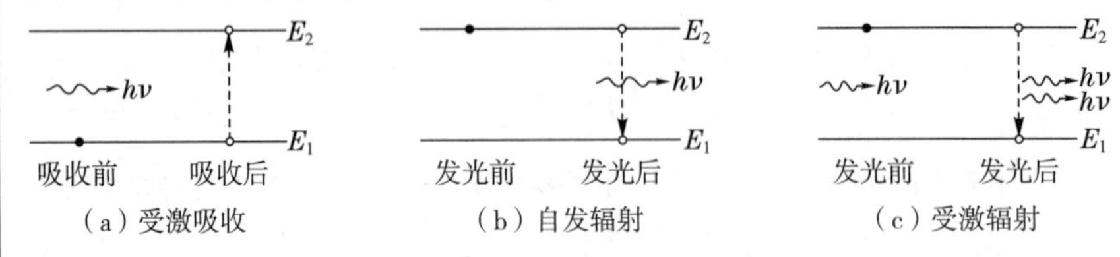

图 19－19－1　光的辐射和吸收

处于高能态的原子，如果在自发辐射以前，受到能量为 $h\nu=E_2-E_1$ 的外来光子的诱发作用，就有可能从高能态 E_2 跃迁到 E_1，同时发射一个与外来光子频率、相位、偏振态和传播方向都相同的光子，这一过程称为受激辐射. 如图 19－19－1(c)所示是受激辐射的示意图. 在受激辐射中，一个入射光子作用的结果会得到两个状态完全相同的光子，如果这两个光子再引起其他原子产生受激辐射，这样下去，就能得到大量的特征相同的光子，这就实现了光放大. 可见，在连续诱发的受激辐射中，各原子发出的光是互相有联系的，它们的频率、相位、偏振态和传播方向都相同，因此这样的受激辐射光是相干光.

二、产生激光的基本条件

1. 粒子数反转.

激光是通过受激辐射来实现光放大的. 在光和原子系统相互作用时，总是同时存在着受激吸收、自发辐射和受激辐射三种跃迁过程. 从光的放大作用来说，受激吸收和受激辐射是互相矛盾的. 吸收过程使光子数减少，而辐射过程则使光子数增加. 因此，光通过物质时光子数是增加还是减少，取决于哪个过程占优势，这又决定于处于高、低能态的原子数. 统计物理理论指出，在通常的热平衡状态下，工作物质中的原子在各能级上的分布服从玻尔兹曼分布定律，即在温度为 T 时，原子处于能级 E_i 的数目 N_i 为

$$N_i = Ae^{-E_i/kT}$$

式中，k 为玻尔兹曼常量. 因此处于 E_1 和 E_2 的原子数 N_1 和 N_2 之比为

$$\frac{N_2}{N_1} = e^{-(E_2-E_1)/kT}$$

室温下，$T=300\ \mathrm{K}$，设 $E_2-E_1=1\ \mathrm{eV}$，得$\frac{N_2}{N_1}\approx10^{-40}$. 这说明在正常状态下，处于高能态的原子数远远小于处于低能态的原子数，这种分布称为正常分布. 在正常分布下，当光通过物质时，受激吸收过程较之受激辐射过程占优势，不可能实现光放大. 要使受激辐射过程胜过受激吸收过程，必须使处在高能态的原子数大于低能态的原子数，这种分布与正常分布相反，称为粒子数布居反转分布，简称粒子数反转. 实现粒子数布居反转是产生激光的必要条件.

要实现粒子数布居反转，首先要有能实现粒子数布居反转分布的物质，称为激活介质(或称工作介质)，这种物质必须具有适当的能级结构. 其次必须从外界输入能量，使激活介质有尽可能多的原子吸收能量后跃迁到高能态. 这一能量供应过程称为“激励”，又称“抽运”或“光泵”. 激励的方法一般有光激励、气体放电激励、化学激励、核能激励等.

我们知道，处于激发态的原子是不稳定的，平均寿命约为 10^{-8} s. 有些物质存在着比一般激发态稳定得多的能级，其平均寿命可达到 $10^{-3}\sim1$ s 的数量级. 这种受激态常称为亚稳态. 具有亚稳态的物质就有可能实现粒子数反转，从而实现光放大. 一般说来，产生激光的工作物质有三能级系统和四能级系统等. 现以三能级系统为例来说明实现光放大的原理. 如图 19－19－2 所示，E_1 为基态能级，E_3 为激发态能级，E_2 为亚稳态能级. 激励能源将 E_1 上的原子抽运到 E_3 上去，这些原子通过碰撞将能量转移给晶格而无辐射地跃迁到 E_2 上. 由于在 E_2 态的原子寿命较长，这样可以使得 E_2 态的原子数不断增加，而且 E_1 上不断减少，于是在 E_2 和 E_1 两能级之间实现了原子数反转. 如果这时有一频率满足$(E_2-E_1)/h$ 的外来光子射入，就会使受激辐射占据优势而产生光放大. 不同工作物质的能级结构不同，但它们形成光放大的基本原理是相同的.

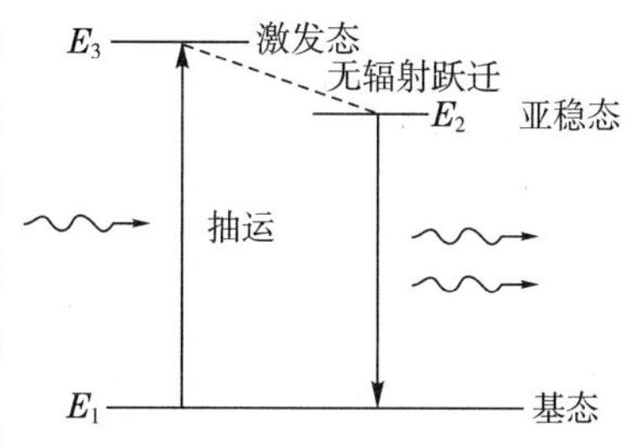

图 19－19－2　三能级系统

2. 光学谐振腔

工作物质激活后能产生光放大，为得到激光提供了必要条件，但是还不能得到方向性和单色性很好的激光. 这是因为处于激发态的原子，可以通过自发辐射和受激辐射两种过程回到基态. 在实现了粒子数反转分布的工作物质内，初始诱发工作物质原子发生受激辐射的光子来源于自发辐射，而原子的自发辐射是随机的，因而在这样的光子激励下发生的受激辐射也是随机的，所辐射的光的相位、偏振态、频率和传播方向都是互不相关的,也是随机的,如图 19—19—3 所示.

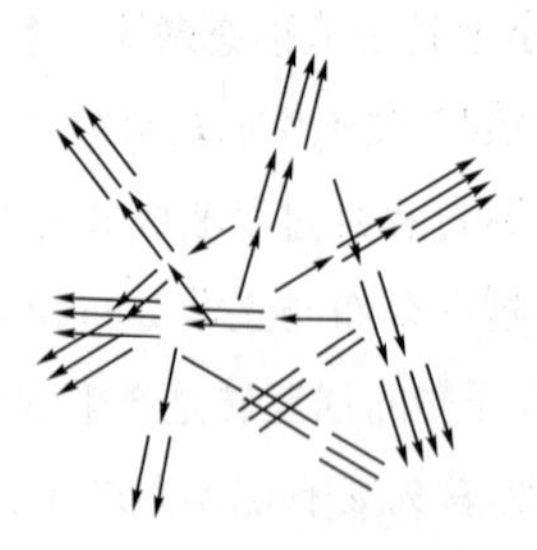

图 19—19—3 无谐振腔时受激辐射的方向是随机的

如何将其他方向和频率的光子抑制住,而使某一方向和频率的光子享有最优越的条件进行放大?采用光学谐振腔就能实现这一目标.

最常用的光学谐振腔是在工作物质两端放置一对互相平行的反射镜,这两个反射镜可以是平面镜,也可以是凹面镜或凸面镜.其中一个是全反射镜(反射率为 100%),另一个是部分反射镜,如图 19—19—4 所示.在工作物质中,形成粒子数反转的原子,受外来光子的诱发产生受激辐射的光子,凡偏离谐振腔轴线方向运动的光子或直接逸出腔外,或经几次来回反射最终逸出腔外,只有沿轴线方向的光子,在腔内来回反射,产生连锁式的光放大,在一定的条件下从部分反射镜射出很强的光束,这就是输出的激光.

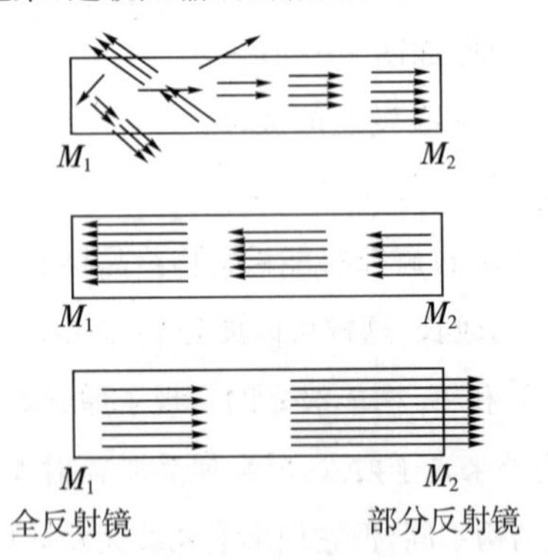

图 19—19—4 谐振腔对光束方向的选择性

必须指出,工作介质加上谐振腔后,还不一定能发出激光.因为在谐振腔中除了产生光的放大作用(或称为增益)外,还存在由于工作物质对光的吸收和散射以及反射镜的吸收和透射等所造成的各种损耗,只有当光在谐振腔内来回一次所得到的增益大于损耗时,才能形成激光.下面做定量说明.

设有一束光沿 x 方向射入介质.在 x 处,光强为 $I(x)$,经过距离 $\mathrm{d}x$ 后,光

强的增量为 $\mathrm{d}I$，与光的吸收类似，有

$$\mathrm{d}I = GI(x)\mathrm{d}x$$

式中，G 称为增益系数，描述工作介质对光的放大能力. 将上式积分，得

$$I = I_0 \mathrm{e}^{Gx}$$

式中，I_0 为 $x=0$ 处的光强.

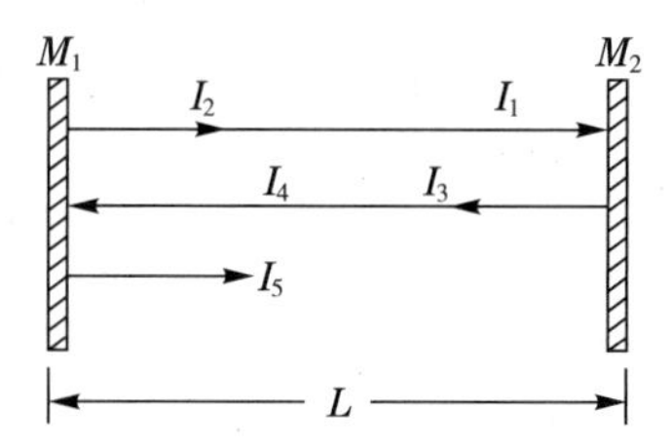

图 19—19—5　谐振腔中光的增益和损耗

谐振腔中光的增益和损耗如图 19—19—5 所示. 设从镜面 M_1 出发的光强为 I_1，经过腔长 L 的激活介质的放大，到达镜面 M_2 时的光强增为

$$I_2 = I_1 \mathrm{e}^{GL}$$

经 M_2 反射后，光强降为

$$I_3 = r_2 I_2 = r_2 I_1 \mathrm{e}^{GL}$$

式中，r_2 为反射镜 M_2 的反射率. 在回来路上又经过工作介质的放大，光强增加为

$$I_4 = I_3 \mathrm{e}^{GL} = r_2 I_1 \mathrm{e}^{2GL}$$

再经 M_1 反射，光强降为

$$I_5 = r_1 I_4 = r_1 r_2 I_1 \mathrm{e}^{2GL}$$

式中，r_1 为反射镜 M_1 的反射率. 显然，要使光在谐振腔中增益大于损耗，必须满足条件

$$r_1 r_2 I_1 \mathrm{e}^{2GL} > 1$$

这称为阈值条件. 对于给定的谐振腔，r_1，r_2 和 L 均固定，上式中决定光强增减的 $r_1 r_2 \mathrm{e}^{2GL}$ 的大小随 G 的增加而增加. 这就是说，只有当 G 大于某一最小值 G_m 时，才能使 $r_1 r_2 \mathrm{e}^{2GL} > 1$. 这个最小值 G_m 称为谐振腔的阈值增益. 由阈值条件，可得

$$G_\mathrm{m} = \frac{1}{2L}\ln\frac{1}{r_1 r_2} = -\frac{1}{2L}\ln(r_1 r_2)$$

因此，设计谐振腔时，必须选择合适的长度，并在反射镜上镀以不同的介质薄层，可以有选择地使其对特定波长的光具有高反射率，满足阈值条件，才能得到该波长的光经放大形成的激光.

综上所述,要形成激光,必须满足两个条件:一是要有能实现粒子数反转的激活介质;二是要有满足阈值条件的谐振腔.

3. 激光器

目前,激光器的工作物质有近千种,产生激光的波包括从紫外线到远红外线.若按照它们的工作物质来分,可分为气体激光器、固体激光器、半导体激光器和液体激光器等.按照激光的输出方式来分,又可分为连续输出激光器和脉冲输出激光器.下面介绍两种简单的激光器.

1. 氦氖气体激光器

氦氖(He—Ne)激光管(器)的构造如图19—19—6所示.激光管的外壳用硬质玻璃制成,中间有一根毛细管作为放电管.制造时先抽去管内空气,然后按(5～10)∶1的比例充入氦、氖混合气,直至总压强为(2.66～3.99)×10^2 Pa.管的两端面为反射镜,组成光学谐振腔.激励是用气体放电的方式进行的.为了使气体放电,在阳极A和阴极K之间加上几千伏特的高压,形成的激光通过部分透光反射镜输出.这种激光器发出的激光波长为632.8 nm.

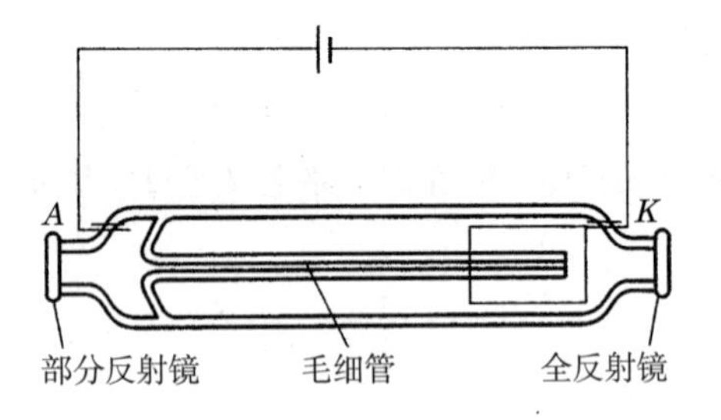

图19—19—6　氦氖激光器

氦、氖气体中粒子数的布居反转分布是如何形成的呢?在这两种气体的混合物中,产生受激辐射的是氖原子,氦原子只起传递能量的作用.在通常情况下,绝大多数的氦原子和氖原子都处在基态,如图19—19—7所示.氦原子的能级中有两个亚稳态,氖原子有两个与氦原子的这两个亚稳态十分接近的能级1和2,并存在一个寿命极短的能级3,在激光器两电极间加上几千伏特的电压时,产生气体放电,电子在电场的作用下加速运动,与氦原子发生碰撞,使氦原子激发到两个亚稳态上.这些处于亚稳态的氦原子又与处在基态的氖原子发生碰撞,并使氖原子激发到能级1和2上.由于处于能级3上的氖原子数极少,这样在能级1,2和能级3之间就形成了粒子数的反转分布.当受激辐射引起氖原子在能级1和能级3之间跃迁时,即发射波长为632.8 nm的红色激光.能级2,3之间和其他能级间的跃迁所产生的辐射为红外线,采取一定的措施可以将它遏止掉.

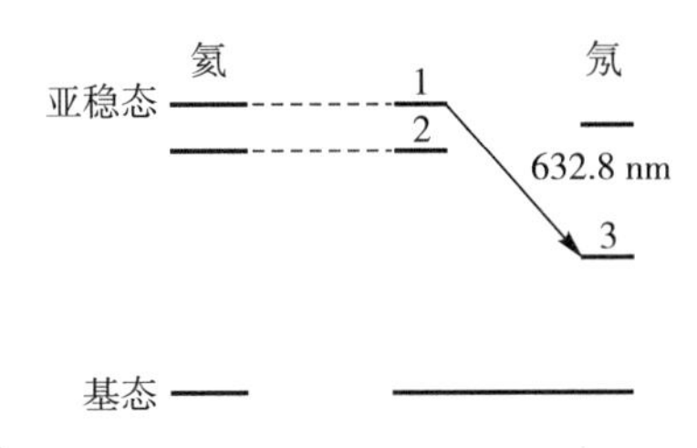

图 19—19—7　氦和氖的原子能级示意图

氦氖激光器的输出功率不大,25 cm 长的激光管的输出功率约为 1 mW,50 cm长的激光管的输出功率为 3～10 mW. 目前,在各种常用的激光器中,氦氖激光器输出激光的单色性最好,因此,在精密测量中常采用这种激光器. 此外,它还具有结构简单、使用方便、成本低等优点.

2. 红宝石激光器

红宝石激光器的工作物质是棒状红宝石晶体,如图 19—19—8 所示,棒的两端面要求很光洁,并严格平行. 作为谐振腔的两个反射镜可以单独制成,也可利用棒的两端面镀上反射膜. 激励是利用脉冲氙灯发出强烈的光脉冲进行的. 为了提高激励功率,常装有聚光器. 另外,附有一套用于点燃氙灯的电源设备. 为了防止红宝石温度升高,还附有冷却设备.

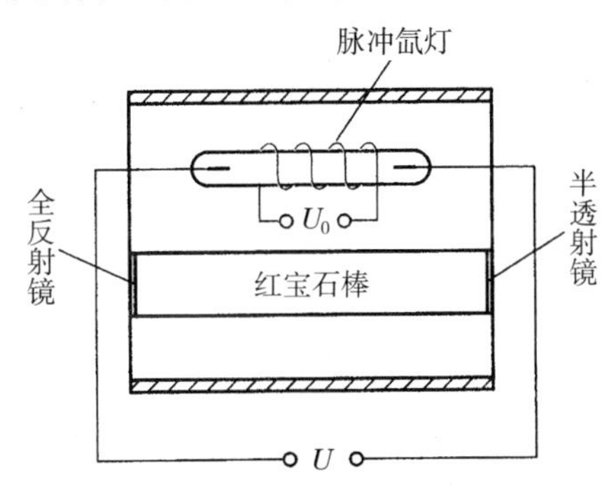

图 19—19—8　红宝石激光器示意图

红宝石激光器发出的是脉冲激光,它的波长为 694. 3 nm. 棒长 10 cm、直径 1 cm 的红宝石激光器,每次脉冲输出的能量为 10 J,脉冲持续时间为 1 ms,平均功率为 10 kW.

在以氦氖激光器为代表的可连续输出激光的气体激光器和以红宝石激光器为代表的脉冲输出激光的固体激光器问世以后,各种类型的激光器接连不断地被发明出来.

四、激光的特性和应用

1. 方向性好

激光的方向性很好.如果使一根氦氖激光管发光,就可以看到一条细而亮、笔直前进、很少发散的激光束,它几乎是一束平行光.激光光束每行进 200 km,其扩散直径不到 1 m.若将激光束射到距地球 3.8×10^4 km 的月球上,光束扩散的直径还不到 2 km.而对于普通光源,即使是具有抛物形反射面的探照灯,它的光束在几千米之外,也要扩散到几十米的直径.激光的这种方向性好的特性,可应用于定位、导向、测距等方面.例如,用激光测定地球与月球的距离,精度可达到±15 cm 左右.利用激光照射在运动物体上产生的多普勒频移,可以测量运动物体的速度,所测速度范围可从 $10\ \mu\text{m}\cdot\text{s}^{-1}$ 到 $10^2\ \text{m}\cdot\text{s}^{-1}$ 之间.利用激光准直仪可使长为 2.5 km 的隧道掘进偏差不超过 16 mm.

2. 单色性好

激光的单色性很好.例如,氦氖气体激光器输出红光的频率为 4.74×10^{14} Hz,其频率宽度只有 9×10^{-2} Hz.而普通的氦氖混合气体放电管所发出同样频率的光,其频率宽度达 1.52×10^9 Hz,比激光的频率宽度大 10^{10} 倍以上.也就是说,激光的单色性比普通光高 10^{10} 倍.目前,普通光源中最好的单色光源是氪灯,激光的单色性比氪灯还高 10 000 倍.利用激光单色性好的特性,可将激光的波长作为长度标准进行精密测量.在光纤通信中,可利用激光单色性好的特性,来减小在光纤中传播时光信号的损耗.

3. 能量集中

普通光源(如白炽灯)发出的光,射向四面八方,能量分散.即使通过透镜也只能会聚它的一部分光,而且还不能将这部分光会聚在一个很小的范围内.而激光器发出的激光,由于方向性很好,几乎是一束平行光,通过透镜后,可以会聚在一个很小的范围内,即激光的能量在空间上是高度集中的.如果使用脉冲激光器,则激光的能量可集中在很短的时间内,以脉冲的形式发射出去,即激光的能量在时间上也是高度集中的.它可以对金属或非金属材料进行打孔、切割、焊接等精密机械加工.在医学上,利用连续发光的激光器,可制成激光手术刀.此外,在激光同位素制备、激光核聚变研究和激光武器等方面也有广泛的发展前景.

4. 相干性好

前面已经指出,普通光源的发光过程是自发辐射,发出的不是相干光.激光器的发光过程是受激辐射,它发出的光是相干光.所以,激光具有很好的相干性.激光的相干性也有很重要的应用.例如,用激光干涉仪进行检测,比普通干涉仪速度快、精度高,用激光作为全息照相的光源有其独特的优点.

习题十九

一、选择题

19—1 在双缝干涉实验中，若单色光源 S 到 S_1，S_2 距离相等，则观察屏上中央明纹中心位于图 19—1 中 O 处，现将光源 S 向下移动到示意图中的 S' 位置，则 （　　）

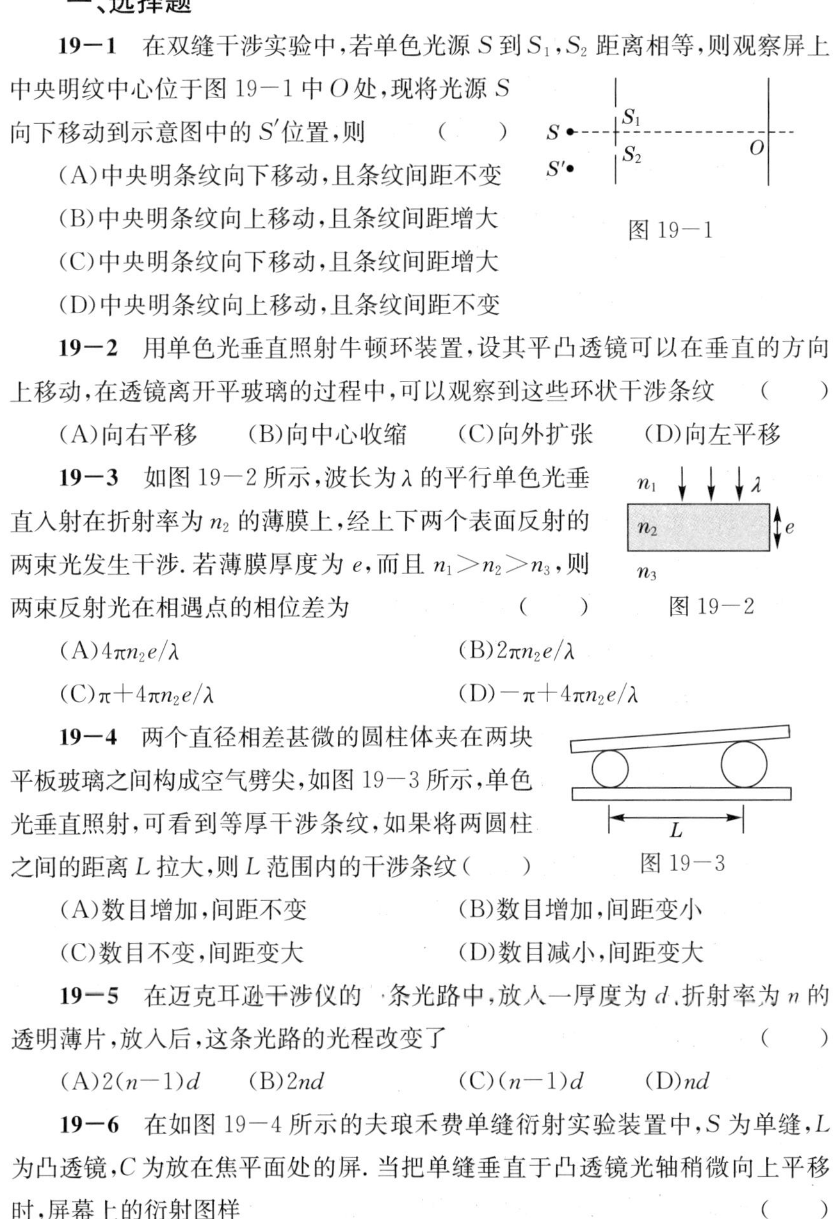

图 19—1

(A)中央明条纹向下移动，且条纹间距不变

(B)中央明条纹向上移动，且条纹间距增大

(C)中央明条纹向下移动，且条纹间距增大

(D)中央明条纹向上移动，且条纹间距不变

19—2 用单色光垂直照射牛顿环装置，设其平凸透镜可以在垂直的方向上移动，在透镜离开平玻璃的过程中，可以观察到这些环状干涉条纹 （　　）

(A)向右平移　　(B)向中心收缩　　(C)向外扩张　　(D)向左平移

19—3 如图 19—2 所示，波长为 λ 的平行单色光垂直入射在折射率为 n_2 的薄膜上，经上下两个表面反射的两束光发生干涉．若薄膜厚度为 e，而且 $n_1>n_2>n_3$，则两束反射光在相遇点的相位差为 （　　）

图 19—2

(A)$4\pi n_2 e/\lambda$　　(B)$2\pi n_2 e/\lambda$

(C)$\pi+4\pi n_2 e/\lambda$　　(D)$-\pi+4\pi n_2 e/\lambda$

19—4 两个直径相差甚微的圆柱体夹在两块平板玻璃之间构成空气劈尖，如图 19—3 所示，单色光垂直照射，可看到等厚干涉条纹，如果将两圆柱之间的距离 L 拉大，则 L 范围内的干涉条纹（　　）

图 19—3

(A)数目增加，间距不变　　(B)数目增加，间距变小

(C)数目不变，间距变大　　(D)数目减小，间距变大

19—5 在迈克耳逊干涉仪的一条光路中，放入一厚度为 d、折射率为 n 的透明薄片，放入后，这条光路的光程改变了 （　　）

(A)$2(n-1)d$　　(B)$2nd$　　(C)$(n-1)d$　　(D)nd

19—6 在如图 19—4 所示的夫琅禾费单缝衍射实验装置中，S 为单缝，L 为凸透镜，C 为放在焦平面处的屏．当把单缝垂直于凸透镜光轴稍微向上平移时，屏幕上的衍射图样 （　　）

(A)向上平移　　(B)向下平移　　(C)不动　　(D)条纹间距变大

19－7 某元素的特征光谱中含有波长分别为 $\lambda_1=450$ nm 和 $\lambda_2=750$ nm 的光谱线，在光栅光谱中，这两种波长的谱线有重叠现象，重叠处的谱线 λ_2 主极大的级数是 (　　)

(A)2,3,4,5⋯　(B)2,5,8,11⋯

(C)2,4,6,8⋯　(D)3,6,9,12⋯

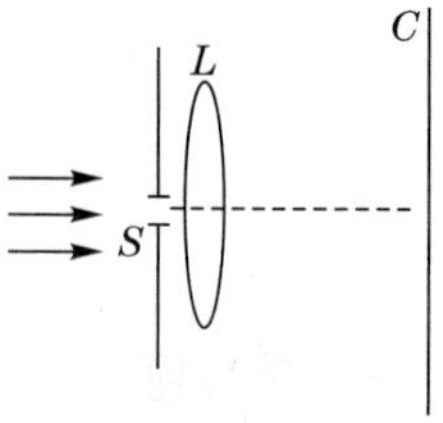

图 19－4

19－8 一衍射光栅对某波长的垂直入射光在屏幕上只能出现零级和一级主极大，欲使屏幕上出现更高级次的主极大，应该 (　　)

(A)换一个光栅常数较大的光栅　(B)换一个光栅常数较小的光栅

(C)将光栅向靠近屏幕的方向移动　(D)将光栅向远离屏幕的方向移动

19－9 一束光强为 I_0 的自然光垂直穿过两个偏振片，且两偏振片的偏振化方向成 45°角，若不考虑偏振片的反射和吸收，则穿过两个偏振片后的光强 I 为 (　　)

(A)$\sqrt{2}I_0/4$　(B)$I_0/4$　(C)$I_0/2$　(D)$\sqrt{2}I_0/2$

19－10 自然光以 60°的入射角照射到某一透明介质表面时，反射光为线偏振光，则 (　　)

(A)折射光为线偏振光，折射角为 30°

(B)折射光为部分偏振光，折射角为 30°

(C)折射光为线偏振光，折射角不能确定

(D)折射光为部分偏振光，折射角不能确定

二、填空题

19－11 双缝干涉实验中，若双缝间距由 d 变为 d'，使屏上原第十级明纹中心变为第五级明纹中心，则 $d':d$ ________；若在其中一缝后加一透明媒质薄片，使原光线光程增加 2.5λ，则此时屏中心处为第________级________纹.

19－12 在牛顿环实验中，平凸透镜的曲率半径为 3.00 m，当用某种单色光照射时，测得第 k 个暗纹半径为 4.24 mm，第 $k+10$ 个暗纹半径为 6.00 mm，则所用单色光的波长为________ nm.

19－13 在空气中有一劈尖形透明物，其劈尖角 $\theta=1.0\times10^{-4}$ rad，在波长 $\lambda=700$ nm 的单色光垂直照射下，测得干涉相邻明条纹间距 $l=0.25$ cm，此透明材料的折射率 $n=$________.

19－14 在迈克耳逊干涉实验中，可移动反射镜 M 移动 0.620 mm 的过程中，观察到干涉条纹移动 2300 条，则所用光的波长为________ nm.

19－15 在单缝夫琅禾费衍射实验中，设第一级暗纹的衍射角很小. 若钠黄光($\lambda_1=589$ nm)为入射光，中央明纹宽度为 4.0 mm；若以蓝紫光($\lambda_2=442$ nm)

为入射光，则中央明纹宽度为________ mm.

19－16 一束单色光垂直入射在光栅上，衍射光谱中共出现 5 条明纹. 若已知此光栅缝宽度与不透明部分宽度相等，那么在中央明纹一侧的两条明纹分别是第________级和第________级谱线.

19－17 为测定一个光栅的光栅常数，用波长为 632.8 nm 的光垂直照射光栅，测得第一级主极大的衍射角为 18°，则光栅常数 $d=$________，第二级主极大的衍射角 $\theta=$________.

19－18 检验自然光、线偏振光和部分偏振光时，使被检验光入射到偏振片上，然后旋转偏振片. 若从偏振片射出的光线____________，则入射光为自然光；若射出的光线__________，则入射光为部分偏振光；若射出的光线__________，则入射光为完全偏振光.

19－19 在图 19－5 中，左边四个图表示线偏振光入射于两种介质分界面上，最右边的一个图表示入射光是自然光. n_1，n_2 为两种介质的折射率，图中入射角 $i_B=\arctan(n_2/n_1)$，$i\neq i_B$. 试在图 19－5 中画出实际存在的折射光线和反射光线，并用点或短线把振动方向表示出来.

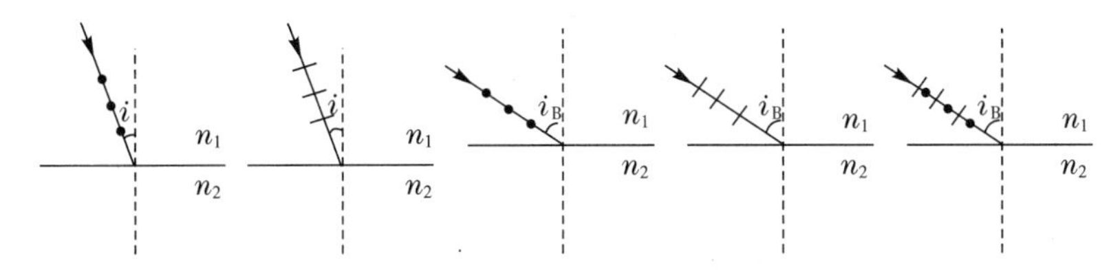

图 19－5

19－20 当光线沿光轴方向入射到双折射晶体上时，不发生________现象；沿光轴方向寻常光和非寻常光的折射率________，传播速度________.

三、计算题

19－21 柱面平凹透镜 A，曲率半径为 R，放在平玻璃片 B 上，如图 19－6 所示. 现用波长为 λ 的平行单色光自上方垂直往下照射，观察 A 和 B 间空气薄膜的反射光的干涉条纹. 设空气膜的最大厚度 $d=2\lambda$.

(1)求明条纹极大位置与凹透镜中心线的距离 r；

(2)共能看到多少条明条纹？

(3)若将玻璃片 B 向下平移，条纹如何移动？

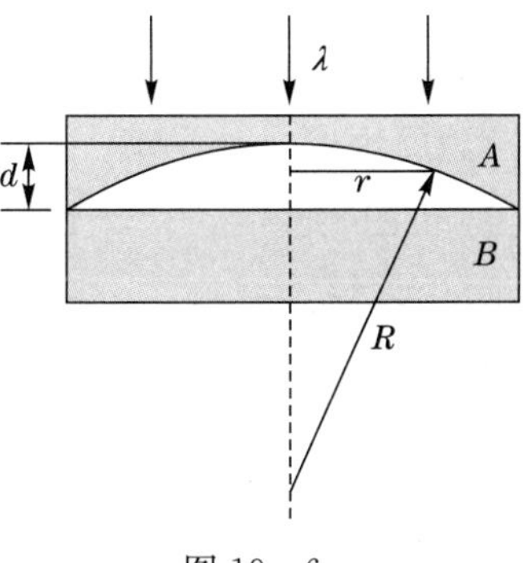

图 19－6

19－22 有一单缝，宽 $a=0.10$ mm，在缝后放一焦距为 50 cm 的会聚透镜，用平行绿光($\lambda=546.0$ nm)垂直照射单缝，试求位于透镜焦面处屏幕上中央明纹及第二级明纹的宽度.

19－23 用波长 $\lambda_1=400$ nm 和 $\lambda_2=700$ nm 的混合光垂直照射单缝，在衍射图样中 λ_1 的第 k_1 级明纹中心位置恰与 λ_2 的第 k_2 级暗纹中心位置重合. 求 k_1 和 k_2.

19－24 波长为 500 nm 的单色光垂直入射到光栅，如果要求第一级谱线的衍射角为 30°，光栅每毫米应刻几条线？如果单色光不纯，波长在 0.5%范围内变化，则相应的衍射角变化范围 $\Delta\theta$ 如何？又如果光栅上下移动而保持光源不动，衍射角 θ 有何变化？

19－25 自然光通过两个偏振化方向成 60°角的偏振片后，透射光的强度为 I_1. 若在这两个偏振片之间插入另一偏振片，其偏振化方向与前两个偏振片均成 30°角，则透射光强为多少？

❽  阅读资料

发光二极管

发光二极管的英文单词简称为 LED，由含镓(Ga)、砷(As)、磷(P)、氮(N)等的化合物制成.

当电子与空穴复合时能辐射出可见光，因而可以用来制成 LED. LED 在电路及仪器中可作为指示灯，或者组成文字或数字显示. 砷化镓二极管发红光，磷化镓二极管发绿光，碳化硅二极管发黄光，氮化镓二极管发蓝光. 因化学性质不同，又分为有机 LED 和无机 LED.

原理

LED 是半导体二极管的一种，可以把电能转化成光能. LED 与普通二极管一样，是由一个 PN 结组成的，也具有单向导电性. 当给 LED 加上正向电压后，从 P 区注入 N 区的空穴和由 N 区注入 LED P 区的电子，在 PN 结附近数微米内分别与 N 区的电子和 P 区的空穴复合，产生自发辐射的荧光. 不同的半导体材料中电子和空穴所处的能量状态不同. 当电子与空穴复合时释放出的能量多少不同，释放出的能量越多，则发出的光的波长越短. 常用的是发红光、绿

光、黄光的二极管. LED 的反向击穿电压大于 5 V,它的正向伏安特性曲线很陡,使用时必须串联限流电阻,以控制通过二极管的电流.

LED 的核心部分是由 P 型半导体和 N 型半导体组成的晶片,在 P 型半导体和 N 型半导体之间有一个过渡层,称为 PN 结. 在某些半导体材料的 PN 结中,注入的少数载流子与多数载流子复合时会把多余的能量以光的形式释放出来,从而把电能直接转换为光能. PN 结加反向电压,少数载流子难以注入,故不发光. 这种利用注入式电致发光原理制作的二极管叫发光二极管. 当它处于正向工作状态时,电流从 LED 阳极流向阴极,半导体晶片就发出从紫外到红外不同颜色的光线,光的强弱与电流有关.

白光 LED

1993 年,当时在日本 Nichia Corporation(日亚化工)工作的中村修二发明了基于宽禁带半导体材料氮化镓(GaN)和铟氮化镓(InGaN)的具有商业应用价值的蓝光 LED. 这类 LED 在 20 世纪 90 年代后期得到广泛应用. 理论上蓝光 LED 结合原有的红光 LED 和绿光 LED 可产生白光,但白光 LED 却很少是这样造出来的.

现实生产的白光 LED 大部分是通过在蓝光 LED(波长为 450 nm~470 nm)上覆盖一层淡黄色荧光粉涂层制成的. 这种黄色磷光体通常是通过把掺了铈的钇铝石榴石晶体磨成粉末后混合在一种稠密的黏合剂中而制成的. 当 LED 芯片发出蓝光,部分蓝光便会被这种晶体很高效地转换成一种光谱较宽(光谱中心波长约为 580 nm)的主要为黄色的光. 由于黄光会刺激肉眼中的红光和绿光受体,再混合 LED 本身的蓝光,使它看起来就像白色光,故其色泽常被称作"月光的白色".

这种制作白光 LED 的方法是由 Nichia Corporation 所开发,并从 1996 年开始用于生产白光 LED 上. 由于生产条件的变异,这种 LED 的成品的色温并不统一,从暖黄色的到冷蓝色的都有,所以在生产过程中,会以其显示出来的特性作出区分.

另一种制作白光 LED 的方法则有点像日光灯,发出近紫外光的 LED 会被涂上两种磷光体的混合物. 一种是发红光和蓝光的铕,另一种是发绿光的掺杂了硫化锌的铜和铝. 但由于紫外线会使黏合剂中的环氧树脂裂化变质，因此生产难度较高，而寿命亦较短. 与第一种方法比较，其效率较低且产生较多热，但好处是光谱的特性较佳，产生的光比较好看. 而由于紫外光的 LED 功率较高，因此其效率虽较第一种方法低，但亮度却相似. 最新一种制作白光 LED 的方法，没再使用磷光体. 新的做法是在硒化锌基板上生长硒化锌的磊晶层，通电时其活跃地带会发出蓝光，而基板会发黄光，混合起来便是白色光.

LED 单向导通性

LED 只能往一个方向导通(通电)，叫作正向偏置，当电流流过时，电子与空穴在其内复合而发出单色光，叫作电致发光效应. 而光线的波长、颜色与其所采用的半导体材料种类、掺入的元素杂质有关，具有效率高、寿命长、不易破损、开关速度高、高可靠性等传统光源不及的优点. 近年来，白光 LED 的发光效率已经有明显的提升. 同时，在每千流明的购入价格上，也因为投入市场的厂商相互竞争的影响，而明显下降. 越来越多的人使用 LED 照明作为办公室、家居、装饰、招牌甚至路灯用途.

特性

与白炽灯泡和氖灯相比，LED 的特点是：工作电压很低(有的仅一点几伏)；工作电流很小(有的仅零点几毫安)；抗冲击和抗震性能好，可靠性高，寿命长；通过调制电流强弱可以方便地调制发光的强弱. 由于这些特点，LED 在一些光电控制设备中用作光源，在许多电子设备中用作信号显示器. 把它的管芯做成条状，用 7 条条状的发光管组成 7 段式半导体数码管，每个数码管可显示 0～9 等 10 个阿拉伯数字以及 A、B、C、D、E、F 等部分字母.

光学参数

LED 的几个重要光学参数是发光效率、光通量、发光强度、光强分布和波长.

1. 发光效率和光通量

发光效率就是光通量与电功率之比，单位一般为 $\mathrm{lm \cdot W^{-1}}$. 发光效率代表了光源的节能特性，是衡量现代光源性能的一个重要指标.

2. 发光强度和光强分布

LED发光强度是表征它在某个方向上的发光强弱的，由于LED在不同的空间角度光强相差很多，随之而来研究了LED的光强分布特性.这个参数实际意义很大，直接影响LED显示装置的最小观察角度.比如体育场馆的LED大型彩色显示屏，如果选用的LED单管分布范围很窄，那么面对显示屏处于较大角度的观众将看到失真的图像.另外，交通标志灯也要求较大范围的人能识别.

3. 波长

对于LED的光谱特性，我们主要看它的单色性是否优良，而且要注意红、黄、绿、蓝、白色LED等主要颜色是否纯正.因为在许多场合下，比如交通信号灯对颜色的要求比较严格，不过据观察，我国的一些LED信号灯中绿色发蓝，红色为深红.从这个现象来看，对LED的光谱特性进行专门研究是非常必要而且很有意义的.

发展史

LED是一种能将电能转化为光能的半导体电子元件.这种电子元件早在1962年就已出现，早期只能发出低光度的红光，之后发展出其他单色光的版本，时至今日能发出的光已遍及可见光、红外线及紫外线，光度也大大提高.随着技术的不断进步，LED的用途由最初作为指示灯、显示板等，转变为广泛应用于显示器、电视机采光装饰和照明.

趋势

随着行业的继续发展，技术的飞跃突破，应用的大力推广，LED的光效也在不断提高，价格也不断走低.新的组合式管芯的出现，也让单个LED管的功率不断提高.通过同业的不断努力研发，新型光学设计的突破，新灯种的开发，产品单一的局面有望进一步扭转.控制软件的改进，也使得LED照明使用更加便利.这些逐步的改变，都体现出在照明领域LED具有广阔的应用前景.

LED被称为第四代光源，具有节能、环保、安全、寿命长、低功耗、低热、高亮度、防水、防震、微型、易调光、光束集中、维修简便等特点，可以广泛应用于各种指示、显示、装饰、背光源、普通照明等领域.

优点

LED的优点包括：电光转化效率高(接近60%)，绿色环保，寿命长(可达10万小时)，工作电压低(3 V左右)，反复开关无损寿命，体积小，发热少，亮度高，坚固耐用，易于调光，色彩多样，光束集中稳定，启动无延时.

现状

20世纪90年代，LED技术取得长足进步，不仅体现在发光效率超过了白炽灯，而且颜色也从红色到蓝色覆盖了整个可见光谱范围. 这种从指示灯水平到超过通用光源水平的技术革命导致各种新的应用. 诸如汽车指示灯、交通信号灯、室外全色大型显示屏以及特殊的照明光源.

应用情况

随着LED高亮度化和多色化的进展，其应用领域也在不断扩展，从较低光通量的指示灯到显示屏，再从室外显示屏到中等光通量功率信号灯和特殊照明的白光光源，最后发展到高光通量通用照明光源. 2000年是时间的分界线，在2000年已解决所有颜色的信号显示问题和灯饰问题.

1. LED显示屏

自20世纪80年代中期，就有单色和多色显示屏问世. 起初是文字屏或动画屏，20世纪90年代初，电子计算机技术和集成电路技术的发展，使得LED显示屏的视频技术得以实现，电视图像直接上屏. 特别是20世纪90年代中期，蓝色和绿色超高亮度LED研制成功并迅速投产，使室外屏的应用大大扩展，面积在100～300 m^2不等，目前LED显示屏在体育场馆、广场、会场甚至街道、商场等场所都得以广泛应用. 如美国时代广场上纳斯达克全彩屏的面积为1005 m^2，由1900万只超高亮度蓝、绿、红LED制成. 此外，在证券行情屏、银行汇率屏、利率屏等方面应用也占较大比例. 近期在高速公路、高架道路的信息屏方面也有较大的发展，LED在这一领域的应用已成规模，形成新兴产业，且可期望有较稳定的增长.

2. 交通信号灯

航标灯采用LED光源已有多年，目前的工作是改进和完善. 道路交通信号灯近年来取得了长足的进步，技术发展较快，应用发展迅猛. 我国目前每年有 4 万套左右的订单. 根据使用效果看，寿命长、省电、免维护效果是明显的. 目前采用的发光峰值波长是红色 630 nm，黄色 590 nm，绿色 505 nm. 应该注意的问题是驱动电流不应过大，否则夏天阳光下的高温条件将会影响 LED 的寿命.

最近，应用于飞机场作为标志灯、投光灯和全光灯的 LED 机场专用信号灯也已获得成功并投入使用，多方反映效果很好. 它具有自主知识产权. 可靠性好、节省用电、免维护，可推广应用到各种机场，替代已沿用几十年的旧信号灯. 不仅亮度高，而且 LED 光色纯度好，特别鲜明，易于信号识别.

铁路用的信号灯由于品种系列较多，要求光强和视角也各不相同，目前正加紧研制中，估计会逐步研制成功并陆续投入应用，从数量看，也是一个颇大的市场.

3. 汽车用灯

超高亮 LED 可以做成汽车的刹车灯、尾灯和方向灯，也可用于仪表照明和车内照明，它在耐震动、省电及长寿命方面比白炽灯有明显的优势. 用作刹车灯，它的响应时间为 60 ns，比白炽灯的 140 ms 要短许多，在典型的高速公路上行驶，会增加 4～6 m 的安全距离.

4. 液晶屏背光源

LED 作为液晶显示的背光源，不仅可作为绿色、红色、蓝色、白色背光源，还可以作为变色背光源. 已有许多产品进入生产及应用阶段. 手机上液晶显示屏用 LED 制作背光源，提升了产品的档次，效果很好.

5. 灯饰

由于 LED 亮度的提高和价格的下降，再加上长寿命、节电，驱动和控制较霓虹灯简易，不仅能闪烁，还能变色，因此用超高亮度 LED 做成的单色、多色乃至变色的发光柱配以其他形状的各色发光单元，装饰高大建筑物、桥梁、街道及广场等景观工程效果很好，呈现一派色彩缤纷、星光闪烁及流光异彩的景象. 有些单位生产的 LED 光柱高度达万米，彩灯有几万个，正逐步推广，估计会逐步扩大，单独形成一种产业.

6. 照明光源

作为照明光源的LED光源应是白光，目前作为军用的白光LED照明灯具已有一些品种投入批量生产. 由于LED光源无红外辐射，便于隐蔽，再加上它还具有耐振动、适合于蓄电池供电、结构固体化及携带方便等优点，将在特殊照明光源方面有较大发展. 作为民间使用的草坪灯、埋地灯已有规模化生产，也可用于显微镜视场照明、手电、外科医生的头灯、博物馆或画展的照明以及阅读台灯. 随着光通量的提高和价格的下降，其应用面将逐步拓展，以完成特殊照明向通用照明的过渡.

第二十章

量子物理基础

随着生产和实验技术的发展,到20世纪初,人们从大量精确的实验中发现了许多新现象,这些新现象用经典物理理论是无法解释的,其中主要有热辐射、光电效应和原子的线光谱.为了解释这些新现象,人们突破经典物理概念,建立起一些新概念,如微观粒子的能量量子化的概念,又如光及微观粒子都具有波和粒子二象性的概念等.以这些新概念为基础,建立了描述微观粒子运动规律的理论——量子物理.从此,人们对微观粒子的运动规律的认识进入了一个全新的阶段.如今,量子物理已成为近代物理包括原子分子物理、核物理、粒子物理以及凝聚态物理的基础.在化学、生物、信息、激光、能源和新材料等方面的科学研究和技术开发中,发挥着越来越重要的作用.本章将介绍热辐射、光电效应和康普顿散射,氢原子光谱,微观粒子波粒二象性,一维定态薛定谔方程和元素周期表.

§20—1　热辐射 普朗克能量子假设

一、热辐射 黑体辐射

物体由大量原子组成,热运动引起原子之间的碰撞可以改变原子内部的状态,使原子激发而辐射电磁波.原子的动能越大,通过碰撞引起原子激发的能量就越高,从而辐射电磁波的波长就越短.热运动是混乱的,在一定温度下,原子的动能按温度分布,因而辐射电磁波的能量也与温度有关.这种**与温度有关的电磁辐射,称为热辐射**.实验发现,任何物体在任何温度下都有热辐射,波长自远红外区连续延伸到紫外区. 低温物体也有热辐射,但辐射较弱,并且主要成分是波长较长的红外线,人们不易看到.

物体在辐射电磁波的同时,也吸收投射到它表面的电磁波. 当辐射和吸收达到平衡时,物体的温度不再变化,而处于热平衡状态,这时的热辐射称为平衡热辐射. 我们只讨论平衡热辐射,并把它简称为热辐射.

为了定量描述热辐射的性质,我们引入以下几个有关热辐射的物理量.

(1)单色辐出度 $M_\lambda(T)$:在一定温度 T 下,物体单位表面积在单位时间内发射的波长在 λ 和 $\lambda+\mathrm{d}\lambda$ 之间的辐射能 $\mathrm{d}M_\lambda$ 与波长间隔 $\mathrm{d}\lambda$ 的比值称为单色辐射出射度,简称单色辐出度,用 $M_\lambda(T)$ 表示,即

$$M_\lambda(T)=\frac{\mathrm{d}M_\lambda}{\mathrm{d}\lambda} \qquad (20-1-1)$$

单色辐出度的单位是 $\mathrm{W\cdot m^{-3}}$.

实验指出,对于给定物体,在一定温度下,单色辐出度 $M_\lambda(T)$ 随辐射波长 λ 而变化;当温度升高时,$M_\lambda(T)$ 也随之增大. 此外,$M_\lambda(T)$ 与物体的材料及表面状况等也有关系.

(2)辐出度 $M(T)$:在一定温度 T 下,物体单位表面积在单位时间内发射的所有各种波长的辐射能称为该物体的辐射出射度,简称辐出度,用 $M(T)$ 表示. 显然,它和 $M_\lambda(T)$ 的关系为

$$M(T)=\int_0^\infty M_\lambda(T)\,\mathrm{d}\lambda \qquad (20-1-2)$$

辐出度的单位是 $\mathrm{W\cdot m^{-2}}$.

(3)单色吸收比和单色反射比:当电磁波入射到物体上时,入射波的能量会被物体吸收一部分、反射一部分和透射一部分. 不透明的物体不存在透射. 被物体吸收的能量与入射能量之比称为该物体的吸收比. 反射的能量与入射能量之比称为该物体的反射比. 物体的吸收比和反射比也与温度和波长有关. 在波长 λ 和 $\lambda+\mathrm{d}\lambda$ 之间的吸收比称为单色吸收比,用 $\alpha(\lambda,T)$ 表示;在波长 λ 和 $\lambda+\mathrm{d}\lambda$ 之间的反射比称为单色反射比,用 $\rho(\lambda,T)$ 表示. 对于不透明的物体,有

$$\alpha(\lambda,T)+\rho(\lambda,T)=1 \qquad (20-1-3)$$

如果一个物体能在任何温度下，**对任何波长的入射电磁波都全部吸收**，那么这个物体称为绝对黑体，简称**黑体**. 显然，黑体的单色吸收比 $\alpha(\lambda,T)=1$. 黑体所发出的热辐射，叫作**黑体辐射**.

实验指出，一个物体的单色辐出度不仅与温度、波长有关，而且还和辐射物体的具体性质有关，如物体的形状、表面状况和材料性质等. 一般来说，物体的表面越黑、越粗糙，单色辐出度就越大. 例如，同在1 000 K 的温度下，一块金属可以发出红色光辉，但一块石英却不能发出可见光，由此可见，在同一温度下，它们的单色辐出度有明显的差别. 如果能找到一类物体，其单色辐出度与物体的具体性质无关，而只与温度、波长有关，那么就可以用这类物体的热辐射的单色辐出度来描述热辐射的普遍规律.

1859 年，基尔霍夫(G. R. Kirchoff)从理论上得到关于物体的辐出度与吸收比内在联系的重要结论，即对任何一个物体来说，它的单色辐出度和单色吸收比的比值$\dfrac{M_\lambda(T)}{\alpha(\lambda,T)}$都与物体的具体性质无关，即

$$\frac{M_\lambda(T)}{\alpha(\lambda,T)}=I(\lambda,T) \qquad (20-1-4)$$

式中，$I(\lambda,T)$是一个只与温度、波长有关的普适函数，与物体的具体性质无关. 上述结论称为基尔霍夫定律. 由式(20－1－4)可见，如果一个物体是良好的吸收体，即 $\alpha(\lambda,T)$较大，则它也一定是一个良好的辐射体，它的 $M_\lambda(T)$也一定较大. 例如，把一块白瓷砖表面的一半涂黑，然后放到火炉里烧，高温下会看到涂黑的一半显得更亮些.

由于黑体的单色吸收比 $\alpha(\lambda,T)=1$，所以由式(20－1－4)可知，黑体单色辐出度 $M_{0\lambda}(T)$等于普适函数 $I(\lambda,T)$，即

$$M_{0\lambda}(T)=I(\lambda,T)$$

这说明不同黑体的单色辐出度是相同的，它只与温度、波长有关，而与黑体的具体性质无关. 因此，就可以用黑体单色辐出度 $M_{0\lambda}(T)$来描述热辐射的普遍规律. 黑体的单色辐出度与温度、波长的函数关系，称为黑体辐射公式. 基尔霍夫定律的提出和黑体概念的引入，使测定黑体辐出度实验曲线和从理论上推导黑体辐射公式成为 19 世纪末和 20 世纪初热辐射研究的热点.

二、黑体辐射实验定律

在自然界中绝对的黑体是不存在的,再黑的物体也不能达到$\alpha(\lambda,T)=1$,即使物体表面熏了煤烟,也不能全部吸收入射电磁波的能量.研究黑体辐射规律时,通常把由维恩(W. Wien)设计的空腔辐射看作黑体辐射.如图20—1—1所示,在一个用不透明材料制成的空腔上开一个小孔A,电磁波进入小孔A后经腔的内壁多次反射基本被全部吸收,不能从小孔重新射出.从空腔的外面看,小孔A能够在任何温度下全部吸收任何波长的辐射而没有反射,因此它的表面就是一个十分理想的黑体.如果均匀加热空腔并使腔的内壁和腔内的辐射达到热平衡,那么由小孔A射出的辐射就是黑体辐射.在某一温度下测量小孔A处的辐出度随波长的变化,就可以画出在该温度下黑体辐射的辐出度与波长的关系曲线.

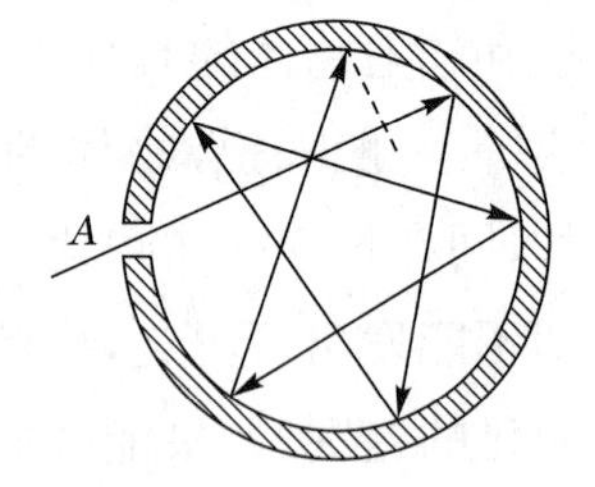

图20—1—1　空腔辐射

图20—1—2给出了在几种温度下,黑体辐射的辐出度$M_{0\lambda}(T)$与波长λ关系的实验曲线.曲线下的面积,即积分

$$M_0(T)=\int_0^{\infty}M_{0\lambda}(T)\mathrm{d}\lambda \tag{20—1—5}$$

等于在单位时间内从物体单位表面发出的所有波长的辐射能量之和,称为总辐出度,它只与温度有关.

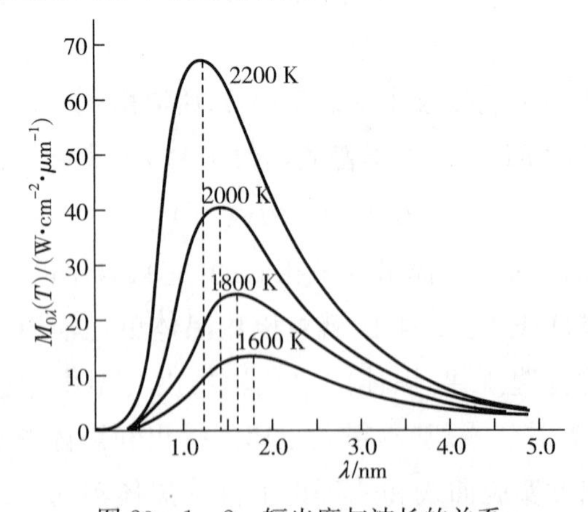

图20—1—2　辐出度与波长的关系

由图 20—1—2 中的实验曲线，可以总结出以下两条黑体辐射的实验规律：

(1)斯特藩(J. Stefan)—玻耳兹曼(L. Boltzmann)定律：黑体的总辐出度与黑体的热力学温度的四次方成正比，即

$$M_0(T) = \sigma T^4 \qquad (20-1-6)$$

式中，σ 称为斯特藩—玻耳兹曼常数，其值为

$$\sigma = 5.670\,400 \times 10^{-8}\ \mathrm{W \cdot m^{-2} \cdot K^{-4}}$$

(2)维恩位移定律：在黑体辐射中，辐出度最大，即辐射最强的波长与黑体的热力学温度成反比，即

$$\lambda_m = \frac{b}{T} \qquad (20-1-7)$$

式中，b 称为维恩常数，其值为

$$b = 2.897\,756 \times 10^{-3}\ \mathrm{m \cdot K}$$

由上述两条实验规律可知黑体辐射的一般特征是，随着温度的增高，辐射的强度增大，对应辐出度最强的波长变短. 一个被加热的铁块，当温度不太高时，λ_m 处于红外波段，我们看不到它发光，只能感觉到辐射的热量；当温度达到 500 ℃左右时，铁块开始发出暗红的可见光；随着温度的升高，发光的强度逐渐增大，颜色则由暗变亮.

例 20—1—1 把太阳的表面看成是黑体，测得太阳辐射的 λ_m 约为 500 nm，估算它的表面温度和总辐出度.

解 利用维恩位移定律，太阳表面温度为

$$T = \frac{b}{\lambda_m} = \frac{2.898 \times 10^{-3}}{500 \times 10^{-9}} \approx 5800\ \mathrm{K}$$

利用斯特藩—玻耳兹曼定律，太阳表面的总辐出度为

$$M = \sigma T^4 = 5.67 \times 10^{-8} \times 5800^4 \approx 6.4 \times 10^7\ \mathrm{W \cdot m^{-2}}$$

例 20—1—2 大爆炸宇宙学预言，由于宇宙初始的大爆炸，现在宇宙中应残存相当于 $\lambda_m \approx 1$ mm 的黑体辐射，它处于微波波段，称为宇宙微波背景辐射. 计算其相应的黑体温度.

解 利用维恩位移定律，宇宙微波背景辐射相应的黑体温度为

$$T = \frac{b}{\lambda_m} = \frac{2.898 \times 10^{-3}}{1 \times 10^{-3}} = 2.9\ \mathrm{K}$$

宇宙微波背景辐射被彭齐亚斯(A. A. Penzias)和威耳逊(R. W. Wilson)的观测所证实. 1964 年 5 月,彭齐亚斯和威耳逊用射电望远镜进行射电天文学观测时,接收到相应温度为(3.1±1.0) K 黑体辐射的噪声辐射;经过近一年的努力都不能排除,他们甚至感到沮丧;就在这时,普林斯顿大学的天体物理学家狄克(R. H. Dicke)领导的一个小组正在开展宇宙微波背景辐射的研究,并取得成果,双方商定同时在美国天体物理杂志上各自发表文章. 这两篇短文引起极大反响,进一步的测量表明,(3.5±1.0) K 的噪声来源于宇宙微波背景辐射. 这一发现是宇宙学发展的一个里程碑,彭齐亚斯和威耳逊因此获得 1978 年诺贝尔物理学奖. 目前认为,宇宙微波背景辐射的温度为 2.7~2.9 K.

三、普朗克能量子假设

19 世纪末,钢铁冶炼技术的发展推动了对热辐射规律的研究. 如何从热辐射的物理机制出发,应用经典物理理论推导出黑体辐射公式,成为当时理论研究的热点.

1896 年,维恩(W. Wien)假设气体分子辐射的频率只与其速度有关,首先从理论上推出一个黑体辐射公式

$$M_{0\lambda}(T) \propto \lambda^{-5} \mathrm{e}^{-\frac{\alpha}{\lambda T}} \qquad (20-1-8)$$

其中 α 为常数. 上式称为维恩公式,它在短波区域与实验符合很好,但在长波区域却偏离实验曲线,如图 20−1−3 所示. 普朗克不太信服维恩公式的推导过程,认为维恩提出的假设没有道理.

1900 年 6 月,瑞利(L. Rayleigh)把空腔中的电磁辐射场看成是一些做简谐振动的简谐振子,认为简谐振子的平均能量取连续值并与温度 T 成正比,即满足经典的能量均分定理,由此得到一个黑体辐射公式

$$M_{0\lambda}(T) \propto \lambda^{-4} T \qquad (20-1-9)$$

这就是瑞利−金斯(J. H. Jeans)公式. 与维恩公式相反,它在长波区域与实验符合得很好,但在短波区域变得发散而偏离实验结果.

当波长接近紫外区域时，$M_{0\lambda}(T)$趋于无限大，这常称为“紫外灾难”，如图 20—1—3 所示.

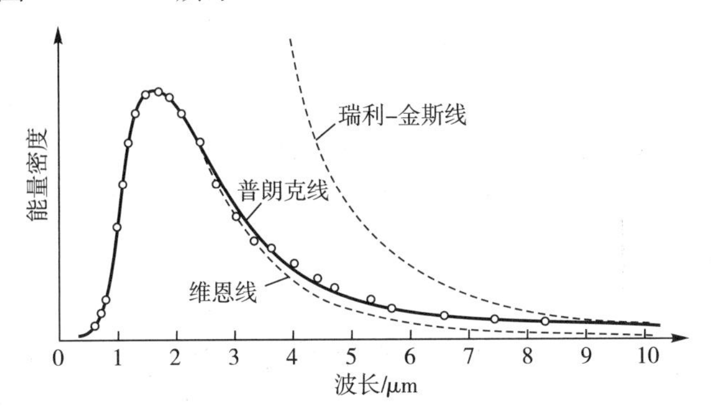

图 20—1—3　黑体辐射公式与实验值（o 代表实验值）

1900 年 10 月，普朗克（M. Planck）利用数学上的内插法，把适用于短波（高频）的维恩公式和适用于长波（低频）的瑞利—金斯公式衔接起来，得到一个公式，即普朗克黑体辐射公式

$$M_{0\lambda}(T)=\frac{2\pi hc^2}{\lambda^5}\frac{1}{e^{\frac{hc}{\lambda kT}}-1} \qquad (20-1-10)$$

式中，c 是真空中的光速，h 是一个普适的常数，称为普朗克常数，1998 年推荐的测量值为

$$h=6.626\,068\,76(52)\times10^{-34}\ \text{J}\cdot\text{s}=4.135\,667\,27(16)\times10^{-15}\ \text{eV}\cdot\text{s}$$

令人惊叹的是，普朗克的黑体辐射公式在全部波长范围内与实验曲线完全符合，如图 20—1—3 所示. 找到式（20—1—10）并没有使普朗克感到满足，反而强烈地促使他去揭示这个由他“侥幸猜到”的半经验公式的真正物理意义. 普朗克认为，空腔内壁的分子、原子的振动可以看成是许多带电的简谐振子，这些简谐振子可以辐射和吸收能量，并与空腔内的辐射达到平衡. 从空腔小孔辐射出的电磁波，就是由这些空腔内壁的简谐振子辐射出去的. 普朗克大胆地假设：频率为 ν 的简谐振子的能量值，只能取 $E=h\nu$ 的整数倍. 即简谐振子的能量是量子化的，只能取下面的一系列特定的分立值

$$E,2E,3E,\cdots,nE\ (n\ \text{为正整数})$$

能量 $E=h\nu$ 称为能量子，空腔内的辐射就是由各种频率的能量子组成的. 上述假设称为普朗克能量子假设，它就是半经验公式

(20—1—10)的真正物理意义.在这一假设基础上,再运用经典的统计物理方法就可推出普朗克黑体辐射公式(20—1—10).

能量子的假设对于经典物理来说是离经叛道的,就连普朗克本人当时都觉得难以置信.为了回到经典的理论体系,在一段时间内他总想用能量的连续性来解决黑体辐射问题,但都没有成功.能量子概念的提出标志着量子力学的诞生,普朗克为此获得1918年诺贝尔物理学奖.

§20—2 光电效应和爱因斯坦光子理论

光是电磁波,按照经典电磁场理论,光波的能量应连续地分布在电磁场中,但用光的电磁波理论却不能解释光电效应等实验规律.

一、光电效应的实验规律

金属及其化合物在光照射下发射电子的现象称为光电效应.

研究光电效应的实验装置如图20—2—1所示.在一个抽空的玻璃泡内装有金属电极K(阴极)和A(阳极),当用适当频率的光从石英窗口射入,照在阴极K上时,便有光电子自其表面逸出,经电场加速后为阳极A所收集,形成光电流i.改变电位差U_{AK},测量光电流i,可得光电效应的伏安特性曲线,如图20—2—2所示.

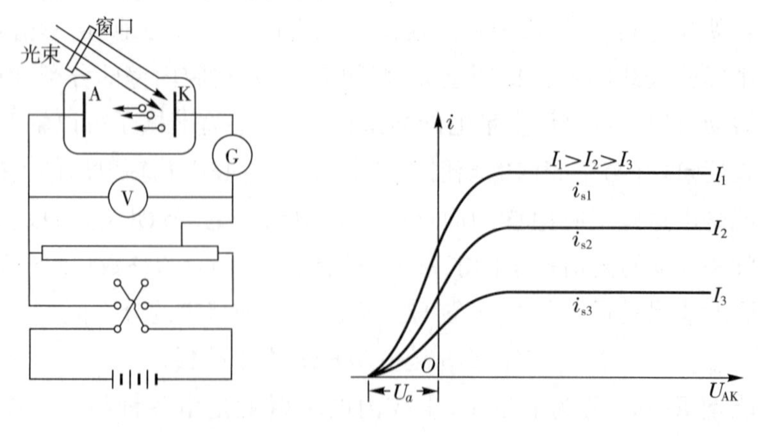

图20—2—1 光电效应的实验装置　图20—2—2 光电效应的伏安特性曲线

实验研究表明,光电效应有如下规律.

1. 饱和电流

从图 20—2—2 可以看出,光电流 i 开始时随 U_{AK} 增大而增大,而后就趋于一个饱和值 i_s,此后再增大 U_{AK},光电流不再增大,这表明在单位时间内从阴极 K 发射的所有光电子已全部到达阳极 A. 实验证明,i_s 以及在单位时间内从阴极 K 发射的光电子数与照射光强 I 成正比.

2. 截止频率

实验表明,对一定的金属阴极,当照射光频率 ν 小于某个最小值 ν_0 时,不管光强多大、照射时间多长,都没有光电流,即阴极 K 不释放光电子,这个最小频率 ν_0 称为这种金属的光电效应截止频率,也叫作红限. 红限也常用对应的波长 λ_0 表示. 红限取决于阴极材料,与光强无关,多数金属的红限在紫外区,参看表 20—1.

表 20—1　几种金属的逸出功和红限

金　　属	铯(Cs)	钾(K)	钠(Na)	锌(Zn)	钨(W)	银(Ag)
逸出功/eV	1.94	2.25	2.29	3.38	4.54	4.63
红限 $\nu_0/(\times 10^{14}$ Hz)	4.69	5.44	5.53	8.06	10.95	11.19
红限 λ_0/μm	0.639	0.551	0.541	0.372	0.273	0.267

3. 遏止电压

在保持光照射不变的情况下,改变电位差 U_{AK},发现当 $U_{AK}=0$ 时,仍有光电流. 这是因为光电子逸出时就具有一定的初动能. 改变电位差极性,使 $U_{AK}<0$,当反向电位差增大到某一定值时,光电流才降为零,如图 20—2—2 所示. 此时反向电位差的绝对值称为遏止电压,用 U_a 表示. 不难理解,遏止电压 U_a 与光电子的最大初动能有如下关系

$$\frac{1}{2}mv_m^2 = eU_a \qquad (20-2-1)$$

式中,m 和 e 分别是电子的静止质量和电量,v_m 是光电子逸出金属表面时的最大速率.

实验还表明,遏止电压 U_a 与光强 I 无关,而与照射光的频率 ν

呈线性关系.图20—2—3中给出了几种金属的$U_a-\nu$图线,其函数关系可表示为

$$U_a = K(\nu - \nu_0)(\nu \geqslant \nu_0) \qquad (20-2-2)$$

式中,K为$U_a-\nu$图线的斜率.从图中可以看出,对各种不同金属,图线斜率相同,即K是一个与材料性质无关的普适常量;ν_0是图线在横轴上的截距,它等于这种金属的光电效应红限.

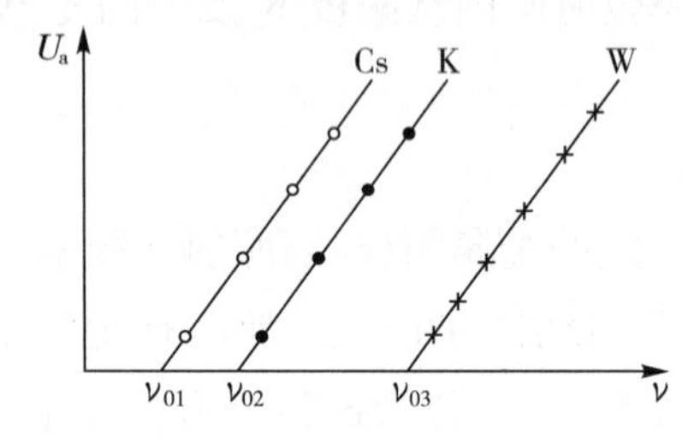

图 20—2—3　几种金属的$U_a-\nu$图线

由式(20—2—1)和(20—2—2)可知,光电子的最大初动能与入射光的频率呈线性关系.

4. 弛豫时间

实验发现,无论光强怎样微弱,光电子的逸出几乎与光照同时发生,光电效应的弛豫时间不超过10^{-9} s.

上述光电效应的实验事实和光的波动说有着深刻的矛盾.按经典电磁波理论,受光照射的物质中有电子逸出是在预料之中的,但是根据电磁波理论做出的一些预言却和上述实验规律完全不符.这些预言是,不管入射光频率如何,物质中的电子在电磁波作用下总能够获得足够能量而逸出,因而不应存在红限ν_0;逸出光电子的初动能应随光强增大而增大,而与照射光的频率无关;如果光强很小,则物质中的电子必须经过较长时间的积累,达到足够能量才能逸出,因而光电子的发射不可能是即时的,等等.

二、爱因斯坦光子理论和光电效应方程

在对黑体辐射和光电效应等实验进行仔细研究之后,爱因斯坦(A. Einstein)在1905年发表的一篇论文中指出:"在我看来,关于黑体辐射、光致发光、紫外光产生阴极射线(即光电效应——编者注),

以及其他一些有关光的产生和转化现象的观测结果，如果用光的能量在空间中不是连续分布的这种假说来解释，似乎就更好理解.”按照爱因斯坦的假说，**一束光就是一束以光速运动的粒子流，这些粒子称为光子；频率为 ν 的光的每一光子所具有的能量为 $h\nu$，它不能再分割，而只能整个地被吸收或产生出来. 这就是爱因斯坦的光子假说.**

按照光子假说，根据能量守恒定律，当金属中一个电子从入射光中吸收一个光子后，就获得能量 $h\nu$，如果 $h\nu$ 大于这种金属的电子逸出功 A，这个电子就可以从金属中逸出（所谓逸出功，即一个电子脱离金属表面时为克服表面阻力所做的功），且有

$$h\nu = A + \frac{1}{2}mv_{\mathrm{m}}^{2} \tag{20-2-3}$$

上式称为**爱因斯坦光电效应方程**. 式中 $\frac{1}{2}mv_{\mathrm{m}}^{2}$ 是光电子的最大初动能，也就是电子从金属表面逸出时所具有的最大初动能.

根据光电效应方程，可以全面说明光电效应的实验规律. 显然，按照这个方程，光电子初动能与照射频率呈线性关系；能够使某种金属产生光电子的入射光，其最低频率（红限频率）ν_0 应由该金属的逸出功 A 决定，即

$$\nu_0 = \frac{A}{h} \tag{20-2-4}$$

不同金属的逸出功不同，因而红限也不同. 另外，光照射到物质上，一个光子的能量立即被电子整个地吸收，因而光电子的发射是即时的. 最后，按光子假说，照射光的光强 I 就是单位时间到达被照物单位垂直表面积的能量，是由单位时间到达单位垂直面积的光子数 N 决定的，即 $I = Nh\nu$. 因此，光强越大，光子数越多，逸出的光电子数也就越多.

为便于和实验比较，根据式（20－2－1），将光电效应方程式（20－2－3）中的 $\frac{1}{2}mv_{\mathrm{m}}^{2}$ 换成 eU_{a}，则可得

$$U_{\mathrm{a}} = \frac{h}{e}\nu - \frac{A}{e} \tag{20-2-5}$$

将式(20—2—3)与$U_a-\nu$的实验关系式(20—2—2)比较,即可知$K=h/e, \nu_0=A/h$或$h=eK, A=eK\nu_0$. 据此,可通过实验测量K和ν_0,算出普朗克常量h和逸出功A. 爱因斯坦于1905年提出光子假设和光电效应方程,直到1916年才由美国实验物理学家密立根(R. A. Millikan)经过对光电效应进行精确的测量,并用上述方法测定了h,其结果和用其他方法测量的值非常符合,因而从实验上直接验证了光子假说和光电效应方程的正确性. 由于发现光电效应定律,爱因斯坦获得1921年诺贝尔物理学奖.

三、光(电磁辐射)的波粒二象性

光子假说不仅成功地说明了光电效应等实验,而且加深了人们对光的本性的认识. 许多实验表明,光具有波动性,而包括上面提到的一些实验在内的许多实验又表明光是粒子(光子)流,具有粒子性,这就说明光兼有波粒二象性.

光子不仅具有能量,而且具有质量和动量等一般粒子所共有的特性. 光子的质量m_φ可由相对论质能关系式求出,即

$$m_\varphi=\frac{E}{c^2}=\frac{h\nu}{c^2}=\frac{h}{c\lambda} \qquad (20-2-6)$$

光子动量为

$$p=m_\varphi c=\frac{h\nu}{c}=\frac{h}{\lambda} \qquad (20-2-7)$$

光子具有动量已在光压实验中得到证实.

以上两式将描述光的粒子特性的能量和动量与描述其波动特性的频率和波长之间,通过普朗克常数紧密联系起来了.

例 20—2—1 波长$\lambda=450$ nm的单色光入射到逸出功$A=3.7\times10^{-19}$ J的洁净钠表面,求:

(1)入射光子的能量;

(2)逸出电子的最大初动能;

(3)钠的红限频率;

(4)入射光的动量.

解 (1)入射光子的能量

$$\varepsilon = h\nu = h\frac{c}{\lambda} = 6.63\times10^{-34}\times\frac{3\times10^{8}}{450\times10^{-9}}$$

$$= 4.4\times10^{-19}(\mathrm{J}) = 2.8(\mathrm{eV})$$

(2)按式(20—2—3),逸出电子的最大初动能为

$$\frac{1}{2}mv_{\mathrm{m}}^{2} = h\nu - A = 2.8-(3.7\times6.24\times10^{-1}) = 0.5(\mathrm{eV})$$

(3)钠的红限频率,按式(20—2—4),有

$$\nu_0 = \frac{A}{h} = \frac{3.7\times10^{-19}}{6.63\times10^{-34}} = 5.6\times10^{14}(\mathrm{Hz})$$

(4)入射光子的动量,按式(20—2—7),有

$$p = \frac{h}{\lambda} = \frac{6.63\times10^{-34}}{450\times10^{-9}} = 1.5\times10^{-27}(\mathrm{kg\cdot m\cdot s^{-1}})$$

例 20—2—2 两个光子在一定条件下可以转化成正负电子对.如果两个光子的能量相等,那么要实现这种转化,光子的波长最大是多少?

解 根据能量守恒定律,要实现这种转化,两个光子的能量必须大于或等于正负电子对的静能,即

$$2h\nu \geqslant 2m_{\mathrm{e}}c^{2}$$

$$\lambda \leqslant \frac{h}{m_{\mathrm{e}}c} = 2.426\times10^{-12}(\mathrm{m})$$

即光子的最大波长为 2.426×10^{-12} m.

四、光电效应的应用

光电效应不仅有重要的理论意义,而且在许多科学和技术领域都有着广泛的应用.

利用光电效应制成的光电成像器件,能将可见或不可见的辐射图像转换或增强成为可观察、记录、传输、储存的图像,例如,在军事上用于夜视的红外变像管,就可把不可见的红外辐射图像转换成可见光图像;又如,广泛用于微光夜视中的像增强器,可将微弱的光学图像增强为高亮度的可见光学图像.

利用光电效应制成的光电倍增管,广泛地应用于自动化生产过

程,光电倍增管(如图 20—2—4 所示)具有很高的灵敏度,被广泛地用于弱光探测等方面.

图 20—2—4　光电倍增管

§20—3　康普顿散射

当光照射到尺度远小于其波长的物体上时,光就会向各个方向散开,这种现象称为光的散射.普通散射现象是指入射波的波长和散射波的波长相同的情况.经典电磁理论对此可以给出圆满的解释,即入射光使物体中的电子以相同的频率做受迫振动,而受迫振动的电子向外发射相同频率的次级电磁波.然而,在 1922 年到 1923 年间,康普顿(A. H. Compton)在用 X 射线做光散射实验时,却发现了不同于普通散射的现象.他发现,X 射线被散射后,除部分波长没有改变外,还有部分波长变长.后人将这种**波长变化的散射现象称为康普顿散射**或康普顿效应.如图 20—3—1 所示是康普顿散射实验的原理图,图中 X 光源发射的波长为 λ 的 X 射线被石墨散射,在散射角 θ 方向上的散射 X 射线的波长变成 λ'.

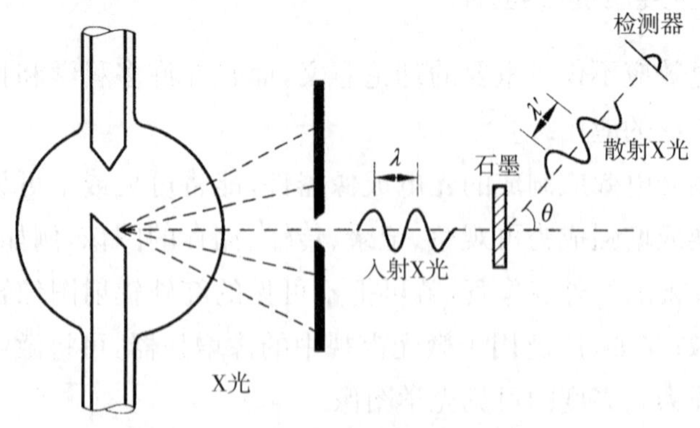

图 20—3—1　康普顿散射实验

图 20—3—2 给出了康普顿散射的实验结果，图中横坐标表示波长，纵坐标表示光的强度. 当入射 X 射线的波长为 $\lambda=0.0709$ nm 时，在散射角等于 45°，90°和 135°的方向上，散射 X 射线的波长 λ'分别增加到 0.0715 nm，0.0731 nm 和0.0749 nm. 实验结果表明，波长的改变量 $\Delta\lambda=\lambda'-\lambda$与散射物质及入射波长$\lambda$无关，只与散射角 θ 有关，它们之间的关系是

$$\Delta\lambda=\lambda_C(1-\cos\theta) \tag{20—3—1}$$

上式称为**康普顿散射公式**. 其中

$$\lambda_C=\frac{h}{m_0c}=2.43\times10^{-3}\ \text{nm} \tag{20—3—2}$$

式中，m_0 是电子的质量，h 是普朗克常数，c 是真空中的光速. λ_C 称为电子的康普顿波长，它处于 X 射线波段.

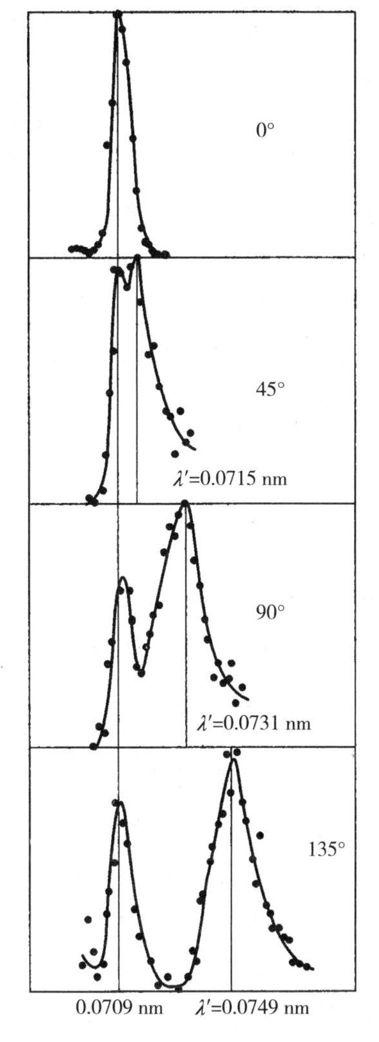

图 20—3—2　康普顿散射实验结果

由式(20—3—1)可以看出，散射光的波长随散射角 θ 的增大而增大；只有当入射波长 λ 和 λ_C(X 射线波段)接近时，$\Delta\lambda$ 与 λ 可比拟，才能明显地观测到波长的改变. 而在光电效应中，由于入射光是可见光或紫外线，它们的波长比 X 射线的波长大很多，所以这时即或有康普顿效应，但由于 $\Delta\lambda\ll\lambda$，因而实验上也很难测出波长的变化.

康普顿从光的粒子性出发解释了这种波长变化的散射. 他把这种散射看成是 X 射线光子与静止的自由电子之间的弹性碰撞，并假设在碰撞过程中能量和动量守恒. 由于电子反冲带走了一部分能量

和动量,减少了散射光子的能量和动量,所以散射的 X 射线波长变长.

如图 20－3－3 所示为康普顿散射中的动量关系,其中矢量 $\boldsymbol{p}$ 代表入射光子的动量,$\boldsymbol{p}'$ 代表散射光子的动量,而 $m\boldsymbol{v}$ 代表电子的反冲动量.根据爱因斯坦光子假设,$\boldsymbol{p}$ 和 $\boldsymbol{p}'$ 的大小分别为 $p=h\nu/c$ 和 $p'=h\nu'/c$,其中 ν 和 ν' 分别代表碰撞前、后光子的频率.由能量和动量守恒,可列出方程

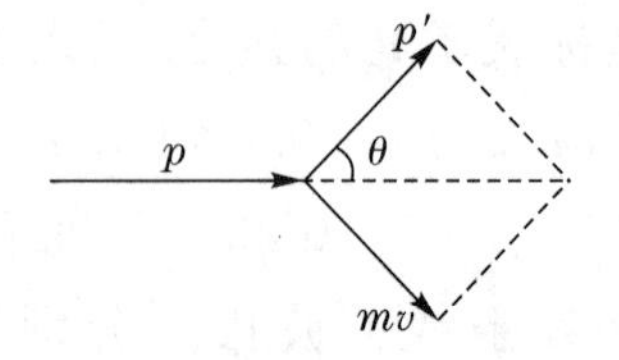

图 20—3—3　康普顿散射中的动量关系

$$h\nu + m_0c^2 = h\nu' + mc^2 \qquad (20-3-3)$$

$$\boldsymbol{p} = \boldsymbol{p}' + m\boldsymbol{v} \qquad (20-3-4)$$

式中,m_0 代表电子的静质量,$m = m_0\big/\sqrt{1-v^2/c^2}$ 代表反冲电子的质量,$\boldsymbol{v}$ 代表反冲电子的速度.联立求解上述两个方程,可得波长改变量与散射角的关系为

$$\Delta\lambda = \lambda_C(1-\cos\theta) = \frac{2h}{m_0c}\sin^2\frac{\theta}{2}$$

这和由实验得到的公式(20—3—1)完全符合.

为解释在散射光中还有波长与入射波长相同的成分,康普顿认为在散射介质中还有许多被原子核束缚得很紧的电子,光子同这些电子的碰撞相当于和整个原子交换能量和动量.由于原子的质量很大,散射光子只改变方向,几乎不改变能量,因而散射光中还包含波长不变的光.这种波长不变的散射称为瑞利散射.

康普顿散射有力地支持了爱因斯坦光量子理论,揭示了光子除了具有能量外,还具有动量,并且验证了在微观的单个碰撞事件中,能量和动量守恒定律也严格成立.康普顿散射和光电效应一起成为光具有粒子性的重要实验依据.为此,康普顿获得 1927 年诺贝尔物理学奖.作为康普顿的学生,中国物理学家吴有训参加了康普顿的 X 射线散射研究的开创工作,并做出重要贡献.

光电效应和康普顿散射都是由光子与电子之间的相互作用产生的,但由于入射光能量的显著差别,它们的机制完全不同.在光电效应中,光子波长在光学范围,能量与金属的逸出功相近,因此电子

不能看成是自由的，可以认为光电效应是电子吸收光子的过程. 但是在康普顿效应中就不同了，入射的 X 射线光子的能量(数量级为 10^4 eV)远远大于金属的逸出功(几个 eV)，被原子核束缚较弱的电子可以看成是自由的，因此，康普顿效应可以看成是由光子与静止的自由电子发生弹性散射引起的.

例 20—3—1 设康普顿散射实验的入射光子波长为 0.0711 nm，求：

(1)这些光子的能量；

(2)在 $\theta=180°$处，散射光子的波长和能量；

(3)在 $\theta=180°$处，电子的反冲能量.

解 (1)$E=\dfrac{hc}{\lambda}=\dfrac{6.63\times10^{-34}\ \mathrm{J\cdot s}\times3\times10^{8}\ \mathrm{m\cdot s^{-1}}}{7.11\times10^{-11}\ \mathrm{m}}$

$$=2.8\times10^{-15}(\mathrm{J})=1.75\times10^{4}(\mathrm{eV})$$

(2) $\Delta\lambda=\dfrac{2h}{m_0c}\sin^2\dfrac{\theta}{2}=\dfrac{2\times6.63\times10^{-34}}{9.1\times10^{-31}\times3\times10^{8}}$

$$=4.86\times10^{-12}(\mathrm{m})$$

$$\lambda'=4.86\times10^{-12}+7.11\times10^{-11}=7.596\times10^{-11}(\mathrm{m})$$

$$E'=\frac{hc}{\lambda'}=\frac{6.63\times10^{-34}\times3\times10^{8}}{7.596\times10^{-11}}$$

$$=2.62\times10^{-15}(\mathrm{J})=1.64\times10^{4}(\mathrm{eV})$$

(3)$E_e=E-E'=1.75\times10^{4}-1.64\times10^{4}=1.1\times10^{3}(\mathrm{eV})$

§20—4 氢原子光谱 玻尔的氢原子理论

1900 年，普朗克提出能量量子化假设，并成功解释了黑体辐射；1905 年，爱因斯坦又利用光子假设圆满地解释了光电效应. 在此之后，丹麦物理学家玻尔(N. Bohr)发展了普朗克的量子假设和爱因斯坦的光子假设，于 1913 年提出了氢原子结构的半经典量子理论，成功地说明了氢原子光谱的实验规律.

一、氢原子光谱的规律性

原子发光是重要的原子现象之一. 由于光学仪器的精确性，光谱学的数据对物质结构的研究具有重要意义. 19世纪末至20世纪初,人们积累了大量的有关原子光谱的实验数据,并从中发现,一定原子的辐射具有一定频率成分的特征光谱,不同元素原子辐射的特征光谱也不同. 因此,在光谱中包含了有关原子结构的重要信息. 然而各种元素原子的特征光谱又非常复杂,所以只能先从最简单的氢原子光谱入手研究.

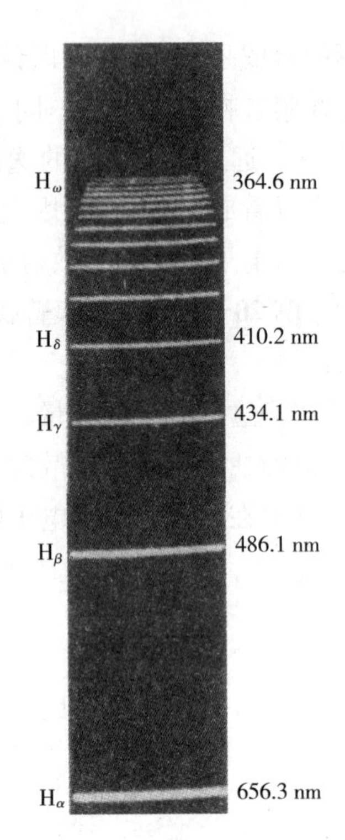

图 20—4—1　氢原子光谱巴耳末系的谱线

氢原子光谱可以从氢气放电管获得. 通过光谱仪观察发现,氢原子光谱是线状光谱,如图20—4—1所示,H_α,H_β,H_γ,…等谱线的波长经光谱学的测定已标明在图中. 1885年,瑞典的一位中学教师巴尔末(J. J. Balmer)发现,对当时已有氢原子光谱线的波长,可以归纳出一个简单的经验公式

$$\lambda = B\frac{n^2}{n^2-2^2} \qquad (20-4-1)$$

式中,$B=365.47$ nm,n为正整数. 当$n=3,4,5,\cdots$时,上式分别给出氢光谱中不同谱线的波长.

在光谱学中,谱线常用频率ν或用波长的倒数即波数$\tilde{\nu}=\dfrac{1}{\lambda}$来表示. $\tilde{\nu}$的意义为单位长度内所含的波数. 这样,上式可写为

$$\nu=\frac{c}{\lambda}=\frac{4c}{B}\left(\frac{1}{2^2}-\frac{1}{n^2}\right)$$

$$\tilde{\nu}=\frac{1}{\lambda}=\frac{4}{B}\left(\frac{1}{2^2}-\frac{1}{n^2}\right),\quad n=3,4,5,\cdots \qquad (20-4-2)$$

上式称为巴耳末公式,而将它所表达的一组谱线称为氢原子光谱的巴耳末系,它们均落在可见光区.

1889年,里德伯(R. J. Rydberg)提出了氢原子光谱的普遍表达

式，将式(20－4－2)中 2^2 换成 k^2，就可以得出氢原子光谱其他线系，即

$$\tilde{\nu} = R\left(\frac{1}{k^2} - \frac{1}{n^2}\right) \qquad (20-4-3)$$

$$k = 3,4,5,\cdots, \quad n = k+1, k+2, \cdots$$

上式称为里德伯方程，其中 $R=\frac{4}{B}=1.096\ 776\times10^{-7}\ \mathrm{m}^{-1}$ 称为里德伯常量.

根据里德伯方程，可得到氢原子光谱的其他谱线系分别为

$k=1, n=2,3,\cdots$　莱曼(Lyman)系，紫外区

$k=3, n=4,5,\cdots$　帕邢(Paschen)系，红外区

$k=4, n=5,6,\cdots$　布拉开(Brackett)系，红外区

$k=5, n=6,7,\cdots$　普丰德(Pfund)系，红外区

$k=6, n=7,8,\cdots$　哈弗莱(Humphreys)系，红外区

在氢原子光谱线实验规律的基础上，里德伯、里兹(Ritz)等人在1890年研究其他元素(如一价碱金属)的光谱时，发现碱金属光谱也可以分为若干线系，其规律性与氢谱线规律相似，一般可用两个函数差值来表示，即

$$\tilde{\nu} = T(k) - T(n) \qquad (20-4-4)$$

式中，k 和 n 取正整数，且 $n>k$，上式称为里兹并合原理，$T(k)$ 和 $T(n)$ 称为光谱项. 对同一个 k 值，不同的 n 给出同一谱系的不同谱线. 对碱金属原子，其光谱项可表示为

$$T(k) = \frac{R}{(k+\alpha)^2}, \quad T(n) = \frac{R}{(n+\beta)^2}$$

式中，α，β 都是小于1的修正数.

表面上非常复杂的光谱线，竟然由如此简单的公式表达出来，其结果又非常准确. 当时的物理学家认为这个公式是纯凭经验凑出来的，而光谱又太复杂，没有想到这个公式有什么深奥的物理意义，所以没有注意它. 直到1913年，玻尔从他的学生那里知道了这个公式，结合原子的核式模型和量子论，最终完成了他的氢原子理论.

二、玻尔的氢原子理论

要正确解释原子光谱的规律性，必须知道原子的结构. 1911 年，新西兰物理学家、化学家卢瑟福(E. Rutherford)提出的关于原子的核式结构模型得到证明以前，人们对原子结构所知甚少，因此氢原子光谱的规律在相当长的时间内未能从理论上给予说明.

在原子的核式结构模型建立以后，按照原子的有核模型，根据经典电磁理论，绕核运动的电子将辐射与其圆周运动频率相同的电磁波，因而原子系统的能量将逐渐减少. 按计算，如果电子在半径为 r 的圆周上绕核运动，则氢原子的能量为 $E=-\frac{e^2}{8\pi\varepsilon_0 r}$，显然，随着能量减少，电子轨道半径将不断减小；与此同时，电子圆周运动频率(从而辐射频率)将连续增大. 因此原子光谱应是连续的带状光谱，并且电子最终将落到原子核上，因此不可能存在稳定的原子. 这些结论显然与实验事实相矛盾，可见依据经典理论无法说明原子的线状光谱规律.

玻尔将卢瑟福关于原子的有核模型、普朗克量子假设、里德伯—里兹并合原理结合起来，把量子论推广到原子系统，于 1913 年创立子氢原子结构的半经典量子理论，将人们对原子结构的认识向前推进了一大步，使氢原子光谱规律获得很好解释.

1. 玻尔理论的基本假设

玻尔注意到原子发射的光谱是不连续的线状光谱，因而他提出下述三条假设.

(1)定态假设.

原子系统只能处在一系列不连续的能量状态，在这些状态中，虽然电子绕核做加速运动，但并不能辐射电磁波，这些状态称为原子系统的稳定状态，简称定态，相应的能量分别为 E_1，E_2，E_3，…($E_1<E_2<E_3<\cdots$).

(2)频率条件.

当原子从一个能量为 E_n 的定态跃迁到另一个能量为 E_k 的定

态时，就要发射或吸收一个频率为 ν_{kn} 的光子

$$\nu_{kn} = \frac{|E_n - E_k|}{h} \tag{20-4-5}$$

式中，h 为普朗克常数. 当 $E_n > E_k$ 时发射光子，$E_n < E_k$ 时吸收光子. 上式称为玻尔频率公式.

(3)量子化条件.

在电子绕核做圆周运动中，其稳定状态必须满足电子的角动量 L 等于 $h/2\pi$ 的整数倍条件，即

$$L = n\frac{h}{2\pi} = n\hbar, \quad n = 1,2,3,\cdots \tag{20-4-6}$$

式中，$\hbar = \frac{h}{2\pi} = 1.054\,588\,7 \times 10^{-34}\ \text{J}\cdot\text{s}$.

2. 氢原子轨道半径、能级公式和氢原子光谱规律

下面，从玻尔三条假设出发，来推求氢原子在稳定状态中的轨道半径及氢原子能级公式，并解释氢原子光谱的实验规律.

(1)氢原子轨道半径.

在氢原子中，质量为 m，电荷为 e 的电子，在半径为 r 的稳定轨道上，以速率 v 做圆周运动，电子受到的向心力是氢原子核正电荷对轨道电子的库仑力，应用库仑定律和牛顿运动定律有

$$\frac{e^2}{4\pi\varepsilon_0 r^2} = m\frac{v^2}{r}$$

根据第三条假设，即角动量量子化条件，得

$$L = mvr = n\frac{h}{2\pi}, \quad n = 1,2,3,\cdots$$

消去上述两式中的 v，得

$$r_n = n^2\left(\frac{\varepsilon_0 h^2}{\pi m e^2}\right) = r_1 n^2, n = 1,2,3,\cdots \tag{20-4-7}$$

式中 $r_1 = \frac{\varepsilon_0 h^2}{\pi m e^2}$. 由于 ε_0, h, m 和 e 均可知，可算得 $r_1 = 0.529 \times 10^{-10}$ m. r_1 其实是电子的第一个($n=1$)轨道半径，叫作玻尔半径. 因此可知，电子绕核运动半径的可能值为 $r_1, 4r_1, 9r_1, 16r_1, \cdots$ 可见，电子轨道半径与量子数 n 的平方成正比，其量值是不连续的. 人们注意到，r_1 的数量级与经典统计所估计的分子半径相符合，初步显示出玻尔理论

的正确性.

$n=1$ 的定态称为基态,$n=2,3,4,\cdots$各态均称为受激态(激发态),氢原子处于各定态时电子轨道如图 20—4—2 所示.

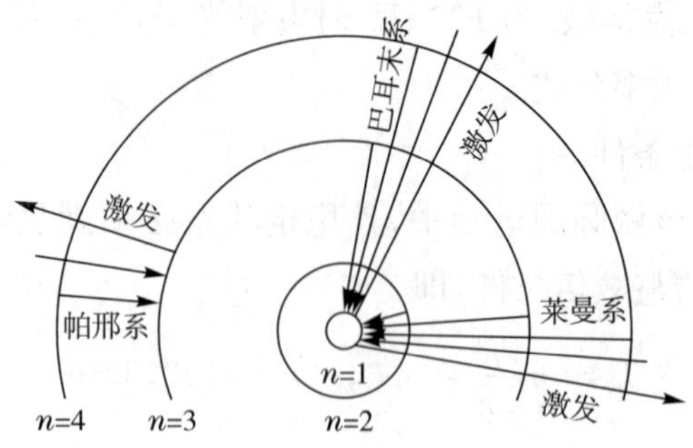

图 20—4—2　氢原子各定态轨道及跃迁图

(2)能级公式.

当电子在半径为 r_n 的定态轨道上运动时,氢原子系统的能量 E_n 等于原子核与轨道电子这一带电系统的静电势能和电子的动能之和,如果以电子在无穷远处的静电势能为零,则有

$$E_n=\frac{1}{2}mv_n^2-\frac{e^2}{4\pi\varepsilon_0 r_n} \qquad (20-4-8)$$

由于电子做圆周运动,所以作用在电子上的库仑力为向心力,即

$$\frac{e^2}{4\pi\varepsilon_0 r_n^2}=m\frac{v^2}{r_n}$$

即

$$\frac{1}{2}mv^2=\frac{e^2}{8\pi\varepsilon_0 r_n}$$

代入 E_n 表达式,得

$$E_n=-\frac{e^2}{8\pi\varepsilon_0 r_n}=-\frac{1}{n^2}\left(\frac{me^4}{8\varepsilon_0^2h^2}\right)=-\frac{E_1}{n^2} \qquad (20-4-9)$$

式中,$E_1=-\frac{me^4}{8\varepsilon_0^2h^2}=-13.6\ \text{eV}$,这是把电子从氢原子的第一个玻尔轨道移到无穷远处所需的能量值,E_1 就是电离能. 这个能量值与实验测得的氢的电离能值(13.599 eV)符合得很好.

式(20—4—9)表示电子在第 n 个稳定轨道上运动(即原子处于

第 n 个稳定态)时氢原子系统的能量. 由于量子数 n 只能取 1,2,3,…等任意正整数,所以氢原子具有的能量是不连续的,如 $E_1, E_2=\frac{E_1}{4}, E_3=\frac{E_1}{9}$,…也就是说,氢原子的能量是量子化的. 这种量子化的能量值称为能级. 式(20—4—9)就是玻尔理论的氢原子能级公式. 从公式可以看出,原子能量都是负值,这说明原子中的电子没有足够的能量就不能脱离原子核对它的束缚.

图 20—4—3 表示氢原子的能级图. 在正常情况下,氢原子处于最低能级 E_1,也就是电子处于第一轨道上. 这个最低能级对应的状态叫作基态,或叫作氢原子的正常态. 电子受到外界激发时,可从基态跃迁到较高的能级 E_2, E_3, E_4,…上,这些能级对应的状态叫作受激态. 当 $n\to\infty$ 时,$r_n\to\infty$,$E_n\to 0$,能级趋于连续. $E>0$ 时,原子处于电离状态,能量可连续变化.

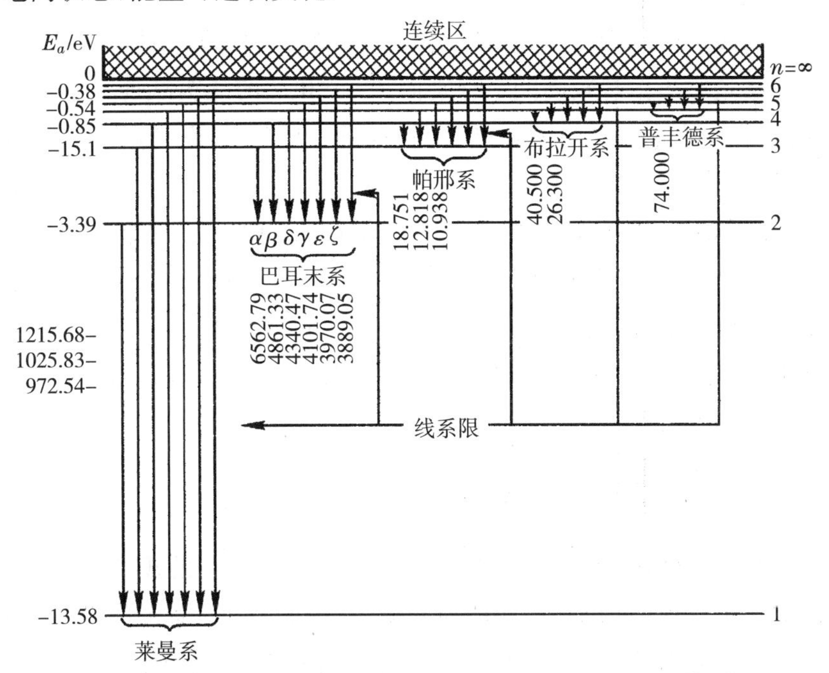

图 20—4—3　氢原子能级图

(3)氢原子光谱规律.

下面用玻尔理论来研究氢光谱的规律. 根据玻尔假设,当原子从较高的能态 E_n 向较低的能态 E_k($n>k$)跃迁时,发射一个光子,其

频率和波数为

$$\nu_{nk}=\frac{E_n-E_k}{h}$$

$$\widetilde{\nu_{nk}}=\frac{1}{\lambda_{nk}}=\frac{\nu_{nk}}{c}=\frac{1}{hc}(E_n-E_k)$$

将能级公式 $E_n=-\frac{1}{n^2}\left(\frac{me^4}{8\varepsilon_0^2h^2}\right)$代入,可得氢原子光谱的波数公式

$$\widetilde{\nu_{nk}}=\frac{me^4}{8\varepsilon_0^2h^3c}\left(\frac{1}{k^2}-\frac{1}{n^2}\right) \qquad (20-4-10)$$

显然,上式与氢原子光谱经验公式里德伯方程是一致的,又可算得里德伯常量的理论值为

$$R_{理论}=\frac{me^4}{8\varepsilon_0^2h^3c}=1.097\,373\,1\times10^7\ \mathrm{m^{-1}}$$

这个值与实验值符合得很好.

在波数公式中,$k=1,2$ 分别对应莱曼系和巴耳末系,可见这两个谱系是原子由各较高能级分别向 $k=1$ 和 2 的能级跃迁时发射出来的.在定态电子轨道图和能级图中均给出了能级跃迁所产生的各谱线系.

玻尔理论成功地说明了氢原子的光谱结构,对类氢离子(核外只有一个电子的体系,如 He^+,Li^{2+},Be^{3+},…)的光谱也能很好说明.可见,这个理论在一定程度上能正确地反映单电子原子系统的客观实际.鉴于玻尔对研究原子结构和原子辐射的贡献,玻尔荣获1922年诺贝尔物理学奖.

三、玻尔理论的缺陷

我们看到,玻尔理论圆满地解释了氢原子光谱的规律性,从理论上算出了里德伯常量,并能对只有一个价电子的原子或离子,即类氢离子光谱给予说明.玻尔提出的能级概念,即原子能量是量子化的,不久被弗兰克—赫兹实验所证实.

但是,玻尔理论也有一些缺陷.例如,玻尔理论只能说明氢原子及类氢原子的光谱规律,不能解释多电子原子的光谱.对谱线的强度、宽度、偏振等一系列问题也无法处理.此外,玻尔的理论还存在

逻辑上的缺点，他一方面把微观粒子(电子、原子等)看作遵守经典力学规律的质点；另一方面又赋予它们量子化的特征(角动量的量子化、能量量子化)，这使得微观粒子非常的不协调. 因此，玻尔理论是经典理论加上量子条件的混合物. 正如当时布拉格(Bragg)对这种理论评论时所说："好像应当在星期一、三、五引用经典规律，而在星期二、四、六引用量子规律."这一切都反映出玻尔理论的局限性.

后来，在微观粒子具有波粒二象性的基础上建立起来的量子力学，以正确的概念和理论完满地解决了玻尔理论的缺陷，成为一个完整地描述微观粒子运动规律的力学体系.

例 20-4-1 在气体放电管中，用能量为 12.5 eV 的电子通过碰撞使氢原子激发，求受激发的原子向低能级跃迁时，能发射哪些波长的光谱线.

解 设氢原子全部吸收电子的能量后最高能激发到第 n 个能级，此能级的能量为$-\dfrac{13.6}{n^2}$ eV，所以

$$E_n - E_1 = 13.6 - \frac{13.6}{n^2}$$

将 $E_n - E_1 = 12.5$ eV 代入上式，得

$$n^2 = \frac{13.6}{13.6 - 12.5} = 12.36$$

所以

$$n = 3.5$$

因为 n 只能取整数，所以氢原子最高能激发到 $n=3$ 的能级，当然也能激发到$n=2$的能级. 于是能产生 3 条谱线

从 $n = 3 \to n = 1$ $\quad \tilde{\nu}_1 = R\left(\dfrac{1}{1^2} - \dfrac{1}{3^2}\right) = \dfrac{8}{9}R$

$$\lambda_1 = \frac{9}{8R} = \frac{9}{8 \times 1.096\,776 \times 10^7}\ \text{m} = 102.6\ \text{nm}$$

从 $n = 3 \to n = 2$ $\quad \tilde{\nu}_2 = R\left(\dfrac{1}{2^2} - \dfrac{1}{3^2}\right) = \dfrac{5}{36}R$

$$\lambda_2 = \frac{36}{5R} = \frac{36}{5 \times 1.096\,776 \times 10^7}\ \text{m} = 656.5\ \text{nm}$$

从 $n=2\rightarrow n=1$ $\qquad \tilde{\nu}_3=R\left(\frac{1}{1^2}-\frac{1}{2^2}\right)=\frac{3}{4}R$

$$\lambda_3=\frac{4}{3R}=\frac{4}{3\times 1.096\,776\times 10^7}\text{ m}=121.6\text{ nm}$$

例 20－4－2 计算氢原子中的电子从量子数 n 的状态跃迁到量子数 $k=n-1$ 的状态时所发射谱线的频率. 试证明:当 n 很大时,这个频率等于电子在量子数 n 的圆轨道上绕转的频率.

解 按式(20－4－9),求得

$$\nu_{n-1,n}=\frac{me^4}{8\varepsilon_0^2h^3}\left[\frac{1}{(n-1)^2}-\frac{1}{n^2}\right]=\frac{me^4}{8\varepsilon_0^2h^3}\frac{2n-1}{n^2(n-1)^2}$$

当 n 很大时

$$\nu_{n-1,n}\approx\frac{me^4}{8\varepsilon_0^2h^3}\frac{2}{n^3}=\frac{me^4}{4\varepsilon_0^2h^3n^3}$$

另一方面,可求得电子在半径 r_n 的圆轨道上的绕转频率为

$$\nu=\frac{v_n}{2\pi r_n}=\frac{mv_nr_n}{2\pi mr_n^2}=\frac{n\frac{h}{2\pi}}{2\pi mr_n^2}=\frac{nh}{4\pi^2mr_n^2}$$

再将式(20－4－7)中的 r_n 代入,求得

$$\nu=\frac{nh}{4\pi^2m}\left(\frac{\pi me^2}{n^2\varepsilon_0h^2}\right)^2=\frac{me^4}{4\varepsilon_0^2h^3n^3}$$

可见 ν 的值和在 n 很大时 $\nu_{n-1,n}$ 的值相同. **在量子数很大的情况下,量子理论得到与经典理论一致的结果,这是一个普遍原理,称为对应原理.** 本题就是对应原理的一个例证.

四、弗兰克－赫兹实验

在玻尔发表原子内含有能级的氢原子理论的第二年,1914 年,弗兰克(J. Franck)和赫兹(G. L. Hertz)从实验中证实了原子中存在分立的能级,对玻尔的理论给予了很大的支持. 如图 20－4－4 所示是他们实验装置的示意图. 玻璃管 B 内充满低压水银蒸气,电子从加热的灯丝 F 发射出来,在加速电压 U_0 的作用下被加速,并向栅极 G 运动. 在栅极 G 和板极 P 之间有一很小的反向电压 U_r(其值为 0.5 V). 电子穿

过 G 到达 P，于是在电路中观察到板极电流 I_p.

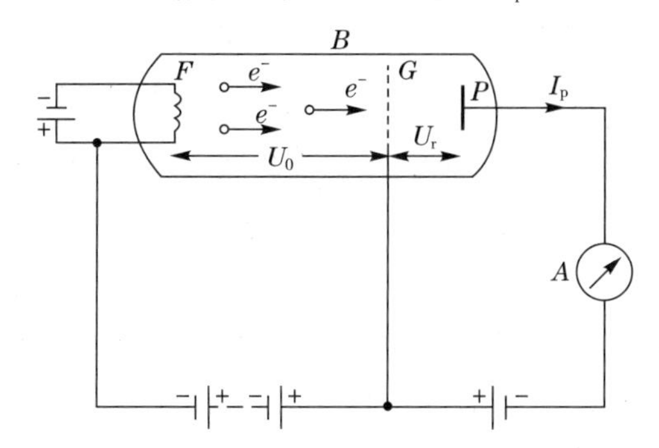

图 20—4—4　弗兰克—赫兹实验装置示意图

图 20—4—5 给出板极电流随加速电压变化的实验结果. 从图中可以看出，板极电流并非总是随加速电压的增加而增大. 在起始阶段，I_p 随 U_0 而增加，当 I_p 达到峰值后，随 U_0 的增加，I_p 急剧下降；然后 I_p 又随 U_0 而增加，此后，又出现第二个峰值，等等.

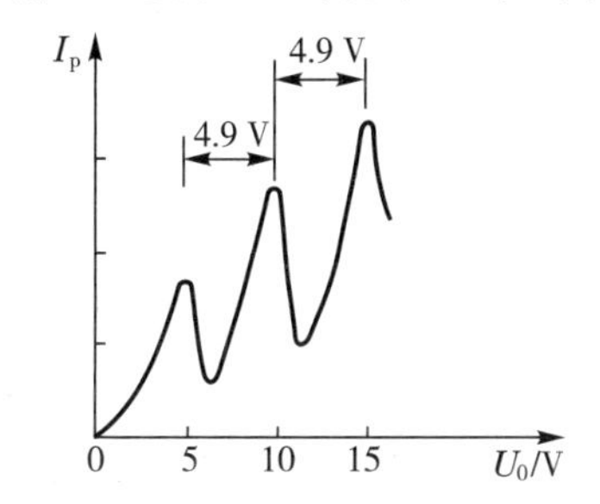

图 20—4—5　弗兰克—赫兹实验的板极电流与加速电压之间的关系

怎样说明上述实验结果呢？设汞原子的基态能量为 E_1，第一激发态能量为 E_2. 当动能为 E_k 的电子和汞原子相碰撞时，若电子的动能 E_k 小于汞原子第一激发态能量 E_2 与基态能量 E_1 之差，即 $E_k < E_2 - E_1$ 时，电子不能使汞原子激发，电子的动能没有损失，因而，电子与汞原子之间的碰撞为弹性碰撞. 在这种情况下，板极电流 I_p 将随加速电压 U_0 的增加而增加. 当电子的动能等于或大于汞原子第一激发态能量与基态能量之差，即 $E_k \geqslant E_2 - E_1$ 时，汞原子可从电子那里得到 $E_2 - E_1$ 的能量，从而使汞原子由基态跃迁到激发态. 这时电子与汞原子之间的碰撞为非弹性碰撞. 在这种情况下，由于电子把其动能中的全部或大部分传递给了汞原子，电子的动能急剧

减少，故板极电流 I_p 亦急剧降低，这就是图 20—4—5 中出现第一个波谷的原因，至于在图中出现的第二个波谷，是因为电子连续与两个汞原子发生非弹性碰撞，使两个汞原子由基态跃迁到激发态. 在这种情况下，电子几乎把其全部动能传递给汞原子，电子的动能急剧减少，板极电流 I_p 亦急剧降低，于是出现图中第二个波谷，以此类推.

实验还指出，板极电流出现第一个峰值时所对应的加速电压为 4.9 V，第二个峰值所对应的电压为 9.8 V，第三个峰值所对应的电压为 14.7 V. 这也就是说，两相邻板极电流峰值所对应的电压都为 4.9 V. 因此，我们可以认为，4.9 eV是把汞原子从基态激发到第一激发态所需要的能量. 4.9 V 也称为汞原子的第一激发电势.

受激发的汞原子从第一激发态跃迁到基态时，就会有光发射出来；所发射出的光的波长可以由

$$h\nu = E_2 - E_1$$

求得

$$\lambda = \frac{ch}{E_2 - E_1} = \frac{3\times10^8\times6.63\times10^{-34}}{4.9\times1.6\times10^{-19}}\ \text{nm} = 2.54\times10^2\ \text{nm}$$

在实验中，确实观察到一条 $\lambda=2.53\times10^2$ nm 的谱线，这个实验值与计算值符合得很好.

弗兰克—赫兹实验表明，原子能级确实是存在的. 要把原子激发到激发态，需要吸收一定数值的能量，而这些能量是不连续的、量子化的，从而就无可辩驳地证实了存在分立的原子能级这一事实. 弗兰克和赫兹也因此同获 1925 年诺贝尔物理学奖.

*五、里德堡原子

里德堡原子是指原子的一个价电子被激发到高量子态(主量子数 n 很大)的高激发原子.(目前在实验中已制备出 $n\approx105$ 的氢原子，在星际介质中已观测到 $n\approx250$ 的氢原子，射电天文观测已探测到 $n\approx630$ 的大原子. 里德堡原子中只有一个电子处于很高的激发态，离原子实很远，原子实对这个电子的库仑作用可视为一个点电荷的库仑作用. 因此可以将里德堡原子看作类氢原子，将多体问题转化为单电子问题来处理，使对原子结构问题的研究大为简化，并可利用单电子原子体系的量子理论进行有关的计算.

1. 能级结构

当原子的外层电子处于主量子数 n、角量子数 l 的状态时，类比碱金属原子的能级公式，里德堡原子的能级表达为

$$E=-\frac{hcRz^{*2}}{n^{*2}}=-\frac{hcRz^{*2}}{(n-\Delta)^2} \qquad (20-4-11)$$

式中，z^* 为有效核电荷数，R 为里德堡常数，n^* 为有效量子数，Δ 为量子修正数. 由式(20－14－11)可知，里德堡原子外层电子的结合能可近似地表示为 $E_n \propto \frac{1}{n^2}$，即 n 越大结合能则越小，表明里德堡原子很容易被电离. 例如，当 $n=105$时，$E_n \sim 10^{-3}$ eV；当 $n=250$ 时，$E_n \sim 10^{-4}$ eV；当 $n=630$ 时，$E_n \sim 10^{-5}$ eV.

里德堡原子相邻两个束缚态之间的能量间隔近似为 $\Delta E_n \sim \frac{1}{n^3}$，即 n 越大，间隔越小. 例如，当 $n=105$ 时，$\Delta E_n \sim 10^{-5}$ eV；当 $n=250$ 时，$\Delta E_n \sim 10^{-7}$ eV；当 $n=630$ 时，$\Delta E_n \sim 10^{-8}$ eV. 这使得检测里德堡原子需要有高分辨率的光谱技术，同时也带来一些新的现象. 例如，对于正常原子，室温的黑体辐射频率远低于原子的一般辐射频率，室温黑体辐射对原子的影响可以忽略不计. 而对于里德堡原子，能量间隔很小，室温黑体辐射能够影响原子的寿命.

2. 轨道半径

根据量子力学原理，主量子数为 n、角量子数为 l 的里德堡原子外层电子的轨道半径的平均值$\bar{r}_{nl}$为

$$\bar{r}_{nl}=n^2\left[1+\frac{1}{2}\left(1-\frac{l(l+1)}{n^2}\right)\right]a_0 \qquad (20-4-12)$$

其中 $a_0=0.529\times10^{-10}$ m 为氢原子第一玻尔轨道半径. 由式(20－4－12)可以看出，当 n 很大时，$\bar{r}_{nl}\sim\bar{r}_n\propto n^2$. 例如，当 $n=105$ 时，$\bar{r}_{nl}\sim10^{-7}$ m；当 $n=250$ 时，$\bar{r}_{nl}\sim10^{-6}$ m，此时的原子比通常情况下的基态氢原子(线度为 10^{-10} m)大 10^4 倍，这是一个大的原子体系，可与细菌的大小相比较.

3. 辐射寿命

当原子外层电子处于(nl)状态时，根据量子辐射理论可得自发辐射寿命 τ_n 与 n 的关系为

$$\tau_n \propto n^3 \qquad (20-4-13)$$

当 n 很大时，不同 l 值的态可形成混合组态，可计算出给定 n 值状态下的平均辐射寿命为

$$\overline{\tau_n}=\frac{1}{n^2}\left[\sum_{l=0}^{n-1}\frac{2n+1}{\tau_{nl}}\right]^{-1} \qquad (20-4-14)$$

其中 τ_{nl}是(nl)态的辐射寿命. 当 n 很大时，可近似地得到

$$\overline{\tau_n}\propto n^{4.5} \qquad (20-4-15)$$

上式表明,处于高激发态的里德堡原子是一个寿命很长的原子体系,它比一般情况下的原子的寿命(大约千分之一秒)要长得多.另外,从里德堡原子两个相邻束缚态之间的能级间隔 ΔE_n 的数值可知,此时的 ΔE_n 可与室温下黑体辐射的频谱相比较,因此可观察到黑体辐射对高激发态里德堡原子辐射寿命的影响.

由上面的分析可知,里德堡原子具有一些奇特的性质,如半径很大、寿命长、结合能小等.因而,里德堡原子很容易受到外加电磁场或其他原子分子的碰撞等影响而改变其性能.由于这些特性,里德堡原子已被当作探针用来进行基础研究和多方面的应用,并已逐步发展成为一门独立的分支学科.

4. 里德堡原子的产生和检测方法

通常情况下原子处于基态,要将原子由基态激发到激发态,必须通过交换能量使原子获取一定数值的能量,以补偿激发态与基态之间的能量差.在激光器应用之前,常常采用普通光源激励,由于普通光源的局限性,很难将原子激发到特定的高激发态.此外,用传统光谱学的方法检测的分辨率很低,故系统地研究高激发态里德堡原子存在很大的困难.当调频激光器应用之后,可容易地实现可选择性激发,加上采用分步激发或多光子吸收等方法,可较容易地实现将原子激发到特定的高激发态,从而在实验上产生出里德堡原子.里德堡原子态的检测可采用荧光法或电离法.荧光法对里德堡原子高激发态不太适用,而电离法则可简单、灵敏地检测单个特定的里德堡原子状态.对于碱金属原子 Li,Na,K,Rb,Cs 的高(ns)态和高(nd)态的研究,主要通过双光子吸收产生高激发里德堡原子态,再用荧光法或电离法进行检测.

自从激光技术应用于光谱学后,特别是有了可连续调频的激光器,给里德堡原子的产生和检测提供了必要的条件,从而加速了高激发态光谱学的发展.通过更加全面和更加深入的研究,必将进一步加深人们对原子结构及原子与其他微观粒子相互作用过程的认识.

§20—5　微观粒子的波粒二象性

物理学家十分看重自然界的和谐与对称,运用对称性思想研究新问题、发现新规律以至于在科学上取得突破性成就,这在物理学史上屡见不鲜.例如,知道了变化的磁场能产生电场,法拉第就根据对称性原则,推测变化的电场也应能产生磁场,这一设想随后在实践中得到确认,从而将电磁学理论发展到一个崭新的阶段,为人类进入电气化时代奠定了基础.

面对经典物理在研究原子、分子等微观粒子运动规律时所遇到的严重困难,法国物理学家德布罗意(Louis Victor de Broglie)注意到光是电磁波,在其与物质相互作用时,却以光子的形式进行能量交换,即光具有波粒二象性.从对称性角度考虑,德布罗意于1924年在其博士论文中,首次大胆地提出了微观粒子也应具有波粒二象性的假设.这一假设随后为电子衍射实验所证实.德布罗意的这一假设为波动力学(量子力学的一种描述方式)的建立奠定了基础.为此,他获得了1929年诺贝尔物理学奖.

一、微观粒子的波粒二象性

德布罗意假设:不仅光具有波粒二象性,一切实物粒子如电子、原子、分子等也都具有波粒二象性;他还把表示粒子波动特性的物理量波长λ、频率ν与表示其粒子特性的物理量(质量m、动量p和能量E)用下式联系起来.

$$E = mc^2 = h\nu \qquad (20-5-1a)$$

$$p = mv = \frac{h}{\lambda} \qquad (20-5-2a)$$

上式也可写成

$$\nu = \frac{E}{h} = \frac{mc^2}{h} = \frac{m_0 c^2}{h\sqrt{1-v^2/c^2}} \qquad (20-5-1b)$$

$$\lambda = \frac{h}{p} = \frac{h}{mv} = \frac{h}{m_0 v}\sqrt{1-v^2/c^2} \qquad (20-5-2b)$$

式(20—5—1)和式(20—5—2)称为**德布罗意关系式**.这种与实物粒子相联系的波称为**德布罗意波或物质波**.

德布罗意用物质波概念分析了玻尔量子化条件的物理基础.他将电子在玻尔轨道上运动与这个电子的物质波沿轨道传播相联系,指出一个无辐射的稳定圆轨道的周长必须等于电子的物质波波长的整数倍,即满足驻波条件,如图20—5—1所示.设r为电子稳定圆轨道的半径,则有

$$2\pi r = n\lambda, \quad n = 1,2,3,\cdots \qquad (20-5-3)$$

将德布罗意关系式$\lambda=h/mv$代入式(20—5—3),可得

$$mvr = n\frac{h}{2\pi} = n\hbar$$

此即玻尔理论中的角动量量子化条件. 这样,由物质波驻波条件就能比较自然地得出**玻尔量子化条件**. 由此还可以推知氢原子定态能量也是量子化的.

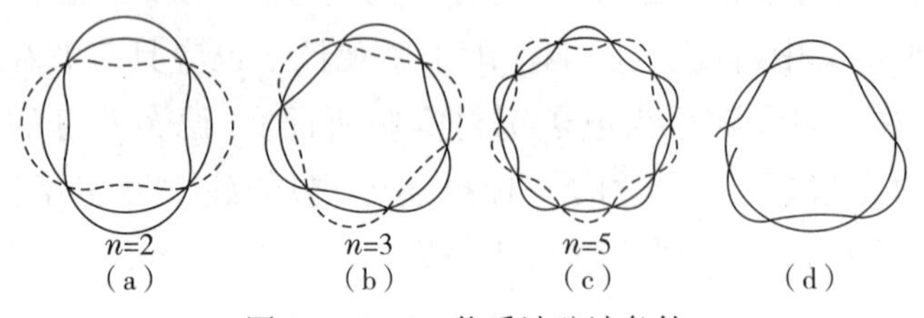

图 20—5—1　物质波驻波条件

二、物质波的实验证明

德布罗意关于物质波的假设,1927 年首先为著名的戴维逊(C. J. Davisson)—革末(L. H. Germer)实验所证实,戴维逊和革末做电子束在晶体表面散射实验时,观察到了与 X 射线在晶体表面衍射相类似的电子衍射现象,从而证实了电子具有波动性. 近年来,不少实验物理学家都做过证实物质波的实验,其中大多设计精巧、实验难度很高、效果非常突出,反映了近年来科学实验技术的飞速进步. 如图 20—5—2 所示的是 1961 年做的证实电子波动性的电子束单缝、双缝、三缝、四缝、五缝衍射图样实验的照片,实验中采用经 50 kV 电压加速的电子,相应的电子波长约为 0.005 nm. 由于波长非常短,实验难度高,因此这样的实验结果是极其卓越的.

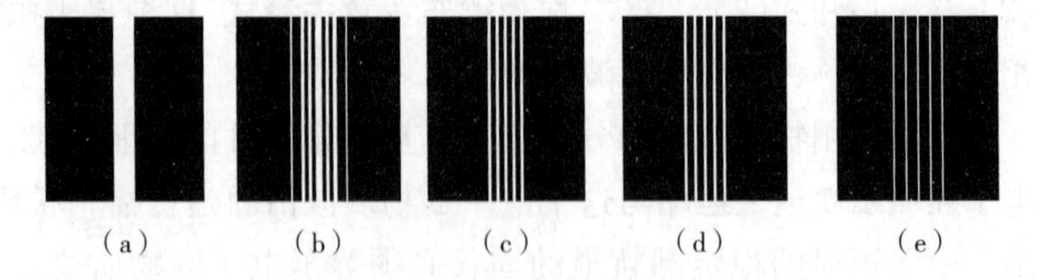

图 20—5—2　电子束单缝、双缝、三缝、四缝、五缝衍射图样

如图 20—5—3(a)所示,为用 X 射线束和电子束分别入射到铝

粉末晶片上的衍射实验装置. 实验中,使 X 射线和电子波长相等. 如图 20—5—3(b)和(c)所示,分别为 X 射线和电子束的衍射条纹,从两图可以看到两者的衍射条纹相同.

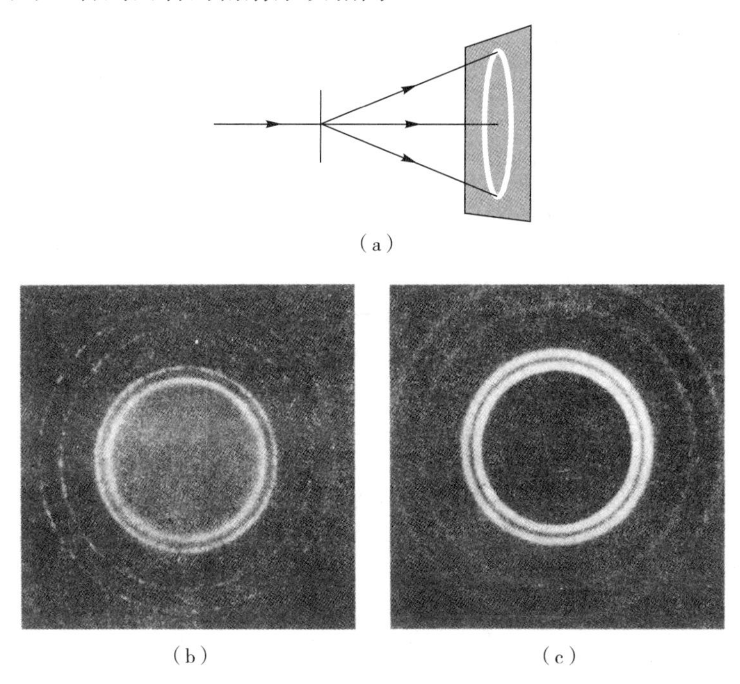

图 20—5—3　X 射线束和电子束入射到铝粉末晶片上的衍射

这些近代实验都准确地证明了电子具有与光波相同的波动性.

微观粒子的波动性在现代科学技术上已得到广泛应用,电子显微镜即为一例. 光学仪器分辨率与所用射线波长成反比,运动电子的波长一般很小,为$10^{-3}\sim10^{-2}$ nm,故电子显微镜的分辨率比光学显微镜高得多. 粒子的波动性,如电子和中子的波动性,还被广泛地用于研究固体和液体的原子结构等.

例 20—5—1　计算经过电势差 $U=150$ V 和 $U=10^4$ V 加速的电子的德布罗意波长(在 $U\leqslant10^4$ V 时,可不考虑相对论效应).

解　经过电势差 U 加速后,电子的动能和速率分别为

$$\frac{1}{2}m_0v^2=eU,\quad v=\sqrt{\frac{2eU}{m_0}}$$

式中,m_0 为电子的静止质量,将上式代入德布罗意关系式(20—5—2b),

可得电子的德布罗意波长

$$\lambda = \frac{h}{m_0 v} = \frac{h}{\sqrt{2m_0 e}} \frac{1}{\sqrt{U}}$$

将常量 h, m_0, e 的值代入,可得

$$\lambda = \frac{12.25}{\sqrt{U}} \times 10^{-10} \text{ m} = \frac{1.225}{\sqrt{U}} \text{ nm} \qquad (20-5-4)$$

式中,U 的单位是伏特.

将 $U_1 = 150$ V,$U_2 = 10^4$ V 分别代入上式,得到相应波长值分别为

$$\lambda_1 = 0.1 \text{ nm}, \quad \lambda_2 = 0.0123 \text{ nm}$$

由此可见,在这样电压加速下,电子的德布罗意波长与 X 射线的波长相近.

例 20－5－2 计算质量 $m = 0.01$ kg,速率 $v = 300 \text{ m} \cdot \text{s}^{-1}$ 的子弹的德布罗意波长.

解 由德布罗意关系式(20－5－2b),并且注意到 $v \ll c$,应用非相对论近似,有

$$\lambda = \frac{h}{m_0 v} = \frac{6.63 \times 10^{-34}}{0.01 \times 300} = 2.21 \times 10^{-34} (\text{m})$$

可以看出,由于 h 是一个非常小的量,宏观粒子的德布罗意波长是如此之小,以至于在当今任何实验中都不可能观察到它的波动性,它表现出的只是粒子性.

三、不确定关系

在经典力学中,质点(宏观物体或粒子)在任何时刻都有完全确定的位置、动量、能量、角动量等. 与此不同,微观粒子具有明显的波动性,以致它的某些成对物理量不可能同时具有确定的量值. 例如,位置坐标和动量、角坐标和角动量、能量和时间等,其中一个量确定越准确,另一个量的不确定程度就越大.

德国物理学家海森伯(W. K. Heisenberg)根据量子力学导出,如果一个粒子的位置坐标具有一个不确定量 Δx,则同一时刻其动量也有一个不确定量 Δp_x,Δx 与 Δp_x 的乘积总是不小于一定的数

值 $\hbar/2$,即有

$$\Delta x \Delta p_x \geqslant \frac{\hbar}{2} \qquad (20-5-5)$$

式(20—5—5)称为**海森伯坐标和动量的不确定关系**.

这一规律直接来源于微观粒子的波粒二象性,可以借助电子单缝衍射实验来说明.如图 20—5—4 所示,设单缝宽度为 Δx,使一束电子沿 y 轴方向射向狭缝,在缝后放置照相底片,以记录电子落在底片上的位置.

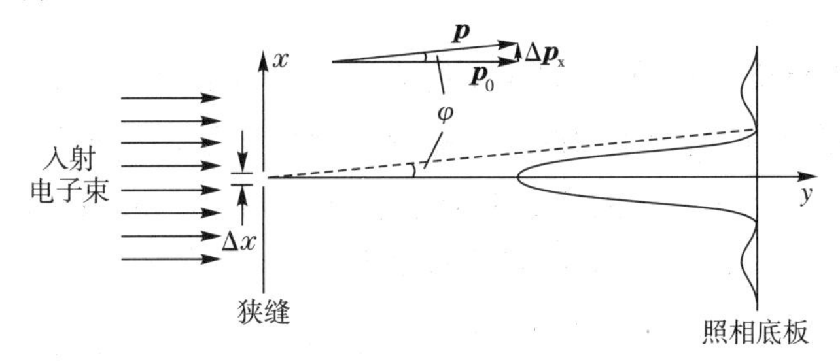

图 20—5—4　电子单缝衍射

电子可以从缝上任何一点通过单缝,因此在电子通过单缝时刻,其位置的不确定量就是缝宽 Δx.由于电子具有波动性,底片上呈现出和光通过单缝时相似的单缝电子衍射图样,电子流强度的分布已示意于图中.显然,电子在通过狭缝时刻,其横向动量也有一个不确定量 Δp_x,可从衍射电子的分布来估算 Δp_x 的大小.为简便计算,先考虑到达单缝衍射中央明纹区的电子.设 φ 为中央明纹旁第一级暗纹的衍射角,则 $\sin\varphi=\lambda/\Delta x$,又有 $\Delta p_x = p\sin\varphi$,再由德布罗意关系式 $p=\dfrac{h}{\lambda}$,就可得到

$$\Delta p_x = p\sin\varphi = \frac{h}{\lambda} \cdot \frac{\lambda}{\Delta x} = \frac{h}{\Delta x}$$

即

$$\Delta x \Delta p_x \geqslant h$$

式中,“>”是在考虑到还有一些电子落在中央明纹以外区域的情况后加上的.以上只是做粗略估算,严格推导所得关系为式(20—5—5).

不确定关系式(20—5—5)表明,微观粒子的位置坐标和同一方向的动量不可能同时具有确定值. 减小 Δx，将使 Δp_x 增大，即位置确定越准确，动量确定就越不准确. 这和实验结果是一致的，如做单缝衍射实验时，缝越窄，电子在底片上分布的范围就越宽. 因此，对于具有波粒二象性的微观粒子，不可能用某一时刻的位置和动量描述其运动状态，轨道的概念已失去意义，经典力学规律也不再适用.

如果在所讨论的具体问题中，粒子坐标和动量的不确定量相对很小，说明粒子波动性不显著，实际上观察不到，这样的问题仍可用经典力学处理.

例 20—5—3 原子的线度约为 10^{-10} m，求原子中电子速度的不确定量，试讨论原子中的电子能否看成经典力学中的粒子.

解 原子中电子的位置不确定量 $\Delta x \approx 10^{-10}$ m，由不确定关系式(20—5—5)，电子速度的不确定量为

$$\Delta v_x = \frac{\Delta p_x}{m} \geqslant \frac{\hbar}{2m\Delta x} = \frac{6.63 \times 10^{-34}}{4 \times 3.14 \times 9.1 \times 10^{-31} \times 10^{-10}}$$
$$= 5.8 \times 10^5 (\mathrm{m \cdot s^{-1}})$$

由玻尔理论可估算出氢原子中电子速率约为 $10^6\ \mathrm{m \cdot s^{-1}}$，可见速度的不确定量与速度大小的数量级基本相同，因此原子中电子在任一时刻都没有完全确定的位置和速度，也没有确定的轨道，故不能看成经典粒子. 玻尔和索末菲(A. Sommerfeld)理论中电子在一定轨道上绕核运动的图像不是对原子中电子运动情况的正确描述.

例 20—5—4 电视显像管中电子的加速电压约为 9×10^3 V，设电子束的直径为 0.1×10^{-3} m，试求电子横向速度的不确定量，试讨论此电子的运动问题能否用经典力学处理.

解 由题意知电子横向位置的不确定量 $\Delta x = 0.1\times10^{-3}$ m，则由不确定关系，得

$$\Delta v_x \geqslant \frac{\hbar}{2m\Delta x} = \frac{6.63 \times 10^{-34}}{4 \times 3.14 \times 9.1 \times 10^{-31} \times 0.1 \times 10^{-3}}$$
$$= 0.58 (\mathrm{m \cdot s^{-1}})$$

由于这时电子速率 v 很大(约为 6×10^7 m/s)，$\Delta v_x \ll v$，所以，从电子运动速度相对速度不确定量来看是相当确定的，波动性不起什么实际作用. 因此，这里电子运动问题仍可用经典力学处理.

例 20—5—5 波长 $\lambda=500\ \text{nm}$ 的光波沿 x 轴正向传播，如果测定波长的不准确度为 $\dfrac{\Delta\lambda}{\lambda}=10^{-7}$，试求同时测定光子位置坐标的不准确量.

解 由 $p=\dfrac{h}{\lambda}$ 可得光子动量的不确定量大小为

$$\Delta p_x=\frac{\Delta\lambda}{\lambda^2}h$$

又由不确定关系可知，同时测定光子位置坐标的不准确量为

$$\Delta x\geqslant\frac{\hbar}{2\Delta p_x}=\frac{1}{4\pi}\frac{\lambda^2}{\Delta\lambda}=\frac{1}{4\times3.14}\times\frac{500\times10^{-9}}{10^{-7}}=0.40(\text{m})$$

不确定关系不仅存在于坐标和动量之间，也存在于能量和时间之间. 如果微观体系处于某一状态的时间为 Δt，则其能量必有一个不确定量 ΔE，由量子力学可导出二者之间有如下关系

$$\Delta E\Delta t\geqslant\frac{\hbar}{2}\qquad(20-5-6)$$

式(20—5—6)称为能量和时间的不确定关系. 将其应用于原子系统，可以讨论原子各受激态能级宽度 ΔE 和该能级平均寿命 Δt 之间的关系. 原子通常处于能量最低的基态，在受激发后将跃迁到各个能量较高的受激态，停留一段时间后又自发跃迁进入能量较低的态. 大量同类原子在同一高能级上停留时间长短不一，但平均停留时间为一定值，称为该能级的平均寿命. 根据能量和时间不确定关系式(20—5—6)，平均寿命 Δt 越长的能级越稳定，能级宽度 ΔE 越小，即能量越确定，因此基态能级的能量最确定. 由于能级有一定宽度，两个能级间跃迁所产生的光谱线也有一定宽度. 显然，受激态的平均寿命越长，能级宽度越小，跃迁到基态所发射的光谱线的单色性就越好. 原子中受激态平均寿命通常为 $10^{-7}\sim10^{-9}$ s 数量级，设 $\Delta t=10^{-8}$ s，可算得 $\Delta E=10^{-8}$ eV. 有些原子具有一种特殊的受激态，寿命可达 10^3 s 或更长，这类受激态称为亚稳态.

不确定关系是微观客体具有波粒二象性的反映，是物理学中一个重要的基本规律，在微观世界的各个领域中有很广泛的应用. 由于通常都是用来做数量级估算，有时也写成 $\Delta x\Delta p_x\geqslant\hbar$ 或 $\Delta x\Delta p_x\geqslant h$ 等形式.

§20—6 波函数

一、概率波

波动性和粒子性是相互矛盾的,按照经典理论很难把它们统一到一个对象上.在量子力学建立的初期,人们对德布罗意波的认识还深受经典概念的影响.有人认为,电子波是一个代表电子实体的波包,波包的线度就是电子的大小.但是,通过电子衍射可以在空间不同方向上观测到波包的一部分,如果波代表实体,那就意味着能观测到电子的一部分,这与显示电子具有整体性的实验结果矛盾.还有人认为,电子的波动性是大量电子之间相互作用的体现,这也不符合实验结果.

1926年,波恩(M. Born)在一篇题为“散射过程的量子力学”的文章中对波粒二象性给出了一种统计诠释,他认为德布罗意波是“概率波”.波恩的概率波的观点,能较好地把粒子性和波动性统一起来.下面,我们用电子干涉实验来说明波恩的统计诠释.

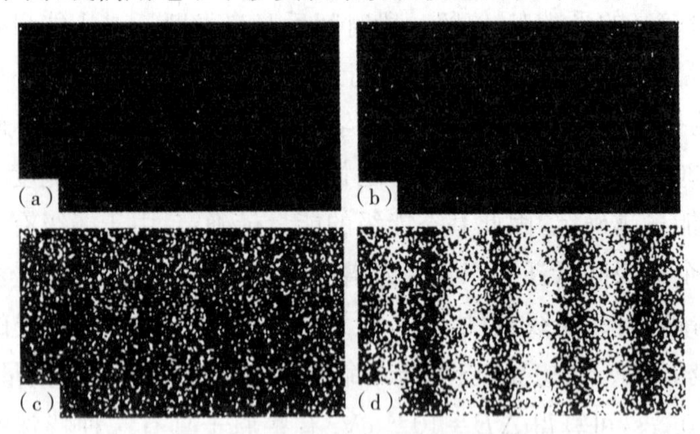

图20—6—1 电子双路干涉实验结果

如图20—6—1所示是1989年发表的电子双路干涉实验结果,图(a)~(d)是入射电子流的密度逐渐增大所形成干涉图样的几张照片.开始时,照片上只出现随机分布的几个小亮点,它们是一个一个的电子打在底片上形成的,没有发现整个底片普遍感光的现象.这表现出电子的粒子性，说明电子只在空间很小区域内作为一个整体产生效果. 随着电子流密度的增大，亮点增多，并逐渐累积成强度按一定规律分布的干涉条纹，干涉条纹的出现表明发生了相干叠加，显示出电子的波动性. 在实验中，电子既显示出粒子性，又显示出波动性.

如何把这两种截然不同的性质统一在电子上呢？按照波恩的观点，实验中显示电子波动性的强度分布，是与电子出现的概率分布相关的，底片上某点的强度正比于电子在该点出现的概率. 这启示我们，可以认为与电子相联系的波是一种描述电子空间分布的概率波，实验中出现的干涉条纹就是这种概率波相干叠加的结果，这样既可以解释电子的波动性，又可以保留电子的粒子性. 上述观点就是波恩对波粒二象性的统计诠释.

干涉条纹是不是由大量电子之间的相互作用产生的呢？有人做过这样的实验，为防止电子间发生相互作用让电子一个一个地入射，发现时间足够长后的干涉图样和大量电子同时入射时完全相同. 这说明，电子的波动性并不是很多电子在空间聚集在一起时相互作用的结果，而是单个电子就具有波动性. 换言之，干涉是电子"自己和自己"的干涉，无论是大量电子同时入射，还是电子一个一个地长时间入射，都只是让单个电子干涉的效果在底片上积累并显现出来而已.

统计诠释也适用于光子. 泰勒(G. I. Taylor)于 1909 年做了一个实验，他用极微弱的光源照射一根缝衣针并在接收屏上拍照，发现在曝光时间比较短的照片上只有一些离散分布的亮点，曝光时间持续了 2 000 h(约 3 个月)后则得到条纹清晰的衍射图样.

波恩的统计诠释使人们对波动性和粒子性有了更深入的认识. 粒子性的本质是颗粒性，即只在空间和时间的很小区域内作为一个整体产生效果，粒子性并非一定包括轨道这一经典的概念. 轨道的存在，是指粒子在任意时刻都具有确定的位置和速度，从而下一时刻的位置和速度也完全确定，这和粒子性本身是完全不同的两个概念. 波动性的本质是相干叠加性，而代表某种实在物理量波动的经典波只是波动的一种，波动性的本身与是否代表实在的物理量无关.

二、波函数

如何描述与微观粒子相联系的概率波呢？我们知道，机械波和电磁波都可以用波函数来描述，波函数表现了波的相干叠加性．为表现微观粒子概率分布所具有的相干叠加性，量子力学假设：微观粒子的状态用波函数 $\Psi(x,t)$ 描述．按照波恩的统计诠释，波函数 $\Psi(x,t)$ 的绝对值的平方 $|\Psi(x,t)|^2$（模方）代表在 t 时刻在坐标 x 附近单位坐标区间内粒子出现的概率，即粒子出现的概率密度，若用 $W(x,t)$ 表示，则有

$$W(x,t) = |\Psi(x,t)|^2 = \Psi^*(x,t)\Psi(x,t) \qquad (20-6-1)$$

其中 $\Psi^*(x,t)$ 是 $\Psi(x,t)$ 的复共轭，将 $\Psi(x,t)$ 中的 i 变成 $-i$ 即得到 $\Psi^*(x,t)$．

因此，波函数 $\Psi(x,t)$ 相当于是概率振幅，简称为概率幅．这是与经典波的波函数截然不同的，经典波的波函数代表的是某种实在的物理量的波动．由于概率密度 $|\Psi(x,t)|^2$ 必须为实函数，所以在一般情况下，$\Psi(x,t)$ 应该是坐标和时间的复函数．

为了简单，我们先不考虑时间变量 t．由于 $|\Psi(x)|^2$ 代表概率密度，所以粒子出现在 x 到 $x+\mathrm{d}x$ 区间内的概率为

$$\mathrm{d}W = |\Psi(x)|^2\mathrm{d}x = \Psi^*(x)\Psi(x)\mathrm{d}x$$

我们讨论的是非相对论性粒子，而对于非相对论性粒子来说，不会发生粒子的产生和湮没过程．这要求粒子在整个空间出现的概率必须等于1，即

$$\int_{-\infty}^{\infty} |\Psi(x)|^2\mathrm{d}x = 1 \qquad (20-6-2)$$

满足上式的波函数叫作归一化波函数，上式则称为归一化条件．

如果波函数 $\Phi(x)$ 没归一化，即

$$\int_{-\infty}^{\infty} |\Phi(x)|^2\mathrm{d}x \neq 1$$

则 $|\Phi(x)|$ 不代表概率密度．为了把 $\Phi(x)$ 归一化，设

$$\Psi(x) = C\Phi(x) \qquad (20-6-3)$$

式中 C 为待求的归一化因子. 按照归一化条件式(20—6—2)可知

$$|C|^2\int_{-\infty}^{\infty}|\Phi(x)|^2\mathrm{d}x = 1$$

一般 C 取实数,这时归一化因子的计算公式为

$$C = \frac{1}{\sqrt{\int_{-\infty}^{\infty}|\Phi(x)|^2\mathrm{d}x}} \qquad (20-6-4)$$

将上式代入式(20—6—3),就得到与 $\Phi(x)$ 对应的归一化波函数 $\Psi(x)$.

用 C 代表任意复常数,由于波函数 $\Phi(x)$ 和 $C\Phi(x)$ 经归一化后得到的是同一个波函数,所以 $\Phi(x)$ 和 $C\Phi(x)$ 描述的是同一个状态. 这一点与经典波是截然不同的,经典波的波函数代表的是实在物理量的波动,如果把经典波函数乘以 2,则相应的波动能量变成原来的 4 倍,因而新的波函数将代表完全不同的波动状态.

因为概率密度 $|\Psi(x)|^2$ 是坐标的单值、有限和连续的函数,所以统计诠释要求波函数满足下面 3 个条件:

(1)**$\Psi(x)$ 是坐标的单值函数.**

(2)**$\Psi(x)$ 是有限函数.**

(3)**$\Psi(x)$ 是连续函数.**

上述对波函数的单值、有限和连续的要求,称为波函数所满足的自然条件.

例 20—6—1 设粒子处于由下面波函数描述的状态:

$$\Phi(x) = \begin{cases} \cos\dfrac{\pi x}{a}, & \text{当} |x| < \dfrac{a}{2} \\ 0, & \text{当} x \leqslant -\dfrac{a}{2}, x \geqslant \dfrac{a}{2} \end{cases}$$

求粒子在 x 轴上分布的概率密度.

解 首先把给定的波函数归一化,设

$$\Psi(x) = C\Phi(x)$$

归一化因子 C 为

$$C = \frac{1}{\sqrt{\int_{-\infty}^{\infty}|\Phi(x)|^2\mathrm{d}x}}$$

积分

$$\int_{-\infty}^{\infty}|\Phi(x)|^2\mathrm{d}x=\int_{-a/2}^{a/2}\cos^2\frac{\pi x}{a}\mathrm{d}x=\frac{a}{2}$$

得

$$C=\sqrt{\frac{2}{a}}$$

因此,归一化的波函数为

$$\Psi(x)=\begin{cases}\sqrt{\dfrac{2}{a}}\cos\dfrac{\pi x}{a}, & \text{当}|x|<\dfrac{a}{2}\\ 0, & \text{当}x\leqslant-\dfrac{a}{2},x\geqslant\dfrac{a}{2}\end{cases}$$

归一化之后,$|\Psi(x)|^2$ 就代表概率密度了,即

$$W(x)=|\Psi(x)|^2=\begin{cases}\dfrac{2}{a}\cos^2\dfrac{\pi x}{a}, & \text{当}|x|<\dfrac{a}{2}\\ 0, & \text{当}x\leqslant-\dfrac{a}{2},x\geqslant\dfrac{a}{2}\end{cases}$$

虽然波函数本身“测不到,看不见”,是一个很抽象的概念,但是它的模方给我们展示了粒子在空间分布的图像,即粒子坐标的取值情况.当测量粒子的某一力学量时,只要给定描述粒子状态的波函数,按照量子力学给出的一套方法就可以估计一次测量可能测到哪个值,以及测到这个值的概率是多少.

对波恩的统计诠释也是有争论的,爱因斯坦就反对统计诠释.他不相信“上帝玩掷骰子游戏”,认为用波函数对物理实在的描述是不完备的,还应该有一个我们尚不了解的“隐参数”.虽然至今所有实验都证实统计诠释是正确的,但是这种关于量子力学根本问题的争论不但推动了量子力学的发展,而且还为量子信息论等新兴学科的诞生奠定了基础.

由于波恩在量子力学基础研究方面所做的贡献,特别是对波函数的统计诠释,他获得了1954年诺贝尔物理学奖.

三、自由粒子波函数

与自由粒子相联系的德布罗意波是一个单色平面波,因此自由粒子波函数的形式应该和经典平面波的波函数有一定的联系.我们

知道，沿 x 轴正方向传播的经典平面波的波函数为

$$y(x,t)=A\cos(\omega t-kx) \qquad (20-6-5)$$

它的复数形式为

$$\tilde{y}(x,t)=A\mathrm{e}^{-\mathrm{i}(\omega t-kx)} \qquad (20-6-6)$$

由于微观粒子波函数一般是坐标和时间的复函数，所以我们采用复数形式的经典平面波表达式(20—6—6)，只要将其中描述波动性的参量 ω 和 k 表示成描述粒子性的参量 E 和 p 就可以了.

根据德布罗意关系式，有

$$\omega=\frac{2\pi E}{h},\quad k=\frac{2\pi p}{h}$$

由于

$$\hbar=\frac{h}{2\pi}=1.05\times10^{-34}\ \mathrm{J\cdot s}=6.58\times10^{-16}\ \mathrm{eV\cdot s}$$

则有

$$\omega=\frac{E}{\hbar},\quad k=\frac{p}{\hbar} \qquad (20-6-7)$$

将上式代入式(20—6—6)，并将 $\tilde{y}(x,t)$ 换成 $\Psi(x,t)$，得

$$\Psi(x,t)=A\mathrm{e}^{\frac{\mathrm{i}}{\hbar}(px-Et)} \qquad (20-6-8)$$

上式就是自由粒子波函数，其中 A 代表任意复常数. 写成坐标和时间分离变量的形式，即

$$\Psi(x,t)=\Phi(x)\mathrm{e}^{-\frac{\mathrm{i}}{\hbar}Et}$$

式中，空间因子为

$$\Phi(x)=A\mathrm{e}^{\frac{\mathrm{i}}{\hbar}px} \qquad (20-6-9)$$

通常，上式也叫作**自由粒子波函数**.

对式(20—6—9)取模方，得

$$|\Phi(x)|^2=|A|^2=\text{常数}$$

这说明，自由粒子出现在空间各处的概率相同，这在物理上是合理的. 但是存在不能归一化的困难，即

$$\int_{-\infty}^{\infty}|\Phi(x)|^2\mathrm{d}x=\int_{-\infty}^{\infty}|A|^2\mathrm{d}x\rightarrow\infty$$

从物理上看，不能归一化的原因在于式(20—6—9)代表的是分布在全空间上的理想平面波，而实际的自由粒子，例如由加速器引出的

粒子束,只能分布在有限的空间内.如果限定粒子只能出现在$-L/2 \leqslant x \leqslant L/2$区间,则自由粒子的波函数变成

$$\Phi(x)=\begin{cases}A\mathrm{e}^{\frac{\mathrm{i}}{\hbar}px}, & \text{当}|x|<L/2\\0, & \text{当}|x|\geqslant L/2\end{cases}$$

这时就可以归一化了.由归一化条件

$$\int_{-\infty}^{\infty}|\Phi(x)|^2\mathrm{d}x=A^2\int_{-L/2}^{L/2}\mathrm{d}x=1$$

得

$$A=\frac{1}{\sqrt{L}}$$

于是,得到归一化的自由粒子波函数为

$$\Psi(x)=\begin{cases}\dfrac{1}{\sqrt{L}}\mathrm{e}^{\frac{\mathrm{i}}{\hbar}px}, & \text{当}|x|<L/2\\0, & \text{当}|x|\geqslant L/2\end{cases} \tag{20-6-10}$$

这称为“箱归一化”,上式表示的就是自由粒子的“箱归一化”波函数.为了回到原来理想平面波的情况,只要在用波函数(20-6-10)所得结果中,令$L\to\infty$就可以了.

§20-7 薛定谔方程

在经典力学中,如果某时刻质点的状态已经知道,则以后各时刻的状态可由运动方程求得.在量子力学中,一个微观粒子的状态是由波函数来描述的.当波函数确定以后,粒子的一切力学量的平均值以及各种可能取值的概率都相应地确定.所以要了解粒子的运动规律,就要知道波函数随时间的变化规律,即要找到波函数的运动方程.1926年,薛定谔(Erwin Schrödinger)提出的波动方程成功地解决了这一问题.这个被称为薛定谔方程的波动方程是量子力学中的一个基本方程,它在量子力学中的地位与牛顿运动方程在经典力学中的地位相当,应该认为是量子力学的一个基本假定,并不能从什么更根本的假定来证明它.它的正确性只能靠实践来检验.

一、自由粒子薛定谔方程

上面已经给出了自由粒子的波函数，即

$$\Psi(x,t)=Ae^{\frac{i}{\hbar}(px-Et)}$$

将上式两端对时间求导并乘以 $i\hbar$，得

$$i\hbar\frac{\partial\Psi(x,t)}{\partial t}=i\hbar\frac{\partial}{\partial t}(Ae^{\frac{i}{\hbar}(px-Et)})=E\Psi(x,t)$$

$$(20-7-1)$$

式中，E 代表自由粒子的能量. 这说明，用运算符号 $i\hbar\partial/\partial t$ 作用到自由粒子波函数上，所得结果等于自由粒子的能量 E 乘以波函数.

设自由粒子的质量为 m，将 $\Psi(x,t)$ 对坐标 x 求导两次，并乘以 $-\hbar^2/2m$，可得

$$-\frac{\hbar^2}{2m}\frac{\partial^2\Psi(x,t)}{\partial x^2}=-\frac{\hbar^2}{2m}\frac{\partial^2}{\partial x^2}Ae^{\frac{i}{\hbar}(px-Et)}=\frac{p^2}{2m}\Psi(x,t)$$

$$(20-7-2)$$

式中，$p^2/2m$ 是自由粒子的动能. 由此看出，运算符号 $-(\hbar^2/2m)(\partial^2/\partial x^2)$ 与粒子的动能相对应.

对于自由粒子，动能就是它的总能量，即

$$E=\frac{p^2}{2m}$$

因此，式(20—7—2)可以写成

$$-\frac{\hbar^2}{2m}\frac{\partial^2\Psi(x,t)}{\partial x^2}=E\Psi(x,t)\qquad(20-7-3)$$

将上式和式(20—7—1)做对比，即得

$$i\hbar\frac{\partial\Psi(x,t)}{\partial t}=-\frac{\hbar^2}{2m}\frac{\partial^2\Psi(x,t)}{\partial x^2}\qquad(20-7-4)$$

这就是**自由粒子的薛定谔方程**，自由粒子波函数是它的解.

对波函数进行某种运算或作用的符号，称为算符. 上面用到的运算符号 $i\hbar\partial/\partial t$ 和 $-(\hbar^2/2m)(\partial^2/\partial x^2)$ 都是算符，它们作用到自由粒子波函数上，所得结果都等于自由粒子的能量乘以波函数. 这启示我们，如果假定存在算符的对应关系

$$i\hbar\frac{\partial}{\partial t}\leftrightarrow-\frac{\hbar^2}{2m}\frac{\partial^2}{\partial x^2}\qquad(20-7-5)$$

那么用上式两边的算符分别作用到波函数 $\Psi(x,t)$ 上,并令结果相等,就能直接得到自由粒子薛定谔方程.

二、薛定谔方程

既然算符 $-(\hbar^2/2m)(\partial^2/\partial x^2)$ 与粒子的动能相对应,那么对于在势场 $U(x)$ 中运动的粒子来说,与粒子的总能量相对应的算符就应该是

$$\hat{H}=-\frac{\hbar^2}{2m}\frac{\partial^2}{\partial x^2}+U(x) \qquad (20-7-6)$$

算符 $\hat{H}$ 称为**粒子的哈密顿量**,它与粒子的能量相对应,因此也叫作**能量算符**. 这样,算符对应关系式(20—7—5)就变成

$$\mathrm{i}\hbar\frac{\partial}{\partial t}\leftrightarrow\hat{H} \qquad (20-7-7)$$

用上式两边的算符作用到波函数 $\Psi(x,t)$ 上,并令结果相等,就得到方程

$$\mathrm{i}\hbar\frac{\partial\Psi(x,t)}{\partial t}=\hat{H}\Psi(x,t) \qquad (20-7-8)$$

或写成

$$\mathrm{i}\hbar\frac{\partial\Psi(x,t)}{\partial t}=\left(-\frac{\hbar^2}{2m}\frac{\partial^2}{\partial x^2}+U(x)\right)\Psi(x,t)$$

$$(20-7-9)$$

这就是薛定谔方程,它描述在势场中运动的微观粒子的波函数随时间演化的规律.

薛定谔方程是关于时间的一阶微分方程,因此在已知势能函数 $U(x)$ 的前提下,只要给定初始时刻波函数 $\Psi(x,0)$,求解薛定谔方程就可以得到任一时刻粒子的波函数 $\Psi(x,t)$. 此外,薛定谔方程还是一个线性的齐次方程,这保证波函数满足叠加原理:若 $\Psi_1(x,t)$ 和 $\Psi_2(x,t)$ 是方程的解,代表粒子的两个可能状态,则它们的线性叠加 $C_1\Psi_1(x,t)+C_2\Psi_2(x,t)$ 也是方程的解,也代表粒子的一个可能状态.

此外,由方程式(20—7—8)可以看出,微观粒子波函数随时间的演化是由粒子的哈密顿量 $\hat{H}$ 决定的,外界对粒子的作用,包括不

能用力来表达的微观相互作用,一般都可以用哈密顿量来概括. 而在经典力学中,改变宏观粒子运动状态的原因是作用在粒子上的力.

对于做三维运动的粒子,薛定谔方程为

$$i\hbar\frac{\partial\Psi(x,y,z,t)}{\partial t}=\hat{H}\Psi(x,y,z,t) \quad (20-7-10)$$

哈密顿量为

$$\hat{H}=-\frac{\hbar^2}{2m}\left(\frac{\partial^2}{\partial x^2}+\frac{\partial^2}{\partial y^2}+\frac{\partial^2}{\partial z^2}\right)+U(x,y,z)$$

$$(20-7-11)$$

上面在建立薛定谔方程的过程中,我们是用 $p^2/(2m)$ 来表示粒子动能的,所以薛定谔方程是一个非相对论性的方程,它描述的是非相对论性粒子在势场中的运动规律. 在原子、分子和凝聚态物质中粒子的运动速度远小于光速,相对论效应可以忽略,因此对于描述这些体系,薛定谔方程是一个很好的近似,并取得了巨大的成功. 薛定谔和狄拉克(A. M. Dirac)因创建"原子理论的新形式",分享了1933 年诺贝尔物理学奖. 狄拉克方程是相对论性的,它奠定了相对论量子力学的基础. 1932 年的诺贝尔物理学奖授予了海森伯,以表彰他提出量子力学的矩阵力学形式.

三、能量本征方程和定态

如果粒子的势能函数不显含时间,即只是坐标的函数 $U(x)$,那么薛定谔方程可采用分离变量的方法求解. 将待求波函数写成分离变量形式

$$\Psi(x,t)=\Phi(x)T(t) \quad (20-7-12)$$

式中,$\Phi(x)$和 $T(t)$分别是空间因子和时间因子. 将式(20—7—12)代入薛定谔方程,得

$$i\hbar\frac{\partial}{\partial t}\Phi(x)T(t)=\left(-\frac{\hbar^2}{2m}\frac{\partial^2}{\partial x^2}+U(x)\right)\Phi(x)T(t)$$

即

$$i\hbar\frac{\mathrm{d}T(t)}{\mathrm{d}t}\Phi(x)=\left[\left(-\frac{\hbar^2}{2m}\frac{\mathrm{d}^2}{\mathrm{d}x^2}+U(x)\right)\Phi(x)\right]T(t)$$

用$\Phi(x)T(x)$除上式两边,得

$$\frac{\mathrm{i}\hbar}{T(t)}\frac{\mathrm{d}T(t)}{\mathrm{d}t}=\frac{1}{\Phi(x)}\left(-\frac{\hbar^2}{2m}\frac{\mathrm{d}^2}{\mathrm{d}x^2}+U(x)\right)\Phi(x)$$

可以看出,上式左边只与t有关,右边只与x有关,而t和x互相独立,因此只有当上式两边都等于同一个与t和x均无关的常数时等式才能成立.用E代表这一常数,可得两个方程,即

$$\mathrm{i}\hbar\frac{\mathrm{d}T(t)}{\mathrm{d}t}=E\,T(t) \qquad (20-7-13)$$

和

$$\left(-\frac{\hbar^2}{2m}\frac{\mathrm{d}^2}{\mathrm{d}x^2}+U(x)\right)\Phi(x)=E\Phi(x) \qquad (20-7-14)$$

容易看出,方程(20—7—13)的解就是简谐运动,即

$$T(t)\sim \mathrm{e}^{-\frac{\mathrm{i}}{\hbar}Et}$$

于是,薛定谔方程的求解就转化成求$\Phi(x)$的问题.由于上式指数中的$E/\hbar$代表角频率ω,所以常数E具有能量的量纲.

方程式(20—7—14)称为不含时薛定谔方程,它也可以写成

$$\hat{H}\Phi(x)=E\Phi(x) \qquad (20-7-15)$$

式中,$\hat{H}$是哈密顿量.在数学上,如果一个算符作用到函数上等于一个数乘以这个函数,则这个方程称为该算符的本征方程.因此,式(20—7—15)或式(20—7—14)就是哈密顿量$\hat{H}$的本征方程,或能量算符的本征方程.

能量本征方程是一个二阶微分方程.在数学上,只要势能函数$U(x)$给定,一般对任何E值方程都有解.但在物理上就不同了,物理上要求波函数满足自然条件,所以一般只对一些特定的E值方程才可能有解.这些特定的E值称为能量本征值,而波函数Φ叫作属于本征值E的能量本征波函数.能量本征值和本征波函数的物理含义是:在属于能量本征值E的本征波函数Φ所描述的状态上测量粒子的能量,所得结果一定是E.因此,称本征态Φ是能量取确定值E的状态.

求解能量本征方程,解出E和Φ,就得到薛定谔方程的一个解

$$\Psi_E(x,t)=\Phi(x)\mathrm{e}^{-\frac{\mathrm{i}}{\hbar}Et}$$

这个解称为薛定谔方程的定态解，简称为定态. 处于定态 $\Psi_E(x,t)$上的粒子具有确定的能量 E，并且其概率密度 $W_E(x,t)$不随时间变化，即

$$W_E(x,t) = |\Psi_E(x,t)|^2 = |\Phi(x)\mathrm{e}^{-\frac{\mathrm{i}}{\hbar}Et}|^2 = |\Phi(x)|^2$$

这也就是将这种状态称为“定态”的原因. 应该指出，定态并不意味着与时间无关，只是它随时间变化的规律比较简单，是简谐运动.

对于不同的势能函数和能量区间，能量本征值 E 可以取一系列分立的值，也可以取连续值. 为了讨论方便，下面假设它取分立值 E_n，$n=1,2,3,\cdots$相应的本征波函数为 $\Phi_n(x)$，$n=1,2,3,\cdots$这样，薛定谔方程的一系列定态解就可以表示为

$$\Psi_n(x,t) = \Phi_n(x)\mathrm{e}^{-\frac{\mathrm{i}}{\hbar}E_n t}, \quad n = 1,2,3,\cdots \tag{20-7-16}$$

由于薛定谔方程是一个线性的齐次方程，所以它的通解 $\Psi(x,t)$可以写成由一系列定态解叠加的形式，即

$$\Psi(x,t) = \sum_n C_n\Psi_n(x,t) = \sum_n C_n\Phi_n(x)\mathrm{e}^{-\frac{\mathrm{i}}{\hbar}E_n t} \tag{20-7-17}$$

式中，C_n 称为展开系数. 可以证明，如果给定初始时刻的状态波函数 $\Psi(x,0)$，则 C_n可按下式计算

$$C_n = \int_{-\infty}^{\infty}\Phi_n^*\Psi(x,0)\mathrm{d}x \tag{20-7-18}$$

将 C_n 的计算结果代入式(20—7—17)，所得结果就是薛定谔方程的解，也就是$t>0$时刻粒子的波函数.

综上所述，量子力学用哈密顿量来表示粒子的能量，求解哈密顿量的本征方程可以得到能量本征值和本征波函数. 在属于某一能量本征值的本征波函数所描述的状态上测量粒子的能量，所得结果一定是该能量本征值. 如果给定粒子的初始波函数，则利用能量本征波函数和能量本征值就可以得到薛定谔方程的解. 因此，在势能函数不显含时间的情况下，薛定谔方程的求解问题可以通过求解哈密顿量的本征方程来解决.

§20—8 一维定态问题

从本节开始,我们将以几个简单而又重要的一维定态问题为例,讨论薛定谔方程的应用.通过讨论,可以具体了解量子力学处理问题的方法和步骤,而且这些简单问题也是处理复杂问题的基础.

一、一维无限深势阱

设有一粒子在势能为 U 的力场中,沿 x 轴做一维运动,其势能分布为

$$U(x)=\begin{cases}0, & 0<x<a,(\text{阱内})\\ \infty, & x\leqslant 0,x\geqslant a,(\text{阱外})\end{cases} \tag{20-8-1}$$

相应的势能 $U(x)$ 曲线如图 20—8—1 所示.这是一种理想模型,称为一维无限深势阱.这个模型可用来反映电子在一些链状分子中的情况,例如一些有机染料分子具有一条由几个碳原子沿直线排列组成的链,一个电子参与到这些原子的键中很像是处于一维无限深势阱中的粒子.

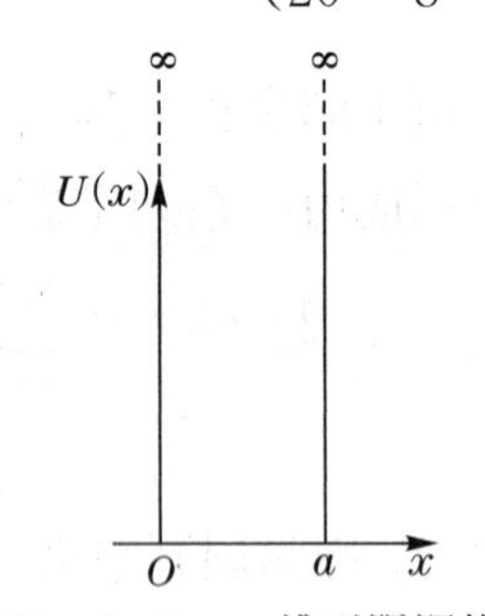

图 20—8—1 一维无限深势阱

由于 $U(x)$ 不显含时间 t,属于定态问题,可应用定态薛定谔方程来求解,即

$$-\frac{\hbar^2}{2m}\frac{\mathrm{d}^2\psi}{\mathrm{d}x^2}+U\psi=E\psi \tag{20-8-2}$$

考虑到势能是分段的,求解分为阱外和阱内两个区间进行.

1. $x\leqslant 0$ 或 $x\geqslant a$(阱外)

在阱外,具有有限能量的电子不可能出现,故 $\psi(x)=0$.同样,由定态薛定谔方程

$$-\frac{\hbar^2}{2m}\frac{\mathrm{d}^2}{\mathrm{d}x^2}\psi(x)+\infty\psi(x)=E\psi(x) \tag{20-8-3}$$

对于能量 E 为有限值的粒子,要使上述方程成立,唯有

$$\psi(x)=0 \tag{20-8-4}$$

2. $0<x<a$(阱内)

在阱内,势能 $U(x)=0$,定态薛定谔方程为

$$-\frac{\hbar^2}{2m}\frac{\mathrm{d}^2\psi(x)}{\mathrm{d}x^2}=E\psi(x)$$

令

$$k^2=\frac{2mE}{\hbar^2}$$

则方程可改写为

$$\frac{\mathrm{d}^2\psi}{\mathrm{d}x^2}+k^2\psi=0 \qquad (20-8-5)$$

其解为

$$\psi(x)=A\sin kx+B\cos kx$$

由于波函数在势阱边界上连续,在 $x=0$ 和 a 处,波函数的值为

$$\psi(0)=\psi(a)=0$$

从而可得

$$B=0$$

$$\psi(x)=A\sin kx,\quad k=\frac{n\pi}{a},\quad n=1,2,3,\cdots \qquad (20-8-6)$$

上式表明,k 只能取由正整数 n 规定的一系列不连续值.这里省略了 k 取 0 及负整数的情况,因为 k 若取 0,原方程变为$\frac{\mathrm{d}^2\psi}{\mathrm{d}x^2}=0$,其解为 $\psi(x)=Cx+D$.由边界条件 $\psi(a)=\psi(0)=0$ 定出 $C=D=0$,因而 $\psi(x)=0$,即粒子不在任何地方出现,这显然不符合要求;若 k 取负整数,则不能给出新的波函数.

对波函数归一化,有

$$\int_0^a|\psi(x,t)|^2\mathrm{d}x=\int_0^a|\psi(x)|^2\mathrm{d}x=\int_0^a\left[A\sin\frac{n\pi x}{a}\right]^2\mathrm{d}x=1$$

求得

$$A=\sqrt{\frac{2}{a}}$$

这样,所求定态波函数为

$$\psi_n(x)=0\quad(x\leqslant 0,x\geqslant a)$$

$$\psi_n(x)=\sqrt{\frac{2}{a}}\sin\frac{n\pi}{a}x,\quad n=1,2,3,\cdots\quad(0<x<a)\tag{20-8-7}$$

最后得波函数

$$\psi_n(x,t)=\sqrt{\frac{2}{a}}\sin\frac{n\pi}{a}x\mathrm{e}^{-\frac{\mathrm{i}}{\hbar}Et},$$
$$n=1,2,3,\cdots\quad(0<x<a,t>0)\tag{20-8-8}$$

由上述求解过程及所得波函数,可得出一维无限深势阱中粒子运动特征如下:

(1)粒子的能量是量子化的,只能取分立值.

因为 $k=\frac{n\pi}{a}$,$k^2=\frac{2mE}{\hbar^2}$,所以

$$E_n=\frac{\hbar^2k^2}{2m}=n^2\frac{\pi^2\hbar^2}{2ma^2}=n^2\frac{h^2}{8ma^2},\quad n=1,2,\cdots\tag{20-8-9}$$

整数 n 称为量子数.

(2)粒子的最小能量不为零.

当 $n=1$ 时,$E_1=\frac{\pi^2\hbar^2}{2ma^2}$,这是粒子在势阱中具有的最小能量,也称为零点能.其余各级能量可表示为 $E_n=n^2E_1$,能级如图 20—8—2 所示.零点能 $E_1\neq0$ 表明束缚在势阱中的粒子不可能静止.这也是不确定关系所要求的,因为 $\Delta x=a$(有限),Δp_x 不能为零,粒子动能也不可能为零.

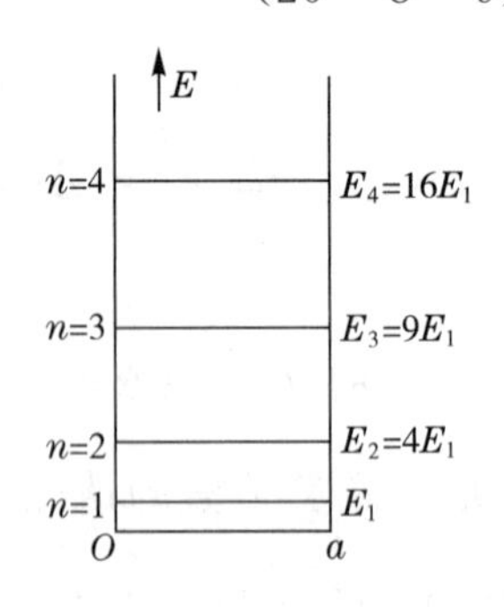

图 20—8—2　势阱中的能级

(3)粒子在势阱中出现的概率是不均匀的.

图 20—8—3 给出了 $n=1,2,3,4,\cdots$ 等 n 个量子态的波函数 $\psi_n(x)$ 和概率密度 $|\psi_n(x)|^2$ 的分布曲线.从图中不难看出,粒子出现的概率是不均匀的.

$|\psi_n(x)|^2$ 是粒子在 x 附近单位长度内出现的概率,$|\psi_n(x)|^2—x$ 曲线上极大值所对应的坐标 x 就是粒子出现概率最大的地方.

不难看出,束缚在无限深势阱中粒子的定态波函数具有驻波形

式，且波长 λ_n 满足条件

$$a = n\frac{\lambda_n}{2}, \quad n = 1,2,3,\cdots$$

可以认为势阱内波函数是由传播方向相反的两列相干波叠加而成. 这一结论和前面讲过德布罗意关于粒子定态对应驻波的概念是一致的.

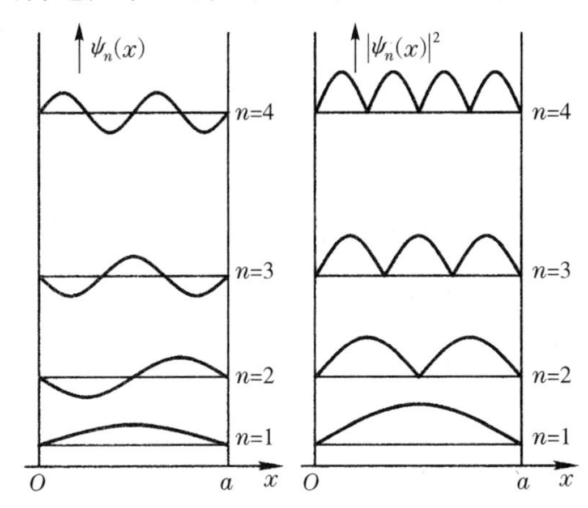

图 20—8—3　势阱中的波函数和概率密度

例 20—8—1　设一电子在无限深势阱中运动，如果势阱宽分别为$a_1=1.0\times10^{-2}$ m和 $a_2=10^{-10}$ m，试讨论这两种情况下相邻能级的能量差.

解　根据势阱中粒子能量公式

$$E_n = n^2\frac{h^2}{8ma^2}$$

相邻两能级间的能量差为

$$\Delta E = E_{n+1} - E_n = (2n+1)\frac{h^2}{8ma^2}$$

当 $a_1=1.0\times10^{-2}$ m 时

$$E_n = n^2\frac{(6.63\times10^{-34})^2}{8\times9.11\times10^{-31}\times(10^{-2})^2} = 3.77\times10^{-15}n^2(\text{eV})$$

$$\Delta E = (2n+1)\times3.77\times10^{-15}(\text{eV})$$

这时，相邻能级间能量差 ΔE 较少，可以认为电子能量是连续变化的.

当 $a_2=10^{-10}$ m 时

$$E_n = 37.7n^2(\text{eV})$$

$$\Delta E = (2n+1)\times37.7(\text{eV})$$

此时,相邻能级间能量差ΔE很大,这时电子能量的量子化就明显地表现出来了. 由此可知,电子在小到原子尺度范围内运动时,能量的量子化特别显著. 在普通尺度范围内运动时,能量的量子化就不显著了,此时可以认为粒子的能量是连续变化的.

当$n \gg 1$时,能级的相对间隔近似为

$$\frac{\Delta E}{E_n} \approx \frac{2n\dfrac{h^2}{8ma^2}}{n^2\dfrac{h^2}{8ma^2}} = \frac{2}{n}$$

当$n \to \infty$时,$\dfrac{\Delta E}{E_n} \to 0$,这时,能量的量子化效应就不显著了,可以认为能量是连续的,经典图样和量子图样趋于一致. 所以经典物理可以看作量子物理中量子数$n \to \infty$时的极限情况. 这是"对应原理"的一个例证.

二、一维方势垒　隧道效应

若有一粒子在如图20—8—4所示的力场中沿x方向运动,其势能函数为

$$U(x) = \begin{cases} U_0, & 0 < x < a \\ 0, & x < 0, x > a \end{cases}$$

这种势能分布称为方势垒.

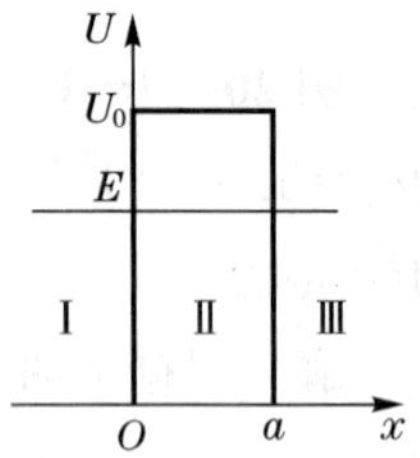

图20—8—4　方势垒

对于从Ⅰ区沿x方向运动的粒子,当粒子能量E低于势垒高度U_0时,按照经典力学的观点,粒子不可能穿透势垒进入区域Ⅱ,将被全部弹回来. 但从量子力学来分析,粒子仍可以穿过区域Ⅱ而进入区域Ⅲ. 大量的事实证明,量子力学的结果是正确的. 下面对此做简单介绍.

设粒子的质量为m,以一定的能量E由区域Ⅰ向区域Ⅱ运动. 因U_0与时间t无关,所以也是定态问题.

Ⅰ区　$$\frac{d^2\psi_1}{dx^2} + k_1^2\psi_1 = 0, \quad x \leqslant 0$$

Ⅱ区　$$\frac{d^2\psi_2}{dx^2} + k_2^2\psi_2 = 0, \quad 0 \leqslant x \leqslant a \qquad (20-8-10)$$

Ⅲ区　$$\frac{d^2\psi_3}{dx^2} + k_1^2\psi_3 = 0, \quad a \leqslant x$$

式中，ψ_1,ψ_2,ψ_3 分别为粒子在三个区中的波函数，且 k_1,k_2 满足

$$k_1^2=\frac{2mE}{\hbar^2},\quad k_2^2=\frac{2m(E-U_0)}{\hbar^2}$$

由微分方程可知，Ⅰ区薛定谔方程的解为

$$\psi_1(x)=A_1\mathrm{e}^{\mathrm{i}k_1x}+B_1\mathrm{e}^{-\mathrm{i}k_1x},\quad x\leqslant 0$$

将上式乘以时间因子 $\mathrm{e}^{-\frac{\mathrm{i}}{\hbar}Et}$，得Ⅰ区定态波函数

$$\psi_1(x,t)=A_1\mathrm{e}^{-\mathrm{i}\left(\frac{E}{\hbar}t-k_1x\right)}+B_1\mathrm{e}^{-\mathrm{i}\left(\frac{E}{\hbar}t+k_1x\right)}\tag{20-8-11}$$

可见，上式右边第一项代表Ⅰ区中自左向右传播的入射波，右边第二项表示自右向左传播的反射波.

类似地，在Ⅱ区和Ⅲ区分别有

$$\psi_2(x)=A_2\mathrm{e}^{\mathrm{i}k_2x}+B_2\mathrm{e}^{-\mathrm{i}k_2x},\quad 0\leqslant x\leqslant a\tag{20-8-12}$$

$$\psi_3(x)=A_3\mathrm{e}^{\mathrm{i}k_1x}+B_3\mathrm{e}^{-\mathrm{i}k_1x},\quad x\geqslant a\tag{20-8-13}$$

同理，上面两式的第一项表示沿 x 轴正方向传播的平面波，第二项表示沿 x 轴负方向传播的反射波. 由于粒子到达Ⅲ区后，不会再有反射，因此 $B_3=0$. 定义$R=\frac{|B_1|^2}{|A_1|^2}$为反射系数，$T=\frac{|A_3|^2}{|A_1|^2}$为透射系数. 根据波函数在两区域边界上应该是连续的条件，有

$$x=0,\quad \psi_1(0)=\psi_2(0)\text{ 和}\left.\frac{\mathrm{d}\psi_1}{\mathrm{d}x}\right|_{x=0}=\left.\frac{\mathrm{d}\psi_2}{\mathrm{d}x}\right|_{x=0}$$

$$x=a,\quad \psi_2(a)=\psi_3(a)\text{ 和}\left.\frac{\mathrm{d}\psi_2}{\mathrm{d}x}\right|_{x=a}=\left.\frac{\mathrm{d}\psi_3}{\mathrm{d}x}\right|_{x=a}$$

这样，可得 4 个代数方程，从而求得 A_1,B_1,A_2,B_2 和 A_3 之间的关系. 因此反射系数 R 和透射系数 T 分别为(具体计算略)

$$R=\frac{|B_1|^2}{|A_1|^2}=\frac{(k_1^2-k_2^2)\sin^2(k_2a)}{(k_1^2-k_2^2)\sin^2(k_2a)+4k_1^2k_2^2}\tag{20-8-14}$$

$$T=\frac{|A_3|^2}{|A_1|^2}=\frac{4k_1^2k_2^2}{(k_1^2-k_2^2)\sin^2(k_2a)+4k_1^2k_2^2}\tag{20-8-15}$$

$$T+R=1\tag{20-8-16}$$

下面,分 $E>U_0$ 和 $E<U_0$ 两种情况进行讨论.

(1)$E>U_0$,这时 $k_2=\frac{\sqrt{2m(E-U_0)}}{\hbar}$ 为实数,反射系数 $R\neq 0$. 可见,即使粒子能量 E 大于势垒高度 U_0,入射粒子也不一定全部越过势垒进入区域Ⅲ. 换句话说,虽然粒子能量 E 大于势垒高度 U_0,入射粒子仍有一定概率反射回区域Ⅰ.

(2)$E<U_0$,令 $k_2=\mathrm{i}k_3$,$k_3=\frac{\sqrt{2m(U_0-E)}}{\hbar}$ 为实数. 经过运算,可得反射系数和透射系数分别为

$$R=\frac{(k_1^2+k_3^2)\mathrm{sh}^2 k_3 a}{(k_1^2+k_3^2)\mathrm{sh}^2 k_3 a+4k_1^2 k_3^2} \qquad (20-8-17)$$

$$T=\frac{4k_1^2 k_3^2}{(k_1^2+k_3^2)\mathrm{sh}^2 k_3 a+4k_1^2 k_3^2} \qquad (20-8-18)$$

显然,透射系数 $T\neq 0$,这说明虽然粒子的能量 E 小于势垒高度 U_0,入射粒子仍有一定概率进入区域Ⅲ. 透射系数 T 与势垒的高度 U_0 和宽度 a 有关,当势垒加宽或变高时,透射系数变小. 粒子能穿透比其能量 E 更高的势垒的现象,称为隧道效应.

微观粒子穿透势垒的现象已被许多实验所证实. 例如,原子核的 α 衰变、电子的场致发射、超导体中的隧道结等,都是隧道效应的结果. 利用隧道效应已制成隧道二极管,它是通过控制势垒高度,利用电子的隧道效应制成的微电子器件,它具有极快(5 ps 以内)的开关速度,被广泛应用于需要快速响应的过程. 利用隧道效应还研制成功扫描隧道显微镜,它是研究材料表面结构的重要工具. 因发现半导体、超导体隧道效应以及约瑟夫森效应,江崎(L. Esaki)、加埃沃(I. Giaever)和约瑟夫森(B. D. Josephson)共同获得了 1973 年的诺贝尔物理学奖.

*三、谐振子

如果在一维空间中运动粒子的势能为

$$U(x)=\frac{1}{2}kx^2=\frac{1}{2}m\omega^2 x^2$$

式中,$\omega=\sqrt{\frac{k}{m}}$ 是常量,则这种体系称为线性谐振子或一维谐振子. 在经典力学

中，谐振子所做的运动是简谐运动，其坐标与时间的关系是

$$x = A\cos(\omega t + \varphi)$$

在量子力学中，谐振子是一个十分重要的物理模型. 许多受到微小扰动的物理体系，如分子的振动、晶格振动、原子表面振动等，都可以近似地看成是谐振子系统. 线性谐振子的定态薛定谔方程可以表示为

$$-\frac{\hbar^2}{2m}\frac{\mathrm{d}^2\psi}{\mathrm{d}x^2} + \frac{1}{2}m\omega^2 x^2\psi = E\psi \qquad (20-8-19)$$

为简单起见，引入无量纲参量 ξ 和 λ，且

$$\xi = \alpha x, \quad \alpha = \sqrt{\frac{m\omega}{\hbar}}, \quad \lambda = \frac{2E}{\hbar\omega}$$

则方程(20－8－19)可化为

$$\frac{\mathrm{d}^2\psi}{\mathrm{d}\xi^2} + (\lambda - \xi^2)\psi = 0 \qquad (20-8-20)$$

为了求解这个方程，先考察 ψ 在 $\xi\to\pm\infty$ 时的渐近行为. 当 $\xi\to\pm\infty$ 时，λ 与 ξ^2 相比可以略去，上式可近似写成

$$\frac{\mathrm{d}^2\psi}{\mathrm{d}\xi^2} - \xi^2\psi = 0 \qquad (20-8-21)$$

这个方程的解为 $\psi\sim \mathrm{e}^{\pm\frac{\xi^2}{2}}$，也是方程(20－8－20)在 $\xi\to\pm\infty$ 时的渐近解. 由于谐振子势是一个无限深的势阱，只存在束缚态，即

$$\xi\to\pm\infty \text{ 时}, \psi\to 0$$

因此，渐近解中应舍去 $\psi\sim \mathrm{e}^{\frac{\xi^2}{2}}$ 解.

设方程(20－8－20)的一般解为 $\psi = H(\xi)\mathrm{e}^{\frac{\xi^2}{2}}$，代入方程可得

$$\frac{\mathrm{d}^2 H(\xi)}{\mathrm{d}\xi^2} - 2\xi\frac{\mathrm{d}H(\xi)}{\mathrm{d}\xi} + (\lambda - 1)H(\xi) = 0 \qquad (20-8-22)$$

计算表明，要保证波函数有限，λ 必须为整数，即

$$\lambda = 2n + 1, \quad n = 0,1,2,\cdots \qquad (20-8-23)$$

相应地，由 $\lambda = \frac{2E}{\hbar\omega}$ 求出

$$E = E_n = \left(n + \frac{1}{2}\right)\hbar\omega, \quad n = 0,1,2,\cdots \qquad (20-8-24)$$

这就是线性谐振子能量的可能取值. 可见，线性谐振子的能量是量子化的，其能级是均匀分布的，两相邻能级间的间隔为 $\hbar\omega$，即 $E_{n+1} - E_n = \hbar\omega$，如图 20－8－5 所示. 而线性谐振子的基态($n=0$)能量为

$$E_0=\frac{1}{2}\hbar\omega$$

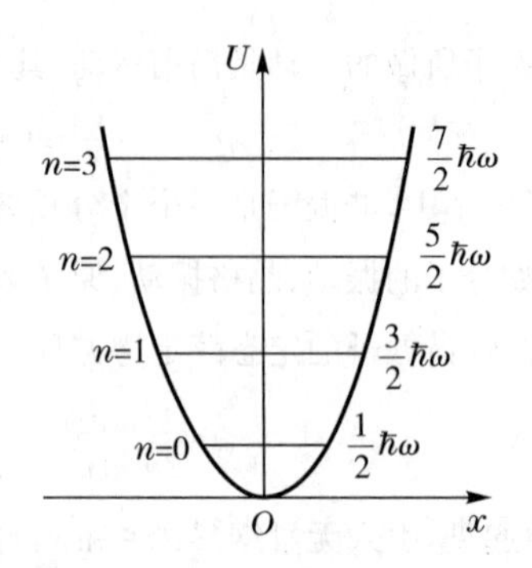

图 20—8—5　一维谐振子的能级

它并不为零,这与经典谐振子大不相同. E_0 称为零点能,它来源于线性谐振子的波粒二象性,零点能的存在已为光的散射实验所证实. 当温度趋于绝对零度时,散射光的强度趋于一个不为零的极限值,这说明,即使在绝对零度,原子并不静止,仍有零点振动. 此外,正常沸点只有几开的液体^{4}He 和液体^{3}He,都具有显著的零点能效应.

对应于式(20—8—23)中不同的量子数 n,方程(20—8—22)有一个多项式解 $H_n(\xi)$,从而求出定态薛定谔方程(20—8—19)的本征波函数. 可以证明,线性谐振子的正交归一化的定态波函数为

$$\psi_n(x)=A_n\mathrm{e}^{-\frac{\alpha^2x^2}{2}}H_n(\alpha x) \qquad (20-8-25)$$

其中

$$A_n=\sqrt{\frac{\alpha}{2^n n!\sqrt{\pi}}},\quad \alpha=\sqrt{\frac{m\omega}{\hbar}}$$

当 $n=0,1,2,3$ 时,谐振子波函数为

$$\begin{aligned}
\psi_0(x)&=\frac{\sqrt{\alpha}}{\pi^{\frac{1}{4}}}\mathrm{e}^{-\frac{1}{2}\alpha^2x^2}\\
\psi_1(x)&=\frac{\sqrt{2\alpha}}{\pi^{\frac{1}{4}}}\alpha x\,\mathrm{e}^{-\frac{1}{2}\alpha^2x^2}\\
\psi_2(x)&=\frac{1}{\pi^{\frac{1}{4}}}\sqrt{\frac{\alpha}{2}}(2\alpha^2x^2-1)\mathrm{e}^{\frac{1}{2}\alpha^2x^2}\\
\psi_3(x)&=\frac{\sqrt{3\alpha}}{\pi^{\frac{1}{4}}}\alpha x\left(\frac{2}{3}\alpha^2x^2-1\right)\mathrm{e}^{-\frac{1}{2}\alpha^2x^2}
\end{aligned} \qquad (20-8-26)$$

容易看出

$$\psi_n(-x)=(-1)^n\psi_n(x) \qquad (20-8-27)$$

一般地,将由偶函数描述的量子状态称为偶宇称态,而将由奇函数描述的量子状态称为奇宇称态. 由式(20—8—27)可见,n 的奇偶性决定了谐振子波函数的奇偶性,即宇称的奇偶.

下面讨论谐振子的概率分布.

对基态

$$E_0 = \frac{1}{2}\hbar\omega_0$$

$$|\psi_0(x)|^2 = \frac{\alpha}{\sqrt{\pi}}e^{-\alpha^2x^2}$$

可以看出,在 $x=0$ 处找到谐振子的几率最大,如图 20—8—6(a)所示.按照经典力学,处在各种能量下的线性谐振子在 $x=0$ 处速度都是最大的,所以在该处逗留时间最短,即在 $x=0$ 点附近找到粒子的几率最小,与量子力学的结论完全不同.

随着能量的增加(n 增大),谐振子的概率分布与经典谐振子的位置概率分布逐渐接近.如图 20—8—6(b)所示,是 $n=10$ 时谐振子的位置概率分布(实线),虚线是经典谐振子的位置概率分布.从图中可以看出,它们之间是比较相似的.当 n 越大,这种相似性越强.这也是"对应原理"的一个例证.

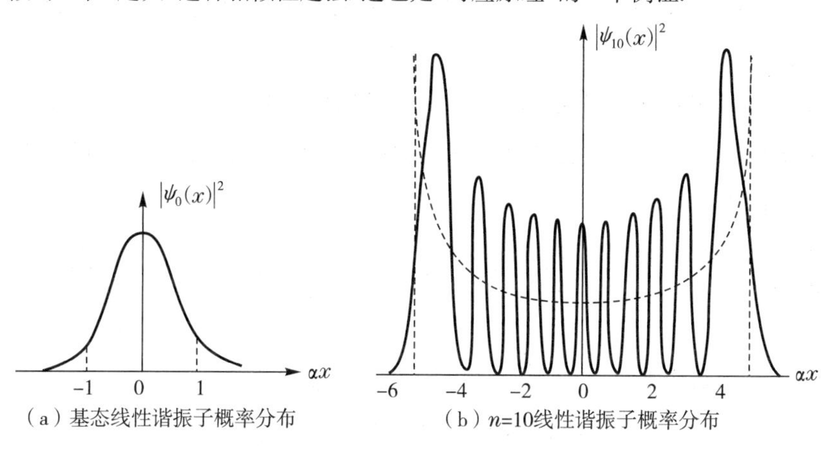

(a)基态线性谐振子概率分布　(b)n=10线性谐振子概率分布

图 20—8—6　谐振子的概率分布

§ 20—9　量子力学和氢原子

现在,我们将会看到,从薛定谔方程出发,无需任何假定,就能够得到氢原子的玻尔理论给出的能级公式以及对氢原子问题的完满论述.

一、氢原子的定态薛定谔方程

氢原子是最简单的原子.一个电子在核的外面形成量子束缚态,相互作用势能为

$$U=-\frac{e^2}{4\pi\varepsilon_0 r} \tag{20-9-1}$$

因为核的质量比电子质量大很多(约为2000倍),我们可忽略它的运动而将坐标原点放在核上,这时 $r=\sqrt{x^2+y^2+z^2}$,而 x,y 和 z 是电子波函数中各点的坐标.在此近似下,系统的动能完全来自电子的运动,而电子的波函数 ψ 满足的定态薛定谔方程为

$$\left[-\frac{\hbar^2}{2m}\nabla^2+U(r)\right]\psi=E\psi \tag{20-9-2}$$

我们所要探究的氢原子的性质就包含在波函数 ψ 和与之相应的能量 E 之中.

由于相互作用势能 $U(r)$ 具有球对称性,采用球坐标求解更方便些.将算符 ∇^2 在球坐标中的表达式代入上式,可得球坐标下的薛定谔方程为

$$\frac{1}{r^2}\frac{\partial}{\partial r}\left(r^2\frac{\partial\psi}{\partial r}\right)+\frac{1}{r^2\sin\theta}\frac{\partial}{\partial\theta}\left(\sin\theta\frac{\partial\psi}{\partial\theta}\right)+\frac{1}{r^2\sin^2\theta}\frac{\partial^2\psi}{\partial\varphi^2}+\frac{2m}{\hbar^2}\left(E+\frac{e^2}{4\pi\varepsilon_0 r}\right)\psi=0 \tag{20-9-3}$$

采用数学物理方程中的分离变数法,令

$$\psi(r,\theta,\varphi)=R(r)\Theta(\theta)\Phi(\varphi) \tag{20-9-4}$$

代入方程式(20—9—3),得到如下三个常微分方程

$$\frac{\mathrm{d}^2\Phi}{\mathrm{d}\varphi^2}+m_l^2\Phi=0 \tag{20-9-5}$$

$$\frac{1}{\sin\theta}\frac{\mathrm{d}}{\mathrm{d}\theta}\left(\sin\theta\frac{\mathrm{d}\Theta}{\mathrm{d}\theta}\right)+\left(\lambda-\frac{{m_l}^2}{\sin^2\theta}\right)\Theta=0 \tag{20-9-6}$$

$$\frac{1}{r^2}\frac{\mathrm{d}}{\mathrm{d}r}\left(r^2\frac{\mathrm{d}R}{\mathrm{d}r}\right)+\left[\frac{2m}{\hbar^2}\left(E+\frac{e^2}{4\pi\varepsilon_0 r}\right)-\frac{\lambda}{r^2}\right]R=0 \tag{20-9-7}$$

式中,m_l 和 λ 是引入的常数.

结合波函数必须满足的单值、有限、连续和归一化条件,求解方

程式(20—9—5)、(20—9—6)和(20—9—7),可得到波函数 $\psi(r,\theta,\varphi)$. 由于数学运算十分复杂,超出了大学物理的教学要求,在这里,我们不再求解$\psi(r,\theta,\varphi)=R(r)\Theta(\theta)\Phi(\varphi)$的解析式,只介绍求解上述三个方程时所得出的重要结果.

二、三个量子数

1. 能量量子化和主量子数

在求解方程(20—9—7)时,为使 $R(r)$满足波函数有限条件,氢原子的能量必须是量子化的,其值为

$$E_n=-\frac{1}{n^2}\left(\frac{me^4}{8\varepsilon_0^2h^2}\right) \qquad (20-9-8)$$

式中,$n=1,2,3,\cdots$称为主量子数. 这一结果与玻尔理论中的能级公式是一致的,所不同的是玻尔理论人为地加上量子化假设,而在量子力学中,能量量子化来源于求解薛定谔方程时对波函数附加的边界条件. 当 $n=1$ 时,氢原子处于基态,$n>1$ 时氢原子处于激发态.

2. 角动量量子化和角量子数

求解方程(20—9—6)和方程(20—9—5)时,要使方程有解,电子绕核运动的角动量 L 必须满足量子化条件,即

$$L=\sqrt{l(l+1)}\hbar \qquad (20-9-9)$$

式中,$l=0,1,2,\cdots(n-1)$称为轨道角动量量子数,简称角量子数.

可见,量子力学的结果与玻尔理论不同. 其一是,尽管两者都指出轨道角动量的大小是量子化的,但量子力学给出角动量的最小值为零,而玻尔理论给出的最小值为$\frac{h}{2\pi}$,实验证明量子力学的结果是正确的;其二是角动量的值受到能量的限制,即角量子数 l 要受主量子数限制,例如 $n=3$ 时,l 只能取 0,1,2 三个值.

3. 角动量的空间量子化和磁量子数

由角动量的量子化条件 $L=\sqrt{l(l+1)}\hbar$ 可确定角动量 L 的值,然而角动量是一个矢量,要完全确定电子的角动量,还需要知道它在空间的方位. 因此角动量矢量在空间的取向有没有限制呢?

求解方程(20—9—5),可得角动量 L 在某特定方向(如氢原子

在外磁场中运动，并取 z 轴为外磁场方向)上的分量 L_z 为

$$L_z = m_l \hbar \tag{20-9-10}$$

式中，$m_l=0,\pm1,\pm2,\cdots,\pm l$ 称为轨道角动量磁量子数，简称磁量子数. 这就是说，角动量在空间的方位不是任意的，它在某特定方向(如外磁场方向)上的分量是量子化的，这称为角动量的空间量子化. 对于每一个 l 值，m_l 可取 $(2l+1)$ 个值，这表明角动量的空间取向只有 $(2l+1)$ 种可能. 图 20—9—1 画出了 $l=1$ 和 $l=2$ 的角动量空间取向量子化的示意图.

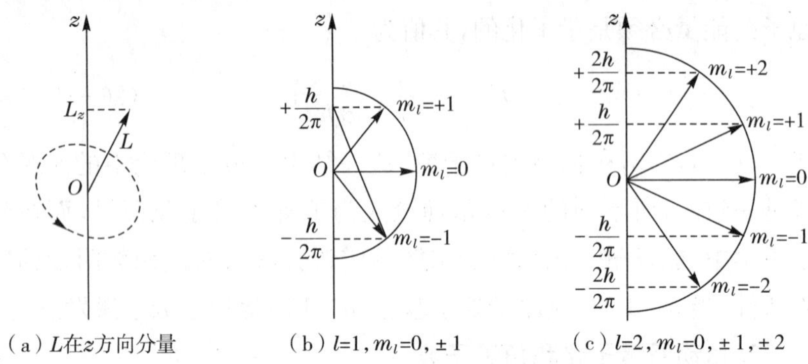

(a) L在z方向分量　(b) $l=1, m_l=0, \pm1$　(c) $l=2, m_l=0, \pm1, \pm2$

图 20—9—1　电子轨道角动量空间量子化

综上所述，氢原子中电子的稳定状态是用一组量子数 n, l, m_l 来描述的. 在一般情况下，电子的能量主要决定于主量子数 n，与角量子数 l 只有微小关系. 在无外磁场时，电子能量与磁量子数 m_l 无关. 因此电子的状态可以用 n, l 来表示，习惯上常用 s, p, d, f, … 等字母分别表示 $l=0,1,2,\cdots$ 的状态，具有角量子数 $l=0,1,2,\cdots$ 电子分别被称为 s 电子，p 电子，d 电子，…. 表 20—2 给出氢原子内电子的状态.

表 20—2　氢原子内电子的状态

	$l=0$ s	$l=1$ p	$l=2$ d	$l=3$ f	$l=4$ g	$l=5$ h
$n=1$	1s					
$n=2$	2s	2p				
$n=3$	3s	3p	3d			
$n=4$	4s	4p	4d	4f		
$n=5$	5s	5p	5d	5f	5g	
$n=6$	6s	6p	6d	6f	6g	6h

显然，对应一个主量子数 n，角量子数 l 可以取 n 个值；对应一个

l值，磁量子数 m_l 又可取$(2l+1)$个值，因此，对每一个主量子数 n，氢原子中电子的状态或波函数 $\psi_{n,l,m_l}(r,\theta,\varphi)$的数目为

$$\sum_{l=0}^{n-1}(2l+1)=n^2 \qquad (20-9-11)$$

量子力学中，若某一能量值（能级）对应一个以上波函数，则称为简并；一个能级对应的波函数的数目称为简并度. 可见氢原子的能级是 n^2 度简并的.

三、氢原子中电子的概率分布

在氢原子中，电子在核外各处出现的概率密度为$|\psi_{n,l,m_l}(r,\theta,\varphi)|^2$，从而可确定发现电子的概率空间分布. 例如，处于基态$(n=1)$的氢原子，其波函数可用 $\psi_{100}(r,\theta,\varphi)$来表示（计算从略），即

$$\psi_{100}=\frac{1}{\sqrt{\pi a_0^3}}\mathrm{e}^{\frac{r}{a_0}} \qquad (20-9-12)$$

式中，$a_0=0.0529$ nm，为玻尔半径. 由概率分布的概念可知，此时电子虽可出现在核外空间的任一位置上，但当电子在 $r=a_0$ 处时，其概率为最大. 此处的半径称为最概然半径，这与玻尔理论中氢原子的最小轨道半径相符. 从这里也可以看到量子力学理论与玻尔理论的差别，玻尔轨道并不是电子的运动轨道，而只表示电子出现机会最多的地方，其他地方也有发现电子的概率.

通常，我们将

$$|\psi_{n,l,m_l}(r,\theta,\varphi)|^2\mathrm{d}V=|\psi_{n,l,m_l}(r,\theta,\varphi)|^2r^2\sin\theta\mathrm{d}r\mathrm{d}\theta\mathrm{d}\varphi \qquad (20-9-13)$$

称为电子的概率云，简称电子云. 它表示电子出现在距核为 r，方位在 θ,φ 处体积元 $\mathrm{d}V$ 中的概率. 图 20—9—2 表示基态$(n=1)$氢原子中电子的概率分布. 图中较浓密的地方，表示电子出现的机会多，而稀疏处表示电子出现的机会少. 注意，电子云并不表示电子真的像一团云雾弥漫在核外空间，而只是电子概率分布的一种形象化描述.

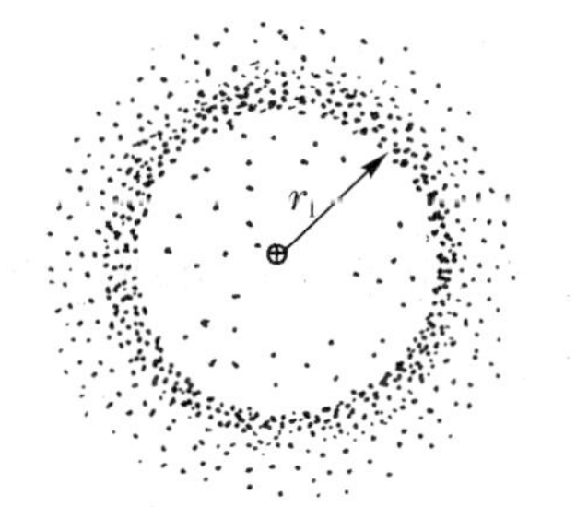

图 20—9—2　基态氢原子中电子的概率分布

§20—10　电子自旋 多电子原子的壳层结构

一、电子自旋

通过上节的讨论,我们知道氢原子的三个量子数 n,l 和 m_l 是从薛定谔方程的解中得到的.求解薛定谔方程可以得到三个量子数,是因为在这个方程中将电子作为有三个自由度的粒子.许多实验指出,在这三个自由度之外,电子还有另外一个自由度,这提示我们要将电子看作像一个可旋转的小球,具有自旋.因此,这个自由度称为电子自旋,与此相应的角动量称为自旋角动量.电子以外的其他微观粒子也具有自旋,例如质子和中子.

在历史上,自旋这个概念是从解释原子光谱的精细结构而来的.许多光谱线看上去是一条,但在更精密的实验之下却是离得很近的两条或多条,这称为谱线的精细结构,精细结构不能用三个量子数去解释.1925年,荷兰两位年轻的研究生乌伦贝克(G. Uhlenbeck)和古兹密特(S. Goudsmit)提出了电子存在自旋的假设,并用这一假设解释了原子光谱的精细结构.

完全类似于电子轨道运动的情况,假设电子自旋角动量的大小 S 和它在外磁场方向的投影 S_z,可以用自旋量子数 s 和自旋磁量子数 m_s 来表示,即

$$S=\sqrt{s(s+1)}\hbar,\quad S_z=m_s\hbar \qquad (20-10-1)$$

即自旋角动量的大小及其分量都是量子化的,且当 s 一定时,m_s 可取 $(2s+1)$ 个值.实验证实 m_s 只有两个值,即 $2s+1=2$,从而

$$s=\frac{1}{2},\quad m_s=\pm\frac{1}{2} \qquad (20-10-2)$$

因此,电子自旋角动量的大小 S 及其在外磁场方向的投影 S_z 分别为

$$S=\sqrt{\frac{1}{2}\left(\frac{1}{2}+1\right)}\hbar=\sqrt{\frac{3}{4}}\hbar \qquad (20-10-3)$$

$$S_z=\pm\frac{1}{2}\hbar \qquad (20-10-4)$$

二、施特恩－盖拉赫实验

1922 年，施特恩(O. Stern)和盖拉赫(W. Gerlach)在德国汉堡大学完成了著名的实验，现在称为施特恩－盖拉赫实验. 这个实验揭示了电子的纯自旋行为而排除了轨道角动量的干扰，实验装置如图 20－10－1(a)所示. 图中 O 为银原子射线源，产生的银原子射线通过狭缝 S_1 和 S_2 后进入不均匀的强磁场区域，然后打在照相底片上，整个装置放在真空容器中. 实验发现，在不加外磁场时，底板 E 上呈现一条正对狭缝的银原子沉积，加上磁场后呈现上、下两条沉积. 这说明银原子束经过不均匀磁场后分为两束. 这一现象证实了银原子具有磁矩，且磁矩在外磁场中只有两种可能取向，即磁矩的空间取向是量子化的.

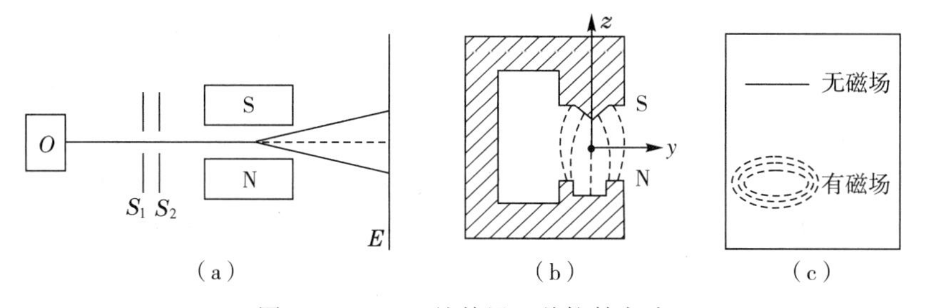

图 20－10－1　施特恩－盖拉赫实验

现在，用图 20－10－2 来说明这一点. 设有一个磁矩为 μ 的小磁棒放在非均匀磁场中，它将受到磁场力的作用. 图中 $\boldsymbol{B}$ 大致向上指向 z 方向，其大小随 z 的增加而增加，左边小磁棒 N 极较 S 极高，它所受合力是向上的，因为 N 极所受的向上的力大于 S 极所受的向下的力. 同理，右边小磁棒所受的合力是向下的. 可见在非均匀磁场中，小磁棒所受合力的方向与其取向有关系. 从这个模型可见银原子束具有磁矩，并且在外磁场中磁矩只有两种取向，即空间取向是量子化的，因此在银原子通过非均匀磁场时，按磁矩取向的不同分裂成向上和向下两束，其中一束中原子的电子全部自旋向上，而另一束中原子的电子全部自旋向下.

上述原子磁矩显然不是电子轨道磁矩，因为当角量子数为 l 时，轨道角动量和磁矩在外磁场方向的投影为 L_z 和 μ_z，且 $\mu_z=-\frac{e}{2me}$

L_z,有$(2l+1)$个不同的值,底片上银原子沉积应为$(2l+1)$条,即为奇数条,而不可能只有两条.

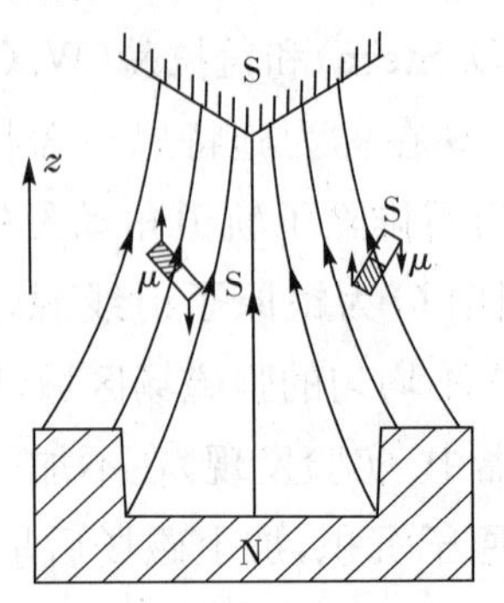

图 20—10—2　小磁铁处于非均匀磁场中,将受到磁力的作用,力的方向取决于N,S极的取向

尽管电子自旋解释了施特恩—盖拉赫实验,我们可能还是怀疑电子自旋的存在. 电子自旋不是从薛定谔方程的解中自然产生的,而是被强加进去的. 1928年,狄拉克(P. A. M. Dirac)发现了电子的相对论波动方程. 在非相对论极限($v \ll c$)下,这个方程成为薛定谔方程. 狄拉克从理论上直接得出了电子有自旋运动和磁矩的结论,这样,电子自旋完全是一个相对论的量,与许多其他的相对论效应不同,当$v \ll c$时,电子自旋并不会变小. 狄拉克的理论将相对论和量子力学融合起来产生了电子自旋,这既给两大理论以支持,又揭示了自旋的来源.

三、四个量子数

综上所述,原子中电子的稳定状态应该用四个量子数来描述,其中三个量子数决定了电子轨道运动状态,一个量子数决定了电子自旋运动状态,它们分别是:

(1)**主量子数** n,$n=1,2,3,\cdots$大体上决定原子中电子的能量.

(2)**角量子数** l,$l=0,1,2,\cdots,n-1$,决定原子中电子的轨道角动量. 另外,由于轨道磁矩和自旋磁矩的相互作用、相对论效应等,角量子数l对能量也有些影响,即由n的一个值决定的能级实际上包含了若干条与l相关的靠得很近的分能级.

(3)**磁量子数** m_l,$m_l=0,\pm1,\pm2,\cdots,\pm l$,决定电子轨道角动量$\boldsymbol{L}$在外磁场中的取向.

(4)**自旋磁量子数** m_s,$m_s=\pm\frac{1}{2}$,决定电子自旋角动量 $\boldsymbol{S}$ 在外磁场中的取向.

四、多电子原子的壳层结构

除了氢原子以外,其他元素的原子中都有两个或两个以上的电子绕核运动.此时薛定谔方程不能完全精确求解,但可以利用近似方法求得足够精确的解.其结果是在原子中每个电子的状态仍可以用四个量子数 n,l,m_l 和 m_s 来确定.在多电子原子中,核外电子是按壳层分布的,这些壳层由主量子数 n 来区分,$n=1$ 的壳层叫 K 壳层,$n=2$ 的壳层叫 L 壳层,相应有 M 壳层,N 壳层,等等.在每一壳层内,对应于 $l=0,1,2,\cdots$ 依次有 s,p,d,f,…等支壳层,通常用并排写出的数字(代表 n 值)和字母(代表 l 值)来表示,例如 1s 表示 $n=1$ 和 $l=0$ 的支壳层,2p 表示 $n=2$ 和 $l=1$ 的支壳层,3d 表示 $n=3$ 和 $l=2$ 的支壳层,等等.一般说来,壳层的主量子数 n 越小,原子能级越低.由于原子中的电子只能处于一系列特定的运动状态,所以在每一壳层上只能容纳一定数量的电子,电子分布由下面两个原理来确定.

1. 泡利不相容原理

泡利(W. Pauli)指出,**在一个原子内,不可能有两个或两个以上的电子具有完全相同的量子态**.也就是说,任何两个电子都不可能具有一组完全相同的量子数(n,l,m_l,m_s),这称为**泡利不相容原理**.以基态氦原子为例,它的两个核外电子都处于 1s,其(n,l,m_l)都等于(1,0,0),再考虑电子的自旋量子数,m_s 必定不同,即一个为$+\frac{1}{2}$,另一个为$-\frac{1}{2}$.两个电子的量子态(n,l,m_l,m_s)分别为$\left(1,0,0,+\frac{1}{2}\right)$和$\left(1,0,0,-\frac{1}{2}\right)$.根据泡利不相容原理容易算出各壳层上最多可容纳的电子数为

$$z_n=\sum_{l=0}^{n-1}2(2l+1)=2n^2 \qquad (20-10-5)$$

由上式可知,在 $n=1,2,3,\cdots$ 的 K,L,M,…各壳层上,最多可容纳 2,8,18,…个电子;而在 $l=0,1,2,3,\cdots$ 各支壳层上最多可容纳 2,6,10,14,…个电子.表20—3列出原子内各壳层所能容纳的电子数.

表 20-3 原子中电子壳层最多可容纳的电子数

n \ l	0 s	1 p	2 d	3 f	4 g	5 h	6 i	z_n
1,K	2	—	—	—	—	—	—	2
2,L	2	6	—	—	—	—	—	8
3,M	2	6	10	—	—	—	—	18
4,N	2	6	10	14	—	—	—	32
5,O	2	6	10	14	18	—	—	50
6,P	2	6	10	14	18	22	—	72
7,Q	2	6	10	14	18	22	26	98

泡利不相容原理是建立原子壳层结构的理论基础,正是以这个原理和下面的能量最小原理为基础,才建立了完整的元素周期表.

2. 能量最小原理

原子处于正常稳定状态时,每个电子都趋向占据可能的最低能级,这就是能量最小原理.

当原子中电子的能量最小时,整个原子的能量最低,这时原子处于最稳定的状态,即基态.

由于原子能量主要决定于主量子数 n,n 越小,能量也越低.因此,能量低的壳层即离核最近的壳层首先被电子填满,其余电子依次向未被占据的较低能级填充.然而,由于能量还和角量子数 l 有关,所以在某些情况下,n 较小的壳层还没填满时,下一个壳层上就有电子填入了.关于 n 和 l 都不同的状态能级高低问题,我国科学家徐光宪根据大量实验事实总结出一条规律:对于原子的外层电子,能量的高低可用$(n+0.7l)$值的大小来衡量,其值越大,能量越高.例如 3d 和 4s 两个状态,3d 的$(n+0.7l)=3+0.7\times2=4.4$,而 4s 的$(n+0.7l)=4+0.7\times0=4$,所以

$$E(3\mathrm{d}) > E(4\mathrm{s})$$

显然,电子要先填充 4s 而后才能填充 3d.钾的第 19 个电子就是这样填入的.

分析表明,当支壳层完全填满时,该元素的原子特别稳定.由于此时各支壳层的电子都成对,故各支壳层的自旋角动量为零.相应地,此时总的轨道角动量也为零.这就使得该原子很难与其他原子结合而显得特别稳定.He,Ne,Kr 等原子就是实例.

表 20—4　元素周期表

族 周期	1a	2a	3b	4b	5b	6b	7b	8			1b	2b	3a	4a	5a	6a	7a	0
1	$_{1}$H $1s^1$																	$_{2}$He $1s^2$
2	$_{3}$Li $2s^1$	$_{4}$Be $2s^2$											$_{5}$B $2s^2 2p^1$	$_{6}$C $2s^2 2p^2$	$_{7}$N $2s^2 2p^3$	$_{8}$O $2s^2 2p^4$	$_{9}$F $2s^2 2p^5$	$_{10}$Ne $2s^2 2p^6$
3	$_{11}$Na $3s^1$	$_{12}$Mg $3s^2$											$_{13}$Al $3s^2 3p^1$	$_{14}$Si $3s^2 3p^2$	$_{15}$P $3s^2 3p^3$	$_{16}$S $3s^2 3p^4$	$_{17}$Cl $3s^2 3p^5$	$_{18}$Ar $3s^2 3p^6$
4	$_{19}$K $4s^1$	$_{20}$Ca $4s^2$	$_{21}$Sc $3d^1 4s^2$	$_{22}$Ti $3d^2 4s^2$	$_{23}$V $3d^3 4s^2$	$_{24}$Cr $3d^5 4s^1$	$_{25}$Mn $3d^5 4s^2$	$_{26}$Fe $3d^6 4s^2$	$_{27}$Co $3d^7 4s^2$	$_{28}$Ni $3d^8 4s^2$	$_{29}$Cu $3d^{10} 4s^1$	$_{30}$Zn $3d^{10} 4s^2$	$_{31}$Ga $4s^2 4p^1$	$_{32}$Ge $4s^2 4p^2$	$_{33}$As $4s^2 4p^3$	$_{34}$Se $4s^2 4p^4$	$_{35}$Br $4s^2 4p^5$	$_{36}$Kr $4s^2 4p^6$
5	$_{37}$Rb $5s^1$	$_{38}$Sr $5s^2$	$_{39}$Y $4d^1 5s^2$	$_{40}$Zr $4d^2 5s^2$	$_{41}$Nb $4d^4 5s^1$	$_{42}$Mo $4d^5 5s^1$	$_{43}$Tc $4d^5 5s^2$	$_{44}$Ru $4d^7 5s^1$	$_{45}$Rh $4d^8 5s^1$	$_{46}$Pd $4d^{10}$	$_{47}$Ag $4d^{10} 5s^1$	$_{48}$Cd $4d^{10} 5s^2$	$_{49}$In $5s^2 5p^1$	$_{50}$Sn $5s^2 5p^2$	$_{51}$Sb $5s^2 5p^3$	$_{52}$Te $5s^2 5p^4$	$_{53}$I $5s^2 5p^5$	$_{54}$Xe $5s^2 5p^6$
6	$_{55}$Cs $6s^1$	$_{56}$Ba $6s^2$	$_{57}$La $_{71}$Lu	$_{72}$Hf $5d^2 6s^2$	$_{73}$Ta $5d^3 6s^1$	$_{74}$W $5d^4 6s^2$	$_{75}$Re $5d^5 6s^2$	$_{76}$Os $5d^6 6s^2$	$_{77}$Ir $5d^7 6s^2$	$_{78}$Pt $5d^9 6s^1$	$_{79}$Au $5d^{10} 6s^2$	$_{80}$Hg $5d^{10} 6s^2$	$_{81}$Tl $6s^2 6p^1$	$_{82}$Pb $6s^2 6p^2$	$_{83}$Bi $6s^2 6p^3$	$_{84}$Po $6s^2 6p^4$	$_{85}$At $6s^2 6p^6$	$_{86}$Rn $6s^2 6p^6$
7	$_{87}$Fr $7s^1$	$_{88}$Ra $7s^2$	$_{89}$Ac $_{103}$Lr	$_{104}$Rf $6d^2 7s^2$	$_{105}$Db $6d^3 7s^2$	$_{106}$Sg $6d^4 7s^2$	$_{107}$Bh $6d^5 7s^2$	$_{108}$Hs $6d^6 7s^2$	$_{109}$Mt $6d^7 7s^2$	$_{100}$Uun $6d^9 7s^1$	$_{111}$Uuu $6d^{10} 7s^1$	$_{112}$Uub $6d^{10} 7s^2$						

f区																
f区	镧系	$_{58}$Ce $4f^4 5d^1 6s^2$	$_{59}$Pr $4f^3 6s^2$	$_{60}$Nd $4f^4 6s^2$	$_{61}$Pm $4f^5 6s^2$	$_{62}$Sm $4f^6 6s^2$	$_{63}$Eu $4f^7 6s^2$	$_{64}$Gd $4f^7 5d^1 6s^2$	$_{65}$Tb $4f^9 6s^2$	$_{66}$Dy $4f^{10} 6s^2$	$_{67}$Ho $4f^{11} 6s^2$	$_{68}$Er $4f^{12} 6s^2$	$_{69}$Tm $4f^{13} 6s^2$	$_{70}$Yb $4f^{14} 6s^2$	$_{71}$Lu $4f^{14} 5d^1 6s^2$
f区	锕系	$_{90}$Th $6d^2 7s^2$	$_{91}$Pa $5f^2 bd^1 7s^2$	$_{92}$U $4f^3 6d^1 7s^2$	$_{93}$Np $5f^4 6d^1 7s^2$	$_{94}$Pu $5f^6 7s^2$	$_{95}$Am $5f^7 7s^2$	$_{96}$Cm $5f^7 6d^1 7s^2$	$_{97}$Bk $5f^9 7s^2$	$_{98}$Cf $5f^{10} 7s^2$	$_{99}$Es $5f^{11} 7s^2$	$_{100}$Fm $5f^{12} 7s^2$	$_{101}$Md $5f^{13} 7s^2$	$_{102}$No $5f^{14} 7s^2$	$_{103}$Lr $5f^{14} 6d^1 7s^2$

五、元素周期表

自从1869年门捷列夫(Д. И. МЕНДЕЛЕЕВ)提出和创立按原子量的次序排列元素周期表以后,经1913年莫塞莱(H. G. J. Moseley)、1925年泡利和我国科学家徐光宪等人的不断探究,同时也随着新元素的不断发现,根据目前的资料,元素周期表如表20—4所示.

如表20—4所示的元素周期表,给出了元素的电子组态.从表中可以看到,第一周期填充的是1s支壳层,只包含2个元素;第二和第三周期分别填充2s,2p和3s,3p支壳层,各包含8个元素;第四和第五周期分别填充4s,3d,4p和5s,4d,5p支壳层,各包含18个元素,其中电子逐渐填充d支壳层的2×10个元素称为过渡元素;第六周期分别填充6s,4f,5d,6p支壳层,包含32个元素,其中有24个过渡元素,电子逐渐填充4f支壳层的14个元素称为镧系元素,它们与钪、钇、镧一起统称为稀土元素;第七周期分别填充7s,5f,6d,7p支壳层,所包含元素都是不稳定的,其中电子逐渐填充5f支壳层的14个元素称为锕系元素.自然界存在的元素到铀($z=92$)为止,比铀更重的元素都是人工合成的.

习题二十

一、选择题

20—1 下列哪一能量的光子,能被处在$n=2$的能级的氢原子吸收( )

(A)1.50 eV (B)1.89 eV (C)2.16 eV (D)2.41 eV (E)2.50 eV

20—2 光谱系中谱线的频率(如氢原子的巴尔末系) ( )

(A)可无限制地延伸到高频部分 (B)有某一个低频限制

(C)可无限地延伸到低频部分 (D)有某一个高频限制

(E)高频和低频都有一个限制

20—3 关于辐射,下列几种表述中哪个是正确的 ( )

(A)只有高温物体才有辐射 (B)低温物体只吸收辐射

(C)物体只有吸收辐射时才向外辐射 (D)任何物体都有辐射

20－4 光电效应中光电子的初动能与入射光的关系是 （ ）

(A)与入射光的频率成正比 (B)与入射光的强度成正比

(C)与入射光的频率呈线性关系 (D)与入射光的强度呈线性关系

20－5 在康普顿散射中,若散射光子与原来入射光子方向成 θ 角,当 θ 等于多少时,散射光子的频率减少最多? （ ）

(A)180° (B)90° (C)45° (D)30°

二、填空题

20－6 测量星球表面温度的方法之一是把星球看成绝对黑体,利用维恩位移定律,测量 λ_m 便可求得星球表面温度 T,现测得太阳的 $\lambda_m=550$ nm,天狼星的 $\lambda_m=290$ nm,北极星的$\lambda_m=350$ nm,则 $T_{太阳}=$________,$T_{天狼星}=$________,$T_{北极星}=$________.

20－7 把白炽灯的灯丝看成黑体,那么一个 100 W 的灯泡,如果它的灯丝直径为 0.40 mm,长度为 30 cm,则点亮时灯丝的温度 $T=$________.

20－8 已知某金属的逸出功为 A_0,用频率为 γ_1 的光照射使金属产生光电效应,则,

(1)该金属的红限频率 $\gamma_0=$________.

(2)光电子的最大速度 $v=$________.

20－9 康普顿实验中,当能量为 0.5 MeV 的 X 射线射中一个电子时,该电子获得 0.10 MeV 的动能. 假设原电子是静止的,则散射光的波长 $\lambda_1=$____________,散射光与入射方向的夹角 $\varphi=$____________(1 MeV=10^6 eV).

20－10 处于 $n=4$ 激发态的氢原子,它回到基态的过程中,所发出的光波波长最短为________ nm,最长为________ nm.

三、计算题

20－11 假定太阳和地球都可以看成黑体,如太阳表面温度 $T_s=6\ 000$ K,地球表面各处温度相同,试求地球的表面温度(已知太阳的半径 $R_0=6.96\times10^5$ km,太阳到地球的距离$r=1.496\times10^8$ km).

20－12 铝的逸出功为 4.2 eV,今用波长为 200 nm 的紫外光照射到铝表面上,发射的光电子的最大初动能为多少? 遏止电势差为多少? 铝的红限波长是多少?

20－13 在康普顿散射中,入射 X 射线的波长为 3×10^{-3} nm,反冲电子的速率为 0.6c,求散射光子的波长和散射方向.

20－14 试计算氢原子巴耳末系的长波极限波长 λ_{lm} 和短波极限波长 λ_{sm}.

20－15 常温下的中子称为热中子,试计算 $T=300$ K 时热中子的平均动能,由此估算其德布罗意波长.(中子的质量 $m_n=1.67\times10^{-27}$ kg)

20－16 设电子与光子的波长均为0.50 nm.试求两者的动量之比以及动能之比.

20－17 设粒子在沿 x 轴运动时,速率的不确定量为 $\Delta v=1\ \mathrm{cm/s}$,试估算下列情况下坐标的不确定量 Δx:(1)电子;(2)质量为 10^{-13} kg 的布朗粒子;(3)质量为 10^{-4} kg 的小弹丸.

20－18 做一维运动的电子,其动量不确定量是 $\Delta p_x=10^{-25}\ \mathrm{kg\cdot m/s}$,能将这个电子约束在内的最小容器的大概尺寸是多少?

20－19 如果钠原子所发出的黄色谱线($\lambda=589$ nm)的自然宽度为$\frac{\Delta\nu}{\nu}=1.6\times10^{-8}$,计算钠原子相应的波长态的平均寿命.

20－20 试计算在宽度为0.1 nm的无限深势阱中,$n=1,2,10,100,101$ 各能态电子的能量.如果势阱宽为1.0 cm又如何?

20－21 一维无限深势阱中粒子的定态波函数为 $\psi_n=\sqrt{\frac{2}{a}}\sin\frac{n\pi x}{a}$.试求:

(1)粒子处于基态时;(2)粒子处于 $n=2$ 的状态时,

在 $x=0$ 到 $x=\frac{a}{3}$之间找到粒子的概率.

20－22 一维运动的粒子处于如下波函数所描述的状态:

$$\psi(x)=\begin{cases}Ax\mathrm{e}^{-\lambda x} & (x\geqslant 0)\\ 0 & (x<0)\end{cases}$$

式中 $\lambda>0$

(1)求波函数 $\psi(x)$ 的归一化常数 A;

(2)求粒子的概率分布函数;

(3)在何处发现粒子的概率最大?

20－23 一维无限深势阱中的粒子的波函数,在边界处为零,这种定态物质波相当于两端固定的弦中的驻波,因而势阱宽度 a 必须等于德布罗意半波长的整数倍.试利用这一条件导出能量量子化公式

$$E_n=\frac{h^2}{8ma^2}n^2$$

20－24 假设氢原子处于 $n=3,l=1$ 的激发态.则原子的轨道角动量在空间中有哪些可能取向?计算各可能取向的角动量与 z 轴之间的夹角.

20－25 试说明钾原子中电子的排列方式,并和钠元素的化学性质进行比较.

四、证明题

20－26 试根据相对论力学，应用能量守恒定律和动量守恒定律，讨论光子和自由电子之间的碰撞.

（1）证明处于静止的自由电子是不能吸收光子的；

（2）证明处于运动的自由电子也是不能吸收光子的；

（3）说明处于什么状态的电子才能吸收光子而产生光电效应.

20－27 试证明带电粒子在均匀磁场中做圆轨道运动时，其德布罗意波长与圆半径成反比.

20－28 氢原子在 $n=2, l=1$ 能态的径向概率分布可写成 $p(r)=Ar^2e^{-r/a_0}$，其中 A 是 θ 的函数，而与 r 无关，试证明 $r=2a_0$ 处概率有极大值.

阅读资料

量子电动力学的发展

量子电动力学是关于电磁相互作用的量子理论，是量子场论中发展历史最长，也是最成熟的一个分支.

1. 经典电磁场理论和量子力学的局限性

经典电磁场理论把电磁场看成是连续的，满足对空间坐标和时间的偏微分方程，它反映了电磁场的普遍规律，却无法解释诸如电磁辐射能谱、原子的稳定性以及原子线状光谱等现象. 量子力学虽然能够对这些现象做出恰当解释，然而它也不能圆满地解决所有问题. 按照量子力学的基本原理，微观客体都具有粒子与波、分立与连续的二象性. 它对电子的描述则是量子性的，通过引进相应于电子坐标和动量的算符和它们的对易关系实现单个电子运动的量子化，但是它对电磁场的描述则是经典的. 这样的理论没有反映电磁场的粒子性，不能容纳光子，更不能描述光子的产生和湮没. 量子力学虽然能很好地说明原子和分子的结构，却不能直接处理原子中光的自发辐射和吸收这类十分重要的现象. 因此，有必要把量子理论进一步扩展到电磁场. 量子电动力学就是在量子力学和经典电磁场理论的基础上发展起来的.

2. 狄拉克的贡献

狄拉克是量子力学的创始人之一，他不仅参与了量子力学的建立,而且是量子电动力学和量子场论的奠基者. 当1925年海森伯提出矩阵力学时,狄拉克就开始了这方面的研究,并且独立地提出了一种数学上的对应,主要是计算原子特性的非对易代数. 为此他写了一系列论文,从而逐步形成了他的相对论性电子理论和空穴理论. 1926年,狄拉克在薛定谔的多体波函数启示下,开始研究全同粒子系统. 他发现,如果描述全同粒子的多体波函数是对称的,这些粒子将服从玻色—爱因斯坦统计,如果这一波函数是反对称的,这些粒子将服从另一种统计. 虽然费米在几个月前提出了这种统计法,但狄拉克却更深刻地揭示了统计类型与波函数对称性之间的关系,并证明了在波函数反对称条件下,新的统计是量子力学的必然结果. 这就是人们所称的费米—狄拉克统计. 1927年,狄拉克在讨论辐射的量子理论时引入电磁场的量子化,从而第一次提出了二次量子化理论;这一理论为建立量子场论奠定了基础. 1928年,狄拉克又提出电子的相对论性运动方程,这个人们通称为狄拉克方程的方程,后来发展成为相对论性量子力学的基础. 量子论与相对论经过狄拉克的这一结合,自然地推出了电子的自旋,并且论证了电子磁矩的存在. 狄拉克还赋予真空以新的物理意义,并预示了正电子的存在. 狄拉克方程不但有正能解,还可以有负能解,而负能解意味着正能电子向负能态跃迁,这显然是不合理的. 正是为了克服这一困难,狄拉克提出了"空穴假说". 他认为,真空实际上是所有负能态都被填满的最低能态,负能态如果有一个没有被填满,就是由于缺少一个负能电子而出现了一个"空穴","空穴"相当于正能粒子. 于是狄拉克的理论就预言了正负电子对的湮没和产生.

3. 约丹和维格纳的贡献

1928年,约丹和维格纳(E. Wigner)建立了量子场论的基本理论. 在这一理论中,任何物质粒子的基本形态都是场,每一种粒子都对应于一种场,它们有各种形态,能量最低的态就是真空. 当场被激发时,它就处于较高的状态,这就产生了相应的粒子;反之,当能量处于最低状态时,就是粒子的湮没. 由此,量子场论预言了所有的物质都可以像光子一样产生与湮没,这样就解决了经典场论所无法解决的问题.

量子场论实质上是无穷维自由度系统的量子力学.它给出的物理图像是在空间充满着各种不同物质的场,它们相互渗透并相互作用着.场的激发态就是粒子的出现.不同的激发态,就相当于粒子的数目与状态的不同.场的相互作用又可以引起激发态的改变,这就表现为粒子的各种反应过程.量子场论能很好地描述原子中光的自发辐射与吸收,以及粒子物理学中的各种粒子的产生与湮没过程.

量子场论是粒子物理学的基础理论,并被广泛地应用于统计物理、核理论和凝聚态理论等近代物理学的许多分支.这门学科的建立,也为量子电动力学的发展创造了条件.

4. 量子电动力学的创建

量子电动力学研究的是电磁场与带电粒子相互作用的基本过程,电磁相互作用的量子性质、带电粒子的产生和湮没以及带电粒子之间的散射、带电粒子与光子之间的散射等现象.

继狄拉克于1927年提出关于辐射的量子理论之后,海森伯和泡利也于1929年相继提出了这方面的理论,他们为量子电动力学的建立奠定了基础.

用量子力学处理光的吸收与受激发射问题,往往是把带电粒子与电磁场的作用当作一种微扰,虽然这种方法行之有效,但在处理光的自发发射时,却遇到了困难.因为在发射光子之前并不存在辐射场,没有辐射场作为微扰.为了解释自发发射这一事实,并定量地给出这一现象的发生概率,只有采取某些理论技巧,诸如利用对应原理,或者通过爱因斯坦提出的自发发射概率与吸收概率的关系.虽然这样得到的结果与实验结果相符,却同时带来了更严重的问题,这就是必须假设定态寿命无穷大.

狄拉克、海森伯和泡利关于辐射能量的量子理论解决了量子力学在自发发射问题上的困难.这一理论还对光的波粒二象性给出了明确的表述,使电磁场量子化,电场强度和磁场强度都成为一种算符,它们的各分量满足一定的对易关系,实验测量值的平均值均满足海森伯不确定关系.在无辐射场的真空时,即没有光子存在的条件下,电场强度与磁场强度的平均值为零,但它们的均方值不为零,这就是量子化辐射场中所谓的真空涨落.

辐射场的量子理论,还可以成功地用于康普顿效应、光电效应、韧致辐射、电子对的产生与湮灭等现象的研究,其研究结果都能与实验有较好的符合.

然而,进一步的研究却发现,量子辐射理论的有效性只是局部的,并没有取得彻底的成功.新的实验结果又提出了挑战.1947年,美国《物理评论》杂志同时发表了两项原子束实验的精密测量结果.一项是关于氢原子光谱的兰姆移位,测出氢谱的谱线裂距与理论的计算结果不符;第二项是对电子磁矩的测量.实验结果发现,电子磁矩的 g 因子与狄拉克理论所得的2有微小的偏差,这就是所谓的反常磁矩.当人们使用了微扰法以及狄拉克的辐射量子理论重新考察这两个实验数据时发现,取微扰法展开幂级数以后,若只取低次项做近似计算时,计算值能与实验值符合;然而加入高次项进行计算时,计算结果不是变得更精确,而是变为无穷大了.这就是所谓的发散困难.辐射量子理论面临着难以逾越的障碍,只有停步等待新的发展.

5. 重正化解决发散困难

1947年,由奥本海默(J. R. Oppenheimer)发起,在谢尔特岛召开了理论物理工作者会议,主要讨论量子场论问题.在这次会议上,与会者们对新理论进行了长时间的激烈讨论,并且谈到了刚刚发表的兰姆移位和电子反常磁矩的实验结果.会议结束后,康奈尔大学的贝特(Hans A. Bethe)对兰姆移位做了进一步的分析与计算,判断高次项的无穷大很可能是高动量光子相互作用与事实不符.其实早在1936年就有人提出过这类猜想,这种来自高动量光子的无穷大,可能不仅与无穷大质量、无穷大电量,甚至还与真空量,例如真空介电常数的不可测量性质有关.这样一种所谓的重正化方法就显露出了端倪.1934—1938年,瑞士理论物理学家斯图克尔贝格(C. G. Stueckelberg)一连写了好几篇论文,提出了补偿量子电动力学中发散的思想,得到了场论的不变量公式,这实际上就是重正化的思想基础,但是他写出来的论文太晦涩了,令人很难理解.还有一位荷兰理论物理学家,名叫克拉默斯(H. A. Kramers),1937年发展了狄拉克的空穴理论,1938年最先指出在量子电动力学中正确减去无穷大量的必要性.他认为,如果从自由电子能量中减去束缚电子的无限大能量,就可以把辐射场与原子耦合的效应计算出来.后来,贝特曾成功地忽略与能量大于 mc^2 的光子的耦合作用来估算辐射耦合.因为这种效应大多数都是由低能光子的耦合引起的,所以采用这种非相对论理论是可行的.后来,由外斯柯夫(V. F. Weisskop)、克洛尔(N. M. Kroll)、兰姆(Willis Lamb, jr.)与弗仑奇(J. B. French)完成的按最低能级的精确计算,其结果与实验符合得很好.然而他们采用的是两个无穷大量相减的方法,既复杂又不可靠.

6. 朝永振一郎、施温格和费因曼的贡献

朝永振一郎是日本理论物理学家,1929 年毕业于京都大学理学部物理学科,3 年后,赴东京理化研究所,在仁科芳雄研究室当研究员,1937 年留学德国,在海森伯的领导下研究原子核理论和量子理论,1939 年底,回国获得东京帝国大学的理学博士学位,1941 年,任东京文理科大学物理学教授,提出量子场论的超多时理论,第二次世界大战后继续研究和发展这一理论和介子耦合理论.1947 年,朝永振一郎以他的超多时理论为基础,找到了一种避开量子电动力学中发散困难的重正化方法,利用这种方法,可以成功地解释兰姆位移和电子反常磁矩的实验.

几乎与此同时,美国的施温格和费因曼也独立地完成了类似的研究.施温格小时候是一位神童,在数学和科学方面显示有非凡的才能.他多次跳班,14 岁考入纽约市立学院,后转入哥伦比亚大学.18 岁时大学毕业,21 岁获博士学位.然后到加州大学伯克利分校当了奥本海默的研究助理.1941 年到柏图大学任教,后来到芝加哥大学参加原子反应堆设计.为了避免卷入原子弹计划,施温格在 1943 年离开芝加哥,转到麻省理工学院,从事雷达系统的改进.正是这项工作使他对电磁辐射理论产生了兴趣,他把工作重点转到量子电动力学的理论.1945 年,施温格应聘成为哈佛大学副教授,两年后晋升为教授,成为该校最年轻的教授.在哈佛大学任教期间,他开始系统地研究量子电动力学.他认为采用微扰法计算电磁相互作用时,计入高次近似之所以会出现发散困难,是由于按精细结构常数展开成无穷多级数,在这些级数中出现了无数多个发散积分引起的.在谢尔特岛会议的几个月以后，施温格于1948年独立地提出了重正化方法.

费因曼是俄裔犹太族美国物理学家，1935年进入麻省理工学院，先学数学，后转物理. 1939年本科毕业，毕业论文发表在《物理评论》(Phys. Rev.)上，内有一个后来以他的名字命名的量子力学公式. 1939年9月，在普林斯顿大学当惠勒(J. Wheeler)的研究生，致力于研究量子电动力学中的发散困难. 第二次世界大战中，进入洛斯阿拉莫斯科学实验室研制原子弹. 1942年，获得普林斯顿大学哲学博士学位. 战争结束后到康奈尔大学任教. 费因曼在20世纪40年代发展了用路径积分表达量子振幅的方法，并于1948年提出量子电动力学新的理论形式、计算方法和重正化方法，从而避免了量子电动力学中的发散困难. 费因曼对量子力学理论的贡献是多方面的，量子场论中的“费因曼振幅”、“费因曼传播子”、“费因曼规则”等均以他的姓氏命名. 他提出的费因曼图用于表述场与场间的相互作用，可以简明扼要地体现出过程的本质. 得到了广泛运用，至今仍是物理学中对电磁相互作用的基本表述形式. 重正化方法的指导思想是，把理论中所有能产生发散困难的基本费因曼图挑出来，并通过重新定义一些参量，如消除部分原始参量、对质量与电量重新定义，重新引入电子电荷与质量等. 在考虑了各级修正之后，包含发散困难的基本费因曼图还有三种，即电子自能、真空极化和顶角修正. 采用重正化处理后，各阶修正的结果都不再包含发散，所计算出的结果与实验之间的一致性达到惊人的程度.

朝永振一郎、施温格和费因曼从不同的渠道达到了同样的目的，真可谓殊途同归. 他们的研究使得描写微观世界的量子电动力学成为高度精确的一门理论.

第二十一章

核物理与粒子物理

19 世纪末,物理学取得了重大发展,建立了研究物质微观结构的三个分支学科:原子物理、原子核物理和粒子物理,发现了微观世界的运动规律,创造了量子力学和量子场论. 原子能的释放为人类社会提供了一种新能源,推动社会进入原子能时代. 在所有这些发展中,核物理和粒子物理的研究起了关键作用,这是一个国际上竞争十分剧烈的高科技领域,各国都投入了大量人力物力从事这方面的研究工作. 核物理和粒子物理基础研究的重大成就与核能和核科学技术的广泛应用已成为科技现代化的主要标志之一. 本章先介绍原子核的一般知识,然后介绍基本粒子的一些性质.

*§ 21—1　原子核的一般性质

原子核的基本性质主要包括大小、质量和电荷等,这些性质和原子核结构及其变化有着密切联系,下面对其做简单介绍.

一、原子核的大小

人类对物质结构的认识是一步一步向微观领域推进的,随着原子被认为是组成物质的基本单元后,人类又开始了对原子结构的探测工作. 1911 年,卢瑟福(E. Rutherford)做了著名的 α 粒子对原子的散射实验. 他用一束 α 粒子轰击金属薄膜,发现有大角度的 α 粒子散射. 为了解释 α 粒子的大角度散射及其角分布,只能认为原子的正电荷全部质量都集中在一个很小的区域. 这个区域形成一个核心,称为原子核,其半径只有原子的万分之一. 在这之前,实验上已探测到原子的半径约为

$$R(\text{原子}) \sim 10^{-8}\ \text{cm} \qquad (21-1-1)$$

因此,可以推断原子核的半径

$$R(\text{核}) < 10^{-12}\ \text{cm} \tag{21-1-2}$$

原子核外带负电的电子则围绕核运行,其运动遵守量子力学规律.比较式(21—1—1)和 式(21—1—2)可以看出,原子内部是很“空旷”的.原子质量密集的区域体积 V(核)只占原子体积 V(原子)的很小一部分,V(核)/V(原子)$<10^{-12}$.但是,原子核的质量却占一个原子质量的 99.9%以上.所以,地球和宇宙中星体的质量基本上都是由原子核所贡献的;而恒星中对抗引力塌缩的力量,主要是来自轻原子核的燃烧过程.所以,原子核物理的研究范围可以小到 10^{-15} m 的微观尺度,也可以大到宏观的恒星尺度.

实验表明,原子核是接近于球形的.因此,通常用核半径来表示原子核的大小.核半径用宏观尺度来衡量是很小的量,为 $10^{-12}\sim10^{-13}$ cm 数量级,无法直接测量,而是通过原子核与其他粒子相互作用间接测得它的大小.根据这种相互作用的不同,核半径一般有两种定义.

1.核力作用半径

由 α 粒子散射实验可知,在 α 粒子能量足够高的情况下,它与原子核的作用不仅有库仑斥力作用,当距离接近时,还有很强的吸引力作用,这种作用力叫作核力.核力有一半径,在半径之外,核力为零,这种半径叫作核半径,这样定义的核半径是核力作用的半径.

实验上,通过中子、质子或其他原子核与核的作用所测得的核半径就是核力作用半径.实验表明,核半径与质量数 A(A 的定义见式(21—1—6)及其说明)有关.它们之间的关系可近似地表示为

$$R \approx r_0 A^{1/3} \tag{21-1-3}$$

式中,$r_0=(1.4\sim1.5)\times10^{-13}\ \text{cm}=1.4\sim1.5\ \text{fm}$.

2.电荷分布半径

核内电荷分布半径就是质子分布的半径.测量电荷分布半径比较准确的方法是利用高能电子在原子核上的散射,电子与原子核的作用实际上就是电子与质子的作用.为了准确地测量质子分布半径,电子的波长必须小于核半径,因此电子的能量必须足够高.事实上,电子的波长 λ 与电子的动能 E_k 之间有

$$\lambda=\frac{hc}{[E_k(E_k+2E_0)]^{1/2}} \tag{21-1-4}$$

式中,E_0 是电子的静止能量.高能电子在核上散射的角分布是核内电荷分布的函数,电荷分布越小越敏感.用这种方法测得的核半径为

$$R \approx 1.1A^{1/3}(\text{fm}) \tag{21-1-5}$$

二、原子核的电荷

α 粒子散射实验不仅证实了原子的有核模型，而且给出了原子核的带电性质. 由于原子是电中性的，因而原子核所带电量必定等于核外电子的总电量，但两者符号相反. 任何原子的核外电子数都是该原子的原子序数 Z，因此原子序数为 Z 的原子核的电量是 Ze，此处 e 是元电荷，即一个电子电量的绝对值. 当用 e 做电荷单位时，原子核的电荷数是 Z，所以 Z 也叫作原子核的电荷数.

除了揭示原子的有核结构和带电性质以外，α 粒子散射实验还提示，用高能粒子撞击靶是探测微观物质结构的重要手段. 1932 年，查德威克(J. Chadwick)用 α 粒子轰击铍核，发现了不带电的中子；查德威克发现中子后，海森堡(W. K. Heisenberg)等立即提出原子核是由质子和中子组成的. 不同的原子核由不同数目的质子和中子所组成. 质子和中子统称为核子，它们的质量差不多相等，但中子不带电，质子带正电，其电量为 e. 因此，电荷数为 Z 的原子核含有 Z 个质子. 可见，原子序数 Z 同时表示了核外电子数、核内质子数以及核的电荷数.

为方便起见，原子核常用化学符号可表示为

$$ {}^{A}_{Z}\mathrm{X}_{N} \qquad (21-1-6)$$

式中，X 代表原子核的元素符号；Z 为原子序数，即质子数；N 为中子数；$A=Z+N$ 为质量数. 核子都是自旋为 1/2 的费米子，A 为偶数的核是玻色子；A 为奇数的核是费米子. 相同 Z 而不同 A 的核构成了元素的同位素.

三、原子核的质量和结合能

原子核的质量(或结合能)是原子核最基本的性质之一. 通常，核质量表中所列出的 M 是原子质量. 原子核的质量为

$$M_{核} = M - [Zm_{e} - B_{e}(Z)] \qquad (21-1-7)$$

式中，m_e是电子质量，$m_e=(0.511\,006\pm0.000\,002\,1)$ MeV，$B_e(Z)$是中性原子中电子结合能. 按 Thomas-Fermi 模型，可求出

$$B_{e}(Z) = 15.73Z^{7/3}\ \mathrm{eV} \qquad (21-1-8)$$

这一项很小，在实际应用中常忽略不计. 原子核的结合能定义为

$$B(Z,N) = ZM_{p} + NM_{n} - M_{核}(Z,N) \qquad (21-1-9)$$

式中，$M_p=(938.256\pm0.005)$ MeV(质子质量)，$M_n=(939.550\pm0.005)$ MeV(中子质量).

通常，不考虑各原子中的电子结合能的微小差别，将 $B(Z,N)$写成

$$B(Z,N) = ZM_{H} + NM_{n} - M(Z,N) \qquad (21-1-10)$$

式中，$M_H=(938.767\pm0.005)$ MeV(氢原子质量).

这里，MeV 是能量(质量)的自然单位，它与质量的国际单位的换算关系为

$$1\ \text{MeV} = 1.782\,661\,73 \times 10^{-30}\ \text{kg}$$

随着测量技术的进步，原子质量观测值的精确度不断提高. 由于新的测量方法的使用，不仅 β 稳定线邻近的质量可以准确测定，远离 β 稳定线的原子核以及在自然界中不存在重元素的原子质量也不断地被测出，所以，每隔几年就会有新的原子质量汇编问世.

为了反映原子核的稳定性与结合能的关系，定义了原子核的每个核子的平均结合能(也叫比结合能)，即 B/A. 从实验资料可以得出，原子核的每个核子的平均结合能与原子核质量数的变化趋势如图 21—1—1 所示. 从图 21—1—1 可以看出，当 $A>12$ 以后，原子核中每个核子的平均结合能接近某一常数，即 $B/A \sim 8$ MeV. 根据这一事实，人们认识到核子之间的相互作用具有“饱和性”. 如果假设任何两个核子之间的相互作用都对结合能有大致相同的贡献，则系统的结合能应该大致与核子对的数目成比例，即 $B \sim A(A-1)/2$，而每个核子的平均结合能大致与 A 成比例，因而不能保持为常数. 原子核内每个核子的平均结合能近似为常数的事实表明，在原子核内一个核子最多只能与一定数目(与 A 无关)的相邻核子发生作用，这称为核力的饱和性. 虽然 $B/A \sim 8$ MeV，但是每个核子平均结合能随质量数的变化仍然是明显的，中等质量核的每核子结合能最大，轻核和重核的每核子结合能都比中等质量核小. 结合能的这种变化规律是原子能开发和利用的重要依据.

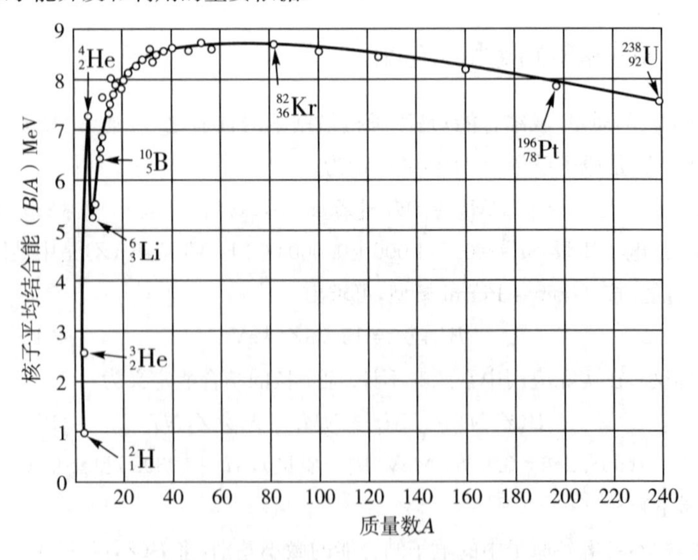

图 21—1—1　原子核的每核子结合能随质量数的变化

*§ 21—2 核力与原子核结构

一、核力

原子核由质子和中子组成，尽管在如此小的空间内存在着质子间数值巨大的电斥力，原子核仍能在极大密度下稳定存在. 因此在核子之间一定存在着很强的吸引力，这就是核力. 实验表明，核力是一种与电荷无关且具有饱和性的短程力. 其作用距离只有 10^{-15} m 的数量级，在大于 10^{-15} m 距离时，核力迅速减弱，至 10^{-14} m 时几乎完全消失. 但在小于 10^{-15} m 范围内，核力比库仑力大得多. 在相邻核子间核力比库仑力强 100 多倍，是一种强相互作用. 在小于 0.8×10^{-15} m 的范围内，核力则表现为较强的推斥力，使核子不能无限制的接近.

核力从本质上说是一种交换力，电磁相互作用也是通过带电粒子之间交换光子而产生的交换力. 光子是电磁相互作用的传播者，如图 21—2—1 所示.

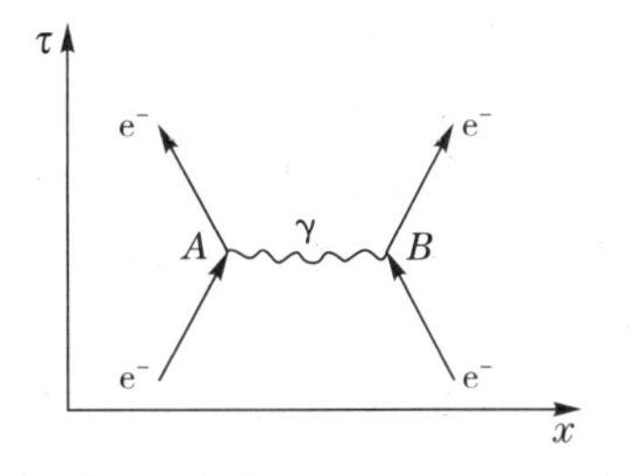

图 21—2—1 两个电子的相互作用

1935 年，物理学家汤川秀树（H. Yukawa）将核力和电磁力类比，提出了核力的介子理论. 他认为核子之间的相互作用是通过某种媒介粒子（称为介子）的交换而实现的. 1947 年，在宇宙射线中找到了参与强相互作用的 π 介子，其静止质量约为电子质量的 270 倍，与理论预言非常吻合. π 介子有带正电、负电和中性三种，分别记为 π^+，π^- 和 π^0. 相邻核子间频繁地交换 π 介子是产生核力的根源. 交换作用是一种量子力学效应，不可能在经典物理中得到解释. 作为核力的传播子，π 介子的作用如图 21—2—2 所示.

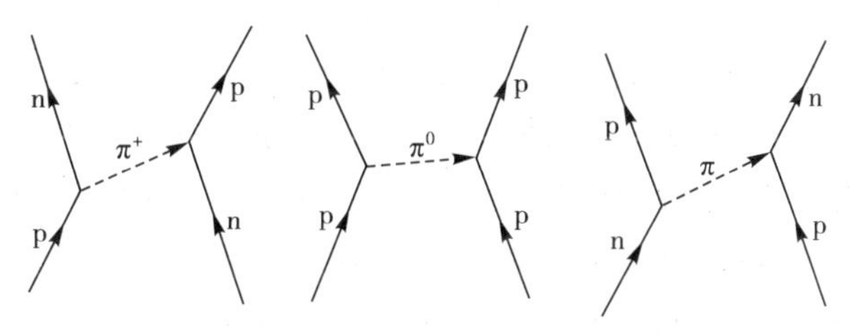

图 21—2—2 π 介子作为核力的传播子

汤川的介子场论在核力的长程范围内取得很大成功，但在短程范围内出现严重的困难. 困难的根源在于两核子相距很近时核子内部夸克结构的影响. 在夸克结构被确认以后,人们试图从夸克层次解释核力本质,认为核力来源于夸克之间的强相互作用.夸克之间相互作用的传播子是胶子,描写夸克间强相互作用的基本理论是量子色动力学.从夸克层次研究核力的本质是现代核物理学的重要研究方向之一,目前仍处于探索和发展阶段.

二、原子核结构模型

原子核结构的问题非常复杂,至今没有完全解决.目前较成功的是利用各种原子核结构模型,对核内核子运动及核整体运动做近似的唯象描述.并根据实验结果进行不断的修正,各种模型均有其局限性,往往只能反映某一方面的特征.

在讨论核的大小时,曾得到实验结论:一切原子核的核密度为常数,原子核可近似看作球形.这与分子组成的液滴非常相似,于是物理学家提出了原子核的液滴模型,认为原子核类似于一个具有极大密度的不可压缩的液滴.液滴模型把核作为整体考虑,忽略了核内各核子个别运动的特点.但由于它抓住了核子间相互作用的重要特征——核力的短程性和饱和性,所以能描述原子核结合能的变化规律.此外,它对核的集体运动、核裂变和核反应的描述也起到重要作用.

与液滴模型截然不同的是费米气体模型.它将核子看作几乎没有相互作用的气体分子,由于核子是自旋 $\hbar/2$ 的费米子,原子核可视为费米气体.这样,对核内核子运动起约束作用的主要是泡利不相容原理.结合量子力学的结论,可以讨论核子的费米能量、每核子的平均能及对称能.但由于费米气体模型忽略了核子间的相互作用,因此,尽管它包含着某些合理因素,但所得结果在定量上较差.

1930年后,有关原子核的实验事实显示出自然界存在着一系列的幻数核.当质子数或中子数是下列数之一时

$$2,8,20,28,50,82,126$$

原子核特别稳定.联想到原子结构中,原子序数 Z 等于 2,10,18,36,54,…时,由于某一特定壳层的闭合,元素达到最稳定.人们有理由预测原子核中也存在着壳层结构,这种原子核模型称为壳层模型.此模型着重考虑核中各核子的个体运动,其他核子对它的影响则用静态平均势场来近似.核的壳层模型得到了实验事实的支持,可以通过理论计算直接得到正确的幻数,还可以解释核的一系列性质,如核自旋、核磁矩等.

液滴模型和壳层模型都有其优点及不足之处.1950年,玻尔(A. Bohr)和莫特尔逊(B. Mottelson)提出了集体运动模型,将液滴模型和壳层模型结合在一

起. 在此模型中,幻数核子构成了核心——液滴,而多余的核子在由中心建立起的势场中运动. 此模型能说明上述几种模型不能解释的一些问题,如形变核的磁矩和电四极矩,预言了一些核能级和 γ 跃迁概率等.

*§ 21—3　原子核的放射性与衰变

自然界存在的稳定原子核不到 300 种,加上实验上合成的,迄今为止已发现各种寿命的原子核,总数已达 3000 多种. 在这 3000 多种核素中,具有放射性的原子核有 1700 多种. 这些放射性的原子核大多数是人造的,通过反应堆或加速器生成的,天然的放射性核素很少. 最早发现天然的放射现象是贝可勒尔(Becquere),贝可勒尔的发现是人类首次观察到核的变化,被认为是核物理的开始. 放射性不仅是原子核的一个基本性质,也是探测微观物质结构的重要手段. 为了定量反映原子核放射性的强弱,引入了放射性衰变半衰期 $T_{1/2}$ 的概念. 其定义是,对于一个含有 N 个某类粒子的放射源,随着时间的演化,该类粒子不断减少,当 $t= T_{1/2}$ 时,该类粒子减少到原来的一半,这个时间就是该类粒子的放射性衰变半衰期.

在已知的 1700 多种放射性核素中,核的半衰期 $T_{1/2}$ 从数十秒到十亿年不等. 例如,人工合成核素 ${}^{262}_{105}\mathrm{Db}$ 的半衰期很短,$T_{1/2}= 0.7\ \mathrm{min}$;而天然核素 ${}^{235}_{92}\mathrm{U}$ 的半衰期很长,$T_{1/2}= 7.038\times10^8\ \mathrm{a}$(a 是时间单位,表示年,$1\ \mathrm{a}=\pi\times10^7\ \mathrm{s}$). 为了了解这些不同寿命核素的衰变性质,下面讨论放射性衰变规律.

一、放射性衰变规律

由实验观测可知,揭示衰变事件是统计性的,因此,研究放射性衰变规律可以从概率出发来讨论. 假设 $\mathrm{d}t$ 时间间隔内有 $-\mathrm{d}N$ 个粒子发生衰变,由衰变事件数(即发生衰变的粒子数)与时间间隔成比例关系,得

$$-\frac{\mathrm{d}N}{N}=\lambda\mathrm{d}t \tag{21—3—1}$$

式中,λ 为表征衰变快慢的比例常数,叫作衰变常量,代表一个原子核在单位时间内发生衰变的概率. 式(21—3—1)可以改写为

$$R=\lambda N \tag{21—3—2}$$

这里,$R=-\mathrm{d}N/\mathrm{d}t$,叫作衰变率. 它的 SI 单位是 Bq (贝可),且

$$1\ \mathrm{Bq}=1\ \mathrm{s}^{-1} \tag{21—3—3}$$

式(21—3—2)积分,可以得到

$$N=N_0\mathrm{e}^{-\lambda t} \tag{21—3—4}$$

所以,衰变率 R 可计算为

$$R=\lambda N=\lambda N_0 e^{-\lambda t}=R_0 e^{-\lambda t} \tag{21-3-5}$$

上式称为放射性衰变规律.由式(21—3—5)可知,R 服从指数衰减规律.这里,R 是一个可测量数,可以从测量放射性物质的减少量来获得.

半衰期 $T_{1/2}$ 是这样定义的:当 $t=T_{1/2}$ 时,$N=N_0/2$.将这一条件代入式(21—3—4),得到

$$T_{1/2}=\frac{\ln 2}{\lambda} \tag{21-3-6}$$

利用式(21—3—6),可以将衰变率写为

$$R=R_0\left(\frac{1}{2}\right)^{\frac{t}{T_{1/2}}} \tag{21-3-7}$$

有时也用到平均寿命(平均寿命 $\bar{t}$ 也是表征衰变快慢的物理量,它是指每个原子核在发生衰变前存在时间的平均值),由统计学定义为

$$\bar{t}=\frac{\int t(-\mathrm{d}N)}{\int -\mathrm{d}N}=\frac{1}{N_0}\int t\lambda N\mathrm{d}t=\frac{1}{\lambda} \tag{21-3-8}$$

即平均寿命 $\bar{t}$ 是衰变常量 λ 的倒数,略长于半衰期 $T_{1/2}$.

对于具有不同半衰期的衰变过程,可以采取不同的方案来讨论.

对于短寿命衰变,可以直接测量衰变率 R 随时间的减小.即

$$T_{1/2}=\frac{\ln 2}{\ln[R_0/R(t)]}t \tag{21-3-9}$$

例 21—3—1 放射性核 $^{128}\mathrm{I}$,第 4 min 的衰变率是 392.2 Bq,而在第 68 min 是 65.5 Bq,求半衰期和衰变常数.

解 根据式(21—3—9)和式(21—3—6),半衰期和衰变常数分别为

$$T_{1/2}=\frac{\ln 2}{\ln[R(4)/R(68)]}(68\ \mathrm{min}-4\ \mathrm{min})=24.8\ \mathrm{min}$$

$$\lambda=\frac{\ln 2}{T_{1/2}}=0.0279\ \mathrm{min}^{-1}$$

对于长寿命衰变,衰变率的变小需要很长的时间,可能是 10^9 a.当然不可能等那么长时间来测量衰变率的减小.事实上,我们可以利用衰变率以及核数变化小的特点,通过下列关系来进行计算.

$$\lambda=\frac{-\frac{\mathrm{d}N}{\mathrm{d}t}}{N}=\frac{R}{N} \tag{21-3-10}$$

例 21—3—2 已知放射性钾 $^{40}\mathrm{K}$ 的数目约为正常钾 $^{39}\mathrm{K}$ 的 1.18%.对于 1.00 g KCl,测得衰变率是 1600 Bq.求半衰期.

解 钾的数目是

$$N_K = \frac{1.00\ \text{g} \cdot N_0 \cdot \text{mol}^{-1}}{74.9\ \text{g} \cdot \text{mol}^{-1}} = 8.04 \times 10^{21}$$

^{40}K 的数目是

$$N = N_K \times 1.18 \times 10^{-2} = 9.49 \times 10^{19}$$

于是,衰变常数是

$$\lambda = \frac{1\ 600\ \text{s}^{-1}}{9.49 \times 10^{19}} = 1.69 \times 10^{-17}\ \text{s}^{-1}$$

半衰期是

$$T_{1/2} = \frac{\ln 2}{\lambda} \frac{1\ \text{a}}{\pi \times 10^7\ \text{s}} = 1.30 \times 10^9\ \text{a}$$

而相对衰变率是

$$\frac{R}{R_0} = 2^{-t/(1.30\times10^9\ \text{a})}$$

已知某放射性核的半衰期,则可以用作年代测定. ^{14}C 就是一个很好的例子. 已知^{14}C 的半衰期是 $T_{1/2}=5.57\times10^3$ a. 活的植物从大气吸收 CO_2,其中一小部分碳原子是^{14}C;植物枯死后,^{14}C 的吸收停止,^{14}C 开始衰变. 如果一件木制品^{14}C同位素的活度是新伐木料的 1/3,则可以直接得到年代.

$$t = \frac{\ln[R_0/R(t)]}{\ln 2} T_{1/2} = \frac{\ln 3}{\ln 2} \times 5.57 \times 10^3\ \text{a} = 8.83 \times 10^3\ \text{a}$$

例 21—3—3 如果质子是放射性的,半衰期为 $T_{1/2}=10^{32}$ a,则一个 70 kg 的人要活多久才能确信其体内的一个质子已经衰变了?

解 假定人是由水组成的,每个分子中有 10 个质子,则人体内的总质子数是

$$N_0 = 6.02 \times 10^{23} \cdot \text{mol}^{-1} \times \frac{70\ \text{kg}}{18\ \text{g} \cdot \text{mol}^{-1}} \times 10$$

因此,时间为

$$t = \frac{\ln(N_0/N)}{\ln 2} T_{1/2} = \frac{T_{1/2}}{\ln 2} \ln \frac{N_0}{N_0 - 1} = \frac{1}{N \ln 2} T_{1/2} = 6.2 \times 10^3\ \text{a}$$

二、原子核的放射性衰变

了解了放射性衰变规律后,下面介绍原子核的几种衰变模式.

1. γ 衰变(发射 γ 光子)

原子从激发能级经过自发辐射可跃迁到较低能级,跃迁过程中同时有光子发出. 光子是电磁辐射场的量子. 按光子能量($E=h\nu$)可定出辐射的波长

($\lambda=c/\nu$). 通常人肉眼能感觉到光(可见光)的波长范围为 3 000～7 000 Å. 与此相似,原子核从激发能级经过自发辐射跃迁到较低能级时,也发射光子,但光子能量(MeV)较大,相应的波长很短(比 X 射线波长 $\lambda\sim1$ Å 还要短),人眼不能觉察,按习惯称为 γ 射线. γ 光子能量可以是分立的(原子核在分立能级之间跃迁),也可以是连续变化的. 跃迁的快慢(单位时间的跃迁几率)决定了激发能级的寿命. 下面是$^{239}U^*$ 共振态到稳定态的 γ 衰变过程.

$$(\text{慢})n+{}^{238}U\rightarrow{}^{239}U^*\rightarrow{}^{239}U+\gamma \qquad (21-3-11)$$

式中,γ 代表 γ 射线,其能量比原子过程中的光子能量要高 10^2或 10^3倍. 在 γ 衰变中,原子核的组成(Z,N)不变.

2. β 衰变

β 衰变有下列几种类型:

(1)β^- 衰变, $M(Z,N)\rightarrow M(Z+1,N-1)+e^-+\bar{\nu}_e$ (21—3—12)

(2)β^+ 衰变, $M(Z,N)\rightarrow M(Z-1,N+1)+e^++\nu_e$ (21—3—13)

(3)电子俘获, $M(Z,N)+e^-\rightarrow M(Z-1,N+1)+\nu_e$ (21—3—14)

与 γ 衰变相比,β 衰变具有下列特点:

(1)β 衰变中发出的电子能量不是分立的,而是有一个连续变化的分布. 正是根据此现象以及能量和动量守恒的考虑,费米(Fermi)才提出,在 β 衰变过程中同时有另外一种粒子,即中微子发射出来,两个轻子分享原子核所释放的能量.

(2)支配 β 衰变的是弱相互作用,在衰变过程中宇称不守恒.

例如,自由中子的 β^- 衰变,一个中子变成了一个质子,即

$$n\rightarrow p+e \qquad (21-3-15)$$

质子数 Z 和中子数 N 都变化一个单位,而质量数 A 没有变化. 最初研究这一实验时,发射出的粒子叫作 β 粒子,后来证明那就是电子. 这个电子不可能是事先存在核中的,否则将造成困难. 因为 n,p 和 e 自旋都是 1/2,在此过程中,自旋角动量将不再守恒,动量和能量守恒要求存在第三颗粒子. 1927 年,泡利提出,存在一个"不可检测的、很轻的、中性的粒子",费米称这一粒子为中微子,并于 1934 年提出核 β 衰变理论. 他假定核 β^- 衰变实际上是核里面中子的衰变. 中子衰变的预言后来被实验证实了.

$$n\rightarrow p+e^-+\bar{\nu}_e \qquad (21-3-16)$$

实验测得中子的平均寿命为$(0.935\pm0.014)\times10^2$ s. 据信中微子曾在宇宙形成时期大量生成,是至今所有已知粒子中最为丰富的. 由于中微子和其他物质的作用十分微弱,所以很难检测到. 对于中微子而言,地球是完全是透明的. 1956 年,科文(C. L. Cowan)和任斯(F. Reines)首先在实验室中检测到中微子.

另一个最有名的 β^- 衰变实验是吴健雄等所做的,即

$$^{60}\mathrm{Co} \rightarrow {}^{60}\mathrm{Ni} + \mathrm{e}^- + \bar{\nu}_e \qquad (21-3-17)$$

这一实验证实了李政道和杨振宁关于弱相互作用中宇称可能不守恒的论点.

此外,还有如下的衰变过程

$$^{64}_{29}\mathrm{Cu} \rightarrow {}^{64}_{28}\mathrm{Ni} + \mathrm{e}^- + \nu_e \qquad (21-3-18)$$

在自然界从未观察到

$$\mathrm{p} \rightarrow \mathrm{n} + \mathrm{e}^+ + \nu + Q \qquad (Q < 0) \qquad (21-3-19)$$

这是自由质子的衰变反应. $Q<0$ 表明质子是稳定的.

我们将三类 β 衰变用符号表示为

$$^A_Z X \rightarrow {}^A_{Z+1} Y + \mathrm{e}^- + \bar{\nu}_e$$

$$^A_Z X \rightarrow {}^A_{Z-1} Y + \mathrm{e}^+ + \nu_e$$

$$^A_Z X + \mathrm{e}^- \rightarrow {}^A_{Z-1} Y + \nu_e$$

其中,最后一类也叫作电子俘获反应.

β 稳定核的中子数和质子数有一定的比例关系. 对于轻 β 稳定核,$N \approx Z$;对于轻重核,由于库仑斥力的影响,β 稳定核的 $N>Z$. 由于壳层效应和奇偶差,对于给定 A,β 稳定的(Z,N)组合可能不止一个. 或者说,一个元素的 β 稳定同位素往往不止一个. 自然界中每一种元素都至少有一个 β 稳定同位素. 例外的是 $_{43}\mathrm{Tc}$和$_{61}\mathrm{Pm}$,它们的半衰期最长的同位素分别为

$$^{97}_{43}\mathrm{Tc}, \quad T_{1/2} = 2.6 \times 10^6 \ \mathrm{a}$$

$$^{145}_{61}\mathrm{Pm}, \quad T_{1/2} = 18 \ \mathrm{a}$$

3. α 衰变(发射 α 粒子)

α 衰变模式可表示为

$$M(Z,N) \rightarrow M(Z-2,N-2) + \alpha \qquad (21-3-20)$$

α 衰变是一种库仑势垒穿透现象,只要满足条件

$$M(Z,N)c^2 - M(Z-2,N-2)c^2 - M_\alpha c^2 > 0 \qquad (21-3-21)$$

原则上即可发生 α 衰变. 但势垒穿透的几率与势垒高度和宽度极为敏感,表现为 α 衰变的半寿命与发射的 α 粒了的能量(动能)很敏感. 随着 α 粒子的能量减小,半寿命急剧增大. 自然界中只在重核区观测到 α 衰变. 观测到的 α 粒子的能量大多都在 4～7 MeV 范围内.

天然放射性元素主要在重核区,即锕系核. 它们通过 α 衰变和 β 衰变构成几个系列,这些系列是:

(1)$A=4n$ (Thorium 系列,n 为整数)

初始核素为$^{232}_{90}\mathrm{Th}$,$T_{1/2}=1.39\times 10^{10}$ a,系列的终点核为$^{208}_{82}\mathrm{Pb}$.

(2)$A=4n+2$ (Uranium 系列)

初始核素为$^{238}_{92}U$,$T_{1/2}=4.5\times10^{10}$ a,系列终点核为$^{206}_{82}Pb$.

(3)$A=4n+3$ (Actinium 系列)

初始核素为$^{235}_{92}U$,$T_{1/2}=7.07\times10^{8}$ a,系列终点核为$^{207}_{82}Pb$.

由于$^{235}_{92}U$的半寿命比$^{238}_{92}U$短得多,所以现在自然界中铀矿的97%为$^{238}_{92}U$,而$^{235}_{92}U$约占3%,它正是我们利用核能所需要的同位素.

(4)$A=4n+1$

此系列在自然界中没有观测到.利用人工方法,可制备$^{237}_{93}Np$,$T_{1/2}=2.2\times10^{6}$ a,由于其半寿命相对说来较短,即使在太阳系形成时含有$^{237}_{93}Np$,到现在也极难找到它的残存物了.

*§21—4 原子核的裂变和聚变

自从查德威克发现中子后,用中子束辐照重元素以寻找元素周期表中更重的新元素的工作激发了科学家们很大的热情.在自然界存在的元素中,当时所知道的原子序数最大的是铀,$Z=92$.有人设想,用中子轰击铀,铀吸收中子可生成丰中子的新核素,再经β^-衰变就能产生第93号元素.如果再经多次β^-衰变,还可以产生原子序数更高的新元素.对于$Z>92$的元素,统称超铀元素.看起来,用中子轰击重元素似乎是产生新超铀元素的一种途径.的确,用中子束辐照天然铀能产生很多种放射性核素,但这些放射性核素到底是什么呢?

1938年,哈恩(Hahn)和斯特拉斯曼(Strassmann)用放射化学的方法发现,在中子束辐照铀产生的放射性产物中具有钡($Z=56$)和镧($Z=57$)的放射性同位素,认识到中子轰击铀、钍等一些重原子核可以分裂成质量差不多大小的两个原子核.重核分裂成几个中等质量原子核的现象称为原子核裂变.通常,将重核分裂为两个碎片的情形称为二分裂变;重核分裂成三块或四块碎片的情形分别称为三分裂变和四分裂变.1947年,钱三强和何泽慧等首先观察到中子轰击铀核时的三分裂变.三分裂变常是两个大些的碎片和一个α粒子.此种α粒子有较大的能量,α粒子飞行方向倾向于与另两个碎片飞行方向垂直.三分裂变比二分裂变罕见,两者出现的概率之比大约为3∶1000.四分裂变就更少了.

裂变过程是原子核的一种重要的运动形态.对裂变现象及运动机制的研究是原子核物理学的一个重要方面.裂变所释放的大量能量为人类提供了一个重要的新能源,由此而发展了一个新的工程技术类别——核工程.本节将扼要介绍对裂变现象的实验观测及理论探讨的情况.同时,对轻原子核的聚变反应和受控核聚变也做简要的介绍.

一、自发裂变

类似于放射性衰变，自发裂变是原子核在没有外来粒子轰击的情形下自行发生的核裂变. 中等质量核的比结合能比重核的大，因此裂变会有能量放出. 仔细研究比结合能曲线可以发现，对于不是很重的核，例如 $A>90$，核裂变从能量方面考虑就可能发生. 也就是说，如果 $A>90$ 的原子核能发生裂变，就会放出能量. 但是，实验发现，很重的核才能自发裂变. 由此可见，有能量放出只是原子核自发裂变的必要条件，具有一定大小的裂变概率，才能在实验上观测到裂变事件.

很重的原子核大多具有 α 放射性. 自发裂变和 α 衰变是重核衰变的两种不同方式，两者有竞争. 对于 $Z\approx 92$ 的核素，自发裂变比起 α 衰变可以忽略. ^{252}Cf 能自发裂变也可以 α 衰变，它是重要的自发裂变源和中子源. 一般地说，较轻的锕系核素自发裂变半衰期都比较长. 例如，^{238}U 的自发裂变半衰期 $T_{1/2}=1.01\times 10^{16}$ a；其他核素的自发裂变半衰期，如 ^{235}U，$T_{1/2}=3.5\times 10^{17}$ a；^{240}Pu，$T_{1/2}=1.45\times 10^{11}$ a；^{242}Am，$T_{1/2}=9.5\times 10^{11}$ a；^{252}Cf，$T_{1/2}=85.5$ a；^{254}Cf，$T_{1/2}=60.5$ a 等. 一些锕系核素的自发裂变半衰期如图 21—4—1 所示.

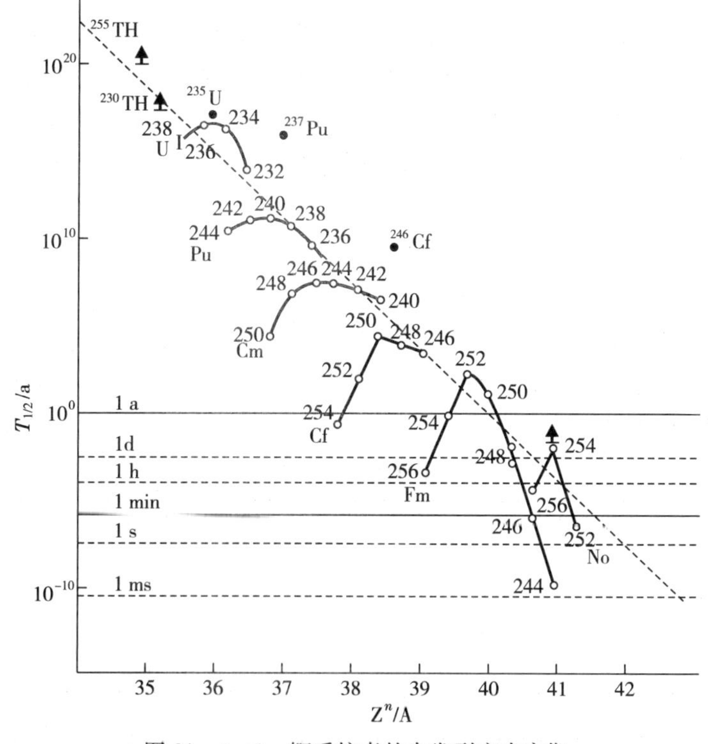

图 21—4—1　锕系核素的自发裂变半衰期

同一种元素的各种同位素半衰期差别很大，在图 21—4—1 中由实线相连.

二、诱发裂变

除了自发裂变外，在外来粒子轰击下，重原子核也会发生裂变，这种裂变称为诱发裂变，发生裂变的核素称为裂变核. 对于诱发裂变，入射粒子与靶核组成的复合核才是裂变核. 当裂变核的激发能超过裂变势垒的高度时，裂变概率就显著增大. 在诱发裂变中，热中子诱发的裂变最重要，研究得也最多. 其原因是中子和靶核的作用没有库仑势垒，能量很低的中子就可以进入核内使核激发而发生裂变；同时，大多数热中子诱发裂变过程又有中子发射，因而可形成链式反应，这也是热中子诱发裂变更重要的原因之一.

热中子可引起裂变的核素称为易裂变核，又称核燃料. ^{235}U，^{239}Pu 和 ^{233}U 等都是核燃料. 这些核燃料中只有 ^{235}U 天然存在，但是丰度较小，只占 0.7%；天然铀中主要是 ^{238}U，其丰度为 99.3%. 而 ^{239}Pu 和 ^{233}U 不是天然存在的核素，只有通过核反应才能得到.

除了中子可以诱发核裂变以外，具有一定能量的带电粒子，如 p，d，α 和 γ 射线也能诱发核裂变. 对于氘核，由于其核子结合比较松散，当氘核接近靶核时会受到极化，氘核诱发裂变常常是中子进入靶核内引起核裂变，而质子未能进入靶核内就受靶核的库仑排斥作用而离去. 因此，这种核裂变实际上就是中子诱发裂变. 能量很高的带电粒子甚至可以引起质量较小的元素（如 Cu）发生裂变. γ 射线引起的核裂变称为光致裂变，光致裂变截面都比较小. 高能粒子和重核作用还可能将靶核打散，出现很多自由核子或很轻的原子核. 这种过程不再是核裂变，而是散裂反应. 重离子轰击重核时，融合在一起的复合核有很高的激发能，核裂变是复合核衰变的主要方式.

诱发裂变是人类利用核能的主要方式，裂变过程释放出大量的能量，可用来发电，比起煤来，裂变过程放出的能量要多得多，表 21－1 给出了煤燃烧和裂变及聚变释放能量的比较.

表 21－1　燃烧值

煤的燃烧	2.9×10^{7} J·kg^{-1}
铀裂变	8.6×10^{13} J·kg^{-1}
TNT	4.6×10^{6} J·kg^{-1}
氢弹	10^{6} t TNT·kg^{-1}

下面，简单讨论诱发裂变过程及其能量释放情况，以热中子撞击 ^{235}U 诱发裂变为例.

常温下,热中子的能量为

$$E=\frac{3}{2}k_{\mathrm{B}}T=\frac{3}{2}k_{\mathrm{B}}\times 300\ \mathrm{K}\approx\frac{3}{2}\ \frac{1}{40}\ \mathrm{eV}\approx 37.5\ \mathrm{meV} \tag{21-4-1}$$

当热中子进入$^{235}\mathrm{U}$核,由于中子不带电,没有库仑势垒,可形成复合核,裂变过程为

$$\mathrm{n}+{}^{235}\mathrm{U}\rightarrow{}^{236}\mathrm{U}^{*}\rightarrow \mathrm{X}+\mathrm{Y}+i\mathrm{n} \tag{21-4-2}$$

这里,X 和 Y 表示两个裂变碎片,质量大的碎片叫重碎片,质量小的叫轻碎片;处于激发态的复合核$^{236}\mathrm{U}^{*}$是裂变核;i 是裂变过程产生的过剩中子,平均来说,$i=2.47$. 可能的碎片 X 和 Y 的质量数分布如图 21—4—2 所示,纵轴是产物的百分数. 可见,最可能的质量数是 140 和 95. 具体的例子是

$$\mathrm{n}+{}^{235}\mathrm{U}\rightarrow{}^{236}\mathrm{U}^{*}\rightarrow{}^{140}\mathrm{Xe}+{}^{94}\mathrm{Sr}+2\mathrm{n} \tag{21-4-3}$$

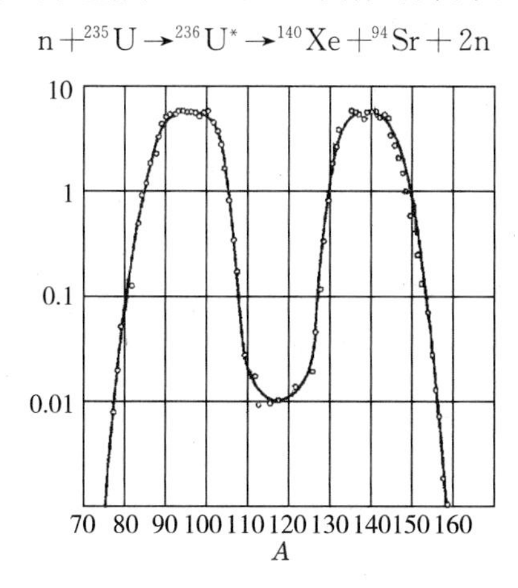

图 21—4—2　裂变产物质量分布

在$^{236}\mathrm{U}$中,中子与质子之比约为 144/92 = 1.6,裂变后形成的最初的碎片是中子有富裕的,可以蒸发掉少量中子以维持反应. 裂变产物仍然是放射性的,即

$$^{140}\underset{14\,\mathrm{s}}{\mathrm{Xe}}\xrightarrow{\beta^-}{}^{140}\underset{65\,\mathrm{s}}{\mathrm{Cs}}\xrightarrow{\beta^-}{}^{140}\underset{13\,\mathrm{d}}{\mathrm{Ba}}\xrightarrow{\beta^-}{}^{140}\underset{40\,\mathrm{h}}{\mathrm{La}}\xrightarrow{\beta^-}{}^{140}\mathrm{Ce}$$

$$^{94}\underset{75\,\mathrm{s}}{\mathrm{Sr}}\xrightarrow{\beta^-}{}^{94}\underset{19\,\mathrm{min}}{\mathrm{Y}}\xrightarrow{\beta^-}{}^{94}\mathrm{Zr} \tag{21-4-4}$$

子核 Ce 和 Zr 是稳定的.

这个裂变过程释放的能量可以计算为

$$Q=[m-(m_1+m_2)]c^2=A_1\times\frac{B_1}{A_1}+A_2\times\frac{B_2}{A_2}-A\times\frac{B}{A} \tag{21-4-5}$$

当 $A\sim 240$ 时,平均结合能约为 7.6 MeV;而当 $A\sim 120$ 时,平均结合能约为

8.5 MeV. 释放的能量是

$$Q \sim 2 \times 120 \times 8.5\ \mathrm{MeV} - 240 \times 7.6\ \mathrm{MeV} \sim 200\ \mathrm{MeV} \tag{21-4-6}$$

玻尔和威勒(John Wheeler)用液滴模型解释了裂变的机制. 裂变过程的定性图像如图21—4—3所示. 首先,^{235}U 吸收一个热中子而形成复合核^{236}U. 复合核有过剩的能量,激烈地震荡. 运动使之产生一个细颈;库仑力使之进一步拉升直至裂变产生. 然后是碎片分离和中子蒸发. 根据玻尔和威勒模型可以进行定量的分析.

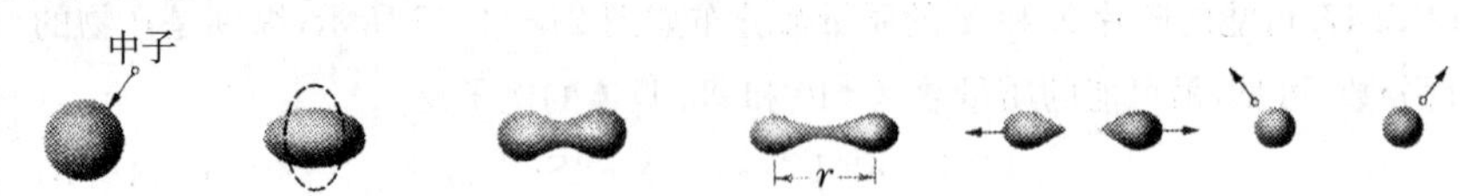

图 21—4—3　液滴模型解释裂变机制

如图 21—4—4 所示是裂变过程各阶段势能曲线,图中显示了畸形参数 r 为某一值时曲线存在一极大;图中还标明了势垒高度 E_b 势垒和裂变能 Q. 中子必须提供足够的能量以克服势垒或造成隧道穿透,如式(21—4—6)中所估计,其量级为 Q~200 MeV. 这一能量除 5%被中微子带走以外,主要以产物的动能形式出现. 如裂变在固体中发生,则主要以内能形式出现,固体温度升高. 表 21—2 列出了四种核的有关参数,可以看到,对于后两种核,中子的激发能量不足以造成足够概率的裂变.

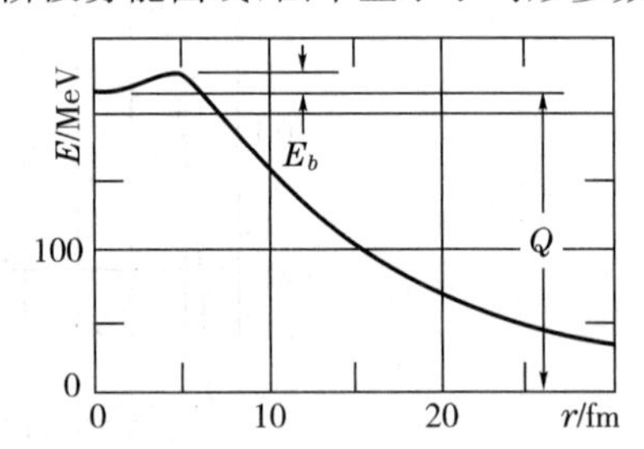

图 21—4—4　裂变势能曲线

表 21—2　裂变核参数和中子激发能

靶	裂变核	势垒高度/MeV	E_n/MeV
^{235}U	^{236}U	5.2	6.5
^{239}Pu	^{235}Pu	4.8	6.4
^{238}U	^{239}U	5.7	4.8(γ 射线)
^{243}Am	^{244}Am	5.8	5.5

要从^{236}U 中拉出一颗中子,需要消耗质能

$$\begin{aligned} \Delta m &= (m_{\mathrm{n}} + m_{235}) - m_{236} = 0.0070\ \mathrm{u} \\ \Delta m c^2 &= 6.54\ \mathrm{MeV} \end{aligned} \tag{21-4-7}$$

该能量是中子在^{236}U 中的结合能. 如果一颗中子进入^{235}U,这个能量并不释

放出来，而是先激发形成$^{236}U^*$，此后激发态可以通过放出 γ 射线，跳回基态或通过裂变释放能量. 后者发生的可能性以 6∶1 占优势.

一般地说，利用原子核反应所释放的能量作为能源称为核能源. 目前，已经应用的只有裂变这一种核能源；此外，还有聚变能源，这是一个潜力更大的核能源. 但是，由于很多技术上的困难，人们预测在近几十年中最主要的核能源还是裂变能源. 利用裂变反应堆作为能源，首先，要特别注意安全问题，以防止发生释放大量放射性物质，危害工作人员及居民的事故. 应该指出，由于核工程技术人员和管理人员对安全问题的重视，到目前为止，已经运行的核电站极少发生过严重的放射性逸出事故，但是，一旦发生重大事故，后果十分严重，因而安全问题始终是核能利用中要特别注意的头等重要问题. 其次是放射性废物的处理问题. 对于建立个别的反应堆或核电站，这个问题并不严重，但是，从长远的观点来看，在核电站大量发展的情况下，放射性废物的处理问题就变得困难起来，目前已受到各核能利用较多国家的重视. 关于核能利用的另一个重要问题是核燃料的再生问题，天然的核燃料主要是^{235}U，这是天然铀中含量极少的一种核素，而自然界大量的^{238}U和^{232}Th 吸收中子经过两次 β 衰变后分别转变成^{239}Pu和^{233}U，这两种核素都是很好的核燃料. 因此，利用反应堆中的中子还可以产生核燃料，这种过程称为核燃料的再生. 从燃料经济的观点看，如何能使反应堆中再生的燃料超过消耗的燃料是核燃料循环中一个重大的问题，这也是目前核能发展中的一个重要技术问题，不少国家都在进行这方面的研究工作.

核能利用虽然是建造反应堆的主要目的，但不是唯一的目的. 人们还为其他目的建造各种不同的反应堆. 例如，生产堆着重用来生产^{239}Pu，这种堆主要采用天然铀热中子反应堆；还有的堆专门设计用来生产超铀元素，如^{252}Cf 或其他放射性核素. 最后，还应指出，反应堆能提供强中子源和强 γ 辐射源，它是开展原子核物理、固体物理、辐射化学和放射生物学研究的重要设备. 对于大规模推广核技术，反应堆也是不可缺少的设备.

三、原子核的聚变

当我们查看轻原子核的结合能时，发现其比结合能有高有低，如表 21—3 所示. 总的来说，它们都比中重核平均比结合能 8.4 MeV 低，特别值得注意的是，最前面的几个核的比结合能特别低. 氘的比结合能为 1.112 MeV，^4_2He 的比结合能是 7.075 MeV. 因此，当四个氢或两个氘结合成一个氦时，会释放出很大的能量，分别为每核子 7 MeV 和 6 MeV. 这种轻原子核聚合成较重原子核的核反应称为核聚变反应，简称为核聚变. 一般说来，轻原子核聚变比重原子核裂变放出更大的比结合能. 现在，人们已经知道，在宇宙中能量的主要来源就是原子核的聚变，太阳和宇宙中的其他大量恒星，能长时间发热、发光，都是由于轻核聚变的结果.

表 21—3　轻核的结合能

核	结合能/MeV	比结合能/MeV
$^{1}_{1}\mathrm{H}$	0	0
$^{2}_{1}\mathrm{H}$	2.224	1.112
$^{3}_{1}\mathrm{H}$	8.481	2.827
$^{3}_{2}\mathrm{He}$	7.718	2.573
$^{4}_{2}\mathrm{He}$	28.30	7.075
$^{6}_{3}\mathrm{Li}$	31.99	5.332
$^{7}_{3}\mathrm{Li}$	39.24	5.606
$^{9}_{4}\mathrm{Be}$	58.16	6.462
$^{10}_{5}\mathrm{B}$	64.75	6.475
$^{11}_{5}\mathrm{B}$	76.20	6.928
$^{12}_{6}\mathrm{C}$	92.16	7.680

随着人类社会的发展，人类对能源的需要越来越大. 因此，随着能量消耗量的增加，寻找新能源已引起人们的极大关注. 1 L 海水中所含氘的聚变能相当于 400 L 石油燃烧时所产生的能量. 这样，从海水中提取氘，它聚变所放出的总能量，估计可达 5×10^{31} J. 因此，核聚变是一个很重要的潜在能源.

下面，以热核聚变为例阐述聚变的发生过程.

如果氘与氘要发生聚变，它们必须相互靠近，因此，需要克服质子—质子之间的电荷相互作用，即库仑势垒. 假定可用点电荷代替氘核所带的电量，两个氘核之间的库仑势垒可计算为

$$2E_{\mathrm{k}}=\frac{1}{4\pi\varepsilon_0}\cdot\frac{e^2}{2R}$$

$$E_{\mathrm{k}}=\frac{1}{4}\left(\frac{1}{4\pi\varepsilon_0}\cdot\frac{e^2}{2a_0}\right)\frac{2\times0.0529\ \mathrm{nm}}{2.1\times10^{-6}\ \mathrm{nm}}=1.7\times10^{5}\ \mathrm{eV}$$

氘核聚变需要克服 1.7×10^{5} eV 的库仑势垒. “热核”这一术语来自于用热能克服库仑势垒. 在太阳中心，平均温度高达 1.5×10^{7} K，氘核平均动能

$$\overline{E}_{\mathrm{k}}=\frac{3}{2}k_{\mathrm{B}}T=\frac{3}{2}k_{\mathrm{B}}\times1.5\times10^{7}\ \mathrm{K}\sim1.9\ \mathrm{keV}\ll200\ \mathrm{keV}$$

这个能量似乎不足以克服库仑势垒. 那么聚变又怎么可能发生呢？我们知道，大量粒子按能量的分布是服从麦克斯韦分布规律的，即

$$n(E_{\mathrm{k}})\sim\mathrm{e}^{-E_{\mathrm{k}}/k_{\mathrm{B}}T}\sqrt{E_{\mathrm{k}}\mathrm{d}E_{\mathrm{k}}}$$

因此，在太阳中心，存在能量足够高的粒子具备发生聚变的条件，此外，由于微观粒子的隧道穿透效应，实际发生聚变的热核能量不需要那么高.

例 21—4—1 讨论太阳中的聚变过程.

解 太阳的相关数据有

温度 $T\sim 1.7\times 10^{7}\ \mathrm{K}$

密度 $\rho\sim 1.5\times 10^{5}\ \mathrm{kg\cdot m^{-3}}\sim 13\times\rho_{\mathrm{pb}},\rho_{\mathrm{pb}}\approx 11.34\times 10^{3}\ \mathrm{kg\cdot m^{-3}}$

压强 $p\sim 2\times 10^{16}\ \mathrm{Pa}$

其核心组成是 99%的氢和氦(约 35:65)，1%其他物质.

假如太阳是由碳和氧组成的，则太阳的寿命是

$$\frac{2.0\times 10^{30}\times\left[\frac{12\ \mathrm{kg}}{(12+32)\mathrm{kg}}\right]\times 2.9\times 10^{7}\ \mathrm{J\cdot kg^{-1}}}{3.9\times 10^{26}\ \mathrm{W}}=1.3\times 10^{3}\ \mathrm{a}$$

对于“质子一质子循环”，有

$$\mathrm{p}+\mathrm{p}\rightarrow {}^{2}\mathrm{H}+\mathrm{e}^{+}+\nu$$

$$\mathrm{p}+{}^{2}\mathrm{H}\rightarrow {}^{3}\mathrm{He}+\gamma$$

$${}^{3}\mathrm{He}+{}^{3}\mathrm{He}\rightarrow {}^{4}\mathrm{He}+\mathrm{p}+\mathrm{p}$$

能量关系为

$$\begin{pmatrix}4\mathrm{p}\\+4\mathrm{e}\end{pmatrix}\rightarrow\begin{pmatrix}\alpha\\2\mathrm{e}\end{pmatrix}+\begin{pmatrix}2\mathrm{e}^{+}\\2\mathrm{e}\end{pmatrix}+2\nu+2\gamma$$

或

$$\begin{aligned}Q&=(4m_{\mathrm{H}}-m_{\mathrm{He}})c^{2}\\&=(4\times 1.007825-4.002603)\times 931.5\ \mathrm{MeV}\\&=26.7\ \mathrm{MeV}\end{aligned}$$

两个中微子 ν 的能量约为 0.5 MeV. 总体来看，释放能量为 26.2 MeV. 这样，氢燃烧成为氦的燃烧热是

$$\frac{\mathrm{d}\varepsilon}{\mathrm{d}m}=\frac{26.2\ \mathrm{MeV}}{4m_{\mathrm{p}}}\cdot\frac{1.6\times 10^{-13}\ \mathrm{J}}{1\ \mathrm{MeV}}=6.3\times 10^{14}\ \mathrm{J\cdot kg^{-1}}$$

根据辐射率，太阳的寿命为

$$-\frac{\mathrm{d}m}{\mathrm{d}t}=\frac{-\frac{\mathrm{d}\varepsilon}{\mathrm{d}t}}{\frac{\mathrm{d}\varepsilon}{\mathrm{d}m}}=\frac{3.9\times 10^{26}\ \mathrm{W}}{6.3\times 10^{11}\ \mathrm{J\cdot kg^{-1}}}=6.2\times 10^{11}\ \mathrm{kg\cdot s^{-1}}$$

$$\frac{m}{-\frac{\mathrm{d}m}{\mathrm{d}t}}=\frac{2.0\times 10^{30}\ \mathrm{kg}}{6.2\times 10^{11}\ \mathrm{kg\cdot s^{-1}}}\frac{\mathrm{a}}{\pi\times 10^{7}\ \mathrm{s}}\sim 10^{11}\ \mathrm{a}$$

至少是 5×10^{9} a.

四、可控热核聚变

太阳中的核聚变反应,在地球上人工实现是不可能的,除了恒星的引力条件外,在地球上不可能将那么高温度的等离子体约束那么长的时间. 所以,在地球上人工可利用的轻核聚变反应应是在温度不太高时具有较大截面的反应. 从核能利用的观点看,主要的聚变过程是

$$^{2}H+^{2}H\rightarrow ^{3}He+n+3.27\ MeV$$

$$^{2}H+^{2}H\rightarrow ^{3}He+n+^{1}H+4.03\ MeV$$

$$^{2}H+^{3}H\rightarrow ^{4}He+n+17.59\ MeV$$

氘在正常氢中的同位素丰度为 1/6500,作为海水的一个成分几乎是取之不竭的. 成功的聚变过程要求有 3 个条件:

(1)足够高的粒子密度 n,以保证足够的碰撞频率.

(2)足够高的温度,使氘首先离化成等离子体($^{2}H\rightarrow D+e$),然后克服库仑势垒.

(3)足够长的约束时间 τ.

由于没有固体容器可以达到所涉及的温度,需要用磁约束. 例如,在苏联的热核聚变装置托卡马克(TOKAMAK)中,离子绕着环形磁场线螺旋式地行进,如图 21—4—5 所示.

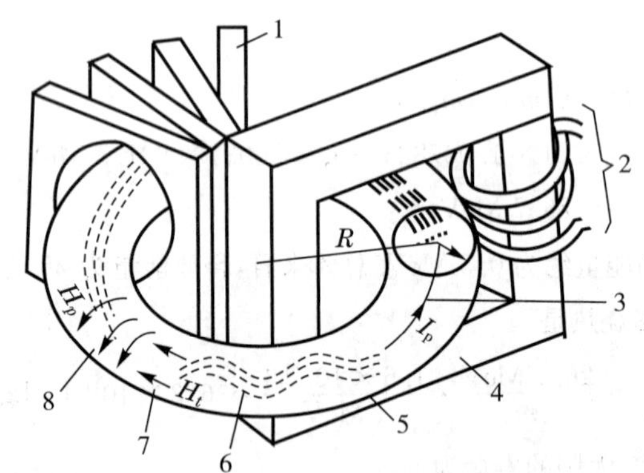

1-产生环场的线圈盘　2-变压器线圈　3-等离子体电流　4-变压器铁心
5-金属外壳　6-螺旋场　7-环场H_t　8-角场H_p

图 21—4—5　托卡马克装置示意图

劳森(J. D. Lawson)证明了成功的热核反应堆必须满足

$$n\tau\geqslant 6\times 10^{13}\ s\cdot cm^{-3}$$

即所谓的劳森判据. 加热功率 $P_h=C_h n$,聚变产生功率 $P_f=C_f n^2\tau$. 当 $P_f=P_h$

时，出入平衡．如果要有输出，则必须 $P_f \geqslant P_h$，即要求

$$m \geqslant \frac{C_h}{C_f}$$

为了实现受控热核聚变并获得能量增益，则必须满足劳森判据．核心问题是设法产生并约束一个热绝缘的稳定的高温等离子体，其密度要足够的高，被约束的时间要足够的长．人们为此目标已经进行了近大半个世纪的不懈努力，正在一步一步地接近实现受控热核聚变的目标．目前，研究受控热核聚变的实验装置多种多样，但是，根据其实现约束的原理，这些装置可以分为两类：磁约束和惯性约束．这里我们不再介绍这方面内容，有兴趣的读者可以参看相关文献．

*§ 21—5　粒子及其分类

粒子物理学是 20 世纪 50 年代初期逐渐发展起来的一门新型学科，它的任务是研究粒子的内部结构及其相互作用的规律性．由于大多数基本粒子只有在高能碰撞的条件下才能产生和观测到，所以粒子物理学又称为高能物理学．本节将简单介绍粒子物理学的基本概貌．

19 世纪末，随着物理学和化学的发展，人们逐步认识到物质是由原子构成的．那么，原子是不是有内部结构呢？ 1897 年，汤姆逊在研究阴极射线中发现了电子的存在；后来，人们精确地测定了电子的质量 m_e 和电量 Q_e 分别为

$$m_e = 9.1 \times 10^{-28}\ \mathrm{g} = 0.5110034\ \mathrm{MeV}$$

$$Q_e = -4.8 \times 10^{-10}\ \mathrm{C}$$

自旋 $S_e = \frac{1}{2}\hbar$，$\hbar$ 是普朗克常量．

电子被发现后，人们认识到原子是有内部结构的，为了描述原子的内部结构和电子在原子内的分布，汤姆逊提出了原子的西瓜模型．他认为电子是镶嵌在物质均匀分布的原子内部．直到 1911 年，卢瑟福做了著名的 α 粒子散射实验，发现 α 粒子穿透薄金属箔时产生大角度散射，然后才否定了汤姆逊的原子西瓜模型，建立了原子的有核模型，这就得到了原子是由电子和原子核构成的概念．

那么，原子核是不是也具有内部结构呢？ 1919 年，卢瑟福用 α 粒子轰击氮核，发现核反应

$${}^4_2\mathrm{He} + {}^{14}_7\mathrm{N} \rightarrow {}^{17}_8\mathrm{O} + {}^1_1\mathrm{H}$$

式中，${}^1_1\mathrm{H}$ 是氢原子核，称为质子，常用符号 p 表示．经过精确测定，质子的质量

m_p 和电量 Q_p 分别为

$$m_p = 1.67252 \times 10^{-24}\ \text{g} = 938.2796\ \text{MeV} \sim 1836 m_e$$

$$Q_p = +4.8 \times 10^{-10}\ \text{静电单位}$$

自旋 $S_p = \frac{1}{2}\hbar$，这说明质子是原子核的组成成分. 1932 年，查德威克用 α 粒子轰击铍核，发现核反应

$${}_2^4\text{He} + {}_4^9\text{Be} \to {}_8^{12}\text{C} + {}_0^1\text{n}$$

式中，${}_0^1\text{n}$ 不带电量，称为中子，用符号 n 表示，经过精确测定，中子的质量 m_n 和电量 Q_n 分别为

$$m_n = 1.67472 \times 10^{-24}\ \text{g} = 939.5731\ \text{MeV} > m_p$$

$$Q_n = 0$$

自旋 $S_n = \frac{1}{2}\hbar$. 值得指出的是，中子为一种不稳定的粒子，其平均寿命为

$$\tau = (0.918 \pm 0.014) \times 10^3\ \text{s}$$

这说明中子也是原子核的组成成分. 质子和中子都是构成原子核的粒子，统称为核子. 接着海森伯、伊凡宁柯提出了原子核是由质子和中子构成的模型.

到目前为止，电子仍然没有被发现其有内部结构，被认为是点粒子. 除此之外，1905 年，爱因斯坦提出了光是由一份一份光子组成的观点，光子的能量为

$$\varepsilon = \hbar\omega \qquad (21-5-1)$$

式中，ω 是光的圆频率，它等于 $2\pi\nu$；ν 是光的频率. 根据光子的概念，爱因斯坦成功地解释了光电效应. 由于光波实际上就是电磁场的波动，这就肯定了电磁场是由光子组成的.

到 1932 年，人们对物质微观结构的认识，已经经历了两个阶段. 其结论是，所有物质都是由电子、质子、中子和光子组成的. 当时，不少人认为这些粒子是构成物质原始的简单的成分，是不能再分的，因此将它们称为基本粒子. 海森伯的质子—中子核模型，又将自然界中发现的几千种核素简化为两种核子组成的系统. 人们将组成原子的三种粒子：质子、中子、电子，称为第一代"基本"粒子. 现在，我们已经知道，质子、中子同样是具有内部结构的.

在 20 世纪 40 年代末期，人们发现了一类所谓的奇异粒子，如 K 介子、Λ 超子、Σ 超子、Ξ 超子等. 在 20 世纪 50 年代末到 60 年代初，由于高能加速器的建成以及探测技术的迅速发展，除了发现两类中微子 ν_e 及 ν_μ 外，还发现有 200 多种平均寿命只有 10^{-23} s 左右的粒子，如 $\Delta(1232)$、$\Lambda(1520)$，等等. 括号中的数字是粒子静止质量的兆电子伏数，这些粒子称为共振粒子.

20 世纪 50～60 年代，实验上发现的粒子已经有 300 多种. 根据它们的性质

不同，可概括为：

(1)普通粒子：光子(γ)、电子(e)、正电子(e^+)、μ 子(μ^+，μ^-)、中微子(ν_e，ν_μ)、反中微子(μ^+，$\overline{\mu^-}$)、重轻子(τ^+，τ^-)、π 介子(π^+，π^-，π^0)、质子(p)、反质子($\bar{p}$)、中子(n)、反中子($\bar{n}$)等. 这里的“—”表示反粒子的意思，例如，$\bar{p}$ 是质子的反粒子，称为反质子.

(2)奇异粒子：K 介子(K^+，K^-，K^0，$\overline{K}^0$)、Λ 超子(Λ^0)、Σ 超子(Σ^+，Σ^-，Σ^0)、Ξ^- 超子(Ξ^-、Ξ^0)、Ω 超子(Ω^-)等.

(3)共振粒子：ρ(770)、ω(783)、η'(958)、δ(980)、K^*(892)、f(1270)、k^*(1430)、N(1470)、Δ(1232)、Λ(1520)、Σ(1385)、Ξ(1530)等.

(4)新粒子：J/ψ(3100)、ψ(3685)、D^*(1870)、D^*(2010)、F(2030)、F^*(2140)、Λ_c^*(2260)、Σ_c(2930)等.

在历史上，根据静止质量的大小，将普通粒子和奇异粒子分为四类：

(1)光子：质量为零.

(2)轻子：质量比较小，有 e^+、c^-、μ^+、μ^-、ν_p、$\bar{\nu}_p$、ν_μ、$\bar{\nu}_\mu$.

(3)介子：质量介于轻子和质子之间，有 π^+、π^-、π^0、K^+、K^-、K^0、$\overline{K}^0$.

(4)重子：其质量大于质子质量，有 p、$\bar{p}$、n、$\bar{n}$、Λ^0、Σ^0、$\overline{\Sigma}^0$、Σ^+、$\overline{\Sigma}^+$、Σ^-、$\overline{\Sigma}^-$、Ξ^0、$\overline{\Xi}^0$、Ξ^-、$\overline{\Xi}^-$、Ω^-、$\overline{\Omega}^-$.

在重子中，质量超过中子质量的粒子，称为超子. 值得指出的是，如果将重轻子、共振粒子、新粒子也考虑在内，轻子、介子、重子这些名称，就应该做新的理解.

*§ 21—6　基本量子数及守恒性

一、自旋

自旋是对单个粒子进行分类的第一个原则. 由于统计性质不同，凡自旋为半整数($n+1/2$，$n=0,1,2,\cdots$)的粒子称为费米子，服从泡利不相容原理. 由于我们周围的实物都由费米子组成，因此常称其为实物粒子，凡自旋为整数(n，$n=0,1,2,\cdots$)的粒子称为玻色子，不服从泡利不相容原理，由于它们传递场的相互作用，因此也称为场粒子.

二、重子数与轻子数

对强子再用自旋分类，费米子称为重子，而玻色子成为介子. 对粒子衰变和反应过程的实验分析，我们发现，单个重子和单个轻子在过程中既不能产生，也不能湮没，但粒子一反粒子对是可以产生与湮没的. 根据这个观测结果，引入两个新的物理量：重子数和轻子数，用来表示两个重要的守恒定律.

重子数用 B 表示，$B=0,\pm1$；重子 $B=1$，反重子 $B=-1$，其他粒子 $B=0$. 轻子数用 L 表示，$L=0,\pm1$；轻子 $L=1$，反轻子 $L=-1$，其他粒子 $L=0$. 实验表明，在所有的相互作用中，重子数与轻子数都守恒.

三、同位旋

1933 年，海森伯建立原子核模型时就认为强力与电荷无关. 核子即中子与质子，不是两种粒子，而是同一种核子的两重态 (p，n)；$p^{\pm}$，p^0 介子不是三种粒子，而是同一种介子的三重态(p^+，p^0，p^-). 正如自旋 $m_s=\pm1/2$ 的两个电子，不对其做磁观测时，它们有相同的行为；做磁观测时，它们有不同的能量和角动量. 但此时，我们并不认为它们是两种粒子，而是电子的两重态，用二维自旋空间中的态矢来描写. 由此类比，海森伯为核子引入了同位旋的概念，核子态的态矢用二维“同位旋空间”中的态矢来描写. 同位旋描写为这个抽象空间的一种旋转操作，其算符的本征值即同位旋量子数用符号 I 表示. 同位旋在 z 轴分量的量子数用 I_z 表示. 对于重子，$I=0,1$，对应核子的二重态(n，p)；对于介子，$I_z=0,\pm1$，对应介子的三重态(p^+，p^0，p^-). 不对强子做电测量，重态是简并的，它们有相同的质量；做电测量，简并消除，它们有不同的质量. $m_nc^2=939.55$ MeV，$m_pc^2=938.26$ MeV，中子与质子的能量差为 1.29 MeV，来源于双重态在电场中产生的能级分裂. 实验表明，在强作用中，同位旋是一个对称操作，I，I_z 都是守恒量；在电磁作用中，I 不守恒，但 I_z 守恒；在弱作用中，I，I_z 都不守恒.

四、奇异数

实验发现，有些强子具有下面的性质：

(1)有一些过程，虽然需要的阈能很低，但实验始终观测不到，如 $n+n\to\Lambda^0+\Lambda^0$ 或(Λ^0+K^0，$\Sigma^0+\Sigma^0$).

(2) 对于 $p^-+p\to\Lambda^0+K^0$ 此类强作用过程，高能粒子 p^-，p 在碰撞中产生的奇异粒子 Λ^0，K^0 都是成对出现的，有“协同现象”，而它的逆过程并不存在，即奇异粒子 Λ^0，K^0 不能通过强作用而只能通过弱作用衰变产生强子，$\Lambda^0\to p^-+p$.

为了解释这种奇异性，盖尔曼(M. Gell-Mann)和西岛(K. Nishijima)引入一个新的量子数——奇异数 S. 对奇异粒子，$S=\pm1$. 例如，K^0 粒子，$S=1$；Λ^0 粒子，$S=-1$；对强子中的非奇异粒子，如核子和 p 介子，$S=0$. 不参与强作用的粒子，不规定它们的奇异性.

实验表明，在强作用与电磁作用中，奇异数是一个守恒量；在弱作用中，衰变前后奇异数不守恒，但奇异数变化$|\Delta S|=1$，这是奇异粒子衰变的“选择定则”.

*§ 21—7 标准模型

一、夸克模型

1964 年，盖尔曼(M. Gell-Mann)和茨瓦格(G. Zweig)分别独立提出了形象的、易于理解的强子结构模型——夸克模型.

强子由更基本的粒子——夸克组成. 夸克有三味，即上夸克(u)、下夸克(d)和奇异夸克(s)，夸克是自旋为 1/2 的费米子，带有分数电荷数. 中子和质子由 u 和 d 组成，Δ 超子由 u,d 和 s 组成等. u,d,s 夸克可以组成当时已经发现的所有强子，很好地解释了重子的八重法中的规律性. 除了 u,d,s 三种夸克外，1974 年，丁肇中和里克特(Richter)发现了新的粒子 J/ψ，在实验上证明了第 4 味夸克——粲夸克(c)的存在. 1977 年，莱德曼发现了新粒子 γ，证明了还存在有底夸克(b). 对于理论上预言的顶夸克(t)，经过多年的努力，1995 年，实验上找到了它的存在依据. “上、下、奇、粲、底、顶”被粒子物理学家称为 6 种“味”，它们的性质如表 21—4 所示.

表 21—4 夸克的量子数

夸克的类型(味) 量子数	下 d	上 u	奇异 s	粲 c	底 b	顶 t
Q——电荷	$-\frac{1}{3}$	$+\frac{2}{3}$	$-\frac{1}{3}$	$+\frac{2}{3}$	$-\frac{1}{3}$	$+\frac{2}{3}$
I——同位旋	$\frac{1}{2}$	$\frac{1}{2}$	0	0	0	0
I_z——同位旋 z 分量	$-\frac{1}{2}$	$+\frac{1}{2}$	0	0	0	0
S——奇异数	0	0	−1	0	0	0
C——粲数	0	0	0	1	0	0
B——底量子数	0	0	0	0	−1	0
T——顶量子数	0	0	0	0	0	1

注：在文献中，关于底夸克的底量子数，有的取$B=+1$，我们这里按 1990 年粒子表的规定取$B=-1$. 夸克的味量子数符号与电荷的符号相同.

强子中,重子由三个夸克组成,介子由一个夸克和一个反夸克组成.

$$\begin{cases}\text{重子}\left\{\begin{array}{l}\text{核子 p,n}\\ \Delta\text{ 超子}\end{array}\right\}\text{q q q}\\ \text{介子}\left\{\begin{array}{l}\text{K}\\ \text{p},\rho,\omega,\text{J}/\psi\end{array}\right\}\text{q}\,\bar{\text{q}}\end{cases}$$

表 21—5 给出了一些重子多重态的夸克组成;表 21—6 给出了一些介子多重态的夸克组成.

表 21—5　重子的夸克组成

Y	I	夸克组成	$J^p=\frac{1}{2}$ (八重态)	$J^p=\frac{3}{2}$ (十重态)	质量/ MeV · c^2
1	$\frac{1}{2}$	ddu,uud	n,p		939
0	0	$\frac{s(du-ud)}{\sqrt{2}}$	Δ		1 116
0	1	sdd, $\frac{s(du+ud)}{\sqrt{2}}$	$\Sigma^-,\Sigma^0,\Sigma^+$		1 189
−1	$\frac{1}{2}$	ssd,ssu	Ξ^-,Ξ^0		1 315
1	$\frac{3}{2}$	ddd,ddu,duu,uuu		$\Delta^-,\Delta^0,\Delta^+,\Delta^{++}$	1 232
0	1	sdd,sdu,suu		$\Sigma^{-*},\Sigma^{0*},\Sigma^{+*}$	1 385
−1	$\frac{1}{2}$	ssd,ssu		Ξ^{-*},Ξ^{0*}	1 530
−2	0	sss		Ω^-	1 672

表 21—6　一些介子的夸克组成

夸克组成	Y	$I(I_z)$	$J^p=0^-$	多重态种类
$\overline{du}(\overline{uu}-\overline{dd})/\sqrt{2}\overline{ud}$	0	$1(-1,0,+1),p^-$	p^0,p^+	
$\overline{ds}\quad\overline{us}$	1	$1/2(-1/2m+1/2)$	$K^0,K^\pm$	八
$\overline{su}\quad\overline{sd}$	−1	$1/2(-1/2m+1/2)$	$K^-,\overline{K}^0$	重
$(\overline{uu}+\overline{dd}+2\overline{ss})/\sqrt{6}$	0	0(0)	$\eta(549)$	态
$(\overline{uu}+\overline{dd})/\sqrt{2}$	0	0(0)		
$(\overline{uu}+\overline{dd}+\overline{ss})/\sqrt{6}$	0	0(0)	$\eta'(958)$	单态

夸克是费米子,根据泡利不相容原理,强子内的夸克不允许处在同一量子态,即不允许用同一组量子数标记;而对于诸如中子、质子等夸克组态中,

(udd),(uud)分别意味有两个夸克用相同的"味"量子数标记,违反了泡利不相容原理. 为此,1964 年格林伯格提出,夸克还应具有新的量子数,称为色;并认为夸克有三种色,用光学类比,三色为红(R)、绿(G)、蓝(B). 这样,核子中三个夸克有不同的色,处在不同的量子态. 夸克既有电荷又有色荷,这样,通常所说的核力其实是色力与电磁力的综合效应. 夸克的色用来描述它们在强作用过程中的行为,相应的强相互作用理论成为量子色动力学.

1968 年,弗里德曼(J. Friedman)、肯德尔(H. Kendall)、泰勒(R. Taylor)在高能电子对质子的非弹性散射实验中,发现了大动量转移的现象,这说明了高能电子不是与整个质子相互作用,而是与质子中带电的、点状的、自旋为 1/2 的部分相互作用,说明质子的电荷集中在几个散射中心上(就像 α 粒子卢瑟福散射实验中的原子核). 现在,进一步用中微子、极化电子(其自旋有确定取向)等作为"探针",通过深度非弹性散射可以获得从夸克得来的信息,为探索核子结构提供了新的实验资料,对理论提出了新的挑战.

正像在原子中寻找自由电子一样,高能物理实验一直在强子中寻找自由夸克,但迄今没有成功. 实验能观测到强子的夸克结构,却观测不到自由夸克. 我们将夸克存在于强子内部却不能自由存在的这一事实,称为"夸克禁闭". 到目前为止,"夸克禁闭"的现象还没有得到令人满意的解释,这被称为 20 世纪末物理学的"乌云"之一. 按照量子色动力学的观点,我们所有的检测仪器只能检测到白色(或无色)的粒子. 这可以有两种解释:一是红、绿、蓝三原色合成为白色,即重子是由三个不同颜色的夸克组成的情况;二是夸克与反夸克的颜色互为补色,即介子是由一个夸克与具有补色的反夸克组成的情况. 与电中性类比,白色又称为"色中性",则所有强子都是"色中性"的. 上述基本假设可表述为,由夸克组成的系统,仅当其总色荷为白色(色中性)时,才能成为以自由粒子形式存在的强子. 夸克由于带色而不能自由存在,永远被幽禁在"色中性"的强子内部. 色荷与电荷无关,其力程在核素范围内为 1 fm. 夸克还带有弱荷,参与弱相互作用,核素的 β 衰变就是弱相互作用的结果. 实际上,夸克参与所有四种基本相互作用,传递这四种力的是四种规范场,对应着四种自旋为整数的玻色子,称为规范玻色子或媒介介子、传递子等. 虽然有人探讨亚夸克存在的可能性,但目前的实验显示,至少在很高的精度内,夸克可以被认为是类点粒子,所以一般认为,夸克是组成其他物质的"基本粒子". 如前所述,夸克有 6 种味道,3 种"色",每个夸克都有相应的反夸克,共有 36 种夸克. 除了 36 种夸克外,已发现的轻子有 6 种,如表 21—7 所示. 到目前为止,所有实验表明,轻子没有任何具有内部结构的迹象,是类点粒子,因而被认为是基本粒子. 电子、μ 子和 t 子质量比为 1:206:500. 由此可见,轻子未必轻. 由于它们带有电荷,所以参与电磁和弱相互作用,各种中微子只参与弱相互作用.夸克和轻子总共有48种,是构成我们生存世界的基本“砖块”.

所谓标准模型,是指物质的基本组成单元是轻子与夸克,它们之间存在着四种基本相互作用.轻子和夸克之间存在某种对称性,按其质量和性质分为三代,每一代都有一个电荷为$\frac{2}{3}e$的夸克和一个电荷为$-\frac{1}{3}e$的夸克、一个中微子和一个带电轻子.每一代总电荷量相等,都为零.每一代都重复着前一代的主要物理性质.第一代的轻子和夸克组成了我们日常熟悉的物理世界.第二代和第三代的轻子和夸克组成了在高能条件下出现的物质状态,如表21—7所示.

表21—7 标准模型中的三代轻子与夸克

	轻 子	夸 克
第1代	电子(e),$Q=-1$,0.51 MeV	上夸克(u),$Q=+2/3$,约0.3 GeV
	电子中微子(ν_e),$Q=0$,<50 eV	下夸克(d),$Q=-1/3$,约0.3 GeV
第2代	μ子(μ),$Q=-1$,106 MeV	粲夸克(s),$Q=+2/3$,约1.5 GeV
	μ中微子(ν_μ),$Q=0$,<50 eV	奇异夸克(d),$Q=-1/3$,约0.5 GeV
第3代	t子(t),$Q=-1$,1 784 MeV	顶夸克(t),$Q=+2/3$,约170 GeV
	t中微子(ν_t),$Q=0$,<160 MeV	底夸克(b),$Q=-1/3$,约5.0 GeV

这里,还有一些极其深奥的问题向我们提出了新的挑战.例如,是否存在更多代的轻子和夸克?代的重复性是否反映了轻子与夸克之间的内在联系?是什么造成了各代轻子的质量差别?

某些理论上的论证,以及从天体物理学研究中得到的一些推论,可以说明代的数目不会超过4代.当然,是否存在第四代也要靠实验加以检验.

习题二十一

21—1 ^{14}C核包含多少质子和中子?

21—2 计算^{239}Pu中每个核子的结合能.需要用到的原子量为

239.052 16 u(^{239}Pu),1.007 83 u(^{1}H),1.008 66 u(n)

21—3 质量为3的氢的同位素氚的半衰期为12.3 a.在50.0 a以后,样品中尚留下多少氚?

21—4 放射性核^{64}Cu的半衰期为12.7 h.在14 h后的2小时内原5.5 g纯^{64}Cu样品将有多少衰变?

21－5 放射性核^{33}P衰变为^{32}S：

$$^{33}P \rightarrow ^{32}S + e^- + \nu$$

在某一衰变事件中，发射了一个能量为 1.71 MeV 的电子，这是最大可能值. 事件中反冲^{32}S原子的动能是多少？

21－6 普通水大致有 0.015 %质量的重水. 如果我们在一天内通过反应

$$^{2}H + ^{2}H \rightarrow ^{3}He + n$$

将 1.0 L 中的^{2}H全部烧光，可得到多大的平均聚变功率？

第二十二章 分子与固体

在物质世界里，原子间相互吸引、相互排斥，以一定的次序和方式结合成独立而又相互稳定存在的物质形式——分子和固体. 原子之间存在的这种强相互作用就称为化学键. 原子结合成分子或固体的方式不同，即化学键的类型不同，形成的分子结构和晶体类型也会不同. 物质世界的多样性是由物质内部原子空间排布的多样性和它们之间多种类型的化学键所决定. 分子之间通过分子间作用力结合成固体.

根据固体中原子的排列方式可以把固体分为晶体、非晶体和准晶体. 晶体是由原子(或离子、分子等)在空间周期性排列而形成的固体，即长程有序；非晶体内部粒子排列长程无序；准晶体是区别于二者的固体材料. 晶体是固体物理学研究的主要对象. 由于晶体内部原子排列的规律性，致使它有一些不同于其他聚集状态的特性，如均匀性、对称性、各向异性、自范性(自发地形成多面体外形)、具有确定的熔点等.

本章内容主要有化学键和分子间作用力，晶体结构的周期性和分类，固体的能带理论，导体、绝缘体和半导体的区别及其导电机理，p—n 结的形成与特性.

*§ 22—1 化学键

化学键定义为在分子或晶体中两个或多个原子间的强烈相互作用，作用能为 120～950 kJ · mol^{-1}. 化学键主要有三种类型：共价键、离子键和金属键. 原子间通过共价键结合成分子，分子间存在着较弱的相互作用，它们比一般的强相互作用的化学键键能小1～2个数量级.本节将主要介绍三种化学键和分子间作用力.

一、共价键

关于共价键本质的认识,有四种理论,即价键理论、杂化轨道理论(改进的价键理论)、分子轨道理论和价层电子对互斥理论.它们在解释共价键的本质、认识分子结构和性质方面各有千秋,又相互补充.如价键理论强调原子间的成键作用,对共价键给出一个简单清晰的图像;杂化轨道理论和价层电子对互斥理论可以较好地解释分子的几何构型和共价键的方向性.分子轨道理论对于讨论分子的激发态、电离能和分子的光谱性质等方面起很大作用.下面介绍共价键的各理论要点及共价键形成的分子和晶体.

1. 价键理论

(1)两原子中,自旋反平行的未成对电子互相接近时,彼此呈现互相吸引的作用,并使体系能量降低,形成化学键.若两原子间各有一个未成对电子,则形成共价单键;若各有两个或三个未配对电子,则两两形成共价双键或三键等.

(2)共价键具有饱和性.为了增加体系的稳定性,各原子价层轨道中未成对电子应尽可能相互配对,以形成最多数目的化学键.1个原子能形成共价单键的最大数目等于其未配对电子的数目.两原子间形成共价键的数目是一定的,这种性质称为共价键的饱和性.

(3)共价键具有方向性.电子的原子轨道重叠越多,体系能量降低越多,所形成的共价键越稳定.两原子间形成共价键时,两原子轨道要沿着一定方向重叠,因此,形成的共价键具有一定方向.

2. 杂化轨道理论

(1)在原子化合成分子的过程中,在周围原子的影响下,同一原子中某些能量相近的原子轨道相互混合,产生新的轨道即杂化轨道,这一过程称为原子轨道的杂化.

(2)参与杂化的原子轨道数等于形成的杂化轨道数.

(3)杂化改变了原子轨道的形状和方向.

(4)杂化使原子的成键能力增强.

(5)杂化分为等性杂化和不等性杂化.判断是否是等性杂化,要看各条杂化轨道的能量是否相等,杂化轨道能量相等即为等性杂化,否则为不等性杂化.

如图22—1—1所示为s和p原子轨道杂化,同一原子中1个s轨道与1个能量相近的p轨道能杂化形成2个sp杂化轨道.

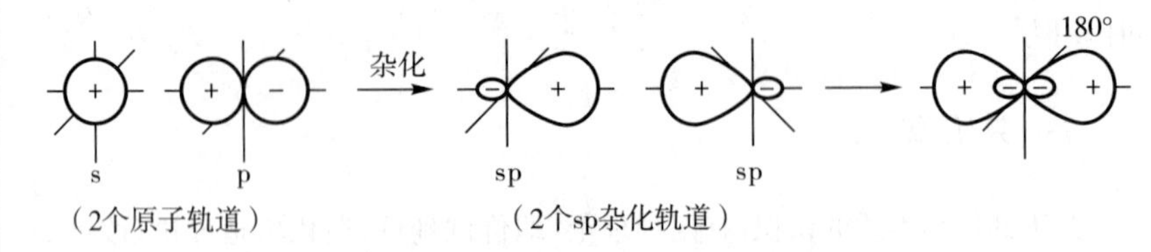

图22—1—1　sp杂化轨道的形成

3. 价层电子对互斥理论

原子周围各价层电子对之间由于互相排斥,在键长一定的条件下,相互间的距离愈远愈稳定,这就要求分布在中心原子周围的价层电子对尽可能离得远一些.

4. 分子轨道理论

(1)分子中每个电子都是在由各个原子核和其余电子产生的平均势场中运动的,因此可以用波函数ψ来描述,ψ称为分子中的单电子波函数,又称分子轨道.

(2)分子轨道ψ可以近似地用能级相近的所属原子轨道线性组合得到.这些原子轨道通过线性组合成分子轨道时,轨道的数目不变,轨道能级改变.两个能级相近的原子轨道组合成分子轨道时,能级低于原子轨道的称为成键轨道,高于原子轨道的称为反键轨道,等于原子轨道的称为非键轨道.

(3)分子中的电子按照最低能量原理、泡利原理和洪特(Hund)规则排布在分子轨道上.自然界任何体系总是能量越低所处状态越稳定,这个规律称为能量最低原理;泡利原理指出,在同一轨道上最多只能容纳2个自旋方向相反的电子;洪特提出,在同一亚层的等价轨道上,电子将尽可能地占据不同的轨道,且自旋方向相同.

(4)由两个原子轨道有效地组合成分子轨道时,必须满足能量高低相近、轨道最大重叠及对称性匹配三个条件.

能级高低相近,能够有效地组成分子轨道,能级差别越大,组成分子轨道的成键能力越差;一般原子最外层电子的能级高低是相近的.所谓轨道最大重叠,就是使形成分子轨道的原子轨道重叠最大,成键时能量降低较多,这对两个轨道的方向有一定的限制,此即共价键具有方向性的根源.所谓对称性匹配,就是指原子轨道重叠时,必须有相同的符号.

(5)分子轨道按照沿键轴(两原子核的连线)分布的特点,可以分为σ轨道、π轨道和δ轨道.σ轨道是两原子轨道沿键轴方向进行重叠得到的,重叠部位在两原子核间键轴处,重叠程度较大;成键轨道和反键轨道分别用σ和σ^*表示,

由 σ 轨道上的成键电子构成的共价键称 σ 键. 两原子轨道在键轴两侧沿键轴方向平行重叠,组成 π 轨道,重叠部位在键轴上、下方,键轴处为零. 由 π 轨道上的成键电子构成的共价键叫作 π 键,成键轨道和反键轨道分别用 π 和 π^* 表示. 由 p 轨道组成的 σ 轨道(键)和 π 轨道(键)示意图如图 22—1—2 所示.

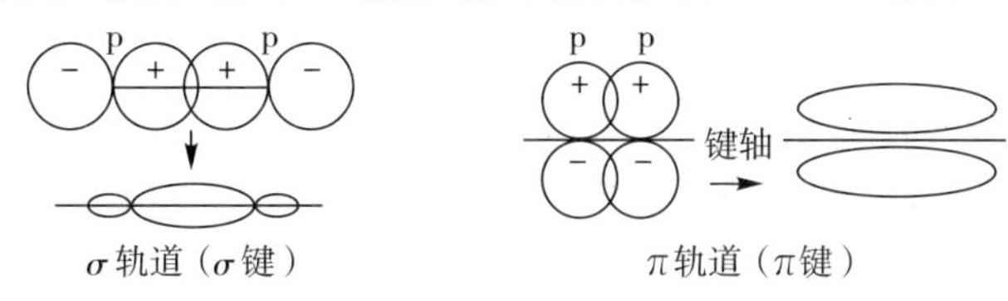

图 22—1—2　σ 轨道(σ 键)和 π 轨道(π 键)的形成

描述化学键的参数有键能、键长和键角. 在 1.013×10^5 Pa、25 ℃下,将 1 mol气态分子 AB 拆开成为理想气体 A 原子与 B 原子所需要的能量,就是键能. 分子中成键两原子核之间的平均距离叫键长. 一般来说,两原子形成的键越短,键能越强. 共价单键键长的一半称为原子的共价半径. 键角是分子中键键之间的夹角,是决定分子几何构型的重要因素.

按共价键的极性大小可以将其分为极性键和非极性键. 原子吸引电子的能力(即电负性)存在差异,当两个原子结合形成分子时,共用电子对受到的吸引力不同,形成的键具有极性. 同种原子形成的共价键,其共用电子对均匀出现在两原子之间(电子对在键中央出现的几率最大),两个原子核正电荷重心与分子中负电荷重心重合,称为非极性键. 不同原子形成的共价键,共用电子对偏向电负大的一方,有极性,键两端出现正(电负性小一方)、负(电负性大一方)两极叫作极性键. 由极性键结合的分子称为极性分子,如 HF 分子等. 由非极性键结合的分子称为非极性分子,如 O_2 分子等.

共价键结合成的晶体可分为原子晶体和分子晶体.

原子之间依靠共价键结合成的晶体称为原子晶体. 由于共价键结合很稳定,所以原子晶体具有高硬度、高熔点、高沸点和低挥发性等特性. 金刚石、硅和锗等都是原子晶体.

分子或者饱和的原子之间依靠范德瓦耳斯力结合成的晶体叫作分子晶体. 比如 CO_2, HCl, I_2 分子都是由原子通过共价键组成分子,以分子为质点组成分子晶体. 分子内部的结合力很强,但分子之间结合力较弱. 因此,分子晶体一般都具有较低的熔点、沸点和硬度.

二、离子键

两原子间发生电子转移,形成正、负离子,通过离子间的静电库仑作用而形成的化学键称为离子键.两成键原子的电负性差别大,可形成离子键. ⅠA、ⅡA族等元素与卤族元素、氧元素等形成的氧化物、卤化物、氢氧化物和含氧酸盐等化合物分子中都存在着离子键.靠离子键结合的晶体称为离子晶体.这种结合的基本特点是以离子而不是以原子为结合的单位,例如 NaCl 晶体是以 Na^+ 和 Cl^- 为单元结合成的晶体.

离子键没有方向性和饱和性.离子间存在着库仑力和短程排斥力,库仑力异号相互吸引,同号相互排斥,作用能和距离 r 成反比,短程排斥力作用能和距离高次方成反比.

离子键的强度一般由结合能来表示.所谓结合能,是指把晶体拆散成单个原子或分子所需的能量或将单个原子或分子结合成晶体所释放的能量.结合能的单位为 kCal/mol.由于晶体中包含的色散能和零点能等较小,离子晶体的结合能主要决定于静电库仑力,用简单的静电模型就可以获得很好的结果. AB 型离子晶体结合能的理论计算公式为

$$W = -U(r) = N_A \frac{\alpha Z_1 Z_2 e^2}{4\pi\varepsilon_0 r_0}\left(1-\frac{1}{n}\right) \qquad (22-1-1)$$

式中,N_A 表示阿伏加德罗(Avogadro)常数,α 是马德隆常数,r_0是离子间平衡距离,ε_0是真空中介电常数,n 为排斥力参数,Z_1,Z_2 表示正、负离子所带电荷数,e 为电子电量,U 为离子晶体的晶格能(等于标准状态下将 1 mol 离子晶体转化为气态离子所吸收的能量).结合能越大,则形成离子晶体时所放出的能量就越多,离子键就越强.

离子键的强弱主要取决于组成它的离子.在离子晶体中,相邻的正负离子间存在着静电吸引力和离子的外层电子云相互作用的排斥力.当这两种力达到平衡时,离子间将保持一定的接触距离.离子可近似地看作具有一定半径的弹性球,两个相互接触的球形离子半径之和等于两原子核间的平衡距离.离子半径的数值也和离子所处的特定条件有关.

正负离子依靠离子键结合成的晶体称为离子晶体.离子晶体中离子间结合力很强,因此具有熔点、沸点高,挥发性低,不可压缩的性质.例如 NaCl,CsCl 和 ZnS 晶体等都属于离子晶体.

三、金属键

金属原子的最外层价电子容易脱离原子核的束缚,而在金属中由正离子形成的势场中比较自由地运动,形成"自由电子"或"离域电子",这些在三维空间中运动、离域范围很大的电子,与正离子吸引胶合在一起,形成金属晶体,金属

的这种结合力称为金属键.由于金属只有少数价电子能用于成键,金属在形成晶体时,倾向于构成极为紧密的结构,使每个原子都有尽可能多的相邻原子.这样,电子能级可以得到尽可能多的重叠.金属键没有方向性和饱和性.

金属键的强度可以用金属的原子化热(汽化热)衡量.原子化热是指 1 mol 金属变成气态原子所需要吸收的能量.金属的许多性质都和原子化热有关,原子化热的数值较小,金属通常较软,熔点较低;原子化热的数值较大,金属通常较硬,熔点较高.由于自由电子几乎可以吸收所有波长的可见光,随即又发射出来,因而金属具有通常所说的金属光泽.自由电子的这种吸光性能,使光线无法穿透金属.因此,金属一般是不透明的.

失去价电子的离子实依靠金属键结合成的晶体称为金属晶体.金属晶体中价电子在各离子实之间运动,为所有离子所共有.金属之间的结合就是靠共有化状态的价电子和离子实之间的相互作用而成的.金属晶体结合牢固,具有极高的电导率,如金、银、铜等都属于金属晶体.

四、分子间作用力

分子间存在着将分子聚集在一起的作用力,称为分子间作用力,又叫范德华力.我们知道,物质是由大量分子组成的,分子又在不停地做无规则运动,热运动使分子尽量散开,但固体之所以能保持一定的体积,说明分子间存在着相互吸引力.

要使碎了的玻璃重新黏结起来,需要一定的黏胶才可以,说明分子间引力存在引力作用范围.当然,固体不可以无限压缩,表明分子间还存在斥力.

当两分子比较接近时,主要表现为吸引力.这种力主要来源于一个分子被另一个分子随时间迅速变化的电偶极矩所极化而引起的相互作用.当两分子非常接近时,则排斥力成为主要的力.这是由于各分子的外层电子云开始重叠而产生的排斥作用.斥力的作用范围远比引力作用范围小.

由于分子间作用力是电磁相互作用,故它是一种保守力,具有势能,称为分子作用力势能.一般地,两个间距为 r 的分子间相互作用势能的形式可以表示为

$$u(r)=-\frac{a}{r^{6}}+\frac{b}{r^{12}}$$

式中,a,b 是特征常量,第一项是吸引能,第二项是排斥能.

相互作用力可以写为

$$f(r)=-\frac{\mathrm{d}u(r)}{\mathrm{d}r}$$

当 $f<0$ 时为引力；当 $f>0$ 时为斥力；当 $f=0$，引力和斥力相互抵消，系统处于平衡. 此时，$r=r_0$ 称为分子间平衡距离，r_0 可由

$$-\frac{\mathrm{d}u(r)}{\mathrm{d}r}\Big|_{r=r_0}=0$$

得出.

图 22—1—3 给出了两分子间相互作用力和作用势能随距离的变化曲线.

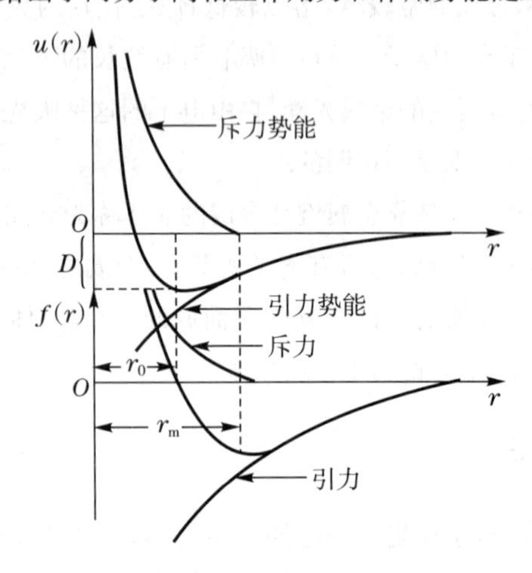

图 22—1—3　两分子间相互作用力和作用势能随距离的变化曲线

分子间作用力是一种电磁相互作用而非万有引力，这种电磁相互作用力并非简单的库仑力，它是由一个分子中所有的电子和核与另一个分子中所有的电子和核之间复杂因素所产生的相互作用的总和. 根据玻耳兹曼统计，分子晶体中引力大于斥力，故存在净余引力，即范德华力或分子力.

从分子力是一种电性吸引力的角度来看，可以将分子力分为取向力、诱导力和色散力. 当两个极性分子相互接近时，它们偶极子必将发生相对转动，使得偶极子的异极相对，叫作“取向”. 这种由于极性分子的取向而产生的分子间作用力，叫作取向力. 在极性分子和非极性分子间，由于极性分子的影响，会使非极性分子的电子云与原子核发生相对位移，产生诱导偶极，与原极性分子的固有偶极相互吸引，这种诱导偶极间产生的作用力叫作诱导力. 同样地，极性分子间既具有取向力，又具有诱导力. 当非极性分子相互接近时，由于每个分子的电子不断运动和原子核的不断振动，经常发生电子云和原子核之间的瞬时相对位移，产生瞬时偶极，而这种瞬时偶极又会诱导邻近分子也产生和它相吸引的瞬时偶极. 由于瞬时偶极间的不断重复作用，使得分子间始终存在着引力，这种引力称为色散力.

例 22—1—1 根据 HF 的分子轨道能级及电子排布图(如图 22—1—4 所示),指出成键轨道和非键轨道,并写出价层电子组态.

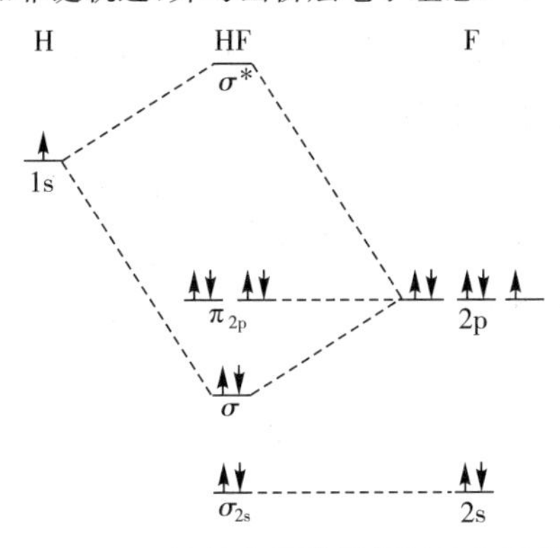

图 22—1—4 HF 的分子轨道能级及电子排布图

解 图 22—1—4 中 F 的 2s 和两个 2p 轨道能级在形成 HF 后没有改变,所以 F 的 2s 和两个 2p 轨道是非键轨道,氢原子的 1s 轨道和 F 原子的一个 2p 轨道形成一个成键轨道 σ(比原来的轨道能级低)和一个反键轨道 σ^*(比原来的轨道能级高),HF 的价层电子组态为$(\sigma_{2s})^2\sigma^2(\pi_{2p})^4$,所以有 3 对非键电子在 F 原子周围形成 3 对孤对电子,1 对成键电子形成共价键. 由于 F 的电负性比 H 大,所以电子云偏向 F 形成极性共价键.

*§ 22—2 晶体结构

一、晶格的周期性

通常,将晶体中原子的排列方式称为晶体结构;将构成晶体空间结构的原子、离子或原子团等用一个质点来表示,称为格点;用平行的直线将这些构成晶体的所有格点连接起来构成的网格,称为晶格. 如图 22—2—1 所示为 Cu 和 NaCl 晶体晶格的二维平面图.

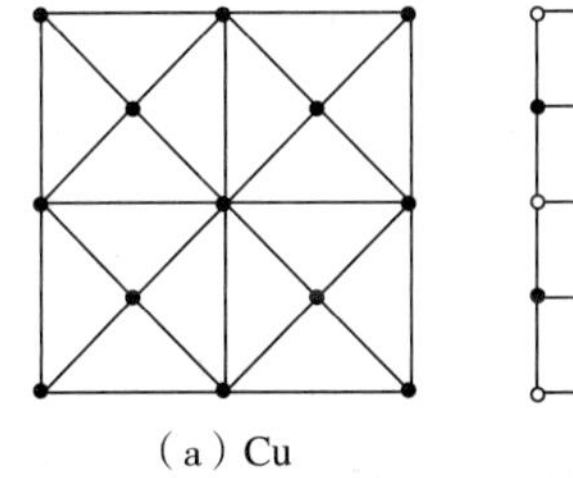

(a) Cu

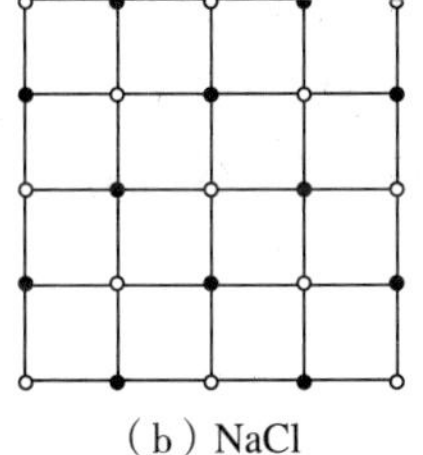

(b) NaCl

图 22—2—1 Cu 和 NaCl 晶体的二维平面晶格

晶体结构的基本特征是晶格具有周期性.下面加以说明.

Cu晶体的晶格格点上分布着同一种原子,这些原子以金属键结合在一起.沿任一方向画过格点的直线上相邻两个格点的距离都相等.这个距离就是Cu原子沿这条直线方向的平移周期,每个方向都有一个平移周期.由一个格点沿着各个方向进行平移就可以得到Cu晶体的整个晶格,这就是晶格的周期性.

Cu晶体的晶格中所有格点上的Cu原子都是等同的,即原子不仅种类相同,而且具有完全相同的周围环境.根据晶格中等同原子种类的多少,可以将晶格分为简单格子和复式格子两类.

晶格中仅含有一种等同原子的晶格称为简单格子(或布喇菲格子),例如Au,Ag,Cu,Fe等晶格.

NaCl晶格属于复式格子.NaCl晶体的晶格格点上分布着Na^+和Cl^-两种离子,它们以离子键相结合.图22—2—1(b)中黑点和空心点分别代表Na^+和Cl^-.所有Na^+(或Cl^-)的邻近格点上都是Cl^-(或Na^+),具有完全相同的环境,也就是说,所有Na^+(或Cl^-)是等同的.由所有Na^+(或Cl^-)形成的格子称为子晶格,这两个子晶格完全相同,因为Na^+和Cl^-子晶格沿着相邻的Na^+和Cl^-连线的方向平移就可以重合.它们与Cu的晶格具有完全相同的形式,只是各方向的平移周期同比放大而已.显然,子晶格属于简单格子,NaCl晶格可以看成是由Na^+和Cl^-各自形成的子晶格穿插套构而成的,两者之间有一相对位移.我们称像NaCl这样的晶格为复式格子,复式格子包含两种或更多种等同的原子,复式格子可以看成是由若干个完全相同的简单格子套构而成.

由晶体中等同原子(Na^+或Cl^-)抽象出的几何点(阵点或结点)构成的集合称为空间点阵.图22—2—2中黑点表示Cu和NaCl晶体的二维平面点阵.可以看到,简单格子的格点和点阵的阵点是一致的,复式格子中子晶格的格点和点阵阵点也是一致的,所以,空间点阵概括了晶格的周期性.

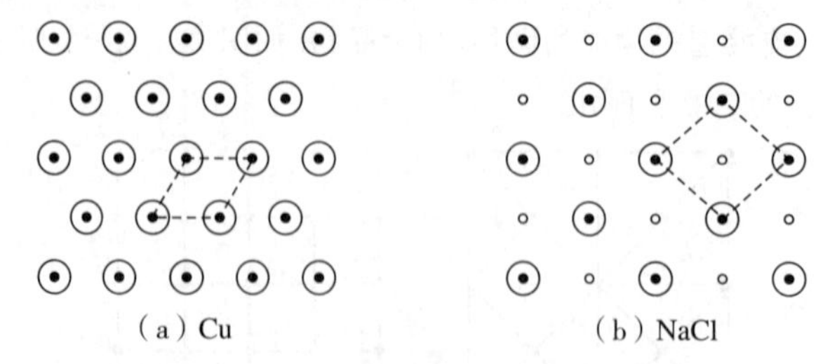

图22—2—2 二维周期排列的晶体结构及其点阵

(圆圈代表原子或离子,黑点代表点阵阵点)

晶格的周期性通常用原胞来描述.原胞可以分为两类:固体物理学原胞(原胞)和晶体学原胞(晶胞).固体物理学原胞是晶格的最小重复单元,仅仅表征晶格的周期性;而晶胞不仅可以表征晶体的周期性,还能反映其对称性.

下面,首先介绍固体物理学原胞的选取方法和特点.

对于二维情形,原胞可以这样选取,在二维平面点阵(或子晶格)中选择一个平行四边形,即阵胞,阵点仅仅分布在顶点上,阵胞在晶格中划出来的部分就是原胞,如图 22—2—2 中虚线所示,其中黑点表示点阵的阵点,空心圆圈表示构成晶体的质点,大圆圈表示 Na^+,小圆圈表示 Cl^-,虚线画出的是一个物理学原胞.原胞的相邻两个边长称为晶格的周期,这两个方向的周期可以是不同的.原胞沿着这两个边长方向(用基矢表示)按周期距离平移就可以得到整个晶格.

Cu 晶格的原胞中只有顶点上有原子,顶点上的原子为相邻的四个原胞所共有,顶点原子仅有四分之一属于这个原胞,所以一个原胞含有一个原子,由此原胞平移得到的晶格就是简单格子,简单格子的原胞中仅含有一个原子.NaCl 的原胞中含有两个离子,由此原胞平移得到的晶格是复式晶格.所以,也可以说,原胞中包含两个或两个以上原子的晶格称为复式晶格.

对于三维情形,在空间点阵中选择一个阵点仅仅分布在顶点上的平行六面体作为阵胞,阵胞在晶格中划出来的部分就是原胞,如图 22—2—3 所示.由平行六面体的顶点引出的三个边长称为晶格的周期.原胞沿晶格的三个周期方向($\boldsymbol{a}_1$,$\boldsymbol{a}_2$,$\boldsymbol{a}_3$)平移就可以得到整个三维晶格.对于 CsCl 而言,由于顶点的原子为八个原胞所共有,每个顶点原子仅有八分之一属于这个原胞,那么,八个顶点原子相当于一个原子属于这个原胞,加上体内一个原子,所以,CsCl 的原胞中包含两个原子,其晶格是复式格子.

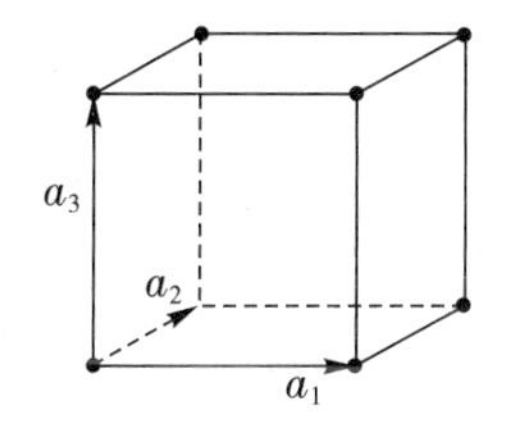

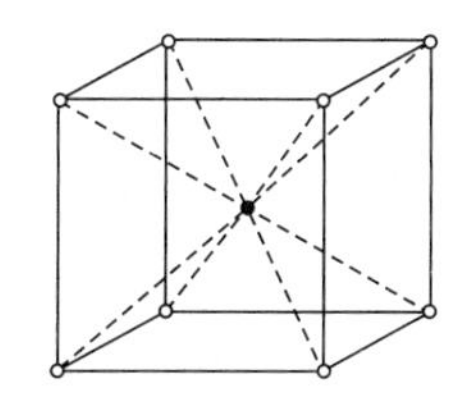

图 22—2—3　CsCl 的阵胞及原胞

晶胞的选取方法不同于固体物理学原胞,虽然也是在空间点阵中选择一个平行六面体作为阵胞,但这个阵胞不一定是最小重复单元,即阵点不仅在平行六面体的顶点上,还可以在体心、面心上.如果阵点代表的是构成晶体的原子(或离子),这个平行六面体又称为布喇菲单胞,共有 14 种,也就有 14 种布喇菲格子.

比如简单立方格子、体心立方格子和面心立方格子等，如图 22—2—4(a)所示.

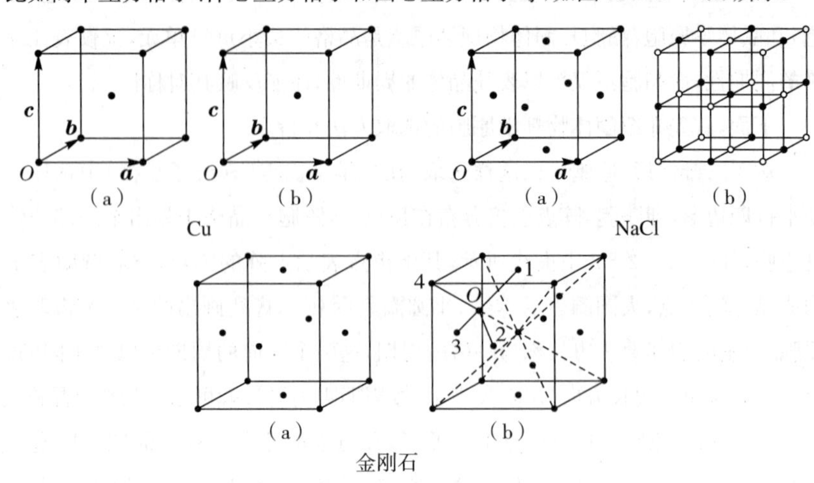

图 22—2—4　Cu、NaCl 和金刚石(a)的阵胞(或布喇菲单胞)及其(b)晶胞

这个平行六面体在晶格中划出的部分就称为晶胞，晶胞沿着三边基矢 $\boldsymbol{a}$,$\boldsymbol{b}$ 和 $\boldsymbol{c}$ 向空间平移，就可以得到整个晶格. 晶胞的形状可以用平行六面体的三个边长 a,b 和 c 及其交角 α,β 和 γ 来表示，它们称为晶体的晶格常数或点阵常数. 点阵常数可以通过 X 射线衍射的方法来测定. 金刚石晶体尽管是由同一种原子构成的，但是由于位于体内的原子和顶角原子价键的取向各不相同，即体内原子和顶角原子周围的情况不同，是两类等同原子，所以金刚石晶格是复式格子. 它是由两类等同原子构成的面心立方格子套构而成的，沿晶胞的体对角线有一位移.

二、晶体的分类

晶体原子的周期性排列导致晶体具有对称性. 晶体的对称性可用一组对称元素来描述. 晶体所具有的对称元素是对晶体进行分类的基础. 如果晶体各部分之间通过一定的操作可以使之复原而不改变任意两点之间的距离，那么称晶体具有对称性，这个操作就称为对称操作，对称操作凭借的元素叫作对称元素. 晶体的对称元素有七类，其中有四类宏观对称元素：旋转轴、镜面、对称中心和反轴，及三类微观对称元素：平移、螺旋轴和滑移面. 由于受到点阵的制约，在晶体结构中存在的对称轴(包括旋转轴、螺旋轴和反轴)的轴次只有 1,2,3,4 和 6 五种.

根据晶体的对称性，可以将晶体分为七个晶系. 每个晶系都有自己的特征对称元素,晶体所属的晶系由特征对称元素所决定.七大晶系及其特征对称元素分别是三斜晶系,无对称轴和对称面;单斜晶系,唯一一个二次轴;正交晶系,三个二次轴;三方晶系,唯一一个三次轴;四方晶系,唯一一个四次轴;六方晶系,唯一一个六次轴;立方晶系,四个三次轴.根据是否有高次轴以及所含高次轴的多少,将晶体分为低、中、高级三个晶族.三斜、单斜和正交晶系属于低级晶族;三方、四方和六方晶系属于中级晶族;立方晶系属于高级晶族.由四类宏观对称元素组成的对称类型共有 32 种.将属于同一对称型的晶体归为一类,称为晶类.晶体中存在 32 种对称型,亦即有 32 种晶类.

例 22—2—1 若平面周期性结构按如图 22—2—5 所示重复单元排列而成,空心点和实心点表示两类原子,请画出这种结构的原胞,并指出原胞中包含的原子数目和晶格类型.

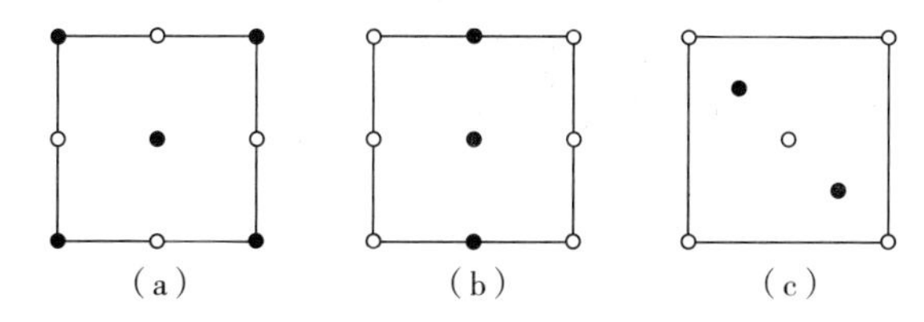

图 22—2—5 例 22—2—1 用图(1)

解 如图 22—2—6 所示,原胞用虚线画出,原胞包含的原子均为 2 个,都是复式格子.

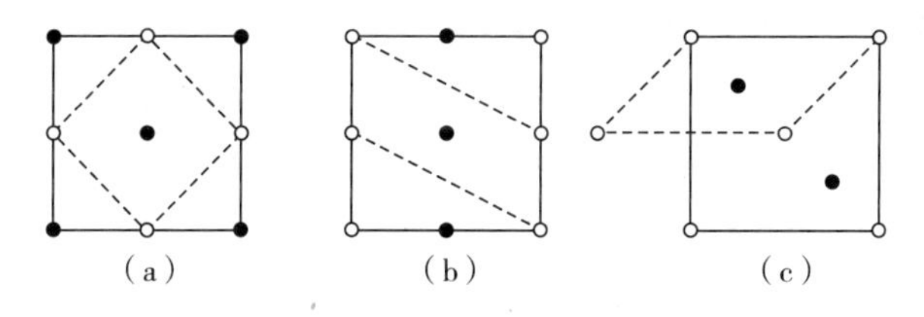

图 22—2—6 例 22—2—1 用图(2)

*§ 22—3 能带理论

能带理论是在研究金属电子论的过程中建立起来的.金属电子论的核心内容就是研究金属中电子的状态和行为,并由此解释金属的各种性质.首先建立的是金属的自由电子气模型,即金属中的电子可以在离子实之间自由地运动,没有考虑离子实势场对于电子的作用.能带理论不仅认为固体中的电子不再束缚于个别的原子,而是在整个固体中运动,称为共有化电子;还考虑了电子的运动受到周期性势场的影响,这个周期性势场包括原子核和内层电子构成的离子实势场及其他电子和周期性排列且固定不动的离子实形成的平均势场,该势场具有和晶格相同的周期.目前,能带理论是研究固体中电子运动的一个主要理论.

用微扰法等近似方法通过求解薛定谔方程可以解得能带模型.

$$\frac{\mathrm{d}\psi^2(x)}{\mathrm{d}x^2}+\frac{2m}{h}[E-V(x)]\psi(x)=0$$

式中,$\psi(x)$表示电子波函数,E是电子能量,$V(x)$表示电子所处的周期性势场.

若V取0,可以解得自由电子气的能量

$$E=\frac{\hbar^2\kappa^2}{2m}$$

式中,κ为电子的波矢,即$\kappa=\frac{2\pi}{\lambda}$,表示电子的运动状态.自由电子的$E(\kappa)$曲线是一条抛物线,$E$值随$\kappa$做连续变化,如图22—3—1所示.

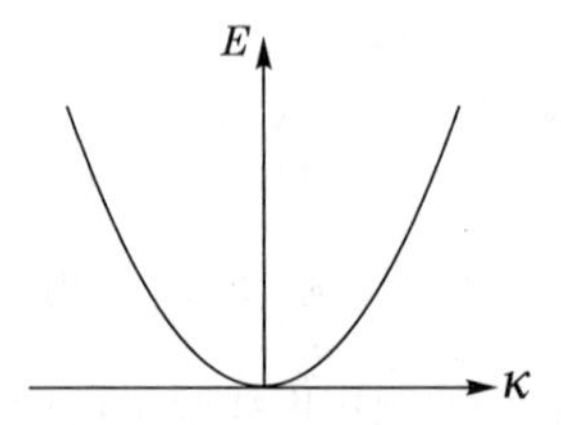

图22—3—1　金属中自由电子的能量E与波矢κ的关系

若V表示随晶格周期变化的势场,即准自由电子模型,$E(\kappa)$曲线如图22—3—2所示.在$\kappa=\pm n\pi/a(n=0,1,2\cdots)$处,$E\sim\kappa$曲线上能量出现不连续性,即出现能隙,能隙处是电子能量的禁区,故称为禁带,禁带之外的能量区域称为允带或能带.

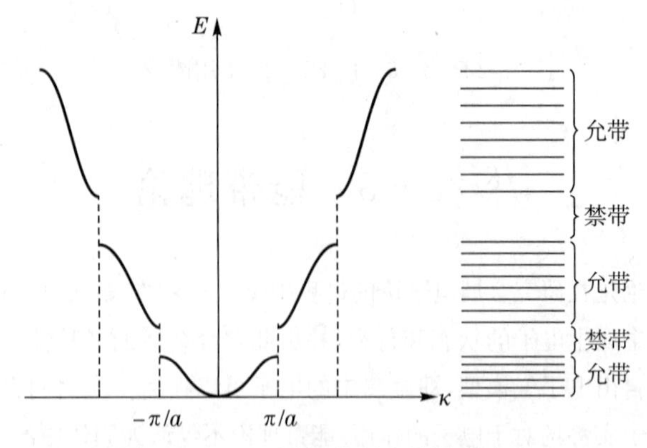

图22—3—2　周期势场中能隙的产生

$E(\kappa)$是κ的周期性函数，周期为$2\pi/a$，即$E(\kappa)=E(\kappa+n2\pi/a)$，这说明$\kappa$和$\kappa+n2\pi/a$表示相同的状态. κ在$-\pi/a$或π/a之间的区域称为第一布里渊区或简约布里渊区，每个布里渊区对应于一个能带. 每个波矢占据的线度为$2\pi/Na$（N为晶体中原胞总数），每个布里渊区中包含波矢的个数为$\frac{2\pi}{a}\Big/\frac{2\pi}{Na}=N$个，则对应能带的能级数目为$N$个. 也就是说，晶体中包含原胞的个数$N$越多，每个能带中包含的能级数越多.

对能带理论的基本概念也可以从简单的物理机构来阐述. 例如，两个相距很远的氢原子具有相同的能级，当这两个原子相互靠近时，每个原子中的电子除受本身原子核的势场作用外，又受到另一原子核的势场作用. 在原子间相互作用的影响下，原子的能级分裂为彼此相距很近的两个能级，如图22—3—3(a)所示. 两原子靠得越近，原子的能级分裂越显著.

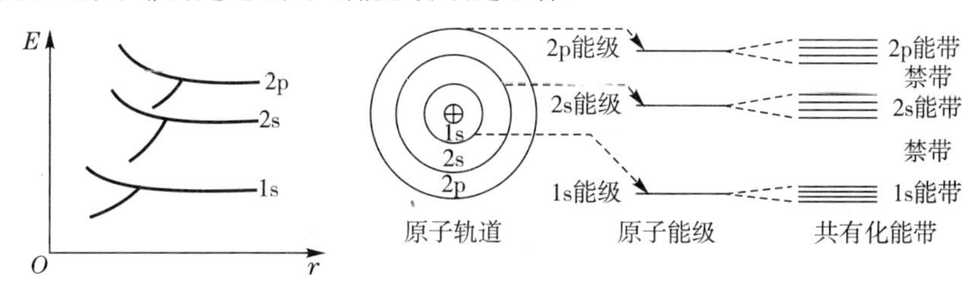

(a)原子能级分裂为能带　　(b)晶体中电子的能带形成示意图

图22—3—3　能级的分裂及能带的形成

由N个原子组成晶体时，由于原子中的电子受到其他电子和原子核的共同作用，不再局限于某一个原子上，而是可以在整个晶体中运动，即电子的共有化运动. 晶体中电子做共有化运动时，受到相邻原子的相互作用，使得原子的每一个能级都分裂成彼此相距很近的N个能级，这N个能级组成一个能带. 将能带之间不存在能级的区域称作禁带，如图22—3—3(b)所示. 能带符号仍沿用能级的符号，如1s，2s，2p等. 每个能带具有一定的能量范围，相邻原子之间轨道重叠少的内层电子轨道形成的能带较窄，轨道中重叠多的外层电子轨道形成的能带较宽.

由于晶体原子密度相当大，一个能带里包含了相当多的能级，能量相差十分微小. 对于$N(\approx 10^{19})$个原子组成的晶体（体积约1 mm^3），一个能带中相邻能级的间隔约为10^{-17} eV.

氢原子的量子理论指出，每个能级有$2(2l+1)$个量子态. 泡利不相容原理指出，每个量子态容纳的电子不能超过1个，所以每个能级最多可容纳$2(2l+1)$

个电子.那么,对于 N 个原子组成的晶体而言,每个能带可容纳的电子数最多为 $2(2l+1)N$ 个.例如Na原子晶体,每个Na原子有11个电子,共有 $11N$ 个电子,由于s对应的 $l=0$,p对应的 $l=1$,所以,1s,2s,2p,3s能带上分布的电子顺次为 $2N$,$2N$,$6N$,$1N$.所以,3s能带电子没有填满.

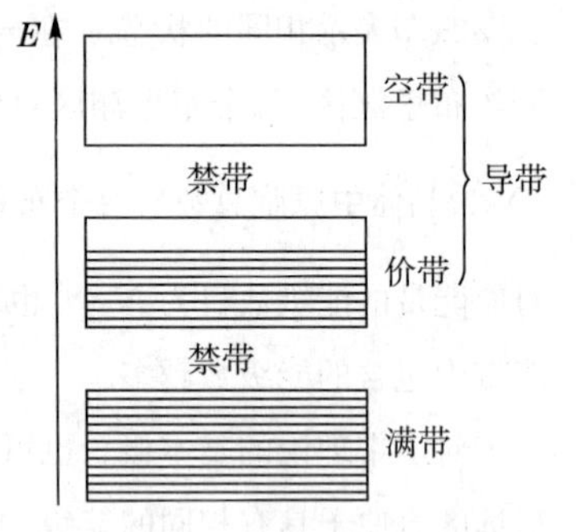

图 22—3—4　固体中的能带

根据能带中填充电子的情况,可以将能带分为满带、价带和空带.晶体中的能带如图22—3—4所示.

当一个能带中的各个能级都被电子填满,这个能带叫作满带.电子倾向于占据最低能态,所以最低能态最先被填满.在外电场作用下,同一满带中的电子只能在同一能带中相互交换或转移,不会引起宏观的定向电流.满带中的电子对晶体导电无贡献.

在原子结合成晶体时,由价电子能级分裂后形成的能带称为价带.一般情况下,晶体价带以下的能级均被填满.若某价带中的能级未被电子所填满,则在电场作用下,其中的电子容易获得能量而进入未被填充的较高能级,从而形成宏观上的定向电流,所以这种未被填满的价带也称为导带.所有能级都没有电子填充的能带称为空带,空带一般为价带上方的激发态能带.当电子被激发到空带后,在外电场的作用下它们将向其中的高能级跃迁,形成宏观电流,所以空带通常称为导带.

例 22—3—1　已知一维晶体的电子能带可写成

$$E(\kappa)=\frac{\hbar}{ma^2}\left(\frac{7}{8}-\cos\kappa a+\frac{1}{8}\cos 2\kappa a\right)$$

式中,a 为晶格常数,m 为电子质量,试求能带宽度.

解　令 $\frac{\mathrm{d}E}{\mathrm{d}\kappa}=0$,可解得

$$\sin\kappa a-\frac{1}{4}\sin 2\kappa a=0$$

$$\sin\kappa a-\frac{1}{2}\sin\kappa a\cos\kappa a=0$$

$$\sin\kappa a=0;\quad \cos\kappa a=2\text{(应舍去)}$$

因为 $\sin\kappa a=0$,κa 为实数,则 $\kappa a=n\pi$.即

$$n=0,\kappa=0;n=1,\quad \kappa=\frac{\pi}{a}$$

$$\kappa=0\text{ 时},E(0)=0;\kappa=\frac{\pi}{a}\text{ 时},E\left(\frac{\pi}{a}\right)=\frac{2\hbar^2}{ma^2}$$

所以

$$\Delta E = E\left(\frac{\pi}{a}\right) - E(0) = \frac{2\hbar^2}{ma^2}$$

即能带宽度为 $\frac{2\hbar^2}{ma^2}$.

由此可以看出,两原子靠得越近,晶格常数 a 越小,能带越宽.

*§ 22—4　导体 绝缘体 半导体

一、导体、绝缘体和半导体的能带差异

根据固体物质导电性能的差异可以将其分为导体、绝缘体和半导体.将电阻率在 $10^{-8}\sim10^{-4}$ Ω·m 范围、温度系数为正的固体称为导体;电阻率在 $10^{-4}\sim10^{8}$ Ω·m 范围、温度系数为负的固体称为半导体;电阻率在 $10^{8}\sim10^{20}$ Ω·m 范围、温度系数为负的固体称为绝缘体.决定固体物质各种特殊物理性质的关键因素是能带结构.导体和绝缘体的能带结构如图22—4—1所示.导体中存在价带,即部分填充的导带.由于同一能带中相邻能级间的间隔非常小,在外电场作用下,这些电子很容易从导带中较低的能级跃迁到较高的能级上去,从而在导体中形成定向电流.绝缘体的能带由满带和空带组成,而且其间的禁带宽度 E_g 很大,在不十分强的外场作用下,满带中的电子难以被激发到上面的空带中去.所以通常情况下,绝缘体不导电.

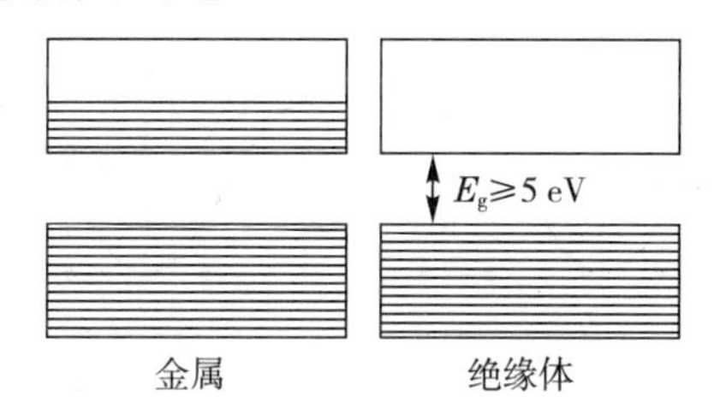

图 22—4—1　金属和绝缘体的能带

半导体的能带结构与绝缘体相似,由满带和空带构成,如图 22—4—2 所示,但其禁带宽度 E_g 比绝缘体小很多,所以在外界的热激发、光激发的条件下,价带中的电子比绝缘体更容易跃迁到空带上去.在这种情况下,满带和空带中的电子浓度分布都会发生变化,从而使半导体具有一定的导电性.

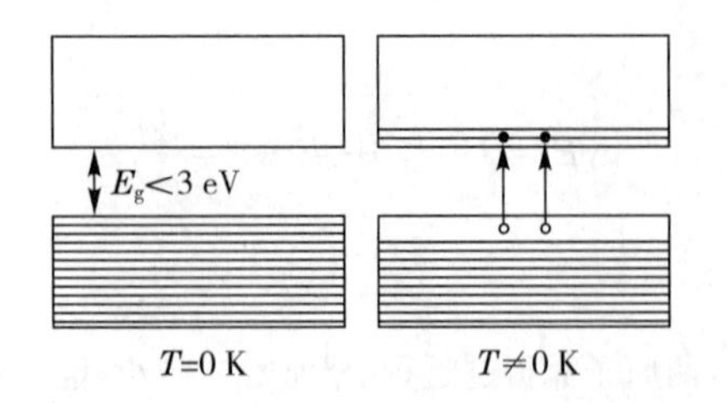

图 22—4—2 半导体的能带
(圆圈表示价带中的空穴,黑点表示空带中的电子)

二、半导体的导电机理

从前面的表述可知,半导体中的电子能否导电,取决于电子填充能带的情况.只有部分填充能带中的电子才可以导电.用 $E-\kappa$ 曲线来说明.

由 $E-\kappa$ 曲线知,$E(\kappa)=E(-\kappa)$,电子占据 κ 态的几率同占据 $-\kappa$ 态的几率一样.如果能带是满带,κ 和 $-\kappa$ 态的电子电流相互抵消,即使外加电场也不改变这种情况.部分填充的能带和满带不同,以一维能带为例,图 22—4—3(a)表示部分填充能带的 $E(\kappa)$ 图,横轴上的点表示均匀分布在 κ 轴上的各量子态为电子所充满,由图中虚线以下部分可以看出,由于 κ 和 $-\kappa$ 对称地被电子填充,总电流抵消.但在外场力 F 作用下,整个电子分布将向某一方向移动,破坏了原来的对称分布,而产生一小段的偏移,如图 22—4—3(b)所示.这时电子电流只是部分抵消,因而将产生一定的电流.

在半导体中,部分填充的能带有两种情况,一种是导带中出现少量电子;另一种是在价带中出现少量空穴.

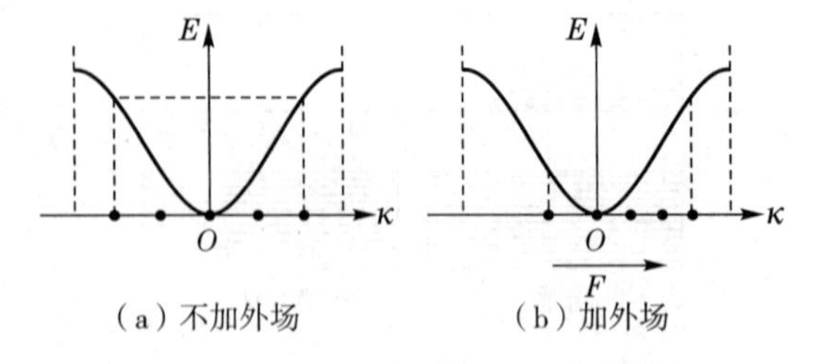

图 22—4—3 部分填充能带的电子按能量分布情况

对于不含杂质的本征半导体而言,在 $T=0$ K 时,半导体的价带被填满成为满带,导带为空带,此时,半导体不具有导电能力.但当温度升高时,满带(价带)中的电子受激发而越过较窄的禁带,跃迁到上面的空带(导带)中.当价带中的电子向导带跃迁后,在价带中留下相同数量的空位,称为空穴,空穴和电子带有等量的异号电荷,此时价带和空带均成为导带,如图22—4—2所示.

在外电场的作用下，空带中的电子和价带中的空穴均参与导电. 由于空穴带正电荷，在电场作用下，两者反向移动而形成同向电流. 所以半导体中有电子和空穴两种载流子，半导体的总电流等于电子电流和空穴电流之和. 由于靠热激发产生的载流子数量远比价电子总数小得多，所以本征半导体的导电能力较差. 升高温度可以使更多的价带电子跃迁到导带，增大了载流子的浓度，提高了导电能力，所以半导体的电阻率表现为负温度系数.

本征半导体的导电机理还可以用如图 22—4—4 所示的晶体点阵结构的平面示意图来说明.

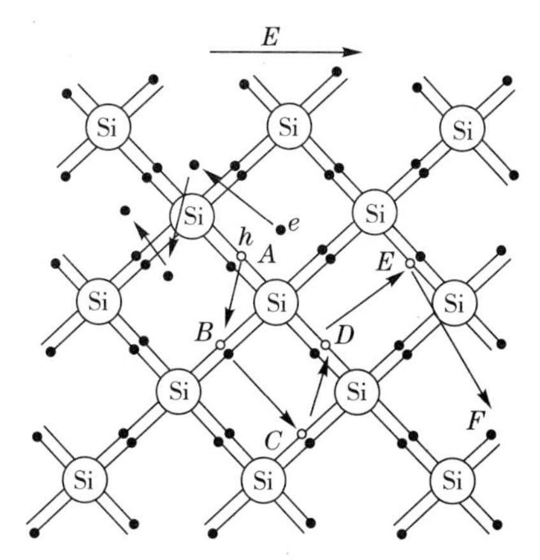

图 22—4—4　半导体晶格中空穴和电子导电示意图

一个 Si 原子靠四个价电子与另外四个原子的各一个价电子形成四个共价键而结合起来. 价电子由于热激发而挣脱共价键的束缚，成为准自由电子，在外电场的作用下沿箭头所指的方向运动，同时在晶体中就留下一个带正电的空穴 A，这个空穴又可能被其他邻近原子的电子所占有，再出现新的空穴 B，以此类推. 由于电子逐步向空穴转移，那么相当于空穴在晶体中发生了移动，于是晶体中出现了电子和空穴两种载流子. 本征半导体中价电子浓度与空穴浓度相等，这两种载流子在电场作用下形成同向电流，所以半导体中的总电流是由电子电流和空穴电流两部分构成的. 也就是说，半导体导电是依靠电子导电和空穴导电共同完成的.

三、n 型半导体、p 型半导体

根据半导体中是否混入了杂质元素，可以将半导体分为本征半导体和杂质半导体. 纯净的无杂质的半导体称为本征半导体. 如果半导体中引入了与本体元素不同的其他元素，就称为杂质半导体. 引入的元素称为杂质，这种半导体杂质可由人为掺杂或材料本身不纯造成.掺杂可以改变半导体的能带结构,从而改变和控制半导体的导电等性能.例如,在锗中掺入百万分之一的砷,就会使锗的导电能力提高数百倍.

杂质半导体可以分为两类:n型半导体和p型半导体.通常,将主要依靠电子导电的半导体称为n型半导体,将主要依靠空穴导电的半导体称为p型半导体.

下面,对它们的导电性进行说明.

1. n型半导体

n型半导体的导电机理可以用图22—4—5来说明.四价半导体硅中掺入五价元素砷后,含有五个价电子的砷原子取代了晶格格点上的Si原子,其中四个价电子与相邻的Si原子形成共价键,多出的一个价电子受到的束缚较小,可环绕带正电的砷离子(As^+)运动,相当于一个正电中心束缚着一个电子,如图22—4—5(a)所示.这个被束缚的电子既不是共价键上的电子,也没有进入到晶格空间,所以其能量状态在禁带的范围占据一个能级的位置,称为施主能级E_D,如图22—4—5(b)所示.施主能级位于禁带中靠近导带底部的区域,因而杂质提供的价电子很容易受激发而跃迁到上方附近的导带中成为传导电子,而在原处留下一个不能移动的正电中心,这个过程就是束缚电子挣脱杂质原子束缚成为自由电子的过程,称为杂质的电离.砷这等提供施主能级的杂质称为施主杂质,施主杂质电离需要的最小能量就是导带底能级E_C和施主能级E_D之差,即施主电离能ΔE_D.不同的杂质掺入不同的半导体有不同的电离能.如As在Si半导体中的杂质电离能约为0.05 eV,比Si的禁带宽度(E_g=1.09 eV)小很多,所以施主杂质很容易电离.施主杂质电离之后导带中电子数目明显增加,从而增强了半导体的导电能力.显然,施主杂质半导体中电子数目多于空穴数目,电子是多数载流子,空穴是少数载流子,所以施主杂质半导体主要依靠电子导电,又称为n型半导体.

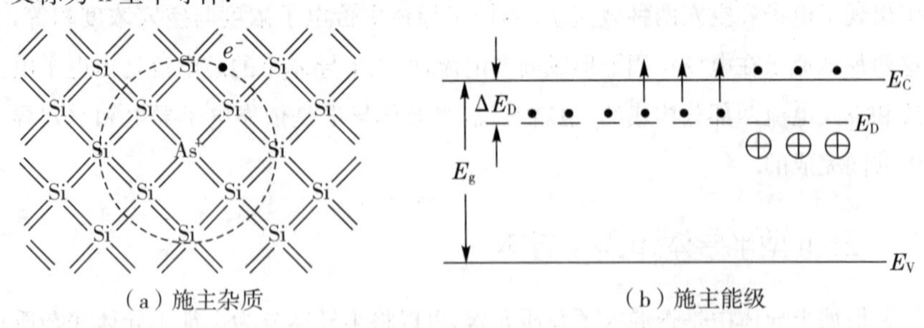

(a) 施主杂质　　(b) 施主能级

图22—4—5　n型半导体中施主杂质和施主能级

2. P 型半导体

p 型半导体的导电机理可以用图 22－4－6 来说明. 在半导体锗中掺入三价元素硼，硼原子与锗结合时因缺少一个电子而出现空位，此时硼原子极易从锗原子中夺取一个电子而成为负离子，即负电中心，同时给价键提供一个空穴，这个空穴受到负离子的束缚较小，可环绕带负电的硼离子(B^-)运动，相当于一个负电子中心束缚着一个空穴，如图 22－4－6(a)所示. 因此，硼原子取代锗原子后，相当于一个负电中心束缚一个空穴. 这个被束缚着的空穴只要获得很小的能量就可以挣脱束缚进入价带，成为参与导电的空穴. 所以，硼原子替代锗原子后在半导体的导带和价带之间的禁带产生了离价带很近的一个附加能级，这个能级可以为价带提供空穴，也可以认为它接受来自价带的电子. 因此，这个能级称为受主能级 E_A，如图 22－4－6(b)所示. 像硼这类三价杂质能够接受价带中的电子而给价带提供空穴的杂质称为受主杂质. 受主能级靠近价带，所以原来价带中的电子很容易跃迁到上方附近的受主能级中，使受主杂质成为负电中心，同时在价带中形成空穴，这个过程称为受主杂质的电离. 受主杂质电离需要的最小能量就是受主能级 E_A 和价带顶能级 E_V 之差，即受主电离能 ΔE_A. 硼在锗半导体中的电离能约为0.01 eV，比锗的禁带宽度($E_g=0.72$ eV)小很多，所以受主杂质易于电离. 受主杂质电离增加了可导电的空穴，因此，增强了半导体的导电能力. 显然，受主杂质半导体中空穴数目多于电子数目，空穴是多数载流子，电子是少数载流子，所以受主杂质半导体主要依靠空穴导电，又称为 p 型半导体.

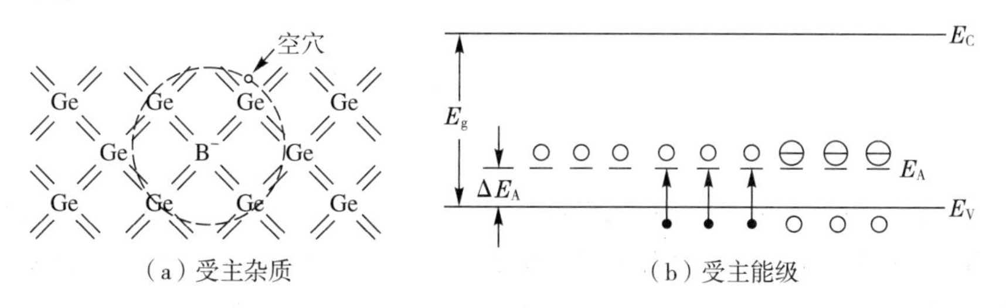

(a) 受主杂质　　(b) 受主能级

图 22－4－6　p 型半导体中受主杂质和受主能级

四、p－n 结

p－n 结几乎是所有半导体器件的核心. 将一块 n 型和一块 p 型半导体结合在一起，两者的界面及其相邻的区域就称为 p－n 结.

下面，分别对 p－n 结的形成和特性进行说明.

1. p－n 结的形成

p，n 区接触后，p 型半导体中的空穴向 n 型半导体中扩散，而 n 型半导体中的电子向p型半导体中扩散,导致界面两侧出现正负电荷的积累,在p—n结区出现了偶电层,如图22—4—7所示.由于偶电层的存在,在p—n结区形成由n区指向p区的电场,并阻止电子和空穴的进一步扩散.电场的强弱与扩散的程度有关,扩散的越多,电场越强,同时对扩散运动的阻力也越大.在p—n结电场的作用下,载流子将做漂移运动,它们的运动方向与扩散运动的方向相反.当达到动态平衡时,通过界面的净载流子数为0.此时,p—n结的交界区就形成一个缺少载流子的高阻区,我们又将它称为阻挡层或耗尽层.同时,形成由n向p逐渐递减的电势,如图22—4—8所示.图中U_0为动平衡时p,n之间的势垒高度.无论电子或空穴要通过偶电层进入p或n都需要克服该势垒.

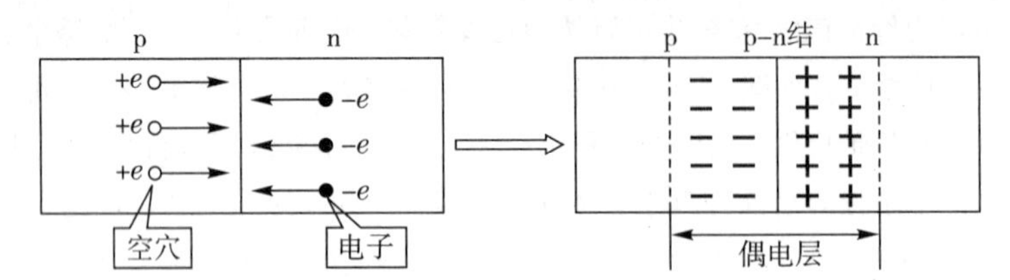

图22—4—7　p—n结的形成

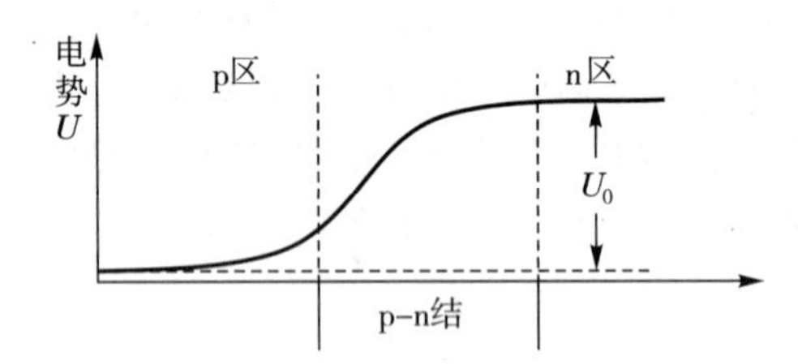

图22—4—8　p—n结的电势曲线

2. p—n结的特性

p—n结最基本的特性就是单向导电性.如图22—4—9所示,当加上正向电压即p接外电源正极、n接外电源负极时,外加场与p—n结电场反向,势垒高度降低,于是多数载流子(n型中的电子和p型中的空穴)比较容易通过p—n结,从而在电路中形成电流,这个电流称为正向电流.正向电流随着外加电压的增大而迅速增大,表现为正向偏压下的低阻特性.当加上反向电压即n接外电源正极、p接外电源负极时,p—n结的势垒高度增加,多数载流子都更难通过p—n结,只存在少数载流子(n型中的空穴和p型中的电子)的定向飘移电流,所以反向电流很小,表现为p—n结的反向高阻特性.

p—n结处于反向电压时,在一定的电压范围内,流过p—n结的电流很小,但电压超过某一数值时,反向电流急剧增加,这种现象称为反向击穿.这种现象破坏了 p—n 结的单向导电性，在使用时要尽量避免.

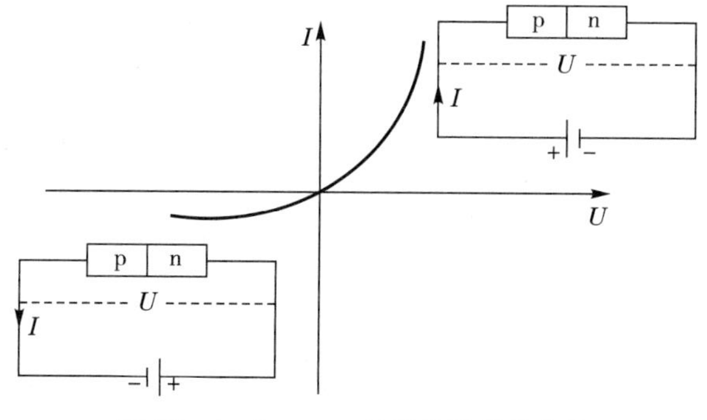

图 22—4—9　p—n 结的伏安特性曲线

p—n 结的光生伏特效应，如图 22—4—10 所示. 如果在 p 型半导体的表面，利用扩散、掺杂等方法，形成一薄的 n 型层，在一定频率的光照射下，在 p—n 结及其附近，产生大量的电子、空穴对，通过扩散运动到 p—n 结的强电场区域（偶电层的电场），在电场作用下，电子移到 n 区，空穴移到 p 区，从而使 n 区带负电，p 区带正电，如同一化学电池. 这种由于光的照射使 p—n 结产生电动势的现象，称为光生伏特效应. 太阳能光电池就是利用 p—n 结的这种光生伏特效应产生电能的装置，它为人类提供了一种方便而可靠的能源.

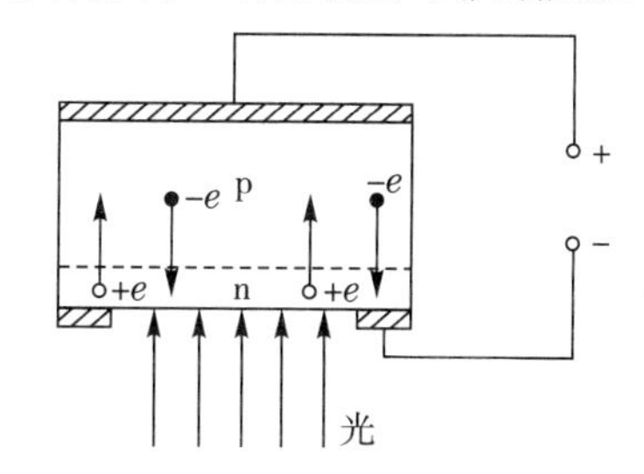

图 22—4—10　p—n 结的光生伏特效应

习题二十二

一、选择题

22—1　由共价键形成的晶体有　（　　）

(A)分子晶体　(B)离子晶体　(C)原子晶体　(D)金属晶体

22—2　分子间作用力是一种　（　　）

(A)电磁相互作用　(B)范德华力　(C)静电引力　(D)斥力

22—3　下列晶体的晶格属于复式晶格的有　（　　）

(A)NaCl　(B)金刚石　(C)Cu　(D)CsCl

22－4 能够参与导电的能带有 (　　)

(A)价带 (B)满带 (C)空带 (D)禁带

22－5 在 Si 中掺入哪些杂质元素可以使其成为 p 型半导体 (　　)

(A)B (B)As (C)Al (D)P

二、填空题

22－6 化学键主要有三种:______、______和______.

22－7 分子间作用力分为______、______和______.

22－8 表征晶格周期性的最小重复单位是______;表征晶格周期性和对称性的重复单位是______;晶格可以分为______和______,它们的原胞中包含原子的数目分别是______和______.

22－9 根据晶体对称性可以将其分为______、______、______、______、______、______和______七个晶系. 根据晶体结合力的不同可以将其分为______、______、______和______.

22－10 电子能量的禁区称为______;根据电子填充能带的情形,可以将能带分为______、______和______;对晶体导电有贡献的能带称为______.

22－11 半导体中的载流子有两种:______和______;半导体可分为______和______;根据导电类型的不同,杂质半导体可分为______和______.

22－12 p－n 结的基本特征是__________.

三、计算与论述题

22－13 画出氢分子基态和第一激发态的电子在分子轨道上的排布.

22－14 简述简单格子和复式格子的特点.

22－15 对于立方 ZnS 离子晶体而言,离子间距离 $r_0=\frac{\sqrt{3}}{4}a$,马德隆常数 $\alpha=1.6381$,$n=5.4$,$z_1=z_2=2$,求 ZnS 晶体的结合能.

22－16 阐述半导体的导电机理.

22－17 如图 22－1 所示,若平面周期性结构按下列重复单元排列而成,空心点和实心点表示两类原子,请画出这种结构的原胞,并指出原胞中包含的原子数目和晶格类型.

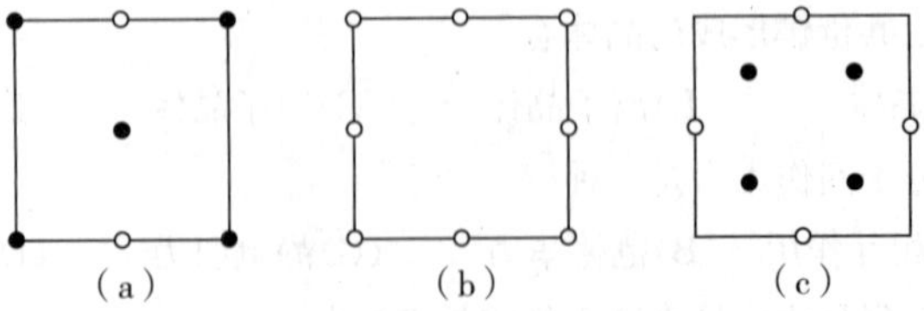

(a)　(b)　(c)

图 22－1

⑩ 阅读资料

分子器件与半导体照明(LED)

随着21世纪高科技知识经济时代的到来，我国的材料、信息、生命科学及其相关的技术和产业必将获得迅猛发展. 但是，传统的硅基器件由于受到基本物理规律和制造工艺的限制，其尺寸不可能无限地减小. 通常，人们认为20～30 nm(即p—n结耗散区的宽度)可能是器件特征尺寸的物理极限. 在接近这个极限时，量子效应(如载流子隧穿等)会造成器件漏电流的增加，并且制造成本会大幅度提高. 如何超越这些极限，推动电子学的进一步发展成为21世纪初世界范围内所面临的最重大科学问题之一. 纳米科学与技术的发展，在纳米和分子尺度上快速处理大量信息为计算机、通讯和生物工程展现了新的广阔前景. 近20年来，大量研究表明，采用自下而上的自组装路线，发展分子电子学进而构建分子器件，完全有希望突破传统器件的物理极限，实现电子学的又一次飞跃.

我们的世界在变得越来越小(指器件的小型化)的同时，又向越来越亮的方向发展. 当人类高举第一根火把时，就开始了对光明的不懈追求；1879年，爱迪生发明了电灯——白炽灯，使人类告别了利用火把照明的时代，进入了崭新的照明技术时代；半导体照明是21世纪最具发展前景的高新技术之一，正在引发世界范围内照明技术的一场革命.

1. 分子器件

分子器件是指构建在单个分子或有限个分子、尺寸在纳米量级的具有特定功能的器件. 使用的材料有纳米线、纳米管、纳米颗粒、有机小分子、生物分子、DNA等. 分子器件不像传统的电子器件利用电子波粒二象性的粒子性，通过控制电子数量来实现信号处理，它只要控制一个电子的行为即可完成特定的功能，即分子器件主要是通过控制电子波动的相位来实现特定功能的. 分子器件在响应速度和功耗方面可以比传统器件提高10^3～10^4倍. 由于分子器件具有更快的响应速度和更低的功耗，从而有望从根本上解决日益严重的功耗、发热等问题.

分子器件包括分子导线、分子开关、分子存储器、分子整流器、分子晶体管、分子马达等. 近年来,关于这些器件的研究较多,取得了不少进展,尤其是2000年以后,科学家们能将单个的分子器件相互连接起来,构成具有逻辑功能和运算功能的"分子电路",朝着分子电子学的实现迈出了关键性的一步.

分子导线是分子器件之间连接的桥梁,是实现分子电路的关键单元. 分子导线通常具有一定长度的共轭分子,在这种分子中,高度离域的π轨道提供了电子传输的路径. 分子导线通常被作为一维导电体系处理,但由于它们具有强烈的集聚倾向(溶液和固相中均存在),实际的结果往往是二维或三维的,这阻碍了单分子导线的应用. 将绝缘分子通过共价键(或其他作用力)连接在分子导线骨架上形成包裹体系是解决问题的方法之一.

开关是电子线路中的基本控制单元. 分子开关是一种具有双稳态的量子化体系. 当外界光、电、热、磁、酸碱度等条件变化时,分子的形状、化学键的生成或断裂、振动以及旋转等性质会随之变化,通过这些几何和化学的变化,分子可以在两种状态之间可逆转换,这两种状态由于电阻的高低不同而对应于电路的通或断,从而构成开关. 2007年,美国研究人员制造出了只有白细胞大小的分子芯片,尽管此内存芯片的容量只有16 000比特,但其密度堪称所有芯片之最. 芯片内单元的密度比目前芯片高20倍,为每平方厘米1000亿比特,通过改进技术,密度还可以再增长10倍.

分子存储器是指用来存储信息的量子化体系. 当今,科学家所设计的分子水平的存储主要是通过分子存储元件光色、电色等引起的双稳态和多稳态变化来实现信息的存储. 近日,中科院上海硅酸盐研究所成功地构筑了分子光动力控制释放纳米器件,该纳米器件有望在医学诊断、药物输送、化学过程控制与检测等方面获得应用. 分子材料由于尺寸微小,分子运动在宏观环境下通常难以产生有效的作用,但在纳米尺度的微器件上,如在纳米孔的微小空间内,分子运动足以主导纳米空间内的物理和化学过程. 偶氮类化合物能够发生快速、稳定、连续可逆的光异构化运动,如果将其分子的一端固定,该分子的另一端将围绕 N—N 键发生旋转—翻转运动.据此,该所研究人员合成了一个偶氮苯类化合物,通过调节光源,有效地控制其介孔内胆固醇分子的释放速率,并实现了胆固醇的快速释放.他们还通过在介孔口部进一步组装光控开关分子,构筑了具有光动力控释功能的纳米存储器件.

整流器是电路中不可缺少的单元,分子整流器由于其在理论和实践中的重要性而成为研究最多的器件之一.分子整流器是由有机给体、受体桥连接而成的分子结构,能显示 p—n 结的电流—电压整流特性.

场效应晶体管(FET)可以说是计算机中最关键的器件,它具备开关和增益功能.在分子场效应晶体管器件的发展过程中,人们首先利用碳纳米管获得了突破,制成了由单个碳纳米管构成的场效应晶体管(TUBEFET).2006 年,美国亚利桑那大学的物理学家发明了一种将单分子转换为使用的晶体管的技术.目前,工业生产晶体管可以达到 65 nm,而亚利桑那大学的科学家可以将晶体管做到只有一个分子那么大,也就是大约 1 nm.

分子马达是指分子水平(纳米尺度)的一种复合体系,是能够做机械功的最小实体.其驱动方式是通过外部刺激(如采用化学、电化学、光化学等方法改变环境)使分子结构、构型或构象发生较大变化,并保证这种变化是可控和可调制的,而不是无规则的,从而使体系具备对外做机械功的能力.分子马达加上适当的配件,将能够做出分子机器人,进入人体内去修补受损的 DNA,或清除血管壁上堆积的胆固醇.

分子电子学专家认为,我们可以利用生物分子,特别是蛋白质分子的一些特性来建造计算机,它将比任何电子装置更小、更快、功能更强.

自 20 世纪后期以来,科学家们在分子材料的光、电、磁性能的研究及分子器件的探索中,取得了长足的进步.在分子材料器件研究方面,有机发光二极管(OLED)是最好的例子.

作为下一代电子器件,分子器件代表了现代微电子学的发展方向,它的进步和成熟是电子学发展的必然趋势.从真空电子器件到微电子器件的变革是一次影响重大的科学和技术飞跃. 20 世纪 60 年代,日本正是抓住了从电子管转型到晶体管这个机遇,及时提出了“半导体立国”的发展战略,一跃成为微电子工业大国. 从微电子器件到分子器件是另一次变革,这次变革意义更为重大,影响更为深远. 此外,分子器件的研究涉及新材料、新器件、新原理、新技术等诸多方面,有大量的科学问题需要探索,是一门新兴的交叉科学,对分子器件的研究必将带动相关学科的发展.

2. 半导体照明

用于照明的电光源,根据发光机理,可分为热辐射光源、气体放电光源和场致发光光源等类. 目前,广泛应用的是以白炽灯为代表的热辐射光源和以荧光灯为代表的气体放电光源,而场致发光光源又称电致发光光源,是一种正在发展中的面光源,它又分为本征电致发光和注入式电致发光两类,半导体二极管的发光属于注入式电致发光. 1962 年,第一支发光二极管诞生,预示了半导体照明将成为人类照明史上继白炽灯、荧光灯之后的又一次飞跃.

发光二极管的核心部分是由 p 型半导体和 n 型半导体组成的晶片,在 p 型半导体和 n 型半导体之间有一个过渡层,称为 p—n 结. 在某些半导体材料的p—n结中,注入的少数载流子与多数载流子复合时会将多余的能量以光的形式释放出来,从而将电能直接转换为光能. p—n 结加反向电压,少数载流子难以注入,故不发光. 这种利用注入式电致发光原理制作的二极管叫作发光二极管(light emitting diodes),通称 LED. 半导体发光二极管是半导体照明的核心,其发光原理如图所示.

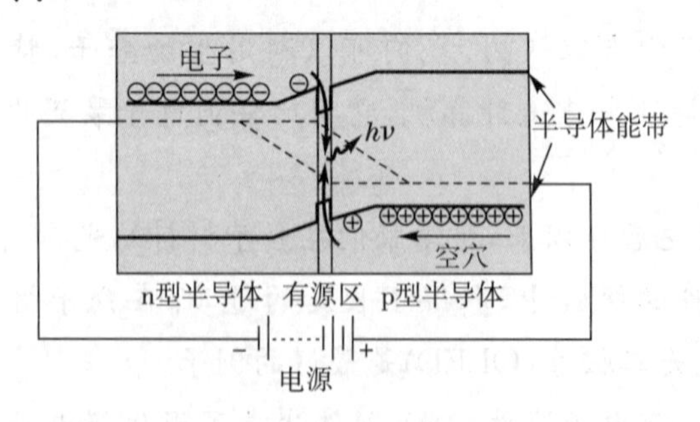

LED 工作原理示意图

LED器件的发光波长由材料的带隙能量决定. 若能产生可见光, 半导体材料的禁带宽度 E_g 应在 1.63～3.26 eV 之间. 现在, 已有红外、红、黄、绿及蓝光发光二极管等.

随着发光二极管LED制造工艺的不断进步和新型材料(氮化物晶体和荧光粉)的开发及应用, 使得发光二极管从信号显示逐步成为照明光源, 从单色光(各种单一色彩的光)发展到白光, 白光LED最接近日光, 也是LED最尖端的技术. 1993年, 日本首先在蓝光GaN发光二极管上取得技术突破, 并于1996年采用光转换技术实现了白光LED. 目前, 白光LED的实现方式主要有芯片组合型和光转换型, 芯片组合型是指通过红、绿、蓝三色LED芯片混色实现白光. 由于红光LED的光转化效率明显高于绿光LED和蓝光LED, 必须通过复杂的控制电路才能实现混色平衡, 因此该方法的成本较高、工艺性较差; 光转换型是指通过蓝光LED激发荧光材料发射黄光, 剩余的蓝光透射出来与黄光互补混合产生白光, 或者利用涂敷在紫外或近紫外LED芯片上的荧光材料完全吸收LED的发射产生红、绿、蓝光, 进而混合形成白光. 基于工艺性、成本、技术现状等因素考虑, 光转换型白光LED是目前采取的主要技术路线.

近年来, 白光LED的技术发展迅速. 基于GaN基功率型蓝光LED的白光照明技术, 其国际最高水平发光效率已经达到甚至超过了荧光灯($90\ \mathrm{lm \cdot W^{-1}}$), 可以应用于包括家居照明在内的诸多场合. 如美国Cree公司, 其蓝光功率型LED在350 mA注入电流下, 输出光功率达到了370 mW, 据此计算白光发光效率达到 $85\sim90\ \mathrm{lm \cdot W^{-1}}$ 的水平, 但该水平的LED尚未大量生产. 商用的白光LED发光效率达到 $50\ \mathrm{lm \cdot W^{-1}}$ 的水平, 大大超过了白炽灯($13\sim20\ \mathrm{lm \cdot W^{-1}}$), 其寿命可达5万～10万小时, 是白炽灯的50～100倍, 其节能效率达到白炽灯的85%以上. 美、日、欧、韩等自1998年起相继制定了各自的半导体照明技术研发计划, 提出了要在2020年达到 $150\sim200\ \mathrm{lm \cdot W^{-1}}$ 的目标.

与传统光源相比, 全固态工作的半导体照明光源具有发光效率高、寿命长、体积小、响应速度快、耐震抗冲击、绿色环保、使用安全等潜在优势, 有着美好的应用前景. 目前, 以GaN基蓝绿光LED为核心的半导体照明光源,被认为是继白炽灯和荧光灯之后的第三代照明光源,成为国内外光电子领域的研究热点之一. 为了使之全面取代传统的光源,还需要从材料外延、芯片制作、器件封装和应用等方面围绕着提高发光效率、降低热阻、延长使用寿命、增加显色指数、降低制作成本等内容展开广泛研究.

太阳能发光二极管具有光伏效应和电致发光双重功能,受到了广泛的重视. 国内第一条完全自主研发的大功率太阳能半导体照明路灯系统已在2008年北京奥运会的奥运村及比赛场馆中大放光明. 太阳能半导体照明(LED)路灯系统是采用集成技术研制而成的智能化照明系统. 通过路灯顶部的太阳能板将太阳能转换成电能,给埋藏于地下的蓄电池充电,在光线暗时自动将蓄电池储存的电能释放,驱动LED发光. 用白光LED为照明光源的照明亮度相当于普通白炽灯的十几倍.

目前,我国照明用电量占全国总用电量的3%~12%,每年新增各种路灯近5 000万盏,如果采用太阳能路灯,每年将为国家节电7亿度,相当于每年送给国家一座没有任何消耗、没有任何污染的10万千瓦发电厂. 半导体照明正以极快的速度拓展其应用范围,大尺寸液晶电视背光源、汽车、商业和工业用照明逐步成为LED的主要应用领域. 由此可见,21世纪半导体照明将是半导体技术为人类文明、社会进步做出的重大贡献.

在全球能源危机、环保压力极大的今天,半导体照明备受各国政府和企业的青睐,世界各国争相发展半导体照明这一新兴产业. 美国从2000年起投资5亿美元实施"国家半导体照明计划",欧盟也在2000年7月宣布启动与之类似的"彩虹计划". 我国科技部在"863"计划的支持下,于2003年6月首次提出发展半导体照明计划,批准建立上海、厦门、大连、南昌、深圳等多个半导体照明基地. "十一五"规划中国家设立半导体照明专项,并列入"863"计划项目,成为国家战略性高科技产业. 面对这场由LED新光源引发的世界性照明绿色革命,我们应该关注半导体照明产业,为推动这一新兴产业的发展做出应有的贡献.

第二十三章

天体物理与宇宙学

早在远古时代，人类的祖先就认识到日月运行和斗转星移天象，总结了天象运行变化的规律，意识到天象运行变化与人类生活的密切联系. 他们对壮丽的、变幻多端的天象赞叹，对神秘莫测的宇宙膜拜. 世界各民族都有自己的关于宇宙开创的神话. 我国古代有“盘古开天辟地”的传说，古希腊神话中的宇宙则是从“一张大嘴”里创生的.

人类对宇宙的认识争论了数千年，直到16世纪哥白尼提出日心说之前，地球一直被认为是宇宙的中心. 布鲁诺不但主张日心地动说，而且提出宇宙是无限的，时间和空间都是无穷尽的. 第谷(Tycho，Brahe)是最后一位也是最伟大的一位用肉眼进行观测的天文学家，他一生中积累了大量的关于行星位置及运行的观测数据，这些数据达到了前所未有的精确程度. 开普勒(Kepler，Johann)在整理第谷的大批宝贵资料中，找到了著名的关于行星运动的三大定律. 牛顿在开普勒三定律的基础上，发现了万有引力定律，开辟了以科学方法研究宇宙学的途径. 从此，宇宙学诞生了.

那么宇宙到底有多大? 它是怎样起源的? 千百年来，人们一直在思考、探索这个问题. 下面简单地介绍目前人类认识的宇宙基本面貌.

*§ 23－1　宇宙概貌

到目前为止，我们认识到宇宙是由各种各样的天体组成. 根据其体积和质量的大小可划分为几个不同的层次，它们分别是行星层次、恒星层次、星系层次、星系团层次、超星系团层次,直至宇宙整体.

一、太阳系

太阳系是人类最熟悉,也是关系最密切的星系.人类赖以生存的地球就是太阳系中一颗普通的行星.在整个太阳系中有八大行星,按它们到太阳的距离远近,依次为水星、金星、地球、火星、木星、土星、天王星、海王星,如图23—1—1所示.

图23—1—1中,冥王星原先被认为是太阳系中的第九大行星,新的资料否定了冥王星是太阳系行星的结论.除了这些行星外,太阳系中还有2000多颗小行星,60多颗卫星,其中月球是地球的一颗卫星.还有无数的彗星、流星和固体微粒等.

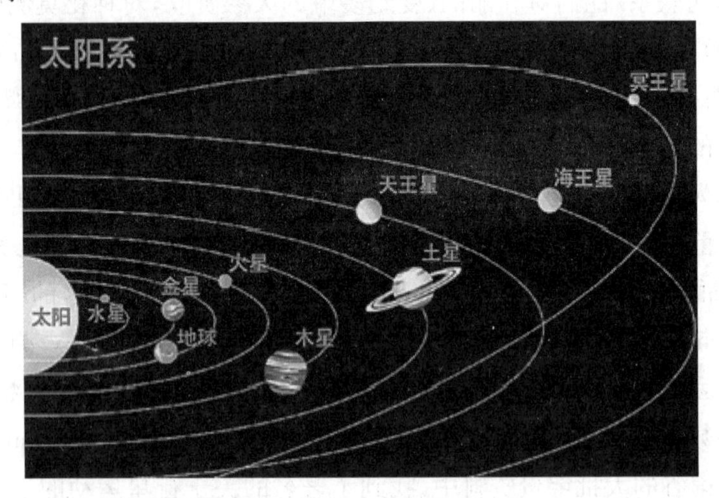

图23—1—1　太阳和它的行星

行星是本身不发光的天体,表23—1简单介绍了八大行星.

恒星是本身发光的天体,常用距离、亮度(星等)、光度(绝对星等)、质量、半径、温度、压力、磁场等基本参量描述恒星的物理特征.太阳是太阳系中唯一的恒星,它位于太阳系的中心.太阳的质量为$m_{\odot}=1.99\times10^{30}$ kg,它集中了太阳系内99%的质量,相当于地球质量的33万多倍,体积为地球的130万倍,半径为7×10^{5} km,是地球半径的109倍,它的光度为$L_{\odot}=3.90\times10^{26}$ W.一般恒星的质量有的小于$0.1m_{\odot}$,有的则有几十个太阳的质量.

为便于记忆,人们常把星空分成若干区域,这些区域称为星座,古希腊人把全天分为88个星座,分别以神话中的人物或动物命名.

表 23—1　八大行星的基本数据

行星名	半径/km	质量/地球质量	自转周期/s	公转周期/s	特点
水星(Mercury)	2 440	0.05	5.07×10^{6}	7.60×10^{6}	运动最快的行星
金星(Venus)	6 073	0.80	2.10×10^{7}	1.94×10^{7}	1. 除太阳和月亮外，全天候最亮的星，比天狼星还亮 2. 自转方向与其他行星相反
地球(Earth)	6 378	1	8.64×10^{4}	3.16×10^{7}	离太阳 1.5×10^{8} km
火星(Mars)	3 395	0.08	8.86×10^{4}	5.94×10^{7}	火红色行星
木星(Jupiter)	71 400	318	3.54×10^{4}	3.74×10^{8}	1. 九大行星中最大的一颗，为原行星 2. 亮度仅次于金星
土星(Saturn)	60 000	95.18	3.68×10^{4}	9.31×10^{8}	1. 第二颗大行星，属原行星 2. 卫星数目最多的行星，共有23颗卫星
天王星(Uranus)	25 900	14.63		2.65×10^{9}	自转轴与公转轨道面平行
海王星(Neptune)	24 750	17.2	7.92×10^{4}	5.20×10^{9}	距太阳距离为 4.5×10^{9} km

二、星系

星系是宇宙结构中比恒星更大的一个新的层次，由几十亿至几千亿颗恒星和星际气体及尘埃物质等构成. 太阳系所属的星系称为银河系，如图 23—1—2 所示. 银河系中大约有 10^{11} 颗恒星.

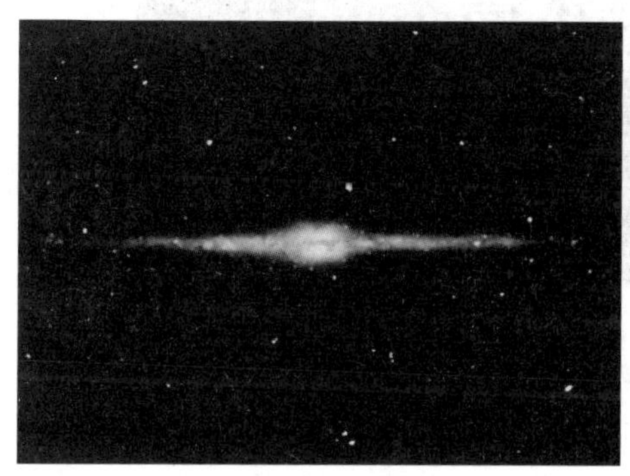

(a)银河系侧视图

(b)银河系顶视图

图 23—1—2　银河系

银河系的大部分恒星集中在一个扁平的区域中，称为银盘. 盘口直径为 25 kpc(pc 表示秒差距，1 pc=3.261 63 l. y. =3.085 68×10^{16} m，1 kpc=10^3 pc，1 Mpc=10^6 pc)，厚度约为 2 kpc，盘口中心有一球状隆起，称为核球. 若鸟瞰这一银盘，它由核球和向外延伸的几条旋臂所组成，太阳位于一条旋臂上，距银河系中心约为 8 kpc. 银盘上下有球状的晕区，叫银晕，其中的恒星较稀疏，晕区的直径为 30 kpc，晕内物质的质量约占银河系总质量的 10%. 除了恒星以外，星系间的稀薄气体也是银河系的重要组成部分，银河系的质量约为 $10^{11}m_{\odot}$.

在银河系外弥散分布着无数大小不同、形状各异的星系. 一些很暗的小星系，其质量只有 $10^6m_{\odot}$. 不同星系的外形也很不相同，有旋涡状、椭球状和不规则状的，尺度在 100 Mpc 范围内的星系数达到 10^6 个，所以星系是宇宙的基本单位.

三、星系团

星系的分布仍有结团性，它们的结团性比恒星弱得多，大约有 10% 的星系从属于由几百或上千个星系所结合成的大型集团，称为星系团. 目前，已发现有上万个星系团，我们银河系所属的星系团称为本星系团，它还包括大小麦哲伦星云、仙女座星云等 40 多个星系.

图 23—1—3　两个星系团碰撞融合构成 Abell 576

星系结合而成的星系团代表宇宙结构中又一个更大的层次，它的尺度在 Mpc 的量级. 星系团按形态大致可分为规则星系团和不规则星系团两类. 规则星系团以后发星系团为代表，具有球对称的外形，有点像恒星世界中的球状星团，所以又可以叫球状星系团. 规则星系团往往有一个星系高度密集的中心区，团内常常包含有几千个成员星系，规则星系团内的成员星系全部或几乎全部都是椭圆星系或透镜型. 近年来发现这种星系团往往又是X射线源. 不规则星系团在天文学上又被称为疏散星系团. 最近几年，美国天文学家宣称，他们借助天文望远镜成功地观测到两个巨大的星系团相互发生碰撞现象，其碰撞速度远远超过人们先前的预期，达到了700万英里每小时(约每小时1126万千米)，如图23—1—3所示，这是人类迄今为止观测到的最大规模的星系团碰撞.

四、超星系团

20世纪70年代后期，人们发现了超星系团(又称超团)的存在，如本超星系团包括本星系群、室女座星系团、大熊座星系团等50多个星系团，其尺度约为100 Mpc. 在超星系团中通常只包含几个大型的星系团，而大部分是很小的星系集团. 超星系团的总质量仅比大的星系团多1个量级，超星系团的外形不呈球状而是扁长形的. 到20世纪80年代末，人们又发现了相应尺度的空洞，即在很大的范围内几乎没有星系存在的区域. 现在，已观测到最大空洞的直径达50 Mpc. 按目前的认识，超星系团和空洞代表了宇宙物质分布的最大层次.

五、整个宇宙

从上面的讨论，我们已看到浩瀚的宇宙是分层次的，从恒星到星系，到星系团，再到超星系团，各层次天体的尺度如表23—2所示. 那么整个宇宙共有多大呢？这个问题不能简单地回答，因为宇宙空间是弯曲的，它的总体积可能有限，也可能无限. 但是，由于今天的宇宙年龄t_0有限，光在这段时间内传播的距离ct_0是有限的，因此不管宇宙的大小是有限的或无限的，我们能观测到的部分总是有限的，可观测宇宙的大小约为10^4 Mpc，它比超星系团的尺度仅大3个数量级.

表23—2　各层次天体的尺度

地球直径	1.3×10^{-9} l. y. (l. y. 表示光年)
太阳直径	1.5×10^{-7} l. y.
太阳系范围	约10^{-3} l. y.
最近恒星距离	约4 l. y.
银河系范围	约10^5 l. y.
近处星系距离	约10^6 l. y.
本星系团大小	约10^7 l. y.
可测宇宙范围	约1.5×10^{10} l. y.

总之,继第谷—开普勒—牛顿时期后,天文学家又一次的重大突破反映在恒星演化理论的建立之上.从宇宙学看,星系是宇宙物质的基本单元,而恒星只是星系内部的细节.爱因斯坦在1917年提出了宇宙学原理,提出宇宙物质在空间上是均匀和各向同性的,这就是今天我们对宇宙的整体认识.

*§23—2 宇宙天体运动规律

一、万有引力规律

开普勒三定律概括了行星的运动规律,那么行星为什么会如此有规律地运动呢?揭开这个谜底的是英国物理学家牛顿.牛顿在结合当时他在地面上创立的物体运动规律的基础上,大胆设想,认为宇宙中所有物体之间都存在引力相互作用,即万有引力,地面和天体的运动都遵循相同的力学规律.万有引力定律的发现是人类探索自然界奥秘的历史长河中最为光辉灿烂的成就之一,它对物理学、天文学乃至整个自然科学的发展产生了极其深远的影响,堪称物理学规律普适性的经典楷模.从苹果落地到月亮的运动,从太阳到宇宙,凡有引力参与的一切复杂现象,无不归结为一条简洁的定律之中.

牛顿在他的自传中,总结过自己这一时期的工作,他说:“从1665年开始……我从开普勒关于行星的周期和行星到轨道中心的距离的3/2次方成比例的定律,推出了使行星保持在它们的轨道上的力必定和它们与绕行中心之间距离的平方成反比;尔后,将使月球保持在它轨道上所需要的力和地球表面上的重力做了比较,并发现它们近似相等.所有这些发现都是在1665年和1666年的鼠疫年代做出来的……最后在1676年和1677年的冬季,我发现了一个命题,那就是一个行星必然要做一个椭圆形的运动,力心在椭圆的一个焦点上,同时,它所扫过的面积(从力心算起)的大小和所用的时间成正比.”

此后,牛顿认为太阳和行星之间的这种引力是普遍的、统一的,即所有物体之间都存在这种引力作用,并称之为万有引力.两个质量分别为m_1和m_2的物体,相距r时,它们之间万有引力的大小为

$$F=-\frac{Gm_1m_2}{r^2}$$

式中,G为引力常量.关于G的数值,牛顿曾设想出两种测量方法,一是直接测量两物体间的引力,再利用引力公式确定G值;另一种方法是利用大山附近单摆的偏角测定G值.局限于当时实验条件的限制,这两种方法均未能付诸实现.

1774 年,英国天文学家马斯基林(Maskelyne,Nevil)利用大山吸引物体的方法测定 G 值,由于大山的质量很难精确确定,加上气流的影响,实验结果不稳定,误差也很大.首次对 G 值做出精确测量的是英国物理学家卡文迪许,他利用英国地质学家密歇耳(Michell,John)所发明的扭秤测量出的地球质量约为 6.6×10^{20} t,并由此推算出 G 值约为 $(6.754\pm0.041)\times10^{-11}\ m^3\cdot s^{-2}\cdot kg^{-1}$.

万有引力的特点:

(1)它与两物体之间的距离平方成反比.

(2)它是一个有心力.

(3)它是长程力.

牛顿的伟大之处在于,他利用大自然在太阳系天体运行上所“演出”的实验,总结出物质运动的(力学)规律,可谓“天文学”的一座里程碑.从另一方面看,牛顿将力学规律应用到太阳系天体运行的解释上,使天文学第一次超越了单纯探讨天体运行的经验关系,深入到对天体间相互作用的普遍规律的认识.这是人类几千年以来对行星运动的认识从现象到本质的一次巨大的飞跃.牛顿所建立的平方反比的引力规律在大范围的引力作用中,以极高的精度成立,至今仍是航天技术、空间技术、天文学、天体物理学的基础.牛顿在引力研究方面的贡献不仅仅限于引力定律的建立.在建立引力定律的同时,牛顿提出了引力研究的重要观点与方法,强调了引力的普适性与万有性.牛顿观测到太阳系内的行星运动轨道并非严格的椭圆,根据这一事实,他指出,不仅应考虑太阳的引力,还应计入“行星间的彼此作用”.由此,牛顿在 1865 年《论运动》一文中进一步指出“一切物体必定相互吸引”,这本身就指出了引力作用的普适性与万有性.几百年来,人们始终在致力于物理定律普适性的研究.物理定律除了在原有的自身范围内适用以外,如何向着更大的范围内延拓,如何在更大的范围内与其他规律相容,都是人们密切关心的问题.因为,普适性越广,就越能深入地揭示事物的物理本质.正是人们对普适性的追求,才使得引力物理从牛顿阶段发展到爱因斯坦的引力物理阶段.

迄今为止,人类认识到宇宙间的四种相互作用力,即万有引力、电磁相互作用力、弱相互作用力与强相互作用力.强相互作用和弱相互作用是短程力.在大尺度的天体中正负电荷正好互相抵消,因此电磁相互作用在天体的运动中不起主导作用,所以控制天体运行的主要相互作用是万有引力.在四种相互作用力中,万有引力是最弱的,比电磁相互作用力小 39 个数量级,但在天文学和天体物理学领域里,起主导作用的往往是万有引力,甚至大得无可匹敌.

二、爱因斯坦的引力理论

从牛顿时代至今,引力研究已经经历了 300 多年.在这 300 多年中,引力研究得到很大发展,到1813年引力场概念引入后,经典引力理论已发展得相当完善. 但是,它仍存在几个较为明显的问题,首先,由于不显含时间,这一引力理论仅能描述超距作用;其次,它不具有洛仑兹变换下的协变形式. 普适性是物理理论的生命,而协变性就是普适性的重要特征,一个具体的物理规律如果不能纳入协变性的理论框架,它的普适性就值得怀疑. 此外,在引力领域内,人们还发现牛顿理论不能很好地解释水星近日点的进动,水星近日点进动的观测值比牛顿理论的预期值每百年快43″. 由于这些缺陷,牛顿引力理论还需要进一步发展与完善. 庞加莱(Poincare,JulesHenri),闵可夫斯基(Minkowski,Hermann)和索末菲(Sommerfeld,Arnold Johannes Wilhelm)等在完善牛顿引力理论方面做出了重要贡献. 然而,真正地把洛仑兹变换当成一种物理实在,而不仅仅是一种数学手段,得出具有协变性的普适的引力理论的是爱因斯坦. 1905年,爱因斯坦在狭义相对论建成后,就开始考虑引力问题. 在狭义相对论中,有两个明显的缺陷,一是狭义相对论依赖于惯性系,并承认它的特殊地位;二是在狭义相对论的理论框架中,不包容引力理论. 为了建立包含引力场的相对论理论,爱因斯坦进行了大量工作和艰苦探索. 1907年,爱因斯坦从引力质量和惯性质量等同的事实,认识到惯性力和引力是不可区分的. 一般的引力场应能将牛顿引力和惯性力统一描述,惯性力是引力的一部分,这就是等效原理. 然而,怎样描述引力空间仍然是一个问题. 爱因斯坦受高斯曲面理论的启发,认为引力所在的空间应当具有类似高斯曲面的几何性质,在格罗斯曼(Crossmann,M)等人的帮助下,爱因斯坦将黎曼几何和张量分析应用到引力场的研究中,引入四维时空度规 $g_{\mu\nu}$ 描述引力场.

从几何学讲,度规是描述空间(时空)是否弯曲以及如何弯曲的基本量. 广义相对论论证了时空的弯曲是引力场的体现,这样,度规成了描述引力场分布的物理量. 引力场的分布是由物质决定的,因此按照广义相对论的观念,时空不再是与物质无关的量. 反之,它的性质应当完全由物质决定,引力场的存在是通过时空的弯曲来体现的,仅当引力场很弱,即时空弯曲很小时,引力场才可以用在平坦时空上叠加一个经典场来描述,牛顿引力定律就是这种情况. 引入四维时空度规 $g_{\mu\nu}$ 描述引力场后,爱因斯坦又花了8年时间,终于在1915年找到了引力场(即度规场)所满足的物理规律,即引力场方程

$$R_{\mu\nu}-\frac{1}{2}Rg_{\mu\nu}-\lambda g_{\mu\nu}=-\left(\frac{8\pi G}{c^4}\right)T_{\mu\nu}$$

式中,$T_{\mu\nu}$ 是作为引力场源的物质的四维能量动量张量,$R_{\mu\nu}$ 和 R 是由度规 $g_{\mu\nu}$ 及其一阶、二阶微商所构成的形式确定的张量. 这个方程中涉及三个物理参数 G,c 和 λ,G 为引力常数,c 为真空中的光速,λ 称为宇宙参数. 为使牛顿万有引力

定律能作为这个方程很好的近似，λ 必须是一个很小的数，以致它在尺度不大（如太阳系）的引力现象中不起作用. 爱因斯坦将它取为零，这样，上述方程就是现在广义相对论中的爱因斯坦引力场方程. 爱因斯坦引力场方程是现代宇宙学的一个重要基础理论，它很好地解释了宇宙膨胀和收缩等天体运行规律.

*§ 23－3　哈勃定律和宇宙膨胀

在物理学深入发展的同时，人们也在力求对时空大尺度上，即从整体上认识宇宙. 宇宙的起源、结构和演化都是人们关心的课题. 物理学与高科技的结合，创造了口径相当于 25 m 的巨型光学望远镜、空间 X 射线和红外线望远镜以及地域甚大的天线阵列射电望远镜，这不仅使人们观测宇宙的窗口从红外、可见光一直延伸到 X 射线和 γ 射线整个波段，还使观测宇宙的时空尺度伸展到了 170 亿光年. 如今，在人类面前，已展现出一幅幅生动壮丽的宇宙画面.

以现代高能粒子物理与广义相对论为基础建立起来的理论宇宙学，已能从理论上描述出从原始火球大爆炸，到星系形成和演化的整个过程. 大爆炸模型已经由现代天文学的观测，如河外星系谱线红移、3 K 微波背景辐射以及氦丰度等得到了一定的证实. 与此同时，在解决这一模型自身的问题，如视界问题、平坦性问题和磁单极问题等的过程中，与高能物理真空相变理论相结合，又发展成更为完善的暴胀宇宙模型. 虽然具有暴胀机制的大爆炸模型为宇宙学的发展奠定了基础，然而随着量子引力理论的发展，有关量子宇宙学的一系列更深层次的问题，如宇宙时空拓扑结构、基本耦合常数的真空参数问题、宇宙常数的动力学解释等，又引起了更新一轮的激烈争论. 这场理论研究的重要进展的源头，即将世人的目光从一般天体引向宇宙整体的就是哈勃定律的建立.

一、哈勃定律

对人类认识宇宙起重大影响的事件是哈勃定律的发现. 1912 年，美国天文学家斯里弗（Vesto Melvin Slipher）在观测远处旋涡星云的光谱时发现，地面上接收到的多数星云发出光谱的波长向红端移动. 按当时的物理知识，这种波长的变化只能归结为光源运动的多普勒效应，那么多数星云的光谱都有红移，表明它们都在向远离我们的方向运动. 斯里弗据此于 1923 年最先发表了仙女星座星云以 300 $\mathrm{km \cdot s^{-1}}$ 的高速背离太阳退行的结论，当时还不知道这些星云是银河系外的天体.

同年，天文学家哈勃（Edwin Powell Hubble）利用直径为 1.5 m 和 1.2 m 的

望远镜对几亿秒差距的星系进行了系统的研究,并用造父变星周光关系测距方法肯定了涡旋星云是远在银河系外,与银河系相类似的恒星集团,哈勃和其他天文学家利用天文照相,观测并研究了数以万计的星系,并于1926年提出了"哈勃分类".1929年,哈勃发表了他对24个河外星系的视向速度测量和距离估计的结果.视向速度是由星系光谱线的红移测量得到的;星系的距离到现在仍是一个观测上的难题,哈勃当时是用星系中最亮的恒星的测光,以及对少数测出有造父变星的星系等,估计了一批星系的距离.哈勃发现,某一谱线的实验室波长为λ_0,则星系光谱中同一谱线的波长可以写成

$$\lambda = (1+Z)\lambda_0 \tag{23-3-1}$$

式中,Z(绝大多数情况下都是正的)对于一个星系的所有光谱线都是相同的,叫作这个星系的红移,不同的星系具有不同的Z值.

哈勃的关键性发现是,星系的光度和它们的红移之间存在很强的关系,光度越小的星系,红移越大,而光度越小表明星系离我们越远.所以,这一发现的含义是红移随星系距离的增大而增大.

可以证明多普勒速度v与红移Z的关系式为

$$1+Z = \sqrt{\frac{c+v}{c-v}}$$

式中,c为真空中的光速,上式可化简为

$$v = c \cdot \frac{Z^2+2Z}{Z^2+2Z+2}$$

将光速c的值和观察到的红移Z的值代入上式,便给出v的值.

若红移Z很小,上述关系可简化为近似形式

$$v = cZ$$

哈勃的观测结果表明,星系的红移与它们的距离D成正比,所以有

$$v = cZ = HD$$

$$v = HD$$

这就是著名的哈勃定律.式中,H是与星系的光度L及其他参数有关的一个常数,称为哈勃常数.根据观测结果,哈勃得出

$$H = 530\ \text{km} \cdot \text{s}^{-1} \cdot \text{Mpc}^{-1}$$

哈勃的这一结果,不仅证明了整个宇宙处于膨胀之中,而且这种膨胀速度与距离D成正比,因而宇宙既是处处没有中心又是处处为中心的.哈勃定律提出以后,哈勃常数的测量成为近代宇宙学研究的一个重要课题之一.

然而,哈勃常数的测定是一件十分困难的事情,最近的一些观测结果,包括重新测定星系的光度,对H做了重大的修正,已减小到$75\ \text{km} \cdot \text{s}^{-1} \cdot \text{Mpc}^{-1}$,而

另一些天文学家则取 H 的值为 100 km·s^{-1}·Mpc^{-1}，公认的 H 值的大致范围为

$$H = 40 \sim 100\ \mathrm{km \cdot s^{-1} \cdot Mpc^{-1}}$$

近年来，对哈勃常数的研究仍然十分活跃，正式发表的有关哈勃常数的论文已有数百篇.1989 年，著名天体物理学家范登堡(Van den Bergh)为天文学和天体物理评论杂志撰写了一篇权威性论文，它综述了截止到 20 世纪 80 年代末所有关于哈勃常数的测量和研究结果，最后认为，哈勃常数的取值应为 $H=(67\pm8)$ km·s^{-1}·Mpc^{-1}. 哈勃常数已成为近代宇宙学中最重要也最基本的常数之一.

哈勃常数 H 的倒数具有时间的量纲，即

$$H^{-1} = (3.9 \sim 6.2) \times 10^{17}\ \mathrm{s} = (1.3 \sim 2.0) \times 10^{10}\ \mathrm{a}$$

人们常把 H^{-1} 当作宇宙的年龄，其实更确切地说，它是宇宙年龄的上限.

哈勃定律作为经验规律是在红移值 Z 很小时得到的，因为 $Z=v/c$，红移很小，表示 v 比起 c 来很小，意味着该星系离我们的距离 $D=vH^{-1}$ 远小于 cH^{-1}（即可观测宇宙的大小）. 对远的星系，测量表明，其光谱的红移会超过 1，但在这种情况下，$v=HD$ 形式的哈勃定律是不适用的，这时红移与距离是什么关系，既是实测需要回答的问题，也是宇宙学理论应回答的问题.

另外，哈勃定律对太近的星系是不适用的，我们观测到的星系的运动包括两部分，一部分是宇宙膨胀带来的，一部分是它自身的无规运动（即本动），它的大小约为几百千米每秒，只有当膨胀引起的速度显著地超过本动，即后者可以忽略时，哈勃定律才适用，这就要求被测星系的距离要超过 10 Mpc.

二、宇宙膨胀

根据哈勃定律，除了离银河系最邻近的星系（具有非常小的 Z 值）外，所有其他的星系都在远离我们，这是否意味着银河系成了宇宙的中心呢？按照哥白尼原理，我们所处的位置在宇宙中不具有特殊的地位，哈勃定律适用于宇宙间任何位置上的观测者，他们同样会观测到其他星系，也会服从 $v=HD$，即其他星系也在远离他们而去，这是宇宙均匀性的要求. 哈勃定律不需要观测者处于特殊的位置上，这正像一个膨胀的橡皮球，假如在球上取某个点作为标记，没有一个点处于特殊的位置，但是当球膨胀时，所有的点彼此都互相远离. 总之，哈勃定律给我们展示了这样一幅图画：任何星系间的距离都随时间以相同的比例相互远离，也就是说我们的宇宙在膨胀.

*§ 23－4 宇宙大爆炸模型

一、宇宙大爆炸模型

根据哈勃定律,随着时间向未来演化,宇宙在膨胀,星系相互间的距离在增加,反过来,随着时间向过去演化,星系的间距在缩小.现在,星系的平均距离仅为其自身大小的100倍不到,向过去推演,这个距离越来越小,当宇宙尺度因子比今天小两个量级时,星系间的距离比星系本身的尺度还小,这意味着那时星系是不存在的.今天我们观测到的一切天体,包括恒星、星系、星系团等,在宇宙早期都是不存在的,它们是宇宙演化到一定阶段的产物.那么早期宇宙是什么样的形态呢?天文学家们认为,早期宇宙是一大片带有微小密度起伏的均匀气体,在膨胀时,各部分气体之间没有热量流动,做绝热膨胀.气体绝热膨胀时要降温,因此早期宇宙不仅密度越早越大,而且温度越早越高.像这样一直追溯下去,必在某有限时刻,宇宙密度和温度都趋向无穷大,这意味着宇宙膨胀过程有一个起始时刻,即宇宙是从这个时刻迅速膨胀诞生的,这就是所谓的宇宙大爆炸.从宇宙大爆炸模型可以推断出宇宙早期演化是从密度和温度都非常高的状态开始的.

由于早期的宇宙密度和温度都非常高,其组成成分是单一的均匀气体.因为分子的解离能远小于1 eV,氢原子的解离能则等于13.6 eV.因此当气体的温度T超过10^5 K,即其组成粒子的平均热运动能量kT超过10 eV时,热碰撞将导致分子和原子的解离,所以宇宙早期的某个时刻处于等离子体状态,主要的组成粒子是原子核、自由电子和光子等,原子和分子是此后宇宙演化的产物,而不是一开始就有的.实际上原子核也是复合粒子,它是由核子(质子和中子的统称)组成的,每个核子在原子核中的结合能是1 MeV的量级.当给原子核施加1 MeV以上能量时,核子将从原子核中解离出来.所以,向宇宙早期进一步追溯,当宇宙温度超过1 MeV(即10^{10} K)时,原子核完全分解.这时的宇宙是由质子、中子、电子、光子和其他基元粒子组成的粒子气体.由于化学性质是由原子核决定的,宇宙的早期没有原子核,当然也就没有元素.所以连化学元素那样基本的物质要素都是在宇宙演化过程中产生的.

上面的定性分析使我们认识到早期宇宙的两面,一是非常简单,早期宇宙是温度在逐渐降低的均匀气体;二是蕴藏着非常丰富的物理变化,在温度不断降低的过程中演化为各种各样的天体.今天复杂的宇宙是从很简单的早期宇宙一步一步地演化出来的.

宇宙大爆炸模型认为:我们的宇宙起源于150亿~200亿年前的一次大爆炸.在创生的初始,半径很小,物质密度和温度很高,充满着超弦这样的物质场.以后随着宇宙的膨胀,温度下降,逐渐形成多层次的物质结构,直至恒星、星系和星系团.这样的由"膨胀宇宙"这一"经验模型"引发出的整个宇宙演化的"物理模型"称为"宇宙大爆炸模型".

大爆炸宇宙论认为,宇宙最早创生期年龄仅有10^{-44} s,它只是一个温度极高($10^{11}\sim10^{12}$ K)的灼热奇点,由于时空连续性的破坏,人们预言这一时期应用量子宇宙学来描述;其次是宇宙的极早期,年龄为10^{-35} s,这一时期宇宙物质以夸克、胶子、正负电子对、光子等粒子状态呈现;进入宇宙早期时,宇宙年龄约为100 s,这一时期宇宙膨胀的结果,使温度下降,高速运动的夸克、胶子生成质子、中子等基本粒子,并形成原子核,进而与电子结合形成各种轻元素的原子;当宇宙达到10万年之后,宇宙进入近期,由于存在引力,使宇宙由均匀状态进入有结构状态,形成各种尺度的星体及星体体系,现在的宇宙年龄已有200亿年,宇宙的温度降为3 K.

宇宙标准模型给出了一个以大爆炸为起点,一直推演到现今宇宙演化的时间表.讨论宇宙的诞生以及诞生后极短瞬间的迅猛变化,而这些在极短瞬间发生的事,竟然又奠定了宇宙亿万年以后的全部演化的基础,似乎是不可思议的事.然而,标准模型给出这些结论,只不过是根据广义相对论、统计力学和热力学、量子力学、原子核物理以及粒子物理学这些较成熟的理论做出的,它是这些理论的自然推论,其间并未掺入其他什么离奇的假设,只是讨论到宇宙极早期时,才利用了一点尚带有猜测性的大统一理论.包罗万象的宇宙整体是一个"巨大的"研究对象,仅以部分观测事实为基础,以一些较成熟的理论为依据,竟然能对这个"庞然大物"给出一种自洽的演化图景,还能进一步获得观测上的支持,这不能不说它是一个十分了不起的成就.

二、暴胀时代的宇宙

上面是从宇宙膨胀反推过去得到宇宙大爆炸模型.现在,讨论大爆炸开始后发生了一些什么演化.

大爆炸发生后约1 s内,宇宙温度为1.0×10^{10} K,这一阶段称为"早期宇宙".更早期的情况是温度更高,例如上溯到大爆炸后10^{-2} s,温度为1.0×10^{11} K,相应的能量为1.0×10^{7} eV,此时进入了高能物理学的研究领域,这一时刻及其之前的宇宙称为"极早期宇宙",人们探索微观世界和宇宙结构的努力在这里会合了.这里,我们将先概说20世纪70年代以来粒子物理学家和天体物理学家联手勾画出的宇宙“极早期”的演化史，然后再谈“早期宇宙”的历史，看它是如何逐渐演变到我们认识的世界的.

宇宙极早期指的是150多亿年前大爆炸的一瞬间. 起初不仅没有任何天体，也没有粒子和辐射，只有一种单纯而对称的真空状态以指数方式膨胀着，这种膨胀极其剧烈，称为“暴胀”. 今天，我们所知道的自然界中的四种基本相互作用力，即引力、强力、弱力和电磁力，那时是不可区分的. 随着宇宙的膨胀和温度的降低，真空中发生一系列相变(如同水在降到0 ℃时变成冰那样)：在大爆炸后10^{-44} s，发生超统一相变，引力作用首先分化出来，但强、弱、电三种作用仍不可区分，夸克和轻子可以互相转变；到大爆炸后10^{-36} s，大统一相变发生，强作用同电、弱作用分离，物质和反物质之间的不对称性(即质子、电子等这类物质多于反质子、正电子之类反物质的现象)开始出现；10^{-10} s以后，弱、电相变发生，弱作用和电磁作用分离，于是完成了四种相互作用逐一分化出来的过程. 到了这个阶段，宇宙间已具备了构成我们所熟悉的物理世界的最原始和最基本的素材与条件.

三、恒星和星系的形成

早期宇宙以后，即从大爆炸发生后3 min到约70万年，宇宙的温度降到3 000 K，电子与原子核结合成稳定的原子(这个过程称为复合)，光子不再被自由电子散射，从此宇宙变成透明的. 又过了几十亿年，氢、氦等中性原子在引力作用下逐渐凝聚为原星系，原星系聚在一起形成等级式结构的星系集团. 与此同时，原星系本身又分裂成千千万万个恒星. 恒星的光和热是靠燃烧自己的核燃料提供的. 其后果是合成碳、氧、硅、铁这些早期宇宙条件下不能产生的重元素. 在恒星生命即将结束时，它以爆发的形式抛出含有重元素的气体和尘粒，这些气体和尘粒是构成新一代恒星的原料. 在一些恒星的周围，冷的气尘会坍缩成一个旋转的薄盘. 这些物质通过相互吸引，碰撞黏合，最后形成从小行星到大行星的形形色色的天体.

大爆炸宇宙学和恒星演化理论衔接起来，足以系统地描述整个天文世界. 所有的恒星最初都是由以氢和氦为主的原始大气云凝聚而成的. 而根据大爆炸宇宙学计算出的宇宙间所含的氢和氦大约是74%和24%. 这与恒星和星际物质实测的丰度相符. 前面说过，其他轻元素，包括同位素，如氘、锂等的计算丰度也与实测一致. 恒星起源问题，早在17世纪，牛顿就提出过散布于空间中的弥漫物质可以在引力作用下凝聚为太阳和恒星的设想. 这一设想现在已经发展成为一个相当成熟的理论. 观测表明，星云空间存在着许多由气体和尘埃组成的巨大分子云. 这种气体云中密度较高的部分在自身引力的作用下会变得更密一些.当向内的引力强到足以克服向外的压力时,它将迅速收缩落向中心.如果气体云起初有足够的旋转,在中心天体周围就会形成一个如太阳系尺度的气体盘,盘中物质不断落到称为"原恒星"的中央天体上.在收缩过程中释放出来的引力势能将使原恒星变热,当中心温度上升到 1.0×10^7 K,足以引发热核反应时,一颗恒星就诞生了,根据诞生时的环境条件,恒星的质量范围在 0.07~100 个太阳质量之间.更小的质量不足以触发热核反应,更大的质量则会由于产生的辐射压力太大而瓦解.近年来,红外天文卫星探测到成千上万个处于形成过程中的恒星,毫米波射电望远镜在一些原恒星的周围发现由盘两极射出的喷流.这些观测结果对上述理论都是有力的支持.

恒星形成后的光和热的来源,是其中心由氢聚变为氦的热核反应.当这种反应产生的辐射压力与引力平衡时,恒星的体积和温度不再有明显的变化,而是进入一个相对稳定的演化阶段.因为氢是宇宙间最丰富的元素,也是构成恒星的最丰富的原材料,所以恒星在它发光的生命历程中停留在"氢燃烧"阶段的时间最长.迄今发现的恒星有 90%处在这一阶段(包括太阳),这一阶段的恒星在赫罗图上处在恒星数目极其密集的"主星序"线上.按照这个演化理论,不同原始质量的恒星从开始氢燃烧直到氢燃料耗尽,其在赫罗图中的位置一直停留在"主星序"上.恒星在"主星序"阶段停留的时间取决于恒星质量的大小.对于太阳来说,约为 100 亿年,而质量比太阳大 10 倍的恒星则只有 3 000 万年.当恒星核心部分的氢全部聚变为氦以后,产能过程停止,辐射压力下降,星核将在引力作用下收缩.收缩产生的热将使温度再一次升高,达到引发氦燃烧的程度,其结果是将 3 个氦核聚合成 1 个碳核.类似的过程继续下去,将合成氧、硅等越来越重的元素,直到合成最稳定的铁为止.重于铁的元素,则是在恒星内部自由中子的吸收过程,特别是在下面将要说到的"超新星爆发"时的"快过程"中形成的.

恒星内部的核燃料耗尽后,原来由热核反应维持的辐射压消失,星体在引力的作用下收缩下去,直到出现一种新的斥力能与之抗衡为止,于是恒星进入它的老年期.恒星的归宿与其初质量有关,初始质量小于太阳质量 8 倍的恒星最终将成为白矮星(一种颜色白,光很暗,尺度很小的恒星);质量为太阳质量 8~50倍的恒星在核燃料耗尽后会发生极猛烈的爆发,在短短几天中亮度陡增千万倍甚至亿倍,称为超新星,爆发后留下的星核的尺度只有同质量的一般恒星尺度的 10^{-6},几乎全部由中子紧紧堆成,称为中子星;原始质量更大的恒星最终将变为黑洞——一种引力强大到连光线都无法射出的天体.

*§ 23—5 超新星

超新星爆发是恒星世界展示的最壮观的天象，爆发时光度可达 $10^7 \sim 10^{10}$ $L_{\odot}$(其中 $L_{\odot}$是太阳的光度)，相当于一个小星系的光度，因而释放的能量十分巨大，是恒星层次最激烈的爆发. 超新星爆发的结果，或者是将恒星物质完全抛散，使其成为星云遗迹；或者是抛射掉中心核以外的物质，而塌缩的中心核成为中子星或黑洞，超新星遗迹是很强的射电源、X 射线源和宇宙线源，并且含有大量重元素，是宇宙中重元素的主要来源.

至今，发现的超新星已有 700 颗. 其中银河系内有 8 颗，在我国历史上均有记载. 最著名的是公元 1054 年(北宋至和元年)记录的"天关客星"，其遗迹即为有名的蟹状星云，其中含有一颗非常特殊的脉冲星(中子星)，它在射电、光学、X 射线及 γ 射线等各个波段都发出规则的脉冲辐射.

质量在 2.3～ 8 $m_{\odot}$之间的恒星，最终形成碳氧白矮星，其中心密度可达 $2\times10^9\ \mathrm{g\cdot cm^{-3}}$，因而电子处于简并状态. 如果白矮星吸积周围物质使其质量超过$1.5m_{\odot}$，就会引发剧烈而迅速的碳燃烧，同时伴随着强大的激波，整个反应像是失控的核爆炸，这称为第一类超新星，即碳爆发型超新星. 对于$m>8m_{\odot}$的恒星，所形成的铁中心核能够由光致分解而变为氦核和中子. 当核坍缩使密度超过 $10^{10}\ \mathrm{g\cdot cm^{-3}}$，温度超过 10^{10} K 时，生成的氦亦发生光致分解，即

$$^4\mathrm{He} \rightarrow 2\mathrm{p} + 2\mathrm{n} - 28.3\ \mathrm{MeV} \qquad (23-5-1)$$

同时，电子又可被质子俘获，导致恒星核心部分强烈地中子化，即

$$\mathrm{p} + \mathrm{e}^- \rightarrow \mathrm{n} + \gamma \qquad (23-5-2)$$

除中子外还产生大量高能中微子. 由于核的外层主要是铁原子核，它与中微子之间通过中性流相互作用使中微子发生强烈散射，因而中微子的平均自由程比星核半径小得多，中微子像被封闭在中心核外层，这就是所谓中微子俘获或中微子沉淀. 这样的中心核极不稳定，一旦受到某种震动，会立即引起爆炸，强大的中微子束会将富含铁原子核的外层抛散，形成猛烈的超新星爆发，这称为第二类超新星，即铁核光致分解型超新星. 于是，被抛散的外壳形成超新星遗迹，中子化的星核成为了中子星.

*§ 23—6 致密星

白矮星和中子星，由于其密度很高，例如白矮星平均密度 $\rho\approx10^{6\sim7}\ \mathrm{g\cdot cm^{-3}}$，

中子星可高达 $\rho\approx10^{15}\ \mathrm{g\cdot cm^{-3}}$，通常称为致密星. 致密星中还包括黑洞，它是质量$m>30m_{\odot}$的恒星，核心部分能源耗尽后，经引力坍缩而形成的.

一、白矮星

白矮星是中等质量恒星演化的终点，在银河系中随处可见. 无论是氦白矮星还是碳氧白矮星，都靠简并电子压力与引力抗衡，维持星体的力学平衡. 设电子为理想费米气体，在简并条件下，泡利不相容原理使得每一能态只能有一个电子占据. 因而在动量空间中，电子由基态能级开始，由低到高填满费米球，其半径(费米动量)为 p_F，费米球内所包含的总电子数是

$$N=\frac{gV}{h^3}\frac{4\pi}{3}p_F^3 \tag{23-6-1}$$

式中，$g=2$ 是电子的自旋态数，V 为坐标空间的体积. 由此，可以得到电子的数密度为

$$n=\frac{N}{V}=\frac{8\pi}{3\hbar^3}p_F^3=\frac{\pi}{3h^3}p_F^3 \tag{23-6-2}$$

设白矮星的质量密度是 ρ，则有

$$\rho=nm_N\mu \tag{23-6-3}$$

式中，m_N 是核子(中子、质子)的平均质量，μ 是核子数与简并的电子数之比. 对于白矮星，核子中大约一半是中子、一半是质子，因此 $\mu=2$，将式(23－6－3)代入式(23－6－2)，得

$$p_F=\left(\frac{3\pi^2\rho}{nm_N\mu}\right)^{1/3}\hbar \tag{23-6-4}$$

据此，可以估计白矮星的密度. 设 $p_F\approx m_ec$，可得 $\rho\approx10^6\ \mathrm{g\cdot cm^{-3}}$，这是白矮星质量密度的数量级. 白矮星的质量与太阳差不多，因而其半径 $R\approx\left(\frac{3m}{4\pi\rho}\right)^{1/3}\approx 10^4\ \mathrm{km}$，与地球相仿. 详细的计算表明，白矮星的质量有一个上限，称为钱德拉塞卡极限，即

$$m=1.5\left(\frac{2}{\mu}\right)^2m_{\odot} \tag{23-6-5}$$

超过这一极限，简并电子压力不足以与引力相抗衡，星体发生引力坍缩. 白矮星辐射靠自身的热能，没有其他能源，热能耗尽后，白矮星最终冷却为褐矮星或黑矮星.

二、中子星(脉冲星)

自从 1932 年在实验室发现中子以后，人们就猜想宇宙中可能存在完全由

中子构成的中子星. 直到 1967 年用射电望远镜发现了脉冲星,人们才认识到它就是期盼已久的中子星. 与白矮星一样,中子星也是靠费米子的简并压力与引力相抗衡而建立起力学平衡,但与白矮星不同,这里发生简并的是中子,它本身也是对质量密度做主要贡献的核子. 因此,在式(23—6—3)中 $\mu=1$. 在用式(23—6—4)估算中子星的质量密度时,应取 $p_F\approx m_N c$,可得中子星的平均密度 $\rho\approx10^{15}\ \mathrm{g\cdot cm^{-3}}$,中子星的质量用式(23—6—5)估算,仍为太阳质量量级,得到中子星的半径$R\approx10$ km,远小于地球的半径,实际的中子星并不完全是中子,还有少量的铁原子核,内部密度极高的状态使得中子的费米能量很大. 中子与中子通过反应可以生成少量超子、μ 子和质子,使内部呈液态,并处于超导、超流态. 中子星的核心部分可能是完全由超子构成的固态核,其半径约为 1 km. 由于中子星的内部物态方程比较复杂,所以中子星的质量上限并不是简单地在式(23—6—5)中取$\mu=1$. 理论计算表明,中子星的质量上限大约是 $3.2m_\odot$,超过了这一极限,中子星不稳定,将发生引力坍缩.

中子星的表面通常存在极强的磁场,磁场强度可达 $10^{8\sim9}$ T(太阳表面的磁场强度只有 1 T). 同时,中子星的自转十分迅速,自转周期短的只有几个毫秒,最长的也只有几秒,自转轴的方向和磁极的方向通常并不一致(类似地球的情况). 因而,表层等离子体中的电子在旋转磁场产生电场的作用下,会加速而得到很高的能量,成为相对论性电子,在强磁场中发出很强的同步辐射、曲率辐射或逆康普顿辐射. 由于电子运动的方向只能沿着磁力线方向,故辐射主要集中在磁场方向附近很窄的区域,像灯塔发出的光速一样. 由于中子星的高速自转,辐射的光束在宇宙空间中高速旋转扫描,如果光束正好扫过地球,则地球上可以收到一个脉冲信号;脉冲信号的周期与中子星的自转周期一致,我们就观测到了脉冲星,脉冲星的辐射能量归根结底来源于自转能;当自转能耗尽后,脉冲星就不再发出辐射,成为一颗死亡的中子星,走完了恒星一生的最后历程.

三、黑洞

质量超过 $3.2m_\odot$的冷天体由于引力坍缩将成为黑洞. 第一个提出黑洞概念的是 18 世纪法国数学家拉普拉斯(P. S. Laplace). 根据牛顿的万有引力理论,他计算出一个物体从质量为 m_0、半径为 r 的天体表面逃逸的速度(即第二宇宙速度),得到我们熟知的结果,即 $v=(2Gm_0/r)^{1/2}$,如果该逃逸速度正好等于光速 c,则$r=\dfrac{2Gm_0}{c^2}$. 显然,如果 r 不变,m_0 增长(天体密度增大),此时逃逸速度将大于光速,即从天体表面发出的光,受到强大的引力作用而不能离开天体表面,因而就不会被外部观测者观察到,这时的天体成为黑洞.上述临界情况下 $r_g = \frac{2Gm_0}{c^2} \approx 3\frac{m_0}{m_\odot}$ km就是黑洞的引力半径.这表明,如果将太阳压缩到它的引力半径,即大约 3 km 的范围以内,则太阳成为一个黑洞.

黑洞的严格定义应当用广义相对论来描述.但是,对于一个球对称、无转动的黑洞(称为施瓦氏黑洞),广义相对论得到的引力半径 r_g(亦称为施瓦氏半径)与上述牛顿理论的结果相同,以 r_g 为半径的球面称为黑洞的视界.经典的黑洞理论认为,任何粒子或信息(包括光)都不能由视界内传播到视界外,而只允许从视界外到视界内的单向传输过程.

实际上,黑洞不一定都像白矮星、中子星那样是高密度天体.例如,质量为 m 的施瓦氏黑洞的平均物质密度是

$$\rho = \frac{m}{\frac{4\pi}{3}r_g^3} = \frac{m}{\frac{4\pi}{3}\left(\frac{2Gm}{c^2}\right)^3} = \frac{3c^6}{32\pi G^3}\frac{1}{m} \qquad (23-6-6)$$

因而,质量越大的黑洞,其密度越低.一个质量为 $m \approx 10^{15}$ g 的黑洞密度是 $\rho \approx 10^{53}$ g · cm^{-3},而一个 $m \approx 10^{55}$ g(相当于我们目前观测到的宇宙的总质量)的黑洞密度只有 $\rho \approx 10^{-29}$ g · cm^{-3}(亦相当于我们观测到的宇宙的平均密度),这比目前实验条件下获得的最高真空度的物质密度还要小五六个量级.

黑洞的另一个特点是,其温度与质量成反比.经典的黑洞热力学给出,质量为 m 的黑洞的温度是

$$T = \frac{\hbar c^3}{8\pi Gk}\frac{1}{m} \approx 6 \times 10^{-8}\frac{m_\odot}{m}\ \mathrm{K} \qquad (23-6-7)$$

这样,太阳质量的黑洞温度 $T \approx 10^{-8}$ K,而 $m = 10^{15}$ g 的小黑洞温度却高达 $T \approx 10^{11}$ K.黑洞是一个负热容体系,当它吸收周围物质增加质量(能量)时,其温度反而降低.

由英国著名天体物理学家霍金(S. W. Hawking)提出的黑洞量子辐射理论,使得由视界内向视界外发出粒子或辐射成为可能.这一理论实际上是基于量子隧道效应:经典黑洞的视界像一道极高的引力势垒,阻止粒子由视界内向视界外运动;但是,在量子力学中,粒子有一定的几率穿透任意高的势垒,使黑洞既可以吸积又可以发射.按照霍金的理论,黑洞的辐射与普朗克黑体辐射一致,黑洞可以当作一个具有一定温度的黑体.霍金得出,黑洞在单位时间内发出的辐射能量是

$$\frac{\mathrm{d}E}{\mathrm{d}t} = A\sigma T^4 \approx 3.6 \times 10^{38}\ \mathrm{m^{-2} \cdot J \cdot s^{-1}} \qquad (23-6-8)$$

式中,A 为黑洞的视界面积,σ 是斯特藩—玻尔兹曼常数,m 是以 g 为单位的黑

洞质量.由此可见,质量小的黑洞反而可以发出功率大的辐射,但其寿命很短,即

$$\tau \approx \frac{E}{\mathrm{d}E/\mathrm{d}t} \approx 3 \times 10^{-25}\ \mathrm{m}^3 \cdot \mathrm{s} \qquad (23-6-9)$$

式中,我们取黑洞的总能量为 $E \approx mc^2$.小质量黑洞在极短时间内可以辐射掉大量的能量,如同强烈的爆发;而大质量黑洞的辐射功率很小,如同缓慢的蒸发.

黑洞辐射能量后,质量减小,温度反而升高,与前面吸积的情况一样同属负热容过程,这样,黑洞不可能与周围环境建立起热平衡.设黑洞与周围环境处于同样的初始温度,黑洞的引力吸积使黑洞质量越来越大,温度越来越低,如果黑洞的初始温度比周围环境高,则黑洞的辐射超过吸积,黑洞的温度将变得更高.在以上两种情况下,黑洞与周围环境的温度差异只会越来越大,因此,黑洞的存在可以从根本上消除热力学第二定律引发的“宇宙热寂”.

阅读资料

黑物质与黑能量

爱因斯坦基于广义相对论和宇宙学原理之上的大爆炸宇宙模型做了一个假设:在这个世界上存在的物质中,我们已知道的只占5%,还有25%的物质叫黑物质(Dark Matter,也称为暗物质),人类根本看不到,另外还有70%的物质是黑能量(Dark Energy,或称为暗能量).

建立在广义相对论和宇宙学原理之上的大爆炸宇宙模型告诉我们,大约200亿年前,大爆炸发生的那一刻,宇宙处于一个极致密、极高温的状态,形成了空间和时间,宇宙随之诞生,并经过膨胀、冷却演化至今.在这个过程中,宇宙经历了原初轻元素合成、光子退耦和中性原子形成、第一代恒星形成等几个重要的时期,星系、地球、空气、水和生命便在这个不断膨胀的时空里逐渐形成.

黑物质是不发光的,但是它有显著的引力效应.比如,对于一个星系,考虑距其中心远处的天体的旋转速度,物质存在的区域和光存在的区域一样.由牛顿引力定律可知,距离中心越远,速度应该越小.可是天文观测事实不是这样,这就说明其中有看不见的黑物质.

最早描述黑能量的理论模型是爱因斯坦修改广义相对论,引入

"宇宙常数"这个量."宇宙常数"是爱因斯坦建立静态宇宙模型时提出的一个概念,为的是和引力作用平衡,防止这样的宇宙模型在引力作用下收缩成一个点.目前,支持黑能量的主要证据有两个.一是通过对遥远的超新星所进行的大量的实验观测.美国马里兰州太空望远镜研究所和劳伦斯伯克利国家实验室的天文学家于 1997 年利用哈勃太空望远镜拍摄到"1997ff"超新星光线的相对强度进行的研究表明,宇宙的膨胀先是减速,然后进入加速阶段.按照爱因斯坦引力场方程,加速膨胀的现象推论出宇宙中存在着压强为负的"黑能量".科学家认为,宇宙膨胀速率之所以发生变化,其原因在于除引力外还存在负引力.两者综合决定宇宙的膨胀速率.引力如胶水一样,试图把物质结合在一起;负引力与引力相反,试图将物体分开.当引力强于负引力时,宇宙物质相互间总体表现为互相吸引,呈减速膨胀;反之,总体效果为互相背离,宇宙膨胀加速.另一个证据来自于美国、加拿大和智利的天文学家自 2002 年 9 月至 2004 年 5 月在智利安第斯山脉海拔 5090 m 的高地上进行天文观测、数据采集和照片拍摄,对微波背景辐射的研究精确地测量出宇宙中物质的总密度.我们知道,所有的普通物质与黑物质加起来大约只占其 1/3 左右,所以仍有约 2/3 的短缺.这一短缺的物质称为黑能量,其基本特征是具有负压.在宇宙空间中几乎均匀分布或完全不结团.

美国范德比尔特大学的理论物理学家罗伯特·谢勒将"黑物质"和"黑能量"两个谜缩减为一个,即认为黑物质和黑能量只是单一的一种未知力量的两个方面.他说:"思考这个问题的一个方式是:宇宙充塞着一种看不见的流体,这种流体会对常规物质施加压力,并改变宇宙扩张的方式."黑物质好像有质量并且会形成巨大的团块,宇宙学家计算出这些黑物质团块的引力作用在使常规物质形成星系的过程中起了关键作用;而黑能量似乎是没有质量的,并且均匀分布在整个宇宙空间,其作用与引力相反,是一种斥力,把宇宙推散开来.2005 年初,哈佛大学的尼玛·哈卡尼、海默等人也提出了一种将黑物质和黑能量统一起来的模型,他们认为黑物质和黑能量是由一种看不见的、无所不在的流体的不同行为导致的,他们把这种流体称为"幽灵冷凝物".这个模型和谢勒的模型有类似之处.谢勒本人也承认，尽管他的模型有许多积极特征，但它还是有一些缺陷. 例如，它需要特别细微的“微调”才能使模型工作. 谢勒本人还警告说:“还需要进行更多的研究来判断该模型的表现是否和其他观察材料相一致”. 另外，这个模型也不能回答这样一个“巧合”问题：为什么我们生存在一个计算所得的黑物质和黑能量的密度大体相当的时期? 许多科学家怀疑这是否意味着目前的时期有什么特殊之处.

正如美国芝加哥大学天体物理学家特纳评论说，“黑能量”是“所有科学发现中最重要的现象之一”. 然而现在物理学的基本理论还无法解释观测到的这一黑能量. 特纳认为，寻找“黑能量”的合理解释，将是21世纪天文学和物理学研究面临的最重要的难题之一.

习题答案

第十二章　真空中的静电场

12−1　D

12−2　D

12−3　D

12−4　C

12−5　C

12−6　$\dfrac{q}{4\pi\varepsilon_0 a^2}$,由 O 指向 D

12−7　$0,\dfrac{\rho}{3\varepsilon_0 r^2}(r^3-R_1^3),\dfrac{\rho}{3\varepsilon_0 r^2}(R_2^3-R_1^3)$

12−8　$\pi R^2 E,0$

12−9　$-\dfrac{2}{3}\varepsilon_0 E_0,\dfrac{4}{3}\varepsilon_0 E_0$

12−10　$\dfrac{q_0 q}{6\pi\varepsilon_0 R}$

12−11　$675\ \text{V}\cdot\text{m}^{-1}$

12−12　$-\dfrac{Q}{\pi^2\varepsilon_0 R^2}\boldsymbol{j}$

12−13　(1)$\dfrac{r_0\lambda}{2\pi\varepsilon_0 x(r_0-x)}$　(2)$\pm\dfrac{\lambda^2}{2\pi\varepsilon_0 r_0}$

12−14　$E_{\text{p}}=\dfrac{\rho}{3\varepsilon_0}\left[\dfrac{r^3}{(r_{PO}+r_{OO'})^2}-r_{PO}\right]$,正值沿 OO' 方向

$E_{\text{p}'}=\dfrac{\rho}{3\varepsilon_0}\left[\dfrac{r^3}{(r_{P'O}+r_{OO'})^2}-\dfrac{R^3}{r_{P'O}^2}\right]$,正值沿 OO' 方向

12−15　(1)M_1 处的场强为 $E_1=-\dfrac{ka^2}{4\varepsilon_0}$,方向平行于 x 轴,

M_2 处的场强为 $E_2=\dfrac{ka^2}{4\varepsilon_0}$,方向平行于 x 轴

(2)$E=\frac{k}{4\varepsilon_0}(2x^2-a^2)$,方向平行于 x 轴　(3)$x=\frac{\sqrt{2}}{2}a$

12-16　$\sqrt{3}a$

12-17　(1)$-\frac{1}{2}(1+\sqrt{3})d$　(2)$d/4$

12-18　(1) $\frac{\sigma}{2\varepsilon_0}(\sqrt{x^2+R^2}-x)$　(2) $\frac{\sigma}{2\varepsilon_0}\left(1-\frac{x}{\sqrt{x^2+R^2}}\right)$

(3)4.52×10^4 V,4.52×10^5 V·m^{-1}

12-19　$E=\frac{\sigma}{2\varepsilon_0}\frac{x}{\sqrt{x^2+R^2}}$,方向平行于 x 轴;$U=\frac{\sigma}{2\varepsilon_0}(R-\sqrt{x^2+R^2})$

12-20　在 $-\infty<x<-a$ 区间,$U=-\frac{\sigma a}{\varepsilon_0}$;在 $-a<x<a$ 区间,$U=\frac{\sigma x}{\varepsilon_0}$;在 $a<x<\infty$ 区间,$U=\frac{\sigma a}{\varepsilon_0}$

12-21　$\frac{q}{4\pi\varepsilon_0 r}(r>R)$,$\frac{q}{4\pi\varepsilon_0 R}(r\leqslant R)$

12-22　(1)$\frac{q_1+Q_2}{4\pi\varepsilon_0 r}(r\geqslant R_2)$,$\frac{q_1}{4\pi\varepsilon_0 r}+\frac{q_2}{4\pi\varepsilon_0 R_2}(R_1\leqslant r<R_2)$,$\frac{q_1}{4\pi\varepsilon_0 R_1}+\frac{q_2}{4\pi\varepsilon_0 R_2}(r\leqslant R_1)$

(2)$\frac{q_1}{4\pi\varepsilon_0 R_1}-\frac{q_1}{4\pi\varepsilon_0 R_2}$

12-23　(1) $E=Ar^2/(3\varepsilon_0)$　$(r\leqslant R)$　　$E=AR^3/(3\varepsilon_0 r)$　$(r>R)$

(2) $U=\frac{A}{9\varepsilon_0}(R^3-r^3)+\frac{AR^3}{3\varepsilon_0}\ln\frac{l}{R}$　$(r\leqslant R)$

$U=\frac{AR^3}{3\varepsilon_0}\ln\frac{l}{r}$　$(r>R)$

12-24　$\frac{q^2}{8\pi\varepsilon_0 d}$

12-25　$\frac{\lambda^2}{4\pi\varepsilon_0}\ln\frac{4}{3}$

第十三章　静电场中的导体和电介质

13-1　B

13-2　B

13-3　C

13-4　B

13-5　D

13－6 $\frac{q}{2S}$，$\frac{q}{2S}$，$-\frac{q}{2S}$，$\frac{q}{2S}$，$\frac{q}{2\varepsilon_0 S}$，向左；$\frac{q}{2\varepsilon_0 S}$，向右；$\frac{q}{2q_0 S}$，向右，0，$\frac{q}{S}$，$-\frac{q}{S}$，0.

13－7 10 μF，3.75 μF

13－8 $\frac{S\varepsilon_1\varepsilon_2}{\varepsilon_1 d_2+\varepsilon_2 d_1}$

13－9 $\frac{q^2}{2\pi\varepsilon_0 L}\left(2+\frac{1}{\sqrt{2}}\right)$

13－10 $\frac{R}{r}$，$\frac{r}{R}$

13－11 $\frac{1}{2}\frac{\varepsilon_0 S}{2d}U^2$，$-\frac{1}{2}\frac{\varepsilon_0 S}{2d}U^2$，$\frac{1}{2}\frac{\varepsilon_0 S}{2d}U^2$

13－12 $q_1=6.67\times10^{-9}\text{C}$　$q_2=13.3\times10^{-9}\text{C}$

(2)$U_1=U_2=6.0\times10^3$ V

13－13 $\frac{\varepsilon_r d}{\varepsilon_r d+(1-\varepsilon_r)\delta}$

13－14 (1)$E=0(r<R_0)$，$E=\frac{Q}{4\pi\varepsilon_0 r^2}(R_1>r>R_0)$，$E=\frac{Q}{4\pi\varepsilon_r\varepsilon_0 r^2}(R_2>r>R_1)$，

$E=\frac{Q}{4\pi\varepsilon_0 r^2}(r>R_2)$；

$D=\frac{Q}{4\pi r^2}(r>R_0)$，$D=0(r<R_0)$

(2)$P=\frac{(\varepsilon_r-1)}{\varepsilon_r}\frac{Q}{4\pi r^2}$，$\sigma'_{R2}=\frac{\varepsilon_r-1}{\varepsilon_r}\frac{Q}{4\pi R_2^2}$，$\sigma'_{R1}=-\frac{\varepsilon_r-1}{\varepsilon_r}\frac{Q}{4\pi R_1^2}$

13－15 0.5×10^{-6} C，1.5×10^{-6} C

13－16 (1)变大　(2)不变　(3)变小　(4)不变　(5)变小

13－17 147 kV

13－18 (1) $\frac{q}{4\pi\varepsilon_0 R}\mathrm{d}q$　(2) $\frac{Q^2}{8\pi\varepsilon_0 R}$

13－19 $\frac{Q^2}{8\pi\varepsilon_0 R}$

13－20 (1)$Q_1=1.28\times10^{-3}$ C，$Q_2=1.92\times10^{-3}$ C

(2)$W=1.28$ J，$W'=0.512$ J

13－21 (1)1.8×10^{-4} J　(2)8.1×10^{-5} J

第十四章　真空中的恒定磁场

14－1 C

14－2 D

14—3 A

14—4 D

14—5 C

14—6 0.024 Wb,0,0.024 Wb

14—7 $\mu_0 nI$,$\frac{1}{2}\mu_0 nI$

14—8 $\mu_0(I_2-I_1)$,$\mu_0(I_2+I_1)$

14—9 平行于 x 轴,沿 z 轴的反方向

14—10 $\frac{\mu_0 I}{4R}\sqrt{1+\left(\frac{1}{\pi}\right)^2}$,方向为以垂直于半圆环所在平面水平向左射线为标准,偏下$\theta=\mathrm{tg}^{-1}\frac{1}{\pi}$角.

14—11 $\frac{\mu_0 ev}{4\pi a_0^2}$,方向垂直于纸面向外

14—12 $\frac{\mu_0\lambda\omega R^3}{2(y^2+R^2)^{3/2}}$,方向沿 y 轴正方向

14—13 $\frac{\mu_0 I_2}{2R}\left(1+\frac{1}{\pi}\right)-\frac{\mu_0 I_1}{2\pi(R+d)}$

14—14 $\frac{\mu_0 I}{8R}$

14—15 5.69×10^{-7} m,2.80×10^{9} Hz

14—16 (1)4.27×10^{-4} N (2)1.05×10^{-6} Wb

14—17 $B_0=-\frac{\mu_0}{2\pi d}\frac{I}{R^2-r^2}r^2$,$B_0'=\frac{\mu_0}{2\pi d}\frac{I}{R^2-r^2}d^2$

14—18 $\frac{\mu_0 I^2}{\pi^2 R}$

14—19 $B=\frac{2S\rho g}{I}\tan\theta$,$9.35\times10^{-3}$ T

第十五章 磁场中的磁介质

15—1 C

15—2 C

15—3 D

15—4 D

15—5 1.06 T,200 A/m,2.5×10^{-4} T,1.06 T

15—6 抗磁质,顺磁质

15—7 $\boldsymbol{M}\times\boldsymbol{n}$,毕奥—萨伐尔,$\mu_0\boldsymbol{M}$

15—8 4.78×10^3

15—9 (1)当 $r<R_1$ 时,$H_1=\dfrac{Ir}{2\pi R_1^2}$,$B_1=\dfrac{\mu_0 rI}{2\pi R_1^2}$;

当 $R_1<r<R_2$ 时,$H_2=\dfrac{I}{2\pi r}$,$B_2=\dfrac{\mu_0\mu_r I}{2\pi r}$;

当 $r>R_2$ 时,$H_3=\dfrac{I}{2\pi r}$,$B_3=\dfrac{\mu_0 I}{2\pi r}$

(2)$\dfrac{\mu_r-1}{2\pi R_1}I$,$\dfrac{\mu_r-1}{2\pi R_2}I$

15—10 $B_0+\mu_0 M$

15—11 $B_1=B_2=B_3=\mu_0 M$,$H_1=M$,$H_2=H_3=0$

15—12 当 $r<R_1$ 时,$H_1=\dfrac{Ir}{2\pi R_1^2}$,$B_1=\dfrac{\mu_0\mu_{r1}Ir}{2\pi R_1^2}$;

当 $R_1<r<R_2$ 时,$H_2=\dfrac{I}{2\pi r}$,$B_2=\dfrac{\mu_0\mu_{r2}}{2\pi r}$;

当 $r>R_2$ 时,$H_3=0$,$B_3=0$;$(\mu_{r2}-\mu_{r1})I$

第十六章　电磁感应 电磁场

16—1 D

16—2 B

16—3 B

16—4 C

16—5 1.65×10^{-2}

16—6 $-\mu_0 n\pi a^2 I_0\omega\cos\omega t$

16—7 $\pm3.18\times10^4\ \mathrm{T\cdot s^{-1}}$

16—8 涡流

16—9 变化的磁场,闭合曲线

16—10 洛仑兹,感生电场

16—11 5.18×10^{-8} V

16—12 (1)0.99 A　(2)6.2×10^{-4} T

16—13 $\dfrac{\mu_0 Iv\sin\theta}{2\pi}\ln\dfrac{a+l+vt\cos\theta}{a+vt\cos\theta}$,棒的 A 端电势高

16—14 (1)6.28×10^{-6} H　(2)$-3.14\times10^{-4}\ \mathrm{Wb\cdot s^{-1}}$　(3)3.14×10^{-4} V

16—15 $-\dfrac{1}{2}k\pi R^2$,方向 $M\rightarrow N$

16—16 $U_a-U_b=\dfrac{3}{10}B\omega L^2$

16—17 (1)$W_m=0.987\ J\cdot m^{-3}$ (2)$W_e=4.76\times10^{-15}\ J\cdot m^{-3}$

16—18 $\frac{\mu_0 l}{\pi}\ln\frac{d-a}{a}$

16—19 (1)0, (2)$4L$

16—20 $\mu_0[d-(d^2-R^2)^{1/2}]$

16—21 (1)$\frac{\sqrt{3}\mu_0 r^2}{l}$ (2)$\frac{\sqrt{3}\mu_0 r^2}{l}I$

16—22 (1)$I_d=\frac{qvR^2}{2(x^2+R^2)^{\frac{3}{2}}}$ (2)$B=\frac{\mu_0}{4\pi}\frac{qvR}{(x^2+R^2)^{\frac{3}{2}}}$

16—23 (1)1.4×10^{-2} A (2)$\pm1.0\times10^{-6}$ C (3)7.85×10^{-5} s

16—24 1.50

16—25 $H_y=0.8\cos\left(2\pi\nu t+\frac{\pi}{3}\right)$[SI]

第十七章 交 流 电

17—1 D

17—2 B

17—3 311 V,220 V,50 Hz,0.02 s,$-\frac{2\pi}{3}$,$-\frac{2\pi}{3}$,$-\frac{4\pi}{3}$

17—4 Z_1 的相位差 φ_1 与 Z_2 的相位差 φ_2 相同时

17—5 78 V

17—6 $R+j\omega L$,$\mathrm{tg}^{-1}\frac{\omega L}{R}$,$\frac{R}{\sqrt{R^2+\omega^2 L^2}}$

17—7 (1)66 V,88 V (2)$-36°52'$

17—8 10 mA,20 mA

17—9 (1)$4-3j$,电容性 (2)1.2 A,$-36°50'$ (3)5.4 V

17—10 $R_1C_1=R_2C_2$

17—11 0.019 H,20 Ω

17—12 220 W

17—13 (1)276 盏 (2)440 盏 (3)20%

17—14 (1)1.5×10^4 千伏安 (2)9×10^3 千瓦,1.2×10^4 千瓦
(3)1.35×10^4 千瓦,6.5×10^3 千瓦 (4)$\Delta P=(P_{有}^2\, r/U^2)\frac{1}{\cos^2\varphi}$

第十八章 几何光学

18—1 A

18—2 B

18—3 B

18—4 $S'=6.0\ \text{cm}, V=\frac{1}{2}$

18—5 $f'=80\ \text{cm}$

18—6 $s_3'=-4\ \text{cm}, V=-2$

18—7 左,$2R$

18—8 像在球的右侧,离球的右边$-\frac{(n-2)r}{2(n-1)}$处

18—9 $s'=12\ \text{cm}, y'=-0.1\ \text{cm}$

18—10 $V=3$

18—11 在 O_1 右侧$\frac{5}{2R}$处

18—12 略

18—13 先经凸透镜成像,再经凹透镜成像,像距为 8 cm;$V=1$

18—14 最后成像的位置在透镜和反射层右方 0.375 m 处,是虚像

18—15 30 cm,40 cm

第十九章 波动光学

19—1 D

19—2 B

19—3 A

19—4 C

19—5 A

19—6 C

19—7 D

19—8 A

19—9 B

19—10 B

19—11 1∶2,3,暗

19—12 601

19—13 1.4

19—14 539.1

19—15 3

19—16 1,3

19—17 2047.8 nm,38.2°

19—18 光强不变,光强变化但不为零,出现光强为零

19—19

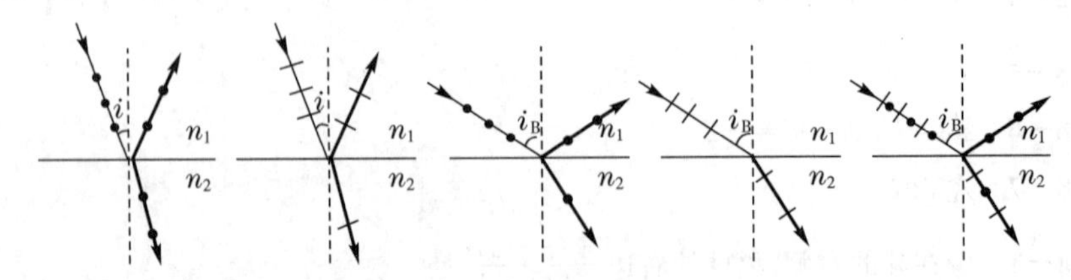

19—20 双折射,相等,相等

19—21 (1) $\sqrt{2Rd-\left(k-\frac{1}{2}\right)R\lambda}$ (2)8 条 (3)干涉条纹向两侧移动

19—22 5.46 mm,2.73 mm

19—23 $k_1=3,k_2=2$

19—24 1000 条,2.89×10^{-3} rad,不变

19—25 $2.25I_1$

第二十章　量子物理基础

20—1 B

20—2 E

20—3 D

20—4 C

20—5 A

20—6 5269 K,9993 K,8280 K

20—7 1471 K

20—8 $\frac{A_0}{h}$,$\sqrt{\frac{2h(\gamma_1-\gamma_0)}{m}}$

20—9 3.1×10^{-12} m,42.2°

20—10 97.5,1884

20—11 290 K

20—12 2.0 eV,2.0 V,296 nm

20—13 4.34×10^{-3} nm, 63.3°

20—14 656.3 nm,364.6 nm

20—15 6.21×10^{-21} J,0.146 nm

20—16 1,2.43×10^{-3}

20—17 (1)5.8×10^{-3} m (2)5.3×10^{-20} m (3)5.3×10^{-29} m

20—18 5.25×10^{-10} m

20—19 9.77×10^{-9} s

20—20 当$a=0.1$ nm时,$n=1,E_1=37.7$ eV;$n=2,E_2=150.8$ eV;$n=10,E_{10}=3.77\times10^3$ eV;

$n=100,E_{100}=3.77\times10^5$ eV;$n=101,E_{101}=3.85\times10^5$ eV

当$a=1.0$ cm时,$n=1,E'_1=3.77\times10^{-15}$ eV$=10^{-6}E$;$n=2,E'_2=1.508\times10^{-14}$ eV;

$n=10,E'_{10}=3.77\times10^{-13}$ eV;$n=100,E'_{100}=3.77\times10^{-11}$ eV;

$n=101,E'_{101}=3.85\times10^{-11}$ eV

20—21 (1)0.19 (2)0.40

20—22 (1)$2\lambda^{\frac{3}{2}}$ (2)$\begin{cases}4\lambda^3x^2e^{-2\lambda x},x\geqslant0\\0,x<0\end{cases}$ (3)在$x=\frac{1}{\lambda}$处,最大概率为$\frac{4\lambda}{e^2}$

20—23 略

20—24 $\frac{\pi}{4},\frac{\pi}{2},\frac{3\pi}{4}$

20—25 钾原子中电子排列方式是$1s^22s^22p^63s^23p^64s^1$,钠原子共有11个电子,其排列方式是$1s^22s^22p^63s^1$,由于钾原子和钠原子最外层都只有一个电子(价电子),所以它们有相似的化学性质,都属于一价的活泼金属.

20—26 略

20—27 略

20—28 略

第二十一章 核物理与粒子物理

21—1 6,8

21—2 7.6 MeV

21—3 5.98 %

21—4 略

21—5 略

21—6 1.5×10^4 W

第二十二章 分子与固体

22—1 AC

22—2 ABC

22—3 ABD

22—4 AC

22—5 AC

22—6 共价键,离子键,金属键

22—7 取向力,诱导力,色散力

22—8 (物理学)原胞,晶胞,简单格子,复式格子,1个,2个或2个以上

22—9 三斜,单斜,正交,三方,四方,六方,立方,分子晶体,离子晶体,金属晶体,原子晶体

22—10 禁带,满带,价带,空带,导带

22—11 电子,空穴,本征半导体,杂质半导体,n型半导体,p型半导体

22—12 单向导电性

22—13

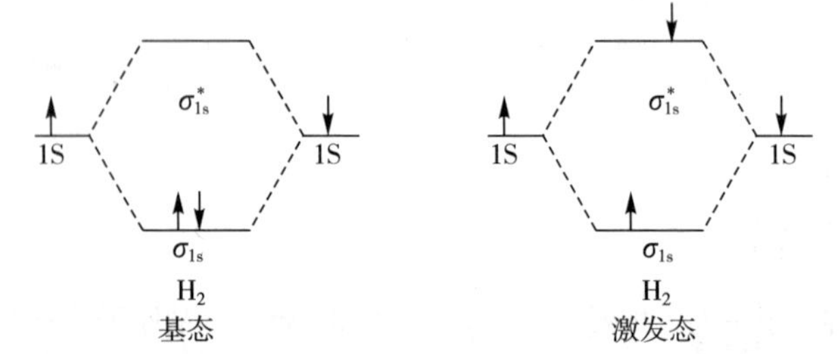

22—14 简单格子:晶体由完全相同的原子组成,原子与晶格的格点相重合,而且每个格点周围的情况都一样,晶格中只有一类等同点,其物理学原胞中包含一个原子.复式格子:晶体是由不同种类的原子或者所处周围环境不完全相同的同类原子所组成,原子与晶格的格点相重合,每个格点周围的情况并不都一样,晶格中等同点的种类数不小于2,其物理学原胞中包含的原子个数,等于晶格中等同点的种类数.复式格子可以看作由晶格中各类等同点各自组成的简单格子套购而成.

22—15 $379.2\ \text{kcal}\cdot\text{mol}^{-1}$

22—16 半导体的能带由满带和空带组成,满带和空带之间的禁带较窄.对于本征半导体而言,在一定的温度下,满带(价带)中的电子受到热激发可以越过较窄的禁带跃迁到上面的空带(导带)中,同时在价带中留下相同数量的空穴,使价带和空带均成为导带,半导体中有电子和空穴两种载流子,半导体的总电流等于电子电流和空穴电流之和.对于杂质半导体而言,由于杂质在禁带中引入了靠近导带或价带的杂质能级,所以杂质易于电离.施主杂质电离提供导电电子,受主杂质电离提供空穴,杂质电离增加了可导电的电子和空穴,因此,增强了半导体的导电能力.

22—17 原胞如图虚线所示

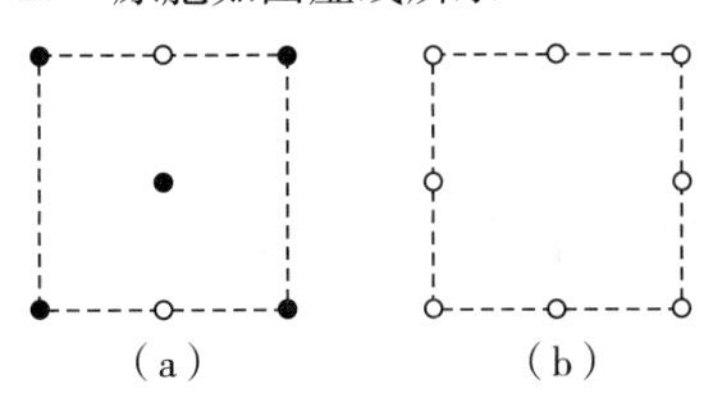

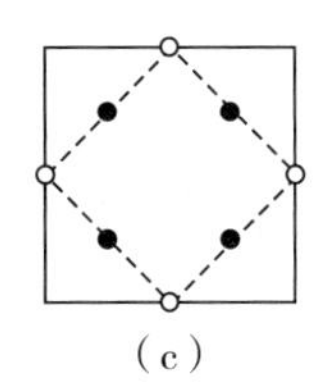

(a)3,复式晶格

(b)3,复式晶格

(c)3,复式晶格

附录 A

诺贝尔物理学奖历年获得者简况

诺贝尔奖是以瑞典著名化学家、工业家、硝酸甘油炸药发明人阿尔弗雷德·贝恩哈德·诺贝尔(Alfred Bernhard Nobel)的部分遗产作为基金创立的. 诺贝尔奖包括金质奖章、证书和奖金.

诺贝尔物理学奖是根据诺贝尔的遗嘱而设立的,是诺贝尔奖之一. 该奖项旨在奖励那些在人类物理学领域里做出突出贡献的科学家. 由瑞典皇家科学院颁发奖金,每年的奖项候选人由瑞典皇家自然科学院的瑞典或外国院士、诺贝尔物理或化学委员会的委员、曾被授予诺贝尔物理学或化学奖金的科学家、在乌普萨拉、隆德、奥斯陆、哥本哈根、赫尔辛基大学、卡罗琳医学院和皇家技术学院永久或临时任职的物理和化学教授等科学家推荐.

获奖年	获奖者姓名	国籍	获奖内容
1901	威廉·伦琴 (Wilhelm C. Röntgen)	德　国	发现X射线
1902	亨德里克·洛伦兹 (Hendrik A. Lorentz)	荷　兰	研究磁场对辐射现象的影响
	皮特尔·塞曼 (Pieter Zeeman)	荷　兰	
1903	安托万·贝克勒尔 (Antoine H. Becquerel)	法　国	发现天然铀元素的放射性
	皮埃尔·居里 (Pierre Curie)	法　国	研究贝克勒尔发现的放射性现象,发现放射性元素钋和镭以及发现钍也有放射性
	玛丽·居里 (Marie S. Curie)	法　籍 波兰人	
1904	约翰·斯特拉特,瑞利勋爵 (John W. Strutt Rayleigh)	英　国	研究重要气体的密度和发现氩
1905	菲利普·勒纳德 (Philipp Lenard)	德国籍 匈牙利人	阴极射线的研究

续表

获奖年	获奖者姓名	国籍	获奖内容
1906	约瑟夫·汤姆逊 (Joseph J. Tomson)	英　国	通过气体电传导性的研究测出电子的电荷和质量的比值
1907	阿尔伯特·迈克耳逊 (Albert A. Michelson)	美　籍 德国人	创制精密的光学仪器,用以进行光谱学和度量学的研究并精确测出光速
1908	加布坚埃尔·李普曼 (Gabriel Lippmann)	法　国	发明基于干涉现象的彩色照相法
1909	古利埃尔莫·马可尼 (Guglielmo Marconi)	意大利	发明无线电报及其对发展无线电通信的贡献
	卡尔·布劳恩 (Carl F. Braun)	德　国	
1910	约翰内斯·范德瓦尔斯 (Johannes van der Waals)	荷　兰	有关气体和液体状态方程的研究
1911	威廉·维恩 (Wilhelm C. Wien)	德　国	发现有关热辐射的定律
1912	尼尔斯·达列 (Nils G. Dalén)	瑞　典	发明灯塔与浮标照明用的瓦斯自动调节器
1913	黑依克·昂尼斯 (Heike K. Onnes)	荷　兰	对低温下物质性质的研究,特别是液氦的制备
1914	马克斯·劳厄 (Max von Laue)	德　国	发现晶体的 X 射线衍射,既用于测定 X 射线的波长又证明了晶体的原子点阵结构
1915	威廉·亨利·布拉格 (William H. Bragg)	英　国	利用 X 射线研究晶体结构
	威廉·劳伦斯·布拉格 (William L. Bragg)	英　国	
1916	(未发奖)		
1917	查尔斯·巴克拉 (Charles G. Barkla)	英　国	发现元素的次级伦琴辐射的特性
1918	马克斯·普朗克 (Max K. Planck)	德　国	发现基本能量子,提出能量量子化的假设,解释了黑体辐射的经验定律
1919	约翰内斯·斯塔克 (Johannes Stark)	德　国	发现极隧射线中的多普勒效应和原子光谱线在电场中的分裂
1920	查尔斯·纪尧姆 (Charles E. Guillaume)	法　籍 瑞士人	发现镍钢合金的反常性以及在精密仪器中的应用
1921	阿尔伯特·爱因斯坦 (Albert Einstein)	美　籍 德国人	对理论物理方面的贡献,特别是发现光电效应规律

续表

获奖年	获奖者姓名	国籍	获奖内容
1922	尼尔斯·玻尔 (Niels H. Bohr)	丹　麦	研究原子结构和原子辐射,提出量子化原子结构模型
1923	罗伯特·密立根 (Robert A. Millikan)	美　国	研究基本电荷和光电效应,特别是通过著名的油滴实验,证明电荷有最小单位
1924	卡尔·塞格巴恩 (Karl M. Siegbahn)	瑞　典	X射线光谱学方面的发现和研究
1925	詹姆斯·弗兰克 (James Franck)	德　国	发现电子与原子之间碰撞的规律
	古斯塔夫·赫兹 (Gustav L. Hertz)	德　国	
1926	琼·佩林 (Jean B. Perrin)	法　国	有关物质不连续结构的研究,特别是沉积平衡的发现
1927	阿瑟·康普顿 (Arthur H. Compton)	美　国	发现X射线的波长经散射后有所增长的康普顿效应
	查尔斯·威耳逊 (Charles T. Wilson)	英　国	发现威耳逊云雾室,用蒸汽凝结法使带电粒子的径迹变为可见
1928	欧文·理查森 (Owen W. Richardson)	英　国	热离子现象方面,特别是发现理查森定律(金属加热后发射出的电子数和温度关系)
1929	路易·德布罗意 (Louis V. de Brogile)	法　国	发现电子的波动性
1930	钱德拉塞克哈拉·拉曼 (Chandrasekhara V. Raman)	印　度	研究光的散射并发现拉曼效应
1931	(未发奖)		
1932	沃纳·海森伯 (Wemer K. Heisenberg)	德　国	创立量子力学,并导致氢的同素异形体的发现
1933	保罗·狄拉克 (Paul A. Dirac)	英　国	发现原子理论新的有效的形式,建立相对论性量子力学理论并预言正电子的存在
	欧文·薛定谔 (Erwin Schrödinger)	奥地利	发现了有效的、新形式的原子理论,建立量子力学的基本方程
1934	(未发奖)		
1935	詹姆斯·查德威克 (James Chadwick)	英　国	发现中子

续表

获奖年	获奖者姓名	国籍	获奖内容
1936	卡尔·安德森 (Carl D. Anderson)	美　国	发现正电子
	维克托·赫斯 (Victor F. Hess)	奥地利	发现宇宙射线
1937	克林顿·戴维逊 (Clinton J. Davisson)	美　国	实验上发现晶体对电子的衍射作用
	乔治·汤姆逊 (George P. Thomson)	英　国	实验上发现电子在晶体中的干涉现象
1938	恩里科·费米 (Enrico Fermi)	美　籍 意大利人	发现用中子轰击产生的新放射性元素,及发现原子核吸收慢中子引起的有关核反应
1939	欧内斯特·劳伦斯 (Ernest O. Lawrence)	美　国	发明与发展回旋加速器以及利用它所取得的成果,特别是有关人工放射性元素的研究
1940	(未发奖)		
1941	(未发奖)		
1942	(未发奖)		
1943	奥托·斯特恩 (Otto Stern)	美　籍 德国人	发展分子束的方法;发现质子磁矩
1944	伊西多·拉比 (Isidor I. Rabi)	美　籍 奥地利人	以共振方法测量原子核的磁性
1945	沃尔夫冈·泡利 (Wolfgang Pauli)	美　籍 奥地利人	发现泡利不相容原理
1946	珀西·布里奇曼 (Percy W. Bridgman)	美　国	发现高压装置以及利用这种装置在高压物理学领域中所做出的贡献
1947	爱德华·阿普顿 (Edward V. Appleton)	英　国	研究大气高层的物理性质,特别是发现了阿普顿层
1948	帕特里克·布莱克特 (Patrick M. Blackett)	英　国	改进威耳逊云雾室方法,以及在核物理和宇宙射线领域的发现
1949	汤川秀树 (Hideki Yukawa)	日　本	在核力理论研究的基础上预言了介子的存在
1950	塞西尔·鲍威尔 (Cecil F. Powell)	英　国	研究核过程的照相乳胶记录法以及发现 π 介子

续表

获奖年	获奖者姓名	国籍	获奖内容
1951	约翰·科克罗夫特 (John D. Cockcroft)	英国	在用人工加速粒子使原子核蜕变方面做了开创性工作
	欧内斯特·瓦尔顿 (Ernest T. Walton)	爱尔兰	
1952	费利克斯·布洛赫 (Felix Bloch)	美籍瑞士人	用感应法高精度测量核磁矩，发展了核磁精密测量方法
	爱德华·珀塞尔 (Edward M. Purcell)	美国	
1953	费里茨·泽尼克 (Frits Zernike)	荷兰	论证相衬法，特别是发明相衬显微镜
1954	马克思·玻恩 (Max Born)	英籍德国人	进行量子力学基本研究，特别是对波函数的统计解释
	瓦尔特·博思 (Walther W. Bothe)	德国	用符合电路法分析宇宙辐射
1955	威利斯·兰姆 (Willis E. Lamb)	美国	有关氢光谱兰姆移位的发现
	波利卡普·库什 (Polykarp Kusch)	美籍德国人	精密测定电子磁矩
1956	威廉·肖克利 (William Shockley)	美国	在半导体方面的研究，发现晶体管效应
	约翰·巴丁 (John Bardeen)	美国	
	沃尔特·布拉顿 (Walter H. Brattain)	美国	
1957	杨振宁 (Chen Ning Yang)	美籍华裔	发现弱相互作用下宇称不守恒
	李政道 (Tsung Dao Lee)	美籍华裔	
1958	帕维尔·切伦科夫 (Pavel A. Cherenkov)	苏联	发现和解释切伦科夫效应(高速带电粒子在透明物质中传递时放出蓝光的现象)
	伊利亚·弗兰克 (Ilya M. Frank)	苏联	
	伊戈尔·塔姆 (Igor Y. Tamm)	苏联	

续表

获奖年	获奖者姓名	国籍	获奖内容
1959	埃米利奥·西格里 (Emilio G. Segrè)	美籍 意大利人	发现反质子
	欧文·张伯伦 (Owen Chamberlain)	美国	
1960	唐纳德·格拉泽 (Donald A. Glaser)	美国	发明气泡室
1961	罗伯特·霍夫斯塔特 (Robert Hofstadter)	美国	由高能电子散射研究原子核的结构
	鲁道夫·穆斯堡尔 (Rudolf L. MÖssbauer)	德国	研究伽马射线的无反冲共振吸收和发现穆斯堡尔效应
1962	列夫·朗道 (Lev D. Landau)	苏联	物质凝聚态理论的研究,特别是液氦的开创性理论
1963	尤金·威格纳 (Eugene P. Wigner)	美籍 匈牙利人	对原子核及基本粒子的理论贡献,特别是发现和应用对称性基本原理方面的贡献
	玛丽亚·梅耶 (Maria G. Mayer)	美籍 德国人	发展原子核结构的壳层模型理论,成功地解释了原子核的长周期和其他幻数性质的问题
	汉斯·詹森 (Hans D. Jensen)	德国	
1964	查尔斯·汤斯 (Charles H. Townes)	美国	量子电子学领域的基础研究,导致产生据微波激射器和激光器原理制成的振荡器和放大器
	尼科莱·巴索夫 (Nikolai G. Basov)	苏联	用于产生激光光束的振荡器和放大器的研究工作
	亚历山大·普罗霍罗夫 (Aleksander M. Prokhorov)	苏联	在量子电子学中的研究工作,导致微波激射器和激光器的制作
1965	理查德·费曼美国 (Richard P. Feynman)	美国	在量子电动力学方面所做的对基本粒子物理学具有深刻影响的工作
	朱利安·许温格 (Julian S. Schwinger)	美国	
	朝永振一郎 (Sin-Itiro Tomonaga)	日本	
1966	阿尔弗雷德·卡斯特勒 (Alfred Kastler)	法国	发现并发展了研究原子中赫兹共振的光学方法
1967	汉斯·贝特 (Hans A. Bethe)	美籍 德国人	对核反应理论的贡献,特别是建立关于恒星能量产生方面的理论

续表

获奖年	获奖者姓名	国籍	获奖内容
1968	路易斯·阿尔瓦雷斯 (Luis W. Alvarez)	美　国	对基本粒子物理学的决定性贡献,尤其通过发展氢气泡室和数据分析技术而发现许多共振态
1969	默里·盖尔曼 (Murray Gell-Mann)	美　国	关于基本粒子的分类和相互作用方面的贡献,提出"夸克"粒子理论
1970	汉内斯·阿尔文 (Hannes O. Alfvén)	瑞　典	在磁流体动力学方面的基础研究和发现,及其在等离子体物理学中的广泛应用
	路易·尼尔 (Louis E. Néel)	法　国	对反铁磁性和铁氧体磁性的基本研究和发现,这在固体物理中具有重要的应用
1971	丹尼斯·加波 (Dennis Gabor)	美　籍 匈牙利人	全息照相术的发明与发展
1972	利昂·库珀 (Leon N. Cooper)	美　国	提出称作BCS理论的超导理论
	约翰·施里弗 John R. Schrieffer)	美　国	
	约翰·巴丁 (John Bardeen)	美　国	
1973	布赖恩·约瑟夫森 (Brian D. Josephson)	英　国	关于固体中隧道现象的发现,理论上预言超导电流能通过隧道阻挡层(约瑟夫森效应)
	伊瓦尔·贾埃弗 (Ivar Giaever)	美　籍 挪威人	从实验上发现超导体的隧道效应
	江崎 (Leo Esaki)	日　本	从实验上发现半导体的隧道效应
1974	马丁·赖尔 (Martin Ryle)	英　国	在射电天文学方面的先驱性研究,特别在孔径合成技术方面的创造与发展
	安东尼·赫威斯 (Antony Hewish)	英　国	在射电天文学方面的先驱性研究,对发现脉冲星所起的决定性作用
1975	阿格·玻尔 (Aage N. Bohr)	丹　麦	发现原子核中集体运动与粒子运动之间的联系,并在此基础上发展了原子核结构理论
	本·莫特耳逊 (Ben R. Mottelson)	丹　麦	关于原子核内部结构的研究工作
	利奥·雷恩瓦特 (Leo J. Rainwater)	美　国	

续表

获奖年	获奖者姓名	国籍	获奖内容
1976	丁肇中 (Chao Chung Ting)	美籍华裔	各自独立地发现了新粒子 J/Ψ
	伯顿·里克特 (Burton Richter)	美国	
1977	菲利浦·安德森 (Philip W. Anderson)	美国	对晶态与非晶态固体的电子结构做了基本的理论研究,提出"固态"物理理论
	尼维洛·莫特 (Nevill F. Mott)	英国	对磁性与不规则系统的电子结构所做的基础研究
	约翰·范弗莱克 (John H. von Vleck)	美国	
1978	阿诺·彭齐亚斯 (Arno A. Penzias)	美籍德国人	宇宙微波背景辐射的发展
	罗伯特·威耳逊 (Robert W. Wilson)	美国	
	彼德·卡皮查 (Pyotr L. Kapitsa)	苏联	在低温物理学领域的基本发明与发现
1979	谢尔登·格拉肖 (Sheldon L. Glashow)	美国	对统一基本粒子之间弱相互作用与电磁相互作用的理论所做的贡献,特别是预言弱中性流的存在
	斯蒂芬·温伯格 (Steven Weinberg)	美国	
	阿布杜斯·萨拉姆 (Abdus L. Salam)	巴基斯坦	
1980	维尔·菲奇 (Val L. Fitch)	美国	在实验上发现联合宇称 CP 不守恒
	詹姆斯·克罗宁 (James W. Cronin)	美国	
1981	凯·塞格巴恩 (Kai M. Siegbahn)	瑞典	高分辨率测量仪器的发展,以及光电子和轻元素定量分析方面的工作
	阿瑟·肖洛 (Arthur L. Schawlow)	美国	激光及激光光谱学方面的研究
	尼古拉斯·布洛姆伯根 (Nicolaas Bloembergen)	美籍荷兰人	
1982	肯尼斯·威耳逊 (Kenneth G. Wilson)	美国	建立相变的临界现象理论,即重正化群变换理论

续表

获奖年	获奖者姓名	国籍	获奖内容
1983	萨布拉曼仰·钱德拉塞卡尔 (Subrahmanyan Chandrasekhar)	美　籍 巴基斯坦	对恒星结构和演化过程的研究,特别是对白矮星的结构和变化的精确预言
	威廉·福勒 (William A. Fowler)	美　国	与核起源有关的核反应的实验和理论研究,以及对宇宙化学元素形成的理论做出的贡献
1984	卡洛·鲁比亚 (Carlo Rubbia)	意大利	发现传递弱作用的 $w^{\pm}$ 粒子和 z^{0} 粒子,以及为发现这些粒子而建造质子—反质子对撞机和探测器所做的贡献
	西蒙·范德梅尔 (Simon van der Meer)	荷　兰	
1985	克劳斯·克利青 (Klaus von Klitzing)	德　国	从金属—氧化物—半导体场效应晶体管发现量子霍尔效应
1986	欧内斯特·鲁斯卡 (Ernst Ruska)	德　国	发明电子显微镜
	杰德·宾尼格 (Gerd Binnig)	德　国	发明扫描隧道电子显微镜
	亨利克·罗雷尔 (Heinrich Rohrer)	瑞　士	
1987	卡尔·缪勒 (Karl A. Müller)	德　国	对新的超导材料研究方面的贡献
	贝德诺尔兹 (J. G. Bednorz)	瑞　士	
1988	利昂·莱德曼 (Leon M. Lederman)	美　国	用中微子束方法和通过发现 μ 子型中微子而验证了轻子的二重态结构,为研究物质的最深层结构和动态开创了崭新的机会
	梅尔文·施瓦茨 (Melvin Schwartz)	美　国	
	杰克·斯坦博格 (Jack Stein berger)	美　籍 德国人	
1989	诺曼·拉姆齐 (Norman F. Ramsey)	美　国	发明精确观察和测量原子辐射的方法,为世界使用的时间标准(铯原子钟标准)奠定基础
	汉斯·德莫尔特 (Hans G. Dehmelt)	美　籍 德国人	发明了用电磁陷阱捕捉质子、电子和离子的技术,将其应用于原子基本常数和光谱学的测量
	沃尔夫冈·保罗 (Wolfgang Paul)	德　国	发明了使用六极磁场将原子束聚于一束射线的方法

续表

获奖年	获奖者姓名	国籍	获奖内容
1990	杰罗姆·弗里德曼 (J. I. Friedman)	美　国	对电子与质子及束缚中子深度非弹性散射进行的先驱性研究,对粒子物理学中夸克模型的发展起过重要作用
	亨利·肯德尔 (Henry W. Kendall)	美　国	
	理查德·泰勒 (Richard Taylor)	加拿大	
1991	皮埃尔·德燃纳 (Pierre G. de Gennes)	法　国	为研究简单系统中的有序现象而创造的方法,推广到更复杂的物质态,尤其是对液晶和聚合物,建立了相变理论
1992	乔治·夏帕克 (Georges Charpak)	法　籍 波兰人	对粒子探测器的研制,特别是在正比计数管的基础上发明了多丝正比室
1993	拉塞尔·赫尔斯 (Russell A. Hulse)	美　国	发现脉冲双星,从而为有关引力的研究提供了新的机会
	约瑟夫·泰勒 (Joseph H. Taylor,Jr)	美　国	
1994	伯特伦·布罗克豪斯 (Bertram N. Brockhouse)	加拿大	利用中子散射技术研究凝聚态物质而做出先驱贡献
	克利福德·沙尔 (Clifford G. Shull)	美　国	
1995	马丁·佩尔 (Martin L. Peri)	美　国	对轻子物理实验有开创性贡献,在实验上发现了 τ 轻子
	弗雷德里克·莱因斯 (Frederick Reines)	美　国	对轻子物理实验有开创性贡献,探测到了中微子
1996	戴维·李 (David M. Lee)	美　国	发现氦—3 中的超流动性
	奥谢罗夫 (Douglas D. Osheroff)	美　国	
	R. C. 理查森 (Robert C. Richardson)	美　国	
1997	朱棣文 (Stephen Chu)	美　籍 华　裔	激光冷却和陷俘原子
	K. 塔诺季 (Claude Cohen-Tannoudji)	法　国	
	菲利浦斯 (William D. Phillips)	美　国	

续表

获奖年	获奖者姓名	国籍	获奖内容
1998	劳克林 (Robert B. Laughlin)	美　国	分数量子霍尔效应的发现
	斯特默 (Horst L. Störmer)	德　国	
	崔琦 (Daniel C. Tsui)	美　籍 华　裔	
1999	H. 霍夫特 (Gerardys't Hooft)	荷　兰	阐明电磁相互作用中弱相互作用的量子结构
	M. 韦尔特曼 (Martinus J. G. Veltman)	荷　兰	
2000	泽罗斯·阿尔费罗夫 (Zhores I. Alfemv)	俄罗斯	通过发明快速晶体管、激光二极管和集成电路，为现代信息技术奠定了坚实基础
	赫伯特·克勒默 (Herbert Kroemer)	美　籍 德国人	
	杰克·基尔比 (Jack S. Kilby)	美　国	
2001	埃里尔·康奈尔 (EricA. Cornell)	美　国	根据玻色—爱因斯坦理论，发现了一种新的物质状态——"碱金属原子稀薄气体的玻色—爱因斯坦凝聚(BEC)"
	卡尔·维曼 (Carl EWieman)	美　国	
	沃尔夫冈·克特勒 (Wolfgang Ketterle)	德　国	
2002	雷蒙德·戴维斯 (Raymond Davis Jr)	美　国	在天体物理学领域做出的先驱性贡献，包括"探测宇宙中微子"和"发现宇宙X射线源"方面取得的成就
	小柴昌俊 (Masatoshi Koshiba)	日　本	
	里卡尔多·贾科尼 (Riccardo Giacconi)	美　国	
2003	阿列克谢，阿布里科索夫 (Alexei A. Abrikosov)	俄罗斯 美　国	在超导体和超流体理论上做出开创性的贡献
	维塔利·金茨堡 (Vitalyl. Ginzburg)	俄罗斯	
	安东尼·莱格特 (Anthony J. L. eggett)	英　国 美　国	

续表

获奖年	获奖者姓名	国籍	获奖内容
2004	戴维·格罗斯 (David J Gross)	美　国	发现了粒子物理强相互作用理论中的“渐进自由”现象
	戴维·波利策 (H David Politzer)	美　国	
	弗兰克·维尔切克 (Frank Wilczek)	美　国	
2005	奥伊·格拉布尔 (Roy J. Glauber)	美　国	对光学相干的量子理论的贡献
	约翰·哈尔 (John L. Hall)	美　国	对基于激光的精密光谱学的发展做出的贡献
	特奥多尔·汉什 (Theodor w. Hänsch)	德　国	
2006	约翰·马瑟 (John C. Mather)	美　国	发现了宇宙微波背景辐射的黑体形式和各向异性
	乔治·斯穆特性 (George F. Smoot)	美　国	
2007	艾尔伯·费尔 (Albert Fert)	法　国	发现了巨磁电阻效应
	皮特·克鲁伯格 (Peter Grünberg)	德　国	
2008	南部阳一郎 (Yoichiro Nambu)	美　籍 日本人	发现亚原子物理学中自发破缺对称机制
	小林诚 (Makoto Kobayashi)	日　本	发现破缺对称的起源，并预测自然界中至少三种夸克家族的存在
	益川敏英 (Toshihide Maskawa)	日　本	
2009	高锟 (Charles K. Kao)	英　国	在光学通信领域、光在纤维中传输方面的突破性成就
	威拉德·博伊尔 (Willard Boyle)	美　国	发明半导体成像器件电荷耦合器件
	乔治·史密斯 (George E. Smith)	美　国	
2010	安德烈·海姆 (Andre Geim)	荷　兰	在二维石墨烯材料上的开创性实验
	康德坦丁·诺沃肖洛夫 (Konstantin Novoselov)	英　国 俄罗斯	

续表

获奖年	获奖者姓名	国籍	获奖内容
2011	萨尔·波尔马特 (Saul Perlmutter)	美　国	通过观测遥距超新星而发现宇宙加膨胀
	布莱恩·施密特 (Brian P Schmidt)	美　国 澳大利亚	
	亚当·里斯 (Adam Guy Riess)	美　国	
2012	塞尔日·阿罗什 (Serge Haroche)	法　国	能够量度和操控个体量子系统的突破性实验方法
	大卫·维因兰德 (David J. Wineland)	美　国	
2013	弗朗索瓦·恩格勒 (Francois Englert)	比利时	对希格斯玻色子的预测
	彼得·希格斯 (Peter Higgs)	英　国	
2014	赤崎勇 (Isamu Akasaki)	日　本	发明一种新型高效节能光源，即蓝色发光二极管(LED)
	天野浩 (Hiroshi Amano)	日　本	
	中村修二 (Shuji Nakamura)	美　籍 日本人	
2015	梶田隆章 (Takaaki Kajita)	日　本	发现中微子振荡，表明中微子具有质量
	阿瑟·麦克唐纳 (Arthur B. McDonald)	加拿大	
2016	戴维·索利斯 (David J. Thouless)	英　国 美　国	拓扑相变以及拓扑材料方面的理论发现
	邓肯·霍尔丹 (Duncan Haldane)	英　国	
	迈克尔·科斯特利茨 (Michael Kosterlitz)	英　国 美　国	
2017	基普·索恩 (Kip Thorne)	美　国	在 LIGO 探测器和引力波观测方面的决定性贡献
	巴里·巴里什 (Barry Barish)	美　国	
	雷纳·韦斯 (Rainer Weiss)	美　国	

续表

获奖年	获奖者姓名	国籍	获奖内容
2018	阿瑟·阿什金 (Arthur Ashkin)	美　国	激光物理学领域的突破性发现
	杰哈·莫罗 (Gerard Mourou)	法　国	
	多娜·斯崔克兰 (Donna Strickland)	加拿大	

附录B 书中物理量的符号及单位

量的名称	符号	单位名称	单位代号		量　纲	备　注
			中　文	国　际		
电　流	I	安　培	安	A	I	
电　量	Q,q	库　仑	库	C	TI	
电荷线密度	λ	库仑每米	库/米	C/m	$L^{-1}TI$	
电荷面密度	σ	库仑每平方米	库/米^2	C/m^2	$L^{-2}TI$	
电荷体密度	ρ	库仑每立方米	库/米^3	C/m^3	$L^{-3}TI$	
电场强度	E	伏特每米	伏/米	N/C或 V·m^{-1}	$LMT^{-3}I^{-1}$	1伏/米=1牛/库
电　势	U	伏特	伏	V	$L^2MT^{-3}I^{-1}$	
电势差、电压	V	伏特	伏	V	$L^2MT^{-3}I^{-1}$	
电容率	ε	法拉每米	法/米	F/m	$L^{-3}M^{-1}T^4I^2$	
真空电容率	ε_0	法拉每米	法/米	F/m	$L^{-3}M^{-1}T^4I^2$	
相对电容率	ε_r	—	—	—	—	
电偶极矩	p_e	库仑米	库·米	C·m	LTI	
电极化强度	P	库仑每平方米	库/米^2	C·m^2	$L^{-2}TI$	
电极化率	χ_e	—	—	—	—	
电位移	D	库仑每平方米	库/米^2	C·m^2	$L^{-2}TI$	
电位移通量	Φ_D	库仑	库	C	TI	

续表

量的名称	符号	单位名称	单位代号		量　纲	备　注
			中　文	国　际		
电　容	C	法拉	法	F	$L^{-2}M^{-1}T^{4}I^{2}$	1 法=1 库/伏
电流密度	δ	安培每平方米	安/米^2	A/m^2	$L^{-2}I$	
电动势	$\mathscr{E}$	伏特	伏	V	$L^{2}MT^{-3}I^{-1}$	
电　阻	R	欧姆	欧	Ω	$L^{2}MT^{-3}I^{-2}$	1 欧=1 伏/安
电　导	G	西门子	西	S	$L^{-2}M^{-1}T^{3}I^{2}$	1 西=1 安/伏
电阻率	ρ	欧姆米	欧・米	Ω・m	$L^{3}MT^{-3}I^{-2}$	
电导率	γ	西门子每米	西/米	S/m	$L^{-3}M^{-1}T^{3}I^{2}$	
电功率	P	瓦特	瓦	W	$L^{2}MT^{-3}$	
磁感应强度	B	特斯拉	特	T	$MT^{-2}I^{-1}$	1 特=1 韦/米^2
磁导率	μ	亨利每米	亨/米	H/m	$LMT^{-2}I^{-2}$	
真空磁导率	μ_0	亨利每米	亨/米	H/m	$LMT^{-2}I^{-2}$	
相对磁导率	μ_r	—	—	—	—	
磁通量	Φ, Φ_m	韦伯	韦	Wb	$L^{2}MT^{-2}I^{-1}$	
磁化率	χ_m	—	—	—	—	
磁场强度	H	安培每米	安/米	A/m	$L^{-1}I$	
磁　矩	p_m	安培平方米	安・米^2	A・m^2	$L^{2}I$	
自　感	L	亨利	亨	H	$L^{2}MT^{-2}I^{-2}$	1 亨=1 韦/安
互　感	M	亨利	亨	H	$L^{2}MT^{-2}I^{-2}$	
电场能量	W_e	焦耳	焦	J	$L^{2}MT^{-2}$	
磁场能量	W_m	焦耳	焦	J	$L^{2}MT^{-2}$	
能量密度	w	焦耳每立方米	焦/米^3	J/m^3	$L^{-1}MT^{-2}$	

续表

量的名称	符号	单位名称	单位代号		量　纲	备　注
			中　文	国　际		
声压	p	帕斯卡	帕	Pa	$L^{-1}MT^{-2}$	
声强级	L_I	—	—	—	—	
光程差	δ	米	米	m	L	
单色辐出度	e_λ	瓦特每平方米	瓦/米^2	$W\cdot m^{-2}$	$L^{-1}MT^{-3}$	
单色吸收比	α_λ	—	—	—	—	
总幅出度	E	瓦特每平方米	瓦/米^2	$W\cdot m^{-2}$	MT^{-3}	
逸出功	A	焦耳	焦	J	L^2MT^{-2}	
普朗克常量	$h,\hbar$	焦耳秒	焦耳·秒	J·S	L^2MT^{-1}	
波函数	Ψ					
概率密度	$\Psi\Psi^*$	每立方米	1/米^3	m^{-3}	L^{-3}	
质量数	A	—	—	—	—	
电荷数	Z	—	—	—	—	
主量子数	n	—	—	—	—	
副量子数	l	—	—	—	—	
磁量子数	m_l	—	—	—	—	
自旋量子数	s	—	—	—	—	
自旋磁量子数	m_s	—	—	—	—	
里德伯常数	R	每米	1/米	m^{-1}	L	
核的结合能	B	焦耳	焦	J	L^2MT^{-2}	
比结合能	ε	焦耳	焦	J	L^2MT^{-2}	
衰变常量	λ	每秒	1/秒	s^{-1}	T^{-1}	
半衰期	$T_{1/2}$	秒	秒	s	T	
放射性强度	A	贝克	次/秒	Bq	T^{-1}	

附录 C

常用数学公式

三角公式

$$\sin(\alpha \pm \beta) = \sin\alpha\cos\beta \pm \cos\alpha\sin\beta$$

$$\cos(\alpha \pm \beta) = \cos\alpha\cos\beta \mp \sin\alpha\sin\beta$$

$$\sin\alpha \pm \sin\beta\sin(\alpha \pm \beta) = 2\sin\frac{1}{2}(\alpha \pm \beta)\cos\frac{1}{2}(\alpha \mp \beta)$$

$$\cos\alpha + \cos\beta = 2\cos\frac{1}{2}(\alpha + \beta)\cos\frac{1}{2}(\alpha - \beta)$$

$$\cos\alpha - \cos\beta = -2\sin\frac{1}{2}(\alpha + \beta)\sin\frac{1}{2}(\alpha - \beta)$$

泰勒展开

$$(1 + x)^n = 1 + \frac{nx}{1!} + \frac{n(n-1)x^2}{2!} + \cdots$$

$$e^x = 1 + \frac{x}{1!} + \frac{x^2}{2!} + \cdots$$

$$\ln(1 + x) = x - \frac{x^2}{2} + \frac{x^3}{3}\cdots \quad |x| < 1$$

$$\sin x = x - \frac{x^3}{3!} + \frac{x^5}{5!}\cdots$$

$$\cos x = 1 - \frac{x^2}{2!} + \frac{x^4}{4!}\cdots$$

矢量乘积

$$a \times (b + c) = a \times b + a \times c$$

$$a \cdot b = b \cdot a = a_x b_x + a_y b_y + a_z b_z$$

$$a \times b = -b \times a = \begin{vmatrix} i & j & k \\ a_x & a_y & a_z \\ b_x & b_y & b_z \end{vmatrix}$$

$$= (a_y b_z - b_y a_z)i + (a_z b_x - b_z a_x)j + (a_x b_y - b_x a_y)k$$

$$a \cdot (b \times c) = b \cdot (c \times a) = c \cdot (a \times b)$$

$$a \times (b \times c) = (a \cdot c)b - (a \cdot b)c$$

导数和积分

$$\frac{\mathrm{d}}{\mathrm{d}x}x^n = nx^{n-1}$$

$$\frac{\mathrm{d}}{\mathrm{d}x}\mathrm{e}^x = \mathrm{e}^x$$

$$\frac{\mathrm{d}}{\mathrm{d}x}\ln x = \frac{1}{x}$$

$$\frac{\mathrm{d}}{\mathrm{d}x}\sin x = \cos x$$

$$\frac{\mathrm{d}}{\mathrm{d}x}\cos x = -\sin x$$

$$\frac{\mathrm{d}}{\mathrm{d}x}\tan x = \sec^2 x$$

$$\frac{\mathrm{d}}{\mathrm{d}x}\cot x = -\csc^2 x$$

$$\frac{\mathrm{d}}{\mathrm{d}x}(uv) = u\frac{\mathrm{d}v}{\mathrm{d}x} + v\frac{\mathrm{d}u}{\mathrm{d}x}$$

$$\frac{\mathrm{d}}{\mathrm{d}x}\mathrm{e}^u = \mathrm{e}^u\frac{\mathrm{d}u}{\mathrm{d}x}$$

$$\frac{\mathrm{d}}{\mathrm{d}x}\sin u = \cos u\frac{\mathrm{d}u}{\mathrm{d}x}$$

$$\frac{\mathrm{d}}{\mathrm{d}x}\cos u = -\sin u\frac{\mathrm{d}u}{\mathrm{d}x}$$

$$\int x^n \mathrm{d}x = \frac{x^{n+1}}{n+1} \quad (n \neq -1)$$

$$\int \mathrm{e}^x \mathrm{d}x = \mathrm{e}^x$$

$$\int \frac{\mathrm{d}x}{x} = \ln|x|$$

$$\int u\frac{\mathrm{d}v}{\mathrm{d}x}\mathrm{d}x = uv - \int v\frac{\mathrm{d}u}{\mathrm{d}x}\mathrm{d}x$$

$$\int \sin x\mathrm{d}x = -\cos x$$

$$\int \cos x \mathrm{d}x = \sin x$$

$$\int \tan x \mathrm{d}x = |\sec x|$$

$$\int \sin^2 x \mathrm{d}x = \frac{1}{2}x - \frac{1}{4}\sin 2x$$

$$\int \mathrm{e}^{-ax} \mathrm{d}x = -\frac{1}{a}\mathrm{e}^{-ax}$$

$$\int x\mathrm{e}^{-ax} \mathrm{d}x = -\frac{1}{a^2}(ax+1)\mathrm{e}^{-ax}$$

$$\int \frac{\mathrm{d}x}{\sqrt{x^2+a^2}} = \ln(x+\sqrt{x^2+a^2})$$

$$\int \frac{x\mathrm{d}x}{(x^2+a^2)^{\frac{3}{2}}} = -\frac{1}{\sqrt{x^2+a^2}}$$

$$\int \frac{\mathrm{d}x}{(x^2+a^2)^{\frac{3}{2}}} = \frac{x}{a^2\sqrt{x^2+a^2}}$$

参考文献

[1] 马文蔚. 物理学[M]. 第五版. 北京：高等教育出版社，2006.

[2] 程守洙，江之永. 普通物理学[M]. 第六版. 北京：高等教育出版社，2006.

[3] 张三慧. 大学基础物理学[M]. 第二版. 北京：清华大学出版社，2012.

[4] 赵凯华，等. 力学，热学，电磁学，量子物理[M]. 第二版. 北京：高等教育出版社，2004.

[5] 吴伯诗. 大学物理(新版)[M]. 北京：科学出版社，2001.

[6] 王少杰，顾牧. 大学物理学[M]. 第四版. 上海：同济大学出版社，2013.

[7] 倪光炯，王火森，等. 改变世界的物理学[M]. 第二版. 上海：复旦大学出版社，1999.

[8] 原著：德国物理学会，翻译：中国物理学会. 新世纪物理学[M]. 济南：山东教育出版社，2002.

[9] 邓明成. 新编大学物理[M]. 北京：科学出版社，1999.

[10] 王济民，等. 新编大学物理[M]. 北京：科学出版社，2005.

[11] 王济民. 新编大学物理学习指导[M]. 北京：科学出版社，2005.

[12] 廖耀发，等. 大学物理[M]. 武汉：武汉大学出版社，2001.

[13] 姜廷墨，宋根宗. 力学与电磁学[M]. 沈阳：东北大学出版社，2006.

[14] 吴王杰. 大学物理学[M]. 北京：高等教育出版社，2005.

[15] 梁绍荣，等. 普通物理学. 第三版. 北京：高等教育出版社，2005.

[16] 卢德馨. 大学物理学[M]. 第三版. 北京:高等教育出版社,2003.

[17] 梁灿彬,秦光戎,等. 电磁学[M]. 第二版,北京:高等教育出版社,2004.

[18] 陈信义. 大学物理教程[M]. 北京:清华大学出版社,2005.

[19] 赵凯华,钟锡华. 光学[M]. 北京:北京大学出版社,2008.

[20] 赵近芳. 大学物理学[M]. 第二版. 北京:北京邮电大学出版社,2006.

[21] 爱因斯坦. 狭义与广义相对论浅说[M]. 上海:上海科学技术出版社,1964.

[22] 陈仁烈. 统计物理学[M]. 修订本. 北京:人民教育出版社,1978.

[23] [美]凯勒,高物译. 经典与近代物理学[M]. 北京:高等教育出版社,1997.

[24] 杨福家. 原子物理学[M]. 北京:高等教育出版社,2000.

[25] 吴翔,沈施,等. 文明之源——物理学[M]. 上海:上海科学技术出版社,2001.

[26] 向义和. 大学物理导论——物理学的理论与方法、历史与前沿[M]. 北京:清华大学出版社,1999.

[27] 郝柏林. 混沌动力学引论[M]. 上海:上海科技教育出版社,1993.

[28] 席德勋. 非线性物理学[M]. 南京:南京大学出版社,2000.

[29] 曾谨言. 量子力学[M]. 北京:科学出版社,1981.

[30] 刘式适,刘式达. 物理学中的非线性方程[M]. 北京:北京大学出版社,2000.

[31] D Halliday,R Resnick,J Walker. Fundamentals of Physics [M]. 6th Edition. John Wiley & Sons,Inc,2001.

[32] 王纪龙,周希坚. 大学物理[M]. 第三版. 北京:科学出版社,2007.

[33] 郭奕玲,沈慧君. 物理学史[M]. 第二版. 北京:清华大学出版社,2005.

[34] 周公度,段连运. 结构化学基础[M]. 第二版. 北京:北京大学出版社,1995.

[35] 夏权伟,夏绍武. 简明结构化学学习指导[M]. 北京:化学工业出版社,2004.

[36] 黄昆,韩汝琦. 固体物理学[M]. 北京:高等教育出版社,2003.

[37] 方俊鑫,陆栋. 固体物理[M]. 上海:上海科学技术出版社,1983.

[38] 赵宗彦. X 射线与物质结构[M]. 合肥:安徽大学出版社,2004.

[39] 冯文修. 半导体物理学基础教程[M]. 北京:国防工业出版社,2005.

[40] 李荣金,李洪祥等. 分子器件的研究进展[J]. 物理,2006,(12).

[41] 邵建新. 分子电子学[J]. 现代物理知识,2006,(5).

[42] 罗毅,张贤鹏等. 半导体照明关键技术研究[J]. 激光与光电子学进展,2007,(3).

[43] 王绶官,邹振隆. 现代科学中的天文世界. 大学物理[M]. 北京:高等教育出版社,1996.

[44] 俞允强. 热火爆炸宇宙学[M]. 北京:北京大学出版社,2001.

[45] 严燕来,叶庆好. 大学物理拓展与应用[M]. 北京:高等教育出版社,2004.

[46] 朱荣华. 基础物理学[M]. 北京:高等教育出版社,2001.

[47] 李宗传,肖兴华. 天体物理学[M]. 北京:高等教育出版社,2003.